지적기사 필기

기출문제 해설

라용화, 신동현, 김정민, 김장현

2024
최신판

현재 취업 준비생들은 공무원이나 공공기관 채용에 관심을 가지고 있지만, 경쟁이 치열하여 취업이 난해한 상황입니다. 그러나 효율적으로 공부하여 빠르게 지적기사 자격증을 취득한 후 취업을 희망하는 학생들도 많습니다.

모든 국가기술자격 검정에서 필기시험의 합격 결정기준은 100점을 만점으로 하여 5과목 중 한 과목이라도 40점 이하 과락 없이 평균 60점 이상을 받으면 합격입니다. 이러한 국가기술자격 검정은 절대평가로서 무엇보다 효율적인 학습이 필요합니다.

한국국토정보공사 국토정보교육원(구 지적연수원)에서 원장, 교수, 그리고 현직 지사장으로서 한국산업인력관리공단의 시험출제, 채점 및 문제검토 등의 경험이 있는 본 저자들은 지적기사 필기시험 과년도 기출문제의 해설을 쉽고 간단명료하게 기술하고자 노력하였습니다.

본서는 다음과 같이 2개의 편으로 구성하였습니다.

• 제1편 과년도 기출문제 풀이 : 최근 7년간(2016~2022년)의 필기시험 기출문제를 실어 수험생들이 이론서를 보지 않고 해설만으로도 쉽게 내용에 접근하고 이해할 수 있도록 간단명료하게 기술하였습니다.
• 제2편 CBT 모의고사 : 7년간 필기시험 기출문제의 출제 경향을 심도 있게 분석하여 출제 가능한 문제, 그리고 수험생이 과년도 기출문제에 대한 학습 정도를 파악해 볼 수 있는 문제로 구성하였습니다.

수험생들의 학습 효율을 높이기 위해 효과적인 학습 방법을 제시하고자 합니다.
1. 필기시험 기출문제를 전체적으로 읽어 본다.
2. 필기시험 기출문제를 꼼꼼하게 풀면서 외우고, 중요하고 이해가 안 되는 문제는 따로 체크해 둔다.
3. 체크해 둔 문제들은 이론서 등을 찾아서 다시 풀어본다.
4. CBT 모의고사를 풀어서 90점 이상 받으면 합격 점수로 본다.
5. 시험 1~2일 전, 체크해 둔 문제를 최종적으로 꼼꼼하게 풀어본다.

끝으로 본 교재가 발간되기까지 시종일관 섬세한 배려와 관련 기술을 지도해 주신 여러분들에게 감사의 말씀을 전하며, 지적기사 필기시험 수험생들에게 본 문제집이 희망의 지침서로 든든한 디딤돌이 되어 합격의 영광을 함께 나누기를 기원합니다.
감사합니다.

대표저자 라용화

- 인터넷에서 [예문사]를 검색하여 홈페이지에 접속합니다.
- PC, 휴대폰, 태블릿 등을 이용해 사용이 가능합니다.

STEP 1 회원가입 하기

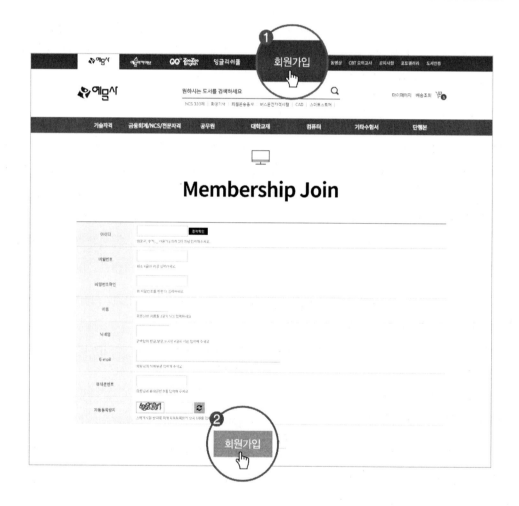

1. 메인 화면 상단의 [회원가입] 버튼을 누르면 가입 화면으로 이동합니다.
2. 입력을 완료하고 아래의 [회원가입] 버튼을 누르면 **인증절차 없이 바로 가입**이 됩니다.

STEP 2 시리얼 번호 확인 및 등록

시리얼번호			
S085	1500	C2XQ	33U2

1. 로그인 후 메인 화면 상단의 [CBT 모의고사]를 누른 다음 **수강할 강좌를 선택**합니다.
2. 시리얼 등록 안내 팝업창이 뜨면 [확인]을 누른 뒤 **시리얼 번호를 입력**합니다.

STEP 3 등록 후 사용하기

1. 시리얼 번호 입력 후 [마이페이지]를 클릭합니다.
2. 등록된 CBT 모의고사는 [모의고사]에서 확인할 수 있습니다.

SUMMARY

지적기사 출제기준(필기)

직무분야	건설	중직무분야	토목	자격종목	지적기사	적용기간	2021.1.1.～2024.12.31.

• 직무내용 : 지적도면의 정리와 면적측정 및 도면작성과 지적측량 및 종합적 계획수립 등을 수행하는 직무이다.

필기검정방법	객관식	문제수	100	시험시간	2시간 30분

필기과목명	문제수	주요항목	세부항목	세세항목
지적측량	20	1. 총론	1. 지적측량 개요	1. 지적측량의 목적과 대상 2. 각, 거리 측량 3. 좌표계 및 측량원점
			2. 오차론	1. 오차의 종류 2. 오차발생 원인 3. 오차보정
		2. 기초측량	1. 지적삼각점측량	1. 관측 및 계산 2. 측량성과 작성 및 관리
			2. 지적삼각보조점측량	1. 관측 및 계산 2. 측량성과 작성 및 관리
			3. 지적도근점측량	1. 관측 및 계산 2. 오차와 배분 3. 측량성과 작성 및 관리
		3. 세부측량(변경)	1. 도해측량	1. 지적공부정리를 위한 측량 2. 지적공부를 정리하지 않는 측량
			2. 지적확정측량(축척변경, 지적재조사측량 등)	1. 관측 및 계산 2. 경계점좌표등록부 비치 지역의 측량 방법 3. 측량성과 작성 및 관리
		4. 면적측정 및 제도	1. 면적측정	1. 면적측정대상 2. 면적측정 방법과 기준 3. 면적오차의 허용범위 4. 면적의 배분 및 결정
			2. 제도	1. 제도의 기초이론 2. 제도기기 3. 지적공부의 제도방법
응용측량	20	1. 지상측량	1. 수준측량	1. 직접수준측량 2. 간접수준측량
			2. 지형측량	1. 지형표시 2. 지형측량 방법 3. 면적 및 체적 계산
			3. 노선측량	1. 노선측량 방법 2. 원곡선 및 완화곡선

필기과목명	문제수	주요항목	세부항목	세세항목
			4. 터널측량	1. 터널 외 측량 2. 터널 내 측량 3. 터널 내외 연결 측량
		2. GNSS(위성측위) 및 사진측량	1. GNSS(위성측위) 측량	1. GNSS(위성측위) 일반 2. GNSS(위성측위) 응용
			2. 사진측량	1. 사진측량 일반 2. 사진측량 응용
		3. 지하공간정보 측량	1. 지하공간정보 측량	1. 관측 및 계산 2. 도면작성 및 대장정리
토지정보 체계론	20	1. 토지정보체계 일반	1. 총론	1. 정의 및 구성요소 2. 관련 정보 체계
		2. 데이터의 처리	1. 데이터의 종류 및 구조	1. 속성정보 2. 도형정보
			2. 데이터 취득	1. 기존자료를 이용하는 방법 2. 측량에 의한 방법
			3. 데이터의 처리	1. 데이터의 입력 2. 데이터의 수정 3. 데이터의 편집
			4. 데이터 분석 및 가공	1. 데이터의 분석 2. 데이터의 가공
		3. 데이터의 관리	1. 데이터베이스	1. 자료관리 2. 데이터의 표준화
		4. 토지정보체계의 운용 및 활용	1. 운용	1. 지적공부 전산화 2. 지적공부관리 시스템 3. 지적측량 시스템
			2. 활용	1. 토지관련 행정 분야 2. 정책 통계 분야
지적학	20	1. 지적일반	1. 지적의 개념	1. 지적의 기본이념 2. 지적의 기본요소 3. 지적의 기능
		2. 지적제도	1. 지적제도의 발달	1. 우리나라의 지적제도 2. 외국의 지적제도
			2. 지적제도의 변천사	1. 토지조사사업 이전 2. 토지조사사업 이후
			3. 토지의 등록	1. 토지등록제도 2. 지적공부정리 3. 지적관련 조직
			4. 지적재조사	1. 지적재조사 일반 2. 지적재조사 기법

필기과목명	문제수	주요항목	세부항목	세세항목
지적 관계 법규	20	1. 지적관련법규	1. 공간정보구축 및 관리 등에 관한 법률	1. 총칙 2. 지적 3. 보칙 및 벌칙 4. 지적측량시행규칙 5. 지적업무 처리규정
			2. 지적재조사에 관한 특별법령	1. 지적재조사에 관한 특별법 2. 지적재조사에 관한 특별법 시행령 3. 지적재조사에 관한 특별법 시행규칙
			3. 도로명주소법령	1. 도로명주소법 2. 도로명주소법 시행령 3. 도로명주소법 시행규칙
			4. 관계법규	1. 부동산등기법 2. 국토의 계획 및 이용에 관한 법률

지적기사 Part별 기출문제 빈도분석 및 분석표

1. 기출문제 빈도분석

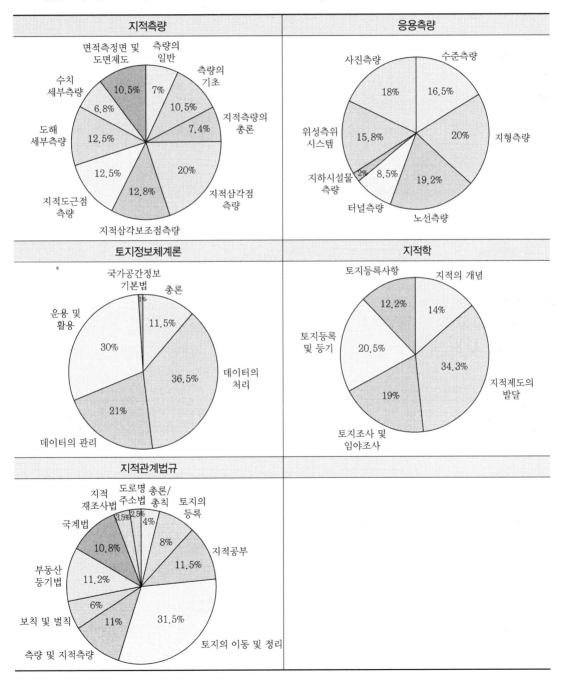

2. 기출문제 빈도표

▶ 지적측량

시행연도 목차구분	2016년			2017년			2018년			2019년			2020년			2021년			2022년		빈도 (계)	빈도 (%)
	1회	2회	3회	1회	2회	3회	1회	2회	3회	1회	2회	3회	1·2회	3회	4회	1회	2회	3회	1회	2회		
측량의 일반	1	1	2	2	1	1	1	2	1	2	1	2	1	1	2	1	1	2	2	1	28	7.0
측량의 기초	2	1	1	3	2	2	2	3	2	2	2	2	2	2	2	3	2	3	2	2	42	10.5
지적측량의 총론	1	1	2	1	1	2	2	1	1	1	2	2	2	2	1	1	1	2	2	2	30	7.4
지적삼각점측량	4	5	3	5	5	4	4	4	4	4	3	4	4	3	5	4	4	4	4	3	80	20.0
지적삼각보조점 측량	2	4	3	2	3	3	2	2	2	3	3	2	2	2	3	2	3	3	2	3	51	12.8
지적도근점측량	2	2	2	2	3	3	2	2	4	3	3	2	2	2	1	3	3	1	4	3	50	12.5
도해세부측량	2	3	2	2	2	2	3	2	3	2	2	4	3	3	4	2	3	2	2	2	50	12.5
수치세부측량	3	1	1	1	1	1	2	2	2	1	1	1	1	2	1	1	1	1	1	2	27	6.8
면적측정 및 도면제도	3	2	3	2	2	2	2	2	1	2	3	1	3	3	1	3	2	2	1	2	42	10.5
총 계	20	20	20	20	20	20	20	20	20	20	20	20	20	20	20	20	20	20	20	20	400	100.0

▶ 응용측량

시행연도 목차구분	2016년			2017년			2018년			2019년			2020년			2021년			2022년		빈도 (계)	빈도 (%)
	1회	2회	3회	1회	2회	3회	1회	2회	3회	1회	2회	3회	1·2회	3회	4회	1회	2회	3회	1회	2회		
수준측량	3	3	4	3	3	4	4	4	3	3	3	4	3	3	4	3	3	3	3	3	66	16.5
지형측량	3	3	5	4	3	5	5	3	3	4	4	3	5	4	5	4	4	5	4	4	80	20.0
노선측량	4	4	3	3	4	4	3	4	5	4	4	4	4	4	4	4	4	3	4	4	77	19.2
터널측량	2	2	1	2	2	1	2	2	2	2	1	2	1	2	1	2	1	2	2	2	34	8.5
지하시설물측량	1	1	0	1	1	0	1	0	0	0	1	0	0	0	1	0	1	0	0	0	8	2.0
위성측위시스템	3	4	4	3	4	3	3	2	3	4	3	3	4	3	2	3	3	3	3	3	63	15.8
사진측량	4	3	3	4	3	3	2	5	4	3	4	4	3	4	3	4	4	4	4	4	72	18.0
총 계	20	20	20	20	20	20	20	20	20	20	20	20	20	20	20	20	20	20	20	20	400	100.0

▶ 토지정보체계론

목차구분 \ 시행연도	2016년			2017년			2018년			2019년			2020년			2021년			2022년		빈도(계)	빈도(%)
	1회	2회	3회	1회	2회	3회	1회	2회	3회	1회	2회	3회	1·2회	3회	4회	1회	2회	3회	1회	2회		
총론	1	1	3	3	3	2	1	2	1	1	3	3	1	2	4	2	6	2	3	2	46	11.5
데이터의 처리	9	9	8	6	7	8	7	6	7	6	9	7	9	8	6	6	5	7	7	10	147	36.5
데이터의 관리	5	3	3	4	3	4	5	3	7	6	4	4	5	2	2	7	6	6	3	3	85	21.0
운용 및 활용	5	7	6	7	7	6	7	9	5	7	4	6	5	8	8	5	3	5	7	5	120	30.0
국가공간정보 기본법	0	0	0	0	0	1	0	0	0	2	0	1	0	0	0	0	0	0	0	0	4	1.0
총 계	20	20	20	20	20	20	20	20	20	20	20	20	20	20	20	20	20	20	20	20	400	100.0

▶ 지적학

목차구분 \ 시행연도	2016년			2017년			2018년			2019년			2020년			2021년			2022년		빈도(계)	빈도(%)
	1회	2회	3회	1회	2회	3회	1회	2회	3회	1회	2회	3회	1·2회	3회	4회	1회	2회	3회	1회	2회		
지적의 개념	3	3	4	2	3	4	4	2	2	3	2	2	2	4	3	2	4	3	3	1	56	14.0
지적제도의 발달	6	7	5	7	6	7	8	8	6	7	8	5	7	6	7	9	5	6	7	10	137	34.3
토지조사 및 임야조사	4	3	4	4	4	4	2	4	5	4	3	5	4	4	4	3	4	4	5	3	76	19.0
토지등록 및 등기	5	4	5	4	4	4	4	3	5	3	5	6	4	4	3	4	5	4	2	3	82	20.5
토지등록사항	2	3	2	3	3	2	2	3	2	3	2	2	3	2	3	2	2	3	3	3	49	12.2
총 계	20	20	20	20	20	20	20	20	20	20	20	20	20	20	20	20	20	20	20	20	400	100.0

▶ 지적관계법규

목차구분 \ 시행연도	2016년			2017년			2018년			2019년			2020년			2021년			2022년		빈도(계)	빈도(%)
	1회	2회	3회	1회	2회	3회	1회	2회	3회	1회	2회	3회	1·2회	3회	4회	1회	2회	3회	1회	2회		
총론/총칙	1	1	0	1	1	0	1	1	0	1	1	1	1	0	1	1	1	1	1	1	16	4.0
토지의 등록	1	1	2	1	2	2	1	2	2	1	1	2	1	2	1	2	2	2	2	2	32	8.0
지적공부	1	3	2	3	2	2	3	2	3	2	3	2	2	3	2	2	3	2	2	2	46	11.5
토지의 이동 및 정리	7	7	8	6	6	7	6	5	6	7	6	6	7	6	7	6	6	6	5	6	126	31.5
측량 및 지적측량	2	2	3	1	2	2	2	2	2	2	3	3	2	2	2	3	2	3	2	2	44	11.0
보칙 및 벌칙	1	1	1	2	1	1	1	2	2	1	1	0	1	2	1	1	1	1	2	1	24	6.0
부동산등기법	4	2	1	2	3	3	2	2	2	3	3	3	2	2	2	1	2	2	1	1	45	11.2
국계법	3	3	3	2	2	2	2	3	2	2	2	2	2	2	2	2	2	1	1	1	43	10.8
지적재조사법	0	0	0	1	0	1	1	1	1	1	0	1	0	1	1	1	0	0	2	2	14	3.5
도로명주소법	0	0	0	0	1	0	0	0	0	0	0	0	1	0	1	1	1	1	2	2	10	2.5
총 계	20	20	20	20	20	20	20	20	20	20	20	20	20	20	20	20	20	20	20	20	400	100.0

▪▪⚏ CBT 필기시험 방법

지적기사 필기시험은 2022년 3회 시험부터 컴퓨터를 이용하여 평가하는 CBT(Computer Based Test) 방식으로 시행되고 있습니다.

▪▪⚏ CBT 준비물

- 신분증
- 수험표
- 공학용 계산기
  - 계산기 케이스는 탈거한 후 시험 응시
  - 간단한 계산은 CBT 메뉴에서 가능
- 필기구 : 연습장에 문제풀이할 필기구
  - 컴퓨터용 사인펜은 필요하지 않으며, 문제풀이 시 필요한 필기구 지참
- 연습장 이용방법
  - 연습장은 시험 응시 전에 미리 시험감독관이 필요 여부 확인 후 배포한다.
  - 개인 지참 연습장은 사용하실 수 없다.
  - 연습장 사이즈는 A4용지 절반 정도이고 퇴실 시 반드시 반납해야 한다.

CBT(Computer Based Test) 시험 응시 절차

▶ 큐넷(www.q-net.or.kr)에서 제공하는 자격검정 CBT 웹체험 서비스 내용을 요약 정리하였으며 큐넷홈페이지에서 "자격검정 CBT 웹체험 서비스"에서 가상 체험을 할 수 있습니다.

1단계 수험자 정보 확인

시험장 감독위원이 컴퓨터에 나온 수험자 정보와 신분증이 일치하는지를 확인하는 단계입니다.

2단계 안내사항

자격검정에 대한 내용을 안내합니다.

- 시험은 총 100문제로 구성되어 있으며, 2시간 30분간 진행됩니다.
- 시험 도중 수험자 PC 장애 발생 시 손을 들어 시험감독관에게 알리면 긴급장애조치 또는 자리이동을 할 수 있습니다.
- 시험이 끝나면 채점결과(점수)를 바로 확인할 수 있습니다.
- 응시자격서류 제출 및 서류심사가 완료되어야 최종합격처리되며, 실기시험 원서접수가 가능하오니 유의하시기 바랍니다.
- 공학용 계산기는 큐넷에 공지된 허용기종 외에는 사용이 불가함을 알려드립니다.
- 과목 면제자 수험자의 경우 면제과목의 시험문제를 확인할 수 없습니다.

3단계 유의사항

- 부정행위가 발각될 경우 감독관의 지시에 따라 퇴실 조치되고, 시험은 무효로 처리되며, 3년간 국가기술자격검정에 응시할 자격이 정지됩니다.
- 국가기술자격 시험문제 저작권 보호와 관련된 주요 내용을 안내합니다.

4단계 메뉴 설명

문제풀이 메뉴 설명을 합니다.

글자크기, 화면배치, 전체 문제 수, 안 푼 문제 수, 제한 시간, 남은 시간, 계산기, 안 푼 문제 확인, 답안제출, 과목변경, 답안 표기, 페이지 이동 등의 메뉴가 있습니다.

5단계 문제풀이 연습

실제 시험과 동일한 방식의 자격검정 CBT 문제풀이 연습을 통해 CBT 시험을 준비합니다.

6단계 시험준비완료

시험 안내사항 및 문제풀이 연습까지 모두 마친 수험자는 [시험준비완료] 버튼을 클릭한 후 잠시 대기합니다.

CONTENTS 목차

제1편 ## 과년도 기출문제

제2편 ## CBT 실전모의고사

과년도
기출문제

1과목 지적측량

01 지적삼각점측량의 수평각관측에서 기지각과의 차가 ±30.8″였다. 가장 알맞은 처리방법은?

① 공차(公差) 범위를 벗어나므로 재측량해야 한다.

② 기지점을 확인해야 한다.

③ 다른 기지점을 확인해야 한다.

④ 공차 내이므로 계산처리한다.

해설 지적삼각점측량의 수평각 측각공차

종별	1방향각	1측회 폐색	삼각형 내각관측의 합과 180°의 차	기지각과의 차
공차	30초 이내	±30초 이내	±30초 이내	±40초 이내

02 경위의측량방법과 교회법에 따른 지적삼각보조점의 관측 및 계산에서 적용하는 수평각의 측각 공차 기준으로 틀린 것은?

① 1방향각 : 50초 이내

② 1측회의 폐색 : ±40초 이내

③ 삼각형 내각관측의 합과 180°의 차 : ±50초 이내

④ 기지각과의 차 : ±50초 이내

해설 지적삼각보조점측량의 수평각 측각공차

종별	1방향각	1측회 폐색	삼각형 내각관측의 합과 180°의 차	기지각과의 차
공차	40초 이내	±40초 이내	±50초 이내	±50초 이내

03 최소제곱법에서 다루는 오차는?

① 우연오차   ② 누적오차   ③ 착오   ④ 과실

해설 우연오차(부정오차, 상차)는 원인이 불분명하여 제거할 수 없으며, 최소제곱법을 이용하여 처리하여야 한다.

04 평면직각좌표상의 점 $A(X_1, Y_1)$에서 점 $B(X_2, Y_2)$를 지나고 방위각이 α인 직선에 내린 수선의 길이(E)는?

① $E = (Y_2 - Y_1)\sin\alpha - (X_2 - X_1)\cos\alpha$

② $E = (Y_2 - Y_1)\sin\alpha - (X_2 - X_1)\sin\alpha$

③ $E = (Y_2 - Y_1)\cos\alpha - (X_2 - X_1)\cos\alpha$

④ $E = (Y_2 - Y_1)\cos\alpha - (X_2 - X_1)\sin\alpha$

해설 수선장(E) = $(Y_2 - Y_1)\cos\alpha - (X_2 - X_1)\sin\alpha$

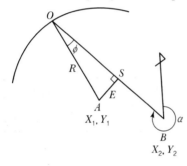

05 그림과 같이 원필지 □$ABCD$를 분할선 PQ로 분할할 때 협각이 각각 α, β, γ, δ이면 성립하는 등식은?

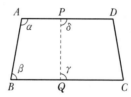

① $\alpha + \beta = \gamma + \delta$

③ $\alpha + \delta = \beta + \gamma$

② $\alpha + \gamma = \beta + \delta$

④ $\alpha + \beta + \gamma + \delta = 360°$

해설 $AD//BC$, $AB//PQ$이면, $\overline{AP} = \overline{BQ}$가 되므로
$\angle\alpha = \angle\delta$, $\angle\beta = \angle\gamma$이다.
$\therefore \alpha + \beta = \gamma + \delta$

06 지적도를 작성할 때 사용되는 측량결과도 용지의 규격은?

　① 가로 540±0.5mm, 세로 440+0.5mm

　② 가로 540±1.5mm, 세로 440+1.5mm

　③ 가로 520±0.5mm, 세로 420+0.5mm

　④ 가로 520±1.5mm, 세로 420+1.5mm

해설 측량결과도 용지의 규격은 가로 520±1.5mm, 세로 420+1.5mm이다.

07 배각법에 의한 지적도근점측량에서 측각오차가 −43″이고 측선장의 반수 합이 275.2일 때 65.32m인 변에 배분할 각은?

　① −2″　　　　　② +2″　　　　　③ −10″　　　　　④ +10″

해설 $R = \dfrac{1,000}{L} = \dfrac{1,000}{65.32} ≒ 15.31$ (L : 각 측선의 수평거리)

측각오차의 배분은 측선장에 반비례하여 각 측선의 관측각에 배분한다.

$K = -\dfrac{e}{R} \times r = -\dfrac{-43″}{275.2} \times 15.31 = -2.4″$　∴ −2.4″이므로, +2″가 된다.

[K : 각 측선에 배분할 초단위 각도, e : 초단위 오차, R : 폐색변을 포함한 각 측선장의 반수의 총합계, r : 각 측선장의 반수(반수 : 측선장 1m를 1,000으로 나눈 수)]

08 지적삼각점측량의 조정계산에서 기지내각에 맞도록 조정하는 것을 무엇이라 하는가?

　① 측참조정　　　② 삼각조정　　　③ 각조정　　　④ 망조정

해설 지적삼각점측량의 조정계산에서 기지내각에 맞도록 조정하는 것을 망조정이라고 한다.

09 다음 중 복구측량에 대한 설명으로 옳은 것은?

　① 수해지역 복구를 위한 측량

　② 축척변경을 위한 측량

　③ 지적공부 멸실 지역의 측량

　④ 임야대장상 토지를 토지대장에 옮겨 등록하기 위한 측량

해설 지적공부가 전부 또는 일부가 멸실, 훼손되었을 때 하는 것을 지적공부 복구라 하며, 이를 복구하기 위해 복구측량을 실시한다.

10 "1측점 둘레에 있는 모든 각의 합은 360°가 되어야 한다"는 조건은?

① 변조건　　　　　② 삼각조건　　　　　③ 측점조건　　　　　④ 도형조건

해설　망조정의 조건
- 각조정 : 삼각형의 내각은 180°이어야 한다.
- 점조정 : 1측점 둘레에 있는 모든 각의 합은 360°가 되어야 한다.
- 변조정 : 삼각망 중에 임의의 한 변의 길이는 계산순서와 관계없이 같은 값이어야 한다.

---

11 삼각형의 각 변이 길이가 각각 30m, 40m, 50m일 때 이 삼각형의 면적은?

① 600m²　　　　② 756m²　　　　③ 1,000m²　　　　④ 1,200m²

해설　삼변법(헤론의 공식)

$$\text{면적}(A) = \sqrt{s(s-a)(s-b)(s-c)} = \sqrt{60(60-30)(60-40)(60-50)} = 600\text{m}^2$$

$$\left(s = \frac{a+b+c}{2} = \frac{30+40+50}{2} = 60\text{m}\right)$$

---

12 지적도에 지번 및 지목을 제도할 때 글자 크기는?

① 0.5mm 이상~1.0mm 이하　　　　② 1.0mm 이상~2.0mm 이하
③ 2.0mm 이상~3.0mm 이하　　　　④ 3.0mm 이상~4.0mm 이하

해설　지적도에 지번 및 지목을 제도할 때 글자 크기는 2.0mm 이상~3.0mm 이하로 한다.

---

13 다음 중 도선법에 따른 지적도근점의 각도관측에서 방위각법에 따른 1등 도선의 폐색오차는 최대 얼마 이내로 하여야 하는가?(단, n은 폐색변을 포함한 변의 수를 말한다.)

① $\pm\sqrt{n}$ 분 이내　　　　　② $\pm 1.5\sqrt{n}$ 분 이내
③ $\pm 20\sqrt{n}$ 초 이내　　　　④ $\pm 30\sqrt{n}$ 초 이내

해설　지적도근점측량의 폐색오차 허용범위(공차)

측량방법	등급	측각(폐색)오차의 공차
방위각법	1등 도선	$\pm\sqrt{n}$ 분 이내
	2등 도선	$\pm 1.5\sqrt{n}$ 분 이내

※ n : 각 측선의 수평거리의 총합계를 100으로 나눈 수

14 아래의 토지에서 $\overline{AD}//\overline{BC}$, $\overline{AB}//\overline{PQ}$ 이고, $\overline{AP}=\overline{BQ}$ 가 되도록 □$ABQP$의 면적(F)을 지정하는 경우, $\overline{AP}$ 의 길이를 구하는 식으로 옳은 것은?(단, $L : \overline{AB}$ 의 길이)

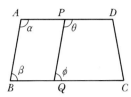

① $\dfrac{F}{L \times \sin\beta}$ ② $\dfrac{F}{L - \sin\beta}$ ③ $\dfrac{F}{L + \sin\beta}$ ④ $\dfrac{F}{L \div \sin\beta}$

해설 $AD//BC$, $AB//PQ$이면, $\overline{AP}=\overline{BQ}$가 되므로

$\angle\alpha=\angle\delta$, $\angle\beta=\angle\gamma$이다.

$\therefore \ \alpha+\beta=\gamma+\delta$

$M=N=\dfrac{F}{L \cdot \sin\beta}$, $F=N \cdot S \cdot \sin\beta$

---

15 경위의측량방법에 의한 세부측량을 실시할 때 연직각의 관측(정 · 반)값에 대한 허용 교차 범위에 대한 기준은?

① 90초 이내   ② 1분 이내

③ 3분 이내   ④ 5분 이내

해설 경위의측량방법에 의한 세부측량을 실시할 때 연직각의 관측은 정 · 반으로 1회 관측하여 그 교차가 5분 이내이면 평균치를 연직각으로 하되, 분단위로 독정(讀定)한다.

---

16 아래 그림과 같은 교회망에서 $V_a^b=125°$이고, 관측 내각이 $\alpha=60°$, $\gamma=75°$, $\gamma'=30°$일 때 점 C에서 점 P에 대한 방위각(V_c)의 크기는 얼마인가?

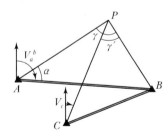

① 15°   ② 20°   ③ 25°   ④ 30°

해설 $V_a = V_a^b - \alpha = 125° - 60° = 65°$

$x = r - r' = 75° - 30° = 45°$

$V_c = V_a - x = 65° - 45° = 20°$

17 전파기에 따른 지적삼각점의 계산 시 점간거리는 어떤 거리에 의하여 계산하여야 하는가?

① 점간 실제 수평거리
② 점간 실제 경사거리
③ 원점에 투영된 평면거리
④ 기준면상 거리

> **해설** 점간거리는 5회 측정하여 그 측정치의 최대치와 최소치의 교차가 평균치의 10만분의 1 이하일 때에는 그 평균치를 측정거리로 하고, 원점에 투영된 평면거리에 따라 계산한다.

18 좌표면적계산법에 의한 면적측정 시 산출면적에 대한 단위 기준이 옳은 것은?

① 10,000분의 $1m^2$까지 계산하여 100분의 $1m^2$ 단위로 결정한다.
② 10,000분의 $1m^2$까지 계산하여 10분의 $1m^2$ 단위로 결정한다.
③ 1,000분의 $1m^2$까지 계산하여 100분의 $1m^2$ 단위로 결정한다.
④ 1,000분의 $1m^2$까지 계산하여 10분의 $1m^2$ 단위로 결정한다.

> **해설** 좌표면적계산법에 의한 면적측정 시 산출면적은 1,000분의 $1m^2$까지 계산하여 10분의 $1m^2$ 단위로 결정한다.

19 오차타원에 의한 삼각점의 오차분석에 대한 내용으로 틀린 것은?

① 오차타원의 크기가 작을수록 정확도가 높다.
② 오차타원이 원에 가까울수록 오차의 균질성이 약하다.
③ 오차타원의 요소는 타원의 장단축과 회전각이다.
④ 오차타원의 분산, 공분산 행렬의 계수로부터 구할 수 있다.

> **해설** 오차타원이 원에 가까울수록 오차의 균질성이 좋다.

20 다음 중 면적의 결정방법으로 옳은 것은?

① 지적도의 축척이 1/600인 지역의 면적단위는 m^2로 한다.
② 지적도의 축척이 1/600인 지역의 면적단위는 m^2 이하 한 자리로 한다.
③ 지적도의 축척이 1/600인 지역의 1필지의 면적이 $1m^2$ 미만인 경우는 $1m^2$로 면적을 결정한다.
④ 지적도의 축척이 1/600인 지역의 1필지의 면적이 $0.1m^2$ 미만인 경우는 버린다.

> **해설** 지적도의 축척이 1/600인 지역과 경계점좌표등록부에 등록하는 지역의 토지면적은 m^2 이하 한 자리 단위로 하되, $0.1m^2$ 미만의 끝수가 있는 경우 $0.05m^2$ 미만일 때에는 버리고 $0.05m^2$를 초과할 때에는 올리며, $0.05m^2$일 때에는 구하려는 끝자리의 숫자가 0 또는 짝수면 버리고 홀수면 올린다. 다만, 1필지의 면적이 $0.1m^2$ 미만일 때에는 $0.1m^2$로 한다.

21 그림과 같이 측점 A의 밑에 기계를 세워 천정에 설치된 측점 A, B를 관측하였을 때 두 점의 높이차(H)는?

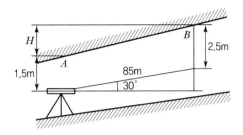

① 42.5m

② 43.5m

③ 45.5m

④ 46.5m

> **해설** 높이차(H) + $I.H$ = $L\sin\alpha + H.P$
>
> $H = L\sin\alpha + H.P - I.H = 85 \times \sin 30° + 2.5 - 1.5 = 43.5$m
>
> ($I.H$: 기계고, $H.P$: 시준고, L : 경사거리, α : 연직각)

22 다음 중 사진을 재촬영해야 할 경우가 아닌 것은?

① 구름이 사진상에 나타날 때

② 인접사진 간 축척이 현저히 차이 날 때

③ 홍수로 인하여 지형을 구분할 수 없을 때

④ 종중복도가 70% 정도일 때

> **해설** 종중복도는 최소 50% 이상이면 되므로 종중복도가 70%인 경우는 재촬영대상이 아니다.

23 지형도의 난외주기 사항에 「NJ 52 − 13 − 17 − 3 대천」과 같이 표시되어 있을 때, NJ 52가 의미하는 것은?

① TM 도엽번호

② UTM 도엽번호

③ 경위도좌표계 구역번호

④ 가우스쿠르거 도엽번호

> **해설** 난외주기 사항에 「NJ 52 − 13 − 17 − 3 대천」과 같이 표시되어 있을 때, NJ 52는 UTM 도엽번호이다.

24 사진판독에 있어 삼림지역에서 표층토양의 함수율에 의하여 사진의 색조가 변화하는 현상은?

① 소일 마크(Soil Mark)

② 왜곡 마크(Distortion Mark)

③ 셰이드 마크(Shade Mark)

④ 플로팅 마크(Floating Mark)

해설 소일 마크(Soil Mark)는 삼림지역에서 표층토양의 함수율에 의하여 사진의 색조가 변화하는 현상이다.

25 수준측량의 야장기입법 중 중간점(I.P)이 많을 때 가장 편리한 것은?

① 기고식

② 고차식

③ 승강식

④ 방사식

해설 기고식은 기계고를 이용하여 표고를 결정하며, 도로의 종횡단 측량처럼 중간점이 많을 때 사용한다. 고차식은 전시 합과 후시 합의 차로 고저차를 구하는 방법으로 시작점과 최종점 간의 고저차나 지반고를 계산하는 것이 주목적이며, 중간의 지반고를 구할 필요가 없을 때 사용한다. 승강식은 높이차(전시－후시)를 현장에서 계산하여 작성하며 정확도가 높은 측량에 적합하다.

26 축척 1/25,000 지형도에서 등고선의 간격 10m를 묘사할 수 있는 도상 간격이 0.13mm라 할 경우 등고선으로 표현할 수 있는 최대경사각으로 옳은 것은?

① 약 45°

② 약 60°

③ 약 72°

④ 약 90°

해설 수평거리＝축척×도상거리＝25,000×0.13mm＝3.25m

$$\therefore \text{경사각 } \theta = \tan^{-1}\left(\frac{\text{높이}}{\text{수평거리}}\right) = \tan^{-1}\left(\frac{10}{3.25}\right) \fallingdotseq 72°$$

27 다음 중 지형의 표시방법이 아닌 것은?

① 점고법

② 우모법

③ 평행선법

④ 등고선법

해설 지형도에 의한 지형의 표시방법

- 자연도법 : 우모법(영선법, 게바법), 음영법(명암법)
- 부호도법 : 점고법 · 등고선법 · 채색법

28 원격탐사(Remote Sensing)의 센서에 대한 설명으로 옳지 않은 것은?

① 전자파 수집장치로 능동적 센서와 수동적 센서로 구분된다.

② 능동적 센서는 대상물에서 반사 또는 방사되는 전자파를 수집하는 센서를 의미한다.

③ 수동적 센서에는 선주사방식과 카메라방식이 있다.

④ 능동적 센서에는 Rader 방식과 Laser 방식이 있다.

해설 탐측기(Sensor)의 구분
• 능동적 센서 : 수동적 센서로 구분한다. 능동적 센서는 대상물에서 반사 또는 방사되는 전자파를 수집하는 센서
• 수동적 센서 : 대상물에서 반사 또는 방사되는 전자파를 수집하는 센서

29 노선측량의 종단면도, 횡단면도에 대한 설명으로 옳지 않은 것은?

① 일반적으로 횡단면도의 가로 · 세로 축척은 같게 한다.

② 일반적으로 종단면도에서 세로 축척은 가로 축척보다 작게 한다.

③ 종단면도에서 계획선을 정할 때 일반적으로 성토, 절토를 동일하게 하는 것이 좋다.

④ 종단면도에서 계획기울기는 제한기울기 이내로 한다.

해설 일반적으로 종단면도를 제작할 경우 가로(거리) 축척보다 세로(표고) 축척이 대축척이다.

30 원격탐사자료가 이용되는 분야의 거리가 먼 것은?

① 토지 분류 조사 ② 토지소유자 조사

③ 토지이용 현황 조사 ④ 도로교통량의 변화 조사

해설 원격탐사자료를 이용해서 토지소유자는 알 수 없다.

31 곡선의 반지름이 250m, 교각 80°20′의 원곡선을 설치하려고 한다. 시단현에 대한 편각이 2°10′ 이라면 시단현의 길이는?

① 16.29m ② 17.29m

③ 17.45m ④ 18.91m

해설 $\text{편각}(\delta) = \frac{l}{2R}(\text{라디안}) = 1,718.87' \frac{l}{R}(\text{분}) \rightarrow 2°10' = 1,718.87' \times \frac{l}{250}$

$\therefore \text{시단현의 길이}(l) = \frac{2°10' \times 250}{1,718.87'} = 18.91\text{m}$

32 완화곡선에 대한 설명 중 잘못된 것은?

① 완화곡선의 반지름은 시점에서 원의 반지름부터 시작하여 점차 증가하여 무한대가 된다.

② 우리나라에서는 주로 도로에서는 완화곡선에 클로소이드 곡선을, 철도에서는 3차 포물선을 사용한다.

③ 완화곡선의 접선은 시점에서 직선에 접하고 종점에서 원호에 접한다.

④ 완화곡선에 연한 곡선반지름의 감소율은 캔트의 증가율과 같다.

해설 완화곡선의 반경은 완화곡선의 시점에서 무한대, 종점에서는 원곡선의 반경(R)이 된다.

33 도로의 중심선을 따라 20m 간격의 종단측량을 하여 다음과 같은 결과를 얻었다. 측점 1과 측점 5의 지반고를 연결하여 도로계획선을 설정한다면 이 계획선의 경사는?

측점	지반고(m)	측점	지반고(m)
No.1	53.63	No.4	70.65
No.2	52.32	No.5	50.83
No.3	60.67		

① +3.5%   ② +2.8%   ③ -2.8%   ④ -3.5%

해설 측점 1과 5의 높이차$(h) = 53.63 - 50.86 = 2.77$m, 측점 1과 5의 거리 $= 80$m

$$구배 = \frac{높이}{수평거리} = \frac{2.77}{80} ≒ 3.5\%$$

∴ 측점 5의 지반고가 1보다 낮으므로 경사도는 -3.5%이다.

34 지하시설물 관측방법에서 원래 누수를 찾기 위한 기술로 수도관로 중 PVC 또는 플라스틱 관을 찾는 데 이용되는 관측방법은?

① 전기관측법   ② 자장관측법

③ 음파관측법   ④ 자기관측법

해설 음파관측법은 누수를 찾기 위한 기술로 수도관로 중 PVC 또는 플라스틱 관을 찾는 데 이용되는 관측방법이다.

35 키 1.6m인 사람이 해안선에서 해상을 바라볼 수 있는 거리는?(단, 지구의 곡률반지름은 6,370km이다.)

① 1,600m   ② 2,257m   ③ 3,200m   ④ 4,515m

해설 곡률오차(구차)$= \dfrac{D^2}{2R} = \dfrac{D^2}{2 \times 6,370,000}$ ∴ $D = 4,515$m

36 수준측량 작업에서 전시와 후시의 거리를 같게 하여 소거되는 오차와 거리가 먼 것은?

① 기차의 영향

② 레벨 조정 불완전에 의한 기계오차

③ 지표면의 구차의 영향

④ 표척의 영점오차

해설 수준측량에서 전시와 후시의 시준거리를 같게 관측하면 소거되는 오차에는 시준선이 기포관 축과 평행하지 않을 때 발생하는 오차, 레벨 조정 불완전에 의한 오차, 지구 곡률오차, 대기 굴절오차 등이 있다. 표척의 영점오차는 표척을 세운 횟수를 짝수로 하여 제거할 수 있다.

37 카메라의 초점거리 153mm, 촬영경사 7°로 평지를 촬영한 사진이 있다. 이 사진의 등각점은 주점으로부터 최대경사선상의 몇 mm인 곳에 위치하는가?

① 9.36mm　　② 10.63mm　　③ 12.36mm　　④ 13.63mm

해설 $mj = f \times \tan\left(\dfrac{\theta}{2}\right) = 153 \times \tan\left(\dfrac{7°}{2}\right) \fallingdotseq 9.36\text{mm}$

38 실체사진 위에서 이동한 물체를 실체시하면, 그 운동 때문에 그 물체가 겉보기상의 시차가 발생하고, 그 운동이 기선방향이면 물체가 뜨거나 가라앉아 보이는 효과는?

① 카메론효과(Cameron Effect)

② 가르시아효과(Garcia Effect)

③ 고립효과(Isolated Effect)

④ 상위효과(Discrepancy Effect)

해설 카메론효과(Cameron Effect)란 실체사진 위에서 이동한 물체를 실체시하면, 그 운동 때문에 그 물체가 겉보기상의 시차가 발생하고, 그 운동이 기선방향이면 물체가 뜨거나 가라앉아 보이는 효과이다.

39 GPS에서 단일차분해(Single Difference Solution)를 얻을 수 있는 경우는?

① 두 개의 수신기가 시간 간격을 두고 각각의 위성을 관측하는 경우

② 두 개의 수신기가 동일한 순간에 각각의 위성을 관측하는 경우

③ 두 개의 수신기가 동일한 순간에 동일한 위성을 관측하는 경우

④ 한 개의 수신기가 한순간에 한 개의 위성만 관측하는 경우

해설 GPS에서 단일차분해(Single Difference Solution)를 얻을 수 있는 경우는 두 개의 수신기가 동일한 순간에 동일한 위성을 관측할 때이다.

40 지표에서 거리 1,000m 떨어진 A, B 두 개의 수직터널에 의하여 터널 내외의 연결측량을 하는 경우 수직터널의 깊이가 1,500m라 할 때, 두 수직터널 간 거리의 지표와 지하에서의 차이는?(단, 지구반지름 $R = 6,370$km)

① 15cm   ② 24cm   ③ 48cm   ④ 52cm

해설 두 수직터널 간 거리의 지표와 지하에서의 차이는 표고보정을 적용하면,

$$C_h = \frac{LH}{R} = \frac{1,000 \times 1,500}{6,370 \times 1,000} = 0.235\text{m} \fallingdotseq 24\text{cm}$$

[C_h : 표고보정량, L : 수평거리, R : 지구의 곡률반경(6,370km), H : 평균표고]

3과목 토지정보체계론

41 자동 벡터화에 대한 설명으로 틀린 것은?

① 래스터자료를 소프트웨어에 의해 벡터화하는 것이다.
② 경우에 따라 수동 디지타이징보다 결과가 나쁠 수 있다.
③ 자동 벡터화 후에 처리결과를 확인할 필요가 있다.
④ 위상구조화 작업도 신속하게 이루어진다.

해설 자동 벡터화를 실시한 후 별도의 위상구조화 작업을 하여야 한다.

42 오차의 발생 원인에 대한 설명 중 틀린 것은?

① 자료입력을 수동으로 하는 것도 오차 유발의 원인이 된다.
② 원자료의 오차는 자료기반에 거의 포함되지 않는다.
③ 여러 가지의 자료층을 처리하는 과정에서 오차가 발생한다.
④ 지역을 지도화하는 과정에서 선으로 표현할 때 오차가 발생한다.

해설 원자료의 오차는 자료기반에 거의 포함된다.

43 다음 중 래스터데이터의 저장형식에 해당하지 않는 것은?

① BMP   ② JPG   ③ TIFF   ④ DXF

해설
• 벡터파일 형식 : Shape, Coverage, CAD, DLG, VPF, TIGER
• 래스터파일 형식 : TIFF, BMP, GIF, JPG, DEM

44 래스터데이터의 단점으로 볼 수 없는 것은?

① 해상도를 높이면 자료의 양이 크게 늘어난다.

② 객체단위로 선택하거나 자료의 이동, 삭제, 입력 등 편집이 어렵다.

③ 위상구조를 부여하지 못하므로 공간적 관계를 다루는 분석이 불가능하다.

④ 중첩기능을 수행하기가 불편하다.

해설 래스터데이터 구조의 장단점

장점	단점
• 데이터 구조가 간단하다. • 다양한 레이어의 중첩분석이 용이하다. • 영상자료(위성 및 항공사진 등)와 연계가 용이하다. • 중첩분석이 용이하다. • 셀의 크기와 형태가 동일하여 시뮬레이션이 용이하다.	• 이미지 자료이기 때문에 자료량이 크다. • 셀의 크기를 확대하면 정보 손실을 초래한다. • 시각적인 효과가 떨어진다. • 관망분석이 불가능하다. • 좌표변환(벡터화) 시 절차가 복잡하고 시간이 많이 소요된다.

45 데이터베이스관리시스템(DBMS)의 단점이 아닌 것은?

① 시스템 구성이 복잡 ② 데이터의 중복성 발생

③ 통제의 집중화에 따른 위험 존재 ④ 초기 구축비용과 유지비용이 고가

해설 데이터베이스관리시스템(DBMS)의 장단점

장점	단점
• 데이터의 독립성 • 데이터의 중복성 배제 • 데이터의 공용화 • 데이터의 일관성 유지 • 데이터의 무결성과 보안성 • 데이터의 표준화 • 새로운 응용프로그램 개발의 용이성	• 운영비용 부담 • 시스템의 복잡성 • 중앙집약적 구조의 위험성

46 다음 중 사용자권한 등록파일에 등록하는 사용자의 권한에 해당하지 않는 것은?

① 지적전산코드의 입력 · 수정 및 삭제

② 토지등급 및 기준수확량등급 변동의 관리

③ 개별공시지가의 변동 관리

④ 기업별 토지소유현황의 조회

해설 기업별 토지소유현황의 조회는 사용자권한 등록파일에 등록하는 사용자의 권한이 아니다.

47 노랑머리를 가진 새가 서식하는 특정한 식생이 있는지를 파악하기 위해서는 어떤 중첩기법을 써야 하는가?

① 점과 폴리곤
② 선과 선
③ 선과 폴리곤
④ 폴리곤과 폴리곤

해설 노랑머리를 가진 새는 점으로 표현되며, 새가 서식하는 특정한 식생은 폴리곤으로 표현되므로 점과 폴리곤의 중첩을 통하여 분석할 수 있다.

48 데이터베이스 관리용으로 사용되는 소프트웨어는?

① Oracle
② ERDAS Imagine
③ SPSS
④ ArcGIS

해설 데이터베이스 관리용으로 사용되는 소프트웨어는 Oracle이다.

49 다음 중 서로 다른 체계들 간의 자료 공유를 위한 공간자료교환표준으로 대표적인 것은?

① CEN/TC 287
② SDTS
③ DX-90
④ Z39-50

해설 SDTS(Spatial Data Transfer Standard, 공간자료교환표준)는 미국에서 공간정보의 교환과 공유를 위해 개발된 표준으로 가장 일반적이고 안정적인 교환 포맷이며, 1995년 12월 우리나라 NGIS 데이터 교환표준으로 채택되었다.

50 공간보간법에서 지형의 기복이 심하지 않은 표면을 생성하는 데 적합한 방법은?

① 국지적 보간법
② 전역적 보간법
③ 정밀 보간법
④ Spline 보간법

해설 전역적 보간법은 공간보간법에서 지형의 기복이 심하지 않은 표면을 생성하는 데 적합한 방법이다.

51 지적전산자료의 이용에 관한 설명으로 옳은 것은?

① 시·군·구 단위의 지적전산자료를 이용하고자 하는 자는 지적소관청 또는 도지사의 승인을 얻어야 한다.
② 시·도 단위의 지적전산자료를 이용하고자 하는 자는 시·도지사 또는 행정자치부장관의 승인을 얻어야 한다.
③ 전국 단위의 지적전산자료를 이용하고자 하는 자는 국토교통부장관, 시·도지사 또는 지적소관청의 승인을 얻어야 한다.
④ 심사 및 승인을 거쳐 지적전산자료를 이용하는 모든 자는 사용료를 면제한다.

① 시·군·구 단위의 지적전산자료를 이용하고자 하는 자는 지적소관청의 승인을 얻어야 한다.
② 시·도 단위의 지적전산자료를 이용하고자 하는 자는 시·도지사 또는 지적소관청의 승인을 얻어야 한다.
④ 심사 및 승인을 거쳐 지적전산자료를 이용하는 모든 자는 사용료를 납부하여야 한다.

52 과거 지적재조사사업의 추진 방향이 아닌 것은?

① 지목의 단순화　　　　　　　　　② 축척 구분의 단순화
③ 지적도와 임야도의 통합　　　　　④ 토지대장과 임야대장의 통합

해설　지적재조사사업은 지적공부의 등록사항을 조사·측량하여 기존의 지적공부를 디지털에 의한 새로운 지적공부로 대체함과 동시에 지적공부의 등록사항이 토지의 실제 현황과 일치하지 아니하는 경우, 이를 바로잡기 위하여 실시하는 국가사업을 말한다. 지목을 단순화하는 것은 지적재조사사업의 추진방향과는 관련이 없다.

53 토지 및 지리정보시스템의 일반적인 데이터 형태로 옳은 것은?

① 공간데이터와 속성데이터　　　　② 속성데이터와 내성데이터
③ 내성데이터와 위상데이터　　　　④ 위상데이터와 라벨데이터

해설　토지 및 지리정보시스템은 공간데이터와 속성데이터로 구성되어 있다.

54 지적공부의 등록사항 중에서 토지소유자에 관한 사항에 잘못이 있어 등록사항을 정정하는 경우 확인자료에 해당되지 않는 것은?

① 등기필증　　　　　　　　　　　② 등기완료통지서
③ 토지대장 및 매매계약서　　　　　④ 등기관서에서 제공한 등기전산 정보자료

해설　등록사항을 정정할 때 토지소유자에 관한 사항의 확인자료에는 등기필증, 등기완료통지서, 등기사항증명서 또는 등기관서에서 제공한 등기전산 정보자료 등이 있다. 토지대장 및 매매계약서와는 관계가 없다.

55 다음 중 런렝스(Run-length) 코드 압축방법에 대한 설명이 아닌 것은?

① 동일한 속성값을 개별적으로 저장하는 대신 하나의 런(Run)에 해당하는 속성값이 한 번만 저장된다.
② Quadtree 방법과 함께 많이 쓰이는 격자자료 압축방법이다.
③ 런(Run)은 하나의 행에서 동일한 속성값을 갖는 격자를 의미한다.
④ 대상지역에 해당하는 격자들의 연속적인 연결상태를 파악하여 압축하는 방법이다.

해설　대상지역에 해당하는 격자들의 연속적인 연결상태를 파악하여 압축하는 것은 체인코드(Chain Code) 기법이다.

56 디지타이징 및 벡터편집의 오류에서 중복되어 있는 점, 선을 제거함으로써 수정할 수 있는 방법은?

① 언더슈트(Undershoot)

② 오버슈트(Overshoot)

③ 슬리버 폴리곤(Sliver Polygon)

④ 오버래핑(Overlapping)

해설 ① 언더슈트 : 어떤 선이 다른 선과의 교차점까지 연결되어야 하는데 완전히 연결되지 못하고 선이 끝나는 경우를 말한다.

② 오버슈트 : 어떤 선분까지 그려야 하는데 그 선분을 지나쳐 그려진 경우를 말한다.

③ 슬리버 폴리곤 : 지적필지를 표현할 때 필지가 아닌데도 경계불일치로 조그만 폴리곤이 생겨 필지로 인식되는 오류이다.

57 필지중심토지정보시스템(PBLIS)의 구성에 해당하지 않는 것은?

① 지적공부관리시스템

② 지적측량성과작성시스템

③ 부동산등기관리시스템

④ 지적측량시스템

해설 필지중심토지정보체계(PBLIS)는 지적공부관리시스템, 지적측량시스템, 지적측량성과작성시스템 등으로 구성된다.

58 데이터베이스의 일반적인 모형과 거리가 먼 것은?

① 입체형(Solid)

② 계급형(Hierarchical)

③ 관망형(Network)

④ 관계형(Relational)

해설 데이터베이스의 모형에는 계층형(계급형), 네트워크(관망)형, 관계형, 객체지향형, 객체관계형 등이 있다.

59 벡터데이터의 특성이 아닌 것은?

① 래스터데이터에 비해 데이터 압축률이 우수하며 검색이 빠르다.

② 각기 다른 위상구조로 중첩기능을 수행하기 어렵다.

③ 격자 간격에 의존하여 면으로 표현된다.

④ 자료의 갱신과 유지관리가 편리하다.

해설 격자데이터는 격자 간격에 의존하여 면으로 표현된다.

60 과거 건설교통부의 토지 관련 업무를 다루는 시스템과 행정자치부의 지적 관련 업무 처리시스템이 분리되어 운영됨에 따른 자료의 이중관리 및 정확성 문제 등을 해결하기 위하여 구축된 통합정보시스템은?

① KLIS   ② LMIS   ③ PBLIS   ④ SGIS

> **해설** 한국토지정보시스템(KLIS : Korea Land Information System)은 (구)행정자치부(현 행정안전부)의 필지중심토지정보시스템(PBLIS)과 (구)건설교통부(현 국토교통부)의 토지종합정보망(LMIS)을 하나로 통합한 시스템으로, 전산정보의 공공 활용과 행정의 효율성 제고를 위한 정보화 사업의 일환이었다.

4과목 **지적학**

61 다음 중 현대지적의 원리와 거리가 먼 것은?

① 민주성의 원리   ② 정확성의 원리
③ 능률성의 원리   ④ 경제성의 원리

> **해설** 현대지적의 원리에는 공기능성의 원리, 민주성의 원리, 능률성의 원리, 정확성의 원리 등이 있다.

62 다음 중 조선시대의 경국대전에 명시된 토지 등록제도는?

① 공전제도   ② 사전제도
③ 정전제도   ④ 양전제도

> **해설** 경국대전에 의하면 모든 토지를 6등급으로 나누어 20년마다 한 번씩 양전을 실시하여 그 결과를 양안에 기록하며, 호조 · 본도 · 본읍에 보관하기로 되어 있다.

63 현재 우리나라에서 채택하고 있는 지목제도는?

① 용도지목   ② 복식지목
③ 토질지목   ④ 지형지목

> **해설** 지목은 토지의 현황에 따라 지형지목, 토성지목, 용도지목으로 구분한다. 이 중 용도지목은 토지의 현실적 용도에 따라 결정하며, 우리나라를 포함한 대부분의 국가에서 사용한다. 지형지목은 지표면의 형상, 토지의 고저 등 토지의 모양에 따라 결정한다.

64 현행 임야대장에 토지를 등록하는 순서로 가장 옳은 것은?

① 지번 순으로 한다.

② 면적이 큰 순으로 한다.

③ 소유자 성(姓)의 가, 나, 다 순으로 한다.

④ 「공간정보의 구축 및 관리 등에 관한 법률」에 규정된 지목의 순으로 한다.

> **해설** 지적공부를 편성하는 방법은 물적 편성주의이므로 지적공부에 토지를 등록하는 순서는 지번 순으로 이루어진다.

65 역둔토 실지조사를 실시할 경우 조사 내용에 해당되지 않는 것은?

① 지번 · 지목

② 면적 · 사표

③ 등급 및 결정소작료

④ 경계 및 조사자 성명

> **해설** 역둔토 실지조사 내용에는 지번, 지목, 등급, 지적, 소작인의 주소 및 성명 또는 명칭, 소작연월일 및 대부료 등이 있다.

66 간주지적도에 등록하는 토지대장의 명칭이 아닌 것은?

① 산토지대장

② 을호토지대장

③ 민유토지대장

④ 별책토지대장

> **해설** 간주지적도는 지적도로 간주하는 임야도를 의미하며, 간주지적도에 등록된 토지의 대장은 산토지대장, 별책토지대장, 을호토지대장이라고 하였다.

67 다음 중 경계점좌표등록부를 작성하여야 할 곳은?

① 「국토의 계획 및 이용에 관한 법률」상의 도시지역

② 임야도시행지구

③ 도시개발사업을 지적확정측량으로 한 지역

④ 측판측량방법으로 한 농지구획정리지구

> **해설** 도시개발사업을 지적확정측량으로 한 지역과 축척변경을 실시하여 경계점을 좌표로 등록한 지역에는 반드시 경계점좌표등록부를 비치하여야 한다.

68 지적제도의 특징으로 가장 거리가 먼 것은?

① 안정성

② 적응성

③ 간편성

④ 정확성

> **해설** 지적제도의 특징에는 안정성, 간편성, 정확성과 신속성, 저렴성, 적합성, 등록의 완전성이 있다.

69 법지적 제도와 거리가 가장 먼 것은?

① 정밀한 대축척 지적도 작성
② 토지의 사용, 수익, 처분권 인정
③ 토지의 상품화
④ 토지자원의 배분

해설 토지자원의 배분은 다목적지적과 관련이 있다.

70 토지의 특정성(特定性)을 살려 다른 토지와 분명히 구별하기 위한 토지표시방법은?

① 지목을 구분하는 것
② 지번을 붙이는 것
③ 면적을 정하는 것
④ 토지의 등급을 정하는 것

해설 토지등록제도에서 특정화의 원칙은 권리의 객체로서의 모든 토지는 반드시 특정적이면서도 단순하며, 명확한 방법으로 인식될 수 있도록 개별화함을 의미한다. 특정성에 가장 부합하는 토지의 표시는 지번이다.

71 토지에 대한 물권을 설정하기 위하여 지적제도가 담당해야 할 가장 중요한 역할은 무엇인가?

① 소유권 사정
② 필지의 획정
③ 지번의 설정
④ 면적의 측정

해설 토지에 대한 물권을 설정하기 위하여 지적제도가 담당해야 할 가장 중요한 역할은 필지의 획정이다.

72 토지조사사업 당시 사정에 대한 재결기관은?

① 지방토지조사위원회
② 도지사
③ 임시토지조사국장
④ 고등토지조사위원회

해설 사정에 대하여 불복이 있는 경우의 재결기관은 토지조사사업에서는 고등토지조사위원회이며, 임야조사사업에서는 임야조사위원회이다.

73 다음 중 1필지의 성립 요건에 해당되지 않는 것은?

① 지번설정지역이 같을 것
② 지목이 같을 것
③ 소유자가 같을 것
④ 기등기된 토지일 것

해설 1필지의 성립 요건에는 지번부여지역·소유자·지목·축척의 동일, 지반의 연속, 소유권 이외 권리의 동일, 등기 여부의 동일 등이 있다.

74 지적의 발생설 중 영토의 보존과 통치수단이라는 두 관점에 대한 이론은?

① 지배설　　　② 치수설　　　③ 침략설　　　④ 과세설

해설 ② 치수설(토지측량설)은 지적이 토목측량술 및 치수에서 비롯되었다는 설이다.
　　③ 침략설은 지적이 영토 확장과 침략상 우위를 확보하려는 목적에서 비롯되었다고 보는 설이다.
　　④ 과세설은 지적이 세금징수의 목적에서 출발했다는 설이다.

75 다음 중 토지등록제도의 장점으로 보기 어려운 것은?

① 사인간(私人間)의 토지거래에 있어서 용이성과 경비절감을 기할 수 있다.
② 토지에 대한 장기신용에 의한 안정성을 확보할 수 있다.
③ 지적과 등기에 공신력이 인정되고, 측량성과의 정확도가 향상될 수 있다.
④ 토지분쟁의 해결을 위한 개인의 경비나, 시간의 절감을 가져오고 소송사건이 감소될 수 있다.

해설 우리나라의 경우 지적과 등기에 모두 공신력이 인정되지 않는다.

76 토지조사사업 당시 험조장의 위치를 선정할 때 고려사항이 아닌 것은?

① 유수 및 풍향　　　　　　② 해저의 깊이
③ 선착장의 편리성　　　　　④ 조류의 속도

해설 험조장 위치 선정 시 고려사항에는 유수 및 풍향, 해저의 깊이, 조류의 속도 등이 있다.

77 토지조사사업 당시 확정된 소유자가 다른 토지 사이에 사정된 경계선을 무엇이라 하는가?

① 지계선　　　② 강계선　　　③ 구획선　　　④ 지역선

해설 강계선(疆界線)은 토지조사사업 당시 확정된 소유자가 다른 토지 사이에 사정된 경계선이다.

78 지적업무가 재무부에서 내무부로 이관되었던 연도로 옳은 것은?

① 1950년　　　② 1960년　　　③ 1962년　　　④ 1975년

해설 지적업무는 1962년 재무부에서 내무부로 이관되었다.

79 토지등록의 목적과 관계가 가장 적은 것은?

① 토지의 현황 파악　　　　　　② 토지의 수량 조사

③ 토지의 권리상태 공시　　　　④ 토지의 과실 기록

해설　토지의 과실 기록은 대장에 등록되지 않기 때문에 토지등록의 목적과 관계가 적다.

80 토지조사사업의 목적과 가장 거리가 먼 것은?

① 토지소유의 증명제도 확립　　② 토지소유의 합리화

③ 국토개발계획의 수립　　　　　④ 토지의 면적단위 통일

해설　토지조사사업의 목적에는 ①, ②, ④ 외에 조세 수입체계 확립, 조선총독부의 소유지 확보, 토지점유 보장의 법률적 제도 확립 등이 있다.

5과목　지적관계법규

81 다음 축척변경에 관한 설명의 (　　) 안에 적합한 것은?

> 지적소관청은 축척변경을 하려면 축척변경 시행지역의 토지소유자 (　　) 이상의 동의를 받아 축척 변경위원회의 의결을 거친 후 시 · 도지사 또는 대도시 시장의 승인을 받아야 한다.

① 4분의 1　　　② 3분의 1　　　③ 3분의 2　　　④ 2분의 1

해설　지적소관청은 축척변경을 하려면 축척변경 시행지역의 토지소유자 3분의 2 이상의 동의를 받아 축척변경위원회의 의결을 거친 후 시 · 도지사 또는 대도시 시장의 승인을 받아야 한다.

82 다음 중 축척변경에 관한 측량에 따른 청산금의 산정에 대한 설명으로 옳지 않은 것은?

① 지적소관청은 축척변경에 관한 측량을 한 결과 측량 전에 비하여 면적의 증감이 있는 경우에는 그 증감면적에 대하여 청산을 하여야 한다.

② 청산을 할 때에는 축척변경위원회의 의결을 거쳐 지번별로 m^2당 금액을 정하여야 한다.

③ 청산금은 축척변경 지번별 조서의 필지별 증감면적에 지번별 m^2당 금액을 곱하여 산정한다.

④ 지적소관청은 청산금을 지급받을 자가 청산금을 받기를 거부할 때에는 그 청산금을 공탁할 수 없다.

해설　지적소관청은 청산금을 지급받을 자가 청산금을 받기를 거부할 때에는 그 청산금을 공탁할 수 있다.

83 토지의 지목을 구분하는 경우 "임야"에 대한 설명 중 (   ) 안에 해당하지 않는 것은?

산림 및 원야(原野)를 이루고 있는 (   ) 등의 토지

① 수림지(樹林地)　　　　　　　　② 죽림지
③ 간석지　　　　　　　　　　　　④ 모래땅

> **해설** 간석지는 지목을 임야로 할 수 없어 지적공부에 등록되지 않으므로 지목을 설정할 수 없다.

84 「국토의 계획 및 이용에 관한 법률 시행령」상 개발행위 허가기준에 따른 분할제한면적 미만으로 토지분할하는 경우에 해당하지 않는 것은?

① 사설도로를 개설하기 위한 분말
② 녹지지역 안에서의 기존 묘지의 분할
③ 「사도법」에 의한 사도개설허가를 받아서 하는 분할
④ 사설도로로 사용되고 있는 토지 중 도로로서의 용도가 폐지되는 부분을 인접토지와 합병하기 위하여 하는 분할

> **해설** 토지분할 시 허가를 받지 않아도 되는 경우에는 ①, ②, ④ 외 행정재산 중 용도폐지되는 부분의 분할 또는 일반재산을 매각·교환 또는 양여하기 위한 분할, 토지의 일부가 도·시·군계획시설로 지형도면고시가 된 당해 토지의 분할 등이 있다.

85 「공간정보의 구축 및 관리 등에 관한 법률」에서 300만 원 이하의 과태료 대상이 아닌 것은?

① 고시된 측량성과에 어긋나는 측량성과를 사용한 자
② 본인 또는 배우자가 소유한 토지에 대한 지적측량을 한 자
③ 정당한 사유 없이 측량을 방해한 자
④ 고의로 측량성과를 사실과 다르게 한 자

> **해설** 고의로 측량성과를 사실과 다르게 한 자는 2년 이하의 징역 또는 2,000만 원 이하의 벌금형에 해당한다.

86 다음 중 토지의 합병을 신청할 수 있는 경우는?

① 합병하려는 토지의 지적도 및 임야도의 축척이 서로 다른 경우
② 합병하려는 토지가 등기된 토지와 등기되지 아니한 토지인 경우
③ 합병하려는 토지의 소유자별 공유지분이 다르거나 소유자의 주소가 서로 다른 경우
④ 합병하려는 각 필지의 지목은 같으나 일부 토지의 용도가 다르게 되어 합병신청과 동시에 토지의 용도에 따라 분할신청을 하는 경우

합병을 신청할 수 없는 토지에는 ①, ②, ③ 외에 합병하려는 토지의 지번부여지역, 지목 또는 소유자가 서로 다른 경우, 소유권·지상권·전세권 또는 임차권의 등기 외의 등기가 있는 경우, 승역지에 대한 지역권의 등기 외의 등기가 있는 경우, 합병하려는 토지의 지적도 및 임야도의 축척이 서로 다른 경우 등이 있다.

87 다음 중 「공익사업을 위한 토지 등의 취득 및 보상에 관한 법률」을 적용하여야 하는 경우는?

① 국토교통부장관이 기본측량을 실시하기 위하여 토지를 사용함에 따른 손실보상에 관한 경우
② 지적소관청이 측량을 방해하는 장애물을 제거하는 경우
③ 축척변경위원회가 축척변경에 따른 청산금을 산정하는 경우
④ 지적측량수행자가 측량성과를 검사하기 위하여 타인의 토지에 출입하는 경우

국토교통부장관이 기본측량을 실시하기 위하여 토지를 사용함에 따른 손실보상은 「공익사업을 위한 토지 등의 취득 및 보상에 관한 법률」을 적용한다.

88 다음 중 지적도·임야도·경계점좌표등록부에 공통으로 등록되는 사항으로만 나열된 것은?

① 토지의 소재, 지목
② 토지의 소재, 지번
③ 도면의 제명, 경계
④ 지적도면의 번호, 지목

토지의 소재, 지번은 모든 지적공부에 등록된다.

89 지적소관청이 지적공부의 등록사항에 잘못이 있음을 발견한 때 직권으로 조사·측량하여 정정할 수 있는 경우로 옳지 않은 것은?

① 지적측량성과와 다르게 정리된 경우
② 토지이동정리 결의서의 내용과 다르게 정리된 경우
③ 지적공부의 작성 또는 재작성 당시 잘못 정리된 경우
④ 임야도에 등록된 필지의 경계가 잘못되어 면적이 감소된 경우

임야도에 등록된 필지의 경계가 잘못되어 면적이 감소된 경우는 지적소관청이 직권으로 등록사항을 정정할 수 없다.

90 도시관리계획 결정으로 도시자연공원구역을 지정하는 자는?

① 시장·군수
② 시·도지사
③ 국토교통부장관
④ 국립공원관리공단 이사장

도시관리계획 결정으로 도시자연공원구역을 지정하는 자는 시·도지사이다.

91 등기의 말소를 신청하는 경우 그 말소에 대하여 등기상 이해관계가 있는 제3자가 있을 때 필요한 것은?

① 제3자의 승낙
② 시장의 서면
③ 공동담보목록원부
④ 가등기 명의인의 승낙

해설 등기의 말소를 신청하는 경우 그 말소에 대하여 등기상 이해관계가 있는 제3자가 있을 때 그의 승낙서를 첨부하여 야 한다.

92 다음 중 승소한 등기권리자 또는 등기의무자가 단독으로 신청하는 등기는?

① 소유권보존등기
② 교환에 의한 등기
③ 판결에 의한 등기
④ 신탁재산에 속하는 부동산의 신탁등기

해설 판결에 의한 등기는 승소한 등기권리자 또는 승소한 등기의무자가 단독으로 신청할 수 있다.

93 지적소관청으로부터 측량성과에 대한 검사를 받지 않아도 되는 것만을 옳게 나열한 것은?

① 지적기준점측량, 분할측량
② 지적공부복구측량, 축척변경측량
③ 경계복원측량, 지적현황측량
④ 신규등록측량, 등록전환측량

해설 지적공부를 정리하지 아니하는 경계복원측량, 지적현황측량은 지적소관청으로부터 측량성과에 대한 검사를 받지 아니한다.

94 지적소관청이 직권으로 지적공부에 등록된 사항을 정정할 수 없는 경우는?

① 지적측량성과와 다르게 정리된 경우
② 토지이동정리 결의서의 내용과 다르게 정리된 경우
③ 지적공부의 작성 또는 재작성 당시 잘못 정리된 경우
④ 지적도에 등록된 필지가 면적의 증감이 있으며, 경계 위치가 잘못된 경우

해설 지적도에 등록된 필지가 면적의 증감이 있으며, 경계 위치가 잘못된 경우는 지적소관청이 직권으로 등록사항을 정정할 수 없다.

95 다음 중 「국토의 계획 및 이용에 관한 법률」에 따른 용도지역에 대한 설명으로 옳지 않은 것은?

① 도시지역은 인구와 산업이 밀집되어 있거나 밀집이 예상되어 그 지역에 대하여 체계적인 개발·
정비·관리·보전 등이 필요한 지역을 말한다.

② 관리지역은 도시지역의 인구와 산업을 수용하기 위하여 도시지역에 준하여 체계적으로 관리하거
나 농림업의 진흥, 자연환경 또는 산림의 보전을 위하여 농림지역 또는 자연환경보전지역에
준하여 관리할 필요가 있는 지역을 말한다.

③ 농림지역은 도시지역에 속하지 아니하는 「농지법」에 따른 농업진흥지역 또는 「산지관리법」에
따른 보전산지 등으로서 농림업을 진흥시키고 산림을 보전하기 위하여 필요한 지역을 말한다.

④ 자연녹지보전지역은 자연환경·수자원·해안·생태계·상수원 및 문화재의 보전과 수산자원
의 보호·육성 등을 위하여 필요한 지역을 말한다.

해설 자연환경보전지역은 자연환경·수자원·해안·생태계·상수원 및 문화재의 보전과 수산자원의 보호·육성
등을 위하여 필요한 지역을 말한다.

96 다음 중 중앙지적위원회에 대한 설명으로 옳지 않은 것은?

① 위원장 및 부위원장을 포함한 임원의 임기는 2년이다.
② 위원장은 국토교통부의 지적업무 담당 국장이 된다.
③ 위원은 지적에 관한 학식과 경험이 풍부한 사람 중에서 국토교통부장관이 임명하거나 위촉한다.
④ 위원장 1명과 부위원장 1명을 포함하여 5명 이상 10명 이하의 위원으로 구성한다.

해설 위원장 및 부위원장을 제외한 위원의 임기는 2년이다.

97 지적측량수행자가 지적측량을 실시할 경우 고의 또는 과실로 인한 손해배상책임을 보장하기 위
하여 보증보험에 가입하여야 하는 보증금액 기준이 맞는 것은?(단, 지적측량업자의 경우 보장기
간이 10년 이상이다.)

① 지적측량업자 : 1억 원 이상
② 지적측량업자 : 5억 원 이상
③ 한국국토정보공사 : 10억 원 이상
④ 한국국토정보공사 : 30억 원 이상

해설 지적측량수행자의 손해배상책임 보장기준
• 지적측량업자 : 보장기간 10년 이상 및 보증금액 1억 원 이상의 보증보험
• 한국국토정보공사 : 보증금액 20억 원 이상의 보증보험

98 토지대장에 등록하는 토지가 「부동산등기법」에 따라 대지권 등기가 되어 있는 경우 대지권등록부에 등록하여야 할 사항에 해당하지 않는 것은?

① 토지의 소재　　　　　　　　　　② 지번
③ 대지권 비율　　　　　　　　　　④ 도곽선 수치

대지권등록부의 등록사항

법률상 규정	국토교통부령 규정
• 토지의 소재 • 지번 • 대지권 비율 • 소유자의 성명 또는 명칭, 주소 및 주민등록번호	• 토지의 고유번호 • 전유부분의 건물표시 • 건물명칭 • 집합건물별 대지권등록부의 장번호 • 토지소유자가 변경된 날과 그 원인 • 소유권 지분

99 토지소유자는 「주택법」에 따른 공동주택의 부지, 도로, 제방, 하천, 구거, 유지, 그 밖에 대통령령으로 정하는 토지로서 합병하여야 할 토지가 있으면 그 사유가 발생한 날부터 최대 얼마 이내에 지적소관청에 합병을 신청하여야 하는가?

① 30일　　　　　　　　　　　　② 50일
③ 60일　　　　　　　　　　　　④ 90일

토지소유자는 「주택법」에 따른 공동주택의 부지, 도로, 제방, 하천, 구거, 유지, 그 밖에 대통령령으로 정하는 토지로서 합병하여야 할 토지가 있으면 그 사유가 발생한 날부터 60일 이내에 지적소관청에 합병을 신청하여야 한다.

100 「부동산등기법」상 미등기의 토지에 관한 소유권보존등기를 신청할 수 없는 자는?

① 토지대장에 최초의 소유자로 등록되어 있는 자
② 확정판결에 의하여 자기의 소유권을 증명하는 자
③ 수용(收用)으로 인하여 소유권을 취득하였음을 증명하는 자
④ 특별자치도지사, 시장, 군수 또는 구청장의 확인에 의하여 토지의 자기 소유권을 증명하는 자

특별자치도지사, 시장, 군수 또는 구청장의 확인에 의하여 토지의 자기 소유권을 증명하는 자의 경우는 건물에만 적용된다.

1과목 지적측량

01 경위의측량방법에 따른 세부측량의 방법 기준으로만 나열된 것은?

① 지거법, 도선법
② 도선법, 방사법
③ 방사법, 교회법
④ 교회법, 지거법

해설 경위의측량방법에 따른 세부측량의 방법은 도선법 또는 방사법에 따른다.

02 지적삼각보조점측량을 Y망으로 실시하여 1도선의 거리의 합계가 1,654.15m였을 때, 연결오차는 최대 얼마 이하로 하여야 하는가?

① 0.033083m 이하
② 0.0496245m 이하
③ 0.066166m 이하
④ 0.0827075m 이하

해설 도선별 연결오차는 $0.05 \times S$m 이내로 한다.
(S : 점간거리의 총합계를 1,000으로 나눈 수)
∴ $0.05 \times S = 0.05 \times 1,654.15 = 0.0827075$m 이하

03 근사조정법에 의한 삽입망 조정계산에서 기지내각에 맞도록 조정하는 것을 무슨 조정이라고 하는가?

① 망규약에 대한 조정
② 변규약에 대한 조정
③ 측점규약에 대한 조정
④ 삼각규약에 대한 조정

해설 망규약에 대한 조정은 근사조정법에 의한 삽입망 조정계산에서 기지내각에 맞도록 조정하는 것이다.

04 지적확정측량 시 필지별 경계점의 기준이 되는 점이 아닌 것은?

① 수준점
② 위성기준점
③ 통합기준점
④ 지적삼각점

해설 지적확정측량을 하는 경우 필지별 경계점은 위성기준점, 통합기준점, 삼각점, 지적삼각점, 지적삼각보조점 및 지적도근점에 따라 측정하여야 한다.

05 변수가 18변인 도선을 방위각법으로 지적도근점측량을 실시한 결과, 각오차가 −4분 발생하였다. 제13변에 배부할 오차는?

① 약 +2분
② 약 +3분
③ 약 −2분
④ 약 −3분

해설 각 측선장에 비례하여 배분한다.

$$T_n = -\frac{e}{L} \times n = -\frac{-4}{18} \times 13 = +2.9 \leftrightharpoons +3분$$

[T_n : 각 측선의 종선차(또는 횡선차)에 배분할 cm 단위의 보정치, e : 종선오차(또는 횡선오차), L : 각 측선장의 총합계, n : 각 측선의 측선장]

06 다음 중 지적공부의 정리가 수반되지 않는 것은?

① 토지분할
② 축척변경
③ 신규등록
④ 경계복원

해설 경계복원측량은 지적공부를 정리하지 않으므로 측량성과에 대한 검사도 받지 않는다.

07 지적공부 작성에 대한 설명 중 도면의 작성방법에 해당되지 않는 것은?

① 직접자사법
② 간접자사법
③ 정밀복사법
④ 전자자동제도법

해설 도면을 작성하는 방법에는 직접자사법, 간접자사법, 전자자동제도법이 있다.

08 평판측량방법에 따른 세부측량을 도선법으로 하는 경우 도선의 폐색오차를 각 점에 배분하는 방법으로 옳은 것은?

① 변의 길이에 반비례하여 배분한다.
② 변의 순서에 반비례하여 배분한다.
③ 변의 길이에 비례하여 배분한다.
④ 변의 순서에 비례하여 배분한다.

해설 평판측량방법에 따른 세부측량을 도선법으로 실시할 경우 폐색오차는 변의 순서에 비례하여 배분한다.

09 축척 1/600을 축척 1/500로 잘못 알고 면적을 계산한 결과가 250m²였다. 축척 1/600에서의 실제 토지면적은?

① 2,500m²
② 3,000m²
③ 3,600m²
④ 4,000m²

> **해설**
> $A_2 = \left(\dfrac{600}{500}\right)^2 \times 2,500 = 3,600\text{m}^2$

10 지적소관청이 지적삼각보조점성과를 관리할 때, 지적삼각보조점성과표에 기록·관리하여야 하는 내용으로 옳지 않은 것은?

① 번호 및 위치의 약도
② 좌표와 직각좌표계 원점명
③ 도선등급 및 도선명
④ 자오선수차(子午線收差)

> **해설** 지적기준점성과표의 기록·관리사항

지적삼각점성과표	지적삼각보조점성과 및 지적도근점성과표
• 지적삼각점의 명칭과 기준 원점명 • 좌표 및 표고 • 경도 및 위도(필요한 경우로 한정한다.) • 자오선수차(子午線收差) • 시준점(視準點)의 명칭, 방위각 및 거리 • 소재지와 측량연월일	• 번호 및 위치의 약도 • 좌표와 직각좌표계 원점명 • 경도와 위도(필요한 경우로 한정한다.) • 표고(필요한 경우로 한정한다.) • 소재지와 측량연월일 • 도선등급 및 도선명 • 표지의 재질 • 도면번호 • 설치기관 • 조사연월일, 조사자의 직위·성명 및 조사 내용

11 지적삼각보조점측량의 평면거리계산에 대한 설명으로 틀린 것은?

① 기준면상 거리는 경사거리를 이용해 계산한다.
② 두 점 간의 경사거리는 현장에서 2회 측정한다.
③ 원점에 투영된 평면거리에 의하여 계산한다.
④ 기준면상 거리에 축척계수를 곱하여 평면거리를 계산한다.

> **해설** 지적삼각점측량 시 점간거리는 5회 측정하여 그 측정치의 최대치와 최소치의 교차가 평균치의 10만분의 1 이하일 때에는 그 평균치를 측정거리로 하고 원점에 투영된 평면거리에 따라 계산한다.

12 경위의측량방법과 다각망도선법에 의한 지적삼각보조점의 관측 시 도선별 평균방위각과 관측 방위각의 폐색오차는 얼마 이내로 하여야 하는가?(단, 폐색변을 포함한 변의 수는 4이다.)

① ±10초 이내

② ±20초 이내

③ ±30초 이내

④ ±40초 이내

해설 경위의측량방법, 전파기 또는 광파기측량방법과 다각망도선법에 따른 지적삼각보조점의 도선별 평균방위각과 관측방위각의 폐색오차는 $\pm 10\sqrt{n}$ 초 이내(n은 폐색변을 포함한 변의 수)로 한다.

∴ $\pm 10\sqrt{n} = \pm 10\sqrt{4} = 20$초 이내

13 반지름 1,500m, 중심각이 37°53.6″인 원호상의 길이는 얼마인가?

① 약 975.155m

② 약 2,501.000m

③ 약 1,625.260m

④ 약 3,250.001m

해설 원호상의 길이(곡선장) $C.L = 0.01745RI° = 0.01745 \times 1,500 \times 37°53.6″ \fallingdotseq 975.155$m

14 다음 그림에서 $AD // BC$일 때 PQ의 길이는?

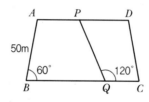

① 60m

② 50m

③ 80m

④ 70m

해설 $\overline{PQ} = \dfrac{L \cdot \sin\beta}{\sin\phi} = \dfrac{50 \times \sin 60°}{\sin 120°} = 50$m

15 도선법과 다각망도선법에 따른 지적도근점의 각도관측 시, 폐색오차 허용범위의 기준에 대한 설명이다. ㉠, ㉡, ㉢, ㉣에 들어갈 내용이 옳게 짝지어진 것은?(단, n은 폐색변을 포함한 변의 수를 말한다.)

- 배각법에 따르는 경우 : 1회 측정각과 3회 측정각의 평균값에 대한 교차는 30초 이내로 하고, 1도 선의 기지방위각 또는 평균방위각과 관측방위각의 폐색오차는 1등 도선은 (㉠)초 이내, 2등 도선 은 (㉡)초 이내로 할 것
- 방위각법에 따르는 경우 : 1도선의 폐색오차는 1등 도선은 (㉢)분 이내, 2등 도선은 (㉣)분 이내 로 할 것

① ㉠ $\pm 20\sqrt{n}$, ㉡ $\pm 10\sqrt{n}$, ㉢ $\pm\sqrt{n}$, ㉣ $2\pm\sqrt{n}$

② ㉠ $\pm 20\sqrt{n}$, ㉡ $\pm 30\sqrt{n}$, ㉢ $\pm\sqrt{n}$, ㉣ $1.5\pm\sqrt{n}$

③ ㉠ $\pm 10\sqrt{n}$, ㉡ $\pm 20\sqrt{n}$, ㉢ $\pm 2\sqrt{n}$, ㉣ $\pm \sqrt{n}$

④ ㉠ $\pm 30\sqrt{n}$, ㉡ $\pm 20\sqrt{n}$, ㉢ $\pm 1.5\sqrt{n}$, ㉣ $\pm \sqrt{n}$

해설 지적도근점측량의 폐색오차 허용범위(공차)

측량방법	등급	폐색오차 허용범위(공차)
배각법	1등 도선	$\pm 20\sqrt{n}$ 초 이내
	2등 도선	$\pm 30\sqrt{n}$ 초 이내
방위각법	1등 도선	$\pm \sqrt{n}$ 분 이내
	2등 도선	$\pm 1.5\sqrt{n}$ 분 이내

※ n : 폐색변을 포함한 변의 수

16 다음 그림과 같은 삼각쇄에서 기지방위각의 오차가 $+24''$일 때 ㉢ 삼각형의 γ각에 얼마를 보정하여야 하는가?

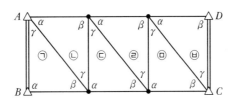

① $+4''$ ② $-4''$ ③ $+12''$ ④ -12

해설 γ각이 좌측에 있으므로 보정량은 $\dfrac{q}{n}$ 이다.

∴ 보정량 $= \dfrac{q}{n} = \dfrac{24}{6} = +4''$

17 축척이 1/1,200인 지역에서 800m²의 토지를 분할하고자 할 때 신구면적 오차의 허용범위는?

① 114m^2 ② 57m^2 ③ 22m^2 ④ 20m^2

해설 등록전환 또는 분할에 따른 면적 오차의 허용범위 $A = 0.026^2 M\sqrt{F}$
(A : 오차 허용면적, M : 임야도 축척분모, F : 등록전환될 면적)

∴ $A = 0.026^2 M\sqrt{F} = 0.026^2 \times 1,200\sqrt{800} = 22\text{m}^2$

18 다각망도선법에서 복합망의 관측방위각에 대한 보정수의 계산순서로 맞는 것은?

① 표준방정식 → 상관방정식 → 역해 → 정해 → 보정수 계산

② 상관방정식 → 표준방정식 → 정해 → 역해 → 보정수 계산

③ 표준방정식 → 정해 → 역해 → 상관방정식 → 보정수 계산

④ 상관방정식 → 정해 → 역해 → 표준방정식 → 보정수 계산

다각망도선법 복합망의 관측방위각에 대한 보정수의 계산순서는 상관방정식 → 표준방정식 → 정해 → 역해 → 보정수 계산 순이다.

19 다각망도선법으로 지적삼각보조점측량을 할 때 1도선의 거리는 최대 얼마 이하로 하여야 하는가?

① 3km 이하   ② 4km 이하

③ 5km 이하   ④ 6km 이하

1도선의 거리(기지점과 교점 또는 교점과 교점 간 점간거리의 총합계를 말한다.)는 4km 이하로 한다.

20 다음 중 지적삼각점성과를 관리하는 자는?

① 지적소관청   ② 시 · 도지사

③ 국토교통부장관   ④ 행정자치부장관

지적기준점성과의 관리자(기관)

구분	관리기관
지적삼각점	시 · 도지사
지적삼각보조점, 지적도근점	지적소관청

2과목 응용측량

21 GNSS측량에서 DOP에 대한 설명으로 옳은 것은?

① 도플러 이동량

② 위성궤도의 결정 좌표

③ 특정한 순간의 위성배치에 대한 기하학적 강도

④ 위성시계와 수신기 기계의 조합으로부터 계산되는 시간오차의 표준편차

DOP란 특정한 순간의 위성배치에 대한 기하학적 강도를 말한다. 수치로 표현되며 작을수록 좋다.

22 수준측량에서 기포관의 눈금이 3눈금 움직였을 때 60m 전반에 세운 표척의 읽음차가 2.5cm인 경우 기포관의 감도는?

① 26″   ② 29″   ③ 32″   ④ 35″

해설

$$\frac{\triangle h}{nD} = \frac{\theta''}{\rho''} \rightarrow \theta'' = \frac{\triangle h \rho''}{nD} = \frac{0.025 \times 206,265''}{3 \times 60} = 29''$$

(θ : 기포관의 감도, ρ : 206,265″, $\triangle h$: 기포가 수평일 때 읽음값과 기포가 움직였을 때의 높이차($l_1 - l_2$), n : 이동눈금수, D : 수평거리)

23 노선측량의 작업순서로 옳은 것은?

① 노선선정 → 계획조사측량 → 실시설계측량 → 세부측량 → 용지측량 → 공사측량
② 계획조사측량 → 노선선정 → 용지측량 → 실시설계측량 → 공사측량 → 세부측량
③ 노선선정 → 계획조사측량 → 용지측량 → 세부측량 → 실시설계측량 → 공사측량
④ 계획조사측량 → 용지측량 → 노선성정 → 실시설계측량 → 세부측량 → 공사측량

해설 노선측량의 작업순서는 노선선정 → 계획조사측량 → 실시설계측량 → 세부측량 → 용지측량 → 공사측량 순이다.

24 노선측량의 단곡선 설치에서 교각 $I = 90°$, 곡선반지름 $R = 150$m일 때 곡선길이(C.L)는?

① 212.6m
② 216.3m
③ 223.6m
④ 235.6m

해설

곡선길이$(C.L) = RI \cdot \dfrac{\pi}{180} = 150 \times 90° \times \dfrac{\pi}{180} = 235.6$m

25 터널의 준공을 위한 변형조사측량에 해당되지 않는 것은?

① 중심측량
② 고저측량
③ 삼각측량
④ 단면측량

해설 삼각측량은 터널을 설치하기 전에 실시하는 기준점측량으로 터널준공을 위한 측량에는 해당하지 않는다.

26 다음 중 항공삼각측량 방법이 아닌 것은?

① 다항식 조정법
② 광속조정법
③ 독립모델조정법
④ 보간조정법

해설 항공삼각측량 방법에는 다항식법, 독립모델법, 광속조정법 등이 있다.

27 항공사진의 투영원리로 옳은 것은?

① 정사투영   ② 중심투영

③ 평행투영   ④ 등적투영

해설 항공사진은 중심투영이며, 지도는 정사투영이다.

28 다음 중 지형측량의 지성선에 해당되지 않는 것은?

① 계곡선(합수선)   ② 능선(분수선)

③ 경사변환선   ④ 주곡선

해설 지성선에는 능선(분수선), 계곡선(합수선), 경사변환선, 최대경사선 등이 있다.

29 사진의 크기가 23cm×23cm, 종중복도 70%, 횡중복도 30%일 때 촬영종기선의 길이와 촬영횡기선의 길이의 비(종기선 길이 : 횡기선 길이)는?

① 2 : 1   ② 3 : 7   ③ 4 : 7   ④ 7 : 3

해설 촬영종기선 길이(B) : 촬영횡기선 길이(C) $= ma\left(1-\dfrac{p}{100}\right) : ma\left(1-\dfrac{q}{100}\right)$

B : C $=0.3ma : 0.7ma \rightarrow \therefore$ B : C $=3 : 7$

30 GPS위성의 신호에 대한 설명 중 틀린 것은?

① L_1 반송파에는 C/A코드와 P코드가 포함되어 있다.

② L_2 반송파에는 C/A코드만 포함되어 있다.

③ L_1 반송파가 L_2 반송파보다 높은 주파수를 가지고 있다.

④ 위성에서 송신되는 신호는 대기의 상태에 따라 전파의 속도가 달라지는 것을 보정하기 위하여 파장이 다른 2가지의 전파를 동시에 수신한다.

해설 GPS위성신호 중 L_2파에는 P코드가 포함되어 있다.

31 수준측량에서 전·후시의 측량을 연결하기 위하여 전시, 후시를 함께 취하는 점은?

① 중간점   ② 수준점

③ 이기점   ④ 기계점

해설 이기점은 기계를 옮기기 위한 점으로 후시와 전시를 동시에 취하는 점이다.

32 노선측량의 완화곡선 중 차가 일정 속도로 달리고, 그 앞바퀴의 회전속도를 일정하게 유지할 경우, 이 차가 그리는 주행 궤적을 의미하는 완화곡선으로 고속도로의 곡선설치에 많이 이용되는 곡선은?

① 3차 포물선   ② sin 체감곡선

③ 클로소이드 곡선   ④ 렘니스케이트 곡선

해설 노선측량에서 곡선설치 시 고속도로에 사용하는 것은 클로소이드 곡선이며, 철도에 사용하는 것은 3차 포물선이다.

33 항공사진촬영을 위한 표정점 선점 시 유의사항으로 옳지 않은 것은?

① 표정점은 X, Y, H가 동시에 정확하게 결정될 수 있는 점이어야 한다.

② 경사가 급한 지표면이나 경사변환선상을 택해서는 안 된다.

③ 상공에서 잘 보여야 하며 시간에 따라 변화가 생기지 않아야 한다.

④ 헐레이션(Halation)이 발생하기 쉬운 점을 선택한다.

해설 항공사진촬영을 위한 표정점 설치 시 헐레이션(Halation)이 발생하기 쉬운 점은 피해야 한다.

※ 헐레이션이란 강한 빛이 필름이나 사진 건판에 닿았을 때, 그 면에서 반사된 빛이 다시 유제(乳劑)에 닿아 감광되는 현상이다.

34 지형도에서 100m 등고선상의 A점과 140m 등고선상의 B점 간을 상향 기울기 9%의 도로로 만들면 AB 간 도로의 실제 경사거리는?

① 446.24m   ② 448.42m

③ 464.44m   ④ 468.24m

해설

$$경사도 = \frac{높이}{수평거리} \times 100$$

$$\rightarrow 수평거리(D) = \frac{높이(h)}{경사도(i)} \times 100 = \frac{(140-100)}{9} \times 100 = 444.44m$$

$$경사거리 = \sqrt{444.44^2 + 40^2} \fallingdotseq 446.24m$$

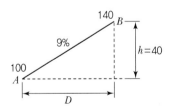

35 수직터널에 의하여 지상과 지하의 측량을 연결할 때의 수선측량에 대한 설명으로 틀린 것은?

① 깊은 수직터널에 내리는 추는 50~60kg 정도의 추를 사용할 수 있다.

② 추를 드리울 때, 깊은 수직터널에서는 보통 피아노선이 이용된다.

③ 수직터널 밑에는 물이나 기름을 담은 물통을 설치하고 내린 추가 그 물통 속에서 동요하지 않게 한다.

④ 수직터널 밑에서 수선의 위치를 결정하는 데 수선이 완전히 정지하는 것을 기다린 후 1회 관측값으로 결정한다.

<u>**해설**</u> 추가 진동하므로 직각방향으로 수선진동의 위치를 10회 이상 관측하여 평균값을 정지점으로 한다.

---

36 수치사진측량에서 영상정합(Image Matching)에 대한 설명으로 틀린 것은?

① 저역통과필터를 이용하여 영상을 여과한다.

② 하나의 영상에서 정합요소로 점이나 특징을 선택한다.

③ 수치표고모델 생성이나 항공삼각측량의 점이사를 위해 적용한다.

④ 대상공간에서 정합된 요소의 3차원 위치를 계산한다.

<u>**해설**</u> 영상정합(Image Matching)은 입체영상 중 한 영상의 위치에 해당하는 실제의 객체가 다른 영상의 어느 위치에 형성되었는가를 발견하는 작업이며, 상응하는 위치를 발견하기 위해서 유사성 관측을 이용한다. ①의 저역통과필터(LPF : Low – pass Filter)란 저역통과 주파수 성분만 허용하고 다른 모든 고주파수 성분은 차단하는 필터이다.

---

37 수준측량에서 발생하는 오차 중 정오차인 것은?

① 표척을 잘못 읽어 생기는 오차 　　② 태양의 직사광선에 의한 오차

③ 지구곡률에 의한 오차 　　　　　　④ 시차에 의한 오차

<u>**해설**</u> 수준측량의 오차 중 정오차에는 시준축오차, 레벨 침하 오차, 표척 눈금의 부정확에 의한 오차, 표척의 영점오차, 표척 기울기에 의한 오차, 표척 침하 오차, 표척 이음새 오차, 지구 곡률오차, 광선 굴절오차 등이 있다.

---

38 다음 중 원격탐사(Remote Sensing)의 정의로 가장 적합한 것은?

① 센서를 이용하여 지표의 대상물에서 반사 또는 방사된 전자스펙트럼을 측정하여 대상물에 대한 정보를 얻는 기법

② 지상에서 대상물체에 전파를 발생시켜 그 반사파를 이용하여 측정하는 기법

③ 우주에 산재하여 있는 물체들의 고유 스펙트럼을 이용하여 각각의 구성성분으로 지상의 레이더망으로 수집하여 얻는 기법

④ 우주선에서 찍은 중복된 사진을 이용하여 지상에서 항공사진의 처리와 같은 방법으로 판독하는 기법

39 곡선반지름 $R = 2,500\text{m}$, 캔트(Cant) $= 100\text{cm}$인 철도 선로를 설계할 때, 적합한 설계속도는? (단, 레일 간격은 1m로 가정한다.)

① 50km/h　　　② 60km/h　　　③ 150km/h　　　④ 178km/h

해설 캔트$(C) = \dfrac{sV^2}{Rg}$, $V = \sqrt{\dfrac{CgR}{s}} = \sqrt{\dfrac{0.1 \times 9.81 \times 2,500}{1}} = 49.5227\text{km/s}$

∴ $49.5227 \times 3,600 = 178\text{km/h}$

[s : 차도간격, V : 주행속도, g : 중력가속도(9.81m/sec), R : 곡률반경]

40 등고선 내의 면적이 저면부터 $A_1 = 380\text{m}^2$, $A_2 = 350\text{m}^2$, $A_3 = 300\text{m}^2$, $A_4 = 100\text{m}^2$, $A_5 = 50\text{m}^2$일 때 전체 토량은?(단, 등고선 간격은 5m이고 상단은 평평한 것으로 가정하며 각주공식에 의한다.)

① $2,950\text{m}^3$　　　② $4,717\text{m}^3$　　　③ $4,767\text{m}^3$　　　④ $5,900\text{m}^3$

해설 $V = \dfrac{h}{3}(A_1 + 4A_m + A_2) = \dfrac{5}{3}\{380 + 4(350 + 100) + 2(300) + 50\} = 4,717\text{m}^3$

3과목 토지정보체계론

41 크기가 다른 정사각형을 이용하며, 공간을 4개의 동일한 면적으로 분할하는 작업을 하나의 속성 값이 존재할 때까지 반복하는 래스터자료 압축방법은?

① 런렝스코드(Run-length Code) 기법
② 체인코드(Chain Code) 기법
③ 블록코드(Block Code) 기법
④ 사지수형(Quadtree) 기법

해설 ① 런렝스코드 기법 : 래스터데이터의 각 행마다 왼쪽에서 오른쪽으로 진행하면서 동일한 수치를 갖는 셀들을 묶어 압축시키는 방법이다.
② 체인코드 기법 : 대상 지역에 해당하는 셀들의 연속적인 연결상태를 파악하여 압축시키는 방법이다.
③ 블록코드 기법 : 코드화 대상 항목 중에서 공통성이 있는 것끼리 블록으로 구분하고, 각 블록 내에서 일련번호를 부여하는 방법이다.

42 스파게티(Spaghetti) 모형에 대한 설명으로 옳지 않은 것은?

① 자료구조가 단순하여 파일의 용량이 작다.

② 하나의 점(X, Y좌표)을 기본으로 하고 있어 구조가 간단하므로 이해하기 쉽다.

③ 객체들 간의 공간관계에 대한 정보가 입력되므로 공간분석에 효율적이다.

④ 상호 연관성에 관한 정보가 없어 인접한 객체들의 특징과 관련성을 파악하기 힘들다.

해설 객체들 간의 공간관계가 설정되지 않아 공간분석에 비효율적이다.

43 다음 중 지적정보센터자료가 아닌 것은?

① 시설물관리 전산자료

② 지적전산자료

③ 주민등록 전산자료

④ 개별공시지가 전산자료

해설 지적정보센터의 토지 관련 자료에는 지적전산자료, 위성기준점 관측자료, 공시지가 전산자료, 주민등록 전산자료 등이 있다.

44 사용자가 데이터베이스에 접근하여 데이터를 처리할 수 있도록 하는 것으로 데이터의 검색, 삽입, 삭제 및 갱신 등과 같은 조작을 하는 데 사용하는 데이터 언어는?

① DDL(Data Definition Language)

② DML(Data Manipulation Language)

③ DCL(Data Control Language)

④ DLL(Data Link Language)

해설 DML은 사용자가 데이터베이스에 접근하여 데이터를 처리할 수 있는 데이터 언어로서 데이터베이스에 저장된 자료를 검색(SELECT), 삽입(INSERT), 삭제(DELETE), 갱신(UPDATE)하는 기능이 있다.

45 다음 중 GIS데이터의 표준화에 해당하지 않는 것은?

① 데이터 모델(Data Model)의 표준화

② 데이터 내용(Data Contents)의 표준화

③ 데이터 제공(Data Supply)의 표준화

④ 위치참조(Location Reference)의 표준화

해설 GIS데이터의 표준화
- 내적 요소 : 데이터 모형표준, 데이터 내용표준, 메타데이터 표준
- 외적 요소 : 데이터 품질표준, 데이터 수집표준, 위치참조 표준

46 일선 시 · 군 · 구에서 사용하는 지적행정시스템의 통합업무관리에서 지적공부 오기 정정 메뉴가 아닌 것은?

① 토지/임야 기본 정정
② 토지/임야 연혁 정정
③ 집합건물 소유권 정정
④ 대지권 등록부 정정

해설 지적행정시스템의 지적공부 오기 정정 메뉴에는 토지/임야 기본 정정, 토지/임야 연혁 정정, 집합건물 소유권 정정 등이 있다.

47 토지정보체계의 자료구축에 있어서 표준화의 필요성과 가장 관련이 적은 것은?

① 자료의 중복구축 방지로 비용을 절감할 수 있다.
② 자료구조의 단순화를 목적으로 한다.
③ 기존에 구축된 모든 데이터에 쉽게 접근할 수 있다.
④ 시스템 간의 상호연계성을 강화할 수 있다.

해설 토지정보체계의 자료 구축 시 표준화의 필요성
• 자료를 공유함으로써 연구과정에 드는 비용을 절감할 수 있다.
• 다양한 자료에 대한 접근이 용이하기 때문에 자료를 쉽게 갱신할 수 있다.
• 사용자가 자신의 용도에 따라 자료를 갱신할 수 있는 자료의 질에 대한 정보가 제공된다.
• 수치적인 공간자료가 서로 다른 체계 사이에서 원래의 내용이 변함없이 전달된다.

48 다음 중 데이터베이스의 도형자료에 해당하는 것은?

① 선
② 도면
③ 통계자료
④ 토지대장

해설 도형자료란 점, 선, 면과 같이 위치, 형태, 크기, 방위 등을 가지고 있는 정보를 말한다. 도형자료에는 지적공부 중 지적도와 임야도가 해당하며, 경계점좌표등록부에 등록되는 좌표도 공간정보로 취급된다.

49 공간객체를 색인화(Indexing)하기 위해 사용하는 방법이 아닌 것은?

① 그리드 색인화
② R−tree 색인화
③ 피타고라스 색인화
④ 사지수형 색인화

해설 공간객체의 색인화 방법에는 그리드 색인화, 알트리(R−tree) 색인화, 사지수형 색인화 등이 있다.

50 국가지리정보체계(NGIS) 추진위원회의 심의사항이 아닌 것은?

① 기본계획의 수립 및 변경
② 기본지리정보의 선정
③ 지리정보의 유통과 보호에 관한 주요사항
④ 추진실적의 관리 및 감독

해설 국가지리정보체계 추진위원회의 심의 · 의결사항에는 기본계획의 수립 및 변경, 기본지리정보의 선정, 지리정보의 유통과 보호에 관한 주요사항 등이 있다.

51 토지의 고유번호에서 행정구역코드의 자리 구성이 옳지 않은 것은?

① 시 · 도 − 2자리
② 리 − 2자리
③ 읍 · 면 · 동 − 2자리
④ 시 · 군 · 구 − 3자리

해설 **토지 고유번호의 코드 구성**
• 전국을 단위로 하나의 필지에 하나의 번호를 부여하는 가변성 없는 번호이다.
• 총 19자리로 구성된다.
  − 행정구역 10자리(시 · 도 2자리, 시 · 군 · 구 3자리, 읍 · 면 · 동 3자리, 리 2자리)
  − 대장 구분 1자리 및 지번표시 8자리(본번 4자리, 부번 4자리)

시 · 도		시 · 군 · 구			읍 · 면 · 동			리		대장	본번				부번			
2자리		3자리			3자리			2자리		1자리	4자리				4자리			

52 다음 중 우리나라의 지적측량에서 사용하는 직각좌표계의 투영법 기준으로 옳은 것은?

① 방위도법
② 정사투영법
③ 가우스상사이중투영법
④ 원추투영법

해설 지적측량에서 사용하는 직각좌표계의 투영법은 가우스상사이중투영법을 기준으로 한다.

53 다음 중 토지정보시스템의 주된 구성요소로만 나열한 것은?

① 조직과 인력, 하드웨어 및 소프트웨어, 자료
② 하드웨어 및 소프트웨어, 통신장비, 네트워크
③ 자료, 보안장치, 시설
④ 지적측량, 조직과 인력, 네트워크

해설 토지정보시스템의 구성요소에는 자료, 하드웨어, 소프트웨어, 조직과 인력(인적 자원)이 있다.

54 다음 중 격자구조의 압축방법에 해당하지 않는 것은?

① Run-length Code
② Block Code
③ Chain Code
④ Spaghetti Code

> **해설** 격자구조의 압축방법에는 체인코드(Chain Code), 런렝스코드(Run-length Code), 블록코드(Block Code), 사지수형(Quadtree) 등이 있다.

55 다음 공간정보의 형태에 대한 설명 중 옳지 않은 것은?

① 점은 위치 좌표계의 단 하나의 쌍으로 표현되는 대상이다.
② 선은 점이 연결되어 만들어지는 집합이다.
③ 면적은 공간적 대상물의 범주로 간주되며 연속적인 자료의 표현이다.
④ 면적은 분리된 단위를 형성하는 것에 가까운 점 분할의 집합이다.

> **해설** 면적은 분리된 단위를 형성하는 것에 가까운 선 분할의 집합이다.

56 다음 중 래스터 구조에 비하여 벡터 구조가 갖는 장점으로 옳지 않은 것은?

① 복잡한 현실세계의 묘사가 가능하다.
② 위상에 관한 정보가 제공된다.
③ 지도를 확대하여도 형상이 변하지 않는다.
④ 시뮬레이션이 용이하다.

> **해설** 벡터데이터와 래스터데이터의 장단점

구분	벡터데이터	래스터데이터
장점	• 사용자 관점에 가까운 자료구조이다. • 자료 압축률이 높다. • 위상에 대한 정보가 제공되어 관망분석과 같은 다양한 공간분석이 가능하다. • 위치와 속성에 대한 검색, 갱신, 일반화가 가능하다. • 정확도가 높다. • 지도와 비슷한 도형제작이다.	• 데이터 구조가 간단하다. • 다양한 레이어의 중첩분석이 용이하다. • 영상자료(위성 및 항공사진 등)와 연계가 용이하다. • 중첩분석이 용이하다. • 셀의 크기와 형태가 동일하여 시뮬레이션이 용이하다.
단점	• 데이터 구조가 복잡하다. • 중첩의 수행이 어렵다. • 동일하지 않은 위상구조로 분석이 어렵다.	• 이미지 자료이기 때문에 자료량이 크다. • 셀의 크기를 확대하면 정보손실을 초래한다. • 시각적인 효과가 떨어진다. • 관망분석이 불가능하다. • 좌표변환(벡터화) 시 절차가 복잡하고 시간이 많이 소요된다.

57 다음 중 관계형 DBMS의 질의어는?

① SQL
② DLL
③ DLG
④ COGO

> **해설** SQL(Structured Query Language, 구조화 질의어)은 데이터베이스로부터 정보를 얻거나 갱신하기 위한 표준 대화식 프로그래밍 언어이다.

58 토지정보를 제공하는 국토정보센터가 처음 구축된 연도는?

① 1987년
② 1990년
③ 1994년
④ 2001년

> **해설** 토지정보를 제공하는 국토정보센터가 처음 구축된 연도는 1987년이다.

59 지적전산업무의 처리, 지적전산프로그램의 관리 등 지적전산시스템의 관리 · 운영 등에 필요한 사항을 정하는 자는?

① 교육부장관
② 행정자치부장관
③ 국토교통부장관
④ 산업통상자원부장관

> **해설** 지적전산업무의 처리, 지적전산프로그램의 관리 등 지적전산시스템의 관리 · 운영 등에 필요한 사항은 국토교통부장관이 정한다.

60 데이터 웨어하우스(Data Warehouse)의 설명으로 가장 적절한 것은?

① 제품의 생산을 위한 프로세스를 전산화해서 부품조달에서 생산계획, 납품, 재고관리 등을 효율적으로 처리할 수 있는 공급망 관리 솔루션을 말한다.
② 기간 업무 시스템에서 추출되어 새로이 생성된 데이터베이스로서 의사결정지원시스템을 지원하는 주체적, 통합적, 시간적 데이터의 집합체를 말한다.
③ 데이터 수집이나 보고를 위해 작성된 각종 양식, 보고서 관리, 문서보관 등 여러 형태의 문서관리를 수행한다.
④ 대량의 데이터로부터 각종 기법 등을 이용하여 숨겨져 있는 데이터 간의 상호 관련성, 패턴, 경향 등의 유용한 정보를 추출하여 의사결정에 적용한다.

> **해설** 데이터 웨어하우스(Data Warehouse)는 기간 업무 시스템에서 추출되어 새로이 생성된 데이터베이스로서 의사결정지원시스템을 지원하는 주체적, 통합적, 시간적 데이터의 집합체를 말한다.

61 다음 중 지적형식주의에 대한 설명으로 옳은 것은?

① 지적공부등록 시 효력 발생
② 토지이동처리의 형식적 심사
③ 공시의 원칙
④ 토지표시의 결재형식으로 결정

해설 지적형식주의(지적등록주의)란 지적공부에 등록하는 법적인 형식을 갖춰야만 비로소 토지로서의 거래단위가 될 수 있다는 원리이며, 지적등록주의라고도 한다.

62 조선지세령에 관한 내용으로 틀린 것은?

① 1943년에 공포되어 시행되었다.
② 전문 7장과 부칙을 포함한 95개 조문으로 되어 있다.
③ 토지대장, 지적도, 임야대장에 관한 모든 규칙을 통합하였다.
④ 우리나라 세금의 대부분인 지세에 관한 사항을 규정하는 것이 주목적이었다.

해설 조선지세령은 1943년 3월 31일 공포되었으며, 토지대장규칙을 흡수하였으나 임야대장규칙을 흡수하지 못하고 조선임야대장규칙으로 독립하였다. 이는 지세는 국세이고, 임야세는 지방세이기 때문에 이를 이원적으로 관리하였기 때문이다. 그러므로 토지대장, 지적도, 임야대장 등도 통합하지 못하였다.

63 다음 중 망척제와 관계가 없는 것은?

① 이기(李沂)   ② 해학유서(海鶴遺書)
③ 목민심서(牧民心書)   ④ 면적을 산출하는 방법

해설 망척제(網尺制)는 이기가 해학유서에서 수등이척제의 개선안으로 주장하였다. 망척제는 정방형의 눈들을 가진 그물을 사용하여 그물 속에 들어온 그물 눈금을 계산하여 면적을 산출하는 방법이다.

64 다음 중 임야조사사업 당시의 조사 및 측량기관은?

① 부(部)나 면(面)   ② 임야심사위원회
③ 임시토지조사국장   ④ 도지사

해설 토지조사사업의 조사측량기관은 임시토지조사국이며, 임야조사사업의 조사측량기관은 부(府)나 면(面)이다. 임야조사사업 당시 부윤 또는 면장은 조선총독이 정하는 바에 따라 임야의 조사 및 측량을 실시하였으며, 임야조사서 및 도면을 작성하고 신고서 및 통지서를 첨부하여 도장관에게 제출하여야 했다.

65 토렌스시스템은 오스트레일리아의 Robert Torrens경에 의해 창안된 시스템으로서, 토지권리 등록법안의 기초가 된다. 다음 중 토렌스시스템의 주요 이론에 해당되지 않는 것은?

① 거울이론
② 커튼이론
③ 보험이론
④ 권원이론

해설 토렌스시스템의 주요 이론에는 거울이론, 커튼이론, 보험이론이 있다.

66 다음 중 자한도(字限圖)에 대한 설명으로 옳은 것은?

① 조선시대의 지적도
② 중국 원나라 시대의 지적도
③ 일본의 지적도
④ 중국 청나라 시대의 지적도

해설 자한도(字限圖)는 일본의 지적도를 말한다.

67 아래에서 설명하는 경계결정의 원칙은?

> 토지의 인접된 경계는 분리할 수 없고 위치와 길이만 있을 뿐 너비는 없는 것으로 기하학상의 선과 동일한 성질을 갖고 있으며, 필지 사이의 경계는 2개 이상이 있을 수 없고 이를 분리할 수도 없다.

① 축척종대의 원칙
② 경계불가분의 원칙
③ 강계선 결정의 원칙
④ 지역선 결정의 원칙

해설 경계불가분의 원칙은 토지의 경계는 유일무이하여 연접한 토지에 공통으로 작용되기 때문에 이를 분리할 수 없다는 개념으로 토지의 경계선은 위치와 길이만 있을 뿐 넓이와 크기가 존재하지 않는다는 원칙이다. 축척종대의 원칙은 동일한 경계가 축척이 서로 다른 도면에 각각 등록되어 있는 경우에는 대축척에 등록된 경계를 따른다.

68 다음 중 지번의 특성에 해당되지 않는 것은?

① 토지의 특정화
② 토지의 가격화
③ 토지의 위치 추측
④ 토지의 실별

해설 지번의 특성에는 토지의 고정화, 토지의 특정화, 토지의 개별화, 토지의 위치 확인 등이 있다. 토지의 가격화는 지번과는 거리가 멀다.

69 다음 중 지목을 설정하는 가장 주된 기준은?

① 토지의 자연상태
② 토지의 주된 용도
③ 토지의 수익성
④ 토양의 성질

해설 지목은 토지의 주된 용도에 따라 종류를 구분해서 지적공부에 등록한 것을 말하므로, 지목을 설정할 때 심사의 근거는 지표의 토지이용이다.

70 임야조사사업의 목적에 해당하지 않는 것은?

① 소유권을 법적으로 확정
② 임야정책 및 산업건설의 기초자료 제공
③ 지세부담의 균형 조정
④ 지방재정의 기초 확립

해설 임야조사사업의 목적에는 소유권을 법적으로 확정, 임야정책 및 산업건설의 기초자료 제공, 지세부담의 균형 조정 등이 있다.

71 토지의 이익에 영향을 미치는 문서의 공적등기를 보전하는 것을 주된 목적으로 하는 등록제도는?

① 날인증서 등록제도
② 권원 등록제도
③ 적극적 등록제도
④ 소극적 등록제도

해설 날인증서 등록제도는 토지의 이익에 영향을 미치는 공적등기를 보전하는 제도로서, 모든 등록된 문서는 미등록 문서와 후순위 등록문서보다 우선권을 갖는다.

72 특별한 기준을 두지 않고 당사자의 신청순서에 따라 토지등록부를 편성하는 방법은?

① 물적 편성주의
② 인적 편성주의
③ 연대적 편성주의
④ 인적 · 물적 편성주의

해설 연대적 편성주의는 신청순서에 따라 순차적으로 대장을 작성하며, 리코딩시스템(Recording System)이 이에 해당한다.

73 현재의 토지대장과 가장 유사한 것은?

① 양전(量田)   ② 양안(量案)   ③ 지계(地契)   ④ 사표(四標)

해설 양안(量案)은 고려 · 조선시대 양전(量田)에 의해 작성된 토지장부로, 국가가 양전을 통하여 조세부과의 대상이 되는 토지와 납세자를 파악하고 그 결과를 기록한 장부이다. 오늘날의 토지대장과 성격이 유사하다.

74 토지조사사업 당시 사정(査定)은 토지조사부 및 지적도에 의하여 토지의 소유자 및 그 강계를 확정하는 행정처분을 말한다. 이때 시정권자는 누구인가?

① 조선총독부 ② 측량국장
③ 지적국장 ④ 임시토지조사국장

해설 임시토지조사국장은 지방토지조사위원회에 자문하여 토지소유자 및 그 강계를 사정하며, 사정을 하는 때에는 30일간 이를 공시한다.

75 지적공부의 등본 교부와 관계가 가장 깊은 것은?

① 지적공개주의 ② 지적형식주의 ③ 지적국정주의 ④ 지적비밀주의

해설 지적공개주의란 지적공부의 등록사항은 소유자, 이해관계인 등에게 공개하여 이용하게 한다는 이념이다. 즉, 토지이동신고 및 신청, 경계복원측량, 지적공부등본 및 열람, 지적기준점등본 및 열람 등이 이에 해당한다. 지적형식주의란 등록사항은 지적공부에 등록·공시하여야만 효력이 발생한다는 이념이다. 지적국정주의란 지적공부의 등록사항은 국가만이 결정할 수 있다는 이념이다.

76 다음 중 적극적 등록제도(Positive System)에 대한 설명으로 옳지 않은 것은?

① 거래행위에 따른 토지등록은 사유재산 양도증서의 작성과 거래증서의 등록으로 구분된다.
② 적극적 등록제도에서의 토지등록은 일필지의 개념으로 법적인 권리보장이 인정된다.
③ 적극적 등록제도의 발달된 형태로 유명한 것은 토렌스시스템(Torrens System)이다.
④ 지적공부에 등록되지 아니한 토지는 그 토지에 대한 어떠한 권리도 인정되지 않는다는 이론이 지배적이다.

해설 적극적 등록주의(Positive System)란 토지의 등록은 일필지의 개념으로 법적인 권리보장이 인증되고 정부에 의해서 합법성과 효력이 발생한다. 이는 모든 토지를 공부에 강제등록시키는 제도로서 공부에 등록되지 않은 토지는 어떠한 권리도 인정되지 않는다. 소극적 등록주의(Negative System)란 기본적으로 거래와 그에 관한 거래증서의 변경기록을 수행하는 것을 말한다. 이는 사유재산의 양도증서와 거래증서의 등록으로 구분한다.

77 스위스, 네덜란드에서 채택하고 있는 지번 표기의 유형으로 지번의 완전한 변경 내용을 알 수 있는 보조장부의 보존이 필요한 것은?

① 순차식 지번제도 ② 자유식 지번제도
③ 분수식 지번제도 ④ 복합식 지번제도

해설 자유식 지번제도란 최종 지번 다음 번호를 부여하고 원지번은 소멸되는 방식으로서 지번의 완전한 변경 내용을 알 수 있는 보조장부의 보존이 필요하다. 이는 스위스·호주·뉴질랜드·이란 등의 국가에서 사용하고 있다. 분수식 지번제도란 원지번을 분자, 부번을 분모로 한 분수형태의 지번설정 방식이다(6 – 3는 6/3으로 표현).

78 양전(量田) 개정론자와 그가 주장한 저서로 바르게 연결되지 않은 것은?

① 정약용 – 목민심서

② 이기 – 해학유서

③ 서유구 – 의상경계책

④ 김정호 – 동국여지도

해설 김정호의 저서는 대동여지도이다.

79 토지조사사업의 특징으로 틀린 것은?

① 근대적 토지제도가 확립되었다.

② 사업의 조사, 준비, 홍보에 철저를 기하였다.

③ 역둔토 등을 사유화하여 토지소유권을 인정하였다.

④ 도로, 하천, 구거 등을 토지조사사업에서 제외하였다.

해설 1909년 6월부터 1910년 9월까지 탁지부 소관 다른 국유지와 함께 전국의 역둔토 측량을 실시하여 조선총독부 소유로 국유화하여 총독부 재무부에서 관장하다가 역둔토협회가 전담하였다.

80 다음 중 토지조사사업 당시 비과세지에 해당되지 않는 것은?

① 도로 ② 구거 ③ 성첩 ④ 분묘지

해설 토지조사사업 당시 지목의 분류
• 과세지 : 전 · 답 · 대 · 지소 · 임야 · 잡종지
• 면세지 : 사사지(社寺地) · 분묘지 · 공원지 · 철도용지 · 수도용지
• 비과세지 : 도로 · 하천 · 구거 · 제방 · 성첩 · 철도선로 · 수도선로

5과목 지적관계법규

81 「국토의 계획 및 이용에 관한 법률」에서 용도지구의 지정에 관한 설명으로 틀린 것은?

① 미관지구 : 미관을 유지하기 위하여 필요한 지구

② 경관지구 : 경관을 보호 · 형성하기 위하여 필요한 지구

③ 시설보호지구 : 문화재, 중요 시설물의 보호와 보존을 위하여 필요한 지구

④ 방재지구 : 풍수해, 산사태, 지반의 붕괴, 그 밖의 재해를 예방하기 위하여 필요한 지구

해설 시설보호지구는 학교시설 · 공용시설 · 항만 또는 공항의 보호, 업무기능의 효율화, 항공기의 안전운항 등을 위하여 필요한 지구이다.

82 지적소관청이 토지의 이동에 따라 지적공부를 정리할 경우 작성하는 행정서류는?

① 손실보상합의 결정서   ② 결번대장정리 조사서

③ 토지이동정리 결의서   ④ 지적측량적부 의결서

해설 지적소관청이 토지의 이동에 따라 지적공부를 정리할 경우 토지이동정리 결의서를 작성하여야 한다.

83 「공간정보의 구축 및 관리 등에 관한 법률」상 양벌규정의 해당 행위가 아닌 것은?(단, 법인 또는 개인이 그 위반행위를 방지하기 위하여 해당 업무에 관하여 상당한 주의와 감독을 게을리하지 아니한 경우는 고려하지 않는다.)

① 고의로 측량성과를 사실과 다르게 한 자

② 둘 이상의 측량업자에게 소속된 측량기술자

③ 직계 존속 · 비속이 소유한 토지에 대한 지적측량을 한 자

④ 측량업자로서 속임수, 위력(威力), 그 밖의 방법으로 측량업과 관련된 입찰의 공정성을 해친 자

해설 본인, 배우자 또는 직계 존속 · 비속이 소유한 토지에 대한 지적측량을 한 자는 300만 원 이하의 과태료 부과 대상이다.

84 「공간정보의 구축 및 관리 등에 관한 법률」에 따라 토지이용상 불합리한 지상경계를 시정하기 위해 토지이동 신청을 할 수 있는 경우로 옳은 것은?

① 분할 신청   ② 등록전환 신청

③ 지목변경 신청   ④ 등록사항정정 신청

해설 분할을 신청할 수 있는 경우
- 1필지의 일부가 형질변경 등으로 용도가 다르게 된 경우
- 소유권 이전, 매매 등을 위하여 필요한 경우
- 토지이용상 불합리한 지상경계를 시정하기 위한 경우
- 관계법령에 따라 토지분할이 포함된 개발행위허가 등을 받은 경우

85 「공간정보의 구축 및 관리 등에 관한 법률」상 지적공부 등록사항의 정정에 대한 내용으로 틀린 것은?

① 등록사항의 정정이 토지소유자에 관한 사항일 경우 지적공부등본에 의하여야 한다.

② 토지소유자는 지적공부의 등록사항에 잘못이 있음을 발견하면 지적소관청에 그 정정을 신청할 수 있다.

③ 토지소유자는 지적공부의 등록사항에 잘못이 있음을 발견하면 대통령령으로 정하는 바에 따라 직권으로 조사 · 측량하여 정정할 수 있다.

④ 등록사항의 정정으로 인접 토지의 경계가 변경되는 경우 그 정정은 인접 토지소유자의 승낙서가 제출되어야 한다(토지소유자가 승낙하지 아니하는 경우는 이에 대항할 수 있는 확정판결서 정본을 제출한다).

해설 등록사항을 정정할 때 토지소유자에 관한 사항의 확인자료에는 등기필증, 등기완료통지서, 등기사항증명서 또는 등기관서에서 제공한 등기전산정보자료 등이 있다. 지적공부등본과는 관계가 없다.

86 축척변경시행지역의 토지는 어느 때에 토지의 이동이 있는 것으로 보는가?

① 청산금 산출일
② 청산금 납부일
③ 축척변경 승인공고일
④ 축척변경 확정공고일

해설 축척변경시행지역 안의 토지는 확정공고일에 토지의 이동이 있는 것으로 본다.

87 중앙지적위원회의 심의 · 의결사항이 아닌 것은?

① 지적측량기술의 연구 · 개발 및 보급에 관한 사항
② 지적 관련 정책 및 업무 개선 등에 관한 사항
③ 지적소관청이 회부하는 청산금의 이의신청에 관한 사항
④ 지적기술자의 업무정지 처분 및 징계요구에 관한 사항

해설 중앙지적위원회의 심의 · 의결사항에는 지적 관련 정책개발 및 업무 개선 등에 관한 사항, 지적측량기술의 연구 · 개발 및 보급에 관한 사항, 지적측량 적부심사(適否審査)에 대한 재심사(再審査) 등이 있다.

88 바다로 된 토지의 등록말소 및 회복에 대한 설명으로 틀린 것은?

① 등록말소 및 회복에 관한 사항으로 토지소유자의 동의 없이는 불가능하다.
② 지적소관청을 회복등록하려면 그 지적측량성과 및 등록말소 당시의 지적공부 등 관계자료에 따라야 한다.
③ 토지소유자가 등록말소 신청을 하지 아니하면 지적소관청이 직권으로 그 지적공부의 등록사항을 말소하여야 한다.
④ 지적공부의 등록사항을 말소하거나 회복등록하였을 때에는 그 정리 결과를 토지소유자 및 해당 공유수면의 관리청에 통지하여야 한다.

해설 지적소관청은 말소한 토지가 지형의 변화 등으로 다시 토지가 된 경우에는 대통령령으로 정하는 바에 따라 토지로 회복등록을 할 수 있다.

89 토지의 이동사항 중 신청기간이 다른 하나는?

① 등록전환신청

② 지목변경신청

③ 신규등록신청

④ 바다로 된 토지의 등록말소신청

해설 등록전환, 지목변경, 신규등록의 경우 사유발생일로부터 60일 이내에 지적소관청에서 신청을 하여야 한다. 바다로 된 토지의 등록말소의 경우 지적소관청으로부터 말소통지를 받은 날로부터 90일 이내에 말소신청을 하여야 한다.

90 「공간정보의 구축 및 관리 등에 관한 법률」상 도시개발사업에 관련한 토지의 이동은 언제 이루어 졌다고 보는가?

① 공사가 발주된 때

② 공사가 허가난 때

③ 공사가 착공된 때

④ 공사가 준공된 때

해설 도시개발사업의 경우 공사가 준공된 때 토지의 이동이 있는 것으로 본다.

91 특별시 · 광역시 · 특별자치시 · 특별자치도 · 시 또는 군의 개발 · 정비 및 보전을 위하여 수립 하는 도시 · 군관리계획에 포함되지 않는 것은?

① 도시개발사업이나 정비사업에 관한 계획

② 기반시설의 설치 · 정비 또는 개량에 관한 계획

③ 용도지역 · 용도지구의 지정 또는 변경에 관한 계획

④ 기본적인 공간구조와 장기발전방향을 제시하는 종합계획

해설 도시 · 군관리계획의 포함사항
- 용도지역 및 용도지구의 지정 또는 변경에 관한 계획
- 용도구역의 지정 또는 변경에 관한 계획
- 기반시설의 설치 · 정비 또는 개량에 관한 계획
- 도시개발사업이나 정비사업에 관한 계획
- 지구단위계획구역의 지정 또는 변경과 지구단위계획

92 다음 중 사용자권한 등록관리청에 해당하지 않는 것은?

① 지적소관청

② 시 · 도지사

③ 국토교통부장관

④ 국토지리정보원장

해설 사용자권한 등록관리청(국토교통부장관, 시 · 도지사 및 지적소관청)은 지적공부정리 등을 지적정보관리체계 로 처리하는 담당자를 사용자권한 등록파일에 등록하여 관리하여야 한다.

93 「부동산등기법」의 수용으로 인한 등기에 관한 내용이다. (   ) 안에 들어갈 내용으로 옳은 것은?

> 수용으로 인한 소유권이전등기를 하는 경우 그 부동산의 등기기록 중 소유권, 소유권 외의 권리, 그 밖의 처분제한에 관한 등기가 있으면 그 등기를 직권으로 말소하여야 한다. 다만, 그 부동산을 위하여 존재하는 (   )의 등기 또는 토지수용위원회의 재결(裁決)로서 존속(存續)이 인정된 권리의 등기는 그러하지 아니하다.

① 소유권   ② 지역권   ③ 지상권   ④ 저당권

해설 토지수용 시 그 토지를 위해 존재하는 지역권의 경우 등기관이 직권으로 말소할 수 없다.

94 「공간정보의 구축 및 관리 등에 관한 법률」상 지적공부의 복구자료가 아닌 것은?

① 측량결과도
② 토지이동정리 결의서
③ 토지이용계획 확인서
④ 법원의 확정판결서 정보 또는 사본

해설 지적공부의 복구자료

토지의 표시사항	소유자에 관한 사항
• 지적공부의 등본 • 측량결과도 • 토지이동정리 결의서 • 부동산등기부 등본 등 등기사실을 증명하는 서류 • 지적소관청이 작성하거나 발행한 지적공부의 등록내용을 증명하는 서류 • 지적공부가 멸실되거나 훼손될 경우 복제된 지적공부 • 법원의 확정판결서 정본 또는 사본	• 법원의 확정판결서 정본 또는 사본 • 부동산등기부

95 다음 중 지적측량을 실시하여야 하는 경우가 아닌 것은?

① 토지를 합병하는 경우로서 필요한 경우
② 토지를 등록전환하는 경우로서 필요한 경우
③ 지적공부를 복구하는 경우로서 필요한 경우
④ 바다로 된 토지의 등록을 말소하는 경우로서 필요한 경우

해설 지적측량을 수반하지 않는 경우에는 합병, 지목변경, 지번변경, 행정구역 변경 등이 있다.

96 「국토의 계획 및 이용에 관한 법률」상 토지거래계약의 허가를 받지 않아도 되는 토지의 면적기준으로 옳지 않은 것은?(단, 국토교통부장관 또는 시·도지사가 허가구역을 지정할 당시 당해 지역에서의 거래 실태 등에 비추어 타당하지 아니하다고 인정하여 당해 기준면적의 10% 이상 300% 이하의 범위에서 따로 정하여 공고한 경우는 고려하지 않는다.)

① 주거지역 : 180m² 이하　　　　　　② 상업지역 : 200m² 이하
③ 녹지지역 : 300m² 이하　　　　　　④ 공업지역 : 660m² 이하

해설 토지거래허가를 받지 않아도 되는 토지의 기준면적

도시지역		도시지역 외 지역	
주거지역	180m² 이하	농지	500m² 이하
상업지역	200m² 이하	임야	1,000m² 이하
공업지역	660m² 이하	기타	250m² 이하
녹지지역	100m² 이하		
지역지정이 없는 곳	90m² 이하		

---

97 지적공부에 관한 전산자료를 이용 또는 활용하고자 할 경우 신청서의 기재사항이 아닌 것은?

① 자료의 범위
② 자료의 제공방식
③ 자료의 안전관리대책
④ 자료를 편집·가공할 자의 인적사항

해설 전산자료이용 신청 시 신청서의 기재사항에는 자료의 이용 또는 활용목적 및 근거, 자료의 범위 및 내용, 자료의 제공방식·보관기관 및 안전관리대책 등이 있다.

---

98 도시개발사업 등이 완료됨에 따라 지적확정측량을 실시할 지역의 각 필지에 지번을 새로 부여하는 방법과 다르게 지번을 부여하는 경우는?

① 토지를 합병할 때
② 지번부여지역의 지번을 변경할 때
③ 행정구역 개편에 따라 새로 지번을 부여할 때
④ 축척변경 시행지역의 필지에 지번을 부여할 때

해설 도시개발사업 시행지역의 경우 축척변경, 지번변경, 행정구역 변경에 따라 지번을 부여한다.

99 다음 중 등기관이 토지에 관한 등기를 하였을 때 지적공부소관청에 지체 없이 그 사실을 알려야 하는 대상에 해당하지 않는 것은?

① 소유권의 보존 또는 이전
② 소유권의 등록 또는 등록정정
③ 소유권의 변경 또는 정정
④ 소유권의 말소 또는 말소회복

해설 등기관이 토지에 관한 등기를 하였을 때 지적공부소관청에 통지대상

통지대상	제외
• 소유권의 보존 또는 이전 • 소유권의 등기명의인 표시의 변경 또는 정정 • 소유권의 변경 또는 말소회복	• 소유권에 관한 등기(가등기, 처분제한의 등기는 제외) • 소유권 이외의 권리에 관한 등기

100 다음 중 지목의 구분이 옳지 않은 것은?

① 고속도로의 휴게소 부지는 "도로"로 한다.
②「국토의 계획 및 이용에 관한 법률」등 관계법령에 따른 택지조성공사가 준공된 토지는 "대"로 한다.
③ 온수·약수·석유류를 일정한 장소로 운송하는 송수관·송유관 및 저장시설의 부지는 "광천지"로 한다.
④ 제조업을 하고 있는 공장시설물의 부지는 "공장용지"로 한다.

해설 지하에서 온수·약수·석유류 등이 용출되는 용출구(湧出口)와 그 유지(維持)에 사용되는 부지는 "광천지"로 한다. 다만, 온수·약수·석유류 등을 일정한 장소로 운송하는 송수관·송유관 및 저장시설의 부지(잡종지)는 제외한다.

1과목 **지적측량**

01 필지를 분할하는 경우 분할 후의 면적이 분할 전 면적의 80% 이상이 되는 필지의 면적을 측정할 때에는 분할 전 면적의 20% 미만이 되는 필지의 면적을 먼저 측정한 후, 분할 전 면적에서 그 측정된 면적을 빼는 방법으로 할 수 있다. 이러한 방법으로 필지를 분할할 수 있는 기준면적은 얼마 이상인가?

① 4,000m^2 ② 5,000m^2 ③ 6,000m^2 ④ 7,000m^2

해설 면적이 5,000m^2 이상인 필지를 분할하는 경우 분할 후의 면적이 분할 전 면적의 80% 이상이 되는 필지의 면적을 측정할 때에는 분할 전 면적의 20% 미만이 되는 필지의 면적을 먼저 측정한 후, 분할 전 면적에서 그 측정된 면적을 빼는 방법으로 할 수 있다. 다만, 동일한 측량결과도에서 측정할 수 있는 경우와 좌표면적측정 법에 따라 면적을 측정하는 경우에는 그러하지 아니한다.

02 경위의측량방법에 따른 세부측량을 실시하는 경우 축척변경시행지역에 대한 측량결과도의 기본적인 축척은?

① 1/500 ② 1/1,000 ③ 1/1,200 ④ 1/6,000

해설 도시개발사업 등의 시행지역(농지의 구획정리지역을 제외한다)과 축척변경시행지역은 1/500로, 농지의 구획 정리시행지역은 1/1,000로 하되 필요한 경우에는 미리 시·도지사의 승인을 얻어 1/6,000까지 작성할 수 있다.

03 다음 중 경계의 제도기준에 대한 설명으로 옳은 것은?

① 경계는 0.1mm 폭의 선으로 제도한다.
② 1필지의 경계가 도곽선에 걸쳐 등록되어 있는 경우에는 도곽선 밖의 여백에 경계를 제도할 수 없다.
③ 경계점좌표등록부 등록지역의 도면에 등록할 경계점 간 거리는 붉은색, 1.5mm 크기의 아라비아 숫자로 제도한다.
④ 지적기준점 등이 매설된 토지를 분할하는 경우 그 토지가 작아서 제도하기가 곤란한 때에는 그 도면의 여백에 그 축척의 15배로 확대하여 제도할 수 있다.

해설 ② 1필지의 경계가 도곽선에 걸쳐 등록되어 있는 경우에는 도곽선 밖의 여백에 경계를 제도하거나, 도곽선을 기준으로 다른 도면에 나머지 경계를 제도한다. 이 경우 다른 도면에 경계를 제도하는 때에는 지번 및 지목은 붉은색으로 한다.

③ 경계점좌표등록부 등록지역의 도면에 등록할 경계점 간 거리는 검은색의 1.0~1.5mm 크기인 아라비아숫 자로 제도한다.

④ 지적기준점 등이 매설된 토지를 분할하는 경우 그 토지가 작아서 제도하기가 곤란한 때에는 그 도면의 여백에 그 축척의 10배로 확대하여 제도할 수 있다.

04 배각법에 의하여 지적도근점측량을 시행할 경우 측각오차 계산식으로 옳은 것은?(단, e는 각오차, T_1은 출발기지방위각, $\sum\alpha$는 관측각의 합, n은 폐색변을 포함한 변수, T_2는 도착기지방위각)

① $e = T_1 + \sum\alpha - 180(n-1) + T_2$ ② $e = T_1 + \sum\alpha - 180(n-1) - T_2$

③ $e = T_1 - \sum\alpha - 180(n-1) + T_2$ ④ $e = T_1 - \sum\alpha - 180(n-1) - T_2$

해설 측각오차 $e = T_1 + \sum\alpha - 180(n-1) - T_2$

05 고저차가 1.9m인 기선의 관측거리가 248.48m일 때 경사에 대한 보정량은?

① -8mm ② -7mm

③ $+7\text{mm}$ ④ $+8\text{mm}$

해설 경사보정량 $= -\dfrac{H^2}{2L} = -\dfrac{1.9^2}{2 \times 248.48} = -0.00726\text{m} \fallingdotseq -7\text{mm}$

06 지적삼각점측량에서 A점의 종선좌표가 1,000m, 횡선좌표가 2,000m, AB 간의 평면거리가 3,210.987m, AB 간의 방위각이 333°33′33.3″일 때 B점의 횡선좌표는?

① 496.789m   ② 570.237m

③ 798.466m   ④ 1,322.123m

해설 B점의 횡선좌표$(X_B) = X_A + (l \cdot \sin V_B^A) = 2,000\text{m} + (3,210.987\text{m} \times \sin 333°33′33.3″) = 570.237\text{m}$

07 고초원점의 평면직각종횡선수치는 얼마인가?

① X=0m, Y=0m   ② X=10,000m, Y=30,000m

③ X=500,000m, Y=200,000m   ④ X=550,000m, Y=200,000m

해설 원점별 종횡선직각좌표

원점명	X(종선)	Y(횡선)
통일원점	500,000m(제주지역 : 550,000m)	200,000m
구소삼각원점	0m	0m
특별소삼각원점	10,000m	30,000m

08 면적을 측정하는 경우 도곽선의 길이에 최소 얼마 이상의 신축이 있는 때에 이를 보정하여야 하는가?

① 0.2mm   ② 0.3mm   ③ 0.5mm   ④ 0.7mm

해설 면적을 측정하는 경우 도곽선의 길이에 0.5mm 이상의 신축이 있을 때에는 이를 보정하여야 한다.

09 지적측량기준점표지의 설치기준에 대한 설명으로 옳은 것은?

① 지적도근점표지의 점간거리는 평균 300m 이상 600m 이하로 한다.
② 지적도근점표지의 점간거리는 평균 5km 이상 10km 이하로 한다.
③ 다각망도선법에 의한 지적삼각보조점표지의 점간거리는 평균 2km 이상 5km 이하로 한다.
④ 다각망도선법에 의한 지적도근점표지의 점간거리는 평균 500m 이하로 한다.

해설 지적측량기준점표지의 설치기준

점간거리	지적삼각점	2km 이상 5km 이하
	지적삼각보조점	• 1km 이상 3km 이하 • 다각망도선법인 경우 평균 0.5km 이상 1km 이하
	지적도근점	• 점간거리 50m 이상 300m 이하 • 다각망도선법인 경우 평균 500m 이하

10 지적삼각점측량에서 수평각의 측각공차에 대한 기준으로 옳은 것은?

① 기지각과의 차는 ±40초 이상
② 삼각형 내각관측의 합과 180도의 차는 ±40초 이내
③ 1측회의 폐색차는 ±30초 이상
④ 1방향각은 30초 이내

해설 지적삼각점측량의 수평각 측각공차

종별	1방향각	1측회 폐색	삼각형 내각관측의 합과 180°의 차	기지각과의 차
공차	30초 이내	±30초 이내	±30초 이내	±40초 이내

11 지적도근점측량에 따라 계산된 연결오차가 허용범위 이내인 경우 그 오차의 배분방법이 옳은 것은?

① 배각법에 따르는 경우 각 측선장에 비례하여 배분한다.
② 배각법에 따르는 경우 각 측선장에 반비례하여 배분한다.
③ 배각법에 따르는 경우 각 측선의 종선차 또는 횡선차 길이에 비례하여 배분한다.
④ 방위각법에 따르는 경우 각 측선의 종선차 또는 횡선차 길이에 반비례하여 배분한다.

해설 지적도근점측량의 연결오차 배분

배각법	방위각법
각 측선의 종횡선차 길이에 비례하여 배분한다. $$T = -\frac{e}{L} \times n$$ [T : 각 측선의 종선차(또는 횡선차)에 배분할 cm 단위의 보정치, e : 종선오차(또는 횡선오차), L : 종횡선차의 절대치 합계, n : 각 측선의 종횡선차]	각 측선장에 비례하여 배분한다. $$T_n = -\frac{e}{L} \times n$$ [T_n : 각 측선의 종선차(또는 횡선차)에 배분할 cm 단위의 보정치, e : 종선오차(또는 횡선오차), L : 각 측선장의 총합계, n : 각 측선의 측선장]

12 1/50,000 지형도상에서 36cm²인 토지를 경지정리하고자 할 때 지상에서의 실제면적은?

① 90ha   ② 900ha   ③ 1,200ha   ④ 2,000ha

해설
$$\left(\frac{1}{50,000}\right)^2 = \frac{도상면적}{실제면적}$$
∴ 실제면적 = 900ha

13 다음 중 착오(과대오차)에 해당하는 것은?

① 토털스테이션의 수평축이 수직축과 직각을 이루지 않아 발생한 오차
② 토털스테이션의 망원경 축과 수준기포관축이 평행하지 않아 발생한 오차
③ 토털스테이션으로 측정한 거리 169.56m를 196.56m로 잘못 읽어 발생한 오차
④ 토털스테이션의 조정불량 및 측량사의 습관에 의하여 발생한 오차

해설 착오(과대오차)는 관측자의 부주의 및 미숙에 의해서 발생하는 오차로 야장의 오기, 눈금의 오독 등이 있다.

14 평판측량방법에 따른 세부측량의 기준 및 방법에 대한 설명 중 옳지 않은 것은?

① 지적도를 갖춰 두는 지역에서의 거리측정 단위는 5cm로 한다.
② 임야도를 갖춰 두는 지역에서의 거리측정 단위는 50cm로 한다.
③ 측량결과도는 축척 1/500로 작성한다.
④ 기지점이 부족한 경우에는 측량상 필요한 위치에 보조점을 설치하여 활용한다.

해설 경위의측량에 의해 세부측량을 실시한 지역으로 지적확정측량을 실시하였거나 축척변경을 실시하여 경계점을 좌표로 등록한 지역의 측량결과도는 축척 1/500로 작성하여야 한다.

15 축척 1/1,200 지역에서 도곽선의 신축량이 +2.0mm일 때 도곽의 신축에 따른 면적보정계수는?

① 0.99328 ② 0.99224 ③ 0.98929 ④ 0.98844

해설 $\triangle X = 1,200 \times 0.002\text{m} = 2.4\text{m}$, $\triangle Y = 1,200 \times 0.002\text{m} = 2.4\text{m}$

면적보정계수 $Z = \dfrac{X \cdot Y}{\triangle X \cdot \triangle Y} = \dfrac{400 \times 500}{(400 + 2.4) \times (500 + 2.4)} = 0.98929$

(Z : 보정계수, X : 도곽선종선길이, Y : 도곽선횡선길이, $\triangle X$: 신축된 도곽선종선길이의 합/2, $\triangle Y$: 신축된 도곽선횡선길이의 합/2)

16 지적측량 중 지적기준점을 정하기 위한 기초측량을 3가지로 분류할 때 그 분류로 옳지 않은 것은?

① 지적삼각점측량 ② 지적삼각보조점측량
③ 지적도근점측량 ④ 지적사진측량

해설 기초측량은 지적삼각점측량, 지적삼각보조점측량, 지적도근점측량으로 분류한다.

17 지적삼각보조점의 수평각을 관측하는 방법에 대한 기준으로 옳은 것은?

① 도선법에 따른다.
② 2대회의 방향관측법에 따른다.
③ 3대회의 방향관측법에 따른다.
④ 관측지역에 따라 방위각법과 배각법을 혼용한다.

해설 지적삼각보조점측량 시 수평각은 2대회의 방향관측법에 따른다.

18 지적삼각점의 관측에 있어 광파측거기는 표준편차가 얼마 이상인 정밀측거기를 사용하여야 하는가?

① ±(5mm+5ppm) ② ±(5cm+5ppm)
③ ±(0.05mm+5ppm) ④ ±(0.05cm+5ppm)

해설 지적삼각점의 관측에 있어 전파 또는 광파측거기(光波測距機)는 표준편차가 ±(5mm+5ppm) 이상인 정밀측거기를 사용한다.

19 평판측량방법에 따른 세부측량을 교회법으로 할 때 방향각의 교각은?

① 30° 이상 150° 이하로 한다.
② 20° 이상 130° 이하로 한다.
③ 30° 이상 120° 이하로 한다.
④ 50° 이상 130° 이하로 한다.

해설 평판측량방법에 따른 세부측량을 교회법으로 할 때 방향각의 교각은 30° 이상 150° 이하로 한다.

20 지적삼각보조점측량의 방법에 대한 설명으로 옳지 않은 것은?

① 교회법으로 시행한다.
② 망평균계산법으로 시행한다.
③ 전파기측량으로 시행한다.
④ 광파기측량으로 시행한다.

해설 망평균계산법은 지적삼각점측량의 계산방법이다.

2과목 응용측량

21 그림과 같이 원곡선(AB)을 설치하려고 하는데 그 교점(I.P)에 갈 수 없어 $\angle ACD = 150°$, $\angle CDB = 90°$, $CD = 100$m를 관측하였다. C점에서 곡선시점(B.C)까지의 거리는?(단, 곡선 반지름 $R = 150$m)

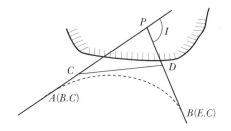

① 155.47m ② 125.25m ③ 144.34m ④ 259.81m

해설 $\angle PCD = 180° - 150° = 30°$, $\angle CDP = 180° - 90° = 90°$, $\angle CPD = 180° - (30° + 90°) = 60°$, 교각($I$)
$= 180° - 60° = 120°$

$$\text{T.L} = R \cdot \tan\frac{I}{2} = 150 \times \tan\left(\frac{120°}{2}\right) = 259.81\text{m}$$

$\sin$법칙 $\dfrac{\overline{CD}}{\sin 60°} = \dfrac{\overline{PC}}{\sin 90°} \rightarrow \overline{PC} = \dfrac{100 \times \sin 90°}{\sin 60°} = 115.47\text{m}$

$\therefore$ 거리($\overline{CA}$) = 접선길이(T.L) - I.P = 259.81 - 115.47 = 144.34m

22 사진의 크기 18cm×18cm, 초점거리 180mm의 카메라로 지면으로부터 비고가 100m인 구릉지에서 촬영한 연직사진의 축척이 1/40,000이었다면 이 사진의 비고에 의한 최대변위량은?

① ±18mm　　　② ±9mm　　　③ ±1.8mm　　　④ ±0.9mm

> **해설** 최대화면 연직선에서의 거리$(r_{max}) = \dfrac{\sqrt{2}}{2} \cdot a = \dfrac{\sqrt{2}}{2} \times 18 = 12.73\text{cm} = 0.1273\text{m}$
>
> 비행촬영고도$(H) = m \times f = 40,000 \times 0.18 = 7,200\text{m}$
>
> 기복변위$(\triangle r) = \dfrac{h}{H} \cdot r \rightarrow$ 최대기복변위$(\triangle r_{max}) = \dfrac{h}{H} \cdot r_{max}$
>
> $\therefore \triangle r_{max} = \dfrac{h}{H} \cdot r_{max} = \dfrac{100}{7,200} \times 0.1273 = 0.0018\text{m} ≒ 1.8\text{mm}$
>
> (a : 한 변의 사진크기, h : 비고, H : 비행촬영고도, r : 주점에서 측정점까지의 거리, m : 축척분모, f : 초점거리)

23 항공삼각측량의 광속조정법(Bundle Adjustment)에서 사용하는 입력좌표는?

① 사진좌표　　　② 모델좌표　　　③ 스트립좌표　　　④ 가계좌표

> **해설** 다항식법은 스트립을, 독립모델법은 모델을, 광속조정법은 사진을 기본단위로 한다.

24 원곡선 설치를 위하여 교각(I)이 60°, 반지름이 200m, 중심말뚝거리가 20m일 때 노선기점에서 교점까지의 추가거리가 630.29m라면 시단현의 편각은?

① 0°24′31″　　　　　　　② 0°34′31″
③ 0°44′31″　　　　　　　④ 0°54′31″

> **해설** 접선길이$(T.L) = R \cdot \tan\dfrac{I}{2} = 200 \times \tan\left(\dfrac{60°}{2}\right) = 115.470\text{m}$
>
> 곡선시점$(B.C) =$ 총연장$- T.L = 630.29 - 115.470 = 514.82\text{m} \rightarrow \text{No.}25 + 14.82\text{m}$
> 시단현길이$(l_1) = 20 - 14.82 = 5.18\text{m}$
>
> 시단현의 편각$(\delta_1) = 1,718.87' \times \dfrac{l_1}{R} = 1,718.87' \times \dfrac{5.18}{200} = 0°44′31.7″ ≒ 0°44′31″$

25 완화곡선의 성질에 대한 설명으로 옳지 않은 것은?

① 완화곡선의 접선은 시점에서 직선에 접한다.
② 완화곡선의 접선은 종점에서 원호에 접한다.
③ 완화곡선에 연한 곡선반지름의 감소율은 캔트의 증가율과 같다.
④ 곡선반지름은 완화곡선의 시점에서 원곡선의 반지름과 같다.

> **해설** 완화곡선의 반지름은 시점에서 무한대이며, 종점에서는 원곡선의 반지름과 같다.

26 곡선의 종류 중 완화곡선이 아닌 것은?

① 복심곡선

② 3차 포물선

③ 렘니스케이트 곡선

④ 클로소이드 곡선

> **해설** 완화곡선의 종류에는 클로소이드 곡선 · 렘니스케이트 곡선 · 3차 포물선 · sin 체감곡선 등이 있다.

27 GNSS(Global Navigation Satellite System)측량의 Cycle Slip에 대한 설명으로 옳지 않은 것은?

① GNSS 반송파 위상추적회로에서 반송파 위상차 값의 순간적인 차단으로 인한 오차이다.

② GNSS 안테나 주위의 지형지물에 의한 신호단절 현상이다.

③ 높은 위성 고도각에 의하여 발생하게 된다.

④ 이동측량의 경우 정지측량의 경우보다 Cycle Slip의 다양한 원인이 존재한다.

> **해설** 사이클슬립(Cycle Slip)은 반송파 위상추적회로(PLL : Phase Lock Loop)에서 반송파 위상 관측치를 순간적으로 놓침(일시적인 끊김 현상)으로써 발생하는 오차이며, 주된 원인은 다음과 같다.
>
> • 낮은 위성 고도각 • 높은 신호잡음
> • 낮은 신호강도 • 이동 차량에서 주로 발생

28 다음 그림과 같은 경사지에 측 6.0m의 도로를 개설하고자 한다. 절토기울기 1 : 0.5, 절토높이 2.0m, 성토기울기 1 : 1, 성토높이 5m로 한다면 필요한 용지폭은?(단, 양쪽의 여유폭은 1m로 한다.)

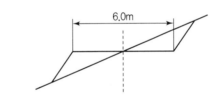

① 17.0m

② 14.0m

③ 12.5m

④ 11.5m

> **해설** 성토기울기=1 : 1 → 1×5=5.0m, 절토기울기=1 : 0.5 → 0.5×2=1.0m
> 용지폭=여유폭(하단)+기울기(성토)+도로폭+기울기(절토)+여유폭(상단)
> ∴ 용지폭=1.0+5+6+1.0+1.0=14.0m

29 사진의 특수 3점은 주점, 등각점, 연직점을 말하는데, 이 특수 3점이 일치하는 사진은?

① 수평사진

② 저각도경사사진

③ 고각도경사사진

④ 엄밀수직사진

> **해설** 사진의 특수 3점에는 주점, 등각점, 연직점이 있으며, 이 특수 3점이 일치하는 사진은 엄밀수직사진이다.

30 수준측량의 야장기입법 중 중간점(I.P)이 많을 때 가장 적합한 방법은?

① 승강식　　　　② 고차식　　　　③ 기고식　　　　④ 방사식

해설 기고식은 기계고를 이용하여 표고를 결정하며, 도로의 종횡단 측량처럼 중간점이 많을 때 편리하게 사용되는 야장기입법이다.

---

31 우리나라 지형도 1/50,000에서 조곡선의 간격은?

① 1.5m　　　　② 5m　　　　③ 10m　　　　④ 20m

해설 등고선의 종류 및 간격　　　　　　　　　　　　　　　　　　　　　　　　　　(단위 : m)

등고선의 종류	등고선의 간격			
	1/5,000	1/10,000	1/25,000	1/50,000
계곡선	25	25	50	100
주곡선	5	5	10	20
간곡선	2.5	2.5	5	10
조곡선	1.25	1.25	2.5	5

---

32 지형도에서 등고선에 둘러싸인 면적을 구하는 가장 적합한 것은?

① 전자면적측정기에 의한 방법　　　　② 방안지에 의한 방법
③ 좌표에 의한 방법　　　　　　　　　④ 삼사법

해설 지형도에서 등고선에 둘러싸인 면적을 구할 때에는 전자면적측정기에 의한 방법이 적합하다.

---

33 등고선의 성질에 대한 설명으로 틀린 것은?

① 등고선은 최대경사선과 직교한다.
② 동일 등고선상에 있는 모든 점은 높이가 같다.
③ 등고선은 절벽이나 동굴의 지형을 제외하고는 교차하지 않는다.
④ 등고선은 폭포와 같이 도면 내외 어느 곳에서도 폐합되지 않는 경우가 있다.

해설 등고선의 성질
• 동일 등고선상에 있는 모든 점은 같은 높이이다.
• 등고선은 도면 내외에서 폐합하는 폐곡선이다.
• 지도의 도면 내에서 폐합하는 경우 등고선의 내부에 산정 또는 분지가 있다.
• 높이가 다른 두 등고선은 동굴이나 절벽의 지형이 아닌 곳에서는 교차하지 않으며, 동굴이나 절벽은 반드시 두 점에서 교차한다.
• 동등한 경사의 지표에서 양 등고선의 수평거리는 같다.
• 같은 경사의 평면일 때는 나란히 직선이 된다.

- 최대경사의 방향은 등고선과 직각으로 교차한다.
- 등고선은 경사가 급한 곳에서는 간격이 좁고 완만한 경사지는 넓다.
- 등고선은 분수선과 직각으로 만난다.
- 등고선의 수평거리는 산꼭대기 및 산밑에서는 크고 산중턱에서는 작다.
- 등고선이 능선을 직각방향으로 횡단한 다음 능선 다른 쪽을 따라 거슬러 올라간다.

34 촬영고도 1,500m에서 찍은 인접 사진에서 주점기선의 길이가 15cm이고, 어느 건물의 시차차가 3cm였다면 건물의 높이는?

① 10m ② 30m ③ 50m ④ 70m

해설 건물의 높이$(h) = \dfrac{H}{b_0}\Delta p = \dfrac{1{,}500}{0.15} \times 0.003 = 30$m

(h : 건물의 높이, H : 비행고도, b_0 : 주점기선길이, Δp : 시차차)

35 내부표정에 대한 설명으로 옳은 것은?

① 기계좌표계 → 지표좌표계 → 사진좌표로 변환
② 지표좌표계 → 기계좌표계 → 사진좌표로 변환
③ 지표좌표계 → 사진좌표계 → 기계좌표로 변환
④ 기계좌표계 → 사진좌표계 → 지표좌표로 변환

해설 내부표정은 기계좌표계 → 지표좌표계 → 사진좌표 순으로 변환한다.

36 터널측량을 하여 터널 시점(A)과 종점(B)의 좌표와 높이(H)가 다음과 같을 때, 터널의 경사도는?

A(1,125.68, 782.46), B(1,546.73, 415.37) $H_A = 49.25$, $H_B = 86.39$ (단위 : m)

① 3°25′14″ ② 3°48′14″ ③ 4°08′14″ ④ 5°08′14″

해설 높이차 $= 86.39 - 49.25 = 37.14$m

AB의 거리 $= \sqrt{(1{,}546.73 - 1{,}125.68)^2 + (415.37 - 782.46)^2} = 558.60$m

∴ 터널경사도 $\theta = \tan^{-1}\left(\dfrac{\text{높이}}{\text{거리}}\right) = \tan^{-1}\left(\dfrac{37.14}{558.60}\right) = 3°48′14″$

37 다음 중 인공위성의 궤도 요소에 포함되지 않는 것은?

① 승교점의 적경　　　　　　② 궤도 경사각
③ 관측점의 위도　　　　　　④ 궤도의 이심률

38 상호표정의 인자 중 촬영방향(x−축)을 회전축으로 한 회전운동 인자는?

① ϕ ② ω ③ κ ④ by

해설 상호표정의 인자 중 촬영방향(x−축)을 회전축으로 한 회전운동 인자는 ω이다.

39 터널측량에서 측점 A, B를 천정에 설치하고 A점으로부터 경사거리 46.35m, 경사각 +17°20′, A점의 천정으로부터 기계고 1.45m, B점의 측표높이 1.76m를 관측하였을 때, AB의 고저차는?

① 17.02m   ② 10.60m   ③ 13.50m   ④ 14.12m

해설 터널측량에서는 측표의 측점이 천정에 있음에 유의한다.
$H = S\sin\alpha + I.H - H.P = 46.35 \times \sin 17°20′ + (-1.45) - (-1.76) ≒ 14.12m$
(S : 경사거리, α : 경사각, I.H : 기계고, H.P : 측표높이)

40 표척 2개를 사용하여 수준측량할 때 기계의 배치 횟수를 짝수로 하는 주된 이유는?

① 표척의 영점오차를 제거하기 위하여
② 표척수의 안전한 작업을 위하여
③ 작업능률을 높이기 위하여
④ 레벨의 조정이 불완전하기 때문에

해설 수준측량에서 표척을 세운 횟수를 짝수로 하는 주된 이유는 표척의 영점오차를 소거하기 위해서이다.

3과목 **토지정보체계론**

41 공간자료의 입력방법인 스캐닝에 대한 설명으로 옳지 않은 것은?

① 스캐너를 이용하여 정보를 신속하게 입력시킬 수 있다.
② 스캐너는 광학주사기 등을 이용하여 레이저 광선을 도면에 주사하여 반사되는 값에 수치를 부여하여 데이터의 영상자료를 만드는 것이다.
③ 스캐너 영상자료는 소프트웨어를 이용하여 벡터라이징을 통해 수치지도로 제작된다.
④ 스캐닝은 문자나 그래픽 심벌과 같은 부수적 정보를 많이 포함한 도면을 입력하는 데 적합하다.

해설 스캐닝은 문자나 그래픽 심벌과 같은 부수적 정보를 많이 포함한 도면을 입력하는 데 적합하지 않다.

42 공간데이터의 수집 절차로 옳은 것은?

① 데이터 획득 → 수집계획 → 데이터 검증

② 수집계획 → 데이터 검증 → 데이터 획득

③ 수집계획 → 데이터 획득 → 데이터 검증

④ 데이터 검증 → 데이터 획득 → 수집계획

해설 공간데이터는 수집계획 → 데이터 획득 → 데이터 검증 순으로 수집한다.

43 다음 중 관계형 데이터베이스에서 자료의 추출(검색)에 사용되는 표준언어인 비과정 질의어는?

① SQL　　　　　② Visual Basic　　　③ Visual C++　　　④ COBOL

해설 SQL(Structured Query Language, 구조화 질의어)은 데이터베이스로부터 정보를 얻거나 갱신하기 위한 표준 대화식 프로그래밍 언어이다.

44 기어구동식 자동제어기의 정도 변화 범위로 맞는 것은?

① 0.01mm 이내　　　　　　　② 0.02mm 이내

③ 0.03mm 이내　　　　　　　④ 0.05mm 이내

해설 기어구동식 자동제어기의 정도 변화 범위는 0.02mm 이내이다.

45 다음 중 벡터자료 구조의 기본적인 단위에 해당되지 않는 것은?

① 픽셀　　　　　② 점　　　　　③ 선　　　　　④ 면

해설 벡터자료 구조는 현실 세계의 객체 및 객체와 관련되는 모든 형상이 점(0차원), 선(1차원), 면(2차원)을 이용하여 표현하는 것으로, 객체들의 지리적 위치를 방향성과 크기로 나타낸다.

46 다음 중 벡터 구조에 비하여 격자구조가 갖는 장점이 아닌 것은?

① 네트워크 분석에 효과적이다.

② 자료의 중첩에 대한 조작이 용이하다.

③ 자료구조가 간단하다.

④ 원격탐사 자료와의 연계처리가 용이하다.

장점	단점
• 데이터 구조가 간단하다. • 다양한 레이어의 중첩분석이 용이하다. • 영상자료(위성 및 항공사진 등)와 연계가 용이하다. • 중첩분석이 용이하다. • 셀의 크기와 형태가 동일하여 시뮬레이션이 용이하다.	• 이미지 자료이기 때문에 자료량이 크다. • 셀의 크기를 확대하면 정보손실을 초래한다. • 시각적인 효과가 떨어진다. • 네트워크(관망) 분석이 불가능하다. • 좌표변환(벡터화) 시 절차가 복잡하고 시간이 많이 소요된다.

47 토지정보체계의 데이터 관리에서 파일처리방식의 문제점이 아닌 것은?

① 시스템 구성이 복잡하고 비용이 많이 소요된다.
② 데이터의 독립성을 지원하지 못한다.
③ 사용자 접근을 제어하는 보안체제가 미흡하다.
④ 다수의 사용자 환경을 지원하지 못한다.

해설 파일처리시스템은 시스템의 구성이 간단하고 비용이 적게 든다.

48 다음 중 평면직각좌표계의 이점이 아닌 것은?

① 평판측량, 항공사진측량 등 많은 측량작업과 호환성이 좋다.
② 평면직각좌표로부터 거리, 수평각, 면적을 계산하기 편리하다.
③ 관측값으로부터 평면직각좌표를 계산하기 편리하다.
④ 지도 구면상에 표시하기가 쉽다.

해설 평면직각좌표계의 특징
• 평판측량, 항공사진측량 등 많은 측량작업과 호환성이 좋다.
• 평면직각좌표로부터 거리, 수평각, 면적을 계산하기 편리하다.
• 관측값으로부터 평면직각좌표를 계산하기 편리하다.
• 지도 구면상에 표현하기가 어렵다.

49 아래와 같은 수식으로 주어지는 것은 어떤 좌표변환인가?(단, λ : 축척변환, (x_0, y_0) : 원점의 변위량, θ : 회전변환, (x', y') : 보정된 좌표, (x, y) : 보정 전 좌표)

$$\begin{bmatrix} x' \\ y' \end{bmatrix} = \lambda \begin{bmatrix} \cos\theta & -\sin\theta \\ \sin\theta & \cos\theta \end{bmatrix} \begin{bmatrix} x \\ y \end{bmatrix} + \begin{bmatrix} x_0 \\ y_0 \end{bmatrix}$$

① 투영변환
② 등각사상변환
③ 어파인(Affine) 변환
④ 의사어파인(Pseudo-Affine) 변환

해설 등각사상변환(Conformal Transformation)
- 직교좌표계에서 관측된 지표좌표계를 사진좌표계로 변환할 때 이용되며, 변환 후에도 좌표계의 모양이 변하지 않는다.
- 정확도 향상을 위해 2점 이상의 기준점이 필요하다.
- 축척변환, 회전변환, 평행변위 세 단계로 이루어진다.
- 축척변환(λ), 원점의 변위량(x_0, y_0), 회전변환(θ) 등 4개의 변수를 갖는다.

50 지적도면을 전산화하고자 하는 경우 정비하여야 할 대상 정보가 아닌 것은?

① 색인도　　　　② 도곽선　　　　③ 필지경계　　　　④ 지번색인도

해설 지적도면 전산화 시 정비대상은 경계, 색인도, 도곽선 및 수치, 도면번호, 행정구역선 등이다.

51 다음 중 두 개 또는 더 많은 레이어들에 대하여 불린(Boolean)의 OR 연산자를 적용하여 합병하는 방법으로 기준이 되는 레이어의 모든 특징이 결과레이어에 포함되는 중첩분석방법은?

① Intersect　　　② Union　　　③ Identity　　　④ Clip

해설 Union(합집합)은 두 개 또는 더 많은 레이어들에 대하여 불린(Boolean)의 OR 연산자를 이용하여 합병하는 방법이며, 입력레이어와 중첩레이어의 모든 레이어가 결과레이어에 포함되는 중첩분석의 한 유형이다. Intersect(교집합)은 대상레이어에서 적용레이어를 AND 연산자를 이용하여 중첩시켜 적용레이어에 각 폴리곤과 중복되는 도형 및 속성 정보만을 추출한다. Identity는 대상레이어의 모든 도형정보가 적용레이어 내의 각 폴리곤에 맞게 분할되어 추출한다.

52 스파게티(Spaghetti) 모형에 대한 설명이 옳지 않은 것은?

① 하나의 점이 X · Y 좌표를 기본으로 하고 있어 다른 모형에 비하여 구조가 복잡하고 이해하기 어렵다.
② 데이터 파일을 이용한 지도를 인쇄하는 단순작업의 경우에 효율적인 도구로 사용되었다.
③ 상호 연관성에 관한 정보가 없어 인접한 객체들의 특징과 관련성, 연결성을 파악하기 힘들었다.
④ 객체들 간에 정보를 갖지 못하고 국수 가락처럼 좌표들이 길게 연결되어 있는 구조를 말한다.

해설 스파게티 모형(모델)은 공간자료를 점, 선, 면을 단순한 좌표목록으로 저장하여 구조가 간단하다.

53 래스터데이터의 일반적인 자료압축방법이 아닌 것은?

① Chain Code　　　　　② Block Code
③ Structure Code　　　④ Run−length Code

래스터데이터의 자료압축방법
- 런렝스코드(Run-length Code, 연속분할코드) 기법
- 체인코드(Chain Code) 기법
- 블록코드(Block Code) 기법
- 사지수형(Quadtree) 기법
- 알트리(R-tree) 기법

54 다음 중 계층형(Hierarchical), 네트워크형(Network), 관계형(Relational) 데이터베이스 모델 간의 가장 큰 차이점은 무엇인가?

① 데이터의 물리적 구조
② 관계의 표현방식
③ 속성자료의 표현방법
④ 데이터 모델의 구축환경

데이터베이스의 모형에는 계층형(계급형), 네트워크(관망)형, 관계형, 객체지향형, 객체관계형 등이 있다. 이 중 계층형, 네트워크형, 관계형 데이터베이스 모델 간의 가장 큰 차이점은 관계의 표현방식이다.

55 GIS 데이터의 표준화 유형에 해당하지 않는 것은?

① 데이터 모형(Data Model)의 표준화
② 데이터 내용(Data Content)의 표준화
③ 데이터 정책(Data Institute)의 표준화
④ 위치참조(Location Reference)의 표준화

GIS 데이터의 표준화 유형
- 내적 요소 : 데이터 모형 표준, 데이터 내용 표준, 메타데이터 표준
- 외적 요소 : 데이터 품질 표준, 데이터 수집 표준, 위치참조 표준, 데이터 교환표준

56 다음 자료들 중에서 지형, 지세 등 표면 표현 및 등고선, 3차원 표현 등 표면모델링에 이용되는 것은?

① Coverage   ② Layer   ③ TIN   ④ Image

불규칙삼각망(TIN, 비정규삼각망)이란 연속적인 표면을 표현하기 위한 방법의 하나로서 지형, 지세 등 표면 표현 및 등고선, 3차원 표현 등 표면모델링에 이용된다.

57 다음 중 지적재조사사업의 목적으로 가장 거리가 먼 것은?

① 지적불부합지 문제 해소
② 토지의 경계복원능력 향상
③ 지하시설물 관리체계 개선
④ 능률적인 지적관리체제 개선

- 지적불부합지 문제의 해소
- 능률적인 지적관리체제 개선
- 토지의 경계복원능력 향상
- 지적관리를 현대화하기 위한 수단
- 지적공부의 정확도 및 지적에 포함되는 요소들의 확장

58 SQL 언어 중 데이터 조작어(DML)에 해당하지 않는 것은?

① INSERT   ② UPDATE

③ DELETE   ④ DROP

해설 데이터베이스 언어에는 데이터 정의어(DDL), 데이터 조작어(DML), 데이터 제어어(DCL) 등이 있다. 데이터 조작어(DML : Data Manipulation Language)는 사용자가 데이터베이스에 접근하여 데이터를 처리할 수 있는 데이터 언어로서 데이터베이스에 저장된 자료를 검색(SELECT), 삽입(INSERT), 삭제(DELETE), 갱신(UPDATE)하는 기능이 있다.

59 데이터베이스 구축과정에서 검수에 대한 설명으로 옳은 것은?

① 검수한 최종 성과에 대해 실시하는 것이다.

② 검수는 데이터베이스 구축과정에서 단계별로 실시한다.

③ 출력검수는 화면출력에 대해 검수하는 것이다.

④ 검수방법 중에서 컴퓨터에 의해 자동처리되는 프로그램 검수가 가장 우수하다.

해설 검수는 데이터베이스 구축과정에서 단계별로 실시하며, 컴퓨터로 자동처리되는 프로그램 검수보다 작업자의 육안 검수가 더 정확하다.

60 GIS의 자료분석 과정 중, 도형자료와 속성자료가 구축된 레이어 간의 정보를 합성하거나 수학적 변환기능을 이용하여 정보를 통합하는 분석방법은?

① 중첩분석   ② 표면분석

③ 합성분석   ④ 검색분석

해설 중첩(Overlay)분석이란 도형자료와 속성자료가 구축된 레이어 간의 정보를 합성하거나 수학적 변환기능을 이용하여 정보를 통합하는 분석방법이다. 서로 다른 주제도를 결합하거나 공통의 공간영역을 하나의 결과물로 도출할 수 있어 주로 적지분석에 이용된다.

61 지적공부 열람신청과 가장 밀접한 관계가 있는 것은?

① 토지소유권 보존　　　　　　　② 토지소유권 이전
③ 지적공개주의　　　　　　　　　④ 지적형식주의

> **해설** • 지적공개주의 : 지적공부의 등록사항은 소유자, 이해관계인 등에게 공개하여 이용하게 한다는 이념이다.
> • 지적형식주의 : 등록사항은 지적공부에 등록·공시하여야만 효력이 발생한다는 이념이다.

62 다음 중 역토(驛土)에 대한 설명으로 옳지 않은 것은?

① 역토는 주로 군수비용을 충당하기 위한 토지이다.
② 역토의 수입은 국고수입으로 하였다.
③ 역토는 역참에 보속된 토지의 명칭이다.
④ 조선시대 초기에 역토에는 관둔전, 공수전 등이 있다.

> **해설** 역토(驛土)란 주요 도로에 설치된 역참에 부속된 토지로서 소속 관리의 급여, 말의 사육비 등 역참의 운영비용을 충당하기 위한 토지이다. 변경이나 군사요지에 설치해 군수비용에 충당한 토지는 둔전(屯田)이다.

63 지적제도의 발생설로 보기 어려운 것은?

① 과세설　　　　② 치수설　　　　③ 지배설　　　　④ 계약설

> **해설** 지적제도의 발생설에는 과세설, 치수설(토지측량설), 지배설(통치설), 침략설 등이 있다.

64 지적제도의 발전 단계별 특징이 옳지 않은 것은?

① 세지적 – 생산량　　　　　　　② 법지적 – 경계
③ 법지적 – 물권　　　　　　　　④ 다목적지적 – 지형지물

> **해설** 다목적지적(Multipurpose Cadastre)은 1필지를 단위로 토지 관련 정보를 종합적으로 등록하는 제도로서 종합지적(유사지적, 경제지적, 통합지적)이라고도 한다.

65 다음 중 지번을 설정하는 이유와 가장 거리가 먼 것은?

① 토지의 특성화　　　　　　　　② 지리적 위치의 고정성 확보
③ 입체적 토지표시　　　　　　　④ 토지의 개별화

지번의 기능
- 필지를 구별하는 개별성과 특정성이 있다.
- 거주지 또는 주소표기의 기준으로 이용된다.
- 위치 파악의 기준이 된다.
- 각종 토지 관련 정보시스템에서 검색키로 이용된다.
- 물권의 객체를 구분한다.
- 등록공시단위이다.

66 다음 중 간주지적도에 관한 설명으로 틀린 것은?

① 임야도로서 지적도로 간주하게 된 것을 말한다.

② 간주지적도인 임야도에는 적색 1호선으로써 구역을 표시하였다.

③ 지적도 축척이 아닌 임야도 축척으로 측량하였다.

④ 대상은 토지조사 시행지역에서 약 200간(間) 이상 떨어진 지역으로 하였다.

해설 간주지적도
- 지적도로 간주하는 임야도를 의미한다.
- 지적도 축척이 아닌 임야도 축척으로 측량하였다.
- 대상은 토지조사 시행지역에서 약 200간(間) 이상 떨어진 지역으로 하였다.
- 간주지적도에 등록된 토지의 대장에는 산토지대장, 별책토지대장, 을호토지대장 등이 있다.

67 일본의 지적 관련 법령으로 옳은 것은?

① 지적법   ② 부동산등기법   ③ 국토기본법   ④ 지가공시법

해설 일본은 1960년 「부동산등기법」을 개정하여 토지대장과 등기부의 통합 일원화에 착수하였고, 1966년 3월 31일에 완료하였다.

68 지번의 부여방법 중 사행식에 대한 설명으로 옳지 않은 것은?

① 우리나라 지번의 대부분이 사행식에 의하여 부여되었다.

② 필지의 배열이 불규칙한 지역에서 많이 사용한다.

③ 도로를 중심으로 한쪽은 홀수로 다른 한쪽은 짝수로 부여한다.

④ 각 토지의 순서를 빠짐없이 따라가기 때문에 뱀이 기어가는 형상이 된다.

해설 사행식은 필지의 배열이 불규칙한 지역에서 필지의 진행순서에 따라 연속적으로 지번을 부여하는 방법이다. 농촌지역에 적합하여 토지조사사업 당시 가장 많이 사용되었다. 도로를 중심으로 한쪽은 홀수, 다른 한쪽은 짝수를 부여하는 방법은 기우식(교호식)이다.

69 우리나라의 지적 창설 당시 도로, 하천, 구거 및 소도서는 토지(임야)대장 등록에서 제외하였는데 가장 큰 이유는?

① 측량하기 어려워서
② 소유자를 알 수가 없어서
③ 경계선이 명확하지 않아서
④ 과세적 가치가 없어서

해설 토지조사사업의 조사대상은 예산, 인원 등 경제적 가치가 있는 것에 한하여 실시하였으므로 도로, 하천, 구거, 제방, 성첩, 철도선로, 수도선로는 지목만 조사하고 지반을 측량하거나 지번을 붙이지 않았다. 그 이유는 과세적 (경제적) 가치가 없기 때문이다.

70 전산등록파일을 지적공부로 규정한 지적법의 개정연도로 옳은 것은?

① 1991년 1월 1일
② 1995년 1월 1일
③ 1999년 1월 1일
④ 2001년 1월 1일

해설 전산등록파일을 지적공부로 규정한 해는 1991년 1월 1일이다.

71 토지의 사정(査定)을 가장 잘 설명한 것은?

① 토지의 소유자와 지목을 확정하는 것이다.
② 토지의 소유자와 강계를 확정하는 행정처분이다.
③ 토지의 소유자와 강계를 확정하는 사법처분이다.
④ 경계와 지적을 확정하는 행정처분이다.

해설 토지의 사정(査定)이란 토지조사부 및 지적도에 의하여 토지소유자(원시취득) 및 강계를 확정하는 행정처분을 말한다. 지적도에 등록된 강계선이 대상이며, 지역선은 사정하지 않는다.

72 다음 중 현대지적의 특성만으로 연결되지 않은 것은?

① 역사성 – 영구성
② 전문성 – 기술성
③ 서비스성 – 윤리성
④ 일시적 민원성 – 개별성

해설 현대지적의 특성에는 역사성, 영구성, 반복민원성, 전문기술성, 서비스성과 윤리성, 정보원 등이 있다.

73 다목적지적의 기본 구성요소와 가장 거리가 먼 것은?

① 측지기준망
② 기본도
③ 지적도
④ 토지권리도

해설
• 다목적지적의 3대 요소 : 측지기본망, 기본도, 지적중첩도
• 다목적지적의 5대 요소 : 측지기본망, 기본도, 지적중첩도, 필지식별번호, 토지자료파일

74 다음 중 고려시대 토지기록부의 명칭이 아닌 것은?

① 양전도장(量田都帳) ② 도전장(都田帳)

③ 양전장적(量田都籍) ④ 방전장(方田帳)

해설 시대별 양안의 명칭
- 고려시대 : 도전장(都田帳), 양전도장(量田都帳), 양전장적(量田帳籍), 도전정(導田丁), 도행(導行), 전적(田積), 적(籍), 전부(田簿), 안(案), 원적(元籍)
- 조선시대 : 양안(量案), 양안등서책(量案謄書册), 전안(田案), 전답안(田畓案), 성책(成册), 양명등서차(量名謄書次), 전답결대장(田畓結臺帳), 전답결타량정안(田畓結打量正案), 전답타량책(田畓打量册), 전답타량안(田畓打量案), 전답결정안(田畓結正案), 전답양안(田畓量案), 양전도행장(量田導行帳)

75 토지이용의 입체화와 가장 관련성이 깊은 지적제도의 형태는?

① 세지적 ② 3차원 지적

③ 2차원 지적 ④ 법지적

해설 3차원 지적은 토지의 이용이 다양화됨에 따라 토지의 경계, 지목 등 지표의 물리적 현황은 물론 지상과 지하에 설치된 시설물 등을 수치의 형태로 등록공시 또는 관리를 지원하는 제도로서, 일명 입체지적이라고도 한다.

76 지적제도의 발달사적 입장에서 볼 때 법지적 제도의 확립을 위하여 동원한 가장 두드러진 기술업무는?

① 토지평가 ② 지적측량

③ 지도제작 ④ 면적측정

해설 법지적(Legal Cadastre)은 세지적에서 진일보한 제도로 토지과세 및 토지거래의 안전, 토지소유권보호 등이 주요 목적인 지적제도로서, 일명 소유지적(경계지적)이라고도 한다. 법지적하에서는 위치의 정확도를 중시함으로써 경계의 명확성을 위해서는 정밀한 지적측량이 필요하다.

77 조선시대의 양안(**量案**)은 오늘날의 어느 것과 같은 성질인가?

① 토지과세대장 ② 임야대장

③ 토지대장 ④ 부동산등기부

해설 양안은 고려·조선시대 양전에 의해 작성된 토지장부로, 국가가 양전을 통하여 조세부과의 대상이 되는 토지와 납세자를 파악하고 그 결과를 기록한 장부이다. 오늘날의 토지대장과 성격이 유사하다.

78 토지 · 가옥을 매매 · 증여 · 교환 · 전당할 경우 군수 또는 부윤의 증명을 받으면 법률적으로 보장을 받는 완전한 증명제도는?

① 토지가옥 증명규칙 ② 조선민사령
③ 부동산등기령 ④ 토지가옥수유권 증명규칙

해설 토지 · 가옥을 매매 · 증여 · 교환 · 전당할 경우 군수 또는 부윤의 증명을 받으면 법률적으로 보장을 받는 완전한 증명제도는 토지가옥수유권 증명규칙이다.

79 간주지적도에 등록된 토지는 토지대장과는 별도로 대장을 작성하였다. 다음 중 그 명칭에 해당하지 않는 것은?

① 산토지대장 ② 별책토지대장
③ 임야토지대장 ④ 을호토지대장

해설 간주지적도는 지적도로 간주하는 임야도를 의미하며, 간주지적도에 등록된 토지의 대장은 산토지대장, 별책토지대장, 을호토지대장이라고 하였다.

80 일반적으로 양안에 기재된 사항에 해당하지 않는 것은?

① 지번, 면적 ② 측량순서, 토지등급
③ 토지형태, 사표(四標) ④ 신구 토지소유자, 토지가격

해설 고려 · 조선시대에 시행된 현대의 토지대장 성격인 양안(量案)에는 토지소유자, 토지소재지, 천자문의 자호 및 지번, 양전 방향, 토지형태, 지목, 사표, 결부수(면적), 등급 등을 기재하였다. 신구 토지소유자는 매매계약서인 문기에 기재된 사항이다.

5과목 **지적관계법규**

81 지적측량업자의 업무범위에 해당하지 않는 것은?

① 경계점좌표등록부가 있는 지역에서의 지적측량
② 도시개발사업 등이 끝남에 따라 하는 지적확정측량
③ 「지적재조사에 관한 특별법」에 따른 사업지구에서 실시하는 지적재조사측량
④ 도해세부측량지역의 등록전환측량에 대한 성과검사측량

해설 지적측량업자의 업무범위
• 경계점좌표등록부가 있는 지역에서의 지적측량
• 「지적재조사에 관한 특별법」에 따른 사업지구에서 실시하는 지적재조사측량

- 도시개발사업 등이 끝남에 따라 하는 지적확정측량
- 지적전산자료를 활용한 정보화사업

82 「국토의 계획 및 이용에 관한 법률」에 따른 국토의 용도 구분 4가지에 해당하지 않는 것은?

① 보존지역　　　　② 관리지역　　　　③ 도시지역　　　　④ 농림지역

해설 국토의 용도 구분에는 도시지역, 관리지역, 농림지역, 자연환경보전지역 등이 있다.

83 다음 중 토지소유자가 지목변경을 신청할 때에 첨부하여 지적소관청에 제출하여야 하는 서류에 해당하지 않는 것은?

① 과세사실을 증명하는 납세증명서의 사본
② 토지 또는 건축물의 용도가 변경되었음을 증명하는 서류의 사본
③ 관계법령에 따라 토지의 형질변경 공사가 준공되었음을 증명하는 서류의 사본
④ 국유지 · 공유지의 경우 용도폐지되었거나 사실상 공공용으로 사용되고 있지 아니함을 증명하는 서류의 사본

해설 지목변경 신청 시 첨부서류
- 토지 또는 건축물의 용도가 변경되었음을 증명하는 서류의 사본
- 관계법령에 따라 토지의 형질변경 공사가 준공되었음을 증명하는 서류의 사본
- 국유지 · 공유지의 경우 용도폐지되었거나 사실상 공공용으로 사용되고 있지 아니함을 증명하는 서류의 사본

※ 개발행위허가 · 농지전용허가 · 보전산지전용허가 등 지목변경과 관련된 규제를 받지 아니 하는 토지의 지목변경이거나 전 · 답 · 과수원 상호 간의 지목변경인 경우 '과세사실을 증명하는 납세증명서 사본'은 생략할 수 있다.

84 축척변경 시행지역의 토지는 언제 토지의 이동이 있는 것으로 보는가?

① 등기 촉탁일　　　　　　　　② 청산금 지급완료일
③ 축척변경 시행공고일　　　　④ 축척변경 확정공고일

해설 축척변경 시행지역의 토지이동 시기는 확정공고를 한 때이다.

85 다음 설명의 (　　) 안에 적합한 것은?

> 지적측량에 대한 적부심사 청구사항을 심의 · 의결하기 위하여 특별시 · 광역시 · 특별자치시 · 도 또는 특별자치도에 (　　)을(를) 둔다.

① 소관청장　　　　　　　　② 행정자치부장관
③ 지방지적위원회　　　　　④ 지적측량심의위원회

86 축척변경위원회의 심의사항이 아닌 것은?

① 축척변경 시행계획에 관한 사항

② 지번별 m²당 가격의 결정에 관한 사항

③ 청산금의 이의신청에 관한 사항

④ 도시개발사업에 관한 사항

87 다음 중 지적측량을 수반하지 않아도 되는 경우는?

① 토지를 분할하는 경우

② 토지를 신규등록하는 경우

③ 축척을 변경하는 경우

④ 토지를 합병하는 경우

88 다음 중 도시 · 군관리계획으로 결정하여야 하는 기반시설은?

① 도서관

② 공공청사

③ 종합의료시설

④ 고등학교

89 축척변경에 따른 청산금을 산정한 결과 증가된 면적에 대한 청산금의 합계와 감소된 면적에 대한 청산금의 합계에 차액이 생긴 경우 부족액은 누가 부담하는가?

① 지적소관청

② 지방자치단체

③ 국토교통부장관

④ 증가된 면적의 토지소유자

90 다음 중 등기관이 토지소유권의 이전 등기를 한 경우 지체 없이 그 사실을 누구에게 알려야 하는가?

① 이해관계인
② 지적소관청
③ 관할등기소
④ 행정자치부장관

해설 등기관이 토지소유권의 이전 등기를 한 경우 지체 없이 그 사실을 지적소관청에게 통지하여야 한다.

91 다음 중 고속도로 휴게소 부지의 지목으로 옳은 것은?

① 도로
② 공원
③ 주차장
④ 잡종지

해설 고속도로 휴게소의 지목은 도로이다.

92 토지소유자가 지적공부의 등록사항에 잘못이 있음을 발견하여 정정을 신청할 때, 경계 또는 면적의 변경을 가져오는 경우 정정사유를 적은 신청서에 첨부해야 하는 서류는?

① 토지대장등본
② 등기전산정보자료
③ 축척변경 지번별 조서
④ 등록사항 정정 측량성과도

해설 경계 또는 면적변경 정정 시 첨부서류
• 경계 또는 면적의 변경을 가져오는 경우 : 등록사항정정 측량성과도
• 그 밖에 등록사항을 정정하는 경우 : 변경사항을 확인할 수 있는 서류

93 도시개발사업 등이 준공되기 전에 사업시행자가 지번부여 신청을 할 경우 지적소관청은 무엇을 기준으로 지번을 부여하여야 하는가?

① 측량준비도
② 지번별 조서
③ 사업계획도
④ 확정측량 결과도

해설 지적소관청은 도시개발사업 등이 준공되기 전에 지번을 부여하는 때에는 도시개발사업 등의 신고 시 제출한 사업계획도에 따르되, 도시개발사업 등이 완료됨에 따라 지적확정측량을 실시한 지역 안의 각 필지에 지번을 새로이 부여하는 방법에 의한다.

94 다음 중 토지대장에 등록하여야 하는 사항이 아닌 것은?

① 지목
② 지번
③ 경계
④ 토지의 소재

해설 토지 · 임야대장의 등록사항

법률상 규정	국토교통부령 규정
• 토지의 소재 • 지번 • 지목 • 면적 • 소유자의 성명 또는 명칭, 주소 및 주민등록번호	• 토지의 고유번호 • 도면번호 • 필지별 대장의 장번호 및 축척 • 토지의 이동사유 • 토지소유자가 변경된 날과 그 원인 • 토지등급 또는 기준수확량 등급과 그 설정 · 수정 연월일 • 개별공시지가와 그 기준일

95 「국토의 계획 및 이용에 관한 법률」상 도로에 해당되지 않는 것은?

① 지방도
② 일반도로
③ 지하도로
④ 자전거전용도로

해설 「국토의 계획 및 이용에 관한 법률」상 도로에는 일반도로, 지하도로, 자전거전용도로, 보행자전용도로, 자동차
전용도로, 고가도로 등이 있다.

96 지적소관청이 지적공부의 등록사항에 잘못이 있는지를 직권으로 조사 · 측량하여 정정할 수 있
는 경우가 아닌 것은?

① 지적측량성과와 다르게 정리된 경우
② 토지이동정리 결의서의 내용과 다르게 정리된 경우
③ 지적공부의 작성 또는 재작성 당시 잘못 정리된 경우
④ 도면에 등록된 필지가 경계 또는 면적의 변경을 가져오는 경우

해설 도면에 등록된 필지가 경계 또는 면적의 변경을 가져오는 경우에는 직권으로 등록사항을 정정할 수 없다.

97 대부분의 토지가 등록전환되어 나머지 토지를 임야도에 계속 존치하는 것이 불합리한 경우, 토지
이용 신청 절차로 옳은 것은?

① 지목변경 없이 등록전환을 신청할 수 있다.
② 지목변경 후 등록전환을 신청할 수 없다.
③ 지목변경 없이 신규등록을 신청할 수 있다.
④ 지목변경 후 신규등록을 신청할 수 없다.

해설 대부분의 토지가 등록전환되어 나머지 토지를 임야도에 계속 존치하는 것이 불합리한 경우에는 지목변경 없이
등록전환할 수 있다.

98 「공간정보의 구축 및 관리 등에 관한 법률」상 지적측량수행자의 성실의무 등에 관한 내용으로 틀린 것은?

① 지적측량수행자는 신의와 성실로써 공정하게 지적측량을 하여야 한다.
② 지적측량수행자는 정당한 사유 없이 지적측량 신청을 거부하여서는 아니 된다.
③ 지적측량수행자는 본인, 배우자가 아닌 직계 존속·비속이 소유한 토지에 대해서는 지적측량이 가능하다.
④ 지적측량수행자는 지적측량수수료 외에는 어떠한 명목으로도 그 업무와 관련된 대가를 받으면 아니 된다.

해설 **지적측량수행자의 성실의무**
- 지적측량수행자(소속 지적기술자를 포함)는 신의와 성실로써 공정하게 지적측량을 하여야 하며, 정당한 사유 없이 지적측량신청을 거부하여서는 아니 된다.
- 지적측량수행자는 본인, 배우자 또는 직계 존속·비속이 소유한 토지에 대한 지적측량을 하여서는 아니 된다.
- 지적측량수행자는 지적측량수수료 외에는 어떠한 명목으로도 그 업무와 관련된 대가를 받으면 아니 된다.

99 중앙지적위원회에 관한 설명으로 옳지 않은 것은?

① 위원장은 국토교통부의 지적업무 담당 국장이 된다.
② 위원장 및 부위원장을 제외한 위원의 임기는 2년으로 한다.
③ 위원장 1명과 부위원장 1명을 포함하여 5명 이상 10 이하의 위원으로 구성한다.
④ 위원은 지적에 관한 학식과 경험이 풍부한 사람 중에서 중앙지적위원회의 위원장이 임명한다.

해설 중앙지적위원회의 위원은 국토교통부장관이 임명 또는 위촉한다.

100 다음은 지적공부의 복구에 관한 내용이다. ( ) 안에 들어갈 내용으로 옳은 것은?

> 지적소관청이 지적공부를 복구할 때에는 멸실·훼손 당시의 지적공부와 가장 부합된다고 인정되는 관계자료에 따라 토지의 표시에 관한 사항을 복구하여야 한다. 다만, 소유자에 관한 사항은 ( )(이)나 법원의 확정판결에 따라 복구하여야 한다.

① 부본
② 부동산등기부
③ 지적공부 등본
④ 복제된 법인등기부 등본

해설 지적소관청이 지적공부를 복구할 때에는 멸실·훼손 당시의 지적공부와 가장 부합된다고 인정되는 관계자료에 따라 토지의 표시에 관한 사항을 복구하여야 한다. 다만, 소유자에 관한 사항은 부동산등기부나 법원의 확정판결에 따라 복구하여야 한다.

제1회 지적기사

1과목 지적측량

01 최소제곱법에 의한 확률법칙에 의해 처리할 수 있는 오차는?

① 정오차
② 부정오차
③ 착각
④ 과대오차

해설 부정오차(우연오차, 상차)
- 발생원인이 불명확한 오차이다.
- 오차 원인의 방향이 일정하지 않다.
- 서로 상쇄되기도 하므로 상차라고도 한다.
- 최소제곱법에 의한 확률법칙으로 처리가 가능하다.
- 원인을 알아도 소거가 불가능하다.

02 등록전환측량에 대한 설명으로 틀린 것은?

① 토지대장에 등록하는 면적은 등록전환측량의 결과에 따라야 하며, 임야대장의 면적을 그대로 정리할 수 없다.
② 1필지의 일부를 등록전환하려면 등록전환으로 인하여 말소하여야 할 필지의 면적은 반드시 임야분할측량결과도에서 측정하여야 한다.
③ 경계점좌표등록부를 비치하는 지역과 연접되어 있는 토지를 등록전환하려면 경계점좌표등록부에 등록하여야 한다.
④ 등록전환할 일단의 토지가 2필지 이상으로 분할하여야 할 토지의 경우에는 먼저 지목별로 분할 후 등록전환하여야 한다.

해설 등록전환할 일단의 토지가 2필지 이상으로 분할되어야 할 토지의 경우에는 1필지로 등록전환 후 지목별로 분할하여야 한다. 이 경우 등록전환할 토지의 지목은 임야대장에 등록된 지목으로 설정하되, 분할 및 지목변경은 등록전환과 동시에 정리한다.

03 다음 중 고대 지적 및 측량사와 가장 거리가 먼 것은?

① 테베(Thebes)의 고분벽화

② 고대 수메르(Sumer) 지방의 점토판

③ 고대 인도 타지마할 유적

④ 고대 이집트의 나일 강변

해설 고대 인도의 우수한 건축미를 보여주는 타지마할 유적은 지적 및 측량사와 관계가 멀다.

04 지적도근점측량의 방법 및 기준에 대한 설명으로 틀린 것은?

① 지적도근점표지의 점간거리는 다각망도선법에 따르는 경우에 평균 0.5km 이상 1km 이하로 한다.

② 전파기측량법에 따라 다각망도선법으로 하는 경우 3점 이상의 기지점을 포함한 결합다각방식에 따른다.

③ 경위의측량방법에 따라 도선법으로 하는 때에 1도선의 점의 수는 40점 이하로 하며 지형상 부득이한 경우는 50점까지로 할 수 있다.

④ 경위의측량방법에 따라 도선법으로 하는 때에 지형상 부득이한 경우를 제외하고는 결합도선에 의한다.

해설 지적도근점표지의 점간거리는 평균 50m 이상 300m 이하로 한다. 다만, 다각망도선법에 따르는 경우에는 평균 500m 이하로 한다.

05 일람도의 각종 선의 제도방법으로 옳은 것은?

① 수도용지 : 남색 0.2mm 폭, 2선

② 철도용지 : 붉은색 0.1mm 폭, 2선

③ 취락지 · 건물 : 0.1mm의 선, 내부는 검은색 엷게 채색

④ 하천 · 구거 · 유지 : 붉은색 0.1mm 폭, 내부는 붉은색 엷게 채색

해설 취락지 · 건물 등은 0.1mm의 폭으로 제도하고, 내부를 검은색으로 엷게 채색한다.

06 경위의측량방법으로 세부측량을 하는 경우 실측거리 65.52m에 대한 실측거리와 경계점 좌표에 의한 계산거리의 교차허용한계는?

① 7.6cm 이내 　　　　　　② 9.6cm 이내

③ 12.6cm 이내 　　　　　　④ 15.6cm 이내

해설 경위의측량방법으로 세부측량(수치지역의 세부측량)을 시행할 경우 측량대상 토지의 경계점 간 실측거리와 경계점의 좌표에 따라 계산한 거리의 교차 기준은 $3 + \dfrac{L}{10}$ cm이다.

$\therefore$ 교차 $= 3 + \dfrac{L}{10} = 3 + \dfrac{65.52}{10} = 9.552$cm $\fallingdotseq 9.6$cm 이내

(L : 실측거리로서 m 단위로 표시한 수치)

07 지적삼각점측량의 계산에서 진수는 몇 자리 이상을 사용하는가?

① 6자리 이상   ② 7자리 이상

③ 8자리 이상   ④ 9자리 이상

해설 지적삼각점측량의 수평각 계산단위

종별	각	변의 길이	진수	좌표 또는 표고	경위도	자오선수차
단위	초	cm	6자리 이상	cm	초 아래 3자리	초 아래 1자리

08 A, B 두 점의 좌표가 각각 A(200m, 300m), B(400m, 200m)인 두 가지 삼각점을 연결하는 방위각 $V_a^{\,b}$는?

① $26°33'54''$ ② $153°26'06''$

③ $206°33'54''$ ④ $333°26'06''$

해설 $\triangle x = Bx - Ax = 400 - 200 = 200$m, $\triangle y = By - Ay = 200 - 300 = -100$m

방위$(\theta) = \tan^{-1}\left(\dfrac{\triangle Y}{\triangle X}\right) = \tan^{-1}\left(\dfrac{100}{200}\right) = 26°33'54.18'' \fallingdotseq 26°33'54''$

$\triangle x$ 값은 $(+)$, $\triangle y$ 값은 $(-)$로 4상한이므로,

$\therefore V_a^{\,b} = 360° - 26°33'54'' = 333°26'06''$

09 지적삼각보조점의 망 구성으로 옳은 것은?

① 유심다각망 또는 삽입망   ② 삽입망 또는 사각망

③ 사각망 또는 교회망   ④ 교회망 또는 교점다각망

해설 지적삼각점은 유심다각망 · 삽입망 · 사각망 · 삼각쇄 또는 삼변 이상의 망으로 구성하여야 한다.

10 그림에서 $E_1 = 20$m, $\theta = 150°$일 때 S_1은?

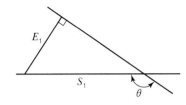

① 10.0m ② 23.1m

③ 34.6m ④ 40.0m

해설 $\alpha = 180° - \theta = 180° - 150° = 30°$

$$\frac{E_1}{\sin\alpha} = \frac{S_1}{\sin90°} \rightarrow S_1 = \frac{20 \times \sin90}{\sin30} = 40.0m$$

11 지적측량에서 망원경을 정·반위로 수평각을 관측하였을 때 산술평균하여도 소거되지 않는 오차는?

① 편심오차 ② 시준축오차

③ 수평축오차 ④ 연직축오차

해설 연직축오차는 정·반으로 관측하여 평균해도 그 오차를 소거할 수 없다.

12 표준자보다 2cm 짧게 제작된 50m 줄자로 측정된 340m 거리의 정확한 값은?

① 339.728m ② 339.864m

③ 340.136m ④ 240.272m

해설 줄자가 짧아 부호는 $(-)$가 되므로,

실제거리$(L_0) = L \pm \left(\dfrac{\triangle l}{l} \times L\right) = 340 + \left(\dfrac{0.02}{50} \times 340\right) = 339.864m$

(L : 관측 총거리, $\triangle l$: 구간 관측오차, l : 구간 관측거리)

13 지적도의 축척이 1/600인 지역의 면적결정방법으로 옳은 것은?

① 산출면적이 $123.15m^2$일 때는 $123.2m^2$로 한다.

② 산출면적이 $125.55m^2$일 때는 $126m^2$로 한다.

③ 산출면적이 $135.25m^2$일 때는 $135.3m^2$로 한다.

④ 산출면적이 $146.55m^2$일 때는 $146.5m^2$로 한다.

지적도의 축척이 1/600인 지역과 경계점좌표등록부에 등록하는 지역의 토지면적은 m^2 이하 한 자리 단위로 하되, $0.1m^2$ 미만의 끝수가 있는 경우 $0.05m^2$ 미만일 때에는 버리고 $0.05m^2$를 초과할 때에는 올리며, $0.05m^2$ 일 때에는 구하려는 끝자리의 숫자가 0 또는 짝수면 버리고 홀수면 올린다. 다만, 1필지의 면적이 $0.1m^2$ 미만일 때에는 $0.1m^2$로 한다.

14 경위의측량방법으로 세부측량을 하였을 때 측량대상 토지의 경계점 간 실측거리와 경계점의 좌표에 따라 계산한 거리의 교차 기준은?(단, L은 실측거리로서 m 단위로 표시한 수치를 말한다.)

① $3 \times \dfrac{L}{10}$ cm 이내

② $3 + \dfrac{L}{10}$ cm 이내

③ $3 \times \dfrac{L}{100}$ cm 이내

④ $3 + \dfrac{L}{100}$ cm 이내

경위의측량방법으로 세부측량을 한 경우 측량대상 토지의 경계점 간 실측거리와 경계점의 좌표에 따라 계산한 거리의 교차는 $3 + \dfrac{L}{10}$ cm 이내이어야 한다.

15 전파기측량방법에 따라 다각망도선법으로 지적삼각보조점측량을 하는 경우 적용되는 기준으로 틀린 것은?

① 3점 이상의 기지점을 포함한 결합다각방식에 따른다.
② 1도선의 거리는 4km 이하로 한다.
③ 1도선의 점의 수는 기지점과 교점을 포함하여 5점 이상으로 한다.
④ 1도선이란 기지점과 교점 간 또는 교점과 교점 간을 말한다.

1도선의 점의 수는 기지점과 교점을 포함하여 5점 이하로 한다.

16 지적도근점 번호를 부여하는 방법의 기준으로 옳은 것은?

① 영구표지를 설치하는 경우에는 시·군·구별로 일련번호를 부여한다.
② 영구표지를 설치하는 경우에는 시·도별로 일련번호를 부여한다.
③ 영구표지를 설치하지 아니하는 경우에는 동·리별로 일련번호를 부여한다.
④ 영구표지를 설치하지 아니하는 경우에는 읍·면별로 일련번호를 부여한다.

지적도근점의 번호는 영구표지를 설치하는 경우에는 시·군·구별로, 영구표지를 설치하지 아니하는 경우에는 시행지역별로 설치순서에 따라 일련번호를 부여한다. 이 경우 각 도선의 교점은 지적도근점의 번호 앞에 "교" 자를 붙인다.

17 경위의측량방법에 따른 지적삼각점의 관측과 계산에 대한 설명으로 옳은 것은?

① 관측은 20초독 이상의 경위의를 사용한다.

② 삼각형의 각 내각은 30° 이상 150° 이하로 한다.

③ 1방향각의 수평각 공차는 30초 이내로 한다.

④ 1측회의 폐색공차는 ±40초 이내로 한다.

해설 지적삼각점측량의 수평각 측각공차

종별	1방향각	1측회 폐색	삼각형 내각관측의 합과 180°의 차	기지각과의 차
공차	30초 이내	±30초 이내	±30초 이내	±40초 이내

18 전파기 또는 광파기측량방법에 따른 지적삼각점의 관측과 계산 기준이 틀린 것은?

① 표준편차가 ±(5mm+5ppm) 이상인 정밀측정기를 사용한다.

② 점간거리는 3회 측정하고, 원점에 투영된 수평거리로 계산하여야 한다.

③ 측정치의 최대치와 최소치의 교차가 평균치의 10만분의 1 이하일 때는 그 평균치를 측정거리로 한다.

④ 삼각형의 내각계산은 기지각과의 차가 ±40초 이내이어야 한다.

해설 점간거리는 5회 측정하여 그 측정치의 최대치와 최소치의 교차가 평균치의 10만분의 1 이하일 때에는 그 평균치를 측정거리로 하고, 원점에 투영된 평면거리에 따라 계산한다.

19 다각망도선법에 따른 지적도근점측량에 대한 설명으로 옳은 것은?

① 각 도선의 교점은 지적도근점의 번호 앞에 "교점" 자를 붙인다.

② 3점 이상의 기지점을 포함한 결합다각방식에 따른다.

③ 영구표지를 설치하지 않는 경우 지적도근점의 번호는 시ㆍ군ㆍ구별로 부여한다.

④ 1도선의 점의 수는 40개 이하로 한다.

해설 ① 각 도선의 교점은 지적도근점의 번호 앞에 "교" 자를 붙인다.

③ 영구표지를 설치하는 경우 지적도근점의 번호는 시ㆍ군ㆍ구별, 영구표지를 설치하지 않는 경우 시행지역별로 설치순서에 따라 일련번호를 부여한다.

④ 1도선의 점의 수는 20개 이하로 한다.

20 광파측거기로 두 점 간의 거리를 2회 측정한 결과가 각각 50.55m, 50.58m였을 때 정확도는?

① 약 1/600 ② 약 1/800

③ 약 1/1,700 ④ 약 1/3,400

해설 거리측정오차 $= 50.58 - 50.55 = 0.03$m, 평균거리 $= \dfrac{50.55 + 50.58}{2} = 50.565$m

정확도 $= \dfrac{\text{거리측정오차}}{\text{평균거리}} = \dfrac{0.03}{50.565} = \dfrac{1}{1,685.5} ≒ \dfrac{1}{1,700}$

2과목 응용측량

21 기복변위에 관한 설명으로 틀린 것은?

① 지표면에 기복이 있을 경우에도 연직으로 촬영하면 축척이 동일하게 나타나는 것이다.

② 지형의 고저 변화로 인하여 사진상에 동일 지물의 위치변위가 생기는 것이다.

③ 기준면상의 저면 위치와 정점 위치가 중심투영을 거치기 때문에 사진상에 나타나는 위치가 달라지는 것이다.

④ 사진면에서 연직점을 중심으로 생기는 방사상의 변위를 말한다.

해설 기복변위는 지표면에 기복이 있는 경우 연직으로 촬영하여도 축척은 동일하지 않다.

---

22 비행속도 180km/h인 항공기에서 초점거리 150mm인 카메라로 어느 시가지를 촬영한 항공사진이 있다. 최장 허용 노출시간이 1/250초, 사진의 크기가 23cm×23cm, 사진에서 허용 흔들림 양이 0.01mm일 때, 이 사진의 연직점으로부터 6cm 떨어진 위치에 있는 건물에 변위가 0.26cm라면 이 건물의 실제 높이는?

① 60m   ② 90m   ③ 115m   ④ 130m

해설 최장노출시간 $(T_l) = \dfrac{\triangle sm}{V} \rightarrow \dfrac{1}{250초} = \dfrac{0.01 \times m}{\dfrac{180 \times 10^6}{60 \times 60}}$

$\rightarrow m = \dfrac{180,000,000 \times \dfrac{1}{3,600}}{250 \times 0.01} = 20,000$

[$\triangle s$: 흔들림양, m : 축척분모, V : 비행기의 초속(m/sec)]

$\dfrac{1}{m} = \dfrac{f}{H} \rightarrow \dfrac{1}{20,000} = \dfrac{0.15}{H} \rightarrow H = 20,000 \times 0.15 = 3,000$m

기복변위 $(\triangle r) = \dfrac{h}{H} \cdot r \rightarrow \therefore h = \dfrac{\triangle r \times H}{r} = \dfrac{0.0026 \times 3,000}{0.06} ≒ 130$m

23 GNSS의 정지(Static)측량을 실시한 결과 거리오차의 크기가 0.10m이고 PDOP가 4일 경우 측위오차의 크기는?

① 0.4m   ② 0.6m   ③ 1.0m   ④ 1.5m

해설 측위오차＝거리오차(Range×PDOP)＝0.10×4＝0.4m

24 도로에 사용되는 곡선 중 수평곡선에 사용되지 않는 것은?

① 단곡선   ② 복심곡선   ③ 방향곡선   ④ 2차 포물선

해설 노선측량의 곡선설치법은 수평곡선과 수직곡선으로 구분하며, 수평곡선은 다시 원곡선과 완화곡선으로 나뉜다. 원곡선에는 단곡선·복심곡선·반향곡선·배향곡선이, 완화곡선에는 클로소이드 곡선·렘니스케이트 곡선·3차 포물선·sin 체감곡선이 있다.

25 GPS 위성신호인 L_1과 L_2의 주파수 크기는?

① $L_1 = 1,274.45$MHz, $L_2 = 1,567.62$MHz
② $L_1 = 1,367.53$MHz, $L_2 = 1,425.30$MHz
③ $L_1 = 1,479.23$MHz, $L_2 = 1,321.56$MHz
④ $L_1 = 1,575.42$MHz, $L_2 = 1,227.60$MHz

해설 GPS 신호의 주파수는 L_1반송파는 1,575.42MHz(154×10.23MHz), L_2반송파는 1,227.60MHz(120×10.23MHz)이다.

26 지성선상의 중요점의 위치와 표고를 측정하여, 이 점들을 기준으로 등고선을 삽입하는 등고선 측정방법은?

① 좌표점법   ② 종단점법   ③ 횡단점법   ④ 직접법

해설 종단점법(기준점법)은 지성선의 방향이나 주요한 방향의 여러 개의 측선에 대하여 기준점에서 필요한 점까지의 높이를 관측하고 등고선을 삽입하는 방법으로 주로 소축척의 산지에 사용된다. 횡단점법은 노선측량의 평면도에 등고선을 삽입할 경우에 이용한다.

27 완화곡선의 성질에 대해 설명으로 틀린 것은?

① 완화곡선의 반지름은 시작점에서 무한대이다.
② 완화곡선의 반지름은 종점에서 원곡선의 반지름과 같다.
③ 완화곡선의 접선은 시점에서 원호에 접한다.
④ 완화곡선에 연한 곡선반경의 감소율은 캔트의 증가율과 같다.

해설 완화곡선의 접선은 시점에서 직선에, 종점에서 원호에 접한다.

---

28 계산과정에서 완전한 검산을 할 수 있어 정밀한 측량에 이용되나, 중간점이 많을 때는 계산이 복잡한 야장기입법은?

① 고차식   ② 기고식   ③ 횡단식   ④ 승강식

해설 고차식은 전시 합과 후시 합의 차로 고저차를 구하는 방법으로 시작점과 최종점 간의 고저차나 지반고를 계산하는 것이 주목적이며 중간의 지반고를 구할 필요가 없을 때 사용한다. 기고식은 기계고를 이용하여 표고를 결정하며, 도로의 종횡단 측량처럼 중간점이 많을 때 편리하게 사용되는 야장기입법이다.

---

29 복심곡선에 대한 설명으로 옳지 않은 것은?

① 반지름이 다른 2개의 단곡선이 그 접속점에서 공통접선을 갖는다.
② 철도 및 도로에서 복심곡선 사용은 승객에게 불쾌감을 줄 수 있다.
③ 반지름의 중심은 공통접선과 서로 다른 방향에 있다.
④ 산지의 특수한 도로나 산길 등에서 설치하는 경우가 있다.

해설 복심곡선은 반지름(반경)이 다른 2개의 원곡선이 1개의 공통접선을 갖고 접선의 같은 쪽에서 연결하는 곡선을 말한다.

---

30 지질, 토양, 수자원, 삼림조사 등의 판독작업에 주로 이용되는 사진은?

① 흑백사진   ② 적외선 사진
③ 반사사진   ④ 위색사진

해설 적외선 사진은 가시광선이나 자외선보다 강한 열작용을 하는 적외선의 특성 때문에 지질, 토양, 수자원, 삼림조사 등의 판독작업에 이용된다. 위색사진은 식물의 잎은 적색, 그 외는 청색으로 나타나며 생물 및 식물의 연구조사에 이용한다.

---

31 위성영상의 투영상과 가장 가까운 것은?

① 정사투영상   ② 외사투영상
③ 중심투영상   ④ 평사투영상

해설 정사투영(Orthogonal Projection)은 중심투영의 비고에 의해 발생한 수직사진의 비틀림을 보정할 수 있게 인화한 사진으로, 비고에 의한 비틀림을 보정하기 위해선 정사편위수정법을 사용한다. 그러므로 정사투영상은 위성영상의 투영상과 가장 가깝다고 할 수 있다.

32 그림과 같은 단면에서 도로 용지 폭($x_1 + x_2$)은?

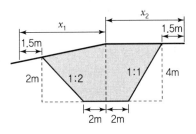

① 12.0m   ② 15.0m   ③ 17.2m   ④ 19.0m

해설 기울기 $= 1 : 2 \rightarrow 2 \times 2 = 4.0$m, 기울기 $= 1 : 1 \rightarrow 1 \times 4 = 4.0$m

∴ 용지폭 $= x_1 + x_2 = 1.5 + 4 + 2 + 2 + 4 + 1.5 = 15.0$m

33 그림과 같이 A 에서부터 관측하여 폐합수준측량을 한 결과가 표와 같을 때, 오차를 보정한 D 점의 표고는?

측점	거리(km)	표고(m)
A	0	20.000
B	3	12.412
C	2	11.285
D	1	10.874
A	2	20.055

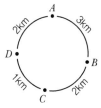

① 10.819m   ② 10.833m

③ 10.915m   ④ 10.929m

해설 폐합오차 $= 20.055 - 20.000 = 0.055$m

각 측점의 조정량 $= \dfrac{\text{조정할 측점까지의 거리}}{\text{총거리}} \times$ 폐합오차

D점의 조정량 $= \dfrac{\text{조정할 측점까지의 거리}}{\text{총거리}} \times$ 폐합오차 $= \left(\dfrac{6}{8} \right) \times 0.055 = 0.041$m

∴ D점의 표고 $= 10.874 - 0.041 ≒ 10.833$m

34 수준측량에 대한 설명으로 옳지 않은 것은?

① 표고는 2점 사이의 높이차를 의미한다.

② 어느 지점의 높이는 기준면으로부터 연직거리로 표시한다.

③ 기포관의 감도는 기포 1눈금에 대한 중심각의 변화를 의미한다.

④ 기준면으로부터 정확한 높이를 측정하여 수준측량의 기준이 되는 점으로 정해 놓은 점을 수준원점이라고 한다.

해설 표고는 국가 수준기준면으로부터 그 점까지의 연직거리이다.

35 지형을 표시하는 일반적인 방법으로 옳지 않은 것은?

① 음영법   ② 영선법   ③ 조감도법   ④ 등고선법

해설 지형도에 의한 지형의 표시방법
- 자연적 도법 : 영선법(게바법, 우모법) · 음영법(명암법)
- 부호적 도법 : 점고법 · 등고선법 · 채색법

36 촬영고도 2,000m에서 초점거리 150mm인 카메라로 평탄한 지역을 촬영한 밀착사진의 크기가 23cm×23cm, 종중복도는 60%, 횡중복도는 30%인 경우 이 연직사진의 유효모델에 찍히는 면적은?

① 2.0km^2 ② 2.6km^2 ③ 3.0km^2 ④ 3.3km^2

해설 축척 $M = \dfrac{1}{m} = \dfrac{f}{H} = \dfrac{0.15}{2,000} = \dfrac{1}{13,333}$

사진의 유효면적 $A_o = (ma)^2\left(1 - \dfrac{p}{100}\right)\left(1 - \dfrac{q}{100}\right)$

$$= (13,333 \times 0.23)^2 \times \left(1 - \dfrac{60}{100}\right) \times \left(1 - \dfrac{30}{100}\right) ≒ 2.6\text{km}^2$$

37 하천, 호수, 항만 등의 수심을 나타내기에 가장 적합한 지형표시방법은?

① 단채법   ② 점고법   ③ 영선법   ④ 채석법

해설 점고법은 지면상에 있는 임의 점의 표고를 도상에서 숫자로 표시하는 방법으로 주로 하천, 항만, 해양 등의 수심표시에 사용한다. 영선법(게바법, 우모법)은 게바라고 하는 단선상의 선으로 지표의 기복을 나타내는 방법으로서 게바의 사이, 굵기, 길이 및 방법 등에 의하여 지표를 표시하며 급경사는 굵고 짧게, 완경사는 가늘고 길게 새털 모양으로 표시하므로 기복의 판별은 좋으나 정확도가 낮다.

38 터널 안에서 A점의 좌표가 (1,749.0, 1,134.0, 126.9), B점의 좌표가 (2,419.0, 987.0, 149.4)일 때 A, B점을 연결하는 터널을 굴진하는 경우 이 터널의 경사거리는?(단, 좌표의 단위는 m이다.)

① 685.94m   ② 686.19m   ③ 686.31m   ④ 686.57m

해설 AB의 높이$(h) = B_z - A_z = 149.4 - 126.9 = 22.5\text{m}$

수평거리$(D) = \sqrt{(B_x - A_x) + (B_y - Ay)^2} = \sqrt{(2,419.0 - 1,749.0)^2 + (987.0 - 1,134.0)^2} = 685.94\text{m}$

$\therefore$ 경사거리$(L) = \sqrt{D^2 + h^2} = \sqrt{685.94^2 + 22.5^2} = 686.31\text{m}$

39 터널 내에서의 수준측량 결과가 아래와 같을 때 B점의 지반고는?

(단위 : m)

측점	B.S	F.S	지반고
No.A	2.40		110.00
1	−1.20	−3.30	
2	−0.40	−0.20	
B		2.10	

① 112.20m   ② 114.70m   ③ 115.70m   ④ 116.20m

해설
- 측점 1점의 지반고 : $110 + 2.4 - (-3.3) = 115.7$m
- 측점 2점의 지반고 : $115.7 + (-1.2) - (-0.2) = 114.7$m
∴ 측점 B점의 지반고 : $114.7 + (-0.4) - 2.1 = 112.2$m

40 도로설계 시에 등경사 노선을 결정하려고 한다. 축척 1/5,000의 지형도에서 등고선의 간격이 5.0m이고 제한경사를 4%로 하기 위한 지형도상에서의 등고선 간 수평거리는?

① 2.5cm   ② 5.0cm   ③ 100cm   ④ 125cm

해설
경사 $i = \dfrac{h}{D} \rightarrow D = \dfrac{h}{i} = \dfrac{5}{0.04} = 125$

$M = \dfrac{1}{m} = \dfrac{l}{L} \rightarrow l(\text{도상거리}) = \dfrac{L}{m} = \dfrac{125}{5,000} = 2.5$cm

3과목 토지정보체계론

41 현지측량 등으로 얻어진 대상물의 좌표를 직접 입력하여 공간정보를 구축하는 방식은?

① 디지타이징   ② 스캐닝   ③ COGO   ④ DIGEST

해설
COGO(Coordinate Geometry) 방식은 측량에 의해 취득한 자료의 거리, 방향각 등 관측값을 직접 입력하여 컴퓨터에서 각 점의 좌표를 계산하여 처리하는 방법이다.

42 경로의 최적화, 자원의 분배에 가장 적합한 공간분석방법은?

① 관망분석   ② 보간분석   ③ 분류분석   ④ 중첩분석

해설
관망(네트워크)분석은 서로 연관된 일련의 선형 형상물로 도로, 철도와 같은 교통망이나 전기, 전화, 하천과 같은 연결성과 최적 경로를 분석하는 기법이다.

43 Internet GIS에 대한 설명으로 틀린 것은?

① 인터넷 기술을 GIS와 접목시켜 네트워크 환경에서 GIS 서비스를 제공할 수 있도록 구축한 시스템이다.

② 조직 내 많은 부서가 공동으로 필요로 하는 다양한 지리정보를 취급할 수 있도록 클라이언트 – 서버기술을 바탕으로 시스템을 통합시키는 GIS 기술을 말한다.

③ 인터넷을 이용한 분석이나 확대, 축소나 기본적인 질의가 가능하다.

④ 다른 기종 간에 접속이 가능한 시스템으로 네트워크상에서 움직이기 때문에 각종 시스템에 접속이 가능하다.

해설 조직 내 많은 부서가 공동으로 필요로 하는 다양한 지리정보를 취급할 수 있도록 클라이언트 – 서버기술을 바탕으로 시스템을 통합시키는 GIS 기술은 인트라넷이다.

44 지형공간정보체계가 아닌 것은?

① 지적행정시스템
② 토지정보시스템
③ 도시정보시스템
④ 환경정보시스템

해설 지형공간정보체계(지리정보체계, GIS)에는 토지정보시스템(LIS), 도시정보시스템(UIS), 도면자동화 및 시설물관리시스템(AM & FM), 교통정보시스템(TIS), 환경정보시스템(EIS), 국방정보시스템(NDIS), 재해정보시스템(DIS), 지하정보시스템(UGIS), 측량정보시스템(SIS), 자원정보시스템(RIS), 해양정보시스템(MIS) 등이 있다.

45 지적도면의 수치 파일화 공정순서로 옳은 것은?

① 폴리곤 형성 → 도면신축보정 → 지적도면 입력 → 좌표 및 속성검사

② 폴리곤 형성 → 지적도면 입력 → 도면신축보정 → 좌표 및 속성검사

③ 지적도면 입력 → 도면신축보정 → 폴리곤 형성 → 좌표 및 속성검사

④ 지적도면 입력 → 좌표 및 속성검사 → 도면신축보정 → 폴리곤 형성

해설 지적도면의 수치 파일화 순서
지적도면 복사 → 좌표독취(수동 또는 자동) → 좌표 및 속성입력 → 좌표 및 속성검사 → 도면신축보정 → 도곽접합 → 폴리곤 및 폴리선 형성

46 다음 중 PBLS와 LMIS를 통합한 시스템으로 옳은 것은?

① GSIS
② KLIS
③ PLIS
④ UIS

해설 한국토지정보시스템(KLIS : Korea Land Information System)은 (구)행정자치부(현 행정안전부)의 필지중심토지정보시스템(PBLIS)과 (구)건설교통부(현 국토교통부)의 토지종합정보망(LMIS)을 하나로 통합한 시스템으로, 전산정보의 공공 활용과 행정의 효율성 제고를 위한 정보화 사업의 일환이었다.

47 지리현상의 공간적 분석에서 시간 개념을 도입하여, 시간 변화에 따른 공간 변화를 이해하기 위한 방법과 가장 밀접한 관련이 있는 것은?

① Temporal GIS
② Embedded SW
③ Target Platform
④ Terminating Node

해설 Temporal GIS(시간적 GIS, TGIS)는 인간 활동과 환경 사이에서 지리적 과정과 상호 관련된 인간관계를 보다 잘 이해할 수 있는 GIS를 구축하기 위하여 지리현상의 공간적 분석에서 시간의 개념을 도입하여 시간의 변화에 따른 공간 변화를 이해하기 위한 방법이다.

48 LIS를 구동시키기 위한 가장 중요한 요소로서 전문성과 기술을 요하는 구성요소는?

① 자료
② 하드웨어
③ 소프트웨어
④ 조직과 인력

해설 토지정보체계의 구성요소에는 하드웨어, 소프트웨어, 데이터베이스, 조직과 인력(인적 자원) 등이 있다. 이 중 조직 및 인력은 LIS를 구성하는 가장 중요한 요소로서 전문성과 기술을 요하며, GIS를 활용하는 사용자를 모두 포함한다.

49 벡터데이터 모델과 래스터데이터 모델에서 동시에 표현할 수 있는 것은?

① 점과 선의 형태로 표현
② 지리적 위치를 X, Y좌표로 표현
③ 그리드 형태로 표현
④ 셀의 형태로 표현

해설 벡터데이터 모델과 래스터데이터 모델에서 동시에 표현할 수 있는 것은 지리적 위치를 X, Y좌표로 표현하는 것이다.

50 지적전산자료의 이용 및 활용에 관한 사항 중 틀린 것은?

① 필요한 최소한도 안에서 신청하여야 한다.
② 지적파일 자체를 제공하라고 신청할 수는 없다.
③ 지적공부의 형식으로는 복사할 수 없다.
④ 승인받은 자료의 이용 · 활용에 관한 사용료는 무료이다.

해설 지적전산자료의 이용 또는 활용에 관한 승인을 받은 자는 국토교통부령으로 정하는 사용료를 내야 한다. 다만, 국가 또는 지방자치단체에 대해서는 사용료를 면제한다.

51 토털스테이션으로 얻은 자료를 전산처리하는 방법에 대한 설명으로 옳은 것은?

① 디지타이저로 좌표입력을 하여야 한다.

② 스캐너로 자료를 입력한다.

③ 특별히 전산화하는 방법이 존재하지 않는다.

④ 통신으로 컴퓨터에 전송하여 자료를 처리한다.

해설 토털스테이션(TS : Total Station)은 관측된 데이터를 직접 저장하고 처리할 수 있으며, 3차원 지형정보획득으로부터 데이터베이스의 구축 및 지적도 제작까지 일괄적으로 처리할 수 있는 최신 측량기계이다. 관측자료는 자동적으로 자료기록장치에 기록되고, 이것을 컴퓨터로 전송할 수 있으며 벡터파일로 저장할 수 있다.

52 다목적지적의 3대 기본요소에 해당하지 않는 것은?

① 측지기본망   ② 필지식별자

③ 기본도   ④ 지적중첩도

해설 • 다목적지적의 3대 요소 : 측지기본망, 기본도, 지적중첩도
• 다목적지적의 5대 요소 : 측지기본망, 기본도, 지적중첩도, 필지식별번호, 토지자료파일

53 아래와 같은 특징을 갖는 논리적인 데이터베이스 모델은?

> • 다른 모델과 달리 각 개체는 각 레코드(Record)를 대표하는 기본키(Primary Key)를 갖는다.
> • 다른 모델에 비하여 관련 데이터 필드가 존재하는 한, 필요한 정보를 추출하기 위한 질의형태에 제한이 없다.
> • 데이터의 갱신이 용이하고 융통성을 증대시킨다.

① 계층형 모델   ② 네트워크형 모델

③ 관계형 모델   ④ 객체지향형 모델

해설 보기는 관계형 데이터베이스관리시스템(RDBMS, 관계형 모델)에 대한 특징이다.

54 토지정보를 비롯한 공간정보를 관리하기 위한 데이터 모델로서 현재 가장 보편적으로 많이 쓰이며 데이터의 독립성이 높고 높은 수준의 데이터 조작언어를 사용하는 것은?

① 파일 시스템 모델   ② 계층형 데이터 모델

③ 관계형 데이터 모델   ④ 네트워크형 데이터 모델

해설 관계형 데이터베이스는 최신의 데이터베이스 형태로서, 사용자에게 보다 친숙한 자료접근방법을 제공하기 위해 개발하였다. 현재 가장 보편적으로 많이 쓰이며, 데이터의 독립성이 높고 높은 수준의 데이터 조작언어를 사용한다.

55 다음 위상정보 중 하나의 지점에서 또 다른 지점으로의 이동 시 경로 선정이나 자원의 배분 등과 가장 밀접한 것은?

① 중첩성(Overlay)
② 연결성(Connectivity)
③ 계급성(Hierarchy)
④ 인접성(Neighborhood or Adjacency)

> **해설** 위상관계는 공간상에서 대상물들의 위치나 관계를 나타내는 것으로서 연결성(Connectivity), 인접성(Adjacency), 포함성(Containment) 등의 관점에서 묘사되며 다양한 공간분석이 가능하다. 이 중 연결성은 특정 사상이 어떤 사상과 연결되어 있는지를 정의한다. 즉, 두 개 이상의 객체가 연결되어 있는지를 판단한다.

56 불규칙삼각망(TIN)에 관한 설명으로 틀린 것은?

① DEM과는 달리 추출된 표본 지점들은 x, y, z값을 갖고 있다.
② 벡터데이터모델로 위상구조를 가지고 있다.
③ 표고를 가지고 있는 많은 점들을 연결하면 동일한 크기의 삼각형으로 망이 형성된다.
④ 표본점으로부터 삼각형의 네트워크를 생성하는 방법으로 가장 널리 사용되는 것은 델로니 삼각법이다.

> **해설** 불규칙삼각망(TIN)은 연속적인 표면을 표현하기 위한 방법으로 비정규삼각망이라고도 한다. 특징은 ①, ②, ④ 외에 지형의 특성을 고려하여 불규칙적으로 표본 지점을 추출하기 때문에 경사가 급한 곳은 작은 삼각형이 많이 모여 있는 모양으로 나타난다.

57 토지정보체계의 구성요소로 볼 수 없는 것은?

① 하드웨어
② 정보
③ 전문인력
④ 소프트웨어

> **해설** 토지정보체계의 구성요소에는 하드웨어, 소프트웨어, 데이터베이스, 조직과 인력(인적 자원) 등이 있다.

58 토지기록전산화의 목적과 거리가 먼 것은?

① 지적공부의 전산화 및 전산파일 유지로 지적서고의 체계적 관리 및 확대
② 체계적이고 효율적인 지적사무와 지적행정의 실현
③ 최신 자료에 의한 지적통계와 주민정보의 정확성 제고 및 온라인에 의한 신속성 확보
④ 전국적으로 등본의 열람을 가능하게 하여 민원인의 편의 증진

> **해설** 토지기록전산화의 목적
> • 체계적이고 효율적인 지적사무와 지적행정의 실현
> • 최신 자료에 의한 지적통계와 주민정보의 정확성 제고
> • 온라인에 의한 신속성 확보
> • 전국적으로 등본의 열람을 가능하게 하여 민원인의 편의 증진

59 토지 고유번호의 코드 구성 기준이 옳은 것은?

① 행정구역코드 9자리, 대장 구분 2자리, 본번 4자리, 부번 4자리, 합계 19자리로 구성
② 행정구역코드 9자리, 대장 구분 1자리, 본번 4자리, 부번 5자리, 합계 19자리로 구성
③ 행정구역코드 10자리, 대장 구분 1자리, 본번 4자리, 부번 4자리, 합계 19자리로 구성
④ 행정구역코드 10자리, 대장 구분 1자리, 본번 3자리, 부번 5자리, 합계 19자리로 구성

해설 **토지 고유번호의 코드 구성**
- 전국을 단위로 하나의 필지에 하나의 번호를 부여하는 가변성 없는 번호이다.
- 총 19자리로 구성된다.
  - 행정구역 10자리(시·도 2자리, 시·군·구 3자리, 읍·면·동 3자리, 리 2자리)
  - 대장 구분 1자리 및 지번표시 8자리(본번 4자리, 부번 4자리)

시·도		시·군·구			읍·면·동			리		대장	본번				부번			
2자리		3자리			3자리			2자리		1자리	4자리				4자리			

60 경위의측량방법으로 지적세부측량을 시행하고자 한다. 이때 측량준비파일의 작성에 있어 지적기준점 간 거리 및 방위각의 작성 표시색으로 옳은 것은?

① 검은색　　　　② 노란색　　　　③ 붉은색　　　　④ 파란색

해설 경위의측량에 의한 세부측량 시 측량준비파일을 작성할 경우 지적기준점 간 거리 및 방위각은 붉은색으로 표시한다.

4과목 **지적학**

61 토지소유권 권리의 특성 중 틀린 것은?

① 항구성　　　　② 탄력성　　　　③ 완전성　　　　④ 단일성

해설 토지소유권 권리의 특성에는 항구성, 탄력성, 완전성이 있다.

62 현행 지목 중 차문자(次文字)를 따르지 않는 것은?

① 주차장　　　　② 유원지　　　　③ 공장용지　　　　④ 종교용지

해설 **지목의 표기방법**
- 두문자(頭文字) 표기 : 전, 답, 대 등 24개 지목
- 차문자(次文字) 표기 : 장(공장용지), 천(하천), 원(유원지), 차(주차장) 등 4개 지목

63 국가의 재원을 확보하기 위한 지적제도로서 면적본위 지적제도라고도 하는 것은?

① 과세지적　　　② 법지적　　　③ 다목적지적　　　④ 경제지적

> **해설** 세지적(Fiscal Cadastre)은 최초의 지적제도로 세금징수를 목적으로 개발되었으며, 과세지적이라고도 한다. 세지적하에서는 면적의 정확도를 중시하였다.

64 지번의 결번(缺番)이 발생되는 원인이 아닌 것은?

① 토지조사 당시 지번 누락으로 인한 결번
② 토지의 등록전환으로 인한 결번
③ 토지의 경계정정으로 인한 결번
④ 토지의 합병으로 인한 결번

> **해설** 토지의 경계정정은 결번이 발생하지 않는다.

65 토렌스시스템의 기본원리에 해당하지 않는 것은?

① 거울이론　　　② 거래이론　　　③ 커튼이론　　　④ 보험이론

> **해설** 토렌스시스템의 기본원리에는 거울이론, 커튼이론, 보험이론이 있다.

66 간주임야도에 대한 설명으로 틀린 것은?

① 고산지대로 조사측량이 곤란하거나 정확도와 관계없는 대단위의 광대한 국유임야 지역을 대상으로 시행하였다.
② 간주임야도에 등록된 소유자는 국가였다.
③ 임야도를 작성하지 않고 축척 1/50,000 또는 1/25,000 지형도에 작성되었다.
④ 충청북도 청원군, 제천군, 괴산군 속리산 지역을 대상으로 시행되었다.

> **해설** 간주임야도 시행지역은 경북 일월산, 전북 덕유산, 경남 지리산 일대이다.

67 다음 경계 중 정밀지적측량이 수행되고 지적소관청으로부터 사정의 행정처리가 완료된 것은?

① 보증경계　　　② 고정경계　　　③ 일반경계　　　④ 특정경계

> **해설** 보증경계는 정밀지적측량이 시행되고 지적소관청의 사정이 완료되어 확정된 경계로서 법적 보장이 인정하는 토지경계를 말한다. 고정경계는 지적측량에 의하여 결정되어 정확도가 높으나 경계에 대한 법적 보증이 인정되지 않아 일반경계와 법률적 효력이 유사한 토지경계를 말한다. 일반경계는 토지경계가 도로, 하천, 해안선, 담, 울타리, 도랑 등 자연적 지형지물로 이루어진 것을 말한다.

68 1898년 양전사업을 담당하기 위하여 최초로 설치된 기관은?

① 양지아문(量地衙門)　　　　　　　② 지계아문(地契衙門)

③ 양지과(量地課)　　　　　　　　　④ 임시토지조사국(臨時土地調査局)

해설　양지아문(量地衙門)은 광무(光武) 2년(1898년 7월 6일) 칙령 제25호로 제정·공포되며 설치되었다. 1901년 10월 지계아문(地契衙門)을 설치하고 양전업무를 이관하면서 1902년 양지아문은 폐지되었다. 1904년 4월 지계아문이 폐지되어 탁지부 양지국에 양전업무가 이관되었다가 1905년 2월에는 양지과로 담당기관이 축소되었다.

---

69 토지조사사업 당시 확정된, 소유자가 다른 토지 간의 사정된 경계선은?

① 지압선　　　　② 수사선　　　　③ 도곽선　　　　④ 강계선

해설　토지의 강계선(疆界線)
- 토지조사령에 의한 토지조사 당시에 소유자가 다른 토지와의 경계선으로, 일반적으로 사정선이라고도 한다.
- 토지소유자와 지목이 동일하고 지반이 연속된 토지는 1필지로 함을 원칙으로 한다.
- 강계선의 반대쪽은 반드시 소유자가 다르다.

---

70 지적의 원리에 대한 설명으로 틀린 것은?

① 공(公)기능성의 원리는 지적공개주의를 말한다.
② 민주성의 원리는 주민참여의 보장을 말한다.
③ 능률성의 원리는 중앙집권적 통제를 말한다.
④ 정확성의 원리는 지적불부합지의 해소를 말한다.

해설　현대지적(제도)의 원리에는 공기능성의 원리, 민주성의 원리, 능률성의 원리, 정확성의 원리 등이 있다. 능률성의 원리는 토지 현상을 조사하여 지적공부를 만드는 실무적 능률이다.

---

71 새로이 지적공부에 등록하는 사항이나 기존에 등록된 사항의 변경등록은 시장, 군수, 구청장이 관련 법률에서 규정한 절차상의 적법성과 사실관계 부합 여부를 심사하여 지적공부에 등록한다는 이념은?

① 형식적 심사주의　　　　　　　　② 일물일권주의

③ 실질적 심사주의　　　　　　　　④ 토지표시 공개주의

해설　실질적 심사주의란 새로이 지적공부에 등록하는 사항이나 기존에 등록된 사항의 변경등록은 시장, 군수, 구청장이 관련 법률에서 규정한 절차상의 적법성과 사실관계 부합 여부를 심사하여 지적공부에 등록한다는 이념이다.

72 이기가 『해학유서』에서 수등이척제에 대한 개선으로 주장한 제도로서, 전지(田地)를 측량할 때 정방형의 눈들을 가진 그물을 사용하여 면적을 산출하는 방법은?

① 일자오결제   ② 망척제   ③ 경부제   ④ 방전제

해설 망척제(網尺制)는 이기가 『해학유서』에서 수등이척제(隨等異尺制)의 개선안으로 주장하였다. 이는 수등이척제에 대한 개선으로 전을 측량할 때에 정방향의 눈을 가진 그물을 사용하여 그물 속에 들어온 그물눈을 계산하여 면적을 산출하는 방법이다.

73 필지는 자연물인 지구를 인간이 필요에 의해 인위적으로 구획한 인공물이다. 1필지의 성립 요건으로 볼 수 없는 것은?

① 지표면을 인위적으로 구획한 폐쇄된 공간
② 정확한 측량성과
③ 지번 및 지목의 설정
④ 경계의 결정

해설 1필지의 성립 요건에는 지번부여지역·소유자·지목·축척의 동일, 지반의 연속, 소유권 이외 권리의 동일, 등기 여부의 동일 등이 있다.

74 근대적 지적제도가 가장 빨리 시작된 나라는?

① 프랑스   ② 독일   ③ 일본   ④ 대만

해설 프랑스의 "나폴레옹 지적"은 근대적 세지적의 완성과 소유권 제도의 확립을 위한 지적제도 성립의 전환점으로 평가되는 역사적인 사건이다.

75 다음과 관련된 일필지의 경계설정 기준에 관한 설명에 해당하는 것은?

- (우리나라 민법) 점유자는 소유의 의사로 선의, 평온 및 공연하게 점유한 것으로 추정한다.
- (독일 민법) 경계쟁의의 경우에 있어서 정당한 경계가 알려지지 않을 때에는 점유상태로서 경계의 표준으로 한다.

① 경계가 불분명하고 점유형태를 확정할 수 없을 때 분쟁지를 물리적으로 평분하여 쌍방의 토지에 소유시킨다.
② 현재 소유자가 각자 점유하고 있는 지역이 명확한 1개의 선으로 구분되어 있을 때, 이 선을 경계로 한다.
③ 새로이 결정하는 경계가 다른 확실한 자료와 비교하여 공평, 합당하지 못할 때에는 상당한 보완을 한다.
④ 점유형태를 확인할 수 없을 때 먼저 등록한 소유자에게 소유시킨다.

- 두 쌍방이 점유하고 있는 토지경계를 기준으로 경계를 결정한다.
- 경계는 불분명하지만 양자의 소유자가 각자 점유하는 지역이 명확한 1개의 선으로서 구분되어 있을 때는 이 한 개의 선을 소유지의 경계로 해야 한다는 논리이다.
- 우리나라에도 "점유자는 소유의 의사로 선의, 평온 및 공연하게 점유한 것으로 추정한다."라고 명백히 규정하고 있다.
- 독일에는 "경계쟁의의 경우에 있어서 정당한 경계가 알려지지 않을 때에는 점유상태로서 경계의 표준으로 한다."는 규정이 있다.

76 토지조사사업에 대한 설명으로 틀린 것은?

① 축척 1/3,000과 1/6,000을 사용하여 1/25,000 지형도를 작성할 지형도의 세부측량을 함께 실시하였다.
② 토지조사사업은 사법적인 성격을 갖고 업무를 수행하였으며 연속성과 통일성이 있도록 하였다.
③ 토지조사사업의 내용에는 토지소유권 조사, 토지가격조사, 지형지모조사가 있다.
④ 토지조사사업은 일제가 식민지정책의 일환으로 실시하였다.

해설 토지조사사업 당시 지형도는 1/50,000(724장), 1/25,000(144장), 1/10,000(54장), 특수지형도(3장) 등 925장을 작성하였으며, 지적도는 1/600, 1/1,200, 1/2,400의 축척을 사용하고, 임야도는 1/3,000, 1/6,000, 1/50,000의 축척을 사용하여 측량을 실시하였다.

77 역토(驛土)에 대한 설명으로 틀린 것은?

① 역토는 역참에 부속된 토지의 명칭이다.
② 역토의 수입은 국고수입으로 하였다.
③ 역토는 주로 군수비용을 충당하기 위한 토지이다.
④ 조선시대 초기에 역토에는 관둔전, 공수전 등이 있다.

해설 역토는 주요 도로에 설치된 역참에 부속된 토지로서 소속 관리의 급여, 말의 사육비 등 역참의 운영비용을 충당하기 위한 토지이다. 변경이나 군사요지에 설치해 군수비용에 충당한 토지는 둔전(屯田)이라고 한다.

78 토지조사사업 당시 지번의 설정을 생략한 지목은?

① 임야
② 성첩
③ 지소
④ 잡종지

해설 토지조사사업 당시 지번조사는 1개 동·리를 통산하여 1필지마다 순차적으로 수호를 붙이게 하였다. 지번을 설정할 때 도로·하천·구거·제방·성첩·철도선로·수도선로는 지목만 조사하고 특별한 사정이 없으면 지반을 측량하거나 지번을 부여하지 않았다.

79 대한제국시대에 문란한 토지제도를 바로잡기 위하여 시행한 제도와 관계가 없는 것은?

① 지계(地契)제도   ② 입안(立案)제도

③ 가계(家契)제도   ④ 토지증명제도

해설 대한제국시대에 문란한 토지제도를 바로잡기 위하여 토지증명제도를 시행하였다. 이 토지증명제도는 가계 · 지계제도에 이어 근대적인 공시방법인 등기제도에 해당한다. 입안(立案)제도는 1901년 지계아문을 설치하고 각 도에 지계감리를 두어 "대한제국 전답관계"라는 지계를 발급한 제도로, 전, 답 소유에 대한 관청의 공적증명을 말한다.

80 토지조사사업 당시 소유자는 같으나 지목이 상이하여 별필(別筆)로 해야 하는 토지들의 경계선과, 소유자를 알 수 없는 토지와의 구획선으로 옳은 것은?

① 강계선(疆界線)   ② 경계선(境界線)

③ 지역선(地域線)   ④ 지세선(地稅線)

해설 지역선(地域線)
- 토지조사사업 당시 사정을 하지 않는 경계선
- 동일인이 소유하는 토지일 경우에도 지반의 고저가 심하여 별필로 하는 경우의 경계선

지역선의 대상
- 소유자는 같으나 지목이 다른 경우
- 소유자는 같으나 지반이 연속되지 않은 경우
- 소유자를 알 수 없는 토지와의 구획선
- 조사지와 불조사지와의 지계선(地界線)

5과목 지적관계법규

81 지적공부의 "대장"으로만 나열된 것은?

① 토지대장, 임야도   ② 대지권등록부, 지적도

③ 경계점좌표등록부, 일람도   ④ 공유지연명부, 토지대장

해설 지적공부란 토지대장, 임야대장, 공유지연명부, 대지권등록부, 지적도, 임야도 및 경계점좌표등록부 등 지적측량을 통하여 조사된 토지의 표시와 해당 토지의 소유자 등을 기록한 대장 및 도면(정보처리시스템을 통하여 기록 · 저장된 것을 포함한다.)을 말한다.

82 이미 완료된 등기에 대해 등기 절차상에 착오 또는 유루(流淚)가 발생하여 원시적으로 등기사항과의 불일치가 발생되었을 때 이를 시정하기 위해 행하여지는 등기는?

① 부기등기   ② 경정등기   ③ 회복등기   ④ 기입등기

해설 등기의 내용에 따른 분류에는 기입등기, 경정등기, 회복등기, 변경등기, 말소등기, 멸실등기 등이 있다. 경정등기는 등기의 일부에 착오 또는 유루(流淚)가 있을 때 그것을 시정하기 위하여 하는 등기이다.

---

83 현행 「공간정보의 구축 및 관리 등에 관한 법률」상 신고사항에 속하는 토지이동은?

① 도시개발사업 등의 완료사실   ② 신규등록할 토지가 발생한 경우
③ 지목변경에 따른 토지이동   ④ 토지의 분할 및 합병

해설 도시개발사업 등의 신고는 사업과 관련하여 토지의 이동이 필요한 경우에는 해당 사업의 시행자가 지적소관청에 토지의 이동을 신청하여야 한다.

---

84 부동산 표시의 변경등기가 아닌 것은?

① 건물번호의 변경   ② 소유권의 변경
③ 소재지의 명칭변경   ④ 토지지번의 변경

해설 부동산의 표시변경등기는 소재, 지번, 지목, 면적 등이 변경되었을 때 하는 것이다. 소유권자가 변경되는 경우에는 소유권이전등기를 하여야 한다.

---

85 60일 이내에 토지의 이동신청을 하지 않아도 되는 것은?

① 신규등록 신청   ② 지목변경 신청
③ 경계정정 신청   ④ 형질변경에 따른 분할신청

해설 신규등록, 등록전환, 분할, 합병, 지목변경 등의 경우 토지이동 신청은 사유가 발생한 날로부터 60일 이내에 지적소관청에 신청하여야 한다. 경계정정 신청은 이동사유가 발생할 때 신청하는 것으로 신청 기간을 따로 정하지 않는다.

---

86 거짓으로 분할신청을 한 경우 벌칙 기준으로 옳은 것은?

① 300만 원 이하의 과태료
② 1년 이하의 징역 또는 1천만 원 이하의 벌금
③ 2년 이하의 징역 또는 2천만 원 이하의 벌금
④ 3년 이하의 징역 또는 3천만 원 이하의 벌금

해설 토지이동을 거짓으로 할 경우, 즉 분할신청을 거짓으로 하면 1년 이하의 징역 또는 1천만 원 이하의 벌금에 해당한다.

87 본등기의 일반적 효력이 적합하지 않은 것은?

① 공신력 인정
② 순위확정적 효력
③ 점유적 효력
④ 추정적 효력

해설 부동산등기의 효력(종국등기의 효력)에는 물권변동적 효력, 대항력, 순위확정적 효력, 점유적 효력, 권리추정적 효력, 공신력 불인정, 형식적 확정력 등이 있다.

88 「공간정보의 구축 및 관리 등에 관한 법률」에서 규정하고 있는 경계의 의미로 옳은 것은?

① 계곡 · 능선 등의 자연적 경계
② 토지소유자가 표시한 지상경계
③ 지적도나 임야도에 등록한 경계
④ 지상에 설치한 담장 · 둑 등의 인위적인 경계

해설 「공간정보의 구축 및 관리 등에 관한 법률」에서 규정하고 있는 경계는 지적도, 임야도, 경계점좌표등록부 등 지적공부에 등록한 경계점을 직선으로 연결한 선이다.

89 다음 벌칙 중 2년 이하의 징역 또는 2천만 원 이하의 벌금에 처하는 행위로 틀린 것은?

① 속임수, 위력, 그 밖의 방법으로 입찰의 공정성을 해친 자
② 측량기준점 표지를 이전 또는 파손하거나 그 효용을 해치는 행위를 한 자
③ 고의로 측량성과를 다르게 한 자
④ 측량업의 등록을 하지 아니하고 측량업을 한 자

해설 속임수, 위력, 그 밖의 방법으로 입찰의 공정성을 해친 자는 3년 이하의 징역 또는 3천만 원 이하의 벌금에 처한다.

90 토지의 이동으로 볼 수 있는 것은?

① 소유자의 주소변경
② 소유자의 변경
③ 지상권의 변경
④ 경계의 정정

해설 토지의 이동(異動)이란 토지의 표시를 새로 정하거나 변경 또는 말소하는 것을 말한다. 즉, 지적공부에 등록된 토지의 지번 · 지목 · 경계 · 좌표 · 면적이 달라지는 것을 말한다. 소유권자의 변경, 소유자의 주소변경, 지상권의 변경은 토지의 이동에 해당하지 아니한다.

91 주거기능 보호나 청소년 보호 등의 목적으로 청소년 유해시설 등 특정시설의 입지를 제한할 필요가 있는 경우에 지정하는 용도지구는?

① 개발진흥지구
② 특정용도제한지구
③ 시설보호지구
④ 보존지구

> **해설** 특정용도제한지구는 주거기능 보호나 청소년 보호 등의 목적으로 청소년 유해시설 등 특정시설의 입지를 제한할 필요가 있는 경우에 지정하는 용도지구이다.

92 지적전산자료를 이용하거나 활용하려는 자로부터 심사신청을 받은 관계 중앙행정기관의 장이 심사하여야 할 사항에 해당되지 않는 것은?

① 신청인의 지적전산자료 활용능력
② 신청내용의 타당성, 적합성 및 공익성
③ 개인의 사생활 침해 여부
④ 자료의 목적 외 사용 방지 및 안전관리대책

> **해설** 지적전산자료를 이용하거나 활용하려는 자로부터 심사신청을 받은 관계 중앙행정기관의 장은 ②, ③, ④의 내용을 심사한 후 그 결과를 신청인에게 통지하여야 한다.

93 「공간정보의 구축 및 관리 등에 관한 법률」에 따른 "토지의 이동"에 해당하는 것은?

① 신규등록
② 토지등급변경
③ 토지소유자변경
④ 수확량등급변경

> **해설** 토지의 이동이란 토지의 표시를 새로이 정하거나 변경 또는 말소하는 것을 말한다. 즉, 지적공부에 등록된 토지의 지번·지목·경계·좌표·면적이 달라지는 것을 말한다. 토지소유권자의 변경, 토지소유자의 주소변경, 토지의 등급변경은 토지의 이동에 해당하지 아니한다.

94 측량업의 등록을 하려는 자가 국토교통부장관 또는 시·도지사에게 제출하여야 할 첨부서류에 해당하지 않는 것은?

① 보유하고 있는 측량기술자의 명단
② 보유하고 있는 측량기술자의 측량기술 경력증명서
③ 측량업 사무소의 등기부등본
④ 보유하고 있는 장비의 명세서

해설 측량업등록의 첨부서류

구분	내용
기술인력을 갖춘 사실을 위한 증명서류	• 보유하고 있는 측량기술자의 명단 • 인력에 대한 측량기술 경력증명서
보유장비를 증명하기 위한 서류	• 보유하고 있는 장비의 명세서 • 장비의 성능검사서 사본 • 소유권 또는 사용권을 보유한 사실을 증명할 수 있는 서류

95 지목을 "대"로 구분할 수 없는 것은?

① 목장용지 내 주거용 건축물의 부지
② 과수원에 접속된 주거용 건축물의 부지
③ 영구적 건축물 중 변전소 시설의 부지
④ 「국토의 계획 및 이용에 관한 법률」 등 관계법령에 따른 택지조성공사가 준공된 토지

해설 영구적 건축물 중 주거·사무실·점포와 박물관·극장·미술관 등 문화시설과 이에 접속된 정원 및 부속시설물의 부지는 "대"로 구분한다. 영구적 건축물 중 변전소 부지는 잡종지에 속한다.

96 토지대장의 등록사항에 해당하지 않는 것은?

① 면적
② 지번
③ 대지권 비율
④ 토지의 소재

해설 대지권 비율은 대지권등록부의 등록사항이다.

토지 · 임야대장의 등록사항

법률상 규정	국토교통부령 규정
• 토지의 소재 • 지번 • 지목 • 면적 • 소유자의 성명 또는 명칭, 주소 및 주민등록번호	• 토지의 고유번호 • 도면번호 • 필지별 대장의 장번호 및 축척 • 토지의 이동사유 • 토지소유자가 변경된 날과 그 원인 • 토지등급 또는 기준수확량 등급과 그 설정·수정 연월일 • 개별공시지가와 그 기준일

97 미등기토지의 소유권보존등기를 신청할 수 없는 자는?

① 관할 소관청장

② 토지대장상의 소유자

③ 확정판결에 의하여 자기의 소유권을 증명하는 자

④ 수용으로 인하여 소유권을 취득하였음을 증명하는 자

해설 미등기토지의 소유권보존등기를 할 수 있는 자

- 토지대장상에 최초의 소유자로 등록되어 있는 자
- 확정판결에 의하여 자기의 소유권을 증명하는 자
- 수용으로 인하여 소유권을 취득하였음을 증명하는 자

98 동일한 경계가 축척이 다른 도면에 각각 등록되어 있을 때의 경계결정방법은?

① 소면적에 따른다.　　　　　② 소축척에 따른다.

③ 대면적에 따른다.　　　　　④ 대축척에 따른다.

해설 축척종대의 원칙이란 동일한 경계가 축척이 다른 도면에 각각 등록되어 있을 때에는 축척이 큰 도면(대축척)의 경계에 따른다는 원칙이다.

99 지적측량수행자가 지적측량을 시행한 후 성과의 정확성에 관한 검사를 받기 위해 소관청에 제출하는 서류로서 틀린 것은?

① 면적측정부　　　② 지적도　　　③ 측량결과도　　　④ 측량부

해설 지적측량수행자는 측량부·측량결과도·면적측정부, 측량성과파일 등 측량성과에 관한 자료(전자파일 형태로 저장한 매체 또는 인터넷 등 정보통신망을 이용하여 제출하는 자료를 포함한다.)를 지적소관청에 제출하여 성과의 정확성 검사를 받아야 한다.

100 지적기준점표지의 설치·관리 등에 관한 설명으로 옳은 것은?

① 지적삼각점표지의 점간거리는 평균 4km 이상 10km 이하로 한다.

② 다각망도선법에 따르는 경우를 제외하고 지적도근점표지의 점간거리는 100m 이상 500m 이하로 한다.

③ 지적소관청은 연 1회 이상 지적기준점 표지의 이상 유무를 조사하여야 한다.

④ 지적기준점표지가 멸실되거나 훼손되었을 때에는 시·도지사는 이를 다시 설치하거나 보수하여야 한다.

해설 ① 지적삼각점표지의 점간거리는 평균 2km 이상 5km 이하로 한다.

② 다각망도선법에 따르는 경우를 제외하고 지적도근점표지의 점간거리는 평균 50m 이상 300m 이하로 한다.

④ 지적기준점표지가 멸실되거나 훼손되었을 때에는 지적소관청은 이를 다시 설치하거나 보수하여야 한다.

1과목 지적측량

01 경계점좌표등록부 시행지역에서 지적도근점의 측량성과와 검사성과의 연결교차 기준은?

① 0.15m 이내　　② 0.20m 이내　　③ 0.25m 이내　　④ 0.30m 이내

해설 **지적측량성과와 검사성과의 연결교차 허용범위**

구분	분류		허용범위
기초측량	지적삼각점		0.20m
	지적삼각보조점		0.25m
	지적도근점	경계점좌표등록부 시행지역	0.15m
		그 밖의 지역	0.25m

02 평판측량방법에 따른 세부측량에서 지적도를 갖춰 두는 지역의 거리측정단위 기준으로 옳은 것은?

① 1cm　　② 5cm　　③ 10cm　　④ 20cm

해설 거리측정단위는 지적도를 갖춰두는 지역에서는 5cm로 하고, 임야도를 갖춰두는 지역에서는 50cm로 한다.

03 경위의측량방법에 따른 지적삼각점의 관측과 계산 기준으로 틀린 것은?

① 관측은 10초독 경위의를 사용한다.
② 수평각관측은 3대회의 방향관측법에 따른다.
③ 수평각의 측각공차에서 1방향각의 공차는 40초 이내로 한다.
④ 수평각의 측각공차에서 1측회의 폐색공차는 ±30초 이내로 한다.

해설 **지적삼각점을 관측하는 경우 수평각의 측각공차**

종별	1방향각	1측회 폐색	삼각형 내각관측의 합과 180°의 차	기지각과의 차
공차	30초 이내	±30초 이내	±30초 이내	±40초 이내

04 「지적측량 시행규칙」상 세부측량의 기준 및 방법으로 옳지 않은 것은?

① 평판측량방법에 따른 세부측량은 교회법, 도선법 및 방사법(放射法)에 따른다.
② 평판측량방법에 따른 세부측량의 측량결과도는 그 토지가 등록된 도면과 동일한 축척으로 작성하여야 한다.
③ 평판측량방법에 따른 세부측량을 교회법으로 하는 경우 방향각의 교각은 45° 이상 120° 이하로 하여야 한다.
④ 평판측량방법에 따른 세부측량을 도선법으로 하는 경우 도선의 측선장은 도상길이 8cm 이하로 하여야 한다.

> **해설** 평판측량방법에 따른 세부측량을 교회법으로 하는 경우에는 방향각의 교각은 30° 이상 150° 이하로 하여야 한다.

05 지적삼각점의 관측계산에서 자오선수차의 계산단위 기준은?

① 초 아래 1자리
② 초 아래 2자리
③ 초 아래 3자리
④ 초 아래 4자리

> **해설** 지적삼각점을 관측하는 경우 수평각의 계산단위

종별	각	변의 길이	진수	좌표 또는 표고	경위도	자오선수차
단위	초	cm	6자리 이상	cm	초 아래 3자리	초 아래 1자리

06 다음 중 임야도를 갖춰 두는 지역의 세부측량에 있어서 지적기준점에 따라 측량하지 아니하고 지적도의 축척으로 측량한 후 그 성과에 따라 임야측량결과도를 작성할 수 있는 경우는?

① 임야도에 도곽선이 없는 경우
② 경계점의 좌표를 구할 수 없는 경우
③ 지적도근점이 설치되어 있지 않은 경우
④ 지적도에 기지점은 없지만 지적도를 갖춰 두는 지역에 인접한 경우

> **해설** 임야도를 갖춰 두는 지역의 세부측량기준이 아닌 지적도의 축척으로 측량한 후 그 성과에 따라 임야측량결과도를 작성할 수 있는 경우는 다음과 같다.
>
> • 측량대상토지가 지적도를 갖춰 두는 지역에 인접하여 있고 지적도의 기지점이 정확하다고 인정되는 경우
> • 임야도에 도곽선이 없는 경우

07 두 점의 좌표가 각각 A(495,674.32, 192,899.25), B(497,845.81, 190,256.39)일 때, A(→)B의 방위는?

① N 9°24′29″W
② S 39°24′29″E
③ N 50°35′31″W
④ S 50°35′31″E

$\triangle x = Bx - Ax = 497,845.81 - 495,674.32 = 2,171.49\text{m}$

$\triangle y = By - Ay = 190,256.39 - 192,899.25 = -2,642.86\text{m}$

방위$(\theta) = \tan^{-1}\left(\dfrac{\triangle y}{\triangle x}\right) = \tan^{-1}\left(\dfrac{-2,642.86}{2,171.49}\right) = 50°35'31''$

$\triangle x$ 값은 $(+)$, $\triangle y$ 값은 $(-)$로 4상한이므로,

∴ A → B의 방위는 N50°35′31″W이다.

08 교회법에 관한 설명 중 틀린 것은?

① 후방교회법에서 소구점을 구하기 위해서는 기지점에는 측판을 설치하지 않아도 된다.

② 전방교회법에서는 3점의 기지점에서 소구점에 대한 방향선 교차로 소구점의 위치를 구할 수 있다.

③ 측방교회법으로 구한 수평위치의 정확도는 후방교회법의 경우보다 항상 높다고 말할 수 있다.

④ 전방교회법으로 구한 수평위치의 정확도는 후방교회법의 경우보다 항상 높다고 말할 수 있다.

전방교회법으로 구한 수평위치의 정확도는 후방교회법의 경우보다 항상 높다고 말할 수 없다.

09 배각법에 의한 지적도근점측량을 한 결과 한 측선의 길이가 52.47cm이고, 초단위 오차는 18″, 변장반수의 총합계는 183.1일 때 해당 측선에 배분할 초단위의 각도로 옳은 것은?

① 2″　　　　　　② 5″　　　　　　③ −2″　　　　　　④ −5″

$R = \dfrac{1,000}{L} = \dfrac{1,000}{52.47} ≒ 19.06$ (L : 각 측선의 수평거리)

측각오차의 배분은 측선장에 반비례하여 각 측선의 관측각에 배분한다.

$K = -\dfrac{e}{R} \times r \rightarrow e = \dfrac{R}{r} \times K = \dfrac{19.06}{183.1} \times 18 ≒ 1.9''$이므로, $+1.9''$이므로, $-2''$가 된다.

[K : 각 측선에 배분할 초단위 각도, e : 초단위의 오차, R : 폐색변을 포함한 각 측선장의 반수의 총합계, r : 각 측선장의 반수(반수는 측선장 1m를 1,000으로 나눈 수)]

10 5cm 늘어난 상태의 30m 줄자로 두 점의 거리를 측정한 값이 75.45m일 때, 실제거리는?

① 75.53m　　　　　　　　　② 75.58m

③ 76.53m　　　　　　　　　④ 76.58m

표준길이 $L_0 = L\left(1 \pm \dfrac{\triangle l}{l}\right) = 75.45\left(1 + \dfrac{0.05}{30}\right) = 75.58\text{m}$

11 지적삼각점측량 후 삼각망을 최소제곱법(엄밀조정법)으로 조정하고자 할 때, 이와 관련없는 것은?

① 표준방정식　　　② 순차방정식　　　③ 상관방정식　　　④ 동시조정

해설 엄밀조정법은 각도, 측점, 변을 동시에 조정하는 방법으로 최소제곱법(동시조정법, 상관방정식, 표준방정식)이라 한다. 지적삼각점측량의 삼각망조정 시 간이조정법은 각조정 → 점조정 → 변조정 순으로 조정하는 방법으로 순차방정식이라고도 한다.

12 다음 중 지적기준점측량의 절차로 옳은 것은?

① 계획의 수립 → 준비 및 현지답사 → 선점 및 조표 → 관측 및 계산과 성과표의 작성
② 계획의 수립 → 선점 및 조표 → 준비 및 현지답사 → 관측 및 계산과 성과표의 작성
③ 계획의 수립 → 선점 및 조표 → 관측 및 계산과 성과표의 작성 → 준비 및 현지답사
④ 계획의 수립 → 준비 및 현지답사 → 관측 및 계산과 성과표의 작성 → 선점 및 조표

해설 지적기준점측량의 절차는 계획의 수립 → 준비 및 현지답사 → 선점 및 조표 → 관측 및 계산과 성과표의 작성 순이다.

13 경위의측량방법과 다각망도선법에 따른 지적도근점의 관측에서 시가지지역, 축척변경지역 및 경계점좌표등록부 시행지역의 수평각관측방법은?

① 방향각법　　　② 교회법　　　③ 방위각법　　　④ 배각법

해설 경위의측량방법과 다각망도선법에 따른 지적도근점의 관측에서 시가지지역, 축척변경지역 및 경계점좌표등록부 시행지역의 수평각관측은 배각법에 따른다.

14 거리측량을 할 때 발생하는 오차 중 우연오차의 원인이 아닌 것은?

① 테이프의 길이가 표준길이와 다를 때
② 온도가 측정 중에 시시각각으로 변할 때
③ 눈금의 끝수를 정확히 읽을 수 없을 때
④ 측정 중 장력을 일정하게 유지하지 못하였을 때

해설 테이프의 길이가 표준길이와 달라서 발생하는 오차는 정오차이며, 원인과 상태를 파악하면 제거가 가능하다.

15 삼각형의 내각을 같은 정밀도로 측정하여 변의 길이를 계산할 경우 각도의 오차가 변의 길이에 미치는 영향이 최소인 것은?

① 직각삼각형　　　　　　② 정삼각형
③ 둔각삼각형　　　　　　④ 예각삼각형

해설 삼각형의 내각을 같은 정밀도로 측정하여 변의 길이를 계산할 경우 각도의 오차가 변의 길이에 미치는 영향이 최소인 것은 정삼각형이다.

16 경계의 제도에 관한 설명으로 틀린 것은?

① 경계는 0.1mm 폭의 선으로 제도한다.

② 1필지의 경계가 도곽선에 걸쳐 등록되어 있으면 도곽선 밖의 여백에 경계를 제도할 수 없다.

③ 지적기준점 등의 매설된 토지를 분할할 경우 그 토지가 작아서 제도하기가 곤란한 때에는 그 도면의 여백에 그 축척의 10배로 확대하여 제도할 수 있다.

④ 경계점좌표등록부 등록지역의 도면(경계점 간 거리등록을 하지 아니한 도면을 제외한다.)에 등록할 경계점 간 거리는 검은색의 1.0~1.5mm 크기의 아라비아숫자로 제도한다.

해설 1필지의 경계가 도곽선에 걸쳐 등록되어 있으면 도곽선 밖의 여백에 경계를 제도하거나, 도곽선을 기준으로 다른 도면에 나머지 경계를 제도한다. 이 경우 다른 도면에 경계를 제도할 때에는 지번 및 지목은 붉은색으로 표시한다.

17 지적도의 축척이 1/600인 지역에서 토지를 분할하는 경우, 면적측정부의 원면적이 4,529m², 보정면적 합계가 4,550m²일 때 어느 필지의 보정면적이 2,033m²였다면 이 필지의 산출면적은?

① 2,019.8m²

② 2,023.6m²

③ 2,024.4m²

④ 2,028.2m²

해설 산출면적 $= \left(\dfrac{2,033}{4,550} \right) \times 4,529 = 2,023.6 \text{m}^2$

18 다음 구소삼각지역의 직각좌표계 원점 중 평면직각종횡선수치의 단위를 간(間)으로 한 원점은?

① 조본원점

② 고초원점

③ 율곡원점

④ 망산원점

해설 구소삼각원점의 구분

지역		단위	
경기지역	경북지역	미터(m)	간(間)
고초원점 등경원점 가리원점 계양원점 망산원점 조본원점	구암원점 금산원점 율곡원점 현창원점 소라원점	고초원점 조본원점 율곡원점 현창원점 소라원점	등경원점 가리원점 계양원점 망산원점 구암원점 금산원점

19 축척 1/50,000 지형도상에서 어느 산정(山頂)부터 산 밑까지의 도상 수평거리를 측정하였더니 60mm였다. 산정의 높이는 2,200m, 산 밑의 높이는 200m였다면 그 경사면의 경사는?

① 1/1.5　　　　② 1/2.5　　　　③ 1/10　　　　④ 1/30

해설 축척$(M) = \dfrac{1}{m} = \dfrac{l}{D} \rightarrow D = m \times l = 50,000 \times 0.060 = 3,000\text{m}$

경사$(i) = \dfrac{H}{D} = \dfrac{(2,200-200)}{3,000} = \dfrac{1}{1.5}$

(D : 지상거리, m : 축척분모, l : 도상거리)

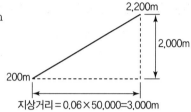

지상거리 $= 0.06 \times 50,000 = 3,000$m

20 지적삼각보조점의 위치 결정을 교회법으로 할 경우, 두 삼각형으로부터 계산한 종선교차가 60cm, 횡선교차가 50cm일 때, 위치에 대한 연결교차는?

① 0.1m　　　　② 0.3m　　　　③ 0.6m　　　　④ 0.8m

해설 2개의 삼각형으로부터 계산한 위치의 연결교차($\sqrt{\text{종선교차}^2 + \text{횡선교차}^2}$)가 0.30m 이하일 때에는 그 평균치를 지적삼각보조점의 위치로 한다.

∴ 연결교차 $= \sqrt{\text{종선교차}^2 + \text{횡선교차}^2} = \sqrt{0.6^2 + 0.5^2} = 0.8\text{m}$

2과목 응용측량

21 A, B 두 점의 표고가 120m, 144m이고 두 점 간의 경사가 1 : 2인 경우 표고가 130m 되는 지점을 C라 할 때, A점과 C점의 경사거리는?

① 22.36m　　　　② 25.85m　　　　③ 28.28m　　　　④ 29.82m

해설 A점과 C점의 경사거리$(L) = \sqrt{20^2 + 10^2} = 22.36\text{m}$

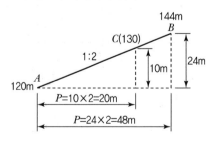

22 클로소이드의 형식 중 반향곡선 사이에 2개의 클로소이드를 삽입하는 것은?

① 복합형   ② 난형   ③ 철형   ④ S형

해설 S형은 반향곡선 사이에 클로소이드를 삽입한 형태이다. 난형은 복심곡선 사이에 클로소이드를 삽입한 형태이다.

23 수준측량에서 굴절오차와 관측거리의 관계를 설명한 것으로 옳은 것은?

① 거리의 제곱에 비례한다.   ② 거리의 제곱에 반비례한다.
③ 거리의 제곱근에 비례한다.   ④ 거리의 제곱근에 반비례한다.

해설 굴절오차(기차) : $Er = -\dfrac{KS^2}{2R}$

(R : 곡률반경, S : 수평거리, K : 빛의 굴절계수)

굴절오차(기차)는 지구공간의 대기가 지표면에 가까울수록 밀도가 커지면서 생기는 오차로서 거리의 제곱에 비례한다.

24 측점이 터널의 천정에 설치되어 있는 수준측량에서 그림과 같은 관측결과를 얻었다. A점의 지반고가 15.32m일 때, C점의 지반고는?

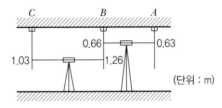

① 14.32m   ② 15.12m   ③ 16.32m   ④ 16.49m

해설 C점의 지반고 $Hc = 15.32 - 0.63 + 1.26 - 0.66 + 1.03 = 15.12$m

25 원격센서(Remote Sensor)를 능동적 센서와 수동적 센서로 구분할 때, 능동적 센서에 해당되는 것은?

① TM(Thematic Mapper)
② 천연색사진
③ MSS(Multi-spectral Scanner)
④ SLAR(Side Looking Airborne Radar)

해설 SLAR(Side Looking Airborne Radar)은 극초단파를 이용하여 2차원의 영상을 얻는 방법으로 능동적 탐측기이다.

26 원심력에 의한 곡선부의 차량탈선을 방지하기 위하여 곡선부의 횡단 노면 외측부를 높여주는 것은?

① 캔트 　　　　　② 확폭 　　　　　③ 종거 　　　　　④ 완화구간

해설 캔트란 차량이 곡선을 통과할 때 원심력에 의한 곡선부의 차량탈선을 방지하기 위하여 곡선부의 횡단 노면 외측부를 높여주는 것을 말한다.

27 수준측량 야장에서 측점 5의 기계고와 지반고는?(단, 표의 단위는 m이다.)

측점	B.S	F.S		I.H	G.H
		T.P	I.P		
A	1.14				80.00
1	2.41	1.16			
2	1.64	2.68			
3			0.11		
4			1.23		
5	0.30	0.50			
B		0.65			

① 81.35m, 80.85m 　　　　　② 81.35m, 80.50m
③ 81.15m, 80.85m 　　　　　④ 81.15m, 80.50m

해설 임의 지반고＝기계고＋후시(B.S)−전시(F.S)

- A점의 지반고＝80m
- 1점의 지반고＝80＋1.14−1.16＝79.98m, 기계고＝79.98＋2.41＝82.39m
- 2점의 지반고＝79.98＋2.41−2.68＝79.71m, 기계고＝79.71＋1.64＝81.35m
- 3점과 4점의 지반고는 중간점(I.P)으로 구하지 않아도 된다.
- 5점의 지반고＝79.71＋1.64−0.50＝80.85m, 기계고＝80.85＋0.30＝81.15m

28 입체영상의 영상정합(Image Matching)에 대한 설명으로 옳은 것은?

① 경사와 축척을 바로 수정하여 축척을 통일시키고 변위가 없는 수직 사진으로 수정하는 작업
② 사진상의 주점이나 표정점 등 제점의 위치를 인접한 사진상에 옮기는 작업
③ 지표의 상태를 파악하기 위하여 사진에 찍혀 있는 것이 무엇인지를 판별하는 작업
④ 한 영상의 한 위치에 해당하는 실제의 객체가 다른 영상의 어느 위치에 형성되었는가를 발견하는 작업

해설 영상정합은 입체영상 중 한 영상의 위치에 해당하는 실제의 객체가 다른 영상의 어느 위치에 형성되었는가를 발견하는 작업이다.

29 GNSS측량에서 의사거리(Pseudo Range)에 대한 설명으로 가장 적합한 것은?

① 인공위성과 기지점 사이의 거리측정값이다.
② 인공위성과 지상수신기 사이의 거리측정값이다.
③ 인공위성과 지상송신기 사이의 거리측정값이다.
④ 관측된 인공위성 상호 간의 거리측정값이다.

해설 의사거리(疑似距離)는 GNSS 관측자료인 코드나 반송파로부터 계산된 거리를 의미하며, 이는 실제 위성과 수신기 사이의 기하학적 거리로서 대기에 의한 오차, 위성 및 수신기 시계에 의한 오차 등이 포함되어 있다.

30 노선측량에서 완화곡선의 성질을 설명한 것으로 틀린 것은?

① 완화곡선 종점의 캔트는 완곡선의 캔트와 같다.
② 완화곡선에 연한 곡률반지름의 감소율은 캔트의 증가율과 같다.
③ 완화곡선의 접선은 시점에서는 원호에, 종점에서는 직선에 접한다.
④ 완화곡선의 반지름은 시점에서는 무한대이며, 종점에서는 원곡선의 반지름과 같다.

해설 완화곡선의 접선은 시점에서 직선에, 종점에서 원호에 접한다.

31 노선측량 중 공사측량에 속하지 않는 것은?

① 용지측량   ② 토공의 기준틀 측량
③ 주요말뚝의 인조점 설치 측량   ④ 중심말뚝의 검측

해설 용지측량은 용지보상을 위해 경계를 측량하는 것으로 공사측량 전에 시행하므로 공사측량 범위에 속하지 않는다.

32 터널 내에서 A점의 평면좌표 및 표고가 (1,328,810,86), B점의 평면좌표 및 표고가(1,734,589, 112)일 때, A, B점을 연결하는 터널을 굴진할 경우 이 터널의 경사거리는?(단, 좌표 및 표고의 단위는 m이다.)

① 341.5m   ② 363.1m
③ 421.6m   ④ 463.0m

해설 AB의 높이$(h) = B_z - A_z = 112 - 86 = 26\text{m}$

수평거리$(D) = \sqrt{(B_x - A_x) + (B_y - Ay)^2} = \sqrt{(1,734 - 1,328)^2 + (589 - 810)^2} = 462.25\text{m}$

∴ 경사거리$(L) = \sqrt{D^2 + h^2} = \sqrt{462.25^2 + 26^2} = 463.0\text{m}$

33 촬영고도 4,000m에서 촬영한 항공사진에 나타난 건물의 시차를 주점에서 측정하니 정상부분이 19.32mm, 밑부분이 18.88mm였다. 한 층의 높이를 3m로 가정할 때 이 건물의 층수는?

① 15층　　　　　② 28층　　　　　③ 30층　　　　　④ 45층

> **해설** 시차차($\triangle P$) $= 19.32 - 18.88 = 0.44$mm
>
> 건물의 높이(h) $= \dfrac{H}{b_0} \cdot \triangle p = \dfrac{4,000}{19.32} \times 0.44 \fallingdotseq 91$m $= 29.4$m
>
> (h : 건물의 높이, H : 비행고도, b_0 : 주점기선길이, $\triangle p$: 시차차)
>
> ∴ 건물의 층수 $= \dfrac{91}{3} = 30$층

34 지성선에 대한 설명으로 옳은 것은?

① 지표면상에 다른 종류의 토양 간에 만나는 선
② 경작지와 산지가 교차되는 선
③ 지모의 골격을 나타내는 선
④ 수평면과 직교하는 선

> **해설** 지성선(地性線, 지세선)은 다수의 평면으로 이루어진 지형의 접합부로서 능선(凸선·분수선), 합수선(凹선·계곡선), 경사변환선, 최대경사선(유하선)으로 나뉜다.

35 GPS를 구성하는 위성의 궤도주기로 옳은 것은?

① 약 6시간　　　　　　　　② 약 12시간
③ 약 18시간　　　　　　　④ 약 24시간

> **해설** GPS를 구성하는 위성의 궤도주기는 약 12시간(0.5 항성일)이다.

36 항공사진측량 시 촬영고도 1,200m에서 초점거리 15cm, 단촬영경로에 따라 촬영한 연속사진 10장의 입체부분의 지상 유효면적(모델면적)은?(단, 사진크기 23cm×23cm, 중복도 60%)

① 10.24km²　　　　　　　② 12.19km²
③ 13.54km²　　　　　　　④ 14.26km²

> **해설** 축척 $M = \dfrac{1}{m} = \dfrac{f}{H} = \dfrac{0.15}{1,200} = \dfrac{1}{8,000}$
>
> 사진의 유효면적 $A_0 = (ma)^2 (1 - \dfrac{p}{100})(1 - \dfrac{q}{100})$
>
> $\qquad = (8,000 \times 0.23)^2 \times \left(1 - \dfrac{60}{100}\right) \fallingdotseq 13.54$km²

37 지형표시 방법의 하나로 단선상의 선으로 지표의 기복을 나타내는 것으로 일명 게바법이라고도 하는 것은?

① 음영법　　　　　　　　　　　　② 단채법
③ 등고선법　　　　　　　　　　　④ 영선법

해설 영선법(게바법, 우모법)은 게바라고 하는 단선상의 선으로 지표의 기복을 나타내는 방법이다. 게바의 사이, 굵기, 길이 및 방법 등으로 지표를 표시하며 급경사는 굵고 짧게, 완경사는 가늘고 길게 새털 모양으로 표시하므로 기복의 판별은 좋으나 정확도가 낮다.

38 GPS측량에서 이용하는 좌표계는?

① WGS84　　　　　　　　　　　　② GRS80
③ JGD2000　　　　　　　　　　　④ ITRF2000

해설 GPS측량에서 이용하는 좌표계는 WGS84이다.

39 축척 1/50,000 지형도에서 등고선 간격을 20m로 할 때, 도상에서 표시될 수 있는 최소 간격을 0.45cm로 할 경우 등고선으로 표현할 수 있는 최대경사각은?

① 40.1°　　　　　　　　　　　　② 41.6°
③ 44.6°　　　　　　　　　　　　④ 46.1°

해설 수평거리 = 축척 × 도상거리 = $50,000 \times 0.45 = 22.5$m

$\therefore$ 경사각 $= \tan^{-1}\left(\dfrac{\text{높이}}{\text{수평거리}}\right) = \tan^{-1}\left(\dfrac{20}{22.5}\right) = 41.6°$

40 수준측량에 관한 용어 설명으로 틀린 것은?

① 표고 : 평균해수면으로부터의 연직거리
② 후시 : 표고를 결정하기 위한 점에 세운 표척 읽음값
③ 중간점 : 전시만을 읽는 점으로서, 이 점의 오차는 다른 점에 영향이 없음
④ 기계고 : 기준면으로부터 망원경의 시준선까지의 높이

해설 후시(B.S)란 알고 있는 점에 표척을 세워 읽은 값을 말한다.

41 행정구역의 명칭이 변경된 때에 지적소관청은 시·도지사를 경유하여 국토교통부장관에게 행정구역변경일 며칠 전까지 행정구역의 코드변경을 요청하여야 하는가?

① 5일 ② 10일 ③ 20일 ④ 30일

> **해설** 행정구역의 명칭이 변경된 때에 지적소관청은 시·도지사를 경유하여 국토교통부장관에게 행정구역변경일 10일 전까지 행정구역의 코드변경을 요청하여야 한다.

42 다음 중 지리정보시스템의 국제 표준을 담당하고 있는 기구의 명칭으로 틀린 것은?

① 유럽의 지리정보 표준화기구 : CEN/TC287
② 국제표준화 기구 ISO의 지리정보표준화 관련 위원회 : ISO/TC211
③ GIS기본모델의 표준화를 마련한 비영리 민관참여 국제기구 : OGC
④ 유럽의 수치지도 제작 표준화 기구 : SDTS

> **해설** CEN/TC287은 ISO/TC211 활동이 시작되기 이전에 유럽의 표준화기구를 중심으로 추진된 유럽의 지리정보 표준화기구이다. SDTS(Spatial Data Transfer Standard, 공간자료교환표준)는 미국에서 공간정보의 교환과 공유를 위해 개발된 표준으로 가장 일반적이고 안정적인 교환 포맷이다.

43 국가지리정보체계의 추진과정에 관한 내용으로 틀린 것은?

① 1995년부터 2000년까지 제1차 국가GIS사업 수행
② 2006년부터 2010년에는 제2차 국가GIS기본계획 수립
③ 제1차 국가GIS사업에서는 지형도, 공동주제도, 지하시설물도의 DB 구축 추진
④ 제2차 국가GIS사업에서는 국가공간정보기반 확충을 통한 디지털 국토 실현 추진

> **해설** 국가지리정보체계(NGIS)의 추진과정
> • 제1차 기본계획(1995~2000) : 국가GIS사업으로 국토정보화의 기반 준비
> • 제2차 기본계획(2001~2005) : 국가공간정보기반을 확충하여 디지털 국토 실현
> • 제3차 기본계획(2006~2010) : 유비쿼터스 국토 실현을 위한 기반 조성
> • 제4차 기본계획(2010~2012) : 녹색성장을 위한 그린(GREEN) 공간정보사회 실현
> • 제5차 기본계획(2013~2017) : 공간정보로 실현하는 국민행복과 국가 발전
> • 제6차 기본계획(2018~2022) : 공간정보 융·복합 르네상스로 살기 좋고 풍요로운 스마트코리아 실현

44 사용자가 네트워크나 컴퓨터를 의식하지 않고 장소에 상관없이 자유롭게 네트워크에 접속할 수 있는 정보통신 환경을 무엇이라 하는가?

① 유비쿼터스(Ubiquitous)
② 위치기반정보시스템(LBS)
③ 지능형교통정보시스템(ITS)
④ 텔레매틱스(Telematics)

해설 유비쿼터스(Ubiquitous)란 사용자가 네트워크나 컴퓨터를 의식하지 않고 장소에 상관없이 자유롭게 네트워크에 접속할 수 있는 정보통신환경을 말한다.

45 필지식별번호에 관한 설명으로 틀린 것은?

① 각 필지의 등록사항 저장과 수정 등을 용이하게 처리할 수 있는 고유번호를 말한다.
② 필지에 관련된 모든 자료의 공통적 색인번호 역할을 한다.
③ 토지 관련 정보를 등록하고 있는 각종 대장과 파일 간의 정보를 연결하거나 검색하는 기능을 향상시킨다.
④ 필지의 등록사항 변경 및 수정에 따라 변화할 수 있도록 가변성이 있어야 한다.

해설 필지식별번호는 필지의 등록사항 변경 및 수정에 따라 변화할 수 있도록 가변성이 없어야 한다.

46 관계형 데이터베이스를 위한 산업표준으로 사용되는 대표적인 질의 언어는?

① SQL
② DML
③ DCL
④ CQL

해설 SQL(Structured Query Language, 구조화 질의어)은 데이터베이스로부터 정보를 얻거나 갱신하기 위한 표준 대화식 프로그래밍 언어이다. 관계형 데이터베이스관리시스템에서 자료의 검색과 관리, 데이터베이스 스키마 생성과 수정, 데이터베이스 객체 접근 조정 관리를 위해 고안되었다.

47 디지타이징 입력에 의한 도면의 오류를 수정하는 방법으로 틀린 것은?

① 선의 중복 : 중복된 두 선을 제거함으로써 쉽게 오류를 수정할 수 있다.
② 라벨 오류 : 잘못된 라벨을 선택하여 수정하거나 제 위치에 옮겨주면 된다.
③ Undershoot and Overshoot : 두 선이 목표 지점을 벗어나거나 못 미치는 오류를 수정하기 위해서는 선분의 길이를 늘려주거나 줄여야 한다.
④ Sliver 폴리곤 : 폴리곤이 겹치지 않게 적절하게 위치를 이동시킴으로써 제거될 수 있는 경우도 있고, 폴리곤을 형성하고 있는 부정확하게 입력된 선분을 만든 버틱스들을 제거함으로써 수정될 수도 있다.

해설 선의 중복은 주로 영역의 경계선에서 점·선이 이중으로 입력되어 발생하는 오차로, 중복된 점·선을 삭제함으로써 수정이 가능하다.

48 다음 중 관계형 DBMS에 대한 설명으로 옳은 것은?

① 하나의 개체가 여러 개의 부모 레코드와 자녀 레코드를 가질 수 있다.

② 데이터들이 트리구조로 표현되기 때문에 하나의 루트(Root) 레코드를 가진다.

③ SQL과 같은 질의 언어 사용으로 복잡한 질의도 간단하게 표현할 수 있다.

④ 서로 같은 자료 부분을 갖는 모든 객체를 묶어서 클래스(Class), 혹은 형(Type)이라 한다.

해설 관계형 DBMS는 최신의 데이터베이스 형태로서 사용자에게 보다 친숙한 자료접근방법을 제공하기 위해 개발하였다. 현재 가장 보편적으로 많이 쓰이며 데이터의 독립성이 높고 높은 수준의 데이터조작언어(SQL)를 사용한다.

49 벡터데이터에 비해 래스터데이터가 갖는 장점으로 틀린 것은?

① 자료구조가 단순하다.

② 객체의 크기와 방향성에 정보를 가지고 있다.

③ 스캐닝이나 위성영상, 디지털카메라에 의해 쉽게 자료를 취득할 수 있다.

④ 격자의 크기 및 형태가 동일하므로 시뮬레이션에 용이하다.

해설 객체의 크기와 방향성에 정보를 가지고 있는 것은 벡터데이터의 장점이다.

50 점 개체의 분포 특성을 일정한 단위 공간에서 나타나는 점의 수를 측정하여 분석하는 방법은?

① 방안분석(Quadrat Analysis)

② 빈도분석(Frequency Analysis)

③ 예측분석(Expected Analysis)

④ 커널분석(Kernel Analysis)

해설 방안분석(Quadrat Analysis)은 점 개체의 분포 특성을 일정한 단위 공간에서 나타나는 점의 수를 측정하여 분석하는 방법이다.

51 다음 중 도로와 같은 교통망이나 하천, 상하수도 등과 같은 관망의 연결성과 경로를 분석하는 기법은?

① 지형분석 ② 다기준 분석

③ 근접분석 ④ 네트워크 분석

해설 네트워크(관망) 분석을 통해 목적물 간의 교통안내나 최단경로분석, 상하수도 관망분석 등 다양한 분석기능을 수행할 수 있다. 또한 서로 연관된 일련의 선형 형상물들(예 : 고속도로, 철도, 도로와 같은 교통망이나 전기, 전화, 상하수도, 하천 등)의 연결성과 경로를 분석할 수 있다.

52 데이터에 대한 정보인 메타데이터의 특징으로 틀린 것은?

① 데이터의 직접적인 접근이 용이하지 않을 경우 데이터를 참조하기 위한 보조데이터로 사용된다.

② 대용량의 공간데이터를 구축하는 데 비용과 시간을 절감할 수 있다.

③ 데이터의 교환을 원활하게 지원할 수 있다.

④ 메타데이터는 데이터의 일관성을 유지하기 어렵게 한다.

> **해설** 메타데이터란 실제 데이터는 아니지만 데이터베이스, 레이어, 속성, 공간현상 등과 관련된 데이터의 내용, 품질, 조건 및 특징 등을 저장한 데이터이다. 즉, 데이터에 관한 데이터로 데이터의 이력서라고 말할 수 있다. 메타데이터는 작성한 실무자가 바뀌더라도 데이터의 기본체계가 변함없이 유지되므로 시간이 지나도 사용자에게 일관성 있는 데이터를 제공할 수 있다.

53 토지정보체계의 관리 목적에 대한 설명으로 틀린 것은?

① 토지 관련 정보의 수요 결정과 정보를 신속하고 정확하게 제공할 수 있다.

② 신뢰할 수 있는 가장 최신의 토지등록 데이터를 확보할 수 있도록 하는 것이다.

③ 토지와 관련된 등록부와 도면 등의 도해지적 공부의 확보이다.

④ 새로운 시스템의 도입으로 토지정보체계의 DB에 관련된 시스템을 자동화하는 것이다.

> **해설** 토지정보체계의 관리 목적
> • 토지 관련 정보의 수요 결정과 정보를 신속하고 정확하게 제공
> • 신뢰할 수 있는 가장 최신의 토지등록 데이터 확보
> • 토지와 관련된 등록부와 도면 등의 수치지적공부의 확보
> • 새로운 시스템을 도입하여 토지정보체계의 DB에 관련된 시스템을 자동화

54 다음 중 공간데이터베이스를 구축하기 위한 자료취득방법과 가장 거리가 먼 것은?

① 기존 지형도를 이용하는 방법   ② 지상측량에 의한 방법

③ 항공사진측량에 의한 방법   ④ 통신장비를 이용하는 방법

> **해설** 공간데이터베이스를 구축하기 위한 자료취득방법

도형정보	속성정보
• 기존 도면을 이용하는 방법 • 지상측량에 의한 방법 • 항공사진측량에 의한 방법 • GPS측량에 의한 방법 • 원격탐사에 의한 방법	• 민원신청에 의한 방법 • 현지조사에 의한 방법 • 담당공무원의 직권에 의한 방법 • 관계기관의 통보에 의한 방법

55 수치표고자료가 만들어지고 저장되는 방식이 아닌 것은?

① 일정 크기 격자로서 저장되는 격자(Grid) 방식

② 등고선에 의한 방식

③ 단층에 의한 프로파일(Profile) 방식

④ 위상(Topology) 방식

해설 수치표고자료의 저장방식에는 격자(Grid) 방식, 등고선에 의한 방식, 단층에 의한 프로파일(Profile) 방식 등이 있다.

56 위상관계의 특성과 관계가 없는 것은?

① 인접성   ② 연결성   ③ 단순성   ④ 포함성

해설 위상관계는 공간상에서 대상물들의 위치나 관계를 나타내는 것으로서 연결성(Connectivity), 인접성(Adjacency), 포함성(Containment) 등의 관점에서 묘사되며 다양한 공간분석이 가능하다.

57 지적도면을 디지타이저를 이용하여 전산 입력할 때 저장되는 자료구조는?

① 래스터자료   ② 문자자료   ③ 벡터자료   ④ 속성자료

해설
• 벡터자료는 지적도면을 디지타이저를 이용하여 전산 입력할 때 저장되는 자료구조이다.
• 래스터자료는 지적도면을 스캐너를 이용하여 전산 입력할 때 저장되는 자료구조이다.

58 다음 중 PBLIS 구축에 따른 시스템의 구성 요건으로 옳지 않은 것은?

① 개방적 구조를 고려하여 설계

② 파일처리 방식의 데이터관리시스템 설계

③ 시스템의 확장성을 고려하여 설계

④ 전국적으로 통일된 좌표계 사용

해설 PBLIS는 데이터베이스관리시스템(DBMS)을 이용하여 처리하는 시스템이다.

59 아래의 설명에 해당하는 공간분석 유형은?

> 서로 다른 레이어의 정보를 합성으로써 수치연산의 적용이 가능하며, 이것에 의해 새로운 속성값을 생성한다.

① 네트워크 분석   ② 연결성 추정

③ 중첩   ④ 보간법

해설 중첩은 각각의 자료집단이 주어진 기본도를 기초로 좌표계의 통일이 되면 둘 또는 그 이상의 자료관측에 대하여 분석될 수 있으며, 합성이라고도 한다. 주로 적지 선정에 이용된다.

60 지방자치단체가 지적공부 및 부동산종합공부의 정보를 전자적으로 관리 · 운영하는 시스템은?

① 한국토지정보시스템
② 부동산종합정보시스템
③ 지적행정시스템
④ 국가공간정보시스템

해설 부동산종합공부시스템은 지적공부 및 부동산종합공부의 정보를 전자적으로 관리 · 운영하는 시스템을 말하며, 지방자치단체에서는 부동산종합정보시스템이라고 한다.

4과목 지적학

61 지번에 결번이 생겼을 경우 처리하는 방법은?

① 결번된 토지대장 카드를 삭제한다.
② 결번대장을 비치하여 영구히 보존한다.
③ 결번된 지번을 삭제하고 다른 지번을 설정한다.
④ 신규등록 시 결번을 사용하여 결번이 없도록 한다.

해설 지적소관청은 토지의 합병, 등록전환, 행정구역의 변경, 도시개발사업의 시행, 토지구획정리사업, 경지정리사업, 지번변경, 축척변경 등의 사유로 결번이 발생한 경우 결번대장에 사유를 적고 결번대장을 비치하여 영구히 보전한다.

62 지적공부의 등록사항을 공시하는 방법으로 적절하지 않은 것은?

① 지적공부에 등록된 경계를 지상에 복원하는 것
② 지적공부를 직접 열람하거나 등본에 의하여 외부에서 알 수 있는 것
③ 지적공부에 등록된 토지표시 사항을 등기부에 기록된 내용에 의하여 정정하는 것
④ 지적공부에 등록된 사항과 현장 상황이 맞지 않을 때 현장 상황에 따라 변경 등록하는 것

해설 토지의 표시는 지적공부가 우선이다. 따라서 등기부에 의해서 정정할 수 없다.

63 "지적도에 등록된 경계와 임야도에 등록된 경계가 서로 다른 때에는 축척 1/1,200인 지적도에 등록된 경계에 따라 축척 1/6,000인 임야도의 경계를 정정하여야 한다."라는 기준은 어느 원칙을 따른 것인가?

① 등록선후의 원칙   ② 용도경중의 원칙

③ 축척종대의 원칙   ④ 경계불가분의 원칙

해설 축척종대의 원칙이란 동일한 경계가 축척이 다른 도면에 각각 등록되어 있을 때에는 축척이 큰 도면(대축척)의 경계에 따른다는 원칙이다.

64 다음 중 토지조사사업 당시의 재결기관으로 옳은 것은?

① 도지사   ② 임시토지조사국장

③ 고등토지조사위원회   ④ 지방토지조사위원회

해설 사정에 대하여 불복이 있는 경우의 재결기관은 토지조사사업에서는 고등토지조사위원회이며, 임야조사사업에서는 임야조사위원회이다.

65 토지이동에 관한 설명 중 틀린 것은?

① 신규등록은 토지이동에 속한다.

② 등록전환, 지목변경의 신청기한은 60일 이내이다.

③ 소유자 변경, 토지등급 및 수확량 등급 수정도 토지이동에 속한다.

④ 토지이동이란 토지의 표시를 새로 정하거나 변경 또는 말소하는 것을 말한다.

해설 토지의 이동이란 토지의 표시를 새로이 정하거나 변경 또는 말소하는 것으로, 즉 지적공부에 등록된 토지의 지번·지목·경계·좌표·면적이 달라지는 것을 말한다. 소유자 변경, 토지등급 및 수확량 등급변경은 토지의 이동에 해당하지 아니한다.

66 시대와 사용처, 비치처에 따라 다르게 불리는 양안의 명칭에 해당하지 않는 것은?

① 도적(圖籍)   ② 성책(成冊)

③ 전답타량안(田畓打量案)   ④ 양전도행장(量田道行帳)

해설 시대별 양안(量案)의 명칭
- 고려시대 : 도전장(都田帳), 양전도장(量田都帳), 양전장적(量田帳籍), 도전정(導田丁), 도행(導行), 전적(田積), 적(籍), 전부(田簿), 안(案), 원적(元籍)
- 조선시대 : 양안(量案), 양안등서책(量案謄書冊), 전안(田案), 전답안(田畓案), 성책(成冊), 양명등서차(量名謄書次), 전답결대장(田畓結臺帳), 전답결타량정안(田畓結打量正案), 전답타량책(田畓打量冊), 전답타량안(田畓打量案), 전답결정안(田畓結正案), 전답양안(田畓量案), 양전도행장(量田導行帳)

67 다음 중 조선시대의 양안(量案)에 관한 설명으로 틀린 것은?

① 호조, 본도, 본읍에 보관하게 하였다.
② 토지의 소재, 등급, 면적을 기록하였다.
③ 양안의 소유자는 매 10년마다 측량하여 등재하였다.
④ 오늘날의 토지대장과 같은 조선시대의 토지등록장부이다.

해설 양안의 소유자는 매 20년마다 측량하여 등재하였다.

68 토지조사사업 당시의 사정사항으로 옳은 것은?

① 지번과 경계　　　　　　② 지번과 지목
③ 지번과 소유자　　　　　④ 소유자와 경계

해설 토지의 사정(査定)은 토지조사부 및 지적도에 의하여 토지소유자(원시취득) 및 강계를 확정하는 행정처분을 말하며, 지적도에 등록된 강계선이 대상으로 지역선은 사정하지 않는다.

69 "지적은 특정한 국가나 지역 내에 있는 재산을 지적측량에 의해서 체계적으로 정리해 놓은 공부이다."라고 지적을 정의한 학자는?

① A. Toffler　　　　　　② S. R. Simpson
③ J. G. McEntyre　　　　④ J. L. G. Henssen

해설 J. L. G. Henssen은 "지적은 특정한 국가나 지역 내에 있는 재산을 지적측량에 의해서 체계적으로 정리해 놓은 공부이다."라고 지적을 정의하였다.

70 다음 중 대한제국시대에 양전사업을 위해 설치된 최초의 독립된 지적행정관청은?

① 탁지부　　　　　　　　② 양지아문
③ 지계아문　　　　　　　④ 임시재산정리국

해설 양지아문(量地衙門)은 광무(光武) 2년(1898년 7월 6일) 칙령 제25호로 제정·공포되며 설치되었다. 전국의 양전사업을 관장하는 양전독립기구를 발족하였으며, 양전을 위한 최초의 지적행정관청이었다.

71 조선시대 매매에 따른 일종의 공증제도로 토지를 매매할 때 소유권 이전에 관하여 관에서 공적으로 증명하여 발급한 서류는?

① 명문(明文)　　　　　　② 문권(文券)
③ 문기(文記)　　　　　　④ 입안(立案)

입안(立案)은 토지매매 시 관청에서 증명한 공적 소유권증서로, 소유자확인 및 토지매매를 증명하는 제도이며, 오늘날의 등기부와 유사하다. 문기(文記)는 토지 및 가옥을 매수 또는 매매할 때 작성한 매매계약서를 말하며, 명문(明文), 문권(文券)이라고도 한다. 상속, 유증(遺贈), 임대차의 경우에도 문기를 작성하였다.
※ 유증이란 아무런 대가도 없이 유언(遺言)에 의하여 재산의 전부 또는 일부를 주는 행위이다.

72 지압(地壓)조사에 대한 설명으로 옳은 것은?

① 신고, 신청에 의하여 실시하는 토지조사이다.
② 무신고 이동지를 발견하기 위하여 실시하는 토지검사이다.
③ 토지의 이동 측량 성과를 검사하는 성과검사이다.
④ 분쟁지의 경계와 소유자를 확정하는 토지조사이다.

지압(地壓)조사는 무신고 이동지를 발견하기 위하여 실시하는 토지검사이다.

73 다음 중 일필지의 경계설정방법이 아닌 것은?

① 보완설   ② 분급설   ③ 점유설   ④ 평분설

일필지의 경계설정방법
• 점유설 : 현재 점유하고 있는 구획선이 하나일 경우 그를 양 토지의 경계로 한다.
• 평분설 : 점유상태를 확정할 수 없는 경우 분쟁지를 2등분하여 양 토지에 소속시킨다.
• 보완설 : 새로이 결정한 경계가 다른 확정된 자료에 비추어 합리적이지 못할 때는 지적측량 등을 보완한다.

74 지적의 어원과 관련이 없는 것은?

① Capitalism   ② Catastrum
③ Capitastrum   ④ Katastikhon

지적의 어원은 그리스어 카타스티콘(Katastikhon)과 라틴어인 카타스트럼(Catastrum) 또는 캐피타스트럼(Capitastrum)에서 유래되었다고 본다. Katastichon은 Kata(위에서 아래로)와 Stikhon(부과)의 합성어로 조세등록이란 의미이기 때문에 지적의 어원은 조세에서 출발했다고 보는 것이 보편적인 견해이다. Katastikhon과 Capitastrum 또는 Catastrum은 모두 "세금 부과"의 뜻을 내포하고 있다. 자본주의를 의미하는 Capitalism은 지적의 어원과 관련이 없다.

75 지적의 분류 중 등록방법에 따른 분류가 아닌 것은?

① 도해지적   ② 2차원지적   ③ 3차원지적   ④ 입체지적

지적은 등록방법에 따라 2차원지적, 3차원지적(입체지적)으로, 측량방법에 따라 도해지적, 수치지적으로 나뉜다.

76 지적과 등기에 관한 설명으로 틀린 것은?

① 지적공부는 필지별 토지의 특성을 기록한 공적 장부이다.
② 등기부 을구의 내용은 지적공부 작성의 토대가 된다.
③ 등기부 갑구의 정보는 지적공부 작성의 토대가 된다.
④ 등기부 표제부는 지적공부의 기록을 토대로 작성된다.

해설 등기부 을구에는 소유권 이외의 권리에 관한 사항을 기록한다. 따라서 을구에 기록하는 내용은 지적공부하고는 무관하다.

77 다음 지적재조사사업에 관한 설명으로 옳은 것은?

① 지적재조사사업은 지적소관청이 시행한다.
② 지적소관청은 지적재조사사업에 관한 기본계획을 수립하여야 한다.
③ 지적재조사사업에 관한 주요 정책을 심의·의결하기 위하여 지적소관청 소속으로 중앙지적재조사위원회를 둔다.
④ 시·군·구의 지적재조사사업에 관한 주요 정책을 심의·의결하기 위하여 국토교통부장관 소속으로 시·군·구 지적재조사위원회를 둘 수 있다.

해설 ② 국토교통부장관은 지적재조사사업에 관한 기본계획을 수립하여야 한다.
③ 지적재조사사업에 관한 주요 정책을 심의·의결하기 위하여 국토교통부장관 소속으로 중앙지적재조사위원회를 둔다.
④ 시·군·구의 지적재조사사업에 관한 주요 정책을 심의·의결하기 위하여 지적소관청 소속으로 시·군·구 지적재조사위원회를 둘 수 있다.

78 다음 중 지적 관련 법령의 변천 순서로 옳은 것은?

① 토지조사령 → 조선임야조사령 → 조선지세령 → 지세령 → 지적법
② 토지조사령 → 조선지세령 → 조선임야조사령 → 지세령 → 지적법
③ 토지조사령 → 조선임야조사령 → 지세령 → 조선지세령 → 지적법
④ 토지조사령 → 지세령 → 조선임야조사령 → 조선지세령 → 지적법

해설 **지적 관련 법령의 변천**
토지조사법(1910.08.23.) → 토지조사령(1912.08.13.) → 지세령(1914.03.06.) → 조선임야조사령(1918.05.01.) → 조선지세령(1943.03.31.) → 지적법(1950.12.01.) → 측량·수로 조사 및 지적에 관한 법률(2009.06.09.) → 공간정보의 구축 및 관리 등에 관한 법률(2017.10.24.)

79 다음 중 지적도에 건물이 등록되어 있는 국가는?

① 독일   ② 대만   ③ 일본   ④ 한국

해설 지적도에 건물이 등록되어 있는 국가는 독일이다.

80 "모든 토지는 지적공부에 등록해야 하고 등록 전 토지표시 사항은 항상 실제와 일치하게 유지해야 한다."가 의미하는 토지등록제도는?

① 권원 등록제도
② 소극적 등록제도
③ 적극적 등록제도
④ 날인증서 등록제도

해설
- 적극적 등록제도는 국가가 토지에 대한 적극적 등록의무를 지며 토지소유자의 신청이 없더라도 국가가 적극적으로 등록사항을 조사하여 등록하는 제도로서, 모든 토지는 지적공부에 등록해야 하고 등록 전 토지표시 사항은 항상 실제와 일치하게 유지해야 한다.
- 권원 등록제도는 소유권의 양도나 저당권설정과 같은 부동산 처분이 공정증서 혹은 등기소가 작성한 권원증명서를 편철해서 권리의 흐름을 등록하는 제도이다.
- 소극적 등록제도는 소극적으로 토지소유자의 신청이 있을 경우에 그 신청된 사항만을 등록하는 제도이다.
- 날인증서 등록제도는 토지의 거래에서 매수자와 매도자가 최초 작성한 매매계약서부터 현재까지의 모든 계약서를 묶어서 공적으로 등기하는 제도이다.

5과목 지적관계법규

81 「부동산등기규칙」상 토지의 분할, 합병 및 등기사항의 변경이 있어 토지의 표시변경등기를 신청하는 경우에 그 변경을 증명하는 첨부정보로서 옳은 것은?

① 지적도나 임야도
② 멸실 및 증감확인서
③ 이해관계인의 승낙서
④ 토지대장정보나 임야대장정보

해설 토지의 분할, 합병 및 등기사항의 변경이 있어 토지의 표시변경등기를 신청하는 경우에 그 변경을 증명하는 첨부정보로 토지대장정보나 임야대장정보를 제공하여야 한다.

82 「공간정보의 구축 및 관리 등에 관한 법률 시행령」상 지번부여방법 기준으로 틀린 것은?

① 분할 시의 지번은 최종 본번을 부여한다.
② 합병 시의 지번은 합병 대상 지번 중 선순위 본번으로 부여할 수 있다.
③ 북서에서 남동으로 순차적으로 부여한다.
④ 신규등록 시 인접토지의 본번에 부번을 붙여 부여한다.

해설 분할 후의 필지 중 1필지의 지번은 분할 전의 지번으로 하고, 나머지 필지의 지번은 본번의 최종 부번 다음 순번으로 부번을 부여한다.

83 다음 중 축척변경위원회에 대한 설명에 해당하는 것은?

① 축척변경 시행계획에 관하여 소관청이 회부하는 사항에 대해 심의ㆍ의결하는 기구이다.
② 토지 관련 자료의 효율적인 관리를 위하여 설치된 기구이다.

③ 지적측량의 적부심사 청구사항에 대한 심의기구이다.
④ 축척변경에 대한 연구를 수행하는 주민자치기구이다.

해설 축척변경에 관한 사항을 심의·의결하기 위하여 지적소관청에 축척변경위원회를 둔다.

84 고의로 측량성과를 사실과 다르게 한 자에 대한 벌칙 기준으로 옳은 것은?

① 300만 원 이하의 과태료
② 1년 이하의 징역 또는 1천만 원 이하의 벌금
③ 2년 이하의 징역 또는 2천만 원 이하의 벌금
④ 3년 이하의 징역 또는 3천만 원 이하의 벌금

해설 고의로 측량성과를 사실과 다르게 한 자는 2년 이하의 징역 또는 2천만 원 이하의 벌금에 처한다.

85 다음 중 「공간정보의 구축 및 관리 등에 관한 법률」상에서 정의하는 지적공부에 해당하지 않는 것은?

① 지적도
② 일람도
③ 공유지연명부
④ 대지권등록부

해설 지적공부란 토지대장, 임야대장, 공유지연명부, 대지권등록부, 지적도, 임야도 및 경계점좌표등록부 등 지적측량 등을 통하여 조사된 토지의 표시와 해당 토지의 소유자 등을 기록한 대장 및 도면(정보처리시스템을 통하여 기록·저장된 것을 포함한다.)을 말한다.

86 다음 중 등기의 효력이 발생하는 시기는?

① 등기필증을 교부한 때
② 등기신청서를 접수한 때
③ 관련 기관에 등기필통지를 한 때
④ 등기사항을 등기부에 기재한 때

해설 등기의 효력은 등기관이 등기를 마치면 접수한 때 발생한다.

87 도시지역과 그 주변지역의 무질서한 시가화를 방지하고 계획적·단계적인 개발을 도모하기 위하여 일정기간 동안 시가화를 유보할 목적으로 지정하는 것은?

① 보존지구
② 개발제한구역
③ 시가화조정구역
④ 지구단위계획구역

해설 시가화(市街化)조정구역이란 도시지역과 그 주변지역의 무질서한 시가화를 방지하고 계획적·단계적인 개발을 도모하기 위하여 일정기간 동안 시가화를 유보할 목적으로 지정하는 구역을 말한다.

88 「공간정보의 구축 및 관리 등에 관한 법률 시행령」상 청산금의 납부고지 및 이의신청 기준으로 틀린 것은?

① 납부고지를 받은 자는 그 고지를 받은 날부터 6개월 이내에 청산금을 지적소관청에 내야 한다.

② 납부고지되거나 수령통지된 청산금에 관하여 이의가 있는 자는 납부고지 또는 수령통지를 받은 날부터 1개월 이내에 지적소관청에 이의신청을 할 수 있다.

③ 지적소관청은 수령통지를 한 날부터 6개월 이내에 청산금을 지급하여야 한다.

④ 지적소관청은 청산금의 결정을 공고한 날부터 1개월 이내에 토지소유자에게 청산금의 납부고지 또는 수령통지를 하여야 한다.

해설 지적소관청은 청산금의 결정을 공고한 날부터 20일 이내에 토지소유자에게 청산금의 납부고지 또는 수령통지를 하여야 한다.

89 다음 중 지적측량업의 업무 내용으로 옳은 것은?

① 도해지역에서의 지적측량

② 지적재조사사업에 따라 실시하는 기준점측량

③ 지적전산자료를 활용한 정보화 사업

④ 도시개발사업 등이 완료됨에 따라 실시하는 지적도근점측량

해설 지적측량업의 업무 범위
- 경계점좌표등록부가 갖춰진 지역에서의 지적측량
- 지적재조사사업에 따라 실시하는 지적확정측량
- 도시개발사업 등이 완료됨에 따라 실시하는 지적확정측량
- 지적전산자료를 활용한 정보화 사업

90 「공간정보의 구축 및 관리 등에 관한 법률」상 성능검사대행자 등록의 결격사유가 아닌 것은?

① 피성년후견인 또는 피한정후견인

② 성능검사대행자 등록이 취소된 후 2년이 경과되지 아니한 자

③ 이 법을 위반하여 징역형의 집행유예를 선고받고 그 유예기간 중에 있는 자

④ 이 법을 위반하여 징역의 실형을 선고받고 그 집행이 종료(집행이 종료된 것으로 보는 경우를 포함한다.)되거나 집행이 면제된 날부터 3년이 경과한 자

해설 징역의 실형을 선고받고 그 집행이 종료(집행이 종료된 것으로 보는 경우를 포함한다.)되거나 집행이 면제된 날부터 2년이 경과한 자는 성능검사대행자 등록이 가능하다.

91 「국토의 계획 및 이용에 관한 법률」상 지적측량수수료에 관한 설명으로 틀린 것은?

① 국토교통부장관이 고시하는 표준품셈 중 지적측량품에 지적기술자의 정부노임단가를 적용하여 산정한다.

② 지적측량 종목별 세부 산정기준은 국토교통부장관이 정한다.

③ 지적소관청이 직권으로 조사·측량하여 지적공부를 정한 경우 조사·측량에 들어간 비용을 면제한다.

④ 지적측량수수료는 국토교통부장관이 매년 12월 말일까지 고시하여야 한다.

해설 지적소관청이 직권으로 조사·측량하여 지적공부를 정한 경우 조사·측량에 들어간 비용을 토지소유자에게 징수한다.

92 「국토의 계획 및 이용에 관한 법률」상 도시·군 관리계획 결정의 효력은 언제를 기준으로 발생하는가?

① 지형도면을 고시한 날부터

② 지형도면이 고시된 날의 다음 날부터

③ 지형도면이 고시된 날의 3일 후부터

④ 지형도면이 고시된 날의 5일 후부터

해설 「국토의 계획 및 이용에 관한 법률」상 도시·군 관리계획 결정의 효력은 지형도면을 고시한 날부터 그 효력이 발생한다.

93 다음 중 주된 용도의 토지에 편입하여 1필지로 할 수 있는 종된 토지의 기준으로 옳은 것은?

① 주된 지목의 토지면적이 1,148m²인 토지로 종된 지목의 토지면적이 115m²인 토지

② 주된 지목의 토지면적이 2,300m²인 토지로 종된 지목의 토지면적이 231m²인 토지

③ 주된 지목의 토지면적이 3,125m²인 토지로 종된 지목의 토지면적이 228m²인 토지

④ 주된 지목의 토지면적이 3,350m²인 토지로 종된 지목의 토지면적이 332m²인 토지

해설 용도의 토지에 편입하여 1필지로 할 수 있는 경우

양입지 조건	양입지 예외 조건
• 주된 용도의 토지의 편의를 위하여 설치된 도로·구거(溝渠, 도랑) 등의 부지 • 주된 용도의 토지에 접속되거나 주된 용도의 토지로 둘러싸인 토지로서 다른 용도로 사용되고 있는 토지 • 소유자가 동일하고 지반이 연속되지만, 지목이 다른 경우	• 종된 토지의 지목이 "대(垈)"인 경우 • 종된 용도의 토지면적이 주된 용도의 토지면적의 10%를 초과하는 경우 • 종된 용도의 토지면적이 주된 용도의 토지면적의 330m²를 초과하는 경우 ※ 염전, 광천지는 면적에 관계없이 양입지로 하지 않는다.

94 지적공부에 관한 전산자료를 이용 또는 활용하고자 승인을 신청하려는 자는 다음 중 누구의 심사를 받아야 하는가?(단, 중앙행정기관의 장, 그 소속 기관의 장 또는 지방자치단체의 장이 승인을 신청하는 경우는 제외한다.)

① 국무총리
② 시 · 도지사
③ 시장 · 군수 · 구청장
④ 관계 중앙행정기관의 장

해설 지적전산자료를 이용 또는 활용하고자 하는 자는 대통령령으로 정하는 바에 따라 지적전산자료의 이용 또는 활용목적 등에 관하여 미리 관계 중앙행정기관의 장에게 제출하여 심사를 받아야 한다. 다만, 관계 중앙행정기관의 장, 그 소속 기관의 장 또는 지방자치단체의 장이 승인을 신청하는 경우에는 그러하지 아니하다.

95 지적소관청이 관리하는 지적기준점표지가 멸실되거나 훼손되었을 때에는 누가 이를 다시 설치하거나 보수하여야 하는가?

① 국토지리정보원장
② 지적소관청
③ 시 · 도지사
④ 국토교통부장관

해설 지적소관청은 지적기준점표지가 멸실되거나 훼손되었을 때에는 이를 다시 설치 · 보수하여야 한다.

96 토지의 이동에 따른 지적공부의 정리방법 등에 관한 설명으로 틀린 것은?

① 토지이동정리 결의서는 토지대장 · 임야대장 또는 경계점좌표등록부별로 구분하여 작성한다.
② 토지이동정리 결의서에는 토지이동신청서 또는 도시개발사업 등의 완료신고서 등을 첨부하여야 한다.
③ 소유자정리 결의서에는 등기필증, 등기부등본 또는 그 밖에 토지소유자가 변경되었음을 증명하는 서류를 첨부하여야 한다.
④ 토지이동정리 결의서 및 소유자정리 결의서의 작성에 필요한 사항은 대통령령으로 정한다.

해설 토지이동정리 결의서 및 소유자정리 결의서의 작성에 필요한 사항은 국토교통부령으로 정한다.

97 등기관이 지적소관청에 통지하여야 하는 토지의 등기사항이 아닌 것은?

① 소유권의 보존
② 소유권의 이전
③ 토지표시의 변경
④ 소유권의 등기명의인 표시의 변경

해설 등기관은 소유권 변경이 있을 경우 지적소관청에 통지를 하여야 한다. 토지표시의 변경은 지적소관청의 주업무이므로 등기관이 통지할 대상에 해당하지 않는다.

98 「공간정보의 구축 및 관리 등에 관한 법률」에서 규정된 용어의 정의로 틀린 것은?

① "경계"란 필지별로 경계점들을 곡선으로 연결하여 지적공부에 등록한 선을 말한다.
② "면적"이란 지적공부에 등록한 필지의 수평면상 넓이를 말한다.
③ "신규등록"이란 새로 조성된 토지와 지적공부에 등록되어 있지 아니한 토지를 지적공부에 등록하는 것을 말한다.
④ "축척변경"이란 지적도에 등록된 경계점의 정밀도를 높이기 위하여 작은 축척을 큰 축척으로 변경하여 등록하는 것을 말한다.

해설 경계란 필지별로 경계점들을 직선으로 연결하여 지적공부에 등록한 선을 말한다.

99 「공간정보의 구축 및 관리 등에 관한 법률 시행령」상 지상경계의 결정기준에서 분할에 따른 지상경계를 지상건축물에 걸리게 결정할 수 있는 경우로 틀린 것은?

① 공공사업 등에 따라 지목이 학교용지로 되는 토지를 분할하는 경우
② 토지를 토지소유자의 필요에 의해 분할하는 경우
③ 도시개발사업 등의 사업시행자가 사업지구의 경계를 결정하기 위하여 토지를 분할하려는 경우
④ 법원의 확정판결이 있는 경우

해설 토지를 토지소유자의 필요에 의해 분할하는 경우에는 지상경계가 지상건축물에 걸리게 결정할 수 없다.

100 다음 중 지적삼각점성과표에 기록·관리하여야 하는 사항 중 필요한 경우로 한정하여 기재하는 것은?

① 자오선수차
③ 자표 및 표고

② 경도 및 위도
④ 시준점의 명칭

해설 지적기준점성과표의 기록·관리사항

지적삼각점성과표	지적삼각보조점 및 지적도근점성과표
• 지적삼각점의 명칭과 기준 원점명 • 좌표 및 표고 • 경도 및 위도(필요한 경우로 한정한다.) • 자오선수차 • 시준점의 명칭, 방위각 및 거리 • 소재지와 측량연월일 • 그 밖의 참고사항	• 번호 및 위치의 약도 • 좌표와 직각좌표계 원점명 • 경도와 위도(필요한 경우로 한정한다.) • 표고(필요한 경우로 한정한다.) • 소재지와 측량연월일 • 도선등급 및 도선명 • 표지의 재질 • 도면번호 • 설치기관 • 조사연월일, 조사자의 직위·성명 및 조사 내용

제3회 지적기사

1과목 지적측량

01 수평각의 관측 시 윤곽도를 달리하여 망원경을 정·반으로 관측하는 이유로 가장 적합한 것은?

① 각관측의 편의를 위함이다.

② 과대오차를 제거하기 위함이다.

③ 기계 눈금오차를 제거하기 위함이다.

④ 관측값의 계산을 용이하게 하기 위함이다.

해설 수평각관측 시 윤곽도를 달리하여 관측하는 이유는 분도원의 눈금오차를 제거하기 위함이다.

02 다각망도선법에 따라 지적도근점측량을 실시하는 경우 지적도근점표지의 평균 점간거리는?

① 50m 이하

② 200m 이하

③ 300m 이하

④ 500m 이하

해설 지적측량기준점표지의 설치기준

	지적삼각점	2km 이상 5km 이하
점간거리	지적삼각보조점	• 1km 이상 3km 이하 • 다각망도선법인 경우 평균 0.5km 이상 1km 이하
	지적도근점	• 점간거리 50m 이상 300m 이하 • 다각망도선법인 경우 평균 500m 이하

03 경위의측량방법으로 세부측량을 하였을 때, 측량대상 토지의 경계점 간 실측거리와 경계점의 좌표에 따라 계산한 거리의 교차 기준으로 옳은 것은?(단, L은 실측거리로서 미터 단위로 표시한 수치이다.)

① $2 + \dfrac{L}{10}$ cm 이내

② $3 + \dfrac{L}{10}$ cm 이내

③ $4 + \dfrac{L}{10}$ cm 이내

④ $5 + \dfrac{L}{10}$ cm 이내

04 sin45°의 1초차를 소수점 이하 6위를 정수로 하여 표시한 것은?

① 0.34   ② 2.42   ③ 3.43   ④ 4.45

05 평판측량방법에 따른 세부측량을 도선법으로 하는 경우, 폐색오차가 도상 1mm이고 총변수가 12일 때 제7변에 배부할 도상거리는?

① 0.2mm   ② 0.4mm   ③ 0.6mm   ④ 0.8mm

06 지상 1km²의 면적을 도상 4cm²로 표시한 도면의 축척은?

① 1/2,500   ② 1/5,000

③ 1/25,000   ④ 1/50,000

07 경중률이 서로 다른 데오돌라이트 A, B를 사용하여 동일한 측점의 협각을 관측한 결과가 다음과 같을 때 최확값은?

구분	경중률	관측값
A	3	60°39′10″
B	2	60°39′30″

① 68°39′15″   ② 68°39′18″

③ 68°39′20″   ④ 68°39′22″

해설 경중률은 관측횟수에 비례하므로,

$$최확값(L_0) = 60°39'00'' + \frac{10'' \times 3 + 30'' \times 2}{5} = 68°39'18''$$

08 다각망도선법에 의한 지적도근점측량을 할 때 1도선의 점의 수는 몇 점 이하로 제한되는가?

① 10점　　　　　② 20점　　　　　③ 30점　　　　　④ 40점

해설 경위의측량방법이나 전파기 또는 광파기측량방법에 따라 다각망도선법으로 지적도근점측량을 할 경우 1도선의 점의 수는 20개 이하로 한다.

09 도선법에 따른 지적도근점의 각도관측을 배각법으로 하는 경우, 1도선의 폐색오차의 허용범위는?(단, 폐색변을 포함한 변의 수는 20개이며 2등 도선이다.)

① ±44초 이내　　　　　　　　　② ±67초 이내
③ ±89초 이내　　　　　　　　　④ ±134초 이내

해설 배각법 2등 도선 $= \pm 30\sqrt{n}$ 초 $= \pm 30\sqrt{20}$ 초 $= \pm 134$초 이내

지적도근점측량의 폐색오차 허용범위(공차)

측량방법	등급	폐색오차의 허용범위(공차)
배각법	1등 도선	$\pm 20\sqrt{n}$ 초 이내
	2등 도선	$\pm 30\sqrt{n}$ 초 이내

※ n : 각 측선의 수평거리의 총합계를 100으로 나눈 수

10 지적삼각보조점측량을 다각망도선법으로 실시할 경우 1도선에 최대로 들어갈 수 있는 점의 수는?

① 2점　　　　　② 3점　　　　　③ 4점　　　　　④ 5점

해설 1도선의 점의 수는 기지점과 교점을 포함하여 5점 이하로 한다(이 경우 1도선이라 함은 기지점과 교점 또는 교점과 교점 간을 말한다).

11 표준장 100m에 대하여 테이프(Tape)의 길이가 100m인 강제권척을 검사한 결과 +0.052m였을 때, 이 테이프의 보정계수는?

① 1.00052　　　　　　　　　② 1.99948
③ 0.00052　　　　　　　　　④ 0.99948

테이프(Tape)의 보정계수 $C_0 = L \cdot \left(1 \pm \dfrac{\Delta l}{l}\right) = 1 + \dfrac{0.052}{100} = 1.00052$

(C_0 : 정수보정량, L : 측정길이, l : 테이프 길이, Δl : 테이프가 늘거나 준 차이)

12 다음 중 색인도 등의 제도에 관한 설명으로 옳지 않은 것은?

① 도면번호는 3mm의 크기로 제도한다.
② 도곽선 왼쪽 윗부분 여백의 중앙에 제도한다.
③ 축척은 도곽선 윗부분 여백의 좌측에 3mm의 글자 크기로 제도한다.
④ 가로 7mm, 세로 6mm 크기의 직사각형을 중앙에 두고 그의 4변에 접하여 같은 규격으로 4개의 직사각형을 제도한다.

축척은 도곽선 윗부분 여백의 좌측에 5mm의 글자 크기로 제도한다.

13 지적삼각보조점측량을 다각망도선법으로 시행할 경우 1도선의 거리 기준은?

① 1km 이하
② 2km 이하
③ 3km 이하
④ 4km 이하

1도선의 거리(기지점과 교점 또는 교점과 교점 간 점간거리의 총합계를 말한다.)는 4km 이하로 한다.

14 평판측량방법으로 임야도를 갖춰 두는 지역에서 세부측량을 실시할 경우의 거리측정단위는?

① 5cm
② 10cm
③ 50cm
④ 100cm

거리측정단위는 지적도를 갖춰 두는 지역에서는 5cm로 하고, 임야도를 갖춰 두는 지역에서는 50cm로 한다.

15 광파기측량방법으로 지적삼각점을 관측할 경우 기계의 표준편차는 얼마 이상이어야 하는가?

① ±(5mm+5ppm) 이상
② ±(3mm+5ppm) 이상
③ ±(5mm+10ppm) 이상
④ ±(3mm+10ppm) 이상

전파 또는 광파기측량방법으로 지적삼각점을 관측할 경우 표준편차가 ±(5mm+5ppm) 이상인 정밀측정기를 사용한다.

16 아래 유심다각망에서 형태규약의 개수는?

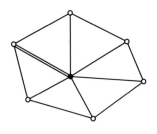

① 5개   ② 6개   ③ 7개   ④ 8개

해설 조건식의 총수＝점조건＋각조건＋변조건＝$B+a-2P+3=1+18-2\times7+3=8$개
(B : 기선의 수, a : 관측각의 총수, P : 삼각점의 수)

17 지적삼각점측량의 관측 및 계산에 대한 설명으로 옳은 것은?

① 1방향각의 측각공차는 ±50초 이내이다.
② 기지각과의 측각공차는 ±40초 이내이다.
③ 연직각을 관측할 때에는 정·반 1회 관측한다.
④ 수평각관측은 3배각의 배각관측법에 의한다.

해설 지적삼각점측량의 관측 및 계산
• 관측은 10초독(秒讀) 이상의 경위의를 사용한다.
• 수평각관측은 3대회(윤곽도는 0°, 60°, 120°로 한다.)의 방향관측법에 따른다.

지적삼각점측량의 수평각 측각공차

종별	1방향각	1측회 폐색	삼각형 내각관측의 합과 180°의 차	기지각과의 차
공차	30초 이내	±30초 이내	±30초 이내	±40초 이내

18 UTM좌표계에 대한 설명으로 옳은 것은?

① 종선좌표의 원점은 위도 38°선이다.
② 중앙자오선에서 멀수록 축척계수는 작아진다.
③ UTM투영은 적도선을 따라 6° 간격으로 이루어진다.
④ 우리나라는 UTM좌표계에서 53, 54종대에 속해 있다.

해설 ① 종선좌표의 원점은 위도 0°선이다.
② 중앙자오선에서 멀수록 축척계수는 커진다.
④ 우리나라는 UTM좌표계에서 51, 52종대에 속해 있다.

19 경계점좌표등록부 시행지역에서 경계점의 지적측량성과와 검사성과의 연결교차 허용범위 기준으로 옳은 것은?

① 0.10m 이내

② 0.15m 이내

③ 0.20m 이내

④ 0.25m 이내

해설 지적측량성과와 검사성과의 연결교차 허용범위

구분		분류	허용범위
세부측량	경계점	경계점좌표등록부 시행지역	0.10m
		그 밖의 지역	10분의 3Mmm (M은 축척분모)

20 지적기준점측량의 절차가 올바르게 나열된 것은?

① 계획의 수립 → 준비 및 현지답사 → 선점 및 조표 → 관측 및 계산과 성과표의 작성

② 준비 및 현지답사 → 선점 및 조표 → 계획의 수립 → 관측 및 계산과 성과표의 작성

③ 계획의 수립 → 선점 및 조표 → 준비 및 현지답사 → 관측 및 계산과 성과표의 작성

④ 준비 및 현지답사 → 계획의 수립 → 선점 및 조표 → 관측 및 계산과 성과표의 작성

해설 지적기준점측량의 절차는 계획의 수립 → 준비 및 현지답사 → 선점 및 조표 → 관측 및 계산과 성과표의 작성 순이다.

2과목 응용측량

21 터널에서 수준측량을 실시한 결과가 표와 같을 때 측점 No.3의 지반고는?[단, (−)는 천정에 설치된 측점이다.]

측점	후시(m)	전시(m)	지반고(m)
No.0	0.87		43.27
No.1	1.37	2.64	
No.2	−1.47	−3.29	
No.3	−0.22	−4.25	
No.4		0.69	

① 36.80m

② 41.21m

③ 48.94m

④ 49.35m

해설 No.3의 지반고 $= 43.27 + (0.87 + 1.37 - 1.47) - (2.64 - 3.29 - 4.25) = 48.94$m

22 지형측량에 관한 설명으로 틀린 것은?

① 축척 1/50,000, 1/25,000, 1/5,000 지형도의 주곡선 간격은 각각 20m, 10m, 2m이다.

② 지성선은 지형을 묘사하기 위한 중요한 선으로 능선, 최대경사선, 계곡선 등이 있다.

③ 지형의 표시방법에는 우모법, 음영법, 채색법, 등고선법 등이 있다.

④ 등고선 중 간곡선 간격은 조곡선 간격의 2배이다.

해설 축척 1/50,000, 1/25,000, 1/5,000 지형도의 주곡선 간격은 각각 20m, 10m, 5m이다.

등고선의 종류 및 간격 (단위 : m)

등고선의 종류	등고선의 간격			
	1/5,000	1/10,000	1/25,000	1/50,000
계곡선	25	25	50	100
주곡선	5	5	10	20
간곡선	2.5	2.5	5	10
조곡선	1.25	1.25	2.5	5

23 상호표정에 대한 설명으로 틀린 것은?

① 종시차는 상호표정에서 소거되지 않는다.

② 상호표정 후에도 횡시차는 남는다.

③ 상호표정으로 형성된 모델은 지상모델과 상사관계이다.

④ 상호표정에서 5개의 표정인자를 결정한다.

해설 사진측량의 상호표정이란 양 투영기에서 나오는 광속이 촬영 당시 촬영면상에서 이루어지는 종시차를 제거하여 목표물의 상대적 위치를 맞추는 작업을 말한다.

24 수준기의 감도가 4″인 레벨로 60m 전방에 세운 표척을 시준한 후 기포가 1눈금 이동하였을 때 발생하는 오차는?

① 0.6mm ② 1.2mm

③ 1.8mm ④ 2.4mm

해설 편심(위치)오차

$$\frac{\triangle l}{L(=nD)} = \frac{\alpha''}{\rho''} \rightarrow \triangle l = \frac{L(=nD) \times \alpha''}{\rho''} = \frac{1 \times 60,000 \mathrm{mm} \times 4''}{206,265''} ≒ 1.2\mathrm{mm}$$

(α : 기포관의 감도, $\triangle l$: 기포 이동에 대한 표척값의 차이, n : 눈금수, D : 레벨에서 표척까지의 거리, ρ : 206,265″)

25 터널측량의 일반적인 순서로 옳은 것은?

A. 답사   B. 단면측량   C. 지하 중심선 측량
D. 계획   E. 터널 내외 연결측량   F. 지상 중심선 측량
G. 터널 내 수준측량

① A → D → B → C → F → E → G
② D → A → F → C → E → G → B
③ A → D → C → F → E → G → B
④ D → A → C → F → G → B → E

해설 터널측량의 일반적인 작업순서

계획 → 답사 → 지상 중심선 측량 → 지하 중심선 측량 → 터널 내외 연결측량 → 터널 내 수준측량 → 단면측량

26 등고선에 대한 설명으로 틀린 것은?

① 높이가 다른 두 등고선은 어떠한 경우도 서로 교차하지 않는다.
② 동일 등고선상에 있는 모든 점은 같은 높이이다.
③ 등고선은 도면 내외에서 폐합하는 폐곡선이다.
④ 지도의 도면 내에서 폐합하는 경우 등고선의 내부에 산꼭대기 또는 분지가 있다.

해설 높이가 다른 두 등고선은 동굴, 절벽이 아닌 곳에서는 서로 교차하지 않는다. 따라서 동굴이나 절벽에서는 교차한다.

27 수십 MHz~수 GHz 주파수 대역의 전자기파를 이용하여 전자기파의 반사와 회절 현상 등을 측정하고, 이를 해석하여 지하구조의 파악 및 지하시설물을 측량하는 방법은?

① 지표투과레이더(GPR) 탐사법
② 초장기선 전파간섭계법
③ 전자유도 탐사법
④ 자기 탐사법

해설 지표투과레이더(GPR) 탐사법은 수십 MHz~수 GHz 주파수 대역의 전자기파를 이용하여 전자기파의 반사와 회절 현상 등을 측정하고, 이를 해석하여 지하구조의 파악 및 지하시설물을 측량하는 방법이다.

28 수준점 A, B, C에서 수준측량을 한 결과가 표와 같을 때 P점의 최확값은?

수준점	표고(m)	고저차 관측값(m)		노선거리(km)
A	19.332	$A \to P$	+1.533	2
B	20.933	$B \to P$	−0.074	4
C	18.852	$C \to P$	+1.986	3

① 20.839m   ② 20.842m

③ 20.855m   ④ 20.869m

해설 경중률은 관측거리에 반비례하므로,

- 경중률 $P_A : P_B : P_C = \dfrac{1}{2} : \dfrac{1}{4} : \dfrac{1}{3} = 6 : 3 : 4 = 3 : 4$

- 표고 계산(H_P)
  - A점 기준 $= 19.332 + 1.533 = 20.865$m
  - B점 기준 $= 20.933 - 0.074 = 20.859$m
  - C점 기준 $= 18.852 + 1.986 = 20.838$m

$$\therefore P점의 \ 최확값(H_P) = \frac{(20.865 \times 6) + (20.859 \times 3) + (20.838 \times 4)}{6 + 3 + 4} = 20.855\text{m}$$

29 클로소이드 곡선설치의 평면선형에 대한 설명으로 옳은 것은?

① 기본형은 직선-클로소이드-직선으로 연결한 선형이다.

② S형은 반향곡선 사이에 두 개의 클로소이드를 연결한 선형이다.

③ 블록(凸)형은 복심곡선 사이에 클로소이드를 삽입한 것이다.

④ 복합형은 같은 방향으로 구부러진 2개의 클로소이드를 직선적으로 삽입한 것이다.

해설 ① 기본형은 직선-클로소이드-원곡선으로 연결한 선형이다.

③ 난형은 복심곡선 사이에 클로소이드를 삽입한 것이다.

④ 복합형은 같은 방향으로 구부러진 2개 이상의 클로소이드를 이은 것으로 모든 접합부에서 곡률은 같다.

30 그림과 같이 C와 평행한 y로 면적을 $m : n = 1 : 4$의 비율로 분할하고자 한다. $AB = 75$m일 때 Ax의 거리는?

① 15.0m   ② 18.8m

③ 33.5m   ④ 37.5m

해설 한 변에 평행한 직선인 경우

$$\therefore \overline{Ax} = \overline{AB} \times \sqrt{\frac{m}{m+n}} = 75 \times \sqrt{\frac{1}{4+1}} = 33.5\text{m}$$

31 사진축척 1/20,000, 초점거리 15cm, 사진크기 23cm×23cm로 촬영한 연직사진에서 주점으로부터 100mm 떨어진 위치에 철탑의 정상부가 찍혀 있다. 이 철탑이 사진상에서 길이가 5mm였다면 철탑의 실제 높이는?

① 50m   ② 100m

③ 150m   ④ 200m

해설 기복변위$(\triangle r) = \dfrac{h}{H} \cdot r \rightarrow H = m \times f = 20,000 \times 0.15 = 3,000\text{m}$

(h : 비고, H : 비행촬영고도, r : 연직점에서 측정점까지의 거리)

∴ 철탑의 실제 높이$(h) = \dfrac{H}{r} \cdot \triangle r = \dfrac{3,000}{0.1} \times 0.005 = 150\text{m}$

32 GNSS측량방법 중 후처리방식이 아닌 것은?

① Static 방법   ② Kinematic 방법

③ Pseudo－kinematic 방법   ④ Real－time Kinematic 방법

해설 Real－time Kinematic 방법은 실시간 이동측량방식이다.

33 곡률반지름이 현의 길이에 반비례하는 곡선으로 시가지 철도 및 지하철 등에 주로 사용되는 완화곡선은?

① 렘니스케이트 곡선   ② 반파장 체감곡선

③ 클로소이드 곡선   ④ 3차 포물선

해설 곡률반지름이 현의 길이에 반비례하는 곡선으로 시가지 철도 및 지하철 등에 주로 사용되는 완화곡선은 렘니스케이트 곡선이다.

34 사진판독에 대한 설명으로 옳지 않은 것은?

① 사진판독 요소로는 색조, 형태, 질감, 크기, 형상, 음영 등이 있다.

② 사진판독에는 보통 흑백 사진보다 천연색 사진이 유리하다.

③ 사진판독에서 얻을 수 있는 자료는 사진의 질과 사진판독의 기술, 전문적 지식 및 경험 등에 좌우된다.

④ 사진판독의 작업은 촬영계획, 촬영과 사진작성, 정리, 판독, 판독기준의 작성 순서로 진행된다.

해설 사진판독의 작업은 촬영계획, 촬영과 사진작성, 판독기준의 작성, 판독, 정리 순으로 한다.

35 GNSS 위치결정에서 정확도와 관련된 위성의 위치 상태에 관한 내용으로 옳지 않은 것은?

① 결정좌표의 정확도는 정밀도 저하율(DOP)과 단위관측정확도의 곱에 의해 결정된다.

② 3차원 위치는 TDOP(Time DOP)에 의해 정확도가 달라진다.

③ 최적의 위성배치는 한 위성은 관측자의 머리 위에 있고 다른 위성의 배치가 각각 120°를 이룰 때이다.

④ 높은 DOP는 위성의 배치 상태가 나쁘다는 것을 의미한다.

해설 3차원 위치는 VDOP(Vertical DOP)에 의해 정확도가 달라진다.

36 수준측량과 관련된 용어에 대한 설명으로 틀린 것은?

① 후시는 기지점에 세운 표척의 읽음값이다.

② 전시는 미지점 표척의 읽음값이다.

③ 중간점은 오차가 발생해도 다른 지점에 영향이 없다.

④ 이기점은 전시와 후시값이 항상 같게 된다.

해설 이기점은 기계를 옮기기 위한 점으로 후시와 전시를 동시에 취하며, 후시값과 전시값은 다른 값을 갖게 된다.

37 등고선 측량방법 중 표고를 알고 있는 기지점에서 중요한 지성선을 따라 측선을 설치하고, 측선을 따라 여러 점의 표고와 거리를 측량하여 등고선을 측량하는 방법은?

① 방안법　　　② 횡단점법　　　③ 영선법　　　④ 종단점법

해설 종단점법은 표고를 알고 있는 기지점에서 중요한 지성선을 따라 측선을 설치하고, 측선을 따라 여러 점의 표고와 거리를 측량하여 등고선을 측량하는 방법이다.

38 GNSS측량에서 위도, 경도, 고도, 시간에 대한 차분해(Differential Solution)를 얻기 위해서는 최소 몇 개의 위성이 필요한가?

① 2　　　② 4　　　③ 6　　　④ 8

해설 GNSS측량에서 위도, 경도, 고도, 시간에 대한 차분해를 얻기 위해서는 최소 4개의 위성이 필요하다.

39 단곡선에서 반지름 $R = 300\text{m}$, 교각 $I = 60°$일 때, 곡선길이(C.L)는?

① 310.10m　　　② 315.44m

③ 314.16m　　　④ 311.55m

해설 곡선길이(곡선장) $C.L = RI(\text{rad}) = R\dfrac{\pi}{180°}I° = 0.01745RI°$

$$= 0.01745 \times 300 \times 60° = 314.16m$$

40 단곡선 설치에서 두 접선의 교각이 60°이고, 외선길이(E)가 14m인 단곡선의 반지름은?

① 24.2m ② 60.4m ③ 90.5m ④ 104.5m

해설 외선길이(외선장) $E = R\sec\dfrac{I}{2} - R = R\left(\sec\dfrac{I}{2} - 1\right)$

$$\rightarrow R = \dfrac{E}{\left(\sec\dfrac{I}{2} - 1\right)} = \dfrac{14}{\left(\sec\dfrac{60°}{2} - 1\right)} ≒ 90.5m$$

3과목 **토지정보체계론**

41 지적전산정보시스템에서 사용자권한 등록파일에 등록하는 사용자의 권한에 해당하지 않는 것은?

① 표준지 공시지가 변동의 관리
② 지적전산코드의 입력 · 수정 및 삭제
③ 지적공부의 열람 및 등본 발급의 관리
④ 법인이 아닌 사단 · 재단 등록번호의 직권수정

해설 지적정보체계의 사용자권한에 표준지 공시지가 변동의 관리는 포함되지 않는다.

42 시 · 군 · 구(자치구가 아닌 구 포함) 단위의 지적공부에 관한 지적전산자료의 이용 및 활용에 관한 승인권자로 옳은 것은?

① 지적소관청
② 시 · 도지사 또는 지적소관청
③ 국토교통부장관 또는 시 · 도지사
④ 국토교통부장관, 시 · 도지사 또는 지적소관청

해설 지적전산자료의 이용 및 활용에 관한 승인권자

구분	승인권자
전국 단위	국토교통부장관, 시 · 도지사 또는 지적소관청
시 · 도 단위	시 · 도지사 또는 지적소관청
시 · 군 · 구 단위	지적소관청

43 다음 중 토지정보시스템의 구성요소에 해당하지 않는 것은?

① 인적 자원
② 처리시간
③ 소프트웨어
④ 공간데이터베이스

> **해설** 토지정보시스템의 구성요소에는 하드웨어, 소프트웨어, 데이터베이스, 조직과 인력(인적 자원) 등이 있다.

44 해상력에 대한 설명으로 옳지 않은 것은?

① 해상력은 일반적으로 mm당 선의 수를 말한다.
② 해상력은 자료를 표현하는 최대단위를 의미한다.
③ 수치영상시스템에서의 공간해상력은 격자나 픽셀의 크기를 의미한다.
④ 일반적으로 항공사진이나 인공위성 영상의 경우에 해상력은 식별이 가능한 최소 객체를 의미한다.

> **해설** 해상력은 자료를 표현하는 최소단위를 의미한다.

45 다음 중 속성정보로 보기 어려운 것은?

① 임야도의 등록사항인 경계
② 경계점좌표등록부의 등록사항인 지번
③ 대지권등록부의 등록사항인 대지권 비율
④ 공유지연명부의 등록사항인 토지의 소재

> **해설** 임야도의 경계는 도형정보이다.

46 GIS의 구축 및 활용을 위한 과정을 순서대로 올바르게 나열한 것은?

㉠ 자료수집 및 입력	㉡ 결과 출력
㉢ 데이터베이스 구축 및 관리	㉣ 데이터 분석

① ㉠-㉢-㉣-㉡
② ㉣-㉠-㉢-㉡
③ ㉡-㉠-㉣-㉢
④ ㉣-㉡-㉠-㉢

> **해설** GIS의 구축순서
> 자료수집 및 입력 → 데이터베이스 구축 및 관리 → 데이터 분석 → 결과 출력

47 토지정보체계(LIS)와 지리정보체계(GIS)의 차이점으로 옳지 않은 것은?

① 지리정보체계의 공간기본단위는 지역과 구역이다.
② 토지정보체계는 일반적으로 대축척 지적도를 기본도로 한다.
③ 토지정보체계의 공간기본단위는 필지(Parcel)이다.
④ 지리정보체계는 일반적으로 소축척 행정구역도를 기본도로 한다.

> **해설** 지리정보체계는 일반적으로 소축척 지형도를 기본도로 한다.

48 공간자료의 표현 형태 중 점(Point)에 대한 설명으로 옳은 것은?

① 공간객체 중 가장 복잡한 형태를 가진다.
② 최소한의 데이터 요소로 위치와 속성을 가진다.
③ 공간분석에 있어서 가장 많은 양의 데이터를 요구한다.
④ 좌표계 없이 위치를 나타내며 관련 속성데이터가 연결된다.

> **해설** 벡터구조의 기본요소 중 점(Point)은 범위를 갖지 않는 0차원 공간객체로서 대상물의 지점 및 장소를 나타내고 기호를 이용하여 공간형상을 표현한다. 그러므로 최소한의 데이터 요소로 위치와 속성을 가진다.

49 관계형 데이터베이스모델(Relational Database Model)의 기본 구조요소로 옳지 않은 것은?

① 속성(Attribute)
② 행(Row)
③ 테이블(Table)
④ 소트(Sort)

> **해설** 관계형 데이터베이스모델의 기본 구조요소에는 속성, 행, 테이블이 있다.

50 토지소유자나 이해관계인이 지적재조사사업과 관련한 정보를 인터넷 등을 통하여 실시간으로 열람할 수 있도록 구축한 공개시스템의 명칭은?

① 지적재조사측량시스템
② 지적재조사행정시스템
③ 지적재조사관리공개시스템
④ 지적재조사정보공개시스템

> **해설** 지적재조사행정시스템은 토지소유자나 이해관계인이 지적재조사사업과 관련한 정보를 인터넷 등을 통하여 실시간으로 열람할 수 있도록 구축한 공개시스템이다.

51 데이터베이스의 스키마를 정의하거나 수정하는 데 사용하는 데이터 언어는?

① DBL
② DCL
③ DML
④ DDL

> **해설** 데이터정의어(DDL : Data Definition Language)는 데이터베이스를 정의하거나 그 정의를 수정할 목적으로 사용하는 언어로 데이터베이스 관리자나 설계자가 주로 사용한다.

52 토지의 고유번호의 총자릿수는?

① 20자리 ② 19자리 ③ 18자리 ④ 17자리

해설 토지 고유번호의 코드 구성
- 전국을 단위로 하나의 필지에 하나의 번호를 부여하는 가변성 없는 번호이다.
- 총 19자리로 구성된다.
  - 행정구역 10자리(시·도 2자리, 시·군·구 3자리, 읍·면·동 3자리, 리 2자리)
  - 대장 구분 1자리 및 지번표시 8자리(본번 4자리, 부번 4자리)

시·도	시·군·구	읍·면·동	리	대장	본번	부번
2자리	3자리	3자리	2자리	1자리	4자리	4자리

53 다음 중 유럽의 지형공간 데이터의 표준화 작업을 위한 지리정보 표준화 기구로 옳은 것은?

① OGC ② FGDC
③ CEN/TC287 ④ ISO/TC211

해설 CEN/TC287은 ISO/TC211 활동이 시작되기 이전에 유럽의 표준화 기구를 중심으로 추진된 유럽의 지리정보 표준화 기구이다. ISO/TC211은 지리정보 분야의 표준화를 위해 설립된 국제기구이다.

54 필지중심토지정보시스템에서 도형정보와 속성정보를 연계하기 위하여 사용되는 가변성이 없는 고유번호는?

① 객체식별번호 ② 단일식별번호
③ 유일식별번호 ④ 필지식별번호

해설 필지식별번호는 필지중심토지정보시스템(PBLIS)에서 도형정보와 속성정보를 연계하기 위하여 사용되는 가변성이 없는 고유번호이다.

55 데이터에 대한 정보로서 데이터의 내용, 품질, 조건 및 기타 특성에 대한 정보를 포함하는 정보의 이력서라 할 수 있는 것은?

① 인덱스(Index) ② 라이브러리(Library)
③ 메타데이터(Metadata) ④ 데이터베이스(Database)

해설 메타데이터는 데이터에 대한 정보로서 데이터의 내용, 품질, 조건 및 기타 특성에 대한 정보를 포함하는 정보의 이력서이다.

56 다음 중 국가공간정보위원회와 관련된 내용으로 옳은 것은?

① 위원회는 회의의 원활한 진행을 위하여 간사 1명을 둔다.

② 위원장은 회의 개최 7일 전까지 회의 일시·장소 및 심의안건을 각 위원에게 통보하여야 한다.

③ 회의는 재적위원 3분의 1의 출석으로 개의하고, 출석위원 3분의 2의 찬성으로 의결한다.

④ 위원장이 부득이한 사유로 직무를 수행할 수 없을 때에는 위원장이 지명하는 위원의 순으로 그 직무를 대행한다.

해설 ① 위원회는 회의의 원활한 진행을 위하여 간사 2명을 둔다.

② 위원장은 회의 개최 5일 전까지 회의 일시·장소 및 심의안건을 각 위원에게 통보하여야 한다.

③ 회의는 재적위원 과반수의 출석으로 개의(開議)하고, 출석위원 과반수의 찬성으로 의결한다.

57 다음 중 TIGER 파일의 도형자료를 수치지도 데이터베이스로 구축한 국가는?

① 한국　　　　　② 호주　　　　　③ 미국　　　　　④ 캐나다

해설 TIGER은 Topologically Integrated Geographic Encoding and Referencing의 약자로서 미국 U.S. Census Bureau에서 인구조사를 위해 개발한 벡터형 파일형식이다.

58 공간데이터를 취득하는 방법이 서로 다른 것은?

① GPS　　　　　　　　　　② 원격탐측

③ 디지타이징　　　　　　　　④ 토털스테이션

해설 GPS, 원격탐측, 토털스테이션은 공간데이터를 직접 취득하는 방법이다. 디지타이징의 경우 기존 도면을 이용하여 공간데이터를 취득하는 방법이다.

59 지적정보관리체계로 처리하는 지적공부정리 등의 사용자권한 등록파일을 등록할 때의 사용자 비밀번호 설정 기준으로 옳은 것은?

① 4자리부터 12자리까지의 범위에서 사용자가 정하여 사용한다.

② 6자리부터 16자리까지의 범위에서 사용자가 정하여 사용한다.

③ 영문을 포함하여 3자리부터 12자리까지의 범위에서 사용자가 정하여 사용한다.

④ 영문을 포함하여 5자리부터 16자리까지의 범위에서 사용자가 정하여 사용한다.

해설 사용자 비밀번호는 6자리부터 16자리까지의 범위에서 사용자가 정하여 사용한다.

60 스캐닝 방식을 이용하여 지적전산 파일을 생성할 경우, 선명한 영상을 얻기 위한 방법으로 옳지 않은 것은?

① 해상도를 최대한 낮게 한다.
② 원본 형상의 보존 상태를 양호하게 한다.
③ 하프톤 방식의 스캐닝 시에는 되도록 속도를 느리게 한다.
④ 크기가 큰 영상은 영역을 세분하여 차례로 스캐닝한다.

해설 선명한 해상도를 얻기 위해서는 해상도를 최대한 높게 해야 한다.

4과목 **지적학**

61 토지등록공부의 편성방법이 아닌 것은?

① 물적 편성주의   ② 인적 편성주의
③ 세대별 편성주의   ④ 연대적 편성주의

해설 토지등록(부)의 편성방법에는 물적 편성주의, 인적 편성주의, 연대적 편성주의, 물적·인적 편성주의 등이 있다.

62 고구려에서 토지면적 단위체계로 사용된 것은?

① 경무법   ② 두락법
③ 결부법   ④ 수등이척법

해설 삼국시대의 지적제도

구분	길이 단위	면적 단위	측량방식	측량실무
고구려		경무법		산학박사
백제	척	두락제	구장산술	산학박사, 산사, 화사
신라		결부법		산학박사

63 토지소유권 권리의 특성이 아닌 것은?

① 탄력성   ② 혼일성
③ 항구성   ④ 불완전성

해설 토지소유권 권리의 특성에는 항구성, 탄력성, 혼일성, 완전성 등이 있다.

64 토지의 권리 표상에 치중한 부동산등기와 같은 형식적 심사를 가능하게 한 지적제도의 특성으로 볼 수 없는 것은?

① 지적공부의 공시
② 지적측량의 대행
③ 토지표시의 실질 심사
④ 최초 소유자의 사정 및 사실조사

해설 지적측량의 대행은 부동산등기와 같은 형식적 심사를 가능하게 한 지적제도의 특성과는 아무 관련이 없다.

65 토지경계에 대한 설명으로 옳지 않은 것은?

① 지역선이란 사정선과 같다.
② 강계선이란 사정선을 말한다.
③ 원칙적으로 지적(임야)도상의 경계를 말한다.
④ 지적공부상에 등록하는 단위토지인 일필지의 구획선을 말한다.

해설 지역선은 토지조사 당시 사정을 하지 않는 경계선을 말하며, 동일인이 소유하는 토지일 경우에도 지반의 고저가 심하여 별필로 하는 경우의 경계선을 말한다.

66 경계복원측량의 법률적 효력 중 소관청 자신이나 토지소유자 및 이해관계인에게 정당한 변경 절차가 없는 한 유효한 행정처분에 복종하도록 하는 것은?

① 구속력
② 공정력
③ 강제력
④ 확정력

해설 구속력은 소관청 자신이나 토지소유자 및 이해관계인에게 정당한 변경 절차가 없는 한 유효한 행정처분에 복종하도록 하는 효력을 말한다.

67 토지조사사업 당시 사정(査定)의 처분 행위는?

① 행정처분
② 사법행위
③ 등기공시
④ 재결행위

해설 토지의 사정(査定)은 토지조사부 및 지적도에 의하여 토지소유자(원시취득) 및 강계를 확정하는 행정처분을 말하며, 지적도에 등록된 강계선이 대상으로 지역선은 사정하지 않는다.

68 토지조사사업 당시 재결기관으로 옳은 것은?

① 부와 면
② 임시토지조사국
③ 임야심사위원회
④ 고등토지조사위원회

해설 사정에 대하여 불복이 있는 경우의 재결기관은 토지조사사업에서는 고등토지조사위원회이며, 임야조사사업에서는 임야조사위원회이다.

69 대만에서 지적재조사를 의미하는 것은?

① 국토조사
② 지적도 증축
③ 지도제작
④ 토지가옥조사

해설 대만의 지적재조사는 지적도 증축을 의미한다.

70 다음 중 지적제도의 기능이 아닌 것은?

① 지방행정의 자료
② 토지유통의 매개체
③ 토지감정평가의 기초
④ 토지이용 및 개발의 기준

해설 지적제도의 실제 기능
- 토지등록의 법적 효력과 공시
- 도시 및 국토계획의 원천
- 토지감정평가의 기초
- 지방행정의 자료
- 토지유통의 매개체
- 토지관리의 지침

71 토지조사부(土地調査簿)에 대한 설명으로 옳은 것은?

① 결수연명부로 사용된 장부이다.
② 입안과 양안을 통합한 장부이다.
③ 별책토지대장으로 사용된 장부이다.
④ 토지소유권의 사정원부로 사용된 장부이다.

해설 토지조사부는 1911년 11월 토지조사사업 당시 모든 토지소유자가 토지소유권을 신고하게 하여 토지사정원부로 사용하였으며 사정부(査定簿)라고도 하였다.

72 다음 중 권원 등록제도(Registration of Title)에 대한 설명으로 옳은 것은?

① 토지의 이익에 영향을 미치는 문서의 공적 등기를 보전하는 제도이다.
② 보험회사의 토지중개 거래제도이다.
③ 소유권 등록 이후에 이루어지는 거래의 유효성에 대하여 정부가 책임을 지는 제도이다.
④ 토지소유권의 공시보호제도이다.

해설 권원 등록제도
- 공적기관에서 보존되는 특정한 사람에게 귀속된 명확히 한정된 단위의 토지에 대한 권리와 그러한 권리들이 존속되는 한계에 대한 권위 있는 등록이다.
- 소유권등록은 언제나 최후의 권리이다.
- 날인증서제도의 결점을 보완하기 위해 도입되었다.
- 정부는 등록한 이후에 이루어지는 거래의 유효성에 책임을 진다.

73 경국대전에 의한 공전(公田), 사전(私田)의 구분 중 사전에 속하는 것은?

① 적전(籍田) ② 직전(職田)
③ 관둔전(官屯田) ④ 목장토(牧場土)

해설 직전(職田)은 조선시대에 현직 관리만을 대상으로 토지를 분급한 토지제도로 사전(私田)에 속한다.

74 고조선시대의 토지관리를 담당한 직책은?

① 봉가(鳳加) ② 주부(主簿)
③ 박사(博士) ④ 급전도감(給田都監)

해설 고조선시대의 토지관리를 담당한 직책은 봉가(鳳加)이다.

75 지적의 발생설을 토지측량과 밀접하게 관련지어 이해할 수 있는 이론은?

① 과세설 ② 치수설 ③ 지배설 ④ 역사설

해설 치수설(토지측량설)은 국가가 토지를 농업생산수단으로 이용하기 위해서 관개시설 등을 측량하고 기록 · 유지 · 관리하는 데서 비롯되었다고 보는 설이다.

76 다음 중 우리나라에서 최초로 "지적"이라는 용어가 사용된 곳은?

① 경국대전 ② 내부관제
③ 임야조사령 ④ 토지조사법

해설 우리나라의 근대적인 지적제도는 고종 32년(1895년) 3월 26일 칙령 제53호로 내부관제를 공포하고 내부관제의 판적국에서 지적(地籍)에 관한 사항을 담당하였다. 따라서 법령에 최초로 지적이라는 용어가 사용된 곳은 "내부관제"이다.

77 지목을 설정할 때 심사의 근거가 되는 것은?

① 지질구조 ② 토양 유형
③ 입체적 토지이용 ④ 지표의 토지이용

해설 지목은 토지의 주된 용도에 따라 종류를 구분해서 지적공부에 등록한 것을 말하므로, 지목을 설정할 때 심사의 근거는 지표의 토지이용이다.

78 우리나라 지적제도에 토지대장과 임야대장이 2원적(二元的)으로 있게 된 가장 큰 이유는?

① 측량기술이 보급되지 않았기 때문이다.

② 삼각측량에 시일이 너무 많이 소요되었기 때문이다.

③ 토지나 임야의 소유권제도가 확립되지 않았기 때문이다.

④ 우리나라의 지적제도가 조사사업별 구분에 의하여 다르게 하였기 때문이다.

> **해설** 우리나라 지적제도에 토지대장과 임야대장이 2원적(二元的)으로 있게 된 가장 큰 이유는 1910년 토지조사사업과 1918년 임야조사사업으로 나누어서 토지조사를 하였기 때문이다.

79 우리나라 토지조사사업의 시행목적으로 옳지 않은 것은?

① 토지의 가격조사 　　　　　　　② 토지의 소유권조사

③ 토지의 지질조사 　　　　　　　④ 토지의 외모조사

> **해설** 토지조사사업의 목적에는 소유자(소유권)조사, 가격조사, 외모조사 등이 있다.

80 입안제도(立案制度)에 대한 설명으로 옳지 않은 것은?

① 입안은 매수인의 소재관에게 제출하였다.

② 토지매매 후 100일 이내에 하는 명의변경 절차이다.

③ 입안받지 못한 문기는 효력을 인정받지 못하였다.

④ 조선시대에 토지거래를 관에 신고하고 증명을 받는 것이다.

> **해설** 입안은 매도인의 소재관에게 제출하는 것이 원칙이다.

5과목 **지적관계법규**

81 「공간정보의 구축 및 관리 등에 관한 법률」상 지적공부의 복구 및 복구절차 등에 관한 내용으로 옳지 않은 것은?

① 소유자에 관한 사항은 부동산등기부나 법원의 확정판결에 따라 복구하여야만 한다.

② 지적소관청은 지적공부의 전부 또는 일부가 멸실되거나 훼손된 경우에는 지체 없이 이를 복구하여야 한다.

③ 지적공부를 복구할 때에는 멸실·훼손 당시의 지적공부와 가장 부합된다고 인정되는 관계 자료에 따라 토지의 표시에 관한 사항을 복구하여야 한다.

④ 지적소관청은 지적공부를 복구하려는 경우에는 복구하려는 토지의 표시 등을 시·군·구 게시판 및 인터넷 홈페이지에 7일 이상 게시하여야 한다.

해설 지적소관청은 지적공부를 복구하려는 경우에는 복구하려는 토지의 표시 등을 시·군·구 게시판 및 인터넷 홈페이지에 15일 이상 게시하여야 한다.

82 다음 중 「국토의 계획 및 이용에 관한 법률」상 원칙적으로 공동구를 관리하여야 하는 자는?

① 구청장
② 특별시장
③ 국토교통부장관
④ 행정안전부장관

해설 「국토의 계획 및 이용에 관한 법률」상 원칙적으로 공동구를 관리하여야 하는 자는 특별시장이다.

83 지적공부에 등록하기 위한 지목결정으로 옳지 않은 것은?

① 소관청에서 결정한다.
② 1필지에 1지목을 설정한다.
③ 토지의 주된 용도에 따라 결정한다.
④ 토지소유자가 신청하는 지목으로 설정한다.

해설 지목은 토지의 용도에 따라 설정하는 것이지 토지소유자가 신청한다고 해서 무조건 그 지목으로 설정할 수 없다.

84 지적소관청이 측량기준점의 설치를 위해 토지 등의 출입 등에 따라 손실이 발생하여, 손실을 받은 자와 협의가 성립되지 아니한 경우 재결을 신청할 수 있는 곳은?

① 시·도지사
② 중앙지적위원회
③ 행정안전부장관
④ 관할 토지수용위원회

해설 지적소관청이 측량기준점의 설치를 위해 토지 등의 출입 등에 따라 손실이 발생하여 손실을 받은 자와 협의가 성립되지 아니한 경우 관할 토지수용위원회에 재결을 신청할 수 있다.

85 「공간정보의 구축 및 관리 등에 관한 법률」상 토지대장과 임야대장에 등록하여야 하는 사항으로 옳지 않은 것은?

① 지번
② 면적
③ 좌표
④ 토지의 소재

해설 좌표는 경계점좌표등록부에만 등록되며 토지대장, 임야대장에는 등록되지 않는다.

86 다음 중 2년 이하의 징역 또는 2천만 원 이하의 벌금에 처하는 벌칙 기준을 적용받는 경우는?

① 정당한 사유 없이 측량을 방해한 자
② 측량기술자가 아님에도 불구하고 측량을 한 자
③ 측량업의 등록을 하지 아니 하고 측량업을 한 자
④ 측량업자로서 속임수로 측량업과 관련된 입찰의 공정성을 해친 자

해설 ① 300만 원 이하의 과태료에 처한다.
② 1년 이하의 징역 또는 1천만 원 이하의 벌금형에 처한다.
④ 3년 이하의 징역 또는 3천만 원 이하의 벌금형에 처한다.

87 다음 중 「공간정보의 구축 및 관리 등에 관한 법률」에서 규정하고 있는 내용이 아닌 것은?

① 토지공개념의 확보
② 국민의 소유권 보호에 기여
③ 지적공부의 작성 및 관리에 관한 사항 규정
④ 부동산종합공부의 작성 및 관리에 관한 사항 규정

해설 「공간정보의 구축 및 관리 등에 관한 법률」은 측량의 기준 및 절차와 지적공부(地籍公簿) · 부동산종합공부(不動産綜合公簿)의 작성 및 관리 등에 관한 사항을 규정함으로써 국토의 효율적 관리 및 국민의 소유권 보호에 기여함을 목적으로 한다.

88 부동산등기법령상 등기부에 관한 설명으로 옳지 않은 것은?

① 등기부는 영구히 보존하여야 한다.
② 공동인명부와 도면은 영구히 보존하여야 한다.
③ 등기부는 토지등기부와 건물등기부로 구분한다.
④ 등기부란 전산정보처리조직에 의하여 입력 · 처리된 등기정보자료를 대법원규칙으로 정하는 바에 따라 편성한 것을 말한다.

해설 공동인명부는 현행법상 존재하지 않는다.

89 「공간정보의 구축 및 관리 등에 관한 법률」상 잡종지로 지목을 설정할 수 없는 것은?

① 야외시장
② 돌을 캐내는 곳
③ 영구적 건축물인 자동차운전학원의 부지
④ 원상회복을 조건으로 흙을 파내는 곳으로 허가된 토지

해설 잡종지

- 갈대밭, 실외에 물건을 쌓아두는 곳, 돌을 캐내는 곳, 흙을 파내는 곳, 야외시장, 비행장, 공동우물(다만, 원상회복을 조건으로 돌을 캐내는 곳 또는 흙을 파내는 곳으로 허가된 토지를 제외한다.)
- 영구적 건축물 중 변전소, 송신소, 수신소, 송유시설, 도축장, 자동차운전학원, 쓰레기 및 오물처리장 등의 부지

90 「공간정보의 구축 및 관리 등에 관한 법률」상 등기촉탁에 대한 설명으로 옳지 않은 것은?

① 신규등록은 등기촉탁 대상에서 제외한다.
② 토지의 경계, 소유자 등을 변경 정리한 경우에 토지소유자를 대신하여 소관청이 관할 등 기관서에 등기 신청을 하는 것을 말한다.
③ 지적소관청이 관련 법규에 따른 사유로 등기를 촉탁하는 경우, 국가가 국가를 위하여 하는 등기로 본다.
④ 축척변경의 사유로 등기촉탁을 하는 경우에 이해관계가 있는 제3자의 승낙은 관할 축척변경위원회의 의결서 정본으로 갈음할 수 있다.

해설 지적소관청은 토지의 표시변경에 관한 등기를 할 필요가 있는 경우에는 지체 없이 관할 등기관서에 그 등기를 촉탁한다. 이 경우 등기촉탁은 국가가 국가를 위해 하는 등기로, 등기촉탁에 필요한 사항은 국토교통부령으로 정한다. ②의 소유자를 변경 정리한 경우는 등기촉탁대상에 해당하지 않는다.

91 「공간정보의 구축 및 관리 등에 관한 법률」상 토지의 표시사항에 해당되지 않는 것은?

① 경계　　　　　　　② 면적
③ 지번　　　　　　　④ 소유자의 주소

해설 토지의 표시란 지적공부에 토지의 소재 · 지번(地番) · 지목(地目) · 면적 · 경계 또는 좌표를 등록한 것을 말한다.

92 「공간정보의 구축 및 관리 등에 관한 법률」상 지적소관청은 지번을 변경하고자 할 때 누구에게 승인신청서를 제출하여야 하는가?

① 행정안전부장관　　　　② 중앙지적위원회 위원장
③ 토지수용위원회 위원장　④ 시 · 도지사 또는 대도시 시장

해설 지적소관청은 지번을 변경하려면 지번변경 사유를 적은 승인신청서에 지번변경 대상지역의 지번 · 지목 · 면적 · 소유자에 대한 상세한 내용(이하 "지번 등 명세"라 한다.)을 기재하여 시 · 도지사 또는 대도시 시장에게 제출하여야 한다. 이 경우 시 · 도지사 또는 대도시 시장은 행정정보의 공동이용을 통하여 지번변경 대상지역의 지적도 및 임야도를 확인하여야 한다.

93 「공간정보의 구축 및 관리 등에 관한 법률」상 임야대장에 등록하는 1필지 최소면적 단위는?(단, 지적도의 축척이 1/600인 지역과 경계점좌표등록부에 등록하는 지역의 토지면적은 제외한다.)

① 0.1m²   ② 1m²

③ 10m²   ④ 100m²

해설   지적도의 축척이 1/600인 지역과 경계점좌표등록부에 등록하는 지역의 토지면적은 m² 이하 한 자리 단위로 하되, 0.1m² 미만의 끝수가 있는 경우 0.05m² 미만일 때에는 버리고 0.05m²를 초과할 때에는 올리며, 0.05m² 일 때에는 구하려는 끝자리의 숫자가 0 또는 짝수면 버리고 홀수면 올린다. 다만, 1필지의 면적이 0.1m² 미만일 때에는 0.1m²로 한다.

94 지적측량수행자가 과실로 지적측량을 부실하게 하여 지적측량의뢰인에게 재산상의 손해를 발생하게 한 경우, 지적측량의뢰인이 손해배상으로 보험금을 지급받기 위해 보험회사에 첨부하여 제출하는 서류가 아닌 것은?

① 지적측량의뢰인과 지적측량수행자 간의 손해배상합의서

② 지적측량의뢰인과 지적측량수행자 간의 화해조서

③ 지적위원회에서 손해 사실에 대하여 결정한 서류

④ 확정된 법원의 판결문 사본 또는 이에 준하는 효력이 있는 서류

해설   지적측량의뢰인은 손해배상으로 보험금을 지급받으려면 그 지적측량의뢰인과 지적측량수행자 간의 손해배상 합의서, 화해조서, 확정된 법원의 판결문 사본 또는 이에 준하는 효력이 있는 서류를 첨부하여 보험회사에 손해배상금 지급을 청구하여야 한다.

95 「부동산등기법」상 등기기록의 갑구(甲區)에 기록하여야 할 사항은?

① 부동산의 소재지   ② 소유권에 관한 사항

③ 소유권 이외의 권리에 관한 사항   ④ 토지의 지목, 지번, 면적에 관한 사항

해설   등기기록 사항
- 표제부 : 부동산의 표시에 관한 사항
- 갑구 : 소유권에 관한 사항
- 을구 : 소유권 이외의 권리에 관한 사항

96 「공간정보의 구축 및 관리 등에 관한 법률」상 지적정보관리시스템 사용자의 권한 구분으로 옳지 않은 것은?

① 지적측량업 등록   ② 토지이동의 정리

③ 사용자의 신규등록   ④ 사용자 등록의 변경 및 삭제

해설   지적측량업 등록은 지적정보관리시스템 사용자의 권한이 아니다.

97 「공간정보의 구축 및 관리 등에 관한 법률」상 지적소관청이 토지소유자에게 지적정리 등을 통지하여야 하는 시기로 옳은 것은?

① 토지의 표시에 관한 변경등기가 필요한 경우 : 그 등기완료의 통지서를 접수한 날부터 15일 이내
② 토지의 표시에 관한 변경등기가 필요한 경우 : 그 등기완료의 통지서를 접수한 날부터 30일 이내
③ 토지의 표시에 관한 변경등기가 필요하지 아니한 경우 : 지적공부에 등록한 날부터 15일 이내
④ 토지의 표시에 관한 변경등기가 필요하지 아니한 경우 : 지적공부에 등록한 날부터 30일 이내

해설 지적정리 통지시기
• 토지의 표시에 관한 변경등기가 필요한 경우 : 그 등기완료의 통지서를 접수한 날부터 15일 이내
• 토지의 표시에 관한 변경등기가 필요하지 아니한 경우 : 지적공부에 등록한 날부터 7일 이내

98 「국토의 계획 및 이용에 관한 법률」상 광역도시계획에 관한 설명으로 옳지 않은 것은?

① 광역계획권의 지정은 국토교통부장관만이 할 수 있다.
② 광역도시계획에는 경관계획에 관한 사항이 포함되어야 한다.
③ 국토교통부장관은 시·도지사가 요청하는 경우 관할 시·도지사와 공동으로 광역도시계획을 수립할 수 있다.
④ 인접한 둘 이상의 특별시·광역시·특별자치시·특별자치도·시 또는 군의 관할 구역 전부 또는 일부를 광역계획권으로 지정할 수 있다.

해설 국토교통부장관 또는 도지사는 둘 이상의 특별시·광역시·특별자치시·특별자치도·시 또는 군의 공간구조 및 기능을 상호 연계시키고 환경을 보전하며 광역시설을 체계적으로 정비하기 위하여 필요한 경우에는 인접한 둘 이상의 특별시·광역시·특별자치시·특별자치도·시 또는 군의 관할 구역 전부 또는 일부를 대통령령으로 정하는 바에 따라 광역계획권으로 지정할 수 있다.

99 축척변경에 따른 청산금을 산출한 결과, 증가된 면적에 대한 청산금의 합계와 감소된 면적에 대한 청산금의 합계에 차액이 생긴 경우 부족액의 부담권자는?

① 국토교통부   ② 토지소유자   ③ 지방자치단체   ④ 한국국토정보공사

해설 청산금을 산정한 결과, 증가된 면적에 대한 청산금의 합계와 감소된 면적에 대한 청산금의 합계에 차액이 생긴 경우 초과액은 그 지방자치단체의 수입으로 하고, 부족액은 그 지방자치단체가 부담한다.

100 「부동산등기법」상 토지가 멸실된 경우, 그 토지소유권의 등기명의인이 등기를 신청하여야 하는 기간은?

① 그 사실이 있는 때부터 14일 이내   ② 그 사실이 있는 때부터 15일 이내
③ 그 사실이 있는 때부터 1개월 이내   ④ 그 사실이 있는 때부터 3개월 이내

해설 토지가 전부 멸실된 경우 소유권의 등기명의인은 1개월 이내에 멸실등기를 신청하여야 한다.

1과목 지적측량

---

01 가구중심점 C점에서 가구정점 P점까지의 거리를 구하는 공식으로 옳은 것은?(단, L_1과 L_2는 가로의 반폭임, θ는 교각)

① $\sqrt{\left(\dfrac{L_2}{\sin\theta}+\dfrac{L_1}{\tan\theta}\right)^2+L_1^2}$

② $\sqrt{\left(\dfrac{L_2}{\sin\theta}+\dfrac{L_1}{\cot\theta}\right)^2+L_1^2}$

③ $\sqrt{\left(\dfrac{L_2}{\cos\theta}+\dfrac{L_1}{\tan\theta}\right)^2+L_1^2}$

④ $\sqrt{\left(\dfrac{L_2}{\cos\theta}+\dfrac{L_1}{\cot\theta}\right)^2+L_1^2}$

해설

$AM' = AM + cm'$, $AM = \dfrac{L_2}{\sin\theta}$,

$cm' = \dfrac{L_1}{\tan\theta}$ 이므로,

$\therefore (S=\overline{AO}) = \sqrt{(OM(=L_1)^2+AM'^2} = \sqrt{\left(\dfrac{L_2}{\sin\theta}+\dfrac{L_1}{\tan\theta}\right)^2+L_1^2}$

---

02 각의 측량에 있어 A는 1회 관측으로 60°20′38″, B는 4회 관측으로 60°20′21″, C는 9회 관측으로 60°20′30″의 측정결과를 얻었을 때 최확값으로 옳은 것은?

① 60°20′24″ ② 60°20′26″ ③ 60°20′28″ ④ 60°20′30″

해설 경중률은 관측횟수에 비례하므로

최확값$(L) = 60°20′00″ + \dfrac{38″\times1+21″\times4+30″\times9}{14} = 60°20′28″$

---

03 평판측량방법에 따른 세부측량을 시행하는 경우 기지점을 기준으로 하여 지상경계선과 도상경계선의 부합 여부를 확인하는 방법에 해당하지 않는 것은?

① 현형법 ② 중앙종거법

③ 거리비교확인법 ④ 도상원호교회법

해설 평판측량방법에 따른 세부측량에서 경계점은 기지점을 기준으로 하여 지상경계선과 도상경계선의 부합 여부를 현형법·도상원호교회법·지상원호교회법·거리비교확인법 등으로 확인하여 결정한다.

04 어떤 도선측량에서 변장거리 800m, 측점 8점 Δx의 폐합차 7cm, Δy의 폐합차 6cm의 결과를 얻었다. 이때 정도를 구하는 올바른 식은?

① $\dfrac{\sqrt{0.07^2 + 0.06^2}}{(8-1)800}$

② $\sqrt{\dfrac{0.07^2 + 0.06^2}{8 \times 800}}$

③ $\sqrt{\dfrac{0.07^2 + 0.06^2}{800}}$

④ $\dfrac{\sqrt{0.07^2 + 0.06^2}}{800}$

해설 정도 $= \dfrac{오차}{거리} = \dfrac{\sqrt{\Delta x^2 + \Delta y^2}}{거리} = \dfrac{\sqrt{0.07^2 + 0.06^2}}{800}$

05 축척 1/1,200 지역에서 지적도 도곽의 신축량이 −6cm였을 때 면적보정계수로 옳은 것은?

① 0.9653

② 0.9679

③ 1.0332

④ 1.0359

해설 도면신축량을 지상거리로 환산하면,

$0.006\text{m} \times 1,200 = 7.2\text{m}$

$\Delta X = 400 - 7.2 = 392.8\text{m}$

$\Delta Y = 500 - 7.2 = 492.8\text{m}$

면적보정계수 $(Z) = \dfrac{X \cdot Y}{\Delta X \cdot \Delta Y} = \dfrac{400 \times 500}{392.8 \times 492.8} = 1.0332$

(Z : 보정계수, X : 도곽선 종선길이, Y : 도곽선 횡선길이, ΔX : 신축된 도곽선 종선길이의 합/2, ΔY : 신축된 도곽선 횡선길이의 합/2)

06 지적측량성과와 검사성과의 연결교차가 아래와 같을 때 측량성과로 결정할 수 없는 것은?

① 지적삼각점 : 0.15m

② 지적삼각보조점 : 0.30m

③ 지적도근점(경계점좌표등록부 시행지역) : 0.10m

④ 경계점(경계점좌표등록부 시행지역) : 0.05m

지적측량성과와 검사성과의 연결교차 허용범위

구분		분류	허용범위
기초측량		지적삼각점	0.20m
		지적삼각보조점	0.25m
	지적도근점	경계점좌표등록부 시행지역	0.15m
		그 밖의 지역	0.25m
세부측량	경계점	경계점좌표등록부 시행지역	0.10m
		그 밖의 지역	10분의 $3M$mm (M은 축척분모)

07 $\triangle ABC$ 토지에 대하여 지적삼각점측량을 실시하여 AB=3km, $\angle ABC$=30°, $\angle BAC$= 60°를 측정하였다. AC의 거리는?

① 1,500m ② 1,732m ③ 2,598m ④ 6,000m

해설 $\angle BCA = 180° - 30° - 60° = 90°$

$\sin$법칙 : $\dfrac{\overline{AC}}{\sin 30°} = \dfrac{3,000}{\sin 90°} \rightarrow \overline{AC} = \dfrac{\sin 30 \times 3,000}{\sin 90°} = 1,500$m

08 지적삼각점측량에서 진북방향각의 계산단위로 옳은 것은?

① 초 아래 1자리 ② 초 아래 2자리
③ 초 아래 3자리 ④ 초 아래 4자리

해설 지적삼각점측량에서 자오선수차(진북방향각과 절댓값은 같고 부호만 다름)의 계산단위는 초 아래 1자리로 한다.

09 광파기측량방법에 따라 다각망도선법으로 지적도근점측량을 하는 경우 필요한 최소 기지점 수는?

① 2점 ② 3점 ③ 5점 ④ 7점

해설 경위의측량방법이나 전파기 또는 광파기측량방법에 따라 다각망도선법으로 지적도근점측량을 하는 경우 기지점 수는 최소 3점 이상을 포함한 결합다각방식에 따르고, 1도선의 점의 수는 20점 이하로 한다.

10 미지점에 평판을 세우고 기지점을 시준한 방향선의 교차에 의하여 그 점의 도상위치를 구할 때 사용하는 측량방법은?

① 전방교회법 ② 원호교회법 ③ 측방교회법 ④ 후방교회법

- 측방교회법 : 2점의 기지점 중 1점에 접근하기 곤란한 경우 1점의 기지점과 1점의 미지점에 평판을 세워 미지점의 위치를 결정하는 방법이다.
- 후방교회법 : 미지점에 평판을 세우고 2점 이상의 기지점을 이용하여 미지점을 구하는 방법으로 전방교회법과 측방교회법을 병용한 방법이다.
- 전방교회법 : 2~3개의 기지점을 이용하여 미지점의 위치를 결정하는 방법으로 측량지역이 넓고 장애물이 있어서 목표점까지 거리를 측정하기가 곤란할 경우에 사용한다.

11 각도측정에서 50m의 거리에 1′의 각도 오차가 있을 때 실제의 위치오차는?

① 0.02cm ② 0.50cm ③ 1.00cm ④ 1.45cm

해설 위치(편심)오차

$$\frac{\Delta l}{L} = \frac{\theta''}{\rho''}$$

$$\Delta l = \frac{5,000\text{m} \times 60''}{206,265} = 1.45\text{cm}$$

12 다음 중 「공간정보의 구축 및 관리에 관한 법령」에 따른 측량기준에서 회전타원체의 편평률로 옳은 것은?(단, 분모는 소수점 둘째 자리까지 표현한다.)

① 299.26분의 1 ② 294.98분의 1
③ 299.15분의 1 ④ 298.26분의 1

해설 세계측지계 회전타원체 위치측정의 기준은 긴 반지름 6,378,137m, 편평률은 298.257222101분의 1이다.

13 점 P에서 방위각이 β인 직선 $\overline{AB}$까지의 수선장 d를 구하는 식은?

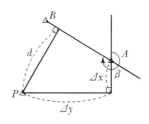

① $d = \Delta y \cdot \cos\beta - \Delta x \cdot \sin\beta$ ② $d = \Delta x \cdot \cos\beta - \Delta y \cdot \sin\beta$
③ $d = \Delta x \cdot \sin\beta - \Delta y \cdot \cos\beta$ ④ $d = \Delta y \cdot \sin\beta - \Delta x \cdot \cos\beta$

$\angle ATS = 360° - \beta$이므로,

수선장$(d) = QR + RP_1 = AS + RP_1$
$$= \Delta x \cdot \sin(360 - \beta) + \Delta y \cdot \cos(360 - \beta)$$
$$= \Delta y \cdot \cos\beta - \Delta x \cdot \sin\beta$$

14 오차의 성질에 관한 설명으로 옳지 않은 것은?

① 정오차는 측정횟수에 비례하여 증가한다.

② 부정오차는 일정한 크기와 방향으로 나타난다.

③ 우연오차는 상차라고도 하며, 측정횟수의 제곱근에 비례한다.

④ 1회 측정 후 우연오차를 b라 하면 n회 측정의 상쇄오차는 $b\sqrt{n}$ 이다.

부정오차(우연오차)는 발생 원인이 불명확하고, 오차 원인의 방향이 일정하지 않다.

15 지적기준점의 제도방법 기준으로 옳지 않은 것은?

① 2등 삼각점은 직경 1mm, 2mm, 3mm의 3중원으로 제도한다.

② 위성기준점은 직경 2mm, 3mm의 2중원으로 제도하고 원 안을 검은색으로 엷게 채색한다.

③ 지적삼각보조점은 직경 3mm의 원으로 제도하고 원 안을 검은색으로 엷게 채색한다.

④ 명칭과 번호는 2mm 이상 3mm 이하 크기의 명조체로 제도한다.

지적기준점의 제도방법

구분	위성기준점	1등 삼각점	2등 삼각점	3등 삼각점	4등 삼각점	지적삼각점	지적삼각보조점	지적도근점
기호	⊕	◉	◎	●	◎	⊕	●	○
크기	3mm/2mm	3mm/2mm/1mm		2mm/1mm		3mm		2mm

② 위성기준점은 직경 2mm 및 3mm의 2중원 안에 십자선을 표시하여 제도한다.

16 고저차 1.9m인 기선을 관측하여 관측거리 248.484m의 값을 얻었다면 경사보정량은?

① $-7mm$ ② $-14mm$ ③ $+7mm$ ④ $+14mm$

경사보정량$= -\dfrac{H^2}{2L} = -\dfrac{1.9^2}{2 \times 248.484} = -0.00726m \fallingdotseq -7mm$

17 지적삼각점 두 점 간의 거리를 계산할 때 계산순서로 바르게 연결한 것은?

① 기준면거리 → 경사거리 → 평면거리

② 기준면거리 → 평면거리 → 수평거리

③ 경사거리 → 기준면거리 → 평면거리

④ 평면거리 → 기준면거리 → 수평거리

해설 거리의 환산은 경사거리(경사보정) → 수평거리(표고보정) → 기준면상 거리(축척계수) → 평면거리(투영면상 거리) 순으로 계산한다.

18 다음 중 지적삼각점을 관측하는 경우 연직각의 관측 및 계산 기준에 대한 설명으로 옳지 않은 것은?

① 연직각의 단위는 "초"로 한다.

② 각 측점에서 정·반으로 각 2회 관측하여야 한다.

③ 관측치의 최대치와 최소치의 교차가 40초 이내이어야 한다.

④ 2개의 기지점에서 소구점의 표고를 계산한 결과 그 교차가 $0.05m + 0.05(S_1 + S_2)m$ 이하일 때에는 그 평균치를 표고로 한다.

해설 관측치의 최대치와 최소치의 교차가 30초 이내일 때에는 그 평균치를 연직각으로 한다.

19 경위의측량방법에 따라 교회법으로 지적삼각보조점측량을 하는 기준으로 옳지 않은 것은?

① 수평각관측은 2대회의 방향관측법에 따른다.

② 지형상 부득이한 경우 두 점의 기지점을 사용할 수 있다.

③ 점간거리는 반드시 평균 1km 이상 3km 이하로 하여야 한다.

④ 연결교차가 0.50m 이하일 때에는 그 평균치를 지적삼각보조점의 위치로 한다.

해설 2개의 삼각형으로부터 계산한 위치의 연결교차($\sqrt{종선교차^2 + 횡선교차^2}$)가 0.30m 이하일 때에는 그 평균치를 지적삼각보조점의 위치로 한다.

20 지적도근점측량에서 측정한 각 측선의 수평거리의 총합계가 1,550m일 때, 연결오차의 허용범위 기준은 얼마인가?(단, 1/600 지역과 경계점좌표등록부 시행지역에 걸쳐 있으며, 2등 도선이다.)

① 25cm 이하

② 29cm 이하

③ 30cm 이하

④ 35cm 이하

해설 지적도근점측량에서 연결허용오차(공차)

측량방법	등급	연결허용오차(공차)
배각법	1등 도선	$M \times \frac{1}{100} \sqrt{n}$ cm 이내
	2등 도선	$M \times \frac{1.5}{100} \sqrt{n}$ cm 이내

※ M : 축척분모, n : 각 측선의 수평거리의 총합계를 100으로 나눈 수

1/600 지역과 경계점좌표등록부 시행지역에 걸쳐 있으므로, 두 개의 축척이 겹쳐 있을 경우 대축척 우선의 원칙에 따라 경계점좌표등록부를 갖춰 두는 지역의 축척분모 500을 적용한다.

2등 도선의 연결허용오차 $= M \times \frac{1.5}{100} \sqrt{n}$ cm $= 500 \times \frac{1.5}{100} \sqrt{15.5} = 29.5$ cm

∴ 연결오차의 허용범위는 29cm 이하이다.

2과목 응용측량

21 터널측량의 일반적인 작업순서에 맞게 나열된 것은?

A. 지표 설치	B. 계획 및 답사	C. 예측	D. 지하 설치

① B → C → D → A
② C → B → A → D
③ B → C → A → D
④ C → B → D → A

해설 터널측량은 일반적으로 계획 → 답사(조사) → 예측 → (지상)중심선측량 → (지하)중심선측량 → 연결측량 → 수준측량 → 단면측량 순서로 진행된다.

22 지형도의 도식과 기호가 만족하여야 할 조건에 대한 설명으로 옳지 않은 것은?

① 간단하면서도 그리기 용이해야 한다.
② 지물의 종류가 기호로써 명확히 판별될 수 있어야 한다.
③ 지도가 깨끗이 만들어지며 도식의 의미를 잘 알 수 있어야 한다.
④ 지도의 사용목적과 축척의 크기에 관계없이 동일한 모양과 크기로 빠짐없이 표시하여야 한다.

해설 지도는 사용목적과 축척의 크기가 각각 다르므로 도식을 전부 동일하게 할 수 없다.

23 수준측량에서 전시(F.S : Fore Sight)에 대한 설명으로 옳은 것은?

① 미지점에 세운 표척의 눈금을 읽은 값
② 기준면으로부터 시준선까지의 높이를 읽은 값

③ 가장 먼저 세운 표척의 눈금을 읽은 값

④ 지반고를 알고 있는 점에 세운 표척의 눈금을 읽은 값

해설 후시(B.S : Back Sight)는 표고를 알고 있는 점에 세운 표척의 읽음값을 말하며, 전시(F.S : Fore Sight)는 표고를 알고자 하는 점에 세운 표척의 읽음값을 말한다.

24 종단측량을 행하여 표와 같은 결과를 얻었을 때, 측점 1과 측점 5의 지반고를 연결한 도로 계획선의 경사도는?(단, 중심선의 간격은 20m이다.)

측점	지반고(m)	측점	지반고(m)
1	53.38	4	50.56
2	52.28	5	52.38
3	55.76		

① +1.00%　　　② −1.00%　　　③ +1.25%　　　④ −1.25%

해설 측점 1과 5의 높이차(h) = 53.38 − 52.38 = 1m, 측점 1과 5의 거리 = 80m

구배 = $\dfrac{\text{높이}}{\text{수평거리}} = \dfrac{1}{80} = 1.25\%$

∴ 측점 5의 지반고가 1보다 낮으므로 경사도는 −1.25%이다.

25 터널측량에 대한 설명으로 옳지 않은 것은?

① 터널측량은 터널 내 측량, 터널 외 측량, 터널 내외 연결측량으로 구분할 수 있다.

② 터널 내의 측점은 천정에 설치하는 것이 유리하다.

③ 터널 내 측량에서는 망원경의 십자선 몇 표척에 조명이 필요하다.

④ 터널 내에서의 곡선설치는 중앙종거법을 사용하는 것이 가장 유리하다.

해설 터널 내 곡선설치는 현편거법과 접선편거법을 적용하며, 일반적으로 현편거법을 사용한다. 또한 현편거법과 접선편거법은 오차가 누적될 위험이 있으므로 곡선이 길어지면 내접다각형법과 외접다각형법을 사용한다.

26 반지름 200m의 원곡선 노선에 10m 간격의 중심점을 설치할 때 중심간격 10m에 대한 현과 호의 길이차는?

① 1mm　　　② 2mm　　　③ 3mm　　　④ 4mm

해설 현과 호의 길이차 = $\dfrac{l^3}{24R^2} = \dfrac{10^3}{24 \times 200^2} ≒ 0.001\text{m} = 1\text{mm}$

27 지하시설물의 탐사방법으로 수도관로 중 PVC 또는 플라스틱 관을 찾는 데 주로 이용되는 방법은?

① 전자탐사법(Electromagnetic Survey)

② 자기탐사법(Magnetic Detection Method)

③ 음파탐사법(Acoustic Prospecting Method)

④ 전기탐사법(Electrical Survey)

해설 음파관측기법은 측량이 불가능한 비금속 지하시설물에 이용되는데, 물이 흐르는 관 내부에 음파신호를 보내고 관 내부에 발생하는 음파를 측정하는 방법이다.

28 카메라의 초점거리(f)와 촬영한 항공사진의 종중복도(p)가 다음과 같을 때, 기선고도비가 가장 큰 것은?(단, 사진크기는 18cm×18cm로 동일하다.)

① $f=21$cm, $p=70\%$　　　　② $f=21$cm, $p=60\%$

③ $f=11$cm, $p=75\%$　　　　④ $f=11$cm, $p=60\%$

해설 기선고도비(h)

$$\frac{B}{H}=\frac{ma\left(1-\dfrac{p}{100}\right)}{H}=\frac{\dfrac{H}{f}\cdot a(1-p)}{H}$$

(B : 촬영기선 길이, H : 촬영고도, m : 축척분모, a : 화면크기, p : 종중복도, f : 초점거리)

∴ 기선고도비는 초점거리와 종중복도가 작을수록 크다.

29 다음 중 우리나라에서 발사한 위성은?

① KOMPSAT　　　② LANDSAT　　　③ SPOT　　　④ IKONOS

해설 KOMPSAT(아리랑위성)은 한국항공우주연구원의 주도하에 개발된 카메라 및 레이더를 사용해 지상을 촬영하는 다목적 실용위성으로서 정밀지도제작, GIS, 국토관리, 재해예방 등에 사용된다. 1999년 12월 아리랑 1호가 발사된 이후 2021년까지 2호, 3호, 5호, 3A호가 발사되었다.

30 축척 1/10,000의 항공사진을 180km/h로 촬영할 경우 허용 흔들림의 범위를 0.02mm로 한다면 최장노출시간은?

① 1/50초　　　② 1/100초　　　③ 1/150초　　　④ 1/250초

해설 최장노출시간(T_l)

$$\frac{\Delta Sm}{V}=\frac{0.00002\times10,000}{180,000\times\dfrac{1}{3,600}}=0.004초=\frac{1}{250}\ 초$$

[ΔS : 흔들리는 양(mm), m : 축척분모, V : 항공기의 초속]

31 직접수준측량에 따른 오차 중 시준거리의 제곱에 비례하는 성질을 갖는 것은?

① 기포관측과 시준선이 평행하지 않아 발생하는 오차
② 표척의 길이가 표준길이와 달라 발생하는 오차
③ 지구의 곡률 및 대기 중 광선의 굴절로 인한 오차
④ 망원경 시야가 흐려 발생되는 표척의 독취 오차

해설 영차(E) = 구차(Ec) + 기차(Er) = $\dfrac{S^2}{2R} + \left(-\dfrac{KS^2}{2R}\right) = \dfrac{(1-K)S^2}{2R}$

- 곡률오차(구차) : 지구가 회전타원체인 것에 기인된 오차, $Ec = \dfrac{S^2}{2R}$

- 굴절오차(기차) : 지구공간의 대기가 지표면에 가까울수록 밀도가 커짐으로써 생기는 오차, $Er = -\dfrac{KS^2}{2R}$

   (R : 곡률반경, S : 수평거리, K : 빛의 굴절계수)

※ 시준거리의 제곱에 비례한다.

32 그림과 같은 수평면과 45°의 경사를 가진 사면의 길이($\overline{AB}$)가 25m이다. 이 사면의 경사를 30°로 할 때, 사면의 길이($\overline{AC}$)는?

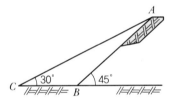

① 32.36m   ② 33.36m   ③ 34.36m   ④ 35.36m

해설 $\angle ABC = 180 - 45° = 135°$

sin법칙 $\dfrac{25}{\sin 30°} = \dfrac{\overline{AC}}{\sin 135°}$ → 사면의 길이($\overline{AC}$) = $\dfrac{25 \times \sin 135°}{\sin 30°} = 35.36\text{m}$

33 축척 1/50,000의 지형도에서 A의 표고가 235m, B의 표고가 563m일 때 두 점 A, B 사이 주곡선의 수는?

① 13   ② 15   ③ 17   ④ 18

해설 축척 1/50,000의 지형도에서 주곡선의 간격은 20m이므로,

∴ A, B 사이의 등고선 개수 = $\dfrac{560 - 240}{20} + 1 = 17$개

34 사이클슬립(Cycle Slip)이나 멀티패스(Multipath)의 오차를 줄일 목적으로 낮은 위성의 고도각을 제한하기도 한다. 일반적으로 제한하는 위성의 고도각 범위로 알맞은 것은?

① 10° 이상   ② 15° 이상   ③ 30° 이상   ④ 40° 이상

해설 GNSS 관측 시 위성은 관측점으로부터 위성에 대한 고도각이 15° 이상에 위치하고 있다. 관측점에서 동시에 수신 가능한 위성 수는 정지측량에 의하는 경우에는 4개 이상, 이동측량에 의하는 경우에는 5개 이상 등의 조건을 만족해야 한다.

---

35 수평각관측의 측각오차 중 망원경을 정 · 반으로 관측하여 소거할 수 있는 오차가 아닌 것은?

① 시준축오차   ② 수평축오차   ③ 연직축오차   ④ 편심오차

해설
- 각관측에서 조정이 불완전하여 발생하는 오차 중 시준축오차와 수평축오차는 망원경의 정 · 반 관측으로 소거가 가능하지만 연직축오차는 소거할 수 없다.
- ①, ②, ④ 외 기계 구조상 결함에 따른 오차 중 분도원 눈금오차와 회전축 편심오차(내심오차), 시준선 편심오차(외심오차) 역시 정 · 반 관측으로 소거가 가능하다.

---

36 두 점 간의 고저차를 A, B 두 사람이 정밀하게 측정하여 다음과 같은 결과를 얻었다. 두 점 간 고저차의 최확값은?

> • A : 68.994m±0.008m   • B : 69.003m±0.004m

① 69.001m   ② 68.998m   ③ 68.996m   ④ 68.995m

해설 관측값의 비중은 거리에 역비례하므로,

경중률 $w_1 : w_2 = \dfrac{1}{m_1^2} : \dfrac{1}{m_2^2} = \dfrac{1}{8^2} : \dfrac{1}{4^2} = \dfrac{1}{64} : \dfrac{1}{16} = 1 : 4$

최확값 $= \dfrac{(68.994 \times 1) + (69.003 \times 4)}{1+4} = 69.001\text{m}$

---

37 직선부 포장도로에서 주행을 위한 편경사는 필요 없지만, 1.5~2.0% 정도의 편경사를 주는 경우의 가장 큰 목적은?

① 차량의 회전을 원활히 하기 위하여
② 노면배수가 잘 되도록 하기 위하여
③ 급격한 노선 변화에 대비하기 위하여
④ 주행에 따른 노면침하를 사전에 방지하기 위하여

해설 편경사(Super – elevation)는 도로에서는 노면에 횡단경사를 두어 외측을 높이는 것을 말한다. 곡선부에는 원심력에 의한 차량의 횡골(Skidding), 전도(Over Turning)의 위험성을 피하기 위하여 설치하며, 직선부에는

노면의 배수가 잘 되기 위하여 둔다.

※ 황골이란 (자동차가) 옆으로 미끄러지는 것을 말한다.

38 축척 1/50,000의 지형도에서 A, B점 간의 도상거리가 3cm였다. 어느 수직 항공사진상에서 같은 A, B점 간의 거리가 15cm였다면 사진의 축척은?

① 1/5,000 ② 1/10,000 ③ 1/15,000 ④ 1/20,000

> **해설** 지상거리$(D) = m \times l = 50,000 \times 0.03 = 1,500\text{m}$
>
> 사진축척$(M) = \dfrac{1}{m} = \dfrac{l}{D} = \dfrac{0.15}{1,500} = \dfrac{1}{10,000}$
>
> (m : 축척분모, l : 사진상 거리, D : 지상거리)

39 GPS 위성궤도면의 수는?

① 4개 ② 6개 ③ 8개 ④ 10개

> **해설** GPS(Global Positioning System)는 24개의 GPS 위성으로 구성되고, 약 2만 km 상공에서 약 0.5항성일 (12h)을 주기로 운동하며, 6개 궤도면이 적도면과 55°의 각을 이루고 있다.

40 지형도 작성 시 활용하는 지형표시 방법과 거리가 먼 것은?

① 방사법 ② 영선법 ③ 채색법 ④ 점고법

> **해설** 지형도에 의한 지형의 표시방법
> - 자연도법 : 우모법(영선법, 게바법), 음영법(명암법)
> - 부호도법 : 점고법, 등고선법, 채색법

3과목 **토지정보체계론**

41 지적공부정리 업무에 있어 행정구역 변경사유가 아닌 것은?

① 행정계획변경
② 행정관할구역변경
③ 행정구역명칭변경
④ 지번변경을 수반한 행정관할구역변경

> **해설** 행정구역 변경사유에는 행정구역명칭변경, 행정관할구역변경, 지번변경을 수반한 행정관할구역변경 등이 있다.

42 KLIS 중 토지의 등록사항을 관리하는 시스템으로 속성정보와 공간정보를 유기적으로 통합하여 상호 데이터의 연계성을 유지하며 변동자료를 실시간으로 수정하여 국민과 관련 기관에 필요한 정보를 제공하는 시스템은?

① 지적공부관리시스템
② 지적측량성과작성시스템
③ 토지민원발급시스템
④ 연속/편집도 관리시스템

해설 한국토지정보시스템(KLIS)의 구성내용
- 지적공부관리시스템 : 속성정보와 공간정보를 유기적으로 통합하여 상호 데이터의 연계성을 유지하며 변동자료를 실시간으로 수정하여 국민과 관련 기관에 필요한 정보를 제공하는 시스템
- 지적측량성과작성시스템 : 지적측량신청에서 지적공부정리까지 데이터베이스를 공동으로 사용하여 전산으로 처리할 수 있도록 작성된 시스템
- 데이터베이스 변환시스템 : 초기 데이터 구축, DB자료 변환, 자료백업 등을 효율적이고 체계적인 방식으로 처리할 수 있도록 지원하는 시스템
- 연속/편집도 관리시스템 : 시·군·구 지적담당자가 수행하는 업무를 연속/편집도 시스템을 이용하여 효율적이고 체계적인 방식으로 처리할 수 있도록 지원하는 시스템
- 토지민원발급시스템 : 시·군·구 토지민원발급 담당자가 수행하는 업무를 토지민원발급시스템을 이용하여 효율적이고 체계적인 방식으로 처리할 수 있도록 지원하는 시스템

43 지적도면 정보의 직접취득방법이 아닌 것은?

① 위성측량방법
② 평판측량방법
③ 경위도측량방법
④ 법원감정측량방법

해설 법원감정측량은 토지 관련 분쟁소송에서 판사가 법원감정측량사(한국국토정보공사 또는 일반감정측량사)에게 촉탁하여 경계, 위치, 면적 등에 대한 측량을 실시하고, 그 결과를 참조하여 판결을 내리는 것이므로 법원감정측량으로 지적도면의 정보를 직접적으로 취득하는 것은 아니다.

44 다음 중 벡터편집의 오류 유형이 아닌 것은?

① 스파이크(Spike)
② 언더슈트(Undershoot)
③ 슬리버 폴리곤(Sliver Polygon)
④ 스파게티 모형(Spaghetti Model)

해설 디지타이징 및 벡터편집 오류 유형에는 언더슈트(Undershoot), 오버슈트(Overshoot), 스파이크(Spike), 슬리버 폴리곤(Sliver Polygon), 오버래핑(Overlapping) 등이 있다.

45 DBMS 방식의 단점으로 옳지 않은 것은?

① 시스템의 복잡성
② 상대적으로 비싼 비용
③ 중앙집약적인 구조의 위험성
④ 미들웨어 사용으로 인한 불편 초래

해설 DBMS의 장단점
- 장점 : 데이터의 독립성, 데이터의 중복성 배제, 데이터의 공용화, 데이터의 일관성 유지, 데이터의 무결성과 보안성, 데이터의 표준화 등이 있다.
- 단점 : 운영비용 부담, 시스템의 복잡성, 중앙집약적 구조의 위험성 등이 있다.

46 DBMS의 "정의" 기능에 대한 설명이 아닌 것은?

① 데이터의 물리적 구조를 명세한다.
② 데이터의 논리적 구조와 물리적 구조 사이의 변환이 가능하도록 한다.
③ 데이터베이스의 논리적 구조와 그 특성을 데이터 모델에 따라 명세한다.
④ 데이터베이스를 공용하는 사용자의 요구에 따라 체계적으로 접근하고 조작할 수 있다.

해설 데이터베이스관리시스템(DBMS : Database Management System)이란 데이터를 한곳에 모은 저장소를 만들고 그 저장소에 여러 사용자가 접근하여 데이터를 저장 및 관리 등의 기능을 수행하며 공유할 수 있는 환경을 제공하는 응용 소프트웨어 프로그램이다. 데이터베이스(Database)의 구조는 저장구조를 사용자의 입방에서 보느냐, 시스템(저장장치)의 입자에서 보느냐에 따라 논리적 구조와 물리적 구조로 구별한다.

47 다음 중에서 가장 늦게 출현한 시스템은?

① 지적행정시스템
② 부동산종합공부시스템
③ 한국토지정보시스템(KLIS)
④ 필지중심토지정보시스템(PBLIS)

해설 지적행정전산화의 변천
토지기록 전산화(1978년 대장전산화 시범사업 · 1990년 대장전산화 완료 · 1996년 도면전산화 시범사업 · 2003년 도면전산화 완료) → 필지중심토지정보시스템(2002년 시범사업 · 2003년 전국 확산) → 토지관리정보체계(1998년 시범사업 · 2004년 전국 확산) → 한국토지정보시스템(2004년 시범운영 · 2005년 전국 확산) → 부동산종합공부시스템(2014년 운영)

48 필지중심토지정보시스템(PBLIS)의 표준화에 관한 설명 중 옳지 않은 것은?

① 통일된 하나의 표준좌표계를 선정해야 한다.
② 다양한 사용자들이 다양한 자원을 공유할 수 있도록 데이터를 표준화하여야 한다.
③ 국가 차원에서 수치지도 작성규칙을 제정하여 표준화된 소축척 도면을 사용하여야 한다.
④ 시스템의 상호 운용성, 연동성 등 통신망에서 운용될 수 있게 네트워크가 설계되어야 한다.

해설 PBLIS의 표준화에는 표준화의 설정, 표준좌표체계 사용, 대축척 도면 사용, 네트워크(Network) 설계 등이 있다.

49 스파게티 모형의 특징으로 옳지 않은 것은?

① 공간자료를 단순화 좌표목록으로 저장한다.

② 도면을 독취할 때 작성된 자료와 비슷하다.

③ 인접한 다각형을 나타낼 때에 경계는 2번씩 저장한다.

④ 객체들 간 공간관계가 설정되어 공간분석에 효율적이다.

해설 스파게티 모형은 자료구조가 매우 간단하여 수치지도를 제작하고 갱신하는 경우에는 효율적이나 공간분석에는 비효율적이다.

50 래스터데이터 압축방법 중 각 행마다 왼쪽에서 오른쪽으로 진행하면서 동일한 수치를 갖는 셀들을 묶어 압축하는 방법은?

① Quadtree ② Block Code ③ Chain Code ④ Run-length Code

해설 ① 사지수형(Quadtree) 기법은 크기가 다른 정사각형을 이용하는 방법으로 하나의 속성값이 존재할 때까지 반복하며, 자료의 압축이 좋다.

② 블록코드(Block Code) 기법은 런렝스코드(Run-length Code) 기법에 기반을 둔 것으로 2차원 정방형 블록으로 분할하여 객체에 대한 데이터를 구축하는 방법이다.

③ 체인코드(Chain Code) 기법은 대상지역에 해당하는 격자들의 연속적인 연결상태를 파악하여 동일한 지역의 정보를 제공하는 방법으로 자료의 시작점에서 동서남북으로 방향을 이동하는 단위거리를 통해서 표현한다.

51 토지종합정보망 소프트웨어 구성에 관한 설명으로 옳지 않은 것은?

① 미들웨어 클라이언트에 탑재

② DB서버-응용서버-클라이언트로 구성

③ 미들웨어는 자료제공자와 도면생성자로 구분

④ 자바(Java)로 구현하여 IT-플랫폼에 관계없이 운영 가능

해설 토지종합정보망의 소프트웨어는 DB서버-응용서버-클라이언트로 구성된 3계층 구조로 개발되었다. 응용서버에 탑재되는 미들웨어는 DB서버와 클라이언트 간의 매개역할로서 자료를 제공하는 자료제공자와 도면을 생성하는 도면생성자로 구분되며, 자바(Java)로 구현하여 IT-플랫폼에 관계없이 운영이 가능하도록 구성되었다.

52 차량내비게이션(CNS)에서 사용하는 최단거리 분석방법으로 적합한 분석기능은?

① 네트워크 분석 ② 관계분석 ③ 표면분석 ④ 인접성 분석

해설 네트워크(Network, 관망) 분석은 GIS 분석방법 중 차량 경로 탐색이나 최단거리 탐색, 최적 경로 분석, 자원할당 분석 등에 주로 사용된다.

53 필지중심토지정보시스템 중 지적소관청에서 일반적으로 많이 사용하는 시스템은?

① 지적측량시스템　　　　　　　　　② 지적행정시스템

③ 지적공부관리시스템　　　　　　　④ 지적측량성과작성시스템

해설 지적공부관리시스템, 지적측량시스템, 지적측량성과작성시스템으로 구성된 PBLIS는 상호 유기적으로 운영되며, 지적공부관리시스템이 지적소관청에서 사용된다.

54 토지 관련 자료의 입력 과정에서 지적도면과 같은 자료를 수동으로 입력할 수 있는 장비는 어느 것인가?

① 프린터　　　　　② 디지타이저　　　　　③ 스캐너　　　　　④ 플로터

해설 토지정보의 입력은 일반적으로 속성정보에는 키보드, 도형정보에는 수동방식의 디지타이저와 자동방식의 스캐너가 이용된다.

55 토지정보체계를 구축할 때 도형자료를 작성하는 데 가장 적합한 원시자료는?

① 공유지연명부 자료　　　　　　　② 대지권등록부 자료

③ 경계점좌표등록부 자료　　　　　④ 토지대장 및 임야대장 자료

해설 경계점좌표등록부에 등록된 토지경계의 좌표를 입력하여 도형자료를 구축하는 것이 가장 정확하며, 공유지연명부와 대지권등록부, 토지대장 및 임야대장은 속성자료를 등록하고 있다.

56 DEM데이터가 다음과 같을 때, $A \rightarrow B$ 방향의 경사도는?(단, 셀의 크기는 100m×100m)

200	210	(A) 220
190	(B) 190	200
170	190	190

① 약 +21%　　　　② 약 −21%　　　　③ 약 +30%　　　　④ 약 −30%

해설 A중심에서 B중심까지의 수평거리(x)를 구하면,

sin법칙 : $\dfrac{100}{\sin45°} = \dfrac{x}{\sin90°} \rightarrow x = \dfrac{100 \times \sin90°}{\sin45°} = 141.4\text{m}$

표고차(h)=220−190=30m이므로,

구배 $= \dfrac{높이}{수평거리} = \dfrac{30}{141.4} = 0.21\%$

∴ A보다 B의 지반이 낮으므로 경사도는 −21%이다.

57 토지정보시스템의 구성요소로 가장 거리가 먼 것은?

① 인적 자원
② 하드웨어
③ 소프트웨어
④ 운영규정 및 매뉴얼

해설 토지정보시스템의 4가지 구성요소는 하드웨어, 소프트웨어, 데이터베이스, 인적 자원(인력 및 조직)이다.

58 우리나라 PBLIS의 개발 소프트웨어는?

① CARIS
② GOTHIC
③ ER-Mapper
④ SYSTEM 9

해설 필지중심토지정보시스템(PBLIS)의 하드웨어는 Window NT 및 UNIX이고 소프트웨어는 GOTHIC(영국)이다.

59 학교정화구역(학교로부터 100m 이내 지역)을 설정할 때 적합한 공간분석방법은?

① 버퍼 분석
② 중첩분석
③ TIN 분석
④ 네트워크 분석

해설 버퍼 분석은 점, 선, 또는 다각형을 기준으로 특정한 지역을 설정하여, 해당 지역 내에 있는 모든 자료에 대한 검색, 질의 등을 수반한 분석방법이다.

60 벡터자료의 구조에 관한 설명으로 가장 거리가 먼 것은?

① 복잡한 현실세계의 묘사가 가능하다.
② 좌표계를 이용하여 공간정보를 기록한다.
③ 래스터자료보다 자료구조가 단순하여 중첩분석이 쉽다.
④ 위상 관련 정보가 제공되어 네트워크 분석이 가능하다.

해설 벡터데이터 구조의 장단점

장점	단점
• 사용자 관점에 가까운 자료구조이다. • 자료 압축률이 높다. • 위상에 대한 정보가 제공되어 관망분석과 같은 다양한 공간분석이 가능하다. • 위치와 속성에 대한 검색, 갱신, 일반화가 가능하다. • 정확도가 높다. • 지도와 비슷한 도형제작이다.	• 데이터 구조가 복잡하다. • 중첩의 수행이 어렵다. • 동일하지 않은 위상구조로 분석이 어렵다.

61 지적측량사규정에 국가공무원으로서 그 소속 관서의 지적측량 사무에 종사하는 자로 정의하며, 내무부를 비롯하여 각 시·도와 시·군·구에 근무하는 공무원도 포함되었던 지적측량사는?

① 감정측량사   ② 대행측량사

③ 상치측량사   ④ 지적측량사

해설 지적측량사규정(1961년 시행)에서 지적측량사를 국가 공무원으로서 그 소속 관서의 지적측량 사무에 종사하는 상치측량사와 타인으로부터 지적법에 의한 측량 업무를 위탁받아 이를 행하는 대행측량사로 구분하였다.

62 다음 중 지적제도와 등기제도를 처음부터 일원화하여 운영한 국가는?

① 대만   ② 독일   ③ 일본   ④ 네덜란드

해설 네덜란드는 창설 당시부터 지적과 등기가 통합·운영되었다.

63 우리나라에서 자호제도가 처음 사용된 시기는?

① 백제   ② 신라   ③ 고려   ④ 조선

해설 자호제도는 고려 후기에 토지의 정확한 파악을 목적으로 시행한 지번제도이다.

64 소극적 등록제도에 대한 설명으로 옳지 않은 것은?

① 권리 자체의 등록이다.

② 지적측량과 측량도면이 필요하다.

③ 토지의 등록을 의무화하고 있지 않다.

④ 서류의 합법성에 대한 사실조사가 이루어지는 것은 아니다.

해설 소극적 등록제도는 일필지의 소유권이 거래되면서 발생하는 거래증서를 변경·등록하는 제도에 불과하므로 적극적 등록제도에서와 같이 국가에 의해 등록에 대한 법적 권리보장이 되지 않는다. 토지의 권원(Title)을 등록하는 제도는 토렌스시스템이다.

65 토지측량사에 의해 정밀 지적측량이 수행되고, 토지소관청으로부터 사정의 행정처리가 완료되어 확정된 지적경계의 유형은?

① 고정경계   ② 일반경계   ③ 보증경계   ④ 지상경계

해설 ① 고정경계는 지적측량에 의하여 결정되어 정확도가 높으나 경계에 대한 법적 보증이 인정되지 않아 일반경계와 법률적 효력이 유사한 토지경계를 말한다.
② 일반경계는 토지경계가 도로, 하천, 해안선, 담, 울타리, 도랑 등 자연적 지형지물로 이루어진 토지경계를 말한다.
④ 지상경계는 도상경계를 지도상에 복원하여 표시한 토지경계를 말한다.

66 지적기술자가 측량 시 타인의 토지 내에서 시설물의 파손 등 재산상의 피해를 입힌 경우에 속하는 것은?

① 징계책임   ② 민사책임   ③ 형사책임   ④ 도의적 책임

해설 지적측량의 책임
- 형사책임 : 지적측량이 지적공부에 근거한 작업이므로 지적공부, 지적측량부 등의 위 · 변조 등 위법행위로서의 고의성이 있는 경우에 해당
- 민사책임 : 지적측량 행위에 고의 또는 과실이 있었고 그 행위로 인해 손해가 있었으며 행위와 손해 간에 인과관계가 있는 경우에 발생
- 징계책임 : 업무에 대해 직무 관련 법규의 위반에 따른 책임으로서 일정한 신분관계를 전제로 함
- 도의적 책임 : 지적측량의 신뢰성에 대한 광범위한 책임으로서 주로 개인의 양심에 의해 확보
- 기능적 책임 : 전문직업인으로서 그 직업의 이상과 기준에 대한 책임으로, 윤리강령 내지 소속 기관의 내규 또는 운용방침에 의해 확보

67 토지조사사업 당시의 지목 중 면세지에 해당하지 않는 것은?

① 분묘지   ② 사사지   ③ 수도선로   ④ 철도용지

해설 토지조사사업 당시 지목의 분류
- 과세지 : 전 · 답 · 대 · 지소 · 임야 · 잡종지
- 면세지 : 사사지(社寺地) · 분묘지 · 공원지 · 철도용지 · 수도용지
- 비과세지 : 도로 · 하천 · 구거 · 제방 · 성첩 · 철도선로 · 수도선로

68 우리나라 법정지목을 구분하는 중심적 기준은?

① 토지의 성질   ② 토지의 용도   ③ 토지의 위치   ④ 토지의 지형

해설 지목은 토지의 주된 용도에 따라 토지의 종류를 구분하여 지적공부에 등록한 것이다.

69 다음 중 등록의무에 따른 지적제도의 분류에 해당하는 것은?

① 세지적   ② 도해지적   ③ 2차원지적   ④ 소극적지적

해설 토지등록제도의 유형 중 소극적 등록제도는 등록의무가 없고 적극적 등록제도는 등록의무가 있다.

70 내수사(內需司) 등 7궁 소속의 토지 가운데 채소밭을 실측한 지도에 대한 설명으로 옳지 않은 것은?

① 사표식으로 주기되어 있다.　　② 궁채전도(宮菜田圖)라 한다.
③ 지목과 지번이 기재되어 있다.　④ 면적은 삼사법으로 구적하였다.

해설 궁채전도는 지목과 지번이 기재되지 않은 축척 1/200 도면으로 작성되었다.

71 다음 중 지적의 요건으로 볼 수 없는 것은?

① 안전성　　② 정확성　　③ 창조성　　④ 효율성

해설 지적제도의 특징은 안전성, 간편성, 정확성과 신속성, 저렴성, 적합성, 등록의 완전성이다.

72 다음 중 조선총독부에서 제정한 법령이 아닌 것은?

① 토지조사령　　　　　　② 토지조사법
③ 토지대장규칙　　　　　④ 토지측량표규칙

해설 토지조사법은 대한제국 법률 제7호(1910.8.23.)로 공포되었으며, 나머지는 조선총독부에서 제정되었다.

73 다음 중 우리나라에서 최초로 "지적"이라는 용어가 법률상에 등장한 시기로 옳은 것은?

① 1895년　　② 1905년　　③ 1910년　　④ 1950년

해설 조선 후기에 공포(1895.03.26. 칙령 제53호)된 내부관제 중 판적국에서 "지적에 관한 사항"을 관장하였는데 여기에서 우리나라 최초로 "지적"이라는 용어가 쓰였다.

74 임야조사사업 당시 사정기관은?

① 법원　　　　　　　　　② 도지사
③ 임야심사위원회　　　　④ 토지조사위원회

해설 토지조사사업의 사정기관은 임시토지조사국장이고, 임야조사사업의 사정기관은 도지사이다.

75 경계의 표시방법에 따른 지적제도의 분류가 옳은 것은?

① 도해지적, 수치지적　　　② 수평지적, 입체지적
③ 2차원지적, 3차원지적　　④ 세지적, 법지적, 다목적지적

해설 지적제도는 발전과정에 따라 세지적, 법지적, 다목적지적으로, 표시방법(측량방법)에 따라 도해지적, 수치지적으로, 등록대상(등록방법)에 따라 2차원지적(평면지적), 3차원지적(입체지적)으로 분류한다.

76 적극적 등록제도에 대한 설명으로 옳지 않은 것은?

① 토지등록을 의무화하지 않는다.
② 토렌스시스템은 이 제도의 발달된 형태이다.
③ 지적측량이 실시되지 않으면 토지의 등기도 할 수 없다.
④ 토지등록상의 문제로 인해 선의의 제3자가 받은 피해는 법적으로 보호되고 있다.

해설 적극적 등록제도에서 토지의 등록은 강제적이고 의무적이다.

77 개개의 토지를 중심으로 토지등록부를 편성하는 방법은?

① 물적 편성주의
② 인적 편성주의
③ 연대적 편성주의
④ 물적 · 인적 편성주의

해설 보기는 모두 토지등록(부)의 편성방법에 해당된다. 이 중 물적 편성주의는 개별 토지 중심으로 대장을 작성하며, 우리나라에서 채택하고 있는 방법이다.

78 탁지부 양지국에 관한 설명으로 옳지 않은 것은?

① 토지측량에 관한 사항을 담당하였다.
② 관습조사(慣習調査) 사항을 담당하였다.
③ 공문서류의 편찬 및 조사에 관한 사항을 담당하였다.
④ 1904년 탁지부 양지국관제가 공포되면서 상설기구로 설치되었다.

해설 대한제국의 관제인 탁지부 양지국에서는 관습조사 사항은 담당하지 않았다.

79 지적의 원칙과 이념의 연결이 옳은 것은?

① 공시의 원칙－공개주의
② 공신의 원칙－국정주의
③ 신의성실의 원칙－실질적 심사주의
④ 임의 신청의 원칙－적극적 등록주의

해설 공시의 원칙은 토지등록의 법적 지위에 있어서 토지의 이동이나 물권의 변동은 반드시 외부에 알려야 한다는 원칙이며, 이에 따라 토지에 관한 등록사항은 지적공부에 등록하고 이를 일반에 공지하여 누구나 이용하고 활용할 수 있게 하여야 하는 것은 지적공개주의의 이념이다.

80 철도용지와 하천 지목이 중복되는 토지의 지목설정방법은?

① 등록선후의 원칙에 따른다.
② 필지 규모와 면적에 따른다.
③ 경제적 고부가 가치의 용도에 따른다.
④ 소관청 담당자의 주관적 직권으로 결정한다.

해설 도로, 철도용지, 하천, 제방, 구거, 수도용지 등의 지목이 중복되는 경우에는 먼저 등록된 토지의 사용목적, 용도에 따라 지번을 설정하며 이를 등록선후의 원칙이라 한다.

5과목 **지적관계법규**

81 지번변경 승인신청 시 필요한 서류가 아닌 것은?

① 지번변경 대상지역의 지번 등 명세
② 지번변경 사유를 적은 승인신청서
③ 지번변경 대상지역의 일람도 사본
④ 지번변경 대상지역의 지적도 및 임야도의 사본

해설 지번변경 승인신청에 일람도 사본은 필요하지 않다.

82 우리나라 부동산등기의 일반적 효력과 관계가 없는 것은?

① 순위 확정적 효력　　　　　　② 권리의 공신적 효력
③ 권리의 변동적 효력　　　　　　④ 권리의 추정적 효력

해설 부동산등기는 일반적으로 물권(권리) 변동의 효력, 순위 확정의 효력, 권리 추정력, 등기의 점유적 효력 등이 있다. 권리의 공신력은 없다.

83 다음 중 「국토의 계획 및 이용에 관한 법률」의 제정 목적으로 가장 타당한 것은?

① 공공복리의 증진　　　　　　② 도시의 미관 개선
③ 투기억제 및 경제발전　　　　④ 건전한 도시발전의 도모

해설 「국토의 계획 및 이용에 관한 법률」은 국토의 이용·개발과 보전을 위한 계획의 수립 및 집행 등에 필요한 사항을 정하여 공공복리를 증진시키고 국민의 삶의 질을 향상시키는 것을 목적으로 한다.

84 지적측량업의 등록기준이 옳은 것은?

① 특급기술자 1명 또는 고급기술자 3명 이상
② 중급기술자 3명 이상
③ 초급기술자 2명 이상
④ 지적 분야의 초급기능사 1명 이상

해설 지적측량업의 등록기준

구분	기술인력	장비
지적 측량업	• 특급기술인 1명 또는 고급기술인 2명 이상 • 중급기술인 2명 이상 • 초급기술인 1명 이상 • 지적 분야의 초급기능사 1명 이상	• 토털스테이션 1대 이상 • 출력장치 1대 이상 　- 해상도 : 2,400DPI×1,200DPI 　- 출력범위 : 600mm×1,060mm 이상

85 다음 중 지목설정이 올바르게 연결되지 않은 것은?

① 황무지 – 임야
② 경마장 – 체육용지
③ 야외시장 – 잡종지
④ 고속도로의 휴게소 부지 – 도로

해설 경마장 토지와 부속시설물의 부지에 대한 지목은 유원지이다.

86 「부동산등기법」에 따른 용어의 정의로 옳지 않은 것은?

① "등기부"란 전산정보처리조직에 의하여 입력·처리된 등기정보자료를 대법원 규칙으로 정하는 바에 따라 편성한 것을 말한다.
② "등기부부본자료"란 등기부의 멸실 방지를 위하여 전산으로 출력하여 별도의 장소에 보관한 자료를 말한다.
③ "등기기록"이란 1필의 토지 또는 1개의 건물에 관한 등기정보자료를 말한다.
④ "등기필정보"란 등기부에 새로운 권리자가 기록되는 경우에 그 권리자를 확인하기 위하여 등기관이 작성한 정보를 말한다.

해설 등기부부본자료는 등기부와 동일한 내용으로 보조기억장치에 기록된 자료이다.

87 토지 등기기록의 표제부에 기록하여야 하는 사항으로 옳지 않은 것은?

① 이해관계자
② 지목과 면적
③ 신청인의 성명, 주소
④ 부동산의 소재와 지번

해설 토지 등기기록의 표제부에 기록할 사항은 표시번호, 접수연월일, 소재·지번, 지목, 면적, 등기원인 등이다. 이해관계자는 기록할 사항이 아니다.

88 「국토의 계획 및 이용에 관한 법률」상 용도지역에 해당하지 않는 것은?

① 농림지역   ② 도시지역

③ 자연환경보전지역   ④ 취락지역

해설   용도지역에는 도시지역(주거 · 상업 · 공업 · 녹지), 관리지역(보전관리 · 생산관리 · 계획관리), 농림지역, 자연환경보전지역이 있으며, 취락지역은 용도지구의 하나이다.

89 「부동산등기법」상 등기할 수 있는 권리에 해당하지 않는 것은?

① 점유권과 유치권   ② 소유권과 지역권

③ 저당권과 임차권   ④ 지상권과 전세권

해설   • 등기할 수 있는 권리 : 소유권, 지상권, 지역권, 전세권, 저당권, 권리질권, 채권담보권, 임차권 등
        • 등기할 수 없는 권리 : 점유권, 유치권, 동산질권 등

90 다음 중 토지의 이동이라 할 수 없는 사항은?

① 지번의 변경   ② 토지의 합병

③ 토지등급의 수정   ④ 경계점좌표의 변경

해설   토지의 이동은 지적공부에 토지의 소재 · 지번 · 지목 · 면적 · 경계 또는 좌표를 새로이 등록하거나 변경 또는 말소하는 것을 의미한다. 토지등급의 수정과는 관계없다.

91 다음 중 지번을 새로이 부여할 필요가 없는 것은?

① 임야분할   ② 지목변경   ③ 등록전환   ④ 신규등록

해설   지목변경은 지적공부에 등록된 지목을 다른 지목으로 변경하기 때문에 지번을 새로이 부여하지 않는다.

92 축척변경에 따른 청산금의 산정 및 납부고지 등에 관한 설명으로 옳지 않은 것은?

① 청산금을 산정한 결과 차액이 생긴 경우 초과액은 그 지방자치단체의 수입으로 한다.
② 지적소관청은 청산금의 수령통지를 한 날부터 6개월 이내에 청산금을 지급하여야 한다.
③ 납부고지를 받은 자는 그 고지를 받은 날부터 9개월 이내에 청산금을 지적소관청에 내야 한다.
④ 청산금은 축척변경 지번별 조서의 필지별 증감면적에 지번별 m²당 금액을 곱하여 산정한다.

해설   납부고지를 받은 자는 그 고지를 받은 날부터 6개월 이내에 청산금을 지적소관청에 내야 한다.

93 토지 등의 출입 등에 따른 손실보상에 관하여 손실을 보상할 자와 손실을 받은 자의 협의가 성립되지 않거나 협의를 할 수 없는 경우 재결을 신청할 수 있는 곳은?

① 지적소관청
② 중앙지적위원회
③ 지방지적위원회
④ 관할 토지수용위원회

해설 손실보상에 대한 협의가 이루어지지 않을 때에는 관할 토지수용위원회에 재결을 신청하며, 관할 토지수용위원회의 재결에 불복하는 자는 재결서 정본을 송달받은 날부터 30일 이내에 중앙토지수용위원회에 이의를 신청할 수 있다.

94 다음 중 축척변경에 관한 설명으로 옳지 않은 것은?

① 지적소관청은 축척변경 시행지역의 각 필지별 지번·지목·면적·경계 또는 좌표를 새로 정하여야 한다.
② 지적소관청은 하나의 지번부여지역에 서로 다른 축척의 지적도가 있는 경우 일정한 지역을 정하여 그 지역의 축척을 변경할 수 있다.
③ 지적소관청이 지적공부의 관리에 필요하여 축척변경을 하고자 하는 경우 축척변경 시행지역의 토지소유자 3분의 1 이상의 동의를 얻어야 한다.
④ 잦은 토지의 이동으로 1필지의 규모가 작아서 소축척으로는 지적측량성과의 결정이 곤란한 경우 지적소관청은 일정한 지역을 정하여 그 지역의 축척을 변경할 수 있다.

해설 지적소관청이 직권으로 축척변경을 하려면 축척변경 시행지역의 토지소유자 3분의 2 이상의 동의를 받아야 한다.

95 지적공부에 등록된 일필지의 토지를 분할하기 위한 지적정리 절차를 순서대로 올바르게 나열한 것은?

| ㄱ. 토지의 이동 신청 | ㄴ. 등기촉탁 및 지적정리의 통지 |
| ㄷ. 지적측량 의뢰 | ㄹ. 지적공부정리 |

① ㄷ → ㄱ → ㄹ → ㄴ
② ㄱ → ㄷ → ㄹ → ㄴ
③ ㄷ → ㄱ → ㄴ → ㄹ
④ ㄱ → ㄷ → ㄴ → ㄹ

해설 **토지분할에 의한 지적정리 절차**
지적측량 의뢰 → 토지이동 신청서 작성 및 토지이동 신청 → 토지이동결의서 작성 → 지적공부 정리 → 관할 등기관서에 등기촉탁 및 지적공부정리 통지

96 등록사항의 정정에 관한 설명으로 옳지 않은 것은?

① 토지소유자는 지적공부의 등록사항에 잘못이 있음을 발견하면 지적소관청에 그 정정을 신청할 수 있다.

② 토지소유자에 관한 사항을 정정하는 경우에는 주민등록등본·초본 및 가족관계기록사항에 관한 증명서에 따라 정정하여야 한다.

③ 지적공부의 등록사항 중 경계나 면적 등 측량을 수반하는 토지의 표시가 잘못된 경우에는 지적소관청은 그 정정이 완료될 때까지 지적측량을 정지시킬 수 있다.

④ 미등기 토지에 대하여 토지소유자의 성명 또는 명칭, 주민등록번호, 주소 등이 명백히 잘못된 경우에는 가족관계 기록사항에 관한 증명서에 따라 정정하여야 한다.

> **해설** 등록사항을 정정할 때 토지소유자에 관한 사항의 확인자료에는 등기필증, 등기완료통지서, 등기사항증명서 또는 등기관서에서 제공한 등기전산정보자료 등이 있다. 주민등록등본·초본 및 가족관계기록사항과는 관계가 없다.

97 다음 중 측량업등록의 결격사유에 해당하지 않는 것은?

① 파산자로서 복권되지 아니한 자

② 피성년후견인 또는 피한정후견인

③ 측량업의 등록이 취소된 후 2년이 지나지 아니한 자

④ 「국가보안법」의 관련 규정을 위반하여 금고 이상의 실형을 선고받고 그 집행이 끝난 날부터 2년이 지나지 아니한 자

> **해설** 측량업등록의 결격사유
> • 피성년후견인 또는 피한정후견인
> • 금고 이상의 실형을 선고받고 그 집행이 끝나거나 집행이 면제된 날부터 2년이 지나지 아니한 자
> • 금고 이상의 형의 집행유예를 선고받고 그 집행유예기간 중에 있는 자
> • 측량업의 등록이 취소된 후 2년이 지나지 아니한 자
> • 임원 중 위 4항목의 어느 하나에 해당하는 자가 있는 법인

98 「공간정보의 구축 및 관리 등에 관한 법률」상 필요한 경우 토지를 수용할 수 있는 경우는?

① 장애물을 제거하는 경우 ② 경계복원 측량을 하는 경우
③ 축척변경사업을 하는 경우 ④ 지적측량기준점표지를 설치하는 경우

> **해설** 국토교통부장관은 기본측량을 실시하기 위하여 필요하다고 인정하는 경우에는 토지, 건물, 나무 그 밖의 공작물을 수용하거나 사용할 수 있다. 그러므로 지적측량기준점토지를 설치하는 경우 타인의 토지를 수용할 수 있다.

99 토지의 이동과 관련하여 세부측량을 실시할 때 면적을 측정하지 않는 것은?

① 지적공부의 복구 · 신규등록을 하는 경우

② 등록전환 · 분할 및 축척변경을 하는 경우

③ 등록된 경계점을 지상에 복원만 하는 경우

④ 면적 및 경계의 등록사항을 정정하는 경우

해설 면적측정 대상은 지적공부의 복구 · 신규등록 · 등록전환 · 분할 및 축척변경을 하는 경우, 면적 또는 경계를 정정하는 경우, 도시개발사업 등으로 인한 토지의 이동에 따라 토지의 표시를 새로 결정하는 경우, 경계복원측량 및 지적현황측량에 면적측정이 수반되는 경우 등이 있다. 등록된 경계점을 지상에 복원만 하는 경우에는 면적을 측정하지 않는다.

100 다음 설명의 (   ) 안에 공통으로 들어갈 알맞은 용어는?

토지의 이동에 따른 면적 등의 결정방법은 (   )에 따른 경계 · 좌표 또는 면적은 따로 지적측량을 하지 아니하고 (   ) 후 필지의 경계 또는 좌표와 (   ) 후 필지의 면적의 구분에 따라 결정한다.

① 등록   ② 분할   ③ 전환   ④ 합병

해설 토지의 이동에 따른 면적 등의 결정방법은 합병에 따른 경계 · 좌표 또는 면적은 따로 지적측량을 하지 아니하고 합병 후 필지의 경계 또는 좌표와 합병 후 필지의 면적의 구분에 따라 결정한다.

1과목 지적측량

01 지구를 평면으로 가정할 때 정도 $1/10^6$에서 거리오차는?(단, 지구의 곡률반경은 6,370km이다.)

① 1.21cm　　　　② 2.21cm　　　　③ 3.21cm　　　　④ 4.21cm

 해설

허용정밀도$\left(\dfrac{d-D}{D}\right) = \dfrac{1}{12}\left(\dfrac{D}{r}\right)^2 = \dfrac{1}{10^6}$ → 실제거리$(D) = \sqrt{\dfrac{12 \times 6{,}370^2}{10^6}} = 22.066$km

(d : 평면거리, D : 실제거리, r : 지구 평균곡률반경)

∴ 곡면과 평면거리의 차$(d-D) = \dfrac{D}{10^6} = \dfrac{22.066}{10^6} = 0.022066$m $= 2.21$cm

02 다음 그림의 삽입망 조정에서 삼각형 ABC로 이루어지는 산출 내각은?(단, $\gamma_1 = 96°04'44''$, $\gamma_2 = 68°39'10''$이다.)

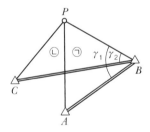

① 27°25′34″　　　　　　　　② 68°39′10″
③ 96°04′44″　　　　　　　　④ 164°43′54″

해설　산출내각$(\angle ABC) = \gamma_1 - \gamma_2 = 96°04'44'' - 68°39'10'' = 27°25'34''$

03 평판측량방법에 의한 세부측량을 교회법으로 하는 경우 방향각의 교각에 대한 설명으로 옳은 것은?

① 10° 이상 130° 이하로 한다.　　　　② 20° 이상 140° 이하로 한다.
③ 30° 이상 150° 이하로 한다.　　　　④ 40° 이상 160° 이하로 한다.

해설 평판측량방법에 따른 세부측량을 교회법으로 하는 경우 방향각의 교각은 30° 이상 150° 이하로 한다.

04 평판측량방법에 따른 세부측량을 방사법으로 하는 경우 광파조준의를 사용할 때에는 1방향선의 도상길이를 최대 얼마 이하로 할 수 있는가?

① 10cm　　　　② 15cm　　　　③ 20cm　　　　④ 30cm

해설 평판측량방법에 따른 세부측량을 방사법으로 하는 경우에는 1방향선의 도상길이는 10cm 이하로 하며, 광파조준의 또는 광파측거기를 사용할 때에는 30cm 이하로 할 수 있다.

05 배각법에 의한 지적도근점측량 시 관측각에 대한 오차 계산으로 옳은 것은?

① 출발기지방위각 − 관측각의 합 + 180°(측점수 − 1)
② 출발기지방위각 − 관측각의 합 + 도착기지방위각
③ 출발기지방위각 + 관측각의 합 − 180°(측점수 − 1) − 도착기지방위각
④ 출발기지방위각 + 관측각의 합 − 도착기지방위각

해설 측각오차 $e = T_1 + \sum \alpha - 180(n - 1) - T_2$
[T_1 : 출발기지방위각, T_2 : 도착기지방위각, n : 폐색변을 포함한 변의 수(측정횟수)]

06 경위의측량방법에 의한 세부측량의 관측 및 계산에 대한 설명으로 옳지 않은 것은?

① 교회법에 따른다.
② 연직각의 관측은 정 · 반으로 1회 관측한다.
③ 관측은 20초독 이상의 경위의를 사용한다.
④ 수평각의 관측은 1대회 방향관측법이나 2배각의 배각법에 따른다.

해설 경위의측량방법에 의한 세부측량은 도선법과 방사법에 따라야 한다.

07 오차의 성질에 대한 설명 중 옳지 않은 것은?

① 값이 큰 오차일수록 발생확률도 높다.
② 우연오차는 확률법칙에 따라 전파된다.
③ 숙련된 지적측량기술자도 착오는 일으킨다.
④ 정오차는 측정횟수를 거듭할수록 누적된다.

해설 큰 오차가 생길 확률은 작은 오차가 생길 확률보다 매우 작다.

08 도면에 등록하는 제도 폭이 다음의 순서대로 올바르게 짝지어진 것은?

| 경계 – 행정구역선(동 · 리) – 지적기준점 |

① 0.1cm − 0.2cm − 0.4cm   ② 0.1cm − 0.4cm − 0.2cm
③ 0.1cm − 0.2cm − 0.2cm   ④ 0.1cm − 0.1cm − 0.2cm

해설   도면에 등록하는 제도 폭은 경계선 0.1cm, 행정구역선 0.4cm(동 · 리 0.2cm), 지적기준점 0.2cm이다.

09 평판측량에서 발생할 수 있는 오차가 아닌 것은?

① 시준오차   ② 연결오차   ③ 외심오차   ④ 정준오차

해설   평판측량의 오차
- 평판기계오차 : 외심오차 · 시준오차 · 자침오차
- 평판설치오차 : 정준오차 · 구심오차 · 표정오차

10 좌표면적계산법으로 면적측정을 하는 경우 다음 내용의 ㉠과 ㉡에 들어갈 말로 옳은 것은?

| 산출면적은 (㉠)까지 계산하여 (㉡) 단위로 정할 것 |

① ㉠ $\dfrac{1}{10}$ m², ㉡ 1m²   ② ㉠ $\dfrac{1}{100}$ m², ㉡ 1m²

③ ㉠ $\dfrac{1}{1,000}$ m², ㉡ $\dfrac{1}{10}$ m²   ④ ㉠ $\dfrac{1}{10,000}$ m², ㉡ $\dfrac{1}{10}$ m²

해설   좌표면적계산법에 따른 면적측정 시 산출면적은 $\dfrac{1}{1,000}$ m²까지 계산하여 $\dfrac{1}{10}$ m² 단위로 정한다.

11 지적삼각점측량을 할 때 사용하고자 하는 삼각점의 변동 유무를 확인하는 기준은?

① 기지각과의 오차가 ±30초 이내   ② 기지각과의 오차가 ±40초 이내
③ 기지각과의 오차가 ±50초 이내   ④ 기지각과의 오차가 ±60초 이내

해설   지적삼각점측량의 수평각 측각공차

종별	1방향각	1측회 폐색	삼각형 내각관측의 합과 180°의 차	기지각과의 차
공차	30초 이내	±30초 이내	±30초 이내	±40초 이내

12 다음 그림에서 AP 거리를 구하는 식으로 옳은 것은?

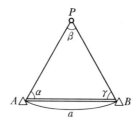

① $AP = \dfrac{a \times \sin\gamma}{\sin\beta}$　　　　② $AP = \dfrac{a \times \sin\alpha}{\sin\gamma}$

③ $AP = \dfrac{a \times \sin\beta}{\sin\gamma}$　　　　④ $AP = \dfrac{\sin\beta \times \sin\gamma}{a}$

[해설] $\dfrac{\overline{AP}}{\sin\gamma} = \dfrac{a}{\sin\beta} = \dfrac{\overline{BP}}{\sin\alpha} \rightarrow \overline{AP} = \dfrac{a \times \sin\gamma}{\sin\beta}$

---

13 교회법에 따른 지적삼각보조점의 관측 및 계산 기준으로 옳은 것은?

① 2배각법에 따른다.
② 3대회의 방향관측법에 따른다.
③ 1방향각의 측각공차는 50초 이내로 한다.
④ 관측은 20초독 이상의 경위의를 사용한다.

[해설] 경위의측량방법과 교회법에 따른 지적삼각보조점의 관측은 20초독 이상의 경위의를 사용하여야 한다.

---

14 지적삼각점측량에서 수평각을 5방향으로 구성하여 1대회 정측을 실시한 결과 출발차가 +20초, 폐색차가 +30초 발생하였다면, 제3방향각에 각각 보정할 수는?

① 출발차 : $-4''$, 폐색차 : $-2''$　　　② 출발차 : $-20''$, 폐색차 : $-2''$
③ 출발차 : $-2''$, 폐색차 : $-20''$　　　④ 출발차 : $-20''$, 폐색차 : $-18''$

[해설] 출발차는 그 전량을 각 방향각에 배부해야 하므로 출발오차 조정량은 $-20''$이고, 폐색차는 방향각의 관측순번에 비례하여 배부해야 하므로, 폐색오차 조정량 $=(-30'' \times 3)/5 = -18''$
∴ 출발차 : $-20''$, 폐색차 : $-18''$

---

15 지적도근점측량을 다각망도선법에 의하여 시행할 경우에 대한 설명으로 옳은 것은?

① 2점 이상의 기지점을 연결하는 다각망 도선법에 의한다.
② 2점 이상의 기지점을 상호 연결하는 방식에 의한다.
③ 3점 이상의 기지점을 상호 연결하는 방식에 의한다.
④ 3점 이상의 기지점을 포함한 결합다각방식에 의한다.

16 지적측량에 사용하는 좌표의 원점 중 서부좌표계의 원점의 경위도는?

① 경도 : 동경 123°00′, 위도 : 북위 38°00′

② 경도 : 동경 125°00′, 위도 : 북위 38°00′

③ 경도 : 동경 127°00′, 위도 : 북위 38°00′

④ 경도 : 동경 129°00′, 위도 : 북위 38°00′

해설 우리나라 평면직각좌표의 원점(4대 원점)

명칭	경도	위도	적용 범위
서부좌표계	동경(E) 125°00′00″.0	북위(N) 38°00′00″.0	동경 124~126°
중부좌표계	동경(E) 127°00′00″.0	북위(N) 38°00′00″.0	동경 126~128°
동부좌표계	동경(E) 129°00′00″.0	북위(N) 38°00′00″.0	동경 128~130°
동해(울릉)좌표계	동경(E) 131°00′00″.0	북위(N) 38°00′00″.0	동경 130~132°
단일평면좌표계(UTM-K)	동경(E) 127°30′00″.0	북위(N) 38°00′00″.0	한반도 전역

17 지적측량의 방법으로 옳지 않은 것은?

① 수준측량방법

② 경위의측량방법

③ 사진측량방법

④ 위성측량방법

해설 지적측량방법은 평판측량, 전자평판측량, 경위의측량, 전파기 또는 광파기측량, 사진측량 및 위성측량 등에 의한다.

18 3배각법에 의한 수평각관측의 결과가 다음과 같을 때 수평각의 평균값은?

- 첫 번째 관측값 : 42°16′32″
- 두 번째 관측값 : 84°32′54″
- 세 번째 관측값 : 126°49′18″

① 42°16′22″　　② 42°16′25″　　③ 42°16′26″　　④ 42°16′27″

해설 3배각법에 의한 수평각관측의 평균값은 누적 관측값인 세 번째 관측값을 관측횟수로 나누어야 하므로,

$$\therefore \ \frac{126° \ 49′ \ 18″}{3} = 42° \ 16′ \ 26″$$

19 지적삼각보조점성과표에 기록 · 관리하여야 하는 사항에 해당하지 않는 것은?

① 도면번호

② 시준점의 명칭

③ 도선등급 및 도선명

④ 소재지와 측량연월일

> **해설** 지적기준점성과표의 기록 · 관리사항

지적삼각점성과	지적삼각보조점성과 및 지적도근점성과
• 지적삼각점의 명칭과 기준 원점명 • 좌표 및 표고 • 경도 및 위도(필요한 경우로 한정한다.) • 자오선수차(子午線收差) • 시준점(視準點)의 명칭, 방위각 및 거리 • 소재지와 측량연월일	• 번호 및 위치의 약도 • 좌표와 직각좌표계 원점명 • 경도와 위도(필요한 경우로 한정한다.) • 표고(필요한 경우로 한정한다.) • 소재지와 측량연월일 • 도선등급 및 도선명 • 표지의 재질 • 도면번호 • 설치기관 • 조사연월일, 조사자의 직위 · 성명 및 조사 내용

20 평판측량방법에 따른 세부측량을 방사법으로 하는 경우 1방향선의 도상길이는 최대 얼마 이하로 하여야 하는가?(단, 광파조준의 또는 광파측거기를 사용하는 경우는 고려하지 않는다.)

① 5cm

② 10cm

③ 20cm

④ 30cm

> **해설** 평판측량방법에 따른 세부측량을 방사법으로 하는 경우에는 1방향선의 도상길이는 10cm 이하로 하여야 하며, 광파조준의 또는 광파측거기를 사용할 때에는 30cm 이하로 할 수 있다.

2과목 응용측량

21 AB, BC의 경사거리를 측정하여 $AB=21.562$m, $BC=28.064$m를 얻었다. 레벨을 설치하여 A, B, C의 표척을 읽은 경과가 그림과 같을 때 AC의 수평거리는?(단, AB, BC 구간은 각각 등경사로 가정한다.)

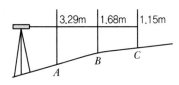

① 49.6m

② 50.1m

③ 59.6m

④ 60.1m

> **해설** AC의 수평거리$(D) = \sqrt{경사거리^2 - 고저차^2}$
> $$= \sqrt{(21.562+28.064)^2 - (3.29-1.15)^2} = 49.6\text{m}$$

22 지형도 작성 시 점고법(Spot Height System)이 주로 이용되는 곳으로 거리가 먼 것은?

① 호안

② 항만의 심천

③ 하천의 수심

④ 지형의 등고

> **해설** 점고법은 지면상에 있는 임의점의 표고를 도상에서 숫자로 표시하는 방법으로 주로 하천, 항만, 해양 등의 수심표시에 사용한다.

23 사진의 크기가 23cm×23cm인 카메라로 평탄한 지역을 비행고도 2,000m에서 촬영하여 촬영면적이 21.16km²인 연직사진을 얻었다. 이 카메라의 초점거리는?

① 10cm

② 27cm

③ 25cm

④ 20cm

> **해설** 사진의 실제면적$(A) = (ma)^2 \rightarrow$ 축척분모$(m) = \dfrac{\sqrt{21.16\mathrm{km}^2}}{0.23} = 20,000$
>
> 사진축척$(M) = \dfrac{1}{m} = \dfrac{f}{H} \rightarrow \therefore f = \dfrac{H}{m} = \dfrac{2,000}{20,000} = 0.1\mathrm{m} = 10\mathrm{cm}$
>
> (m : 축척분모, f : 렌즈의 초점거리, H : 촬영고도)

24 터널측량의 작업순서 중 선정한 중심선을 현지에 정확히 설치하여 터널의 입구나 수직터널의 위치를 결정하는 단계는?

① 답사

② 예측

③ 지표설치

④ 지하설치

> **해설** 터널측량 작업은 답사 → 예측 → 지표설치 → 지하설치 순으로 한다.

25 완화곡선에 대한 설명으로 옳은 것은?

① 완화곡선의 반지름은 종점에서 무한대가 된다.

② 완화곡선의 접선은 시점에서 원호에 접한다.

③ 완화곡선은 원곡선과 원곡선 사이에 위치하는 곡선을 의미한다.

④ 완화곡선에서 곡선반지름의 감소율은 캔트의 증가율과 같다.

> **해설** 고속으로 주행하는 차량을 곡선부에서 원활하게 통과시키기 위해서는 직선부와 원곡선과의 구간 또는 큰 원과 작은 원의 구간에 곡률반경을 점차로 변환하는 곡선부를 설치한다. 완화곡선의 반지름은 시점에서는 무한대이며, 종점에서는 원곡선의 반지름과 같다. 완화곡선의 접선은 시점에서는 직선에, 종점에서는 원호에 접한다.

26 사진 렌즈의 중심으로부터 지상 촬영 기준면에 내린 수선이 사진면과 교차하는 점에 대한 설명으로 옳은 것은?

① 사진의 경사각에 관계없이 이점에서 수직사진의 축척과 같은 축척이 된다.
② 지표면에 기복이 있는 경우 사진상에는 이 점을 중심으로 방사상의 변위가 발생하게 된다.
③ 사진상에 나타난 점과 그와 대응되는 실제 점의 상관성을 해석하기 위한 점이다.
④ 항공사진에서는 마주보는 지표의 대각선이 서로 만나는 교점이 이점의 위치가 된다.

> **해설** 사진 렌즈의 중심으로부터 지상 촬영 기준면에 내린 수선이 사진면과 교차하는 점을 연직점이라고 한다. 지표면에 기복이 있는 경우 연직으로 촬영하여도 축척은 동일하지 않으며 사진면에서 연직점을 중심으로 방사상의 변위가 생기는데 이를 기복변위라 한다.

27 A, B 두 개의 수준점에서 P점을 관측한 결과가 표와 같을 때 P점의 최확값은?

구분	관측값	거리
$A \rightarrow P$	80.258m	4km
$B \rightarrow P$	80.218m	3km

① 80.235m
② 80.238m
③ 80.240m
④ 80.258m

> **해설** 경중률은 관측거리에 반비례하므로,
>
> 경중률 $P_A : P_B = \dfrac{1}{4} : \dfrac{1}{3} = 3 : 4$
>
> P점의 최확값$(P_h) = \dfrac{(80.258 \times 3) + (80.218 \times 4)}{3+4} = 80.235m$

28 터널공사에서 터널 내 측량에 주로 사용되는 방법으로 연결된 것은?

① 삼각측량 – 평판측량
② 평판측량 – 트래버스측량
③ 트래버스측량 – 수준측량
④ 수준측량 – 삼각측량

> **해설** 터널 내 측량에는 트래버스측량과 수준측량이 주로 사용된다.

29 GPS 신호 중에서 P – code의 특징이 아닌 것은?

① 주파수가 10.23MHz이다.
② 파장이 30m이다.
③ 허가된 사용자만이 이용할 수 있다.
④ 주기가 1ms(millisecond)로 매우 짧다.

P－code의 특징

- P－code는 반복주기 7일인 PRN(Pseudo Random Noise＝의사잡음신호) 코드이다.
- 주파수는 10.23MHz, 파장은 30m이다.
- L_1과 L_2파 모두에 운반되고 0과 1의 디지털 부호로 구성된다.
- P－code는 AS모드로 동작하기 위해 Y－code로 암호화되어 PPS(정밀측위서비스＝군사용) 사용자에게 제공된다.
- 주기가 1ms(millisecond)로 길다.

30 항공사진측량으로 촬영된 사진에서 높이가 250m인 건물의 변위가 16cm이고, 건물의 정상부분에서 연직점까지의 거리가 48cm였다. 이 사진에서 어느 굴뚝의 변위가 9cm이고, 굴뚝의 정상부분이 연직점으로부터 72cm 떨어져 있었다면 이 굴뚝의 높이는?

① 90m ② 94m ③ 100m ④ 92m

기복변위$(\Delta r) = \dfrac{h}{H} \cdot r \rightarrow H = \dfrac{h}{\Delta r} \cdot r = \dfrac{250}{0.16} \times 0.48 = 750\text{m}$

$\therefore$ 굴뚝높이$(h) = \dfrac{H}{r} \cdot \Delta r = \dfrac{750}{0.72} \times 0.09 = 93.75\text{m} \fallingdotseq 94\text{m}$

(h : 비고, H : 비행촬영고도, r : 연직점에서 측정점까지의 거리)

31 등경사면 위의 A, B점에서 A점의 표고 180m, B점의 표고 60m, AB의 수평거리 200m일 때, A점 및 B점 사이에 위치하는 표고 150m인 등고선까지의 B점으로부터 수평거리는?

① 50m ② 100m ③ 150m ④ 200m

B점으로부터 표고가 150m인 지점을 C라고 하면,

AB점의 표고차 : AB점의 수평거리 = BC점의 표고차 : BC점의 수평거리

$120 : 200 = 90 : \overline{BC} \rightarrow \overline{BC} = \dfrac{200 \times 90}{120} = 150\text{m}$

32 교각 55°, 곡선반지름 285m인 단곡선이 설치된 도로의 기점에서 교점(I.P)까지의 추가 거리가 423.87m일 때, 시단현의 편각은?(단, 말뚝 간의 중심거리는 20m이다.)

① 0°11′24″ ② 0°27′05″ ③ 1°45′16″ ④ 1°45′20″

접선길이(T.L) $= R \cdot \tan\dfrac{I}{2} = 285 \times \tan\dfrac{55°}{2} = 148.36\text{m}$

곡선시점(B.C)의 위치＝총연장－T.L＝423.87－148.36＝275.51m → No.13＋15.51m

시단현길이(l_1)＝20－15.51＝4.49m

시단현의 편각$(\delta_1) = 1,718.87' \times \dfrac{l_1}{R} = 1,718.87' \times \dfrac{4.49}{285} = 0°27'04.78'' \fallingdotseq 0°27'05''$

33 지형도 작성을 위한 측량에서 해안선의 기준이 되는 높이기준면은?

① 측정 당시 정수면
② 평균해수면
③ 약최저저조면
④ 약최고고조면

> **해설** 해안선은 약최고고조면을, 해저수심은 약최저저조면을, 육상높이는 평균해수면을 기준으로 하여 측량한다.

34 다음 중 지상(공간)해상도가 가장 좋은 영상을 얻을 수 있는 위성은?

① SPOT
② LANDSAT
③ IKONOS
④ KOMPSAT-1

> **해설** 지구자원탐사위성 SPOT의 공간해상력은 10m(P형)~20m(XS형)이며, 지구자원탐사위성 LANDSAT의 공간해상력은 30m(TM)이고, 고해상도 상업위성인 IKONOS의 해상도는 1m(흑백영상)~4m(컬러영상), 아리랑 위성인 KOMPSAT 1호의 공간해상력은 6.6m(EOC 경우)~1km(OSMI 경우)이다.

35 GNSS측량에서 의사거리(Pseudo Range)에 대한 설명으로 옳지 않은 것은?

① 인공위성과 지상수신기 사이의 거리 측정값이다.
② 대류권과 이온층의 신호지연으로 인한 오차의 영향력이 제거된 관측값이다.
③ 기하학적인 실제거리와 달라 의사거리라 부른다.
④ 인공위성에서 송신되어 수신기로 도착된 신호의 송신시간을 PRN 인식 코드로 비교하여 측정한다.

> **해설** 의사거리(疑似距離)는 GNSS 관측자료인 코드나 반송파로부터 계산된 거리를 의미하며, 이는 실제 위성과 수신기 사이의 기하학적 거리로서 대기에 의한 오차, 위성 및 수신기 시계에 의한 오차 등이 포함되어 있다.

36 도로의 개설을 위하여 편입되는 대상용지와 경계를 정하는 측량으로서 설계가 완료된 이후에 수행할 수 있는 노선측량 단계는?

① 용지측량
② 다각측량
③ 공사측량
④ 조사측량

> **해설** 노선측량의 작업순서는 일반적으로 노선선정 → 계획조사측량 → 실시설계측량(용지측량 포함) → 공사측량 단계로 진행된다. 이 중 용지측량은 편입용지와 도로의 경계를 정하는 단계로 실시설계가 완료된 이후에 진행된다.

37 다음 원격탐사에 사용되는 전자스펙트럼 중에서 가장 파장이 긴 것은?

① 가시광선
② 열적외선
③ 근적외선
④ 자외선

원격탐사에서 이용되는 전자기파 파장 범위는 자외선 $0.01 \sim 0.4\mu m$, 가시광선 $0.4 \sim 0.7\mu m$, 근적외선 $0.7 \sim 1.3\mu m$, 중적외선 $1.3 \sim 3.0\mu m$, 열적외선 $3.0 \sim 14\mu m$이다.

38 우리나라의 일반철도에 주로 이용되는 완화곡선은?

① 클로소이드 곡선   ② 3차 포물선

③ 2차 포물선   ④ sin 곡선

완화곡선 중 클로소이드 곡선은 도로에 가장 많이 사용되고, 3차 포물선은 철도에 널리 사용되며, 렘니스케이트 곡선은 시가지철도 · 지하철 등 급한 각도의 곡선에 유용하다.

39 그림과 같은 수준망에서 폐합수준측량을 한 결과, 표와 같은 관측오차를 얻었다. 이 중 관측정확도가 가장 낮은 것으로 추정되는 구간은?

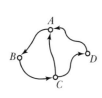

구간	오차(cm)	총거리(km)
AB	4.68	4
BC	2.27	3
CD	5.68	3
DA	7.50	5
CA	3.24	2

① AB 구간   ② AC 구간   ③ CA 구간   ④ DA 구간

관측정확도$(\delta) = \pm \dfrac{\text{폐합오차}}{\sqrt{\text{총거리}}}$

AB 구간은 $\dfrac{4.68}{\sqrt{4}} = \pm 2.34\text{cm}$, AC과 CA 구간은 $\dfrac{3.24}{\sqrt{2}} = \pm 2.29\text{cm}$, DA 구간 : $\dfrac{7.50}{\sqrt{5}} = \pm 3.35\text{cm}$

따라서 오차가 가장 큰 DA 구간이 관측정확도가 가장 낮은 것으로 추정된다.

40 그림과 같은 등고선에서 AB의 수평거리가 60m일 때 경사도(Incline)로 옳은 것은?

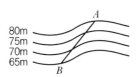

① 10%   ② 15%   ③ 20%   ④ 25%

경사도 $= \dfrac{\text{높이}}{\text{수평거리}} = \dfrac{15}{60} = 25\%$

41 국가나 지방자치단체가 지적전산자료를 이용하는 경우 사용료의 납부방법으로 옳은 것은?

① 사용료를 면제한다.   ② 사용료를 수입증지로 납부한다.

③ 사용료를 수입인지로 납부한다.   ④ 규정된 사용료의 절반을 현금으로 납부한다.

해설 국가와 지방자치단체에 대해서는 사용료를 면제한다.

42 다음 중 토지정보시스템에 대한 설명으로 옳지 않은 것은?

① 데이터에 대한 내용, 품질, 사용조건 등을 기술하고 있다.

② 구축된 토지정보는 토지등기, 평가, 과세, 거래의 기초자료로 활용된다.

③ 토지 부동산정보관리체계 및 다목적지적정보체계 구축에 활용될 수 있다.

④ 지적도 기반으로 토지와 관련된 공간정보를 수집 · 처리 · 저장 · 관리하기 위한 정보체계이다.

해설 데이터에 대한 내용, 품질, 사용조건 등에 대한 정보를 기술하고 있는 것은 데이터의 이력서라고 하는 메타데이터에 대한 내용이다.

43 3차원 지적정보를 구축할 때, 지상 건축물의 권리관계 등록과 가장 밀접한 관련성을 가지는 도형정보는?

① 수치지도   ② 층별권원도

③ 토지피복도   ④ 토지이용계획도

해설 층별권원도는 지상 · 지하 건축물의 권리관계를 위한 도면으로서 3차원 지적정보와 밀접한 관련성을 가지고 있다.

44 데이터 처리 시 대상물이 두 개의 유사한 색조나 색깔을 가지고 있는 경우 소프트웨어적으로 구별하기 어려워서 발생되는 오류는?

① 선의 단절   ② 방향의 혼돈

③ 불분명한 경계   ④ 주기와 대상물의 혼돈

해설 벡터화 과정 시 발생되는 오류
- 선의 단절 : 육안으로 발견하기 어려운 매우 짧은 선의 단절 발생
- 방향의 혼돈 : T자형 수직선의 경우 어떤 방향으로 이동하여야 할지 정확하게 판단하지 못해 생기는 오류
- 불분명한 경계 : 대상물이 두 개의 유사한 색조나 색깔을 가지고 있는 경우 소프트웨어적으로 구별하기 어려워서 발생되는 오류
- 주기와 대상물의 혼돈 : 예를 들어 seoul의 o는 문자로 볼 수 있지만 폴리곤으로도 인식 가능

45 지적측량성과작성시스템에서 지적측량접수 프로그램을 이용하여 작성된 측량성과 검사 요청서 파일포맷 형식으로 옳은 것은?

① *.jsg   ② *.srf   ③ *.sif   ④ *.cif

> **해설** 지적측량성과작성시스템의 파일포맷 형식에는 *.iuf(정보이용승인신청서), *.sif(측량검사요청), *.cif(측량준비파일), *.dat(측량결과파일), *.srf(측량성과검사결과) 등이 있다.

46 필지식별번호에 대한 설명으로 옳지 않은 것은?

① 각 필지에 부여하며 가변성이 있는 번호다.
② 필지에 관련된 자료의 공통적인 색인번호 역할을 한다.
③ 필지별 대장의 등록사항과 도면의 등록사항을 연결하는 기능을 한다.
④ 각 필지별 등록사항의 저장과 수정 등을 용이하게 처리할 수 있는 고유번호다.

> **해설** 필지식별자는 토지거래에 있어서 변화가 없고 영구적이어야 한다.

47 다음 중 대표적인 벡터파일 형식이 아닌 것은?

① TIFF 파일 포맷   ② CAD 파일 포맷
③ Shape 파일 포맷   ④ Coverage 파일 포맷

> **해설** 벡터파일 형식에는 Shape, Coverage, CAD, DLG, VPF, TIGER 등이 있으며, 래스터파일 형식에는 TIFF, BMP, GIF, JPGE, DEM 등이 있다.

48 다음 중 기존 공간 사상의 위치, 모양, 방향 등에 기초하여 공간 형상의 둘레에 특정한 폭을 가진 구역을 구축하는 공간분석 기법은?

① Buffer   ② Dissolve
③ Interpolation   ④ Classification

> **해설** 공간분석 기법
> • 버퍼(Buffer) : 점 · 선 · 면의 공간객체 둘레에 특정한 폭을 가진 구역을 구축하는 것이며, 버퍼를 생성하는 것을 버퍼링이라고 한다.
>
> | 점 버퍼 | 선 버퍼 | 면 버퍼 |
> |---|---|---|
> | | | |

- 분류(Classification) : 원래 자료의 복잡성을 줄여서 동일하거나 유사한 자료를 그룹으로 분류하여 표현하는 것을 말한다.
- 제거(Dissolve) : 다각형의 속성이 같으면서 인접한 다각형 사이의 경계를 제거하여 중첩 혹은 병합하는 과정을 말한다.
- 보간(Interpolation) : 수치가 유사한 관측값들로부터 관측되지 않은 지점에 위치하는 임의의 지역에 대한 값을 추정하는 것을 말한다.

49 지적공부에 관한 전산자료의 관리에 관한 내용으로 옳지 않은 것은?

① 지적공부에 관한 전산자료가 최신 정보에 맞도록 수시로 갱신하여야 한다.
② 국토교통부장관은 지적전산자료에 오류가 있다고 판단되는 경우에는 지적소관청에 자료의 수정·보완을 요청할 수 있다.
③ 지적소관청은 요청을 받은 자료의 수정·보완 내용을 확인하여 지체 없이 바로잡은 후 국토교통부장관에게 그 결과를 보고하여야 한다.
④ 국토교통부장관은 표준지공시지가 및 개별공시지가가 확정된 후 6개월 이내에 정리하여야 한다.

> **해설** 국토교통부장관은 「부동산 가격공시에 관한 법률」에 따른 표준지공시지가 및 개별공시지가에 관한 지가전산자료를 개별공시지가가 확정된 후 3개월 이내에 정리하여야 한다.

50 지적도면을 디지타이징한 결과 교차점을 만나지 못하고 선이 끝나는 오류는?

① Spike
② Overshoot
③ Undershoot
④ Sliver Polygon

> **해설** 디지타이징 및 벡터편집 오류 유형
> - 오버슈트(Overshoot, 기준선 초과 오류) : 어떤 선이 다른 선과의 교차점을 지나서 선이 끝나는 형태
> - 언더슈트(Undershoot, 기준선 미달 오류) : 어떤 선이 다른 선과의 교차점과 완전히 연결되지 못하고 선이 끝나는 형태
> - 스파이크(Spike) : 교차점에서 두 선이 만나거나 연결되는 과정에서 주변 자료의 값보다 월등하게 크거나 작은 값을 가진 돌출된 선
> - 슬리버 폴리곤(Sliver Polygon) : 하나의 선으로 입력되어야 할 곳에서 두 개의 선으로 입력되어 불필요한 가늘고 긴 폴리곤이며, 오류에 의해 발생하는 선 사이의 틈
> - 점·선 중복(Overlapping) : 주로 영역의 경계선에서 점·선이 이중으로 입력되어 있는 상태
> - 댕글(Dangle) : 한쪽 끝이 다른 연결점이나 절점에 완전히 연결되지 않은 상태의 연결선

스파이크	언더슈트	오버슈트	슬리버 폴리곤
한 점으로 불일치	두 선이 닿지 않음	한 선이 지나쳤음	두 다각형 사이의공간

51 부동산종합공부시스템의 정상적인 운용상태에 대한 지적소관청의 점검 시기로 옳은 것은?

① 매월　　　　　　② 매주　　　　　　③ 매일　　　　　　④ 수시

해설　지적소관청은 부동산종합공부시스템에 대한 정상적인 운용상태를 수시로 점검하여야 한다.

52 부동산종합공부시스템의 전산장비의 정기점검 주기로 옳은 것은?

① 일 1회 이상　　　② 주 1회 이상　　　③ 월 1회 이상　　　④ 연 1회 이상

해설　운영기관(부동산종합공부시스템이 설치되어 이를 운영하고 유지관리의 책임을 지는 지방자치단체)의 장은 부동산종합공부시스템의 전산장비를 월 1회 이상 정기점검을 하여야 한다.

53 다음 중 한국토지정보시스템(KLIS)의 구성 시스템이 아닌 것은?

① DB변환관리시스템　　　　　　② 지적측량접수시스템
③ 지적공부관리시스템　　　　　　④ 토지행정지원시스템

해설　한국토지정보시스템(KLIS)은 지적공부관리시스템, 지적측량성과작성시스템, DB변환관리시스템, 연속/편집도관리시스템, 토지민원발급시스템, 도로명 및 건물번호관리 시스템, 토지행정지원(부동산거래, 외국인토지취득, 부동산중개업, 개발부담금, 공시지가)시스템, 민원발급관리시스템, 용도지역지구관리시스템, 도시정보계획검색시스템 등으로 구성되어 있다. 지적측량접수시스템은 한국국토정보공사에서 운영하는 별도의 시스템이다.

54 토지정보시스템(LIS)에 관한 설명으로 옳은 것은?

① 토지개발에 따른 투기현상을 방지하는 데 주목적을 두고 있다.
② 토지와 관련된 공간정보를 수집, 저장, 처리, 관리하기 위한 시스템이다.
③ 도시기반 시설에 관한 자료를 저장하여 효율적으로 관리하는 시스템이다.
④ 토지와 관련된 등록부와 도면작성을 위한 도해지적 공부의 확보를 위한 것이다.

해설　토지정보시스템(LIS : Land Information System)은 토지의 효율적인 이용과 관리를 목적으로 각종 토지 관련 자료를 체계적이고 종합적으로 수집·관리하여 토지에 관련된 정보를 신속·정확하게 제공하는 정보체계이다.

55 다음 중 공간데이터 관련 표준화와 관련이 없는 것은?

① IDW　　　　　　　　　　② SDTS
③ CEN/TC　　　　　　　　④ ISO/TC 211

해설 데이터 표준화에는 SDTS(Spatial Data Transfer Standard, 공간자료 변환표준), DIGEST(Digital Geographic Exchange STandard, 국방분야의 지리정보 데이터 교환표준), GDF(Graphic Data File, 유럽 교통 관련 표준), CEN/TC287(ISO/TC211 활동 이전 유럽 중심의 지리정보 표준화 기구), ISO/TC 211(국제 표준화 기구 ISO의 지리정보표준화 관련 위원회) 등이 있다.

56 관계형 데이터베이스관리시스템에서 자료를 만들고 조회할 수 있는 도구는?

① ASP   ② JAVA   ③ Perl   ④ SQL

해설 SQL(Structured Query Language, 구조화 질의어)은 데이터베이스로부터 정보를 얻거나 갱신하기 위한 표준 대화식 프로그래밍 언어이며, 관계형 데이터베이스관리시스템에서 자료의 검색과 관리, 데이터베이스 스키마 생성과 수정, 데이터베이스 객체 접근 조정 관리를 위해 고안되었다.

57 다음 중 스캐닝을 통해 자료를 구축할 때 해상도를 표현하는 단위에 해당하는 것은?

① PPM   ② DPI   ③ DOT   ④ BPS

해설 DPI(Dots Per Inch)는 모니터 등의 디스플레이나 프린터의 해상도를 나타내는 단위로 1인치 안에 표시할 수 있는 점의 개수를 의미하며, 숫자가 높을수록 해상도가 높다.

58 전산으로 접수된 지적공부정리신청서의 검토대상에 해당되지 않는 것은?

① 첨부된 서류의 적정 여부   ② 신청인과 소유자의 일치 여부
③ 지적측량성과자료의 적정 여부   ④ 신청사항과 지적전산자료의 일치 여부

해설 지적공부정리신청서의 검토대상에는 ①, ③, ④ 외에 각종 코드의 적정 여부, 그 밖에 지적공부정리를 하기 위하여 필요한 사항 등이 있다.

59 다음 중 지적도면의 수치 파일화 공정순서로 옳은 것은?

① 지적도면 입력 → 폴리곤 형성 → 좌표 및 속성검사 → 도면신축보정
② 지적도면 입력 → 폴리곤 형성 → 도면신축보정 → 좌표 및 속성검사
③ 지적도면 입력 → 도면신축보정 → 폴리곤 형성 → 좌표 및 속성검사
④ 지적도면 입력 → 좌표 및 속성검사 → 도면신축보정 → 폴리곤 형성

해설 지적도면의 수치 파일화 순서
지적도면 복사 → 좌표독취(수동 또는 자동) → 좌표 및 속성입력 → 좌표 및 속성검사 → 도면신축보정 → 도곽접합 → 폴리곤 및 폴리선 형성

60 지적도전산화 작업으로 구축된 도면의 데이터 레이어 번호로 옳지 않은 것은?

① 지번 : 10
② 지목 : 11
③ 문자정보 : 12
④ 필지경계선 : 1

해설 지적도면전산화 작업으로 구축된 도면 데이터는 1. 필지경계선, 10. 지번, 11. 지목, 30. 문자정보, 60. 도곽선 등으로 레이어를 구분하였다.

4과목 지적학

61 토지의 개별성·독립성을 인정하여 물권객체로 설정할 수 있도록 다른 토지와 구별되게 한 토지 표시사항은?

① 지번
② 지목
③ 면적
④ 개별공시지가

해설 지번은 지리적 위치의 고정성과 토지의 특정화, 개별성을 확보하기 위해 리·동의 단위로 필지마다 부여하여 지적공부에 등록한 번호이다.

62 지적재조사사업의 목적으로 옳지 않은 것은?

① 경계복원능력의 향상
② 지적불부합지의 해소
③ 토지거래질서의 확립
④ 능률적인 지적관리체제 개선

해설 지적재조사사업은 지적공부의 등록사항을 토지의 실제 현황과 일치시키고 종이 지적을 디지털 지적으로 전환하여 지적불부합지 문제를 해소하고, 토지의 경계복원력을 향상시키며, 능률적인 지적관리체제로 개선함으로써 국토를 효율적으로 관리하고 국민의 재산권 보호에 기여하는 것을 목적으로 한다.

63 지적의 토지표시사항의 특성으로 볼 수 없는 것은?

① 정확성
② 다양성
③ 통일성
④ 단순성

해설 지적공부 등록사항인 토지표시사항은 전국적인 통일성과 이를 위한 단순성 및 정확성이 필요하다. 다양성은 토지의 등록에 혼란을 야기할 수 있으므로 배제된다.

64 역토의 종류에 해당되지 않는 것은?

① 마전
② 국둔전
③ 장전
④ 급주전

해설 역토(驛土)의 종류에는 공수전(公須田), 장전(長田), 부장전(副長田 : 부역장), 급주전(急走田), 마위전(馬位田) 등이 있다. 국둔전은 관둔전 및 영아문둔전 등과 함께 둔전(屯田)에 속한다.

65 토지조사령은 그 본래의 목적이 일제가 우리나라의 민심수습과 토지수탈의 목적으로 제정되었다고 볼 수 있다. 토지조사령은 토지에 대한 과세에 큰 비중을 두었으며, 토지조사는 세 가지 분야에 걸쳐 시행되었다. 다음 중 토지조사에 해당되지 않는 것은?

① 지가조사
② 소유권조사
③ 지모(형)조사
④ 측량성과조사

> **해설** 토지조사사업의 내용에는 지적제도와 부동산등기제도의 확립을 위한 토지의 소유권조사(소유자조사), 지세제도의 확립을 위한 토지의 가격조사(지가조사), 국토의 지리를 밝히는 토지의 외모조사[지모(지형)조사] 등이 있다.

66 지역선에 대한 설명으로 옳지 않은 것은?

① 임야조사사업 당시의 사정선
② 시행지와 미시행지와의 지계선
③ 소유자가 동일한 토지와의 구획선
④ 소유자를 알 수 없는 토지와의 구획선

> **해설** 지역선은 토지조사사업 당시 사정선인 강계선(임야조사사업에서는 경계선)과 달리 사정에서 제외된 선으로 그 대상은 다음과 같다.
> • 소유자가 같은 토지와의 구획선
> • 소유자를 알 수 없는 토지와의 구획선
> • 토지조사사업의 시행지와 미시행지의 지계선

67 중앙지적위원회와 지방지적위원회의 위원구성 및 운영에 필요한 사항은 무엇으로 정하는가?

① 대통령령
② 국토교통부령
③ 행정안전부령
④ 한국국토정보공사령

> **해설** 「공간정보의 구축 및 관리 등에 관한 법률」의 규정에 따라 대통령령인 「공간정보의 구축 및 관리 등에 관한 법률 시행령」에서 규정하고 있다.

68 다음 설명에 해당하는 학자는?

> • 해학유서에서 망척제를 주장하였다.
> • 전안을 작성하는 데 반드시 도면과 지적이 있어야 비로소 자세하게 갖추어진 것이라 하였다.

① 이기
② 서유구
③ 유진억
④ 정약용

> **해설** 이기는 저서 해학유서(海鶴遺書)에서 수등이척제에 대한 개선방법으로 망척제의 도입을 주장하였다.

69 경계 결정 시 경계불가분의 원칙이 적용되는 이유로 옳지 않은 것은?

① 필지 간 경계는 1개만 존재한다.
② 경계는 인접토지에 공통으로 작용한다.
③ 실지 경계 구조물의 소유권을 인정하지 않는다.
④ 경계는 폭이 없는 기하학적인 선의 의미와 동일하다.

해설 경계불가분의 원칙은 기하학상의 선을 의미하므로 현실의 경계 구조물에 대한 소유권 여부와는 관련이 없다. 또한, 경계 구조물은 인접 토지소유자가 공동으로 설치한 경우에는 공동의 소유권이 인정되고, 소유자 일방이 단독으로 설치한 경우에는 경계를 설치한 소유자의 소유로 인정된다[민법 제237조(경계표, 담의 설치권), 민법 제239조(경계표 등의 공유추정)].

70 우리나라의 현행 지번설정에 대한 원칙으로 옳지 않은 것은?

① 북서기번의 원칙
② 부번(副番)의 원칙
③ 종서(縱書)의 원칙
④ 아라비아숫자 지번의 원칙

해설 종서(세로쓰기)는 한문 숫자로 지번을 부여할 때 사용한 방식이며, 현행 지번은 아라비아숫자로 횡서(가로쓰기) 방식으로 부여한다.

71 동일한 지번부여지역 내에서 최종 지번이 1075이고, 지번이 545인 필지를 분할하여 1076, 1077로 표시하는 것과 같은 부번 방식은?

① 기번식 지번제도
② 분수식 지번제도
③ 사행식 부번제도
④ 자유식 지번제도

해설 지번부여제도
- 분수식 지번제도 : 원지번을 분자, 부번을 분모로 한 분수형태의 지번설정 방식이다(6 – 3는 6/3으로 표현).
- 기번식 지번제도 : 인접 지번 또는 지번의 자릿수와 함께 원지번의 번호로 구성되어 지번의 근거가 남는 방식이다(989번 분할 시 989a와 989b로, 989b번 분할 시 $989b^1$, $989b^2$로 표시).
- 자유식 지번제도 : 최종 지번 다음 번호를 부여하고 원지번은 소멸되는 방식이다.

72 토지조사사업의 목적으로 옳지 않은 것은?

① 부동산 표시에 반드시 필요한 지번 창설
② 국유지 조사로 조선총독부의 소유 토지 확보
③ 지세 수입을 증대하기 위한 조세수입체계의 확립
④ 일본인의 토지 점유를 합법화하여 보장하는 법률적 제도의 확립

해설 토지조사사업의 목적
- 토지소유의 증명제도 및 조세수입체계의 확립
- 미개간지 점유 및 역둔토 등의 국유화로 조선총독부의 소유지 확보

• 소작농의 제권리를 배제시키고 노동인력으로 흡수하여 토지소유형태의 합리화를 꾀함
• 면적단위의 통일성 확립
• 식량 및 원료 반출을 위한 토지이용제도의 정비

73 다음 중 신라시대 구장산술에 따른 전(田)의 형태별 측량 내용으로 옳지 않은 것은?

① 방전(方田) – 정사각형의 토지로, 장(長)과 광(廣)을 측량한다.
② 규정(圭田) – 이등변삼각형의 토지로, 장(長)과 광(廣)을 측량한다.
③ 제전(梯田) – 사다리꼴의 토지로, 장(長)과 동활(東闊)·서활(西闊)을 측량한다.
④ 환전(環田) – 원형의 토지로, 주(周)와 경(經)을 측량한다.

해설 구장산술에 따른 전의 형태
• 방전(方田) : 사방의 길이가 같은 정사각형의 전답
• 직전(直田) : 긴 네모꼴의 전답
• 구고전(句股田) : 직각삼각형으로 된 전답
• 규전(圭田) : 삼각형의 전답
• 제전(梯田) : 사다리꼴의 전답
• 사전(邪田) : 한 변이 밑변에 수직인 사다리꼴의 전답
• 원전(圓田) : 원과 같은 모양의 전답
• 호전(弧田) : 활꼴의 전답
• 환전(環田) : 두 동심원에 둘러싸인 모양, 즉 도넛 모양의 전답

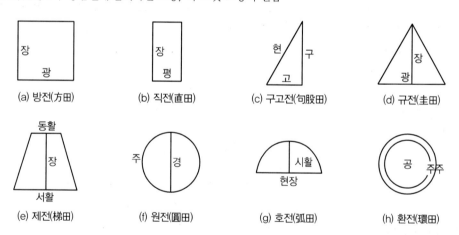

74 고도의 정확성을 가진 지적측량을 요구하지는 않으나 과세표준을 위한 면적과 토지 전체에 대한 목록의 작성이 중요한 지적제도는?

① 법지적   ② 세지적   ③ 경제지적   ④ 소유지적

해설 세지적은 농경시대에 개발된 최초의 지적제도로서 세금 징수를 주목적으로 하고 과세지적이라고도 하며, 필지별 세액산정을 위해 면적본위로 운영된다. 따라서 세지적에서는 고도의 정확성을 가진 지적측량을 요구하지는 않으나 과세표준을 위한 면적과 토지 전체에 대한 목록의 작성이 중요하다.

75 나라별 지적제도에 대한 설명으로 옳지 않은 것은?

① 대만 : 일본의 식민지시대에 지적제도가 창설되었다.
② 스위스 : 적극적 권리의 지적체계를 가지고 있다.
③ 독일 : 최초의 지적조사는 1811년에 착수, 1832년에 확립하였다.
④ 프랑스 : 근대지적의 시초인 나폴레옹 지적으로서 과세지적의 대표이다.

해설 독일의 경우 1801년 바바리아(Bavaria) 지방에서 지적측량이 시작되어 1864에 완성되었지만 전반적인 지적조사는 1900년에 확립되었다.

76 다음 지적의 3요소 중 협의의 개념에 해당하지 않는 것은?

① 공부   ② 등록   ③ 토지   ④ 필지

해설 지적의 3대 구성요소
• 광의적 개념 : 소유자, 권리, 필지
• 협의적 개념 : 토지, 등록, 공부

77 다음 중 토지등록의 원칙에 대한 설명으로 옳지 않은 것은?

① 지적 국정주의 : 지적공부의 등록사항인 토지표시사항을 국가가 결정하는 원칙이다.
② 물적 편성주의 : 권리의 주체인 토지소유자를 중심으로 지적공부를 편성하는 원칙이다.
③ 의무등록주의 : 토지의 표시를 새로이 정하거나 변경 또는 말소하는 경우 의무적으로 소관청에 토지이동을 신청하여야 한다.
④ 직권등록주의 : 지적공부에 등록할 토지표시사항은 소관청이 직권으로 조사 · 측량하여 지적공부에 등록한다는 원칙이다.

해설 물적 편성주의는 개별 토지를 중심으로 지적공부를 편성하는 원칙이며, 토지소유자를 중심으로 지적공부를 편성하는 원칙은 인적 편성주의이다.

78 수치지적과 도해지적에 관한 설명으로 옳지 않은 것은?

① 수치지적은 비교적 비용이 저렴하고 고도의 기술을 요구하지 않는다.
② 수치지적은 도해지적보다 정밀하게 경계를 표시할 수 있다.
③ 도해지적은 대상 필지의 형태를 시각적으로 용이하게 파악할 수 있다.
④ 도해지적은 토지의 경계를 도면에 일정한 축척의 그림으로 그리는 것이다.

해설 수치지적(Numerical Cadastre)은 토지경계점을 수학적 좌표(X, Y)로 등록하는 제도로서 도해측량에 비해 측량의 정확성은 더 높지만 측량장비가 고가이고, 측량자의 주관적 판단 개입으로 인한 오차의 소지는 더 낮지만 측량사의 전문지식이 요구된다.

79 대한제국시대에 삼림법에 의거하여 작성한 민유산야약도에 대한 설명으로 옳지 않은 것은?

① 민유산야약도의 경우에는 지번을 기재하지 않았다.

② 최초로 임야측량이 실시되었다는 점에서 중요한 의미가 있다.

③ 민유임야측량은 조직과 계획 없이 개인별로 시행되었고 일정한 수수료도 없었다.

④ 토지 등급을 상세하게 정리하여 세금을 공평하게 징수할 수 있도록 작성된 도면이다.

> **해설** 민유산야(산림)약도는 토지조사사업과 임야조사사업 이전에 대한제국에서 산림법을 공포하고 1908년 1월 21일부터 1911년 1월 20일까지 3년간 소유자 비용으로 측량을 실시하여 공상공부대신에게 신고하기 위하여 작성된 도면이다. 이 기간 내에 신고하지 않은 경우에는 모두 국유지로 간주한다고 하였다. 민유산야약도에 토지 등급은 존재하지 않으며, 세금의 공평과세보다는 임야소유권을 명확히 하려는 목적이 있다.

80 다음 중 입안제도(立案制度)에 대한 설명으로 옳지 않은 것은?

① 토지매매계약서이다.

② 관에서 교부하는 형식이었다.

③ 조선 후기에는 백문매매가 성행하였다.

④ 소유권 이전 후 100일 이내에 신청하였다.

> **해설** 조선시대의 입안제도는 토지가옥의 매매를 국가에서 증명하는 제도로서, 현재의 등기권리증과 같은 역할을 하였다. ①의 토지매매계약서는 "문기"를 의미한다.

5과목 지적관계법규

81 「공간정보의 구축 및 관리 등에 관한 법률」상 지적측량 및 토지이동 조사를 위해 타인의 토지에 출입하거나 일시 사용하는 경우에 대한 설명으로 옳지 않은 것은?

① 타인의 토지에 출입하려는 자는 관할 특별자치시장, 특별자치도지사, 시장·군수 또는 구청장의 허가를 받아야 한다.

② 타인의 토지를 출입하는 자는 소유자·점유자 또는 관리인의 동의 없이 장애물을 변경 또는 제거할 수 있다.

③ 토지의 점유자는 정당한 사유 없이 지적측량 및 토지이동 조사에 필요한 행위를 방해하거나 거부하지 못한다.

④ 지적측량 및 토지이동 조사에 필요한 행위를 하려는 자는 그 권한을 표시하는 허가증을 지니고 관계인에게 이를 내보여야 한다.

> **해설** 타인의 토지 등을 일시 사용하거나 장애물을 변경 또는 제거하려는 자는 그 소유자·점유자 또는 관리인의 동의를 받아야 한다.

82 「지적측량 시행규칙」상 지적기준점표지의 설치 · 관리로서 옳지 않은 것은?

① 지적소관청은 연 1회 이상 지적기준점표지의 이상 유무를 조사하여야 한다.

② 지적삼각점표지의 점간거리는 평균 3km 이상 6km 이하로 하여야 한다.

③ 지적삼각보조점표지의 점간거리는 평균 1km 이상 3km 이하로 하여야 한다.

④ 다각망도선법에 따르는 경우 지적도근점 표지의 점간거리는 평균 500m 이하로 하여야 한다.

해설 지적삼각점표지의 점간거리는 평균 2km 이상 5km 이하로 한다.

83 「국토의 계획 및 이용에 관한 법률」상 용어의 정의로 옳지 않은 것은?

① "도시 · 군계획사업"이란 도시 · 군관리계획을 시행하기 위한 도시 · 군계획시설사업, 「도시개발법」에 따른 도시개발사업, 「도시 및 주거환경정비법」에 따른 정비사업을 말한다.

② "용도지역"이란 토지의 이용 및 건축물의 용도 · 건폐율 · 용적률 · 높이 등에 대한 용도지역의 제한을 강화하거나 완화하여 적용함으로써 용도지역의 기능을 증진시키고 미관 · 경관 · 안전 등을 도모하기 위하여 도시 · 군관리계획으로 결정하는 지역을 말한다.

③ "지구단위계획"이란 도시 · 군계획 수립 대상지역의 일부에 대하여 토지 이용을 합리화하고 그 기능을 증진시키며 미관을 개선하고 양호한 환경을 확보하며, 그 지역을 체계적 · 계획적으로 관리하기 위하여 수립하는 도시 · 군관리계획을 말한다.

④ "용도구역"이란 토지의 이용 및 건축물의 용도 · 건폐율 · 용적률 · 높이 등에 대한 용도지역 및 용도지구의 제한을 강화하거나 완화하여 따로 정함으로써 시가지의 무질서한 확산방지, 계획적이고 단계적인 토지이용의 도모, 토지이용의 종합적 조정 · 관리 등을 위하여 도시 · 군관리계획으로 결정하는 지역을 말한다.

해설 용도지역은 토지의 이용 및 건축물의 용도, 건폐율, 용적률, 높이 등을 제한함으로써 토지를 경제적 · 효율적으로 이용하고 공공복리의 증진을 도모하기 위하여 서로 중복되지 아니하게 도시 · 군관리계획으로 결정하는 지역을 말한다.

84 다음 중 지적공부에 등록하는 토지의 표시가 아닌 것은?

① 소유자

② 지번과 지목

③ 토지의 소재

④ 경계 또는 좌표

해설 토지의 표시는 지적공부에 토지의 소재 · 지번 · 지목 · 면적 · 경계 또는 좌표를 등록한 것을 말한다.

85 「공간정보의 구축 및 관리 등에 관한 법률」상 임야도의 축척으로 옳은 것은?

① 1/1,200

② 1/2,400

③ 1/5,000

④ 1/6,000

해설 지적도의 축척에는 1/500, 1/600, 1/1,000, 1/1,200, 1/2,400, 1/3,000, 1/6,000이 있으며, 임야도의 축척에는 1/3,000, 1/6,000이 있다.

86 「국토의 계획 및 이용에 관한 법률」상 보호지구로 지정하는 시설로 옳지 않은 것은?

① 공항   ② 항만   ③ 문화재   ④ 녹지지역

해설 「국토의 계획 및 이용에 관한 법률」상 용도지구 중 보호지구는 문화재, 중요 시설물(항만, 공항 등 대통령령으로 정하는 시설물) 및 문화적ㆍ생태적으로 보존가치가 큰 지역의 보호와 보존을 위하여 필요한 지구를 말한다.

87 「공간정보의 구축 및 관리 등에 관한 법률」상 축척변경 승인을 받았을 때 시행공고를 하여야 하는 사항이 아닌 것은?

① 축척변경의 시행지역
② 축척변경의 시행에 관한 세부계획
③ 축척변경의 시행에 따른 청산방법
④ 축척변경의 시행에 관한 사업시행자

해설 축척변경 승인 시 시행공고사항에는 ①, ②, ③ 외에 축척변경의 목적ㆍ시행지역 및 시행기간, 축척변경의 시행에 따른 소유자 등의 협조에 관한 사항 등이 있다.

88 「공간정보의 구축 및 관리 등에 관한 법률」상 규정된 지목의 종류로 옳지 않은 것은?

① 운동장   ② 유원지   ③ 잡종지   ④ 철도용지

해설 운동장은 28개 지목의 구분에 포함되지 않는다.

89 「부동산등기법」상 부동산 등기용 등록번호의 부여절차로 옳지 않은 것은?

① 법인의 등록번호는 주된 사무소 소재지 관할 등기소의 등기관이 부여한다.
② 법인이 아닌 사단이나 재단의 등록번호는 시장, 군수 또는 구청장이 부여한다.
③ 국가ㆍ지방자치단체ㆍ국제기관 및 외국정부의 등록번호는 기획재정부장관이 지정ㆍ고시한다.
④ 주민등록번호가 없는 재외국민의 등록번호는 대법원 소재지 관할 등기소의 등기관이 부여한다.

해설 국가ㆍ지방자치단체ㆍ국제기관 및 외국정부의 등록번호는 국토교통부장관이 지정ㆍ고시한다.

90 「부동산등기법」상 미등기 토지의 소유권 보존등기를 신청할 수 없는 자는?

① 확정판결에 의하여 자기의 소유권을 증명하는 자
② 수용(收用)으로 인하여 소유권을 취득하였음을 증명하는 자
③ 토지대장등본에 의하여 피상속인이 토지대장에 소유자로서 등록되어 있는 것을 증명하는 자
④ 특별자치도지사, 시장, 군수 또는 구청장의 확인에 의하여 자기의 소유권을 증명하는 자(건물의 경우로 한정한다.)

───────────────────

해설 토지의 소유권 보존등기를 신청할 수 있는 자에는 ①, ②, ④ 외에 토지대장, 임야대장 또는 건축물대장에 최초의 소유자로 등록되어 있는 자 또는 그 상속인, 그 밖의 포괄승계인 등이 있다.

91 「공간정보의 구축 및 관리 등에 관한 법률」상 행정구역의 명칭 변경 시 지적공부에 등록된 토지의 소재는 어떻게 되는가?

① 등기소에 변경등기함으로써 변경된다.
② 소관청장이 변경정리함으로써 변경된다.
③ 새로운 행정구역의 명칭으로 변경된 것으로 본다.
④ 행정안전부장관의 승인을 받아야 변경된 것으로 본다.

───────────────────

해설 행정구역의 명칭이 변경되었으면 지적공부에 등록된 토지의 소재는 새로운 행정구역의 명칭으로 변경된 것으로 본다.

92 「공간정보의 구축 및 관리 등에 관한 법률」상 지적측량수행자의 손해보험책임을 보장하기 위한 보증설정에 관한 설명으로 옳은 것은?

① 지적측량업자가 보증보험에 가입하여야 하는 보증금액은 5천만 원 이상이다.
② 한국국토정보공사가 보증보험에 가입하여야 하는 보증금액은 20억 원 이상이다.
③ 지적측량업자가 보증설정을 하였을 때에는 이를 증명하는 서류를 국토교통부장관에게 제출하여야 한다.
④ 지적측량업자는 지적측량업 등록증을 발급받은 날부터 30일 이내에 보증설정을 하여야 한다.

───────────────────

해설 지적측량수행자의 손해배상책임 보장기준
• 지적측량업자 : 보장기간 10년 이상 및 보증금액 1억 원 이상의 보증보험
• 한국국토정보공사 : 보증금액 20억 원 이상의 보증보험

지적측량업자는 지적측량업 등록증을 발급받은 날부터 10일 이내에 보증설정을 해야 하며, 이를 증명하는 서류를 시·도지사 또는 대도시 시장에게 제출해야 한다.

93 「국토의 계획 및 이용에 관한 법률」상 용도지역 중 농림지역의 건폐율은?

① 20% 이하　　　② 30% 이하　　　③ 50% 이하　　　④ 70% 이하

해설 용도지역의 건폐율

구분		건폐율
도시지역	주거지역	70% 이하
	상업지역	90% 이하
	공업지역	70% 이하
	녹지지역	20% 이하
관리지역	보전관리지역	20% 이하
	생산관리지역	20% 이하
	계획관리지역	40% 이하
농림지역		20% 이하
자연환경보전지역		20% 이하

94 지적측량 적부심사 의결서를 받은 자가 지방지적위원회의 의결에 불복하는 경우에는 그 의결서를 받은 날부터 며칠 이내에 국토교통부장관을 거쳐 중앙지적위원회에 재심사를 청구할 수 있는가?

① 7일 이내　　　　　　　　　② 30일 이내
③ 60일 이내　　　　　　　　　④ 90일 이내

해설 지적측량 적부심사 의결서를 받은 자가 지방지적위원회의 의결에 불복하는 경우에는 90일 이내에 국토교통부장관에게 재심사 청구할 수 있다.

95 지적도의 축척이 1/600인 지역에서 분할을 위한 지적측량 수행 시 1필지 면적측정 결과가 0.01m²인 경우 토지대장 등록을 위한 결정면적은?

① 0.01m²　　　　② 0.05m²　　　　③ 0.1m²　　　　④ 1m²

해설 지적도의 축척이 1/600인 지역과 경계점좌표등록부에 등록하는 지역의 토지면적은 m² 이하 한 자리 단위로 하되, 0.1m² 미만의 끝수가 있는 경우 0.05m² 미만일 때에는 버리고 0.05m²를 초과할 때에는 올리며, 0.05m² 일 때에는 구하려는 끝자리의 숫자가 0 또는 짝수면 버리고 홀수면 올린다. 다만, 1필지의 면적이 0.1m² 미만일 때에는 0.1m²로 한다.

96 다음 중 지목변경에 해당하는 것은?

① 밭을 집터로 만드는 경우
② 밭의 흙을 파서 논으로 만드는 경우
③ 산을 절토(切土)하여 대(垈)로 만드는 행위
④ 지적공부상의 전(田)을 대(垈)로 변경하는 행위

97 「지적측량 시행규칙」상 지적소관청이 지적삼각보조점성과표 및 지적도근점성과표에 기록·관리하여야 하는 사항에 해당하지 않는 것은?

① 표지의 재질
② 직각좌표계 원점명
③ 소재지와 측량연월일
④ 지적위성기준점의 명칭

98 「공간정보의 구축 및 관리 등에 관한 법률」상 1년 이하의 징역 또는 1천만 원 이하의 벌금 대상으로 옳은 것은?

① 정당한 사유 없이 측량을 방해한 자
② 측량업 등록사항의 변경신고를 하지 아니한 자
③ 무단으로 측량성과 또는 측량기록을 복제한 자
④ 고시된 측량성과에 어긋나는 측량성과를 사용한 자

99 지적전산자료를 인쇄물로 제공할 경우 1필지당 수수료로 옳은 것은?

① 10원
② 20원
③ 30원
④ 40원

100 「공간정보의 구축 및 관리 등에 관한 법률」상 지적측량 적부심사청구 사안에 대한 시 · 도지사의 조사사항이 아닌 것은?

① 지적측량 기준점 설치연혁

② 다툼이 되는 지적측량의 경위 및 그 성과

③ 해당 토지에 대한 토지이동 및 소유권 변동 연혁

④ 해당 토지 주변의 측량기준점, 경계, 주요 구조물 등 현황 실측도

해설 지적측량 기준점 설치연혁은 지적측량 적부심사청구 사안에 대한 시 · 도지사의 조사사항에 포함되지 않는다.

1과목 지적측량

01 지적도근점측량 중 배각법에 의한 도선의 계산순서를 올바르게 나열한 것은?

㉠ 관측성과의 이기	㉡ 측각오차의 계산
㉢ 방위각의 계산	㉣ 관측각의 합계 계산
㉤ 각 관측선의 종횡선오차의 계산	㉥ 각 측점의 좌표계산

① ㉠-㉡-㉢-㉣-㉤-㉥
② ㉠-㉡-㉣-㉢-㉥-㉤
③ ㉠-㉣-㉡-㉢-㉤-㉥
④ ㉠-㉢-㉣-㉡-㉥-㉤

해설 배각법의 계산순서

관측성과의 이기 → 폐색변을 포함한 변수(n) 계산 → 관측각의 합계 계산 → 측각오차 및 공차의 계산 → 반수의 계산 → 측각오차의 배부 → 방위각의 계산 → 각 측점의 종횡선차 계산 → 종횡선오차, 연결오차 및 공차의 계산 → 종횡선오차의 배부 → 각 측점의 좌표계산

02 지적측량에 사용하는 직각좌표계의 투영원점에 가산하는 종횡선 값으로 옳은 것은?(단, 세계측지계에 따르지 아니하는 지적측량의 경우이다.)

① 종선 : 200,000m, 횡선 : 500,000m
② 종선 : 500,000m, 횡선 : 200,000m
③ 종선 : 1,000,000m, 횡선 : 500,000m
④ 종선 : 2,000,000m, 횡선 : 5,000,000m

해설 세계측지계를 사용하지 않는 지적측량에서는 가우스상사이중투영법을 사용하며 투영원점에서 종선(X) = 500,000m(제주도지역 550,000m), 횡선(Y) = 200,000m를 가산한다.

03 임야도를 갖춰 두는 지역의 세부측량에서 지적도의 축척에 따른 측량성과를 임야도의 축척으로 측량결과도에 표시하는 방법으로 옳은 것은?

① 임야 경계선과 도곽선을 접합하여 임의로 임야측량결과도에 전개하여야 한다.
② 임야도의 축척에 따른 임야 경계선의 좌표를 구하여 임야측량결과도에 전개하여야 한다.
③ 지적도의 축척에 따른 임야 분할선의 좌표를 구하여 임야측량결과도에 전개하여야 한다.
④ 지적도의 축척에 따른 측량결과도에 표시된 경계점의 좌표를 구하여 임야측량결과도에 전개하여야 한다.

해설 임야도 지역의 세부측량을 시행할 경우에는 지적도의 축척에 따른 측량결과도에 표시된 경계점의 좌표를 구하여 임야측량결과도에 전개하여야 한다. 다만, 경계점의 좌표를 구할 수 없거나 경계점의 좌표에 따라 줄여서 그리는 것이 부적당한 경우에는 축척비율에 따라 줄여서 임야측량결과도를 작성한다.

04 평판측량방법에 따라 조준의를 사용하여 측정한 경사거리가 95m일 때 수평거리로 옳은 것은? (단, 조준의의 경사분획은 18이다.)

① 92.45m　　② 92.50m　　③ 93.45m　　④ 93.50m

해설 수평거리$(D) = l \times \dfrac{1}{\sqrt{1 + \left(\dfrac{n}{100}\right)^2}} = 95 \times \dfrac{1}{\sqrt{1 + \left(\dfrac{18}{100}\right)^2}} = 93.50\text{m}$

(D : 수평거리, l : 경사거리, n : 경사분획)

05 다음 중 지적측량의 방법에 해당되지 않는 것은?

① 관성측량　　② 위성측량　　③ 경위의측량　　④ 전파기측량

해설 지적측량은 평판측량, 전자평판측량, 경위의측량, 전파기 또는 광파기측량, 사진측량 및 위성측량 등의 방법에 따른다.

06 경위의측량방법에 따른 지적삼각점의 수평각관측 시 윤곽도로 옳은 것은?

① 0°, 60°, 120°　　② 0°, 45°, 90°　　③ 0°, 90°, 180°　　④ 0°, 30°, 60°

해설 경위의측량방법에 따른 지적삼각점측량의 관측은 10초독 이상의 경위의를 사용하고, 수평각관측은 윤곽도 0°, 60°, 120°로 한 3대회 방향관측법에 따른다.

07 경위의측량방법에 따라 도선법으로 지적도근점측량을 할 때 지형상 부득이한 경우가 아닐 때 지적기준점 상호 간의 연결 기준이 되는 것은?

① 결합도선　　② 왕복도선　　③ 폐합도선　　④ 회귀도선

경위의측량방법에 따라 도선법으로 지적도근점측량을 할 때에 도선은 위성기준점 · 통합기준점 · 삼각점 · 지적삼각점 · 지적삼각보조점 및 지적도근점의 상호 간을 연결하는 결합도선에 따른다. 다만, 지형상 부득이한 경우에는 폐합도선 또는 왕복도선으로 할 수 있다.

08 전파기 측량방법에 따라 다각망도선법으로 지적삼각보조점측량을 할 때의 기준으로 옳은 것은?

① 1도선의 거리는 4km 이하로 한다.
② 3점 이상의 기지점을 포함한 폐합다각방식에 따른다.
③ 1도선의 점의 수는 기지점을 제외하고 5점 이하로 한다.
④ 1도선은 기지점과 기지점, 교점과 교점 간의 거리이다.

다각망도선법으로 지적삼각보조점측량 시 기준
• 3점 이상의 기지점을 포함한 결합다각방식에 따른다.
• 1도선(기지점과 교점 간 또는 교점과 교점 간)의 점의 수는 기지점과 교점을 포함하여 5점 이하로 한다.
• 1도선의 거리(기지점과 교점 또는 교점과 교점 간 점간거리의 총합계)는 4km 이하로 한다.

09 세부측량을 하는 경우 필지마다 면적을 측정하여야 하는 대상이 아닌 것은?
① 분할   ② 합병   ③ 신규등록   ④ 등록전환

토지의 합병은 면적측정 대상이 아니며, 합병 후 필지의 면적은 합병 전 각 필지의 면적을 합산하여 결정한다.

10 사각망 조정계산에서 관측각이 다음과 같을 때, α_1 의 각규약에 의한 조정량?(단, $\alpha_1 = 48° 31' 50.3''$, $\beta_2 = 53° 03' 57.2''$, $\alpha_3 = 22° 44' 29.2''$, $\beta_4 = 27° 16' 36.9''$)

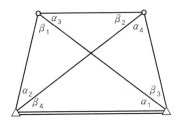

① $+0.2''$ ② $-0.2''$ ③ $+0.4''$ ④ $-0.4''$

사각망의 각규약
$(\alpha_1 + \beta_4) - (\alpha_3 + \beta_2) = 0$, $(\alpha_2 + \beta_1) - (\alpha_4 + \beta_3) = 0$, $\alpha_1 + \beta_3 + \alpha_2 + \beta_4 + \alpha_3 + \beta_1 + \alpha_4 + \beta_2 = 0$
각규약 등식에 따라 오차가 발생하면,
$\alpha_1 - \beta_2 - \alpha_3 + \beta_4 = e_1$, $\beta_1 + \alpha_2 - \beta_3 + \alpha_4 = e_2$, $\alpha_1 + \beta_1 + \alpha_2 + \beta_2 + \alpha_3 + \beta_3 + \alpha_4 + \beta_4 - 360 = \varepsilon$
$\alpha_1 - \beta_2 - \alpha_3 + \beta_4 = e_1 \rightarrow 48° 31' 50.3'' - 53° 03' 57.2'' - 22° 44' 29.2'' + 27° 16' 36.9'' = 0.8''$

조정량은 $\dfrac{e_1}{4} = \dfrac{0.8''}{4} = 0.2''$이며 (+)값이므로,

$\therefore$ α_1, β_4에는 각각 $-0.2''$, α_3, β_2에는 각각 $+0.2''$씩 배부한다.

11 각관측 시 발생하는 기계오차와 소거법에 대한 설명으로 옳지 않은 것은?

① 외심오차는 시준선에 편심이 나타나 발생하는 오차로, 정위와 반위의 평균으로 소거된다.

② 연직축오차는 수평축과 연직축이 직교하지 않아 생기는 오차로, 정·반위의 평균으로 소거된다.

③ 수평축오차는 수평축이 수직축과 직교하지 않기 때문에 생기는 오차로, 정위와 반위의 평균값으로 소거된다.

④ 시준축오차는 시준선과 수평축이 직교하지 않아 생기는 오차로, 망원경의 정위와 반위로 측정하여 평균값을 취하면 소거된다.

해설 연직축오차는 수평축과 연직축이 직교하지 않기 때문에 생기는 오차로서 소거가 불가능하다.

12 지적삼각점측량에서 원점에서부터 두 점 A, B까지의 횡선거리가 각각 16km와 20km일 때 축척계수(K)는?(단, $R = 6,372.2$km이다.)

① 1.00000072

② 1.00000177

③ 1.00000274

④ 1.00000399

해설 축척계수(K) $= 1 + \dfrac{(Y_1 + Y_2)^2}{8 \times R^2} = 1 + \dfrac{(16 + 20)^2}{8 \times 6,372.2^2} = 1.00000399$

13 다음 중 지적도근점측량을 실시하는 경우에 해당하지 않는 것은?

① 축척변경을 위한 측량을 하는 경우

② 도시개발사업 등으로 인하여 지적확정측량을 하는 경우

③ 지적도근점의 재설치를 위하여 지적삼각점의 설치가 필요한 경우

④ 측량지역의 면적이 해당 지적도 1장에 해당하는 면적 이상인 경우

해설 지적도근점측량의 실시대상에는 ①, ②, ④ 외 「국토의 계획 및 이용에 관한 법률」에서 규정한 용도지역 중 도시지역에서 세부측량을 하는 경우, 세부측량을 하기 위하여 특히 필요한 경우 등이 있다.

14 2점 간의 거리가 123.00m이고 2점 간의 횡선차가 105.64m일 때 2점 간의 종선차는?

① 52.25m

② 63.00m

③ 100.54m

④ 101.00m

해설 2점 간의 종선차(Δx^2) $= 123.00^2 - 105.64^2 \rightarrow \Delta x = \sqrt{123.00^2 - 105.64^2} = 63.00$m

15 다음 중 거리 측정에 따른 오차의 보정량이 항상 (−)가 아닌 것은?

① 장력으로 인한 오차
② 줄자의 처짐으로 인한 오차
③ 측선이 수평이 아님으로 인한 오차
④ 측선이 일직선이 아님으로 인한 오차

해설 장력으로 인한 오차는 측정할 때의 장력이 표준장력보다 크거나 작거나에 따라서 보정량도 (+) 또는 (−)로 된다.

16 다음 중 오차의 성격이 다른 하나는?

① 기포의 둔감에서 생기는 오차
② 야장의 기입 착오로 생기는 오차
③ 수준척(Staff) 눈금의 오독으로 인해 생기는 오차
④ 각관측에서 시준점의 목표를 잘못 시준하여 생기는 오차

해설 기포의 둔감에서 생기는 오차는 기계적 오차이며, ②, ③, ④는 개인적 오차이다.

17 다음 중 지적도근점측량에서 지적도근점을 구성하는 도선의 형태에 해당하지 않는 것은?

① 개방도선
② 결합도선
③ 폐합도선
④ 다각망도선

해설 지적도근점의 도선은 결합도선, 폐합도선, 왕복도선 및 다각망도선으로 구성하여야 한다.

18 지적기준점 등의 제도에 관한 설명으로 옳은 것은?

① 삼각점 및 지적기준점은 0.1mm 폭의 선으로 제도한다.
② 지적도근점은 직경 1mm, 2mm의 2중원으로 제도한다.
③ 지적삼각점은 직경 3mm의 원으로 제도하고 원 안에 십자선을 표시한다.
④ 지적삼각보조점은 직경 2mm의 원으로 제도하고 원 안에 십자선을 표시한다.

해설 ① 삼각점 및 지적기준점은 0.2mm 폭의 선으로 제도한다.
② 지적도근점은 직경 2mm의 원으로 제도한다.
④ 지적삼각보조점은 직경 3mm의 원으로 제도하고 원 안에 검은색으로 엷게 채색한다.

19 경위의측량방법에 따른 세부측량의 관측 및 계산에서 수평각의 측각공차 중 1회 측정각과 2회 측정각의 평균값에 대한 교차 기준은?

① 30초 이내
② 40초 이내
③ 50초 이내
④ 60초 이내

해설 경위의측량방법에 따른 세부측량의 수평각 측각공차 중 1회 측정각과 2회 측정각의 평균값에 대한 교차는 40초 이내로 한다.

20 평판측량방법으로 세부측량을 할 때에 지적도, 임야도에 따라 측량준비파일에 포함하여 작성하여야 할 사항에 해당되지 않는 것은?

① 지적기준점 및 그 번호
② 측량방법 및 측량기하적
③ 인근 토지의 경계선, 지번 및 지목
④ 측량대상 토지의 경계선, 지번 및 지목

─────────────────────────────────

해설 측량준비파일에는 측량방법이나 측량기하적이 포함되지 않는다.

2과목 **응용측량**

21 터널구간의 고저차를 관측하기 위하여 그림과 같이 간접수준측량을 하였다. 경사각은 부각 30°이며, AB의 경사거리가 18.64m이고 A점의 표고가 200.30m일 때 B점의 표고는?

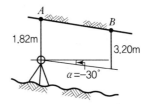

① 182.78m ② 189.60m ③ 190.92m ④ 192.36m

─────────────────────────────────

해설 I.H와 H.P는 천정으로부터 측정은 (−), 바닥으로부터 측정은 (+)이며, α는 위로 향할 때는 (+), 아래로 향할 때는 (−)이므로, B점의 표고$(H_B) = H_A + (\pm I.H) + S' \cdot \sin(\pm\alpha) - (\pm H.P)$

$H_B = 200.30 - 1.82 + (18.65 \times \sin 30°) - 3.20 = 192.36m$

(H_A : A점의 표고, I.H : A점의 기계고, S' : 경사거리, α : 경사각, H.P : B점의 시준고)

22 지상에서 이동하고 있는 물체가 사진에 나타나 그 물체를 입체시할 때 그 운동이 기선방향이면 물체가 뜨거나 가라앉아 보이는 현상(효과)은?

① 정사효과(Orthoscopic Effect)
② 역효과(Pseudoscopic Effect)
③ 카메론효과(Cameron Effect)
④ 반사효과(Reflection Effect)

─────────────────────────────────

해설 카메론효과(Cameron Effect)는 입체 사진상에서 자동차와 같은 이동하는 물체를 입체시하면 그 운동에 의하여 그 물체가 시차를 가져와 물체가 떠 있거나 가라앉아 보이는 현상을 말한다.

23 수준측량에서 전시와 후시의 거리를 같게 하여 소거할 수 있는 오차는?

① 표척의 눈금오차
② 레벨의 침하에 의한 오차
③ 지구의 곡률오차
④ 레벨과 표척의 경사에 의한 오차

> **해설** 수준측량에서 전시와 후시의 시준거리를 같게 관측하면 소거되는 오차에는 시준선이 기포관 축과 평행하지 않을 때 발생하는 오차, 레벨 조정 불완전에 의한 오차, 지구 곡률오차, 대기 굴절오차 등이 있다.

24 그림과 같은 노선 횡단면의 면적은?

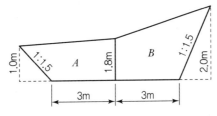

① 13.95m^2
② 14.95m^2
③ 15.95m^2
④ 16.95m^2

> **해설** 좌측 삼각형 밑변은 1.5m이고, 우측 삼각형의 밑변은 3m이므로,
>
> A의 면적 $= \dfrac{(1.8+1)\times(3+1.5)}{2} - \dfrac{1\times1.5}{2} = 5.55\text{m}^2$
>
> B의 면적 $= \dfrac{(1.8+2)\times(3+3)}{2} - \dfrac{2\times2}{2} = 8.4\text{m}^2$
>
> ∴ 총면적 $= A$의 면적 $+ B$의 면적 $= 5.55 + 8.40 = 13.95\text{m}^2$

25 GNSS측량에서 위치를 결정하는 기하학적인 원리는?

① 위성에 의한 평균계산법
② 무선항법에 의한 후방교회법
③ 수신기에 의하여 처리하는 자료해석법
④ GNSS에 의한 폐합 도선법

> **해설** GNSS측량은 정확한 위치를 알고 있는 인공위성에서 발사한 전파를 관측점에서 수신하여 그 소요시간을 이용하여 관측점의 위치를 구하는 3차원 후방교회법의 원리를 가지고 있다.

26 지형의 표시방법 중 길고 짧은 선으로 지표의 기복을 나타내는 방법은?

① 영선법
② 채색법
③ 등고선법
④ 점고법

> **해설** 영선법(게바법)은 게바라고 하는 단선상의 선으로 지표의 기복을 나타내는 방법으로서 게바의 사이, 굵기, 길이 및 방법 등에 의하여 지표를 표시하며 급경사는 굵고 짧게, 완경사는 가늘고 길게 새털 모양으로 표시하므로 기복의 판별은 좋으나 정확도가 낮다. 등고선법은 동일표고선을 이은 선으로 지형의 기복을 표시하는 방법이다. 비교적 정확한 지표의 표현방법으로 등고선의 성질을 잘 파악해야 한다. 점고법은 지면상에 있는 임의점의 표고를 도상에서 숫자로 표시하는 방법으로 주로 하천, 항만, 해양 등의 수심표시에 사용한다.

27 수준측량의 기고식에 대한 설명으로 옳은 것은?

① 중력 측정을 통한 기계적 고도수정방법

② 시준측 오차를 소거하기 위한 수준측량방법

③ 기압 측정을 통한 간접 수준측량방법

④ 중간점이 많은 경우에 편리한 야장기입방법

해설 야장기입법의 종류

- 고차식 : 전시 합과 후시 합의 차로서 고저차를 구하는 방법으로 시작점과 최종점 간의 고저차나 지반고를 계산하는 것이 주목적이며 중간의 지반고를 구할 필요가 없을 때 사용한다.
- 승강식 : 높이차(전시−후시)를 현장에서 계산하여 작성하며 정확도가 높은 측량에 적합(중간점이 많을 때에는 계산이 복잡하고 시간이 많이 소요됨)한다.
- 기고식 : 기계고를 이용하여 표고를 결정하며, 도로의 종횡단 측량처럼 중간점이 많을 때 사용(가장 많이 사용되는 방법이나 중간시에 대한 완전 검산이 어려움)한다.

28 GNSS에서 이중차분법(Double Differencing)에 대한 설명으로 옳은 것은?

① 1개의 위성을 동시에 추적하는 2대의 수신기는 이중차 관측이다.

② 여러 에포크에서 2개의 수신기로 추적되는 1개의 위성 관측을 통하여 얻을 수 있다.

③ 여러 에포크에서 1개의 수신기로 추적되는 2개의 위성 관측을 통하여 얻을 수 있다.

④ 동시에 2개의 위성을 추적하는 2개의 수신기는 이중차 관측이다.

해설 GNSS측량 방법에는 단일차분법, 이중차분법, 3중차분법 등이 있다. 이 중 이중차분법은 반송파 측정원리로서 두 개의 관측지점에서 두 개의 위성을 동시에 관측하는 방법으로 위성과 수신기의 시계 오차를 제거할 수 있다.

29 GNSS의 구성요소 중 위성을 추적하여 위성의 궤도와 정밀시간을 유지하고 관련 정보를 송신하는 역할을 담당하는 부문은?

① 우주부문　　　　② 제어부문　　　　③ 수신부문　　　　④ 사용자부문

해설 GNSS 체계는 우주부문, 제어부문, 사용자부문으로 구성된다. 이 중 제어부문은 궤도와 시각결정을 위한 위성의 추적, 전리층 및 대류층의 주기적 모형화, 위성시간의 동일화, 위성으로의 자료전송 등의 임무를 수행한다.

30 곡선반지름이 80m, 클로소이드 곡선길이가 20m일 때 클로소이드의 파라미터(A)는?

① 40m　　　　② 80m　　　　③ 120m　　　　④ 1,600m

해설 클로소이드의 기본식 $A^2 = RL$

∴ 파라미터(A) $= \sqrt{80 \times 20} = 40$m

(A : 클로소이드의 매개변수, R : 곡률반경, L : 완화곡선길이)

　　　　　　27 ④　**28** ④　**29** ②　**30** ①　ANSWER

31 곡선반지름이 150m, 교각이 90°인 단곡선에서 기점으로부터 교점까지의 추가거리가 1,273.45m일 때, 기점으로부터 곡선시점(B.C)까지의 추가거리는?

① 1,034.25m

② 1,123.45m

③ 1,245.56m

④ 1,368.86m

해설 접선길이(T.L) $= R \cdot \tan \dfrac{I}{2}$

곡선의 시점(B.C) $= I.P - T.L = 1,273.45 - \left(150 \times \tan \dfrac{90}{2}\right) = 1,123.45 m$

(I.P : 교점, I : 교각, R : 곡선반지름)

32 교호수준측량을 실시하여 다음 결과를 얻었다. A점의 표고가 56.674m일 때 B점의 표고는?

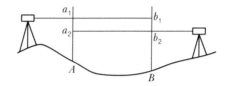

• $a_1 = 2.556 m$ • $b_1 = 3.894 m$ • $a_2 = 0.772 m$ • $b_2 = 2.106 m$

① 54.130m

② 54.768m

③ 55.338m

④ 57.641m

해설 고저차 $h = \dfrac{1}{2}\left\{(a_1 - b_1) + (a_2 - b_2)\right\} = 0.5 \times (2.556 - 3.894) + (0.772 - 2.106) = -1.336 m$

B점의 표고(H_B) $= 56.674 + (-1.336) = 55.338 m$

33 완화곡선의 성질에 대한 설명으로 옳지 않은 것은?

① 곡선반지름은 완화곡선의 시점에서 무한대, 종점에서 원곡선의 반지름(R)으로 된다.

② 완화곡선의 접선은 시점에서 원호에, 종점에서는 직선에 접한다.

③ 완화곡선에 연한 곡선반지름의 감소율은 캔트의 증가율과 같다.

④ 종점에 있는 캔트는 원곡선의 캔트와 같게 된다.

해설 완화곡선의 접선은 시점에서는 직선에, 종점에서는 원호에 접한다.

34 등고선의 특징에 대한 설명으로 틀린 것은?

① 등고선은 경사가 급한 곳에서는 간격이 좁다.
② 경사변환점은 능선과 계곡선이 만나는 점이다.
③ 능선은 빗물이 이 능선을 경계로 좌우로 흘러 분수선이라고 한다.
④ 계곡선은 지표가 낮거나 움푹 파인 점을 연결한 선으로 합수선이라고도 한다.

해설 경사변환선은 동일 방향의 경사선에서 경사의 크기가 다른 두 면의 교선이다.

35 터널공사를 위한 트래버스측량의 결과가 다음 표와 같을 때 직선 EA 의 거리와 EA 의 방위각은?

측선	위거(m)		경거(m)	
	+	−	+	−
AB		31.4	41.4	
BC		20.9		13.2
CD		13.2		50.9
DE	19.7			37.2

① 74.39m, 52°35′53.5″
② 74.39m, 232°35′53.5″
③ 75.40m, 52°35′53.5″
④ 75.40m, 232°35′53.5″

해설 위거의 합계($\sum L$) = 19.7 − 31.4 − 20.9 − 13.3 = −45.8m
경거의 합계($\sum D$) = 41.4 − 13.2 − 50.9 − 37.2 = −59.9m
∴ EA 거리 = $\sqrt{(-45.8)^2 + (-59.9^2)}$ = 75.40m
AE 방위 = $\tan^{-1}\left(\dfrac{59.9}{45.8}\right)$ = 52°35′53.5″, $\sum L$과 $\sum D$이 각각 (−), (−)으로 삼사분면이므로,
AE 방위각 = 52°35′53.5″ + 180° = 232°35′53.5″
∴ EA의 방위각 : AE 방위각 − 180° = 52°35′53.5″

36 항공사진측량을 통하여 촬영된 사진에서 볼 때 태양광선을 받아 주위보다 밝게 찍혀 보이는 부분을 무엇이라 하는가?

① Sun Spot
② Lineament
③ Overlay
④ Shadow Spot

해설 태양광선의 반사지점에 반사능이 강한 수면이 있으면 그 부근에 희게 반짝이는 헐레이션(Halation)이 생긴다. 이와 같이 사진상에서 태양광선의 반사에 의해 밝게 촬영되는 부분을 선스팟(Sun Spot)이라 한다.
※ 헐레이션이란 강한 광선으로 사진이 흐릿해지는 현상이다.

37 어떤 도로에서 원곡선의 반지름이 200m일 때 현의 길이 20m에 대한 편각은?

① 2°51′53″   ② 3°49′11″   ③ 5°44′02″   ④ 8°21′12″

해설 원곡선에서 편각 $\delta = 1{,}718.87' \times \dfrac{l}{R} = 1{,}718.87' \times \dfrac{20}{200} = 2°51'53.22''$

38 축척 1/50,000 지형도에서 주곡선의 간격은?

① 5m   ② 10m   ③ 20m   ④ 100m

해설 등고선의 종류 및 간격

(단위 : m)

등고선의 종류	등고선의 간격			
	1/5,000	1/10,000	1/25,000	1/50,000
계곡선	25	25	50	100
주곡선	5	5	10	20
간곡선	2.5	2.5	5	10
조곡선	1.25	1.25	2.5	5

39 항공사진 투영방식(A)과 지도 투영방식(B)의 연결이 옳은 것은?

① (A) 정사투영, (B) 중심투영   ② (A) 중심투영, (B) 정사투영
③ (A) 평행투영, (B) 중심투영   ④ (A) 평행투영, (B) 정사투영

해설 항공사진은 중심투영의 원리이며, 지도는 정사투영의 원리이다.

40 초점거리 210cm의 카메라로 비고가 50m인 구릉지에서 촬영한 사진의 축척이 1/25,000이다. 이 사진의 비고에 의한 최대 변위량은?(단, 사진크기＝23cm×23cm, 종중복도＝60%)

① ±0.15cm   ② ±0.24cm   ③ ±1.5cm   ④ ±2.4cm

해설 최대화면 연직선에서의 거리

$$(r_{\max}) = \frac{\sqrt{2}}{2} \cdot a = \frac{\sqrt{2}}{2} \times 23 = 16.26\text{cm} = 0.1626\text{m}$$

비행촬영고도 $(H) = m \times f = 25{,}000 \times 0.21 = 5{,}250\text{m}$

기복변위 $(\Delta r) = \dfrac{h}{H} \cdot r \rightarrow$ 최대기복변위

$$(\Delta r_{\max}) = \frac{h}{H} \cdot r_{\max} \quad \therefore \ \Delta r_{\max} = \frac{h}{H} \cdot r_{\max} = \frac{50}{5{,}250} \times 0.1626 = 0.0015\text{m} = 0.15\text{cm}$$

(a : 한 변의 사진크기, h : 비고, H : 비행촬영고도, r : 주점에서 측정점까지의 거리, m : 축척분모, f : 초점거리)

41 래스터데이터와 벡터데이터에 대한 설명으로 옳지 않은 것은?

① 벡터데이터는 객체들의 지리적 위치를 크기와 방향으로 나타낸다.

② 래스터데이터는 데이터 구조가 단순하고 레이어의 중첩분석이 편리하다.

③ 벡터데이터는 좌표계를 이용하여 공간정보를 기록하므로 자료를 보다 정확히 표현할 수 있다.

④ 벡터데이터를 래스터데이터로 변환하는 방법으로 Transit Code, Run-length Code, Lot Code, Quadtree 기법이 있다.

해설 래스터의 자료구조는 정밀도가 셀의 크기에 따라 좌우되며 해상력을 높이면 자료의 크기가 방대해지므로 체인코드(Chain Code), 런렝스코드(Run-length Code), 블록코드(Block Code), 사지수형(Quadtree)의 압축방법을 통해 파일의 저장용량을 크게 줄인다.

42 논리적 데이터 모델에 대한 설명으로 옳지 않은 것은?

① 네트워크 모델 – 데이터베이스를 그래프 구조로 표현한다.

② 관계형 모델 – 데이터베이스를 테이블의 집합으로 표현한다.

③ 계층형 모델 – 데이터베이스를 계층적 그래프 구조로 표현한다.

④ 객체지향형 모델 – 데이터베이스를 객체/상속 구조로 표현한다.

해설 데이터베이스의 모형 중 계층형(계급형) 모델은 트리(Tree) 형태의 계층구조로 구성하는 특징이 있으며, 레코드의 링크는 일대일 또는 일대다의 관계만 가능하다.

43 행정구역도와 학교위치도를 이용하여 해당 행정구역에 포함되는 학교를 분석할 때 사용하는 기법은?

① 버퍼(Buffer) 분석　　　　　　　　② 중첩(Overlay) 분석

③ 입체지형(TIN) 분석　　　　　　　④ 네트워크(Network) 분석

해설 중첩분석은 하나의 레이어 위에 다른 레이어를 올려놓고 비교하고 분석하는 기법으로서 서로 다른 주제도를 결합하거나 공통의 공간영역을 하나의 결과물로 도출할 수 있어 주로 적지분석에 이용된다.

44 토지정보시스템의 필요성을 가장 잘 설명한 것은?

① 기준점의 효율적 관리
② 지적재조사 사업 추진
③ 지역측지계의 세계좌표계로의 변환
④ 토지 관련 자료의 효율적 이용과 관리

해설 토지정보시스템은 토지의 효율적 관리를 목적으로 토지와 관련된 정보를 체계적·종합적으로 수집·저장·조회·분석하여 법률적·행정적·경제적으로 활용하기 위한 시스템이다.

45 표준 데이터베이스 질의언어인 SQL의 데이터 정의어(DDL)에 해당하지 않는 것은?

① DROP ② ALTER ③ CRANT ④ CREATE

해설 데이터 정의어(DDL : Data Definition Language)의 기능
데이터베이스, 테이블, 필드, 인덱스 등 객체를 CREATE(생성), ALTER(수정), DROP(삭제), RENAME(이름 변경)하는 등의 기능이 있다.

46 지적도면전산화 사업으로 생성된 지적도면파일을 이용하여 지적업무를 수행할 경우의 기대되는 장점으로 옳지 않은 것은?

① 지적측량성과의 효율적인 전산관리가 가능하다.
② 토지대장과 지적도면을 통합한 대민서비스의 질적 향상을 도모할 수 있다.
③ 공간정보 분야의 다양한 주제도와 융합을 통해 새로운 콘텐츠를 생성할 수 있다.
④ 원시 지적도면의 정확도가 한층 높아져 지적측량성과의 정확도 향상을 기할 수 있다.

해설 지적도면파일은 지적도면전산화사업 당시 원시 지적도면을 디지타이징하여 만든 결과물이므로 지적도면파일을 이용하여 지적업무를 수행한다 하더라도 원시 지적도 자체의 정확도가 향상될 수 없다.

47 데이터베이스 언어 중 데이터베이스 관리자나 응용 프로그래머가 데이터베이스의 논리적 구조를 정의하기 위한 언어는?

① 위상(Topology) ② 데이터 정의어(DDL)
③ 데이터 제어어(DCL) ④ 데이터 조작어(DML)

해설 데이터베이스 언어에는 데이터 정의어(DDL), 데이터 조작어(DML), 데이터 제어어(DCL) 등이 있다. 이 중 데이터 정의어(DDL)는 데이터베이스를 정의하거나 그 정의를 수정할 목적으로 사용하는 언어로서 데이터베이스 관리자나 응용 프로그래머가 주로 사용한다.

48 PBLIS와 NGIS의 연계로 인한 장점으로 가장 거리가 먼 것은?

① 토지 관련 자료의 원활한 교류와 공동 활용

② 토지의 효율적인 이용 증진과 체계적 국토 개발

③ 유사한 정보시스템의 개발로 인한 중복 투자 방식

④ 지적측량과 일반측량의 업무 통합에 따른 효율성 증대

해설 PBLIS와 NGIS의 연계로 지적측량과 일반측량의 업무가 통합되지는 않는다.

49 지적도면전산화 작업과정에서 처리하지 않는 작업은?

① 신축보정   ② 벡터라이징

③ 구조화 편집   ④ 지적도 스캐닝

해설 지적도면전산화 작업순서

- 디지타이징 방식 : 도면 흡착 → 도곽점 및 필계점 독취 → 성과검사 → 도면정보 입력 → 도면 편집 → 성과검사 → 지적소관청 검사 → 성과물 작성
- 스캐닝 방식 : 도면 흡착 → 스캐닝 → 벡터라이징 → 공통 포맷파일 생성 → 성과검사 → 도면정보 입력 → 도면 편집 → 성과검사 → 지적소관청 검사 → 성과물 작성

③ 구조화 편집은 정위치 편집된 자료에서 데이터 간의 상관관계를 파악하기 위하여 위상구조를 가진 기하학적인 형태로 구성하는 과정을 말하며, 지적도면전산화 작업과정에서 처리하지 않았다.

50 기존의 지적도면전산화에 적용한 방법으로 옳은 것은?

① 원격탐측방식   ② 조사 · 측량방식

③ 디지타이징 방식   ④ 자동벡터화 방식

해설 지적도면전산화 사업에서는 자료독취방법인 디지타이징 방식과 정밀도가 우수한 평판스캐너를 활용한 스크린 디지타이징 방식을 사용하였다.

51 다음 중 데이터의 입력 오차가 발생하는 이유로 옳지 않은 것은?

① 작업자의 실수   ② 스캐너의 해상도 문제

③ 스캐닝할 도면의 신축   ④ 도면파일의 보정오차

해설 도면파일의 보정오차는 데이터 입력 이후 데이터파일 보정과정에서 발생하는 오차이다.

52 지적전산화의 목적으로 가장 거리가 먼 것은?

① 지적민원처리의 신속성   ② 전산화를 통한 중앙통제

③ 관련 업무의 능률과 정확도 향상   ④ 토지 관련 정책자료의 다목적 활용

53 부동산종합공부 운영기관의 장은 프로그램 및 전산자료가 멸실·훼손된 경우에는 누구에게 통보하고 이를 지체 없이 복구하여야 하는가?

① 시·도지사　　　　　　　　　　② 국가정보원장
③ 국토교통부장관　　　　　　　　④ 행정안전부장관

54 토지정보시스템의 활용효과로 가장 관련이 없는 것은?

① 원활한 의사결정의 지원
② 토지와 관련된 행정업무 간소화
③ 데이터의 구축비용과 투자의 중복 최소화
④ 데이터의 공유로 인한 이원화된 자료 활용

55 다음 중 우리나라의 메타데이터에 대한 설명으로 옳지 않은 것은?

① 메타데이터는 데이터사전과 DBMS로 구성되어 있다.
② 1995년 12월 우리나라 NGIS 데이터 교환표준으로 SDTS가 채택되었다.
③ 국가 기본도 및 공통 데이터 교환 포맷 표준안을 확정하여 국가 표준으로 제정하고 있다.
④ NGIS에서 수행하고 있는 표준 내용은 기본모델연구, 정보구축표준화, 정보유통표준화, 정보활용표준화, 관련 기술 표준화이다.

56 일반적으로 많이 나타나는 디지타이징 오류에 대한 설명으로 옳지 않은 것은?

① 라벨 오류 : 폴리곤에 라벨이 없거나 또는 잘못된 라벨이 붙는 오류
② 선의 중복 : 입력 내용이 복잡한 경우 같은 선이 두 번씩 입력되는 오류
③ Undershoot and Overshoot : 두 선이 목표지점에 못 미치거나 벗어나는 오류
④ 슬리버 폴리곤 : 폴리곤의 시작점과 끝점이 떨어져 있거나 시작점과 끝점이 벗어나는 오류

해설 슬리버 폴리곤(Sliver Polygon)은 하나의 선으로 연결되어야 할 곳에 두 개의 선이 어긋나게 연결되어 불필요한 폴리곤을 형성한 상태로, 오류에 의해 발생하는 선 사이의 틈이다.

57 DBMS 방식의 설명으로 옳지 않은 것은?

① 데이터의 관리를 효율적으로 한다.
② 다수의 프로그램으로 이루어져 있다.
③ 데이터를 파일단위로 처리하는 데이터처리시스템이다.
④ 다수의 데이터파일에 존재하는 공간 개체와 관련 정보를 관리한다.

해설 데이터를 파일단위로 처리하는 데이터처리시스템은 파일처리 방식이다.

58 도형정보와 속성정보의 통합 공간분석 기법 중 연결성 분석과 가장 거리가 먼 것은?

① 관망(Network)
② 근접성(Proximity)
③ 연속성(Continuity)
④ 분류(Classification)

해설 도형정보와 속성정보의 통합 공간분석에는 중첩분석, 근린분석, 연결성 분석, 표면분석, 기타 분석(추출 · 분류 · 일반화 · 측정) 등이 있다. 이 중 연결성 분석에는 연속성, 근접성, 네트워크(관망), 확산 등이 있다.

59 다음 중 속성정보와 도형정보를 컴퓨터에 입력하는 장비로 옳지 않은 것은?

① 스캐너
② 키보드
③ 플로터
④ 디지타이저

해설 데이터의 출력장비에는 프린터, 플로터, 모니터 등이 있다.

60 다음 중 일반적인 수치지형도의 제작에 가장 많이 사용되는 방법은?

① COGO
② 평판측량
③ 디지타이징
④ 항공사진측량

해설 항공사진측량은 항공기와 무인항공기, 기구 등을 이용하여 촬영된 항공사진을 통해 지형지물에 관한 정보 파악, 지형도 제작 및 특성을 해석하는 측량으로서 일반적인 수치지형도 제작에 가장 많이 사용된다.

61 토지조사 때 사정한 경계에 불복하여 고등토지조사위원회에서 재결한 결과 사정한 경계가 변동되는 경우 그 변경의 효력이 발생되는 시기는?

① 재결일
② 사정일
③ 재결서 접수일
④ 재결서 통지일

> **해설** 사정은 토지소유자와 토지강계만을 대상으로 하였으며 사정에 불복하는 자는 고등토지조사위원회에 재결을 요청할 수 있었고 재결의 경우에도 효력발생일을 사정일로 소급하였다.

62 지적국정주의에 대한 설명으로 옳지 않은 것은?

① 지적공부의 등록사항 결정방법과 운영방법에 통일성을 기하여야 한다.
② 모든 토지를 지적공부에 등록해야 하는 적극적 등록주의를 택하고 있다.
③ 토지에 이동사항이 있을 경우 신청이 없더라도 이를 직권으로 조사 · 정리할 수 있다.
④ 지적공부에 등록된 사항을 토지소유자나 일반 국민에게 신속 · 정확하게 공개하여 정당하게 이용할 수 있도록 한다.

> **해설** 지적공부에 등록된 사항을 토지소유자나 일반 국민에게 신속 · 정확하게 공개하여 정당하게 이용할 수 있도록 하는 이념은 지적공개주의이다.

63 토지조사사업의 사정에 불복하는 자는 공시기간 만료 후 최대 며칠 이내에 고등토지조사위원회에 재결을 신청하여야 하는가?

① 10일
② 30일
③ 60일
④ 90일

> **해설** 사정은 30일간 공시하고, 불복하는 자는 공시기간 만료 후 60일 이내에 고등토지조사위원회에 이의를 제기하여 재결을 요청할 수 있도록 하였다.

64 토지의 등록주의에 대한 내용으로 옳지 않은 것은?

① 등록할 가치가 있는 토지만을 등록한다.
② 전 국토는 지적공부에 등록되어야 한다.
③ 지적공부에 미등록된 토지는 토지 등록주의의 미비다.
④ 토지의 이동이 지적공부에 등록되지 않으면 공시의 효력이 없다.

> **해설** 토지의 등록주의는 전 국토의 모든 토지를 지적공부에 반드시 등록해야 하며, 토지의 이동이 생기면 지적공부에 변동사항을 정리 등록해야 한다는 원칙으로서 등록의 원칙이라고 한다.

65 우리나라에서 사용하고 있는 지목의 분류방식은?

① 지형지목 ② 용도지목
③ 토성지목 ④ 단식지목

해설 토지의 현황에 따른 지목분류에는 지형지목, 토성지목, 용도지목이 있다. 이 중 용도지목은 토지의 현실적 용도에 따라 결정하며, 우리나라 및 대부분의 국가에서 사용한다.

66 토지등록에 있어서 개개의 토지를 중심으로 등록부를 편성하는 것으로, 하나의 토지에 하나의 등기용지를 두는 방식은?

① 물적 편성주의 ② 인적 편성주의
③ 연대적 편성주의 ④ 물적 · 인적 편성주의

해설 보기는 모두 토지등록(부)의 편성방법에 해당된다. 이 중 물적 편성주의는 개별 토지 중심으로 대장을 작성하며, 우리나라에서 채택하고 있는 방법이다.

67 우리나라의 지적도에 등록해야 할 사항으로 볼 수 없는 것은?

① 지번 ② 필지의 경계
③ 토지의 소재 ④ 소관청의 명칭

해설 지적도 · 임야도 등 지적도면의 등록사항에는 토지의 소재, 지번, 지목, 경계, 지적도면의 색인도(인접도면의 연결 순서를 표시하기 위하여 기재한 도표와 번호), 지적도면의 제명 및 축척, 도곽선과 그 수치, 좌표에 의하여 계산된 경계점 간의 거리(경계점좌표등록부를 갖춰 두는 지역으로 한정), 삼각점 및 지적기준점의 위치, 건축물 및 구조물 등의 위치 등이 있다.

68 지목의 설정 원칙으로 옳지 않은 것은?

① 용도경중의 원칙 ② 일시변경의 원칙
③ 주지목추종의 원칙 ④ 사용목적추종의 원칙

해설 지목설정의 원칙에는 1필1지목의 원칙, 주지목추종의 원칙, 등록선후의 원칙, 용도경중의 원칙, 일시변경불가의 원칙, 사용목적추종의 원칙 등이 있다.

69 다음 중 토렌스시스템의 기본이론에 해당하지 않는 것은?

① 거울이론 ② 보장이론 ③ 보험이론 ④ 커튼이론

해설 토렌스시스템의 3대 기본이론에는 거울이론, 커튼이론, 보험이론이 있다.

70 구한말 지적제도의 설명과 가장 거리가 먼 것은?

① 1901년 지계발행 전담기구인 지계아문이 탄생되었다.
② 구한말 내부관제에 지적이라는 용어가 처음 등장하였다.
③ 양전사업의 총본산인 양지아문이 독립관청으로 설치되었다.
④ 조선지적협회를 설립하여 광대이동지 정리제도와 기업자측량 제도가 폐지되었다.

해설 조선지적협회는 일제강점기인 1938년에 설립되었다.

71 우리나라 토지조사사업 당시 조사측량기관은?

① 부(府)나 면(面)　　　　　　　　② 임야조사위원회
③ 임시토지조사국　　　　　　　　④ 토지조사위원회

해설 토지조사사업의 조사측량기관은 임시토지조사국이며, 임야조사사업의 조사측량기관은 부(府)나 면(面)이다.

72 조선시대의 토지제도에 대한 설명으로 옳지 않은 것은?

① 조선시대의 지번설정제도에는 부번제도가 없었다.
② 사표(四標)는 토지의 위치로서 동서남북의 경계를 표시한 것이다.
③ 양안의 내용 중 시주(時主)는 토지의 소유자이고, 시작(詩作)은 소작인을 나타낸다.
④ 조선시대의 양전은 원칙적으로 20년마다 한 번씩 실시하여 새로이 양안을 작성하게 되어 있다.

해설 조선시대에는 양전 순서에 따라 5결의 토지마다 천자문의 자번호를 부여(천자문의 자는 토지의 구역, 번호는 지번을 의미함)하는 일자오결제도와 양전이 끝난 이후에 개간한 토지에는 인접지의 자번호에 지번(枝番)을 붙여 사용하는 부번제도를 실시하였다.

73 다음 중 토지가옥조사회와 국토조사측량협회를 운영하는 나라는?

① 대만　　　　　② 독일　　　　　③ 일본　　　　　④ 한국

해설 일본의 경우 지적조사사업에 따른 측량업무는 국토조사측량협회, 토지이동에 따른 측량업무는 토지가옥조사사협회, 측지측량업무는 측량협회에서 각각 처리한다.

74 다음 중 지적의 용어와 관련이 없는 것은?

① Capital　　　　　　　　　② Kataster
③ Kadaster　　　　　　　　④ Capitastrum

지적의 어원은 그리스어 카타스티콘(Katastikhon)과 라틴어인 카타스트럼(Catastrum) 또는 캐피타스트럼(Capitastrum)에서 유래되었다고 본다. Katastichon은 Kata(위에서 아래로)와 Stikhon(부과)의 합성어로 조세등록이란 의미이기 때문에 지적의 어원은 조세에서 출발했다고 보는 것이 보편적인 견해이며, Katastikhon과 Capitastrum 또는 Catastrum은 모두 "세금 부과"의 뜻을 내포하고 있다. 자본 또는 자산을 의미하는 Capital은 지적의 어원과 관련이 없다.

75 토지조사사업 당시 소유권조사에서 사정한 사항은?

① 강계, 면적
② 강계, 소유자
③ 소유자, 지번
④ 소유자, 면적

토지조사사업 당시 사정의 대상은 토지의 소유자와 강계이다.

76 고려 말기 토지대장의 편제를 인적 편성주의에서 물적 편성주의로 바꾸게 된 주요 제도는?

① 자호(字號)제도
② 결부(結負)제도
③ 전시과(田柴科)제도
④ 일자오결(一字五結)제도

고려 후기에 창설된 자호(字號)제도는 토지의 정확한 파악을 목적으로 시행한 지번제도이며, 토지를 중심으로 토지등록부를 편성하는 물적 편성주의는 지번을 기초로 한다.

77 임야조사위원회에 대한 설명으로 옳지 않은 것은?

① 위원장은 조선총독부 정무총감으로 하였다.
② 위원장은 내무부장인 사무관을 도지사가 임명하였다.
③ 재결에 대한 특수한 재판기관으로 종심이라 할 수 있다.
④ 위원장 및 위원으로 조직된 합의체의 부제(部制)로 운영한다.

임야조사위원회는 사정에 대한 불복신청 및 사정 또는 재결에 대한 재심을 심판하는 기관으로서 위원장은 조선총독부 정무총감이며 위원은 조선총독부 판사 및 고등관 중에서 내각이 임명하였다.

78 다음과 같은 특징을 갖는 지적제도를 시행한 나라는?

- 토지대장은 양전도장, 양전장적, 전적 등 다양한 명칭으로 호칭되었다.
- 과전법의 실시와 함께 자호제도가 창설되어 정단위로 자호를 붙여 대장에 기록하였다.
- 수등이척제를 측량의 척도로 사용하였다.

① 고구려
② 백제
③ 고려
④ 조선

79 다음 중 우리나라 지적제도의 역할과 가장 거리가 먼 것은?

① 토지재산권의 보호   ② 국가인적자원의 관리

③ 토지행정의 기초자료   ④ 토지기록의 법적 효력

80 토지조사사업의 근거법령은 토지조사법과 토지조사령이다. 임야조사사업의 근거법령은?

① 임야조사령   ② 조선조사령

③ 임야대장규칙   ④ 조선임야조사령

5과목 지적관계법규

81 「공간정보의 구축 및 관리 등에 관한 법률」에서 규정하고 있는 벌칙에 해당하지 않는 것은?

① 자격취소, 자격정지, 견책, 훈계

② 1년 이하의 징역 또는 1천만 원 이하의 벌금

③ 2년 이하의 징역 또는 2천만 원 이하의 벌금

④ 3년 이하의 징역 또는 3천만 원 이하의 벌금

82 「공간정보의 구축 및 관리 등에 관한 법률」에서 규정하고 있는 용어의 정의로 옳지 않은 것은?

① "경계"란 필지별로 경계점들을 직선으로 연결하여 지적공부에 등록한 선을 말한다.

② "지목"이란 토지의 주된 용도에 따라 토지의 종류를 구분하여 지적공부에 등록한 것을 말한다.

③ "지번부여지역"이란 지번을 부여하는 단위지역으로서 읍·면 또는 이에 준하는 지역을 말한다.

④ "등록전환"이란 임야대장 및 임야도에 등록된 토지를 토지대장 및 지적도에 옮겨 등록하는 것을 말한다.

83 「공간정보의 구축 및 관리 등에 관한 법령」상 중앙지적위원회의 구성 등에 관한 설명으로 옳은 것은?

① 위원장은 국토교통부장관이 임명하거나 위촉한다.
② 부위원장은 국토교통부의 지적업무 담당 국장이 된다.
③ 위원장 및 부위원장을 제외한 위원의 임기는 2년으로 한다.
④ 위원장 1명과 부위원장 1명을 제외하고, 5명 이상 10명 이하의 위원으로 구성한다.

해설 중앙지적위원회는 위원장 1명(국토교통부 지적업무 담당국장)과 부위원장 1명(국토교통부 지적업무 담당 과장)을 포함하여 5명 이상 10명 이하의 위원으로 구성하며, 위원은 지적에 관한 학식과 경험이 풍부한 자 중에서 국토교통부장관이 임명하거나 위촉하고 위원장과 부위원장을 제외한 위원의 임기는 2년으로 한다.

84 「공간정보의 구축 및 관리 등에 관한 법률」상 고의로 지적측량성과를 사실과 다르게 한 자에 대한 벌칙으로 옳은 것은?

① 1년 이하의 징역 또는 1천만 원 이하의 벌금
② 2년 이하의 징역 또는 2천만 원 이하의 벌금
③ 3년 이하의 징역 또는 3천만 원 이하의 벌금
④ 5년 이하의 징역 또는 5천만 원 이하의 벌금

해설 고의로 지적측량성과를 사실과 다르게 한 자는 2년 이하의 징역 또는 2천만 원 이하의 벌금에 처한다.

85 등기관이 등기를 한 후 지체 없이 그 사실을 지적소관청 또는 건축물대장 소관청에 통지하여야 하는 것이 아닌 것은?

① 부동산 표시의 변경
② 소유권의 보존 또는 이전
③ 소유권의 말소 또는 말소회복
④ 소유권의 등기명의인표시의 변경 또는 경정

해설 부동산 표시의 변경은 지적소관청에서 등기관서에 촉탁한다(신규등록은 제외).

86 「국토의 계획 및 이용에 관한 법률」상 광역계획권을 지정한 날부터 3년이 지날 때까지 관할 시장 또는 군수로부터 광역도시계획의 승인신청이 없는 경우 광역도시계획의 수립권자는?

① 대통령
② 국무총리
③ 관할 도지사
④ 국토교통부장관

해설 광역계획권이 같은 도의 관할구역에 속하여 있는 경우 광역도시계획은 관할 시장 또는 군수가 공동으로 수립하며, 광역계획권을 지정한 날부터 3년이 지날 때까지 관할 시장 또는 군수로부터 광역도시계획의 승인신청이 없는 경우에는 관할 도지사가 수립한다.

87 「공간정보의 구축 및 관리 등에 관한 법령」상 토지의 합병을 신청할 수 있는 경우는?

① 합병하려는 토지의 지적도 및 임야도의 축척이 서로 다른 경우

② 합병하려는 토지가 등기된 토지와 등기되지 아니한 토지인 경우

③ 합병하려는 토지의 소유자별 공유지분이 다르거나 소유자의 주소가 서로 다른 경우

④ 합병하려는 각 필지의 지목은 같으나 일부 토지의 용도가 다르게 되어 합병 신청과 동시에 용도에 따라 분할 신청을 하는 경우

해설 토지의 합병 신청은 지번부여지역으로서 소유자와 용도가 같고 지반이 연속된 토지이다. 합병하려는 토지의 지번부여지역, 지목, 축척, 용도 또는 소유자가 서로 다르거나 지반이 연속되어 있지 않거나 등기 여부가 다른 경우 등에는 합병을 신청할 수 없다.

88 「지적업무 처리규정」상 직경 2mm 및 3mm의 2중원 안에 십자선을 표시하는 지적기준점은?

① 위성기준점   ② 1등 삼각점

③ 지적삼각점   ④ 수준점

해설 지적기준점의 제도방법

구분	위성기준점	1등 삼각점	2등 삼각점	3등 삼각점	4등 삼각점	지적삼각점	지적삼각보조점	지적도근점
기호	⊕	◉	◎	●	◎	⊕	●	○
크기	3mm/2mm	3mm/2mm/1mm		2mm/1mm		3mm		2mm

89 「국토의 계획 및 이용에 관한 법률」에 따른 용도지구에 대한 설명으로 옳지 않은 것은?

① 경관지구 : 경관의 보전·관리 및 형성을 위하여 필요한 지구

② 방재지구 : 화재 위험을 예방하기 위하여 필요한 지구

③ 보호지구 : 문화재, 중요 시설물(항만, 공항 등 대통령령으로 정하는 시설물을 말한다.) 및 문화적·생태적으로 보존가치가 큰 지역의 보호와 보존을 위하여 필요한 지구

④ 고도지구 : 쾌적한 환경 조성 및 토지의 효율적 이용을 위하여 건축물 높이의 최저한도 또는 최고한도를 규제할 필요가 있는 지구

해설 화재의 위험을 예방하기 위하여 필요한 지구는 방화지구이며, 방재지구는 풍수해, 산사태, 지반의 붕괴, 그 밖의 재해를 예방하기 위하여 필요한 지구이다.

90 토지의 이동을 조사하는 자가 측량 또는 조사 등을 필요로 하여 토지 등에 출입하거나 일시 사용함으로 인하여 손실을 받은 자가 있는 경우의 손실보상에 대한 설명으로 옳지 않은 것은?

① 손실을 받은 자가 있으면 그 행위를 한 자는 그 손실을 보상하여야 한다.

② 손실보상에 관하여는 손실을 보상할 자와 손실을 받은 자가 협의하여야 한다.

③ 손실을 보상할 자 또는 손실을 받은 자는 손실보상에 관한 협의가 성립되지 아니하는 경우 관할 토지수용위원회에 재결을 신청할 수 있다.

④ 재결에 불복하는 자는 재결서 정본을 송달받은 날부터 3개월 이내에 중앙토지수용위원회에 이의를 신청할 수 있다.

해설 관할토지수용위원회의 재결에 불복하는 자는 재결서 정본을 송달받은 날부터 30일 이내에 중앙토지수용위원회에 이의를 신청할 수 있다.

91 「부동산등기법」상 미등기 토지의 소유권 보존등기를 신청할 수 없는 자는?

① 토지대장에 소유자로서 등록되어 있는 것을 증명하는 자

② 수용으로 인하여 소유권을 취득하였음을 증명하는 자

③ 확정판결에 의하여 자기의 소유권을 증명하는 자

④ 구청장 또는 면장의 서면에 의하여 자기의 소유권을 증명하는 자

해설 ①, ②, ③ 외에 "특별자치도지사, 시장, 군수 또는 구청장의 확인에 의하여 자기의 소유권을 증명하는 자(건물의 경우로 한정)"와 "토지대장, 임야대장 또는 건축물대장에 최초의 소유자로 등록되어 있는 자 또는 그 상속인, 그 밖의 포괄승계인"이 「부동산등기법」상 미등기 토지의 소유권 보존등기를 신청할 수 있다.

92 「공간정보의 구축 및 관리 등에 관한 법령」상 주된 용도의 토지에 편입하여 1필지로 할 수 있는 경우에 해당하는 것은?

① 1,000m² 내의 110m²의 답 　　② 10,000m² 내의 250m²의 전

③ 4,000m² 내의 350m²의 과수원 ④ 5,000m²인 과수원 내의 50m²의 대지

해설 주된 용도의 토지에 편입하여 1필지로 할 수 있는 경우

양입지의 조건	양입지 예외 조건
• 주된 용도의 토지의 편의를 위하여 설치된 도로 · 구거(溝渠, 도랑) 등의 부지 • 주된 용도의 토지에 접속되거나 주된 용도의 토지로 둘러싸인 토지로서 다른 용도로 사용되고 있는 토지 • 소유자가 동일하고 지반이 연속되지만, 지목이 다른 경우	• 종된 토지의 지목이 "대(垈)"인 경우 • 종된 용도의 토지면적이 주된 용도의 토지면적의 10%를 초과하는 경우 • 종된 용도의 토지면적이 주된 용도의 토지면적의 330m²를 초과하는 경우 ※ 염전, 광천지는 면적에 관계없이 양입지로 하지 않는다.

② 10,000m² 내의 250m²의 전은 25%로 10%를 초과하므로 1필지로 확정할 수 없다.

93 「공간정보의 구축 및 관리 등에 관한 법령」상 지적공부에 등록할 때 지목을 "대"로 설정할 수 없는 것은?

① 택지조성공사가 준공된 토지
② 목장용지 내 주거용 건축물의 부지
③ 과수원 내에 있는 주거용 건축물의 부지
④ 제조업 공장시설물 부지 내의 의료시설 부지

해설 제조업을 하고 있는 공장시설물의 부지와 「산업집적활성화 및 공장설립에 관한 법률」 등 관계법령에 따른 공장부지 조성공사가 준공된 토지와 같은 구역에 있는 의료시설 등 부속시설물의 부지는 공장용지로 한다.

94 지적기준점측량의 절차순서로 옳은 것은?

① 계획의 수립 → 준비 및 현지답사 → 선점 및 조표 → 관측 및 계산과 성과표의 작성
② 선점 및 조표 → 계획의 수립 → 준비 및 현지답사 → 관측 및 계산과 성과표의 작성
③ 준비 및 현지답사 → 계획의 수립 → 선점 및 조표 → 관측 및 계산과 성과표의 작성
④ 준비 및 현지답사 → 선점 및 조표 → 계획의 수립 → 관측 및 계산과 성과표의 작성

해설 지적기준점측량의 절차는 계획 수립 → 선준비 및 현지답사 → 선점 및 조표 → 선관측 및 계산과 성과표의 작성 순이다.

95 「공간정보의 구축 및 관리 등에 관한 법령」상 축척변경위원회의 심의ㆍ의결 사항이 아닌 것은?

① 청산금의 이의신청에 관한 사항
② 축척변경 시행계획에 관한 사항
③ 축척변경의 확정공고에 관한 사항
④ 지번별 m²당 금액의 결정과 청산금의 산정에 관한 사항

해설 축척변경의 확정공고는 지적소관청의 사항이다.

96 「공간정보의 구축 및 관리 등에 관한 법령」상 토지의 이동에 해당하는 것은?

① 경계복원
② 토지합병
③ 지적도 작성
④ 소유권이전등기

해설 토지의 이동은 토지의 표시를 새로 정하거나 변경 또는 말소하는 것을 말하며, 토지의 표시는 지적공부에 토지의 소재ㆍ지번ㆍ지목ㆍ면적ㆍ경계 또는 좌표를 등록한 것을 말한다. 토지의 합병은 경계 또는 좌표가 변경되므로 토지이동에 속한다.

97 「공간정보의 구축 및 관리 등에 관한 법령」상 지적공부의 복구자료에 해당하지 않는 것은?

① 측량준비도

② 토지이동정리 결의서

③ 법원의 확정판결서 정본 또는 사본

④ 부동산등기부등본 등 등기사실을 증명하는 서류

> **해설** 지적공부 복구자료에는 ②, ③, ④ 외에 지적공부의 등본, 측량결과도, 지적소관청이 작성하거나 발행한 지적공부의 등록내용을 증명하는 서류, 복제된 지적공부 등이 있다.

98 「공간정보의 구축 및 관리 등에 관한 법령」상 지적전산자료의 이용에 대한 심사 신청을 받은 관계 중앙행정기관의 장이 심사하여야 할 사항이 아닌 것은?

① 소유권 침해 여부

② 신청내용의 타당성

③ 개인의 사생활 침해 여부

④ 자료의 목적 외 사용 방지 및 안전관리대책

> **해설** 소유권 침해 여부는 관계 중앙행정기관의 장이 판단할 수 없으며 심사사항도 아니다.

99 지적소관청으로부터 측량성과에 대한 검사를 받지 않아도 되는 것만 나열한 것은?

① 지적기준점측량, 분할측량

② 경계복원측량, 지적현황측량

③ 신규등록측량, 등록전환측량

④ 지적공부복구측량, 축척변경측량

> **해설** 지적측량수행자가 지적측량을 실시한 경우에는 경계복원측량 및 지적현황측량을 제외하고는 시·도지사, 대도시 시장(「지방자치법」 제198조에 따른 서울특별시·광역시 및 특별자치시를 제외한 인구 50만 이상의 시의 시장) 또는 지적소관청으로부터 측량성과에 대한 검사를 받아야 한다.

100 지적재조사사업에 관한 기본계획 수립 시 포함하여야 하는 사항으로 옳지 않은 것은?

① 지적재조사사업의 시행기간

② 지적재조사사업에 관한 기본방향

③ 지적재조사사업의 시·군별 배분계획

④ 지적재조사사업에 필요한 인력 확보계획

> **해설** 지적재조사사업에 관한 기본계획 수립 시 포함사항에는 ①, ②, ④ 외 지적재조사사업의 연도별 집행계획, 지적재조사사업의 시·도별 배분계획 등이 있다.

1과목 지적측량

01 경계점좌표등록부를 갖춰 두는 지역의 측량에 대한 설명으로 옳은 것은?

① 경계점좌표등록부를 갖춰 두는 지역에 있는 각 필지의 경계점을 측정할 때에는 도선법 또는 원호 법에 따라 좌표를 산출하여야 한다.

② 경계점좌표등록부를 갖춰 두는 지역에 있는 각 필지의 경계점 측점번호는 오른쪽 위에서부터 왼쪽으로 경계를 따라 일련번호를 부여한다.

③ 기존의 경계점좌표등록부를 갖춰 두는 지역의 경계점에 접속하여 지적확정측량을 하는 경우 동일한 경계점의 측량성과의 차이는 0.10m 이내여야 한다.

④ 기존의 경계점좌표등록부를 갖춰 두는 지역의 경계점에 접속하여 지적확정측량을 하는 경우 동일한 경계점의 측량성과가 서로 다를 때에는 새로이 측량한 성과를 좌표로 결정한다.

해설 ① 경계점좌표등록부를 갖춰 두는 지역에 있는 각 필지의 경계점을 측정할 때에는 도선법·방사법 또는 교회법 에 따라 좌표를 산출하여야 한다.

② 각 필지의 경계점 측점번호는 왼쪽 위에서부터 오른쪽으로 경계를 따라 일련번호를 부여한다.

④ 기존의 경계점좌표등록부를 갖춰 두는 지역의 경계점에 접속하여 지적확정측량을 하는 경우 동일한 경계점 의 측량성과가 서로 다를 때에는 경계점좌표등록부에 등록된 좌표를 그 경계점의 좌표로 본다.

02 지적도면의 작성에 대한 설명으로 옳은 것은?

① 경계점 간 거리는 2mm 크기의 아라비아숫자로 제도한다.

② 도곽선의 수치는 2mm 크기의 아라비아숫자로 제도한다.

③ 도면에 등록하는 지번은 5mm 크기의 고딕체로 한다.

④ 삼각점 및 지적기준점은 0.5mm 폭의 선으로 제도한다.

해설 ① 경계점 간 거리는 1.0~1.5mm 크기의 아라비아숫자로 제도한다.

③ 도면에 등록하는 지번은 2mm 이상 3mm 이하 크기의 명조체로 한다.

④ 삼각점 및 지적기준점은 0.2mm 폭의 선으로 제도한다.

03 전파기 또는 광파기측량방법에 따른 지적삼각점의 점간거리는 몇 회 측정하여야 하는가?

① 2회

② 3회

③ 4회

④ 5회

해설 점간거리는 5회 측정하여 그 측정치의 최대치와 최소치의 교차가 평균치의 10만분의 1 이하일 때에는 그 평균치를 측정거리로 하고, 원점에 투영된 평면거리에 따라 계산한다.

04 A점에서 트랜싯으로 B점을 시준한 결과, 표척눈금이 5.20m, 기계고가 3.70m, AB의 경사거리가 45m였다면, AB 두 지점의 수평거리는?

① 44.67m

② 44.70m

③ 44.85m

④ 44.97m

해설 방법 1. 수평거리$(D) = \sqrt{l^2 - (H-i)^2} = \sqrt{45^2 - (5.20 - 3.70)^2} = 44.97\text{m}$

(l : 경사거리, H : 표척눈금, i : 기계고)

방법 2. $C_g = -\dfrac{h^2}{2L} = -\dfrac{(5.20 - 3.70)^2}{2 \times 45} = -0.025\text{m}$

∴ 수평거리(D) = 경사거리 - 경사보정량 = $45 - 0.025 = 44.97\text{m}$

(C_g : 경사보정량, h : 양끝의 고저차, L : 경사거리)

05 면적측정의 방법과 관련한 아래 내용의 ㉠과 ㉡에 들어갈 알맞은 말은?

> 면적이 (㉠) 이상인 필지를 분할하는 경우 분할 후의 면적이 분할 전 면적의 80% 이상이 되는 필지의 면적을 측정할 때에는 분할 전 면적의 20% 미만이 되는 필지의 면적을 먼저 측정한 후, 분할 전 면적에서 그 측정된 면적을 빼는 방법으로 할 수 있다.
> 다만, 동일한 측량결과도에서 측정할 수 있는 경우와 (㉡)에 따라 면적을 측정하는 경우에는 그러하지 아니한다.

① ㉠ 3,000m², ㉡ 전자면적측정법

② ㉠ 3,000m², ㉡ 좌표면적측정법

③ ㉠ 5,000m², ㉡ 전자면적측정법

④ ㉠ 5,000m², ㉡ 좌표면적측정법

해설 이 규정은 과거 종이 지적도에서 구거, 도로 등 여러 도곽에 걸쳐 있는 필지에 대한 간략한 면적측정방식으로 주로 사용되었으나 면적오차에 대한 적절한 배부가 되지 않는다는 문제점이 있어서 도면전산화사업 이후에는 거의 사용하지 않는 방법이다.

06 경위의측량방법으로 세부측량을 실시할 때 측량대상 토지의 경계점 간 실측거리와 경계점의 좌표에 따라 계산한 거리의 교차는 얼마 이내여야 하는가?(단, L은 실측거리로서 m 단위로 표시한 수치이다.)

① $6 + \dfrac{L}{10}$ cm 이내

② $5 + \dfrac{L}{10}$ cm 이내

③ $4 + \dfrac{L}{10}$ cm 이내

④ $3 + \dfrac{L}{10}$ cm 이내

해설 수치지역의 세부측량 시행 시 측량대상 토지의 경계점 간 실측거리와 경계점의 좌표에 따라 계산한 거리의 교차 기준은 $3 + \dfrac{L}{10}$ cm이다.

07 두 점 간의 거리가 222m이고 두 점 간의 방위각이 33°33′33″일 때 횡선차는?

① 122.72m

② 145.26m

③ 185.00m

④ 201.56m

해설 횡선차$(\varDelta y) = \sin V \cdot l = \sin 33°33′33″ \times 222 = 122.72$m

08 지적도근점측량의 배각법에서 종횡선 오차는 어느 방법으로 배분하여야 하는가?

① 반수에 비례하여 배분한다.

② 컴퍼스법칙에 의해 배분한다.

③ 트랜싯법칙에 의해 배분한다.

④ 측정변의 길이에 반비례하여 배분한다.

해설 지적도근점측량의 연결오차의 배분방법
- 배각법에 의한 경우에는 각 측선의 종선차 또는 횡선차 길이에 비례하여 배분하며, 트랜싯법칙에 의한다. 트랜싯법칙은 각측량의 정확도가 거리관측의 정확도보다 높을 때 조정하는 방법이다.
- 방위각법에 의할 경우에는 각 측선장에 비례하여 배분하며, 컴퍼스법칙에 의한다. 컴퍼스법칙은 각관측과 거리관측의 정확도가 같을 때 조정하는 방법이다.

09 경위의측량방법으로 세부측량을 한 경우 측량결과도에 작성하여야 할 사항이 아닌 것은?

① 측정점의 위치, 측량기하적

② 측량결과도의 제명 및 번호

③ 측량대상 토지의 점유현황선

④ 측량대상 토지의 경계점 간 실측거리

해설 경위의측량방법으로 세부측량을 한 경우 측량기하적은 측량결과도에 작성하여야 할 사항이 아니다.

10 동일 조건으로 거리를 측량한 결과가 다음과 같을 때 최확치로 옳은 것은?

> • 25.475±0.030   • 25.470±0.020   • 25.484±0.040

① 25.471

② 25.473

③ 25.475

④ 25.483

해설 경중률은 평균제곱근오차(표준편차)의 제곱에 반비례하므로,

경중률 $w_1 : w_2 : w_3 = \dfrac{1}{m_1^2} : \dfrac{1}{m_2^2} : \dfrac{1}{m_3^2} = \dfrac{1}{3^2} : \dfrac{1}{2^2} : \dfrac{1}{4^2} = \dfrac{1}{9} : \dfrac{1}{4} : \dfrac{1}{16} = 1.8 : 4 : 1$

최확값 $= \dfrac{(25.475 \times 1.8) + (25.470 \times 4) + (25.484 \times 1)}{1.8 + 4 + 1} = 25.473$

---

11 트랜싯법칙에 대한 설명으로 가장 옳은 것은?

① 변의 수에 비례하여 오차를 배분하는 방식이다.

② 측선장에 반비례하여 오차를 배분하는 방식이다.

③ 거리측정의 정밀도가 각관측의 정밀도에 비하여 높다.

④ 각관측의 정밀도가 거리측정의 정밀도에 비하여 높다.

해설 • 트랜싯법칙은 각측량의 정확도가 거리관측의 정확도보다 높을 때 조정하는 방법이다.
• 컴퍼스법칙은 각관측과 거리관측의 정확도가 같을 때 조정하는 방법이다.

---

12 경위의측량방법과 전파기측량방법에 따라 교회법으로 지적삼각보조점측량을 하는 기준으로 옳지 않은 것은?

① 수평각관측은 2대회의 방향관측법에 의한다.

② 삼각형의 각 내각은 30° 이상 120° 이하로 한다.

③ 2방향의 교회에 의하여 결정하려는 경우, 각 내각의 관측치의 합계와 180°와의 차가 ±50초 이내이어야 한다.

④ 지적삼각보조점표지의 점간거리는 평균 1km 이상 3km 이하로 한다. 단, 다각망도선법에 따르는 경우는 제외한다.

해설 3방향의 교회에 따라야 하며, 지형상 부득이하여 2방향의 교회에 의하여 결정하려는 경우에는 각 내각을 관측하여 각 내각의 관측치 합계와 180°와의 차가 ±40초 이내일 때에는 이를 각 내각에 고르게 배분하여 사용할 수 있다.

13 방위각 271°30′의 방위는?

① N89°30′E ② N1°30′W ③ N88°30′W ④ N90°W

> **해설** 방위각 271°30′은 N과 W 방위 사이에 있고 360° − 271°30′ = 88°30′이다.
> ∴ 방위는 N88°30′W이다.

---

14 광파기측량방법에 따라 다각망도선법으로 지적삼각보조점측량을 할 때 1도선의 거리 기준으로 옳은 것은?

① 1km 이하 ② 2km 이하
③ 3km 이하 ④ 4km 이하

> **해설** 전파기 또는 광파기측량방법에 따라 다각망도선법으로 지적삼각보조점측량을 할 때는 3점 이상의 기지점을 포함한 결합다각방식에 따르고, 1도선(기지점과 교점 간 또는 교점과 교점 간)의 점의 수는 기지점과 교점을 포함하여 5점 이하로 하며, 1도선의 거리(기지점과 교점 또는 교점과 교점 간 점간거리의 총합계)는 4km 이하로 한다.

---

15 다각망도선법에 따르는 경우 지적도근점표지의 점간거리는 평균 몇 m 이하로 하여야 하는가?

① 500m ② 1,000m
③ 2,000m ④ 3,000m

> **해설** 지적기준점표지의 점간거리
> • 지적삼각점 : 평균 2km 이상 5km 이하
> • 지적삼각보조점 : 평균 1km 이상 3km 이하(다각망도선법은 평균 0.5km 이상 1km 이하)
> • 지적도근점 : 평균 50m 이상 300m 이하(다각망도선법은 평균 500m 이하)

---

16 두 점 A, D 사이의 거리를 AB, BC, CD의 3구간으로 나누어 측정한 결과 아래와 같은 값을 얻었다면 AD 사이 전체길이와 표준편차는?

> • AB = 79.263m±0.015m • BC = 74.537m±0.012m • CD = 71.082m±0.010m

① 224.882m±0.020m ② 224.882m±0.022m
③ 224.882m±0.026m ④ 224.882m±0.030m

> **해설** 부정오차 전파에서 구간거리와 평균제곱근오차가 다를 때,
> 최확값의 평균제곱근오차(M) = $\sqrt{m_1^2 + m_2^2 + \cdots + m_n^2}$ = $\sqrt{0.015^2 + 0.012^2 + 0.010^2}$ = 0.022m
> 관측 길이의 합계 = 79.263 + 74.537 + 71.082 = 224.882m
> ∴ 전체길이와 표준편차는 224.882m±0.022m

17 산100임을 산지전용하여 대지로 조성하는 경우 지적공부에 등록하기 위한 측량으로 옳은 것은?

① 등록말소　　　　② 등록전환　　　　③ 신규등록　　　　④ 축척변경

> **해설** 등록전환은 임야대장 및 임야도에 등록된 토지를 토지대장 및 지적도에 옮겨 등록하는 것을 말한다.

18 지적삼각점성과를 관리할 때 지적삼각점성과표에 기록·관리하여야 할 사항이 아닌 것은?

① 설치기관　　　　　　　　　　② 자오선수차
③ 좌표 및 표고　　　　　　　　④ 지적삼각점의 명칭

> **해설** 지적기준점성과표의 기록·관리사항

지적삼각점성과	지적삼각보조점성과 및 지적도근점성과
• 지적삼각점의 명칭과 기준 원점명 • 좌표 및 표고 • 경도 및 위도(필요한 경우로 한정한다.) • 자오선수차(子午線收差) • 시준점(視準點)의 명칭, 방위각 및 거리 • 소재지와 측량연월일	• 번호 및 위치의 약도 • 좌표와 직각좌표계 원점명 • 경도와 위도(필요한 경우로 한정한다.) • 표고(필요한 경우로 한정한다.) • 소재지와 측량연월일 • 도선등급 및 도선명 • 표지의 재질 • 도면번호 • 설치기관 • 조사연월일, 조사자의 직위·성명 및 조사 내용

19 다음 중 온도에 따른 줄자의 신축을 팽창계수에 따라 보정한 오차의 조정과 관련이 있는 것은?

① 착오　　　　　② 과대오차　　　　③ 계통오차　　　　④ 우연오차

> **해설** 정오차(계통오차, 누차)는 일정한 조건에서 같은 방향과 같은 크기로 발생되는 오차로서 누적되므로 누차라고도 하며 원인과 상태를 파악하면 제거가 가능하다. 그러므로 온도에 따른 줄자의 신축을 팽창계수에 따라 보정한 오차의 조정과 관련이 있는 것은 정오차이다.

20 6개의 삼각형으로 구성된 유심다각망에서 중심각오차(e)가 $-10.6''$, 각 삼각형의 내각오차의 합($\Sigma \varepsilon$)이 $+20.8''$일 때에 각 삼각형의 r각의 보정치($\varPi$)는?

① $+3.6''$　　　　② $+3.8''$　　　　③ $+4.0''$　　　　④ $+4.4''$

> **해설** 각 삼각형의 r각의 보정치$(\varPi) = \dfrac{\Sigma \varepsilon - 3e}{2n} = \dfrac{+20.8 - [3 \times (-10.6)]}{2 \times 6} = \dfrac{52.6}{12} = +4.4''$
>
> (ε : 삼각형별 내각오차, e : 기지각오차, n : 삼각형 수)

21 평판을 이용하여 측량한 결과 경사분획(n)이 10, 수평거리(D)가 50m, 표척의 읽은 값(l)이 1.50m, 기계고(I)가 1.0m, 기계를 세운 점의 지반고(Ha)가 20m인 경우 표척을 세운 지점의 지반고(Hb)는?

① 21.1m　　　② 21.6m　　　③ 22.7m　　　④ 24.5m

 지반고(Hb) $= Ha + D \times \dfrac{15}{100} + i - z = 20 + 50 \times \dfrac{10}{100} + 1.0 - 1.5 = 24.5$m

22 터널측량에 대한 설명 중 옳지 않은 것은?

① 터널측량은 크게 터널 내 측량, 터널 외 측량, 터널 내외 연결측량으로 구분할 수 있다.
② 터널 내 측량에서는 망원경의 십자선 및 표척에 조명이 필요하다.
③ 터널의 길이 방향은 주로 트래버스측량으로 행한다.
④ 터널 내의 곡선설치는 일반적으로 지상에서와 같이 편각법을 주로 사용한다.

해설 터널 내의 곡선설치는 지거법에 의한 곡선설치와 접선편거와 현편거에 의한 방법을 이용하여 설치한다.

23 수준측량에서 표척(수준척)을 세우는 횟수를 짝수로 하는 주된 이유는?

① 표척의 영점오차 소거　　　　② 시준축에 의한 오차의 소거
③ 구차의 소거　　　　　　　　　④ 기차의 소거

해설 수준측량에서 표척을 세운 횟수를 짝수로 하는 주된 이유는 표척의 영점오차를 소거하기 위해서이다.

24 항공사진을 촬영하기 위한 비행고도가 3,000m일 때, 평지에 있는 200m 높이의 언덕에 대한 사진상 최대 기복변위는?(단, 항공사진 1장의 크기는 23cm×23cm이다.)

① 7.67cm　　　② 10.84cm　　　③ 15.33cm　　　④ 21.68cm

해설 최대기복변위($\Delta r_{\max}$) $= \dfrac{h}{H} \cdot r_{\max}$

(h : 비고, H : 비행고도, r : 주점에서 측정점까지의 거리)

최대화면 연직선에서의 거리($r_{\max}$) $= \dfrac{\sqrt{2}}{2} \cdot a = \dfrac{\sqrt{2}}{2} \times 23 = 16.26$cm

∴ $\Delta r_{\max} = \dfrac{200}{3,000} \times 0.1626 = 10.84$cm

25 지형도에서 92m 등고선상의 A점과 118m 등고선상의 B점 사이에 일정한 기울기 8%의 도로를 만들었을 때, AB 사이 도로의 실제 경사거리는?

① 347m ② 339m ③ 332m ④ 326m

해설 고저차$(h) = 118 - 92 = 26$m,

$$수평거리(D) = \frac{높이}{경사} = \frac{26}{0.08} = 325\text{m}$$

$$\therefore \ 경사거리(L) = \sqrt{26^2 + 325^2} = 326\text{m}$$

26 GNSS측량을 위하여 어느 곳에서나 같은 시간대에 관측할 수 있어야 하는 위성의 최소 개수는?

① 2개 ② 4개 ③ 6개 ④ 8개

해설 GNSS측량을 실시하기 위해서는 최소 4개 이상의 위성으로부터 신호를 받아야 한다.

27 짧은 선의 간격, 굵기, 길이 및 방향 등으로 지표의 기복을 나타내는 지형표시방법은?

① 영선법 ② 등고선법 ③ 점고법 ④ 채색법

해설 영선법(게바법)은 게바라고 하는 단선상의 선으로 지표의 기복을 나타내는 방법이다. 게바의 사이, 굵기, 길이 및 방법 등으로 지표를 표시하며 급경사는 굵고 짧게, 완경사는 가늘고 길게 새틸 모양으로 표시하므로 기복의 판별은 좋으나 정확도가 낮다.

28 곡선설치에서 캔트(Cant)의 의미는?

① 확폭 ② 편경사 ③ 종곡선 ④ 매개변수

해설 캔트(Cant)는 철도에서 원심력에 의한 열차의 전도(Over Turning) 위험성을 방지하기 위하여 곡선부 레일의 바깥쪽을 안쪽보다 높게 하는 편경사를 의미하며, 도로 설계에도 이용된다.

29 터널 내 두 점의 좌표(X, Y, Z)가 각각 A(1,328.0m, 810.0m, 86.3m), B(1,734.0m, 589.0m, 112.4m)일 때, A, B를 연결하는 터널의 경사거리는?

① 341.52m ② 341.98m ③ 462.25m ④ 462.99m

해설 경사거리 $= \sqrt{(1,734.0 - 1,328.0)^2 + (589.0 - 810.0)^2 + (112.4 - 86.3)^2} = 462.99$m

30 30km×20km의 토지를 사진크기 18cm× 18cm, 초점거리 150cm, 종중복도 60%, 횡중복도 30%, 축척 1/30,000로 촬영할 때, 필요한 총모델수는?

① 65모델 　　　　② 74모델 　　　　③ 84모델 　　　　④ 98모델

해설 총모델수 $= \dfrac{S_1}{ma\left(1 - \dfrac{p}{100}\right)} = \dfrac{30,000}{30,000 \times 0.18 \times \left(1 - \dfrac{60}{100}\right)} = 13.89 \fallingdotseq 14$매

횡모델수 $= \dfrac{S_2}{ma\left(1 - \dfrac{q}{100}\right)} = \dfrac{20,000}{30,000 \times 0.18 \times \left(1 - \dfrac{30}{100}\right)} = 5.29 \fallingdotseq 6$매

∴ 총모델수는 $14 \times 6 = 84$매

---

31 GPS 위성의 궤도 주기로 옳은 것은?

① 약 6시간 　　　　② 약 10시간 　　　　③ 약 12시간 　　　　④ 약 18시간

해설 GPS는 24개의 위성(항법사용 21＋예비용 3)이 고도 20,200km 상공에서 12시간을 주기로 지구 주위를 돌고 있으며, 궤도면은 지구의 적도면과 55°의 각을 이루고 있다.

---

32 지형도의 이용과 가장 거리가 먼 것은?

① 도로, 철도, 수로 등의 도상선정　　　② 종단면 및 횡단면도의 작성
③ 간접적인 지적도 작성　　　　　　　④ 집수면적의 측정

해설 지적도는 1필지마다 표지의 표시사항을 등록하는 지적공부로서 지형도에 의해 간접적으로 작성할 수 없다.

---

33 그림과 같이 지역에 정지작업을 하였을 때, 절토량과 성토량이 같게 되는 지반고는?(단, 각 구역 의 면적은 16m²으로 동일하고, 지반고 단위는 m이다.)

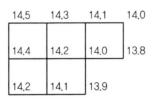

① 13.78m 　　　　② 14.09m 　　　　③ 14.15m 　　　　④ 14.23m

해설 점고법에 의한 직사각형 구분법에서 체적
$\sum h_1 = 14.5 + 14 + 13.8 + 13.9 + 14.2 = 70.4$
$\sum h_2 = 14.3 + 14.1 + 14.1 + 14.4 = 56.9$
$\sum h_3 = 14.0, \ \sum h_4 = 14.2$

$$체적(V) = \frac{A}{4}(\sum h_1 + 2\sum h_2 + 3\sum h_3 + 4\sum h_4)$$

$$= \frac{16}{4} \times (70.4 + (2 \times 56.9) + (3 \times 14.0) + (4 \times 14.2)) = 1{,}132 \text{m}^3$$

$$\therefore \ h = \frac{V}{nA} = \frac{1{,}132}{5 \times 16} = 14.15 \text{m}$$

34 그림과 같이 경사지에 폭 6.0m의 도로를 만들고자 한다. 절토기울기 1 : 0.7, 절토고 2.0m, 성토기울기 1 : 1, 성토고 5.0m일 때, 필요한 용지폭($x_1 + x_2$)은?(단, 여유폭 a는 1.50m로 한다.)

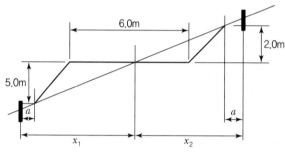

① 16.9m　　　　② 15.4m　　　　③ 11.8m　　　　④ 7.9m

> **해설**　성토기울기 = 1 : 1 → 1 × 5 = 5.0m
> 절토기울기 = 1 : 0.7 → 0.7 × 2 = 1.4m
> 용지폭 = 여유폭(하단) + 기울기(성토) + 도로폭 + 기울기(절토) + 여유폭(상단)
> $\therefore \ x_1 + x_2 = 1.5 + 5 + 6 + 1.4 + 1.5 = 15.4 \text{m}$

35 노선의 중심점 간 길이가 20m이고 단곡선의 반지름 $R = 100$m일 때, 중심점 간 길이(20m)에 대한 편각은?

① 5°40′　　　　② 5°20′　　　　③ 5°44′　　　　④ 5°54′

> **해설**　$편각(\delta) = 1{,}718.87' \dfrac{l}{R} = 1{,}718.87' \times \dfrac{20}{100} = 5°44'$

36 거리 80m 떨어진 곳에 표척을 세워 기포가 중앙에 있을 때와 기포관의 눈금이 5눈금 이동했을 때, 표척 읽음값의 차이가 0.09m였다면 이 기포관의 곡률반지름은?(단, 기포관 한 눈금의 간격은 2cm이고, $\rho'' = 206{,}265''$이다.)

① 8.9m　　　　② 9.1m　　　　③ 9.4m　　　　④ 9.6m

> **해설**　$\dfrac{\Delta h}{nD} = \dfrac{a}{R}$, 기포관의 곡률반지름$(R) = \dfrac{anD}{\Delta h}$

기포관의 곡률반지름$(R) = \dfrac{anD}{\Delta h} = \dfrac{0.002 \times 5 \times 80}{0.09} = 8.89\text{m} ≒ 8.9\text{m}$

(Δh : 기포 이동에 대한 표척값의 차이$(l_1 - l_2)$, n : 눈금수, D : 레벨에서 표척까지의 거리, a : 기포관 1눈금의 간격)

37 곡선설치법에서 원곡선의 종류가 아닌 것은?

① 렘니스케이트 곡선
② 복심곡선
③ 반향곡선
④ 단곡선

해설 노선측량 곡선설치법에서 원곡선 종류에는 단곡선 · 복심곡선 · 반향곡선 · 배향곡선 등이 있으며, 완화곡선의 종류에는 클로소이드 곡선 · 렘니스케이트 곡선 · 3차 포물선 · sin 체감곡선 등이 있다.

38 입체시에 의한 과고감에 대한 설명으로 옳은 것은?

① 사진의 초점거리와 비례한다.
② 사진 촬영의 기선 고도비에 비례한다.
③ 입체시할 경우 눈의 위치가 높아짐에 따라 작아진다.
④ 렌즈 피사각의 크기와 반비례한다.

해설 과고감은 지표면의 기복을 과장하여 나타낸 것으로 기선고도비(B/H)에 비례하고, 사진의 초점거리와 종중복도에 반비례하며, 눈에서 사진을 멀리 볼수록 입체상은 더 높게 보인다.

39 GPS 신호에서 P코드의 1/10 주파수를 가지는 C/A코드의 파장 크기로 옳은 것은?

① 100m
② 200m
③ 300m
④ 400m

해설 • P−code의 주파수는 10.23MHz이며 파장은 30m이다.
• C/A−code의 주파수는 1.023MHz이며 파장은 300m이다.

40 회전주기가 일정한 인공위성에 의한 원격탐사의 특성이 아닌 것은?

① 얻어진 영상이 정사투영에 가깝다.
② 판독이 자동적이고 정량화가 가능하다.
③ 넓은 지역을 동시에 측정할 수 있다.
④ 어떤 지점이든 원하는 시기에 관측할 수 있다.

해설 위성을 이용한 원격탐사는 회전주기가 일정하므로 원하는 시기에 원하는 지점을 관측하기가 어렵다.

41 다음 중 지적행정에 웹 LIS를 도입한 효과로 가장 거리가 먼 것은?

① 중복된 업무를 처리하지 않을 수 있다.
② 지적 관련 정보와 자원을 공유할 수 있다.
③ 업무의 중앙 집중 및 업무별 중앙 제어가 가능하다.
④ 시간과 거리에 제한을 받지 않고 민원을 처리할 수 있다.

> **해설** 업무별 분산처리가 실현되어 신속하고 효율적인 업무처리가 가능하다.

42 지적 관련 전산화사업의 시기가 빠른 순으로 올바르게 나열한 것은?

① 토지 · 임야대장 전산화 → 지적도면전산화 → KLIS 구축 → 부동산종합공부시스템 구축
② 지적도면전산화 → 토지 · 임야대장 전산화 → KLIS 구축 → 부동산종합공부시스템 구축
③ 지적도면전산화 → 토지 · 임야대장 전산화 → 부동산종합공부시스템 구축 → KLIS 구축
④ 토지 · 임야대장 전산화 → KLIS 구축 → 지적도면전산화 → 부동산종합공부시스템 구축

> **해설** 지적행정전산화의 변천 연혁
> 토지기록 전산화(1978년 대장전산화 시범사업 · 1990년 대장전산화 완료 · 1996년 도면전산화 시범사업 · 2003년 도면전산화 완료) → 필지중심토지정보시스템(2002년 시범사업 · 2003년 전국 확산) → 토지관리정보체계(1998년 시범사업 · 2004년 전국 확산) → 한국토지정보시스템(2004년 시범운영 · 2005년 전국 확산) → 부동산종합공부시스템(2014년 운영)

43 다음 용어의 설명 중 잘못된 것은?

① "국가공간정보체계"란 관리기관이 구축 및 관리하는 공간정보체계를 말한다.
② "공간정보데이터베이스"란 공간정보를 체계적으로 정리하여 사용자가 검색하고 활용할 수 있도록 가공한 정보의 집합체를 말한다.
③ "국가공간정보통합체계"란 기본공간정보데이터베이스를 기반으로 국가공간정보체계를 통합 또는 연계하여 행정안전부 장관이 구축 · 운영하는 공간정보체계를 말한다.
④ "공간정보체계란" 공간정보를 효율적으로 수집 · 저장 · 가공 · 분석 · 표현할 수 있도록 서로 유기적으로 연계된 컴퓨터의 하드웨어 · 소프트웨어 · 데이터베이스 및 인적 자원의 결합체를 말한다.

> **해설** 국가공간정보통합체계란 기본공간정보데이터베이스를 기반으로 국가공간정보체계를 통합 또는 연계하여 국토교통부장관이 구축 · 운용하는 공간정보체계를 말한다.

44 다음 토지정보시스템의 공간데이터 취득방법 중 성격이 다른 하나는?

① GPS에 의한 방법
② COGO에 의한 방법
③ 스캐너에 의한 방법
④ 토털스테이션에 의한 방법

해설 GPS · COGO · 토털스테이션 · 사진측량 · 원격탐측 등에 의한 방법은 도형정보를 직접 취득하며, 스캐너와 디지타이저에 의한 방법은 기존의 도면에서 도형정보를 취득한다.

45 다음 중 공간자료의 파일형식이 다른 것은?

① BIL
② DGN
③ DWG
④ SHP

해설 • 래스터자료 포맷방법 : BSQ, BIP, BIL
• 벡터자료 포맷방법 : DGN, DWG, SHP, DXF

46 공간데이터에서 나타나는 오차의 발생원인으로 볼 수 없는 것은?

① 원시자료 이용 시 나타나는 오차
② 데이터 모델의 표현 시 발생하는 경우
③ 데이터의 처리과정과 공간분석 시에 발생하는 오차
④ 수치데이터를 생성 및 편집하는 단계에서 발생하는 오차

해설 공간데이터에서 나타나는 오차의 발생원인에는 ①, ③, ④ 외 지리좌표화에 따른 오차, 다각형 네트워크에 중첩할 때 발생되는 오차 등이 있다. 데이터 모델의 표현 시 발생하는 경우와는 관계가 없다.

47 「국가공간정보 기본법」에서는 다음과 같이 공간정보를 정의하고 있다. ㉠, ㉡, ㉢에 들어갈 용어가 모두 올바르게 나열된 것은?

> 공간정보란 지상 · 지하 · (㉠) · 수중 등 공간상에 존재하는 자연적 또는 인공적인 (㉡)에 대한 위치정보 및 이와 관련된 (㉢) 및 의사결정에 필요한 정보를 말한다.

① ㉠ 공중, ㉡ 개체, ㉢ 지형정보
② ㉠ 지표, ㉡ 객체, ㉢ 도형정보
③ ㉠ 지표, ㉡ 개체, ㉢ 속성정보
④ ㉠ 수상, ㉡ 객체, ㉢ 공간적 인지

해설 공간정보란 지상 · 지하 · 수상 · 수중 등 공간상에 존재하는 자연적 또는 인공적인 객체에 대한 위치정보 및 이와 관련된 공간적 인지 및 의사결정에 필요한 정보를 말한다.

48 토털스테이션과 지적측량 운영프로그램 등이 설치된 컴퓨터를 연결하여 세부측량을 수행함으로써 필지경계 정보를 취득하는 측량방법은?

① GNSS

② 경위의측량

③ 전자평판측량

④ 네트워크 RTK 측량

해설 전자평판측량은 토털스테이션과 지적측량 운영프로그램 등이 설치된 컴퓨터를 연결하여 세부측량을 수행하는 측량이다.

49 데이터 분석에 대한 설명이 옳은 것은?

① 재부호화란 속성값의 숫자나 명칭을 변경하는 작업이다.

② 네트워크 분석은 어떤 객체 둘레에 특정한 폭을 가진 구역을 구축하는 것이다.

③ 질의검색이란 취득한 자료를 대상으로 최댓값, 표준편차, 분산 등의 분석과 상관관계 조사 등을 실시할 수 있다.

④ 근접분석은 하나의 레이어 또는 커버리지 위에 다른 레이어를 올려놓고 두 레이어에 나타난 형상들 간의 관계를 분석하는 것이다.

해설 ② 네트워크 분석은 하나의 지점에서 다른 지점으로 이동 시 최적 경로를 선정하는 것이다.

③ 질의검색은 작업자가 부여하는 조건에 따라 속성 데이터베이스에서 정보를 추출하는 것이다.

④ 근접분석은 공간상에서 주어진 지점과 주변의 객체들이 얼마나 가까운지를 파악하는 데 활용된다.

50 지적도전산화 작업의 목적으로 옳지 않은 것은?

① 정확한 지적측량자료의 이용

② 지적도의 대량 생산 및 배포

③ 대민서비스의 질적 수준 향상

④ 지적도 원형 보관 · 관리의 어려움 해소

해설 지적전산화의 목적

• 정확한 지적측량자료의 이용

• 대민서비스의 질적 수준 향상

• 지적도 원형 보관 · 관리의 어려움 해소

• 토지소유권의 신속한 파악

• 토지기록업무의 이중성 제거

• 지적통계와 정책정보의 정확성 및 신속성 확보

51 주요 DBMS에서 채택하고 있는 표준 데이터베이스 질의어는?

① SQL

② COBOL

③ DIGEST

④ DELPHI

해설 SQL(Structured Query Language, 구조화 질의어)은 데이터베이스로부터 정보를 얻거나 갱신하기 위한 표준 대화식 프로그래밍 언어이다. 관계형 데이터베이스관리시스템에서 자료의 검색과 관리, 데이터베이스 스키마 생성과 수정, 데이터베이스 객체 접근 조정 관리를 위해 고안되었다.

52 데이터베이스에서 데이터의 표준 유형을 분류할 때 기능 측면의 분류에 해당하지 않는 것은?

① 기술 표준
② 데이터 표준
③ 프로세스 표준
④ 메타데이터 표준

해설 GIS데이터의 표준화 유형은 기능 측면에 따른 분류, 데이터 측면에 따른 분류 및 표준영역 측면에 따른 분류로 구분한다. 이 중 기능 측면에 따른 분류에는 데이터 표준, 기술 표준, 프로세스 표준, 조직 표준 등이 있다.

53 실세계 GIS의 데이터베이스로 구축하는 과정을 추상화 수준에 따라 분류할 때 이에 해당하지 않는 것은?

① 개념적 모델
② 논리적 모델
③ 물리적 모델
④ 수리적 모델

해설 공간데이터 모델링은 현실세계를 추상화하여 데이터베이스화하는 과정으로서 그 절차는 개념적 모델링, 논리적 모델링, 물리적 모델링 순이다.

54 다음 중 지적 관련 속성정보를 데이터베이스에 입력하기에 가장 적합한 장비는?

① 스캐너
② 플로터
③ 키보드
④ 디지타이저

해설 속성자료는 통계자료, 보고서, 관측자료, 범례 등의 형태로 구성되고 주로 글자나 숫자의 형태로 표현되는 자료이므로 DB입력에 키보드가 적합하다.

55 Web GIS에 대한 설명으로 옳지 않은 것은?

① 클라이언트 – 서버 형태의 시스템으로 대용량 공간자료의 저장, 관리와 분산처리가 가능하다.
② 전문적인 GIS 개발자들이 특정 목적의 GIS 응용프로그램을 개발할 수 있도록 하는 개발지원도구이다.
③ 인터넷 기술을 GIS와 접목시켜 네트워크 환경에서 GIS 서비스를 제공할 수 있도록 구축한 시스템이다.
④ 데이터베이스와 웹의 상호 연결로 시공간상의 한계를 극복하고 실시간으로 정보 취득과 공유가 가능하다.

해설 Web GIS는 인터넷 환경에서 공간정보의 입력 · 수정 · 조작 · 분석 · 출력 등의 작업을 처리하고, 네트워크 환경에서 서비스를 제공하는 시스템으로서 모든 분야에서 누구나 자료의 공유와 상호작용이 가능한 열려 있는 시스템이다.

56 아래 내용의 ㉠, ㉡에 들어갈 용어가 올바르게 나열된 것은?

수치지도 영어로 Digital Map으로 일컬어진다. 좀 더 명확한 의미에서는 도형자료만을 수치로 나타 낸 것을 (㉠)라 하고, 도형자료와 관련 속성을 함께 지닌 수치지도를 (㉡)라고 칭한다.

① ㉠ 레전드,　㉡ 레이어
② ㉠ 레전드, ㉡ 커버리지
③ ㉠ 커버리지, ㉡ 레이어
④ ㉠ 레이어, ㉡ 커버리지

해설 레이어는 한 주제를 다루는 데 중첩되는 다양한 자료들로 한 커버리지의 자료 파일을 말하며 중첩된 자료들은 지형 레이어에서 건물·도로·등고선 등의 레이러로 구분하는 것처럼 보통 하나의 주제를 갖는다. 커버리지는 분석을 위해 여러 지도 요소를 중첩할 때 그 지도 요소 하나하나를 가리키는 말로서 공간자료와 속성자료를 갖고 있는 수치지도이다.

57 토지대장의 고유번호 중 행정구역코드를 구성하는 자릿수 기준으로 옳지 않은 것은?

① 리 - 3자리
② 시·도 - 2자리
③ 시·군·구 - 3자리
④ 읍·면·동 - 3자리

해설 토지 고유번호의 코드 구성
- 전국을 단위로 하나의 필지에 하나의 번호를 부여하는 가변성 없는 번호이다.
- 총 19자리로 구성된다.
  - 행정구역 10자리(시·도 2자리, 시·군·구 3자리, 읍·면·동 3자리, 리 2자리)
  - 대장 구분 1자리 및 지번표시 8자리(본번 4자리, 부번 4자리)

시·도	시·군·구	읍·면·동	리	대장	본번	부번
2자리	3자리	3자리	2자리	1자리	4자리	4자리

58 PBLIS와 NGIS의 연계로 나타나는 장점으로 가장 거리가 먼 것은?

① 토지 관련 자료의 원활한 교류와 공동활용
② 토지의 효율적인 이용 증진과 체계적 국토개발
③ 유사한 정보시스템의 개발로 인한 중복투자 방지
④ 지적측량과 일반측량의 업무통합에 따른 효율성 증대

해설 PBLIS와 NGIS의 연계로 지적측량과 일반측량의 업무가 통합되지는 않는다.

59 나무줄기와 같은 구조를 가지고 있으며, 가장 상위의 계층을 뿌리라 할 때 뿌리를 제외한 모든 객체들은 부모-자녀의 관계를 갖는 데이터 모델은?

① 관계형 데이터 모델
② 계층형 데이터 모델
③ 객체지향형 데이터 모델
④ 네트워크 데이터 모델

데이터베이스의 모형에는 계층형(계급형), 네트워크(관망)형, 관계형, 객체지향형, 객체관계형이 있다. 이 중 계층형은 트리(Tree) 형태의 계층구조로 구성되며, 뿌리(Root)를 제외한 모든 레코드는 부모 레코드와 자식 레코드를 갖는다.

60 벡터데이터의 위상구조를 이용하여 분석이 가능한 내용이 아닌 것은?

① 분리성   ② 연결성   ③ 인접성   ④ 포함성

위상관계는 공간상에서 대상물들의 위치나 관계를 나타내는 것으로서 연결성(Connectivity), 인접성(Adjacency), 포함성(Containment) 등의 관점에서 묘사되며 다양한 공간분석이 가능하다.

4과목 지적학

61 지주총대의 사무에 해당하지 않는 것은?

① 신고서류 취급 처리
② 소유자 및 경계 사정
③ 동리의 경계 및 일필지조사의 안내
④ 경계표에 기재된 성명 및 지목 등의 조사

지주총대(地主總代)는 토지조사법과 토지조사령에 의해 토지조사사업 지역 내의 동·리마다 1~2인 또는 2인 이상이 선정되어 조사 및 측량에 관한 사무에 종사하도록 한 지주(토지소유자)이다. 지주총대의 사무에는 ①, ③, ④ 외 소유자와 이해관계자의 실지 입회 및 소환, 토지의 이동에 관한 사항, 기타 조사관리의 지시 이행 등이 있다. 소유자 및 경계 사정에 관한 사무는 토지조사국(토지조사사업)과 도지사(임야조사사업)가 담당하였다.

62 지적국정주의에 대한 내용으로 옳지 않은 것은?

① 토지의 표시사항을 국가가 결정한다.
② 토지소유권의 변동은 등기를 해야 효력이 발생한다.
③ 토지의 표시방법에 대하여 통일성, 획일성, 일관성을 유지하기 위함이다.
④ 소유자의 신청이 없을 경우 국가가 직권으로 이를 조사 또는 측량하여 결정한다.

지적국정주의(地籍國定主義)는 지적공부의 등록사항인 토지소재, 지번, 지목, 경계 또는 좌표와 면적은 국가의 공권력에 의해 오직 국가만이 결정할 수 있는 권한을 가진다는 이념이다. 토지소유권의 변동에 관한 사항은 부동산등기에 속한 내용이다.

63 다음 중 지적재조사의 효과로 볼 수 없는 것은?

① 지적과 등기의 책임부서 명확화
② 국토개발과 토지이용의 정확한 자료 제공
③ 행정구역의 합리적 조장을 위한 기초자료
④ 토지소유권의 공시에 대한 국민의 신뢰 확보

해설 지적재조사는 토지의 실제 현황과 일치하지 아니하는 지적공부의 등록사항을 바로잡고 종이에 구현된 지적을 디지털 지적으로 전환함으로써 국토를 효율적으로 관리함과 아울러 국민의 재산권 보호에 기여함을 목적으로 한다.

64 다음 중 토지조사사업의 일필지조사 내용에 해당하지 않는 것은?

① 임차인 조사
② 지목의 조사
③ 강계 및 지역의 조사
④ 증명 및 등기필 토지의 조사

해설 일필지조사의 내용에는 지주의 조사, 강계 및 지역의 조사, 지목의 조사, 증명 및 등기필지의 조사, 각종의 특별조사 등이 있다.

65 대한제국 정부에서 문란한 토지제도를 바로잡기 위하여 시행하였던 근대적 공시제도의 과도기적 제도는?

① 등기제도
② 양안제도
③ 입안제도
④ 지권제도

해설 구한말에 권세가나 토호의 양민 토지 침탈이 많았고, 부동산 거래질서가 문란해져 입안 없이도 매매문기의 취득만으로 부동산 소유권이 이전됨에 따라 부동산 소유권의 국가 통제수단으로 입안을 대신하기 위하여 1901년 지계아문을 설치하여 지계제도를 시행하였다.

66 토지멸실에 의한 등록말소에 속하는 것은?

① 등록전환에 의한 말소
② 등록변경에 따른 말소
③ 토지합병에 따른 말소
④ 바다로 된 토지의 말소

해설 토지의 멸실에 따른 등록말소는 물권의 대상인 토지가 자연적, 인위적인 원인으로 사실상 소멸되고 또 등록요건을 갖춘 토지가 그 요건을 상실할 경우 그에 대한 법상의 등록내용과 등록효력을 상실하도록 하는 행정처분으로서 바다로 된 토지의 등록말소가 대표적이며 등록전환, 합병의 경우는 엄밀한 의미의 말소는 아니다.

67 양전개정론을 주장한 학자와 그 저서의 연결이 옳은 것은?

① 김정호 – 속대전
② 이기 – 해학유서
③ 정약용 – 경국대전
④ 서유구 – 목민심서

> **해설** 정약용은 목민심서(牧民心書), 서유구는 의상경계책(擬上經界策), 이기는 해학유서(海鶴遺書)를 통해 양전개정론을 주장하였으며, 김정호는 양전개정론과 관계가 없다.

68 우리나라의 지적제도와 등기제도에 대한 설명이 옳지 않은 것은?

① 지적과 등기 모두 형식주의를 기본이념으로 한다.
② 지적과 등기 모두 실질적 심사주의를 원칙으로 한다.
③ 지적은 공신력을 인정하고, 등기는 공신력을 인정하지 않는다.
④ 지적은 토지에 대한 사실관계를 공시하고 등기는 토지에 대한 권리관계를 공시한다.

> **해설** 지적은 실질적 심사주의를 채택하고, 등기는 형식적 심사주의를 채택하고 있다.

69 토지조사사업 당시 토지의 사정이 의미하는 것은?

① 경계와 면적으로 확정하는 것이다.
② 지번, 지목, 면적으로 확정하는 것이다.
③ 소유자와 지목을 확정하는 행정행위이다.
④ 소유자와 강계를 확정하는 행정행위이다.

> **해설** 토지조사사업의 사정이란 토지조사부와 지적도에 의하여 토지의 소유자 및 그 강계를 확정하는 행정처분으로서 사정은 이전의 권리와 무관한 창설적, 확정적 효력이 있다.

70 토지조사사업에서 측량에 관계되는 사항을 구분한 7가지 항목에 해당하지 않는 것은?

① 삼각측량
② 지형측량
③ 천문측량
④ 이동지측량

> **해설** 토지조사사업에서 사무는 총 9개 종목(준비조사, 일필지조사, 분쟁지조사, 지위등급조사, 장부조사, 지방토지조사위원회, 사정, 고등토지조사위원회, 이동지정리)으로, 측량에 관계되는 사항은 총 7개 종목(삼각측량, 도근측량, 면적계산, 세부측량, 지적도 등의 조제, 이동지측량, 지형측량)으로 구분하여 실시한다.

71 다음 중 근대지적의 시초로, 과세지적이 대표적인 나라는?

① 일본　　　　　② 독일　　　　　③ 프랑스　　　　　④ 네덜란드

> **해설** 프랑스의 지적제도는 토지에 대한 공평한 과세와 소유권 확립을 목적으로 1807년 제정된 나폴레옹 지적법 (Napoleonien Cadastre Act)에 따라 1808년부터 1850년까지 실시한 전국적인 지적측량으로 창설되었다. 나폴레옹의 영토 확장과 더불어 유럽의 전역에 대한 지적제도의 창설에 직접적인 영향을 미치게 되었고 근대적 지적제도의 효시로서 둠즈데이북과 함께 세지적의 근거가 되고 있다.

72 우리나라에서 지적이라는 용어가 법률상 처음 등장한 것은?

① 1895년 내부관제
② 1898년 양지아문 직원급 처무규정
③ 1901년 지계아문 직원급 처무규정
④ 1910년 토지조사법

> **해설** 1895년 내부(內部)관제가 공포되어 주현국, 토목국, 판적국, 위생국, 회계국 등 5국을 두었으며, 판적국(版籍 局)은 "호구적에 관한 사항"과 "지적에 관한 사항"을 관장하였는데 여기에서 우리나라 최초로 "지적"이라는 용어가 쓰였다.

73 형식적 심사에 의하여 개설하는 토지등록부의 보존등기를 위하여 일반적으로 권원증명이 되는 서류는?

① 공증인정서　　　　　　　　　② 인감증명서
③ 인우보증서　　　　　　　　　④ 토지대장등본

> **해설** 지적과 등기는 등록대상이 동일 토지라는 점에서 밀접한 관계이며 항상 그 목적물의 표시와 소유권의 표시가 부합되어야 한다. 등기에 있어서 토지표시에 관한 사항은 지적공부를 기초로 하며, 지적의 경우 소유권에 관한 사항은 등기부를 기초로 한다.

74 우리나라에서 지적공부에 토지표시사항을 결정 등록하기 위하여 채택하고 있는 심사방법은?

① 공증심사　　　　　　　　　　② 대질심사
③ 실질심사　　　　　　　　　　④ 형식심사

> **해설** 실질적 심사주의는 지적공부에 새로이 등록하는 사항이나 이미 등록된 사항의 변경 등록은 국가기관의 장인 시장 · 군수 · 구청장이 지적관계법령에 의한 절차상의 적법성뿐만 아니라 실체법상 사실관계의 부합 여부를 조사하여 지적공부에 등록하여야 한다는 이념으로서 사실심사주의라고도 한다.

75 양안 작성 시 실제로 현장에 나가 측량하여 기록하는 것은?

① 야초책
② 정서책
③ 정초책
④ 중초책

해설 양지아문에서 실시한 신(新) 양안인 광무양안(1898.7.6.~1904.4.19.)의 작성 단계는 야초책(野草册) 양안 (실제 측량에 의해 기록·작성된 최초의 양안) → 중초책(中草册) 양안(관아에서 야초책 양안을 모아 편집하여 작성) → 정서책(正書册) 양안(양지아문에서 정리하여 완성한 양안) 순이다.

76 경계불가분의 원칙에 관한 설명으로 옳은 것은?

① 3개의 단위토지 간을 구획하는 선이다.
② 토지의 경계에는 위치, 길이, 넓이가 있다.
③ 같은 토지에 2개 이상의 경계가 있을 수 있다.
④ 토지의 경계는 인접토지에 공통으로 작용한다.

해설 경계불가분의 원칙은 토지의 경계는 유일무이하여 어느 한쪽의 필지에만 전속되는 것이 아니고 연접한 토지에 공통으로 작용되기 때문에 이를 분리할 수 없다는 개념으로 토지의 경계선은 위치와 길이만 있을 뿐 넓이와 크기가 존재하지 않는다는 원칙이다.

77 다음 중 고조선시대의 토지제도로 옳은 것은?

① 과전법(科田法)
② 두락제(斗落制)
③ 정전제(井田制)
④ 수등이척제(隨等異尺制)

해설 정전제(井田制)는 고조선시대의 토지구획방법으로 균형 있는 촌락의 설치와 토지의 분급 및 수확량을 파악하기 위하여 시행되었던 지적제도로서 당시 납세의 의무를 지게 하여 소득의 1/9을 조공으로 바치게 하였다.

78 지적행정을 재무과와 사세청의 지도·감독하에 세무서에서 담당한 연도로 옳은 것은?

① 1949년 12월 31일
② 1960년 12월 31일
③ 1961년 12월 31일
④ 1975년 12월 31일

해설 지적행정은 1961년 12월 31일까지 재무과와 사세청의 지도·감독하에 세무서에서 담당하였고, 1962년 1월 1일 내무부로 이관되었으며, 지적행정조직은 재무부 사세국 직세과(1948.8.17.) → 재무부 사세국 토지취득 세과(1951.12.1.) → 내무부 지방국 지방세과(1962.1.1.) → 내무부 지방국 세정과(1970.3.12.) → 내무부 지방재정국 지적과(1977.6.3.) → 행정자치부 지적과(1998.2.28.) → 국토교통부 공간정보제도과(2008. 2.29.) 순으로 변천되었다.

79 우리나라 토지대장과 같이 토지를 지번순서에 따라 등록하고 분할되더라도 본법과 관련하여 편철하고 소유자의 변동이 있을 때에 이를 계속 수정하여 관리하는 토지등록부 편성방법은?

① 물적 편성주의
② 인적 편성주의
③ 연대적 편성주의
④ 물적 · 인적 편성주의

해설 물적 편성주의는 개별 토지 중심으로 대장을 작성하며, 우리나라에서 채택하고 있는 방법이다.

80 토지조사사업 당시 토지의 사정에 대하여 불복이 있는 경우 이의 재결기관(裁決機關)은?

① 도지사
② 임시토지조사국장
③ 고등토지조사위원회
④ 지방토지조사위원회

해설 사정에 대하여 불복이 있는 경우의 재결기관은 토지조사사업에서는 고등토지조사위원회이며, 임야조사사업에서는 임야조사위원회이다.

5과목 **지적관계법규**

81 지적공부의 열람, 등본 발급 및 수수료에 대한 설명으로 옳지 않은 것은?

① 성능검사대행자가 하는 성능검사 수수료는 현금으로 내야 한다.
② 인터넷으로 지적도면을 발급할 경우 그 크기는 가로 21cm, 세로 30cm이다.
③ 지적기술자격을 취득한 자가 지적공부를 열람하는 경우에는 수수료를 면제한다.
④ 전산파일로 된 경우에는 당해 지적소관청이 아닌 다른 지적소관청에 신청할 수 있다.

해설 국가, 지방자치단체 또는 지적측량수행자가 지적공부의 열람 및 등본 발급을 신청한 경우에는 수수료를 면제한다.

82 「공간정보의 구축 및 관리 등에 관한 법률」상 축척변경에 대한 설명으로 옳지 않은 것은?

① 작은 축척을 큰 축척으로 변경하는 것을 말한다.
② 임야도의 축척을 지적도의 축척으로 바꾸는 것을 말한다.
③ 축척변경은 지적도에 등록된 경계점의 정밀도를 높이기 위해 시행한다.
④ 축척변경에 관한 사항을 심의 · 의결하기 위하여 지적소관청에 축척변경위원회를 둔다.

해설 임야대장 및 임야도에 등록된 토지를 토지대장 및 지적도에 옮겨 등록하는 것은 등록전환이다.

83 「공간정보의 구축 및 관리 등에 관한 법률」상 지목이 다른 하나는?

① 골프장　　　　② 수영장　　　　③ 스키장　　　　④ 승마장

> **해설** • 유원지 : 수영장 · 유선장 · 낚시터 · 어린이놀이터 · 동물원 · 식물원 · 민속촌 · 경마장 등의 토지
> • 체육용지 : 종합운동장 · 실내체육관 · 야구장 · 골프장 · 스키장 · 승마장 · 경륜장 등의 토지

84 「부동산등기법」에 따라 미등기의 토지에 관한 소유권보존등기를 신청할 수 없는 자는?

① 토지대장에 최초의 소유자로 등록되어 있는 자
② 확정판결에 의하여 자기의 소유권을 증명하는 자
③ 수용으로 인하여 소유권을 취득하였음을 증명하는 자
④ 토지에 대하여 지적소관청의 확인에 의하여 자기의 소유권을 증명하는 자

> **해설** 건물에 대하여 특별자치도지사, 시장, 군수 또는 구청장(자치구의 구청장)의 확인에 의하여 자기의 소유권을 증명하는 자는 미등기건물에 대한 소유권보존등기를 신청할 수 있다.

85 지적삼각점성과표에 기록 · 관리하여야 하는 사항 중 필요한 경우로 한정하여 기록 · 관리하는 사항은?

① 자오선수차　　　　　　　　② 경도 및 위도
③ 시준점의 명칭　　　　　　　④ 좌표 및 표고

> **해설** 지적기준점성과표의 기록 · 관리사항
>
> | 지적삼각점성과 | 지적삼각보조점 및 지적도근점성과 |
> | --- | --- |
> | • 지적삼각점의 명칭과 기준 원점명
• 좌표 및 표고
• 경도 및 위도(필요한 경우로 한정한다.)
• 자오선수차
• 시준점의 명칭, 방위각 및 거리
• 소재지와 측량연월일
• 그 밖의 참고사항 | • 번호 및 위치의 약도
• 좌표와 직각좌표계 원점명
• 경도와 위도(필요한 경우로 한정한다.)
• 표고(필요한 경우로 한정한다.)
• 소재지와 측량연월일
• 도선등급 및 도선명
• 표지의 재질
• 도면번호
• 설치기관
• 조사연월일, 조사자의 직위 · 성명 및 조사 내용 |

86 다음 중 지적소관청이 관할 등기관서에 등기를 촉탁하여야 하는 경우가 아닌 것은?

① 토지의 신규등록을 하는 경우
② 토지가 지형의 변화 등으로 바다로 된 경우
③ 지번을 변경할 필요가 있다고 인정되는 경우
④ 하나의 지번부여지역에 서로 다른 축척의 지적도가 있는 경우

해설 등기촉탁의 대상에는 ②, ③, ④ 외 바다로 된 토지의 등록말소, 행정구역 명칭변경 등이 있다. 토지의 신규등록을 하는 경우는 제외한다.

87 「공간정보의 구축 및 관리 등에 관한 법률」상 2년 이하의 징역 또는 2천만 원 이하의 벌금에 처하는 자로 옳지 않은 것은?

① 측량성과를 국외로 반출한 자

② 고의로 측량성과 또는 수로조사성과를 사실과 다르게 한 자

③ 측량기준점표지를 이전 또는 파손하거나 그 효용을 해치는 행위를 한 자

④ 측량업자로서 속임수, 위력(威力), 그 밖의 방법으로 측량업과 관련된 입찰의 공정성을 해친 자

해설 측량업자로서 속임수, 위력, 그 밖의 방법으로 측량업과 관련된 입찰의 공정성을 해친 자는 3년 이하의 징역 또는 3천만 원 이하의 벌금에 처한다.

88 토지의 이동이 있을 때 지적공부에 등록하는 지번·지목·면적·경계 또는 좌표를 결정하는 자는?

① 시·도지사
② 지적소관청
③ 지적측량업자
④ 행정안전부장관

해설 국토교통부장관은 모든 토지에 대하여 필지별로 소재·지번·지목·면적·경계 또는 좌표 등을 조사·측량하여 지적공부에 등록하여야 하며, 지적공부에 등록하는 지번·지목·면적·경계 또는 좌표는 토지의 이동이 있을 때 토지소유자의 신청을 받아 지적소관청이 결정한다(신청이 없으면 지적소관청이 직권으로 조사·측량하여 결정할 수 있다).

89 지적삼각점의 지적측량성과와 검사성과와의 연결교차 허용범위로 옳은 것은?

① 0.10m 이내
② 0.15m 이내
③ 0.20m 이내
④ 0.25m 이내

해설 지적측량성과와 검사성과의 연결교차 허용범위

구분	분류		허용범위
기초측량	지적삼각점		0.20m
	지적삼각보조점		0.25m
	지적도근점	경계점좌표등록부 시행지역	0.15m
		그 밖의 지역	0.25m

90 「공간정보의 구축 및 관리 등에 관한 법률」에서 정의한 용어의 설명으로 옳지 않은 것은?

① "필지"란 대통령령으로 정하는 바에 따라 구획되는 토지의 등록단위를 말한다.
② "경계"란 필지별로 경계점들을 직선으로 연결하여 지적공부에 등록한 선을 말한다.
③ "토지의 표시"란 지적공부에 토지의 소재·지번(地番), 지목(地目), 면적·경계 또는 좌표를 등록한 것을 말한다.
④ "측량기준점"이란 지적삼각점, 지적삼각보조점, 지적수준점을 말한다.

> **해설** 측량기준점은 측량의 정확도를 확보하고 효율성을 높이기 위하여 특정 지점을 법률이 정한 측량기준에 따라 측정하고 좌표 등으로 표시하여 측량 시에 기준으로 사용되는 점을 말한다.

91 「지적재조사에 관한 특별법」상 납부고지된 조정금에 이의가 있는 토지소유자는 납부고지를 받은 날부터 며칠 이내에 지적소관청에 이의신청을 할 수 있는가?

① 7일 ② 15일 ③ 30일 ④ 60일

> **해설** 납부고지된 조정금에 이의가 있는 토지소유자는 수령통지 또는 납부고지를 받은 날부터 60일 이내에 지적소관청에 이의신청을 할 수 있다.

92 다음 중 지적소관청이 지적공부의 등록사항에 잘못이 있는지를 직권으로 조사·측량하여 정정할 수 있는 경우에 해당하지 않는 것은?

① 미등기 토지의 소유자를 변경하는 경우
② 지적공부의 작성 또는 재작성 당시 잘못 정리된 경우
③ 토지이동정리 결의서의 내용과 다르게 정리된 경우
④ 지적도 및 임야도에 등록된 필지가 면적의 증감 없이 경계의 위치만 잘못된 경우

> **해설** 등록사항의 직권정정 대상
> • 지적공부의 작성 또는 재작성 당시 잘못 정리된 경우
> • 토지이동정리 결의서의 내용과 다르게 정리된 경우
> • 지적도 및 임야도에 등록된 필지가 면적의 증감 없이 경계의 위치만 잘못된 경우
> • 1필지가 각각 다른 지적도나 임야도에 등록되어 있는 경우
> • 지적측량성과와 다르게 정리된 경우
> • 면적 환산이 잘못된 경우

93 지적소관청을 직접 방문하여 1필지를 기준으로 토지대장 또는 임야대장에 대한 열람신청을 하거나 등본발급신청을 할 경우 납부해야 하는 수수료는?

① 열람 : 200원, 등본발급 : 300원
② 열람 : 300원, 등본발급 : 500원
③ 열람 : 500원, 등본발급 : 700원
④ 열람 : 700원, 등본발급 : 1,000원

해설 지적소관청을 방문하여 신청한 토지대장과 임야대장의 열람 수수료는 1필지당 300원이고, 등본발급 수수료는 1필지당 500원이다. 방문하지 않고 인터넷으로 신청한 열람 및 등본발급 수수료는 각각 무료이다.

94 「공간정보의 구축 및 관리 등에 관한 법률」상 지목설정이 올바르게 연결된 것은?

① 체육용지 – 실내체육관, 승마장
② 유원지 – 스키장, 어린이놀이터
③ 잡종지 – 원상회복을 조건으로 돌을 캐내는 곳
④ 염전 – 동력을 이용하여 소금을 제조하는 공장시설물의 부지

해설 ② 스키장은 체육용지이다.
③ 원상회복을 조건으로 돌을 캐내는 곳으로 허가된 토지는 잡종지에서 제외된다.
④ 동력을 이용하여 소금을 제조하는 공장시설물의 부지는 염전에서 제외된다.

95 다음 중 도시 · 군관리계획의 입안권자가 아닌 자는?

① 군수   ② 구청장
③ 광역시장   ④ 특별시장

해설 특별시장 · 광역시장 · 특별자치시장 · 특별자치도지사 · 시장 또는 군수는 관할구역에 대하여 도시 · 군관리계획을 입안하여야 한다.

96 지적기준점성과의 관리 등에 대한 설명으로 옳은 것은?

① 지적도근점성과는 지적소관청이 관리한다.
② 지적삼각점성과는 지적소관청이 관리한다.
③ 지적삼각보조점성과는 시 · 도지사가 관리한다.
④ 지적소관청이 지적삼각점을 변경하였을 때에는 그 측량성과를 국토교통부장관에게 통보한다.

해설 지적기준점성과의 관리자(기관)

구분	관리기관
지적삼각점	시 · 도지사
지적삼각보조점, 지적도근점	지적소관청

97 지적측량업의 등록에 필요한 기술능력의 등급별 인원 기준으로 옳은 것은?(단, 상위 등급의 기술능력으로 하위 등급의 기술능력을 대체하는 경우는 고려하지 않는다.)

① 고급기술인 1명 이상   ② 중급기술인 1명 이상
③ 초급기술인 1명 이상   ④ 지적분야의 초급기능사 2명 이상

지적측량업의 등록기준

구분	기술인력	장비
지적 측량업	• 특급기술인 1명 또는 고급기술인 2명 이상 • 중급기술인 2명 이상 • 초급기술인 1명 이상 • 지적 분야의 초급기능사 1명 이상	• 토털스테이션 1대 이상 • 출력장치 1대 이상 　– 해상도 : 2,400DPI×1,200DPI 　– 출력범위 : 600mm×1,060mm 이상

98 새로운 권리에 관한 등기를 마쳤을 때, 작성한 등기필정보를 등기권리자에게 통지하지 아니하는 경우로 옳지 않은 것은?

① 등기권리자를 대위하여 등기신청을 한 경우

② 국가 또는 지방자치단체가 등기권리자인 경우

③ 등기권리자가 등기필정보의 통지를 원하지 아니하는 경우

④ 등기필정보통지서를 수령할 자가 등기를 마친 때부터 1개월 이내에 그 서면을 수령하지 않은 경우

등기관이 등기필정보를 등기권리자에게 통지하지 않는 경우에는 ①, ②, ③ 외 대법원규칙으로 정하는 경우가 있다.

99 지적소관청이 토지이동현황 조사계획을 수립하는 단위는?

① 도 단위　　　　② 시 단위　　　　③ 시 · 도 단위　　　　④ 시 · 군 · 구 단위

지적소관청이 토지의 이동현황을 직권으로 조사 · 측량할 때에는 시 · 군 · 구별로 토지이동현황 조사계획을 수립하여야 하며, 부득이한 사유가 있는 경우에는 읍 · 면 · 동별로 수립할 수 있다.

100 「국토의 계획 및 이용에 관한 법률」상 심의를 거치지 아니하고 한 차례만 2년 이내의 기간 동안 개발행위허가의 제한을 연장할 수 있는 지역이 아닌 곳은?

① 기반시설부담구역으로 지정된 지역

② 지구단위계획구역으로 지정된 지역

③ 개발행위로 인하여 주변의 환경 · 경관 · 미관 · 문화재 등이 크게 오염되거나 손상될 우려가 있는 지역

④ 도시 · 군관리계획을 수립하고 있는 지역으로서 그 도시 · 군관리계획이 결정될 경우 용도지역의 변경이 예상되고 그에 따라 개발행위허가의 기준이 크게 달라질 것으로 예상되는 지역

개발행위로 인하여 주변의 환경 · 경관 · 미관 · 문화재 등이 크게 오염되거나 손상될 우려가 있는 지역과 녹지지역이나 계획관리지역으로서 수목이 집단적으로 자라고 있거나 조수류 등이 집단적으로 서식하고 있는 지역 또는 우량 농지 등으로 보전할 필요가 있는 지역의 경우에는 한 차례만 3년 이내의 기간 동안 개발행위허가의 제한을 연장할 수 있다.

제2회 지적기사

1과목 지적측량

01 사각망조정계산에서 각규약, 변규약, 점규약 조건식의 수로 올바르게 짝지어진 것은?

① 각규약 : 2개, 변규약 : 1개, 점규약 : 1개

② 각규약 : 1개, 변규약 : 3개, 점규약 : 0개

③ 각규약 : 3개, 변규약 : 1개, 점규약 : 0개

④ 각규약 : 3개, 변규약 : 1개, 점규약 : 1개

해설 조건식 총수$(K_1) = a + b - 2p + 3 = 8 + 1 - (2 \times 4) + 3 = 4$

각조건식의 수$(K_2) = l - l' - p + 1 = 6 + 0 - 4 + 1 = 3$

변조건식의 수$(K_3) = b + l - 2p + 2 = 1 + 6 - (2 \times 4) + 2 = 1$

측점조건식의 수$(K_4) = K_1 - (K_2 + K_3) = 4 + (3 + 1) = 0$

또는 $a + p - 2l + l' = 8 + 4 - (2 \times 6) + 0 = 0$

(a : 관측각 수=8, b : 기선, 검기선의 수=1, p : 삼각점 수=4, l : 삼각망의 변수=6, l' : 편각관측의 변수=0)

02 다음 중 데오돌라이트의 3축 조건으로 옳지 않은 것은?

① 시준축⊥수평축

② 수평축⊥수직축

③ 수직축⊥기포관축

④ 시준축//연직축

해설 데오돌라이트(트랜싯)의 3축 조건에는 ①, ②, ③이 있다.

03 다음 중 평판측량방법에 따른 세부측량을 교회법으로 하는 경우의 기준 및 방법에 대한 설명으로 옳지 않은 것은?

① 전방교회법 또는 측방교회법에 따른다.

② 방향각의 교각은 30° 이상 150° 이하로 한다.

③ 광파조준의를 사용하는 경우 방향선의 도상길이는 최대 30cm 이하로 한다.

④ 측량결과 시오삼각형이 생긴 경우 내접원의 반지름이 1cm 이하일 때에는 그 중심을 점의 위치로 한다.

해설 측량결과 시오삼각형이 생긴 경우 내접원의 지름이 1cm 이하일 때에는 그 중심을 점의 위치로 한다.

04 경위의로 수평각을 측정하는 데 50m 떨어진 곳에 지름 2cm인 폴(Pole)의 외곽을 시준했을 때 수평각에 생기는 오차량은?

① 약 41초   ② 약 83초   ③ 약 98초   ④ 약 102초

해설 지름 2cm인 폴의 외곽을 시준해서 편위량(Δl)은 1cm이므로,

위치오차(θ'')는 $\dfrac{\Delta l}{L} = \dfrac{\theta''}{\rho''}$

$\theta'' = \dfrac{\Delta l \times \rho''}{L} = \dfrac{1\text{cm} \times 206,265''}{5,000\text{cm}} = 41''$

05 광파기측량방법에 따라 다각망도선법으로 지적도근점측량을 할 때 1도선의 점의 수는 몇 개 이하로 하여야 하는가?

① 10점   ② 20점   ③ 30점   ④ 40점

해설 경위의측량방법이나 전파기 또는 광파기측량방법에 따라 다각망도선법으로 지적도근점측량을 할 때에는 3점 이상의 기지점을 포함한 결합다각방식에 따르고, 1도선의 점의 수는 20점 이하로 하여야 한다.

06 평판측량방법에 따른 세부측량을 도선법으로 하는 경우, 변의 수가 16개인 도선의 도상허용오차 한도는?

① 1.0cm   ② 1.1cm   ③ 1.2cm   ④ 1.3cm

해설 평판측량방법에 따른 세부측량을 도선법으로 하는 경우 도선의 폐색오차가 도상길이 $\dfrac{\sqrt{N}}{3}$ mm 이하인 경우 그 오차는 다음의 계산식에 따라 이를 각 점에 배분하여 그 점의 위치로 한다.

∴ 도상허용오차 범위 $= \dfrac{\sqrt{N}}{3} = \dfrac{\sqrt{16}}{3} = 1.3\text{cm}$

07 삼각측량에 의해 계산된 측지방위각과 천문측량에 의해 측정된 값을 비교하여 그 차이를 조정함으로써 보다 정확한 위치를 결정하기 위해 이용하는 관계식은?

① 리먼(Lehman) 정리   ② 가우스(Gauss) 정리
③ 라플라스(Laplace) 정리   ④ 르장드르(Legendre) 정리

해설 라플라스점(Laplace Station)은 어느 지점에서 삼각측량에 의해 계산된 측지방위각과 천문측량에 의해 관측된 값을 라플라스 정리를 이용하여 계산된 측지방위각과 비교하여 그 차이를 조정함으로써 보다 정확한 위치결정이 가능하며 삼각망의 비틀림도 바로잡을 수 있는 기준점이다.

08 지적측량성과를 결정함에 있어 측량성과와 검사성과의 연결교차 허용범위의 연결이 옳은 것은?(단, M은 축척분모)

① 지적삼각점 : 0.15m

② 지적삼각보조점 : 0.20m

③ 지적도근점(경계점좌표등록부 시행지역) : 0.15m

④ 경계점(경계점좌표등록부 시행지역) : 10분의 $3M$cm

> **해설** 지적측량성과와 검사성과의 연결교차 허용범위
>
> | 구분 | 분류 | | 허용범위 |
> |---|---|---|---|
> | 기초측량 | 지적삼각점 | | 0.20m |
> | | 지적삼각보조점 | | 0.25m |
> | | 지적도근점 | 경계점좌표등록부 시행지역 | 0.15m |
> | | | 그 밖의 지역 | 0.25m |
> | 세부측량 | 경계점 | 경계점좌표등록부 시행지역 | 0.10m |
> | | | 그 밖의 지역 | 10분의 $3M$mm (M은 축척분모) |

09 지적도근점측량에서 연결오차의 허용범위 기준을 결정하는 경우, 경계점좌표등록부를 갖춰 두는 지역의 축척분모는 얼마로 하여야 하는가?

① 500　　　　　② 600　　　　　③ 1,200　　　　　④ 3,000

> **해설** 경계점좌표등록부 시행지역의 축척분모는 500으로 하고, 축척이 1/6,000인 지역의 축척분모는 3,000으로 하며, 하나의 도선에 2 이상의 축척이 속한 경우에는 대축척의 축척분모에 따른다.

10 점간거리를 3회 측정하여 23cm, 24cm, 25cm의 측정치를 얻었다면, 평균제곱근오차는?

① $\pm\dfrac{1}{\sqrt{2}}$　　　　② $\pm\dfrac{1}{\sqrt{3}}$　　　　③ $\pm\dfrac{1}{2}$　　　　④ $\pm\dfrac{1}{3}$

> **해설** 경중률이 일정할 때 최확치의 평균제곱근오차
>
> $$m_0 = \pm\sqrt{\frac{[vv]}{n(n-1)}} = \pm\sqrt{\frac{2}{3(3-1)}} = \pm\frac{1}{\sqrt{3}}$$
>
> 최확치 $= \dfrac{23+24+25}{3} = 24$이고, $v_1 = 23-24 = -1$, $v_2 = 24-24 = 0$, $v_3 = 25-24 = 1$로서
>
> $\sum vv = v_1{}^2 + v_2{}^2 + v_3{}^2 = (-1)^2 + 0^2 + 1^2 = 2$
>
> [v : 잔차(관측값 $-$ 최확값), n : 관측횟수]

11 지적소관청은 지적도면의 관리에 필요한 경우에는 지번부여지역마다 일람도와 지번색인표를 작성하여 갖춰둘 수 있다. 이때 일람도를 작성하지 아니할 수 있는 경우는 도면이 몇 장 미만일 때인가?

① 4장　　　　　　② 5장　　　　　　③ 6장　　　　　　④ 7장

해설　일람도를 작성할 경우 일람도의 축척은 그 도면축척의 1/10로 하며, 도면의 장수가 4장 미만인 경우에는 일람도를 작성하지 않을 수 있다.

12 다각망도선법에 따른 지적삼각보조점의 관측 및 계산 기준에 대한 설명으로 옳지 않은 것은?(단, n은 폐색변을 포함한 변의 수, S는 도선의 거리를 1,000으로 나눈 수를 말한다.)

① 수평각관측은 배각법에 따를 수 있다.
② 관측은 20초독 이상의 경위의를 사용하도록 한다.
③ 도선별 연결오차는 $(0.05+0.05 \times S)$m 이하로 한다.
④ 종횡선 오차의 배부는 종횡선차 길이에 비례하여 배부한다.

해설　도선별 연결오차는 $(0.05 \times S)$m 이하로 한다.
(S : 도선의 거리를 1,000으로 나눈 수)

13 면적측정방법에 관한 아래 내용 중 ㉠, ㉡에 알맞은 것은?

전자면적측정기에 따른 면적측정에 있어서 도상에서 (㉠)회 측정하여 그 교차가 허용면적 이하일 때에는 그 평균치를 측정면적으로 정하는데, 허용면적의 계산식은 (㉡)이다.

① ㉠ 2회, ㉡ $A = 0.023M\sqrt{F}$
② ㉠ 2회, ㉡ $A = 0.023^2 M\sqrt{F}$
③ ㉠ 3회, ㉡ $A = 0.023M\sqrt{F}$
④ ㉠ 3회, ㉡ $A = 0.023^2 M\sqrt{F}$

해설　전자면적측정기에 따른 면적측정은 도상에서 2회 측정하여 그 교차가 허용면적$(A) = 0.023^2 M\sqrt{F}$(M : 축척분모, F : 2회 측정한 면적의 합계를 2로 나눈 수)의 이하일 때에는 그 평균치를 측정면적으로 한다.

14 수평각관측에서 망원경의 정위와 반위로 관측하는 목적은?

① 눈금오차를 방지하기 위하여　　　　② 연직축오차를 방지하기 위하여
③ 시준축오차를 제거하기 위하여　　　　④ 굴절보정 오차를 제거하기 위하여

해설　수평각관측에서 망원경 정·반 관측의 목적은 기계적 결함과 기계 조정의 불완전 등의 오차를 소거하고 시준축오차를 제거하기 위함이다.

15 배각법에 의한 지적도근점측량 시 종횡선차 합이 각각 200.25m, −150.44m, 종횡선차 절대치의 합이 각각 200.25m, 150.44m 출발점의 좌푯값이 각각 1,000.00m, 1,000.00m, 도착점의 좌푯값이 각각 1,200.15m, 849.58m일 때 연결오차로 옳은 것은?

① 0.10m ② 0.11m ③ 0.12m ④ 0.13m

해설 종선차 합계($\sum \Delta x$) = 200.25m
횡선차 합계($\sum \Delta y$) = 150.44m
기지종선차 = 도착점의 X좌표 − 출발점의 X좌표 = 1,200.15 − 1,000.00 = 200.15m
기지횡선차 = 도착점의 Y좌표 − 출발점의 Y좌표 = 849.58 − 1,000.00 = −150.42m
종선오차(fx) = 종선차 합계 − 기지종선차 = 200.25 − 200.15 = 0.10m
횡선오차(fy) = 횡선차 합계 − 기지횡선차 = 150.44 − 150.42 = 0.02m
∴ 연결오차 = $\sqrt{(fx)^2 + (fy)^2} = \sqrt{(0.10)^2 + (0.02)^2} = 0.10$m

16 좌표면적계산법에 따른 면적측정 시 산출면적의 결정기준으로 옳은 것은?

① 10분의 1m^2까지 계산하여 1m^2 단위로 정한다.
② 100분의 1m^2까지 계산하여 1m^2 단위로 정한다.
③ 100분의 1m^2까지 계산하여 10분의 1m^2 단위로 정한다.
④ 1,000분의 1m^2까지 계산하여 10분의 1m^2 단위로 정한다.

해설 좌표면적계산법에 따른 면적측정 시 산출면적은 1,000분의 1m^2까지 계산하여 10분의 1m^2 단위로 정한다.

17 지적삼각보조점측량을 다각망도선법에 의할 경우 폐색오차의 범위로 옳은 것은?(단, n은 폐색변을 포함한 변의 수이다.)

① $\pm 10\sqrt{n}$ 초 이내
② $\pm 20\sqrt{n}$ 초 이내
③ $\pm 30\sqrt{n}$ 초 이내
④ $\pm 40\sqrt{n}$ 초 이내

해설 경위의측량방법, 전파기 또는 광파기측량방법과 다각망도선법에 따른 지적삼각보조점의 도선별 평균방위각과 관측방위각의 폐색오차는 $\pm 10\sqrt{n}$ 초 이내(n은 폐색변을 포함한 변의 수)로 한다.

18 시 · 도지사가 지적삼각점성과를 관리할 때 지적삼각점성과표에 기록 · 관리하여야 하는 사항에 해당하지 않는 것은?

① 자오선수차
② 표지의 재질
③ 좌표 및 표고
④ 지적삼각점의 명칭

지적삼각점성과표	지적삼각보조점 및 지적도근점성과표
• 지적삼각점의 명칭과 기준 원점명 • 좌표 및 표고 • 경도 및 위도(필요한 경우로 한정한다.) • 자오선수차 • 시준점의 명칭, 방위각 및 거리 • 소재지와 측량연월일 • 그 밖의 참고사항	• 번호 및 위치의 약도 • 좌표와 직각좌표계 원점명 • 경도와 위도(필요한 경우로 한정한다.) • 표고(필요한 경우로 한정한다.) • 소재지와 측량연월일 • 도선등급 및 도선명 • 표지의 재질 • 도면번호 • 설치기관 • 조사연월일, 조사자의 직위 · 성명 및 조사 내용

19 지적삼각점의 계산에서 자오선수차의 계산단위는?

① 초 아래 1자리   ② 초 아래 3자리   ③ 초 아래 5자리   ④ 초 아래 6자리

종별	각	변의 길이	진수	좌표 또는 표고	경위도	자오선수차
단위	초	cm	6자리 이상	cm	초 아래 3자리	초 아래 1자리

20 축척이 1/3,000인 지역에서 등록전환을 하는 경우 면적이 2,500m²일 때 등록전환에 따른 오차의 허용범위로 옳은 것은?

① ±101m²   ② ±102m²   ③ ±202m²   ④ ±203m²

2과목 응용측량

21 노선측량 순서에서 중심선을 선정하고 도상 및 현지에 설치하는 단계는?

① 계획조사측량   ② 실시설계측량
③ 세부측량   ④ 노선선정

해설 노선측량의 작업순서

노선선정 → 계획조사측량 → 실시설계측량(세부지형측량 및 용지경계측량 포함) → 공사측량(시공측량 및 준공측량 포함)

※ 실시설계측량에는 지형도 작성, 중심선 도상 설치, 기준점 설치, 중심선 현지 설치, 종횡단 측량, 세부지형측량, 용지경계측량, 최종 공사비 산정 등이 포함된다.

22 그림과 같이 터널 내 수준측량에서 A점의 표고가 450.50m였다면 B점의 표고는?

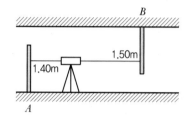

① 450.40m   ② 450.60m   ③ 453.40m   ④ 453.60m

해설 B점의 표고$(H_B) = H_A + a - b = 450.50 + 1.40 - 1.50 = 453.40$m

23 터널측량에 관한 설명으로 옳지 않은 것은?

① 터널측량은 크게 터널 내 측량, 터널 외 측량, 터널 내외 연결측량으로 나눈다.
② 터널 내외 연결측량은 지상측량의 좌표와 지하측량의 좌표를 같게 하는 측량이다.
③ 터널 내외 연결측량 시 추를 드리울 때는 보통 피아노선이 이용된다.
④ 터널 내외 연결측량방법 중 가장 일반적인 것은 다각법이다.

해설 터널측량에서 터널 내외 연결측량방법은 일반적으로 다각측량을 사용한다. 지상과 지하를 연결하는 수직구측량에는 광학적 방법, 강선법, 연직기에 의한 방법 등이 있다.

24 사진의 크기가 23cm×23cm이고 사진의 주점기선길이가 8cm였다면 종중복도는?

① 약 43%   ② 약 65%   ③ 약 67%   ④ 약 70%

해설

주점기선장$(b_0) = a\left(1 - \dfrac{p}{100}\right)$

(b_0 : 주점기선길이, a : 사진크기)

종중복도$(p) = 100\left(1 - \dfrac{b_0}{a}\right) = 100 \times \left(1 - \dfrac{8}{23}\right) = 65.2\%$

25 수준측량 시 중간점이 많을 경우에 가장 편리한 야장기입법은?

① 고차식   ② 승강식   ③ 교차식   ④ 기고식

해설 수준측량에서 기고식은 기계고를 이용하여 표고를 결정하며, 도로의 종횡단 측량처럼 중간점이 많을 때 편리하게 사용되는 야장기입법이다.

26 축척 1/1,000의 도면을 이용하여 측정한 면적이 2,600m²였다. 이 도면의 종횡 크기가 모두 1.5%씩 줄어 있었다면 실제면적은?

① 2,510m²   ② 2,520m²   ③ 2,610m²   ④ 2,680m²

해설 실제면적$(A_0) = A(1+2\delta) = 2,600(1+0.03) = 2,678\text{m}^2 ≒ 2,680\text{m}^2$

$(2\delta = 2 \times 0.015 = 0.03)$

27 지하시설물관이나 케이블에 교류 전류를 흐르게 하여 발생시킨 교류 자장을 측정하여 평면위치 및 깊이를 측정하는 측량방법은?

① 원자탐사법   ② 음파탐사법

③ 전자유도탐사법   ④ 지중레이다탐사법

해설 지하시설물의 탐사방법

- 음파탐사법 : 물이 가득 차 흐르는 관로에 음파신호를 보내 관로 내부에 발생한 음파를 탐사하는 방법으로 플라스틱, PVC 등 비금속 수도관로 탐사에 유용하다.
- 전기탐사법 : 지반 중에 전류를 흘려보내 그 전류에 의한 전압 강하를 측정하여 비저항값의 분포를 구해 토질변화에 따른 지반 상황의 변화를 탐사하는 방법이다.
- 전자기유도법 : 송신기를 지하에 매설된 관이나 케이블에 직접 접지하고 교류 전류를 공급하여 그 주변에 교류 자장을 발생시켜 자기장의 세기를 측정함으로써 위치를 측정하는 방법으로 자장탐사법 또는 전자유도탐사법이라고도 한다.
- 지하레이더탐사법 : 지하에 전자기파를 투과해서 전기적 물성이 다른 경계에서 반사되어 돌아온 전자기파를 수신하여 확인하는 탐사방법으로 지표투과레이더법 또는 지중레이더탐사법이라고도 한다.

28 곡선길이가 104.7m이고, 곡선반지름이 100m일 때, 곡선시점과 곡선종점 간의 곡선길이와 직선거리(장현)의 거리차는?

① 4.7m   ② 5.3m   ③ 10.9m   ④ 18.1m

해설 곡선길이$(C.L) = 0.01745RI° →$ 교각(I)

$$= \frac{C.L}{0.01745 \times R} = \frac{104.7}{0.01745 \times 100} = 60°$$

장현$(L) = 2R\sin\frac{I}{2} = 2 \times 100 \times \frac{60}{2} = 100\text{m}$

∴ 곡선길이와 직선길이의 거리차 $= 104.7 - 100 = 4.7\text{m}$

29 등고선에 대한 설명으로 옳지 않은 것은?

① 계곡선 간격이 100m이면 주곡선 간격은 20m이다.

② 계곡선은 주곡선보다 굵은 실선으로 그린다.

③ 주곡선 간격이 10m이면 축척 1/10,000 지형도이다.

④ 간곡선 간격이 2.5m이면 주곡선 간격은 5m이다.

해설 등고선의 종류 및 간격 (단위 : m)

등고선의 종류	표시	등고선의 간격			
		1/5,000	1/10,000	1/25,000	1/50,000
계곡선	굵은 실선	25	25	50	100
주곡선	가는 실선	5	5	10	20
간곡선	가는 파선	2.5	2.5	5	10
조곡선	가는 점선	1.25	1.25	2.5	5

30 종횡방향의 거리가 25km×10km인 지역을 종중복(P) 60%, 횡중복(Q) 30%, 사진축척 1/5,000으로 촬영하였을 때의 입체모델 수는?(단, 사진의 크기는 23cm×23cm이다.)

① 356매

② 534매

③ 625매

④ 715매

해설

$$종모델 수 = \frac{S_1}{ma\left(1 - \frac{p}{100}\right)} = \frac{25,000}{5,000 \times 0.23 \times \left(1 - \frac{60}{100}\right)} = 54.34 ≒ 55매$$

$$횡모델 수 = \frac{S_2}{ma\left(1 - \frac{q}{100}\right)} = \frac{10,000}{5,000 \times 0.23 \times \left(1 - \frac{30}{100}\right)} = 12.42 ≒ 13매$$

∴ 총모델 수는 55×13 = 715매

31 GNSS측량의 구성에서 제어부문(지상관제국)이 실시하는 주 임무에 해당되지 않는 것은?

① 수신기의 위치결정 및 시각비교

② 궤도와 시각결정을 위한 위성의 추적

③ 위성의 궤도 수정 및 위성 상태 유지 · 관리

④ 위성시간의 동일화 및 위성으로의 자료전송

GNSS측량에서 제어부문(지상관제국)의 임무는 궤도와 시각 결정을 위한 위성의 추적, 전리층 및 대류층의 주기적 모형화, 위성시간의 동일화, 위성으로의 자료전송 등이다. 수신기의 위치결정 및 시각비교는 사용자부문의 임무에 해당한다.

32 정밀도 저하율(DOP : Dilution of Precision)에 대한 설명으로 틀린 것은?

① 정밀도 저하율의 수치가 클수록 정확하다.
② 위성들의 상대적인 기하학적 상태가 위치결정에 미치는 오차를 표시한 것이다.
③ 무차원수로 표시된다.
④ 시간의 정밀도에 의한 DOP의 형식을 TDOP라 한다.

정밀도 저하율은 측위정확도의 영향을 표시하는 계수로 사용되며, 수치가 작을수록 정확하다. 지표에서 가장 좋은 배치상태일 때를 1로 하며, 수신기를 가운데 두고 4개의 위성이 정사면체를 이룰 때 GDOP, PDOP 등이 최소가 된다.

33 하천, 호수, 항만 등의 수심을 숫자로 도상에 나타내는 지형표시방법은?

① 등고선법   ② 음영법   ③ 모형법   ④ 점고법

점고법은 지면상에 있는 임의점의 표고를 도상에서 숫자로 표시하는 방법으로 주로 하천, 항만, 해양 등의 수심표시에 사용한다.

34 그림과 같이 곡선중점(E)을 E'로 이동하여 교각의 변화 없이 새로운 곡선을 설치하고자 한다. 새로운 곡선의 반지름은?

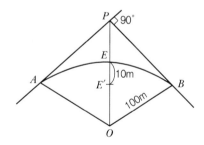

① 68m   ② 90m   ③ 124m   ④ 200m

외할$(E) = R\left(\sec\dfrac{I}{2} - 1\right) = 100 \times \left(\sec\dfrac{90°}{2} - 1\right) = 41.42\text{m}$

새로운 외할$(E') = 41.42 + 10 = 51.42 \rightarrow 51.42 = R'\left(\sec\dfrac{90°}{2} - 1\right)$

$\therefore$ 곡선의 반지름$(R') = \dfrac{51.42}{(\sec 45° - 1)} = 124.14 ≒ 124\text{m}$

35 단일 주파수 수신기와 비교할 때, 이중 주파수 수신기의 특징에 대한 설명으로 옳은 것은?

① 전리층지연에 의한 오차를 제거할 수 있다.
② 단일 주파수 수신기보다 일반적으로 가격이 저렴하다.
③ 이중 주파수 수신기는 C/A코드를 사용하고 단일 주파수 수신기는 P코드를 사용한다.
④ 단거리 측량에 비하여 장거리 기선측량에서는 큰 이점이 없다.

해설 이중 주파수 수신기는 GNSS 위성으로부터 발신되는 $L_1 \cdot L_2$ 반송파 전부를 수신하여 위치를 결정하는 수신기로서, 정밀한 단독 위치결정, 장거리 기선의 간섭위치 결정에 유리한 수신기이다. 이중 주파수 관측을 하면 전리층의 영향을 소거할 수 있다.

36 지형도를 이용하여 작성할 수 있는 자료에 해당되지 않는 것은?

① 종횡 단면도 작성
② 표고에 의한 평균유속 결정
③ 절토 및 성토 범위의 결정
④ 등고선에 의한 체적 계산

해설 지형도는 등경사선을 관측하여 종횡 단면도 작성, 도로ㆍ철도ㆍ수로 등의 도상선정, 절토ㆍ성토 등 토공량 결정, 등고선에 의한 면적 및 체적 결정, 유역면적 산정 등에 이용된다.

37 폭이 넓은 하천을 횡단하여 정밀하게 수준측량을 실시할 때 가장 좋은 방법은?

① 교호수준측량에 의해 실시
② 삼각측량에 의해 실시
③ 시거측량에 의해 실시
④ 육분의에 의해 실시

해설 교호수준측량은 계곡ㆍ하천ㆍ바다 등 접근이 곤란하여 중간에 기계를 세우기 어려운 경우에 2점 간의 고저차를 직접 또는 간접수준측량으로 구하는 방법이다.

38 반지름이 다른 2개의 원곡선이 그 접속점에서 공통접선을 갖고 그것들의 중심이 공통접선에 대하여 같은 쪽에 있는 곡선은?

① 반향곡선
② 머리핀곡선
③ 복심곡선
④ 종단곡선

해설 복심곡선은 반지름이 각기 다른 2개의 단곡선으로 된 곡선이다. 곡선의 접속선에서 공통접선을 가지며 두 원의 중심은 같은 쪽에 있다. 복심곡선이 삽입되면 차량 운전에 위험성이 있으므로 가능한 한 피하는 것이 좋지만 산악 등 지형상 부득이하게 삽입하는 경우에는 이웃하는 대원의 곡률반경이 소원의 1.5배를 넘지 않는 등 크게 차이가 나지 않도록 하는 것이 좋다.

39 다음 중 수동적 센서에 해당하는 것은?

① 항공사진카메라
② SLAR(Side Looking Airborne Radar)
③ 레이더
④ 레이저 스캐너

해설 탐측기(Sensor)는 수동적 센서와 능동적 센서로 구분된다. 수동적 센서에는 일반렌즈 사진기(사진측량용·프레임·파노라마·스트립), 디지털 사진기(CCD), 다중분광대 센서(전자스캐너·MSS·TM·HRV), 초분광 센서가 있고, 능동적 센서에는 레이저(Laser) 영상방식(LiDAR)과 레이더(Radar) 영상방식(도플러·SLAR·SAR) 등이 있다.

40 굴뚝의 높이를 구하기 위하여 A, B점에서 굴뚝 끝의 경사각을 관측하여 A점에서는 30°, B점에서는 45°를 얻었다. 이때 굴뚝의 표고는?(단, AB의 거리는 22m, A, B 및 굴뚝의 하단은 모두 일직선상에 있고, 기계고(I.H)는 A, B 모두 1m이다.)

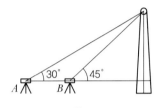

① 30m
② 31m
③ 33m
④ 35m

해설 A와 B점을 연결한 선과 굴뚝이 만나는 점을 C라고 하고 굴뚝의 상단을 D라고 하면

$\angle BCD$는 90° → $\angle BDC = 45°$, $\angle ADB = 15°$

sin법칙 $\dfrac{22}{\sin15} = \dfrac{\overline{BD}}{\sin30}$ → $\overline{BD} = \dfrac{22 \times \sin30}{\sin15} = 42.5\text{m}$

$\dfrac{42.5}{\sin90} = \dfrac{\overline{CD}}{\sin45}$ → 굴뚝의 높이($\overline{CD}$) $= \dfrac{42.5 \times \sin45}{\sin90} = 30\text{m}$

기계고가 1m이므로

∴ 굴뚝의 표고(h) $= 30 + 1 = 31\text{m}$

3과목 **토지정보체계론**

41 토지정보체계의 특징에 해당되지 않는 것은?

① 지형도 기반의 지적정보를 대상으로 하는 위치참조 체계이다.
② 토지이용계획 및 토지 관련 정책자료 등 다목적으로 활용이 가능하다.
③ 토지 1필지의 이동정리에 따른 정확한 자료가 저장되고 검색이 편리하다.
④ 지적도의 경계점좌표를 수치로 등록함으로써 각종 계획업무에 활용할 수 있다.

42 해당 구역의 명칭이 변경될 때에 지적소관청은 시 · 도지사를 경유하여 국토교통부장관에게 행정구역변경일 며칠 전까지 행정구역의 코드변경을 요청하여야 하는가?

① 7일 전 ② 10일 전 ③ 15일 전 ④ 30일 전

43 지적전산자료에 오류가 발생한 때의 정비내역 보존기간으로 옳은 것은?

① 2년 ② 3년 ③ 5년 ④ 영구

44 공간자료교환의 표준(SDTS)에 대한 설명으로 옳지 않은 것은?

① NGIS의 데이터 교환표준화로 제정되었다.
② 모든 종류의 공간자료들을 호환 가능하도록 하기 위한 내용을 기술하고 있다.
③ 위상구조로서의 순서(Order), 연결성(Connectivity), 인접성(Adjacency) 정보를 규정하고 있다.
④ 국방 분야의 지리정보 데이터 교환표준으로 미국과 주요 NATO 국가들이 채택하여 사용하고 있다.

45 토지정보시스템의 속성정보가 아닌 것은?

① 일람도 자료
② 대지권등록부
③ 토지 · 임야대장
④ 경계점좌표등록부

46 우리나라 지적도에서 사용하는 평면직각좌표계의 경우 중앙경계선에서의 축척계수는?

① 0.9996　　　　② 0.9999　　　　③ 1.0000　　　　④ 1.5000

해설 우리나라의 직각좌표계 원점 축척계수는 1.0000이다.

47 필지중심토지정보시스템의 구성 체계 중 지적측량업무를 지원하는 시스템으로서 지적측량업무의 자동화를 통하여 생산성과 정확성을 높여주는 시스템은?

① 지적측량시스템　　　　　　　　② 지적행정시스템
③ 공간정보관리시스템　　　　　　④ 지적공부관리시스템

해설 필지중심토지정보시스템은 지적공부관리시스템 · 지적측량시스템 · 지적측량성과작성시스템으로 구성한다. 지적측량시스템은 지적측량수행자가 수행하는 지적측량업무를 지원하고 자동화를 통하여 지적측량업무의 생산성과 정확성을 높여주는 시스템으로서 지적삼각점측량 · 지적삼각보조점측량 · 지적도근점측량 · 세부측량 등 170여 종의 업무를 제공하였다.

48 도시 현황의 파악 및 도시계획, 도시정비, 도시기반 시설의 관리를 효율적으로 수행할 수 있는 시스템은?

① 교통정보시스템(TIS)　　　　　　② 도시정보시스템(UIS)
③ 자원정보시스템(RIS)　　　　　　④ 환경정보시스템(EIS)

해설 도시정보시스템(UIS : Urban Information System)은 도시계획 및 도시화 현상에서 발생하는 인구, 자원 및 교통의 관리, 건물면적, 지명, 환경변화 등에 관한 자료를 다루는 체계로서 도시현황파악 및 도시계획, 도시정비, 도시기반시설관리를 효과적으로 수행할 수 있다.

49 다음 중 필지를 개별화하고 대장과 도면의 등록사항을 연결하는 역할을 하는 것은?

① 면적　　　　　　② 지목　　　　　　③ 지번　　　　　　④ 주민등록번호

해설 지번이란 지리적 위치의 고정성과 토지의 특정화와 개별화, 토지위치의 확인 등을 위해 리 · 동의 단위로 필지마다 아라비아숫자로 순차적으로 부여하여 지적공부에 등록한 번호를 말하며, 대장과 도면의 등록사항을 연결하는 필지식별자 역할을 한다.

50 필지식별자(Parcel Identifier)에 대한 설명으로 옳지 않은 것은?

① 경우에 따라서 변경이 가능하다.
② 지적도에 등록된 모든 필지에 부여하여 개별화한다.
③ 필지별 대장의 등록사항과 도면의 등록사항을 연결시킨다.
④ 각 필지의 등록사항의 저장, 검색, 수정 등을 처리하는 데 이용한다.

해설 필지식별자(PID)는 각 필지의 등록사항을 수집·저장·처리·검색·수정 등을 편리하게 처리할 수 있는 영구 불변의 필지고유번호로서, 토지식별자는 유일무이하여야 하며 토지거래에 있어서 변화가 없고 영구적이어야 한다. 토지필지와 연관된 표준참조번호라고도 한다.

51 공간의 관계를 정의하는 데 쓰이는 수학적 방법으로서 입력된 자료의 위치를 좌푯값으로 인식하고 각각의 자료 간의 정보를 상대적 위치로 저장하며, 선의 방향, 특성 간의 관계. 연결성, 인접성 등을 정의하는 것을 무엇이라고 하는가?

① 속성정보 ② 위상관계
③ 위치관계 ④ 위치정보

해설 위상관계는 공간상에서 대상물들의 위치나 관계를 나타내는 것으로서 연결성(Connectivity), 인접성(Adjacency), 포함성(Containment) 등의 관점에서 묘사되며 다양한 공간분석이 가능하다.

52 토지정보시스템의 도형자료 입력에 주로 사용하는 방식이 아닌 것은?

① 레이아웃(Layout) 방식 ② 스캐닝(Scanning) 방식
③ 디지타이징(Digitizing) 방식 ④ COGO(Coordinate Geometry) 방식

해설 도형자료의 입력 방식에는 디지타이징(벡터구조), 스캐닝(래스터구조), COGO(측량에 의한 자료취득) 방식 등이 있다.

53 지적 관련 전산시스템을 나타내는 용어의 표기로 옳지 않은 것은?

① 지리정보시스템 – GIS ② 토지관리정보시스템 – LIMS
③ 한국토지정보시스템 – KLIS ④ 필지중심토지정보시스템 – PBLIS

해설 토지관리정보시스템(Land Management Information System)의 영문 약칭은 LMIS이다.

54 지형도와 지적도를 중첩할 때 도면과 도면의 비연속되는 부분을 수정하는 데 이용될 수 있는 참고자료로 가장 유용한 것은?

① 식생도 ② 지질도
③ 정사사진 ④ 토지이용도

해설 정사사진은 항공사진을 보정하여 지도처럼 만든 사진으로서 지형도와 지적도를 중첩할 때 발생하는 도면 간의 비연속성과 비동일성 등을 파악하고 수정하는 데 유용하게 사용된다.

55 다음 중 데이터베이스 관리시스템(DBMS)의 기본 기능에 해당하지 않는 것은?

① 정의기능

② 제어기능

③ 조작기능

④ 표준화기능

해설 DBMS의 필수기능은 정의기능, 조작기능, 제어기능이다.

56 래스터자료의 압축방법에 해당되지 않는 것은?

① 블록코드(Block Code)기법

② 체인코드(Chain Code) 기법

③ 포인트코드(Point Code) 기법

④ 연속분할코드(Run−length Code) 기법

해설 래스터데이터의 저장구조인 자료압축방법에는 런렝스코드(Run−length Code, 연속분할코드) 기법, 체인코드(Chain Code) 기법, 블록코드(Block Code) 기법, 사지수형(Quadtree) 기법, 알트리(R−tree) 기법 등이 있다.

57 지적도를 스캐너로 입력한 전산자료에 포함될 수 있는 오차로 가장 거리가 먼 것은?

① 기계적인 오차

② 도면등록 시의 오차

③ 입력도면의 평탄성 오차

④ 벡터자료의 래스터자료 변환과정에서의 오차

해설 도형정보의 입력오차에는 ①, ②, ③ 외 디지타이징 과정에서의 오차, 래스터자료의 벡터자료 변환과정에서의 오차 등이 있다.

58 토지정보체계를 구축할 때 좌표를 입력하여 도형자료를 작성하는 데 가장 적합한 원시자료는?

① 경계점좌표등록부 자료

② 공유지연명부 자료

③ 대지권등록부 자료

④ 토지대장 및 임야대장 자료

해설 경계점좌표등록부는 필지의 경계점을 좌표로 등록하고 있으므로 토지정보체계를 구축할 때 좌표를 입력하여 도형자료를 작성하는 데 가장 적합하다.

59 한국토지정보시스템에 대한 설명으로 옳은 것은?

① 한국토지정보시스템은 지적공부관리시스템과 지적측량성과작성시스템으로만 구성되어 있다.

② 한국토지정보시스템은 국토교통부의 토지관리정보시스템과 개별공시지가관리시스템을 통합한 시스템이다.

③ 한국토지정보시스템은 국토교통부의 토지관리정보시스템과 행정안전부의 시 · 군 · 구 지적행정시스템을 통합한 시스템이다.

④ 한국토지정보시스템은 필지중심토지정보시스템과 토지관리정보시스템을 통합 · 연계한 시스템이다.

해설 한국토지정보시스템(KLIS : Korea Land Information System)은 (구)건설교통부(현 국토교통부)의 토지종합정보망(LMIS)과 (구)행정자치부(현 행정안전부)의 필지중심토지정보시스템(PBLIS)을 통합한 시스템으로서 토지행정업무와 지적 관련 업무의 관리를 위해 구축되었으며, 지적공부관리시스템, 지적측량성과작성시스템, 연속 · 편집도 관리시스템, 토지민원발급시스템, 도로명 및 건물번호부여 관리시스템, DB관리시스템 등으로 구성되어 있다.

---

60 다음 중 래스터 형식의 자료에 해당되는 파일포맷은?

① DWG
② DXF
③ SHAPE
④ GeoTIFF

해설 **파일포맷 형식**

- 벡터파일 형식 : AutoCAD의 DWG/DXF, ArcView의 SHP(SHAPE)/SHX/DBF, Arcinfo의 E00, MicroStation의 ISFF, Mapinfo의 MID/MIF, Coverage, DLG, VPF, DGN, IGES, HPGL, TIGER
- 래스터파일 형식 : TIFF, BMP, PCX, GIF, JPG, JPEG, DEM, GeoTIFF, BIIF, ADRG, BSQ, BIL, BIP, ERDAS, IMAGINE, GRASS, NIFF, RLC

4과목 지적학

---

61 토지조사사업 시 일필지측량의 결과로 작성한 도부(개황도)의 축척에 해당되지 않는 것은?

① 1/600
② 1/1,200
③ 1/2,400
④ 1/3,000

해설 개황도는 일필지조사 완료 후 가지번 · 지번, 지목 · 사용세목, 지주의 성명 · 이해관계인의 성명, 지위등급, 행정구역의 강계, 죽목 · 초생지 · 기타 강계의 목표로 할 수 있는 것으로 "도부"라고도 한다. 삼각점 · 도근점 등 그 지역 및 강계에 대한 개략적 현황과 각종 조사사항을 기재하여 장부작성의 참고자료 또는 세부측량의 안내에 쓰인 가로 1척 6촌×세로 1척 2촌의 도면으로 방안지를 사용하여 1/600, 1/1,200, 1/2,400의 축척으로 동 · 리별로 작성하였다.

62 매 20년마다 양전을 실시하여 작성하도록 경국대전에 나타난 것은?

① 문권(文券) ② 양안(量案)
③ 입안(立案) ④ 양전대장(量田臺帳)

해설 양안(量案)은 고려시대부터 시작되어 조선시대를 거쳐 일제시대의 토지조사사업 전까지 세금의 징수를 목적으로 양전(量田)에 의해 작성된 토지기록부 또는 토지대장이다. 경국대전의 호전(戶典) 양전조(量田條)에 모든 전지는 6등급으로 구분하고 20년마다 다시 측량하여 장부를 만들어 호조(戶曹)와 도(道) · 읍(邑)에 비치한다고 규정하였다.

---

63 다음 중 물권의 객체로서 토지를 외부에서 인식할 수 있는 토지등록의 원칙은?

① 공고(公告)의 원칙 ② 공시(公示)의 원칙
③ 공신(公信)의 원칙 ④ 공증(公證)의 원칙

해설 토지등록의 원칙은 등록(登錄)의 원칙, 신청(申請)의 원칙, 특정화(特定化)의 원칙, 국정(國定)주의 및 직권(職權)주의, 공시(公示)의 원칙 및 공개(公開)주의, 공신(公信)의 원칙으로 구분된다. 이 중 공시의 원칙은 토지등록의 법적 지위에 있어서 토지의 이동이나 물권의 변동은 반드시 외부에 알려야 한다는 원칙이다.

---

64 토지등기를 위하여 지적제도가 해야 할 가장 중요한 역할은?

① 필지 확정 ② 소유권 심사
③ 지목의 결정 ④ 지번의 설정

해설 지적과 등기는 등록대상이 동일토지라는 점에서 밀접한 관계이며 항상 그 목적물의 표시와 소유권의 표시는 부합되어야 하므로 등기에 있어서 토지표시에 관한 사항은 지적공부를 기초로 하며, 지적의 경우 소유권에 관한 사항은 등기부를 기초로 한다. 따라서 토지의 등기를 위해서는 반드시 지적의 필지 확정이 선행되어야 한다.

---

65 대한제국시대의 행정조직이 아닌 것은?

① 사세청 ② 탁지부
③ 양지아문 ④ 지계아문

해설 대한제국에서 지적업무는 양지아문(1898.7.~1901.9.) → 지계아문(1901.10.~1904.4.) → 탁지부 양지국 및 양지과에서 담당하였다. 대한민국 정부 수립 이후 지적업무는 사세청 및 세무서 → 내무부 · 행정자치부(현 행정안전부) → 국토해양부(현 국토교통부)에서 담당하고 있다.

66 토지조사사업 시의 사정(査定)에 대한 설명으로 옳지 않은 것은?

① 사정권자는 당시 고등토지위원회의 장이었다.
② 토지소유자 및 그 강계를 확정하는 행정처분이다.
③ 사정권자는 사정을 하기 전 지방토지위원회의 자문을 받았다.
④ 토지의 강계는 지적도에 등록된 토지의 경계선인 강계선이 대상이었다.

> **해설** 토지조사사업의 조사 및 측량기관은 임시토지조사국이며, 사정권자는 임시토지조사국장이다.

67 조세, 토지관리 및 지적사무를 담당하였던 백제의 지적 담당기관은?

① 공부 　　　　② 조부 　　　　③ 호조 　　　　④ 내두좌평

> **해설** 삼국시대 지적업무 담당기관은 고구려는 주부 · 울절, 백제는 내두좌평 · 곡내부 · 지리박사 · 산학박사, 신라는 상대등 · 조부 · 산학박사 · 산사 등이다.

68 결수연명부에 관한 설명으로 옳은 것은?

① 소유권의 분계(分界)를 확정하는 대장
② 지반의 고저가 있는 토지를 정리한 장부
③ 강계(疆界) 지역을 조사하여 등록한 장부
④ 지세대장을 겸하여 토지조사 준비를 위해 만든 과세부

> **해설** 결수연명부는 조선총독부가 결수연명부규칙(1911)을 제정 후 지세를 부과하는 토지를 전, 답, 대, 잡종지로 구분 · 작성하여 부 · 군 · 면마다 비치하고 지세징수 업무에 활용한 공적장부로서 과세지견취도와 상호 보완적인 관계이다. 결수연명부를 기초로 토지신고서가 작성되고 토지대장이 만들어졌다.

69 다음 중 지적의 형식주의에 대한 설명으로 옳은 것은?

① 지적공부에 등록할 사항은 국가의 공권력에 의하여 국가만이 이를 결정할 수 있다.
② 지적공부에 등록된 사항을 일반 국민에게 공개하여 정당하게 이용할 수 있도록 하여야 한다.
③ 지적공부에 새로이 등록하거나 변경된 사항은 사실 관계의 부합 여부를 심사하여 등록하여야 한다.
④ 국가의 통치권이 미치는 모든 영토를 필지 단위로 구획하여 지적공부에 등록 · 공시하여야만 배타적인 소유권이 인정된다.

> **해설** 지적형식주의는 국가의 통치권이 미치는 모든 영토를 필지 단위로 구획하여 지번, 지목, 경계 또는 좌표, 면적 등을 정한 다음 국가의 공적장부인 지적공부에 등록 · 공시해야만 효력이 인정된다는 이념이다.

70 1필지에 하나의 지번을 붙이는 이유로서 가장 관계없는 것은?

① 물권객체 표시　　　　　　　　② 제한물권 설정
③ 토지의 개별화　　　　　　　　④ 토지의 독립화

> **해설**　지번은 토지의 특정화, 고정성, 개별성을 확보하기 위해 리·동의 단위로 필지마다 하나씩 아라비아숫자로 순차적으로 부여하여 지적공부에 등록한 번호이다. 지번의 역할에는 장소의 기준, 물권표시의 기준, 공간계획의 기준, 토지위치의 확인, 토지관계 자료의 연결 등이 있다. 제한물권의 설정은 부동산등기와 관련된 사항이다.

71 토지에 대한 일정한 사항을 조사하여 지적공부에 등록하기 위하여 반드시 선행되어야 할 사항은?

① 토지번호의 확정　　　　　　　② 토지용도의 결정
③ 1필지의 경계 결정　　　　　　④ 토지소유자의 결정

> **해설**　1필지는 법적으로 물권이 미치는 권리의 객체로서 토지의 등록단위, 소유단위, 이용단위가 되는 인위적으로 구획한 토지 단위로서 1필지의 경계 결정이 선행되어야 지번, 지목, 면적 등의 토지표시사항을 결정할 수 있다.

72 영국의 토지등록제도에 있어서 경계의 구분이 아닌 것은?

① 고정경계　　　　　　　　　　② 보증경계
③ 일반경계　　　　　　　　　　④ 특별경계

> **해설**　영국의 토지등록제도에서 경계는 일반경계(General Boundary), 고정경계(Fixed Boundary), 보증경계(Guaranteed Boundary)로 구분되며 이는 특성에 따른 경계의 분류에 해당된다.

73 다음 중 지목의 변천에 관한 설명으로 옳은 것은?

① 2000년의 지목의 수는 28개였다.
② 토지조사사업 당시 지목의 수는 21개였다.
③ 최초 지적법이 제정된 후 지목의 수는 24개였다.
④ 지목 수의 증가는 경제발전에 따른 토지이용의 세분화를 반영하는 것이다.

> **해설**　우리나라 지목은 대구 시가지 토지측량에 관한 타합사항(1907년) 17개 → 토지조사법(1910년) 17개 → 토지조사령(1912년) 18개 → 지세령 개정(1918년) 19개 → 조선지세령(1943년) 21개 → 지적법(1950년) 21개 → 제1차 지적법 전문개정(1975년) 24개 → 제5차 지적법 개정(1991년) 24개 → 제2차 지적법 전문개정(2001년) 28개 순으로 변천되었으며, 지목 수의 변화는 경제발전에 따른 토지이용의 세분화가 반영된 것이다.

74 토지조사사업에 의하여 작성된 지적공부는?

① 토지대장, 지적도
② 임야대장, 임야도
③ 토지대장, 수치지적부
④ 임야대장, 수치지적부

해설 토지조사사업에 의해 토지대장과 지적도가 작성되고, 임야조사사업에 의해 임야대장과 임야도가 작성되었다.

75 다음 중 토지대장의 일반적인 편성방법이 아닌 것은?

① 인적 편성주의
② 물적 편성주의
③ 구역별 편성주의
④ 연대적 편성주의

해설 토지등록(부)의 편성방법에는 물적 편성주의, 인적 편성주의, 연대적 편성주의, 물적 · 인적 편성주의 등이 있다.

76 지적도의 도곽선이 갖는 역할로서 옳지 않은 것은?

① 면적의 통계 산출에 이용된다.
② 도면신축량 측정의 기준선이다.
③ 도북 방위선의 표시에 해당한다.
④ 인접 도면과의 접합 기준선이 된다.

해설 도곽선의 역할(용도)에는 ②, ③, ④ 외 지적측량기준점 전개 시의 기준, 외업 시 측량준비도와 현황의 부합확인 기준 등이 있다.

77 지적국정주의를 처음 채택한 때는?

① 해방 이후
② 일제 말엽
③ 토지조사 당시
④ 5.16 혁명 이후

해설 우리나라는 토지조사사업 당시부터 지적국정주의를 채택하여 토지조사와 측량을 실시하였다.

78 우리나라의 등기제도에 관한 내용으로 옳지 않은 것은?

① 법적 권리관계를 공시한다.
② 단독신청주의를 채택하고 있다.
③ 형식적 심사주의를 기본이념으로 한다.
④ 공신력을 인정하지 않고 확정력만을 인정하고 있다.

해설 우리나라 등기제도는 당사자신청주의와 공동신청주의를, 지적제도는 단독신청주의를 채택하고 있다.

79 고려시대 토지장부의 명칭으로 옳지 않은 것은?

① 양안(量案)
② 원적(元籍)
③ 전적(田籍)
④ 양전도장(量田都帳)

해설 고려시대 토지장부의 명칭에는 도전장(都田帳), 양전도장(量田都帳), 양전장적(量田帳籍), 도전정(導田丁), 도행(導行), 전적(田積), 적(籍), 전부(田簿), 안(案), 원적(元籍) 등이 있다.
※ 양안(量案)은 조선시대 토지장부의 명칭이다.

80 다목적지적제도의 구성요소가 아닌 것은?

① 기본도
② 지적중첩도
③ 측지기본망
④ 주민등록파일

해설 • 다목적지적의 3대 요소 : 측지기본망, 기본도, 지적중첩도
• 다목적지적의 5대 요소 : 측지기본망, 기본도, 지적중첩도, 필지식별번호, 토지자료파일

5과목 **지적관계법규**

81 용도지역 안에서 건폐율의 최대한도를 20% 이하로 규정하고 있는 지역에 해당되지 않는 것은?

① 녹지지역
② 보전관리지역
③ 계획관리지역
④ 자연환경보전지역

해설 용도지역의 건폐율

구분		건폐율
도시지역	주거지역	70% 이하
	상업지역	90% 이하
	공업지역	70% 이하
	녹지지역	20% 이하
관리지역	보전관리지역	20% 이하
	생산관리지역	20% 이하
	계획관리지역	40% 이하
농림지역		20% 이하
자연환경보전지역		20% 이하

82 합병 조건이 갖추어진 4필지(99 – 1, 100 – 10, 111, 125)를 합병할 경우 새로이 설정하여야 하는 지번은?(단, 합병 전의 필지에 건축물이 없는 경우이다.)

① 99 – 1　　　　② 100 – 10　　　　③ 111　　　　④ 125

> **해설** 합병의 경우에는 합병 대상 지번 중 선순위의 지번을 그 지번으로 하되, 본번으로 된 지번이 있을 때에는 본번 중 선순위의 지번을 합병 후의 지번으로 한다.

83 지적공부에 등록하는 지목의 설정기준으로 옳은 것은?

① 토지의 공시지가　　　　② 토지의 주된 용도
③ 토지의 지형지세　　　　④ 토지의 토성 분포

> **해설** 지목은 토지의 주된 용도에 따라 토지의 종류를 구분하여 지적공부에 등록한 것을 의미한다.

84 축척변경 시행지역의 토지는 언제 토지의 이동이 있는 것으로 보는가?

① 축척변경 승인신청일　　　　② 축척변경 시행공고일
③ 축척변경 확정공고일　　　　④ 축척변경 청산금 교부일

> **해설** 축척변경 시행지역의 토지이동 절차
> 청산금 납부 및 지급 완료 → 축척변경 확정공고 → 지적공부정리

85 「부동산등기법」상 등기관이 토지등기기록의 표제부에 기록하여야 할 사항이 아닌 것은?

① 면적　　　　② 지목　　　　③ 좌표　　　　④ 등기원인

> **해설** 등기관이 토지등기기록의 표제부에 기록하여야 할 사항은 표시번호, 접수연월일, 소재와 지번, 지목, 면적, 등기원인 등이며, 좌표는 해당되지 않는다.

86 「부동산등기법」상 등기할 수 있는 권리가 아닌 것은?

① 유치권　　　　② 임차권　　　　③ 저당권　　　　④ 권리질권

> **해설** • 등기할 수 있는 권리 : 소유권, 지상권, 지역권, 전세권, 저당권, 권리질권, 채권담보권, 임차권 등
> • 등기할 수 없는 권리 : 점유권, 유치권, 동산질권 등

87 「공간정보의 구축 및 관리 등에 관한 법률」상 토지의 이동으로 볼 수 없는 것은?

① 지적도에 등록된 경계변경
② 지적공부에 등록된 지목변경
③ 토지대장에 등록된 소유권변경
④ 경계점좌표등록부에 등록된 좌표변경

해설 토지의 이동은 토지의 표시를 새로 정하거나 변경 또는 말소하는 것을 말하며, 토지의 표시는 지적공부에 토지의 소재·지번·지목·면적·경계 또는 좌표를 등록한 것을 말한다. 토지대장에 등록된 소유권변경은 토지이동에 해당되지 않는다.

88 「공간정보의 구축 및 관리 등에 관한 법률」상 축척변경에 관한 설명으로 옳지 않은 것은?

① 지적소관청이 축척변경의 확정공고를 하였을 때에는 지체 없이 축척변경에 따라 확정된 사항을 지적공부에 등록하여야 한다.
② 청산금의 납부 및 지급이 완료되었을 때에는 지적소관청은 7일 이내에 축척변경의 확정공고를 하여야 한다.
③ 축척변경의 확정공고에 따라 해당 사항을 지적공부에 등록하는 때에 지적도는 확정측량결과도 또는 경계점좌표에 따른다.
④ 축척변경위원회는 5명 이상 10명 이하의 위원으로 구성하되, 위원의 2분의 1 이상을 토지소유자로 하여야 한다.

해설 지적소관청은 청산금의 납부 및 지급이 완료되었을 때에는 지체 없이 축척변경의 확정공고 및 확정된 사항을 지적공부에 등록하여야 한다. 이 경우 토지의 이동은 확정공고일에 있는 것으로 본다.

89 「국토의 계획 및 이용에 관한 법률」의 정의에 따른 도시·군관리계획에 포함되지 않는 것은?

① 기반시설의 설치·정비 또는 개량에 관한 계획
② 광역계획권의 기본구조와 발전방향에 관한 계획
③ 지구단위계획구역의 지정 또는 변경에 관한 계획
④ 용도지역·용도지구의 지정 또는 변경에 관한 계획

해설 도시·군관리계획의 포함사항에는 ①, ③, ④ 외 개발제한구역, 도시자연공원구역, 시가화조정구역, 수산자원보호구역의 지정 또는 변경에 관한 계획, 도시개발사업이나 정비사업에 관한 계획, 입지규제최소구역의 지정 또는 변경에 관한 계획과 입지규제최소구역계획 등이 있다. 광역계획권의 기본구조와 발전방향을 제시하는 계획은 광역도시계획이다.

90 지적소관청이 등록사항을 정정할 때 그 정정사항이 토지소유자에 관한 사항인 경우 정정을 위한 관련 서류가 아닌 것은?

① 등기필증
② 등기완료통지서
③ 등기사항증명서
④ 인접 토지소유자의 승낙서

해설 등록사항정정의 관련 서류
• 토지소유자에 관한 사항인 경우 : 등기필증, 등기완료통지서, 등기사항증명서 또는 등기관서에서 제공한 등기전산정보자료
• 인접토지의 경계가 변경되는 경우 : 인접 토지소유자의 승낙서, 확정판결서 정본(인접 토지소유자가 승낙하지 않는 경우)

91 직경 2mm 및 3mm의 2중원 안에 십자선을 표시하여 제도하는 측량기준점은?

① 위성기준점
② 지적도근점
③ 지적삼각점
④ 지적삼각보조점

해설 지적기준점의 제도방법

구분	위성기준점	1등 삼각점	2등 삼각점	3등 삼각점	4등 삼각점	지적삼각점	지적삼각보조점	지적도근점
기호	⊕	◉	◎	●	◎	⊕	●	○
크기	3mm/2mm	3mm/2mm/1mm		2mm/1mm		3mm		2mm

92 「공간정보의 구축 및 관리 등에 관한 법률」에서 규정하고 있는 사항 중 옳지 않은 것은?

① 지적도에는 소유자의 주소, 지번, 지목, 경계 등을 등록하여야 한다.
② 국토의 효율적인 관리와 해상교통의 안전 및 국민의 소유권 보호에 기여함을 목적으로 한다.
③ 시 · 도지사나 지적소관청은 지적기준점성과와 그 측량기록을 보관하고 일반인이 열람할 수 있도록 하여야 한다.
④ 토지소유자는 지목변경을 할 토지가 있으면 그 사유가 발생한 날부터 60일 이내에 지적소관청에 지목변경을 신청하여야 한다.

해설 소유자의 성명 또는 명칭, 주소 및 주민등록번호에 관한 사항은 토지대장 및 임야대장의 등록사항이다.

93 「지적업무 처리규정」상 일람도 및 지번색인표의 등재사항 중 일람도에 등재하여야 하는 사항으로 옳지 않은 것은?

① 도곽선과 그 수치
② 도면의 제명 및 축척
③ 지번·도면번호 및 결번
④ 지번부여지역의 경계 및 인접지역의 행정구역명칭

해설 일람도 및 지번색인표의 등재사항

일람도	지번색인표
• 지번부여지역의 경계 및 인접지역의 행정구역명칭 • 도면의 제명 및 축척 • 도곽선과 그 수치 • 도면번호 • 도로·철도·하천·구거·유지·취락 등 주요 지형지물의 표시	• 제명 • 지번·도면번호 및 결번

---

94 「공간정보의 구축 및 관리 등에 관한 법령」상 지적소관청이 직권으로 지적공부에 등록된 사항을 정정할 수 없는 경우는?

① 지적측량성과와 다르게 정리된 경우
② 지적공부의 등록사항이 잘못 입력된 경우
③ 토지이동정리 결의서의 내용과 다르게 정리된 경우
④ 지적도에 등록된 필지가 면적증감이 있고 경계의 위치가 잘못된 경우

해설 지적도 및 임야도에 등록된 필지가 면적의 증감 없이 경계의 위치만 잘못된 경우에 직권정정이 가능하다.

---

95 지번부여지역의 일부가 행정구역의 개편으로 다른 지번부여지역에 속하게 될 때 지번정리방법은?

① 토지소재만 변경 정리한다.
② 종전 지번에 부호를 붙여 정한다.
③ 지적소관청이 새로 그 지번을 부여하여야 한다.
④ 변경된 지번부여지역의 최종 본번에 부번을 붙여 정리한다.

해설 지번부여지역의 일부가 행정구역의 개편으로 다른 지번부여지역에 속하게 되었으면 지적소관청은 새로 속하게 된 지번부여지역의 지번을 부여하여야 한다.

96 토지등록에 있어서 등록의 주체와 객체가 가장 올바르게 짝지어진 것은?

① 권리 – 필지
② 소유자 – 토지
③ 지적소관청 – 토지
④ 행정안전부장관 – 필지

해설 지적제도에서 토지등록의 주체와 객체는 지적소관청과 토지이다.

97 「부동산등기법」의 규정에 의해 등기할 수 없는 권리는?

① 소유권 및 저당권
② 지상권 및 임차권
③ 지역권 및 전세권
④ 점유권 및 유치권

해설 문제 86번 해설 참조

98 「공간정보의 구축 및 관리 등에 관한 법률」상 지적측량의 적부심사에 관한 내용으로 옳은 것은?

① 지적측량업자가 중앙지적위원회에 지적측량 적부심사를 청구하여, 지적소관청이 이를 심의ㆍ의결한다.
② 지적소관청이 지방지적위원회에 지적측량 적부심사를 청구하여, 관할 시ㆍ도지사가 이를 심의ㆍ의결한다.
③ 지적소관청이 중앙지적위원회에 지적측량 적부심사를 청구하여, 국토교통부장관이 이를 심의ㆍ의결한다.
④ 토지소유자가 관할 시ㆍ도지사를 거쳐 지방지적위원회에 지적측량 적부심사를 청구하고, 지방지적위원회가 이를 심의ㆍ의결한다.

해설 토지소유자, 이해관계인 또는 지적측량수행자가 지적측량성과에 대하여 다툼이 있는 경우에 관할 시ㆍ도지사를 거쳐 지방지적위원회에 지적측량 적부심사를 청구할 수 있다. 지방지적위원회는 그 심사청구를 회부받은 날부터 60일 이내에 심의ㆍ의결하여야 하고, 지방지적위원회의 의결에 불복하는 경우에는 의결서를 받은 날부터 90일 이내에 국토교통부장관을 거쳐 중앙지적위원회에 재심사를 청구할 수 있다.

99 「공간정보의 구축 및 관리 등에 관한 법률」상 지적전산자료의 이용 또는 활용 신청 시 자료를 인쇄물로 제공할 때 수수료로 옳은 것은?

① 1필지당 10원
② 1필지당 20원
③ 1필지당 30원
④ 1필지당 40원

해설 지적전산자료의 사용료

지적전산자료 제공방법	수수료
전산매체로 제공하는 때	1필지당 20원
인쇄물로 제공하는 때	1필지당 30원

100 지적서고의 기준면적이 잘못된 것은?

① 10만 필지 이하 : 90m²

② 10만 필지 초과 20만 필지 이하 : 110m²

③ 20만 필지 초과 30만 필지 이하 : 130m²

④ 30만 필지 초과 40만 필지 이하 : 150m²

해설 지적서고의 기준면적

구분	기준면적(m²)	구분	기준면적(m²)
10만 필지 이하	80	30만 필지 초과 40만 필지 이하	150
10만 필지 초과 20만 필지 이하	110	40만 필지 초과 50만 필지 이하	165
20만 필지 초과 30만 필지 이하	130	50만 필지 초과	180

※ 60만 필지를 초과하는 10만 필지마다 10m²를 가산한 면적으로 한다.

제3회 지적기사

01 지적삼각점측량 방법의 기준으로 옳지 않은 것은?

① 미리 지적삼각점표지를 설치하여야 한다.

② 지적삼각점표지의 점간거리는 평균 2km 이상 5km 이하로 한다.

③ 삼각형의 각 내각은 30° 이상 120° 이하로 한다. 단, 망평균계산법과 삼변측량에 따르는 경우에는 그러하지 아니한다.

④ 지적삼각점의 명칭은 측량지역이 소재하고 있는 시 · 군의 명칭 중 한 글자를 선택하고 시 · 군 단위로 일련번호를 붙여서 정한다.

해설 지적삼각점의 명칭은 측량지역이 소재하고 있는 시 · 도(특별시 · 광역시 · 도 또는 특별자치도)의 명칭 중 두 글자를 선택하고 시 · 도 단위로 일련번호를 붙여서 정한다.

02 축척 1/500 도곽선에 신축량이 1.8cm 줄었을 경우 면적보정계수는?

① 0.9895

② 1.0106

③ 1.0213

④ 1.1140

해설 신축거리 $= 500 \times (-)0.0018 = -0.9$m

$\Delta X = 150 - 0.9 = 149.1$m

$\Delta Y = 200 - 0.9 = 199.1$m

1도곽의 종횡선거리는 150m×200m으로,

도곽선의 보정계수$(Z) = \dfrac{X \cdot Y}{\Delta X \cdot \Delta Y} = \dfrac{150 \times 200}{149.1 \times 199.1} = 1.0106$

(X : 도곽선종선길이, Y : 도곽선횡선길이, ΔX : 신축된 도곽선종선길이의 합/2, ΔY : 신축된 도곽선횡선길이의 합/2)

03 A점과 B점의 종선좌푯값은 같고 B점의 횡선좌표가 A점보다 큰 값을 가지고 있다. 교회점 계산 시 내각을 이용하여 방위각을 계산하는 경우, P점의 위치가 A점에서 3상한에 존재할 때 V_a를 구하는 식은?

① $V_a^b + \alpha$　　　② $V_a^b - \alpha$　　　③ $\beta + V_a^b$　　　④ $\alpha - V_a^b$

> **해설** A점과 B점의 종선좌푯값이 같고 B점의 횡선좌표가 A점보다 크며, P점이 A점에서 3상한에 위치해 있는 것은 소구점이 후방에 있는 경우이므로 내각을 이용한 방위각 계산에서 $V_a = V_a^b + \alpha$이다.

04 경위의측량방법으로 세부측량을 할 때 연직각에 대한 관측방법으로 옳은 것은?

① 정 · 반으로 1회 관측하여 그 교차가 1분 이내이면 평균치로 한다.
② 정 · 반으로 2회 관측하여 그 교차가 1분 이내이면 평균치로 한다.
③ 정 · 반으로 1회 관측하여 그 교차가 5분 이내이면 평균치로 한다.
④ 정 · 반으로 2회 관측하여 그 교차가 5분 이내이면 평균치로 한다.

> **해설** 연직각의 관측은 정 · 반으로 1회 관측하여 그 교차가 5분 이내일 때에는 그 평균치를 연직각으로 하되, 분단위로 독정(讀定)한다.

05 30m의 천줄자를 사용하여 A, B 두 점 간의 거리를 측정하였더니 1.6km였다. 이 천줄자를 표준 길이와 비교 검정한 결과 30m에 대하여 20cm가 짧았다면 올바른 거리는?

① 1,596m　　　② 1,597m　　　③ 1,599m　　　④ 1,601m

> **해설** 줄자가 짧아져 부호는 $(-)$가 되므로,
> 올바른 거리$(L_0) = L \pm \left(\dfrac{\Delta l}{l} \times L \right) = 1,600 - \left(\dfrac{0.02}{30} \times 1,600 \right) = 1,598.93\text{m} \fallingdotseq 1,599\text{m}$
> (L : 관측 총길이, Δl : 구간 관측오차, l : 구간 관측거리)

06 배각법에 의한 지적도근점의 각도관측 시 측각오차의 배분방법으로 옳은 것은?

① 반수에 비례하여 각 측선의 관측각에 배분한다.
② 반수에 반비례하여 각 측선의 관측각에 배분한다.
③ 변의 수에 비례하여 각 측선의 관측각에 배분한다.
④ 변의 수에 반비례하여 각 측선의 관측각에 배분한다.

> **해설** 지적도근점측량에서 각도관측을 할 때 측각오차의 배분방법
> • 배각법에 따르는 경우에는 측선장에 반비례[또는 반수(반수 = 1,000/측선장)에 비례]하여 각 측선의 관측각에 배분
> • 방위각법에 따르는 경우에는 변의 수에 비례하여 각 측선의 방위각에 배분

07 참값을 구하기 어려우므로 여러 번 관측하여 얻은 관측값으로부터 최확값을 얻기 위한 조정방법이 아닌 것은?

① 간이법
② 미정계수법
③ 최소조정법
④ 라플라스 변수법

해설 최확값을 얻기 위한 관측값의 조정법에는 간략법, 회귀방정식, 미정계수법, 최소제곱법 등이 있다. 이 중 라플라스 변수법은 측지측량과 천문측량이 실시된 라플라스점의 관측된 값을 라플라스 방정식으로 조정하여 삼각망의 비틀림을 바로잡는 방법으로 최확값과 관계가 없다.

08 1910년대 토지조사사업 당시 채택한 준거타원체의 편평률은?

① 1/293.47
② 1/297.00
③ 1/298.26
④ 1/299.15

해설 토지조사사업 당시 채택한 베셀타원체의 장반경(a)은 677.397km, 단반경(b)은 6,356.079km이며

$$\therefore \ 편평률\left(\frac{a-b}{a}\right) = \frac{1}{299.15}$$

09 평판측량을 위해 평판을 세울 때의 오차 중 결과에 가장 큰 영향을 주는 것은?

① 평판이 수평으로 되지 않을 때
② 평판의 구심이 올바르지 않을 때
③ 평판의 표정이 올바르지 않을 때
④ 앨리데이드의 조정이 불충분할 때

해설 평판측량 오차에는 평판기계오차(외심오차 · 시준오차 · 자침오차), 평판설치오차(정준오차 · 구심오차 · 표정오차), 측량오차(방사법 · 교회법 · 도선법 · 지거법)가 있다. 평판설치오차 중에서 표정오차는 평판을 이동한 후 이동 전의 측점에 방향선을 일치시키지 못해 발생하는 오차로서 측량에 미치는 영향이 가장 크다.

10 아래 그림의 망형으로 소구점을 구할 때 필요한 최소조건식(규약)은?

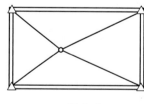

① 4개
② 7개
③ 9개
④ 11개

해설 각도방정식 수(A_1) = $p + t - 1 = 4 + 4 - 1 = 7$
변방정식 수(A_2) = $p + o - 3 = 4 + 1 - 3 = 2$
$\therefore$ 최소조건식 수 = 7 + 2 = 9개
(p : 기지점 수, t : 삼각형 수, o : 소구점 수)

11 평판측량방법에 따른 세부측량에서 지상경계선과 도상경계선의 부합 여부를 확인하는 방법으로 옳지 않은 것은?

① 현형법
② 거리비교교회법
③ 도상원호교회법
④ 지상원호교회법

해설 평판측량방법에 따른 세부측량에서 경계점은 기지점을 기준으로 하여 지상경계선과 도상경계선의 부합 여부를 현형법 · 도상원호교회법 · 지상원호교회법 · 거리비교확인법 등으로 확인하여 결정한다.

12 경위의측량방법과 교회법에 따른 지적삼각보조점의 관측 및 계산 기준으로 옳지 않은 것은?

① 변의 길이를 계산하는 단위는 cm이다.
② 수평각관측은 2대회의 방향관측법에 따른다.
③ 관측은 20초독 이상의 경위의를 사용하여야 한다.
④ 수평각의 측각공차는 기지각과의 차가 ±40초 이내여야 한다.

해설 지적삼각보조점측량의 수평각 측각공차

종별	1방향각	1측회 폐색	삼각형 내각관측의 합과 180°의 차	기지각과의 차
공차	40초 이내	±40초 이내	±50초 이내	±50초 이내

13 관측 시의 장력 $P = 20$kg일 때, 관측길이 $L = 49.0055$m인 기선의 인장에 대한 보정량은?(단, 단면적 $A = 0.03342$cm², 표준장력 $P_0 = 5$kg, 탄성계수 $E = 200$kg/m²)

① +0.011m
② −0.011m
③ +0.022m
④ −0.022m

해설 장력보정량$(C_P) = \dfrac{L}{A \cdot E}(P - P_0) = \dfrac{49.0055}{0.03342 \times 20}(20 - 5) = +0.011$m

[L : 측정길이, A : 줄자의 단면적(cm²), E : 줄자의 탄성계수(kg/cm²), P : 관측 시 장력(kg), P_0 : 표준장력(kg)]

14 지상경계의 구획을 형성하는 구조물 등의 소유자가 다른 경우 지상경계를 결정하는 기준으로 옳은 것은?

① 그 소유권에 따라 지상경계를 결정한다.
② 도상경계에 따라 지상경계를 결정한다.
③ 면적이 넓은 쪽을 따라 지상경계를 결정한다.
④ 그 구조물 등의 중앙을 따라 지상경계를 결정한다.

해설 우리나라 법적 경계는 지적공부에 등록된 도상경계를 인정하므로 지상경계의 구조물에 영향을 받지 않는다. 하지만 지상경계 구조물의 소유권에 대해서는 「민법」의 규정에 의하여 인접 토지소유자가 공동으로 설치한 경우에는 공동의 소유권이 인정되고, 소유자 일방이 단독으로 설치한 경우에는 경계를 설치한 소유자의 소유로 인정된다.

15 방향관측법으로 수평각을 3대회 관측할 때 각 방향각은 몇 회를 측정하게 되는가?

① 2회   ② 3회   ③ 4회   ④ 6회

해설 방향관측법에서 1대회는 정위와 반위로 2회 관측하는 것이므로, 3대회를 관측할 경우 각 방향각은 $3 \times 2 = 6$회를 관측하게 된다.

16 축척 1/600 지역에서 지적도근점측량을 실시하여 측정한 수평거리의 총합계가 1,600m였을 때 연결오차는?(단, 1등 도선인 경우다.)

① 2.4m 이하   ② 0.24m 이하
③ 2.7m 이하   ④ 0.27m 이하

해설 1등 도선의 연결오차 허용범위$=$축척분모$\times \dfrac{1}{100} \sqrt{n}$ cm $=600 \times \dfrac{1}{100} \sqrt{16} = 24$cm $=0.24$m 이하

(n : 각 측선의 수평거리의 총합계를 100으로 나눈 수)

17 우리나라 토지조사사업 당시 기선측량을 실시한 지역 수는?

① 7개소   ② 10개소   ③ 13개소   ④ 19개소

해설 토지조사사업 당시 대삼각본점측량은 대전 · 노량진 · 안동 · 하동 · 의주 · 평양 · 영산포 · 간성 · 함흥 · 길주 · 강계 · 혜산진 · 고건원 등 전국에 13개의 기선을 설치하고, 삼각형의 평균변장을 약 30km로 하여 23개의 삼각망으로 구성하여 측량을 실시하였다.

18 경위의측량방법에 따른 세부측량을 하여 측량대상 토지의 경계점 간 실측거리가 50m였을 때 경계점의 좌표에 따라 계산한 거리와의 교차는 얼마 이내이어야 하는가?

① 5cm 이내   ② 8cm 이내   ③ 10cm 이내   ④ 12cm 이내

해설 경위의측량방법으로 세부측량을 한 경우 측량대상 토지의 경계점 간 실측거리와 경계점의 좌표에 따라 계산한 거리의 교차는 $3 + \dfrac{L}{10}$ cm 이내이어야 한다.

∴ 교차 $= 3 + \dfrac{L}{10} = 3 + \dfrac{50}{10} = 8$cm 이내

(L : 실측거리로서 m 단위로 표시한 수치)

19 평판측량방법에 따른 세부측량 시 임야도를 갖춰 두는 지역의 거리측정단위로 옳은 것은?

① 5cm   ② 20cm   ③ 40cm   ④ 50cm

> **해설** 평판측량방법에 따른 세부측량에서 거리측정단위는 지적도를 갖춰 두는 지역에서는 5cm로 하고, 임야도를 갖춰 두는 지역에서는 50cm로 한다.

20 지적도근점측량에서 변장의 거리가 200m인 측점에서 2cm 편위한 경우 측각오차는?

① 21″   ② 31″   ③ 36″   ④ 42″

> **해설** 측각오차$(\theta'') = \dfrac{\triangle l}{D}\rho'' = \dfrac{0.02}{200} \times 206,265'' = 21''$
>
> ($\triangle l$: 편위량, D : 거리)

2과목 응용측량

21 촬영기준면으로부터 비행고도 4,350m에서 촬영한 연직사진의 크기가 23cm×23cm이고 이 사진의 촬영면적이 48km²라면 카메라의 초점거리는?

① 14.4cm   ② 17.0cm   ③ 21.0cm   ④ 47.9cm

> **해설** 사진의 실제면적$(A) = (ma)^2 \rightarrow$ 축척분모$(m) = \dfrac{\sqrt{48\text{km}^2}}{0.23} = 30,123$
>
> 사진축척$(M) = \dfrac{1}{m} = \dfrac{f}{H} \rightarrow \therefore$ 카메라의 초점거리$(f) = \dfrac{H}{m} = \dfrac{4,350}{30,123} = 14.4$cm
>
> (m : 축척분모, H : 촬영고도)

22 경사 터널 내 고저차를 구하기 위해 그림과 같이 고저각 α, 경사거리 L을 측정하여 다음과 같은 결과를 얻었다. A, B 간의 고저차는?(단, I.H = 1.15m, H.P = 1.56m, L = 31.00m, α = +30°)

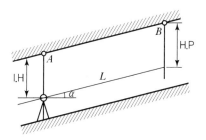

① 15.09m   ② 15.91m   ③ 18.31m   ④ 18.21m

해설 고저차(Δh) $= L \cdot \sin\alpha + \text{H.P} - \text{H.I} = 31.0 \times \sin 30° + 1.56 - 1.15 = 15.91\text{m}$

23 터널을 만들기 위하여 A, B 두 점의 좌표를 측정한 결과 A점은 $N(X)A = 1,000.00\text{m}$, $E(Y)A = 250.00\text{m}$, B점은 $N(X)B = 1,500.00\text{m}$, $E(Y)B = 50.00\text{m}$였다면 AB의 방위각은?

① 21°48′05″

② 158°11′55″

③ 201°48′05″

④ 338°11′55″

해설 $\Delta x = 1,500.00 - 1,000.00 = 500.00\text{m}$, $\Delta y = 50.00 - 250.00 = -200.00\text{m}$

방위(θ) $= \tan^{-1}|\dfrac{\Delta y}{\Delta x}| = \tan^{-1}\dfrac{200}{500} = 21°48′5″$

$\triangle x$값은 (+), $\triangle y$값은 (−)로 4상한이므로,

$\therefore$ AB의 방위각은 $360 - 21°48′5″ = 338°11′55″$

24 수준측량에서 각 점들이 중력방향에 직각으로 이루어진 곡면을 뜻하는 용어는?

① 지평면(Horizontal Plane)

② 수준면(Level Surface)

③ 연직면(Plumb Plane)

④ 특별기준면(Special Datum Plane)

해설 수준면은 각 점들이 중력방향에 직각으로 이루어진 곡면, 즉 중력퍼텐셜이 동일한 곡면으로 지오이드면이나 평균해수면을 의미하며, 수준측량에서 높이의 기준이 된다.

25 네트워크 RTK GNSS측량의 특징이 아닌 것은?

① 실내외 어디에서도 측량이 가능하다.

② 1대의 GNSS 수신기만으로도 측량이 가능하다.

③ GNSS 상시관측소를 기준국으로 사용한다.

④ 관측자가 1명이어도 관측이 가능하다.

해설 GNSS측량은 수신기의 위치에서 위성의 신호를 수신할 수 있어야 관측이 가능하므로 실내에서의 측량은 어렵다.

26 수준측량에서 전시와 후시의 거리를 같게 함으로써 소거할 수 있는 주요 오차는?

① 망원경의 시준선이 기포관축에 평행하지 않아 생기는 오차

② 시준하는 순간 기포가 중앙에 있지 않아 생기는 오차

③ 전시와 후시의 야장기입을 잘못하여 생기는 오차

④ 표척이 표준길이와 달라서 생기는 오차

27 GNSS의 구성체계에 포함되지 않는 부문은?

① 우주부문 ② 사용자부문
③ 제어부문 ④ 탐사부문

28 상향기울기 7.5/1,000와 하향기울기 45/1,000인 두 직선에 반지름 2,500m인 원곡선을 중단곡선으로 설치할 때, 곡선시점에서 25m 떨어져 있는 지점의 종거 y값은 약 얼마인가?

① 0.1m ② 0.3m ③ 0.4m ④ 0.5m

29 지형도의 이용과 가장 거리가 먼 것은?

① 연직단면의 작성 ② 저수용량, 토공량의 산정
③ 면적의 도상 측정 ④ 지적도 작성

30 다음 중 원곡선의 종류가 아닌 것은?

① 반향곡선 ② 단곡선
③ 렘니스케이트 곡선 ④ 복심곡선

31 수치사진측량 작업에서 영상정합 이전의 전처리작업에 해당하지 않는 것은?

① 영상개선 ② 영상복원
③ 방사보정 ④ 경계선 탐색

수치사진측량 작업 시 전처리 과정에는 노이즈 제거, 기하학적 보정, 방사보정, 형상의 정교화 과정이 포함된다.
수치정사영상의 처리에는 영상변환, 영상개선, 영상복원, 영상기호화, 영상분할기법, 영상의 표현과 묘사
등이 있다.

32 캔트의 계산에 있어서 곡선반지름만을 반으로 줄이면 캔트의 크기는 어떻게 되는가?

① 반으로 준다. ② 변화가 없다.
③ 2배가 된다. ④ 4배가 된다.

해설 캔트$(C) = \dfrac{V^2 S}{gR}$ [V : 속도(m/sec), S : 궤도간격, g : 중력가속도, R : 반경]에서 캔트는 곡선반지름(R)
에 반비례하므로 R이 반으로 줄면 캔트는 2배가 된다.

33 수준측량으로 지반고(G.H)를 구하는 식은?(단, B.S : 후시, F.S : 전시, I.H : 기계고)

① G.H＝I.H＋F.S ② G.H＝I.H＋B.S
③ G.H＝I.H－F.S ④ G.H＝I.H－B.S

해설 수준측량의 지반고(G.H)＝기계고(I.H) － 전시(F.S)이다.

34 평탄한 지형에서 초점거리 150cm인 카메라로 촬영한 축척 1/15,000 사진상에서 굴뚝의 길이
가 2.4cm, 주점에서 굴뚝 윗부분까지의 거리가 20cm로 측정되었다. 이 굴뚝의 실제 높이는?

① 20m ② 27m ③ 30m ④ 36m

해설 기복변위$(\Delta r) = \dfrac{h}{H} \cdot r \rightarrow H = m \times f = 15,000 \times 0.15 = 2,250$m

(h : 비고, H : 비행촬영고도, r : 연직점에서 측정점까지의 거리)

∴ 굴뚝높이$(h) = \dfrac{H}{r} \cdot \Delta r = \dfrac{2,250}{0.2} \times 0.0024 = 27$m

35 그림과 같은 지역에 정지작업을 하였을 때, 절토량과 성토량이 같아지는 지반고는?[단, 각 구역
의 크기(4m×4m)는 동일하다.]

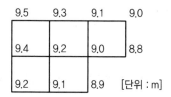

9.5	9.3	9.1	9.0
9.4	9.2	9.0	8.8
9.2	9.1	8.9	[단위 : m]

① 8.95m ② 9.05m ③ 9.15m ④ 9.35m

해설 점고법에 의한 직사각형 구분법

$\sum h_1 = 9.5 + 9.0 + 8.8 + 8.9 + 9.2 = 45.4$

$\sum h_2 = 9.3 + 9.1 + 9.1 + 9.4 = 36.9$

$\sum h_3 = 9.0$

$\sum h_4 = 9.2$

체적$(V) = \dfrac{A}{4}(\sum h_1 + 2\sum h_2 + 3\sum h_3 + 4\sum h_4)$

$\qquad = \dfrac{16}{4} \times [45.4 + (2 \times 36.9) + (3 \times 9.0) + (4 \times 9.2)] = 732\text{m}^3$

$\therefore h = \dfrac{V}{nA} = \dfrac{732}{5 \times 16} = 9.15\text{m}$

36 클로소이드 곡선의 매개변수를 2배 증가시키고자 한다. 이때 곡선의 반지름이 일정하다면 완화곡선의 길이는 몇 배가 되는가?

① 2 　　　　　② 4 　　　　　③ 8 　　　　　④ 14

해설 클로소이드의 기본식 $A^2 = RL$

(A : 클로소이드의 매개변수, R : 곡률반경, L : 완화곡선길이)

∴ 파라미터(A)를 2배 증가시키면 곡선반지름(R)이 일정하므로 완화곡선의 길이(L)는 4배 증가한다.

37 지상 1km²의 면적이 어떤 지형도상에서 400cm²일 때 이 지형도의 축척은?

① 1/1,000 　　　　　② 1/5,000

③ 1/25,000 　　　　　④ 1/50,000

해설 축척$(M) = \dfrac{1}{m} = \dfrac{l}{D} = \dfrac{0.2}{1,000} = \dfrac{1}{5,000}$

(m : 축척분모, l : 도상거리, D : 지상거리)

38 GPS에서 사용되는 L_1과 L_2신호의 주파수로 옳은 것은?

① 150MHz와 400MHz

② 420.9MHz와 585.53MHz

③ 1,575.4MHz와 1,227.60MHz

④ 1,832.12MHz와 3,236.94MHz

해설 GPS 신호의 주파수는 L_1반송파는 1,575.40MHz(154×10.23MHz), L_2반송파는 1,227.60MHz(120×10.23MHz)이다.

39 항공사진측량에서 산지는 실제보다 돌출하여 높고 기복이 심하며, 계곡은 실제보다 깊고, 사면은 실제의 경사보다 급하게 느껴지는 것은 무엇에 의한 영향인가?

① 형상   ② 음영   ③ 색조   ④ 과고감

해설 항공사진측량에서 산지는 실제보다 돌출하여 높고 기복이 심하며, 계곡은 실제보다 깊고, 산 복사면 등은 실제의 경사보다 급하게 보이는데, 이는 과고감의 영향이다.

40 축척 1/50,000의 지형도에서 A점과 B점 사이의 거리를 도상에서 관측한 결과 16cm였다. A점의 표고가 230m, B점의 표고가 320m일 때, 이 사면의 경사는?

① 1/9   ② 1/10   ③ 1/11   ④ 1/12

해설 축척$(M) = \dfrac{1}{m} = \dfrac{l}{D} \rightarrow$ 지상거리$(D) =$ 축척분모수 $\times$ 도상거리 $= 50,000 \times 0.016 = 800$m

$\therefore$ 경사$(i) = \dfrac{H}{D} = \dfrac{(320-230)}{800} = \dfrac{90}{800} = \dfrac{1}{8.9} \fallingdotseq \dfrac{1}{9}$

3과목 토지정보체계론

41 토지정보시스템의 구성요소에 해당되지 않는 것은?

① 소프트웨어   ② 정보이용자
③ 데이터베이스   ④ 인력 및 조직

해설 토지정보시스템의 4가지 구성요소는 하드웨어, 소프트웨어, 데이터베이스, 인적 자원(인력 및 조직)이다.

42 전자평판측량 및 위성측량방법으로 관측 후 지적측량정보를 처리할 수 있는 시스템에 따라 작성된 측량결과도 파일과 토지이동정리를 위한 지번, 지목 및 경계점의 좌표가 포함된 파일은?

① 측량준비파일   ② 측량성과파일
③ 측량현형파일   ④ 측량부 데이터베이스

해설 지적측량파일은 측량준비파일, 측량현형파일 및 측량성과파일을 말한다. 이 중 측량성과파일은 전자평판측량 및 위성측량방법으로 관측 후 지적측량정보를 처리할 수 있는 시스템에 따라 작성된 측량결과도파일과 토지이동 정리를 위한 지번, 지목 및 경계점의 좌표가 포함된 파일을 말한다.

43 스캐너 및 좌표독취기 장비를 이용한 좌표취득 특성으로 옳지 않은 것은?

① 작업환경이 양호하여 작업진행이 수월하다.

② 정밀도가 높아 도곽을 기준점으로 변위작업이 가능하다.

③ 스캐너에 의한 작업은 스캐닝 및 이미지파일 수신시간이 소요된다.

④ 스캐너는 축이 고정되어 있어 이동식 장비보다 오차 발생요인은 적으나 작업영역이 한정되어 있다.

해설 스캐너에는 평판식 스캐너와 횡단스캐너, 원통형 스캐너가 있다. 오차 발생은 장비성능 및 작업자의 숙련 정도에 따라 각각 다르게 나타날 수 있다. ④의 작업영역은 스캐너와 좌표독취기(디지터이저) 모두 장비의 규격에 따라 각각 달라서 규정하기 어렵다.

44 도시정보시스템에 대한 설명으로 옳지 않은 것은?

① 토지와 건물의 속성만을 입력할 수 있는 시스템이다.

② UIS라고 하며 Urban Information System의 약어이다.

③ 도시 전반에 관한 사항을 관리 · 활용하는 종합적이고 체계적인 정보시스템이다.

④ 지적도 및 각종 지형도, 도시계획도, 토지이용계획도, 도로교통시설물 등의 지리정보를 데이터베이스화한다.

해설 도시정보시스템(UIS : Urban Information System)은 도시계획 및 도시화 현상에서 발생하는 인구, 자원 및 교통의 관리, 건물면적, 지명, 환경변화 등에 관한 자료를 다루는 체계로서 도시현황파악 및 도시계획, 도시정비, 도시기반시설관리를 효과적으로 수행할 수 있다. 토지와 건물의 속성정보 외 도형정보까지도 입력되는 시스템이다.

45 스캐너에 의한 반자동 입력방식의 작업과정을 순서대로 올바르게 나열한 것은?

① 준비 → 래스터데이터 취득 → 벡터화 → 편집 → 출력 및 저장

② 준비 → 벡터화 및 도형 인식 → 편집 → 래스터데이터 취득 → 출력 및 저장

③ 준비 → 편집 → 벡터화 및 도형 인식 → 래스터데이터 취득 → 출력 및 저장

④ 준비 → 편집 → 래스터데이터 취득 → 벡터화 및 도형 인식 → 출력 및 저장

해설 스캐너에 의한 반자동 입력방식의 작업과정은 준비 → 스캐닝(래스터데이터 취득) → 벡터화 및 도형 인식 → 편집 → 출력 및 저장 순으로 진행한다.

46 국가의 공간정보의 제공과 관련한 내용으로 옳지 않은 것은?

① 공간정보이용자에게 제공하기 위하여 국가공간정보센터를 설치 · 운영하고 있다.

② 수집된 공간정보는 제공의 효율화를 위해 분석 또는 가공하지 않고 원자료 형태로 제공하여야 한다.

③ 관리기관이 공공기관일 경우는 자료를 제출하기 전에 주무기관의 장과 미리 협의하여야 한다.

④ 국토교통부장관은 국가공간정보센터의 운영에 필요한 공간정보를 생산 또는 관리하는 관리기관의 장에게 자료의 제출을 요구할 수 있다.

해설 국토교통부장관은 공간정보의 이용을 촉진하기 위하여 국가공간정보센터에서 수집한 공간정보를 분석 또는 가공하여 정보이용자에게 제공할 수 있다.

47 벡터데이터와 래스터데이터의 구조에 관한 설명으로 옳지 않은 것은?

① 래스터데이터는 중첩분석이나 모델링이 유리하다.

② 벡터데이터는 자료구조가 단순하여 중첩분석이 쉽다.

③ 벡터데이터는 좌표계를 이용하여 공간정보를 기록한다.

④ 벡터데이터는 점, 선, 면으로 래스터데이터는 격자로 도형의 정보를 표현한다.

해설 벡터데이터는 자료구조가 복잡하여 중첩 및 공간분석 기능이 상대적으로 어렵고 시간이 많이 소요된다. 반면, 래스터데이터는 자료구조가 간단하여 중첩이나 공간분석 기능을 쉽고 빠르게 처리할 수 있다.

48 지적재조사사업 측량 대행자의 전산시스템 등록업무와 관련이 없는 것은?

① 경계점 표지등록부 전산등록

② 해당 사업지구 사용자 전산등록 및 승인 요청

③ 지적재조사사업지구 등 실시계획에 관한 사항 전산등록

④ 일필지측량 완료 후 지적확정조서에 관한 사항 전산등록

해설 지적재조사사업 측량 대행자는 해당 사업지구 사용자 전산등록 및 승인 요청, 일필지측량 완료 후 지적확정조서에 관한 사항 전산등록, 일필지 현지조사에 관한 사항 전산등록, 대국민공개시스템 및 모바일 현장지원 시스템 활용, 경계점 표지등록부 전산등록, 그 밖에 지적재조사 측량규정에 의한 측량성과 전산등록 등의 업무를 수행한다. 지적재조사사업지구 등 실시계획에 관한 사항 전산등록은 추진단장의 업무이다.

49 벡터형식의 토지정보 자료구조 중 위상관계 없이 점, 선, 다각형을 단순한 좌표로 저장하는 방식은?

① 블록코드 모형　　　　　　　　　② 스파게티 모형

③ 체인코드 모형　　　　　　　　　④ 커버리지 모형

해설 스파게티 자료구조는 점, 선, 면 등의 객체(Object)들 간의 공간관계에 대한 정보는 입력되지 않고 그래픽 형태의 단순한 좌표로 저장되는 구조로서 공간분석에는 비효율적이지만, 자료구조가 매우 간단하여 수치지도를 제작하고 갱신하는 경우에는 효율적이다.

50 다음 중 표고를 나타내는 자료가 아닌 것은?

① DEM   ② DLG   ③ DTM   ④ TIN

해설 표고를 나타내는 자료에는 DEM(Digital Elevation Model, 수치표고모형)과 DTM(Digital Terrain Model, 수치지형모형), TIN(Triangulated Irregular Network, 불규칙삼각망), DSM(Digital Surface Model, 수치표면모형) 등이 있다.
※ DLG는 벡터파일형식 중 하나이다.

51 DBMS 방식의 자료 관리의 장점이 아닌 것은?

① 중앙제어가 가능하다.
② 자료의 중복을 최대한 감소시킬 수 있다.
③ 시스템 구성이 파일방식에 비해 단순하다.
④ 데이터베이스 내의 자료는 다른 사용자와의 호환이 가능하다.

해설 DBMS 방식은 파일처리방식에 비해 시스템의 구성이 복잡하다.

52 다음 중 지적전산업무에 속하지 않는 것은?

① 용도지역 고시   ② 지적측량성과 작성
③ 부동산종합공부의 운영   ④ 지적공부의 데이터베이스화

해설 지적전산자료는 지적공부에 관한 전산자료를 의미한다. 용도지역 고시는 지적전산업무에 해당되지 않는다.

53 필지중심토지정보시스템(PBLIS)에 대한 설명으로 옳지 않은 것은?

① LMIS와 통합되어 KLIS로 운영되어 왔다.
② 각종 지적행정업무 수행과 정책정보를 제공할 목적으로 개발되었다.
③ 지적전산화사업의 지적도면자료와 지적행정시스템의 속성 데이터베이스를 연계하여 구축되었다.
④ 개발 초기에 토지관리업무시스템, 공간자료관리시스템, 토지행정지원시스템으로 구성되었다.

해설 필지중심토지정보시스템(PBLIS)은 지적공부관리시스템, 지적측량시스템, 지적측량성과작성시스템으로 구성되었다.

54 격자구조를 압축 및 저장하는 기법 중 각각의 열(列) 진행방향에 대해 동일한 속성값을 갖는 격자(Cell)들을 하나로 묶어 길이와 위치를 저장하는 방식은?

① Quadtree 기법   ② Block Code 기법
③ Chain Code 기법   ④ Run-length Code 기법

해설 래스터데이터의 저장구조인 자료압축 방법에는 런렝스코드(Run-length Code, 연속분할코드) 기법, 체인코드(Chain Code) 기법, 블록코드(Block Code) 기법, 사지수형(Quadtree) 기법, 알트리(R-tree) 기법 등이 있다. 이 중 런렝스코드 기법은 래스터데이터의 각 행마다 왼쪽에서 오른쪽으로 진행하면서 동일한 수치를 갖는 셀들을 묶어 압축시키는 방법이다.

55 GIS에서 위성영상 자료의 활용 등에 관한 설명으로 옳지 않은 것은?

① 벡터데이터 구조로 처리·저장되므로 데이터 호환이 매우 쉽다.
② 인공위성 상용영상의 해상도가 높아지면서 GIS에서 활용이 크다.
③ 원격탐사 및 영상처리는 공간데이터를 다루는 특성화된 기술이다.
④ 데이터가 컴퓨터로 바로 처리할 수 있는 디지털 형태라는 점에서 GIS와 통합되고 있다.

해설 위성영상 및 항공영상 자료는 래스터데이터 구조이다.

56 다음 중 임야도의 도형자료를 스캐너로 편집한 자료형태는?

① 속성정보　　　② 메타데이터　　　③ 벡터데이터　　　④ 래스터데이터

해설 임야도의 도형정보를 스캐너로 입력한 결과는 래스터자료 형태이며, 디지타이저로 입력한 데이터의 결과는 벡터자료 형태이다.

57 토지정보시스템(LIS)의 구축 목적으로 옳지 않은 것은?

① 지적재조사의 기반 확보
② 다목적지적정보체계 구축
③ 도시기반시설의 유지 및 관리
④ 지적 관련 민원의 신속·정확한 처리

해설 토지정보시스템(LIS)의 구축 목적에는 ①, ②, ④ 외에 지적정보의 다목적 활용, 토지(지적) 관련 정책정보 제공, 대장 및 도면의 통합정보 제공 및 활용 등이 있다. 도시기반시설의 유지 및 관리는 도시정보시스템(UIS)에서 수행한다.

58 레이어의 중첩에 대한 설명으로 옳지 않은 것은?

① 레이어별로 필요한 정보를 추출해 낼 수 있다.
② 일정한 정보만을 처리하기 때문에 정보가 단순하다.
③ 새로운 가설이나 이론 및 시뮬레이션을 통해 정보를 추출하는 모델링 작업을 수행할 수 있다.
④ 형상들의 공간관계를 파악할 수 있으며 특정지점의 주변 환경에 대한 정보를 얻고자 하는 경우에도 사용할 수 있다.

해설 레이어의 중첩은 다량의 자료층(Layer)을 중첩하여 분석 · 해석하고 다양한 정보를 생성 · 추출 · 제공할 수 있다.

59 지적행정에서 웹(Web) 기반의 LIS를 도입함으로써 발생하는 효과가 아닌 것은?

① 정보와 자원을 공유할 수 있다.
② 업무별 분산처리를 실현할 수 있다.
③ 서버의 구축비용을 절감할 수 있다.
④ 시간과 거리에 제한을 받지 않으며 민원을 처리할 수 있다.

해설 웹기반 토지정보시스템(Web LIS)은 인터넷 환경에서 토지정보의 입력 · 수정 · 조작 · 분석 · 출력 등의 작업을 처리한다. 이는 네트워크 환경에서 서비스를 제공하는 시스템으로서 지적행정에서 Web LIS 도입에 따른 효과에는 시간과 거리의 무제한, 신속하고 효율적인 민원 처리, 정보와 자원의 공유, 업무의 분산처리와 중복 배제 등이 있다. 서버의 구축비용 절감은 관련이 없다.

60 표면모델링에 대한 설명으로 옳지 않은 것은?

① 선형으로 나타나는 불완전한 표면의 대표적인 것은 등고선 또는 등치선이다.
② 불안전한 표면은 격자의 x, y좌표가 알려져 있고, z좌표 값만 입력하면 된다.
③ 수집되는 데이터의 특성과 표현방법에 따라 완전한 표면과 불완전한 표면으로 구분된다.
④ 완전한 표면은 관심대상지역이 분할되어 있고 각각의 분할된 구역에 다양한 z값을 가지고 있다.

해설 표면모델링은 지표상에 연속적으로 분포되어 있는 현상을 컴퓨터 환경에서 표면(Surface)으로 표현하는 것으로 불완전한 표면(선 표본 · 점 표본)과 완전한 표면(연속적 표면 · 불연속적 표면)으로 구분된다. 불완전한 표면은 점 표본, 선 표본 표면처럼 실측 데이터 혹은 표본 지점 추출데이터로 표현되는 표면이다. 완전한 표면은 등고선이나 등치선, 수학적 함수에 의해 모든 지점에서 값을 갖는 표면으로 불규칙한 표면으로부터 보간법으로 만들어진다.

4과목 **지적학**

61 다음 지적의 기본이념에 대한 설명으로 옳지 않은 것은?

① 지적공개주의 : 지적공부에 등록하여야만 효력이 발생한다는 이념
② 지적국정주의 : 지적공부의 등록사항은 국가만이 결정할 수 있다는 이념
③ 직권등록주의 : 모든 필지는 강제적으로 지적공부에 등록 · 공시해야 한다는 이념
④ 실질적 심사주의 : 지적공부의 등록사항이나 변경등록은 지적 관련 법률상 적법성과 사실관계 부합 여부를 심사하여 지적공부에 등록한다는 이념

• 지적공개주의 : 지적공부의 등록사항은 소유자, 이해관계인 등에게 공개하여 이용하게 한다는 이념이다.
• 지적형식주의 : 등록사항은 지적공부에 등록·공시하여야만 효력이 발생한다는 이념이다.

62 다음 중 토지의 분할이 속하는 것은?

① 등록전환　　　　② 사법처분　　　　③ 행정처분　　　　④ 형질변경

신규등록·등록전환·분할·등록사항정정·바다로 된 토지의 등록말소·합병·지목변경·도시개발사업 등의 신고·지번변경·행정구역의 명칭변경 등 토지의 표시를 새로 정하거나 변경 또는 말소하는 토지의 이동 은 행정처분이다.

63 지표면의 형태, 토지의 고저, 수륙의 분포상태 등 땅이 생긴 모양에 따라 결정하는 지목은?

① 용도지목　　　　② 복식지목　　　　③ 지형지목　　　　④ 토성지목

토지 현황에 따른 지목의 구분
• 지형지목 : 지표면의 형상, 토지의 고저 등 토지의 모양에 따라 결정
• 용도지목 : 토지의 현실적 용도에 따라 결정
• 토성지목 : 지층, 암석, 토양 등 토지의 성질에 따라 결정

64 지적도나 임야도에서 도곽선의 역할과 가장 거리가 먼 것은?

① 도면접합의 기준　　　　　　　　② 도곽신축 보정의 기준
③ 토지합병 시의 필지결정기준　　　④ 지적측량기준점 전개의 기준

도곽선의 역할(용도)에는 ①, ②, ④ 외 도북방위선의 표시, 외업 시 측량준비도와 현황의 부합 확인 기준 등이 있다. 토지합병 시의 필지결정기준은 거리가 멀다.

65 토지조사사업 당시 일부 지목에 대하여 지번을 부여하지 않았던 이유로 옳은 것은?

① 소유자 확인 불명　　　　　　　② 과세적 가치의 희소
③ 경계선의 구분 곤란　　　　　　④ 측량조사작업의 어려움

토지조사사업 당시 도로, 하천, 구거, 제방, 성첩, 철도선로, 수도선로 등 과세적·경제적 가치가 없는 토지는 조사대상에서 제외하였다.

66 토지조사사업에서 지목은 모두 몇 종류로 구분하였는가?

① 18종　　　　② 21종　　　　③ 24종　　　　④ 28종

67 지적법이 제정되기까지의 순서를 올바르게 나열한 것은?

① 토지조사법 → 토지조사령 → 지세령 → 조선지세령 → 조선임야조사령 → 지적법
② 토지조사법 → 지세령 → 토지조사령 → 조선지세령 → 조선임야조사령 → 지적법
③ 토지조사법 → 토지조사령 → 지세령 → 조선임야조사령 → 조선지세령 → 지적법
④ 토지조사법 → 지세령 → 조선임야조사령 → 토지조사령 → 조선지세령 → 지적법

68 경계불가분의 원칙에 대한 설명과 가장 거리가 먼 것은?

① 필지 사이의 경계는 분리할 수 없다.
② 경계는 인접토지에 공통으로 작용된다.
③ 경계는 위치와 길이만 있고 너비는 없다.
④ 동일한 경계가 축척이 다른 도면에 각각 등록된 경우 둘 중 하나의 경계만을 최종 경계로 결정한다.

69 고려시대의 토지제도에 관한 설명으로 옳지 않은 것은?

① 당나라의 토지제도를 모방하였다.
② 광무개혁(光武改革)을 실시하였다.
③ "도행"이나 "작"이라는 토지장부가 있었다.
④ 고려 말에는 전제가 극도로 문란해져서 이에 대한 개혁으로 과전법이 실시되었다.

70 대규모 지역의 지적측량에 부가하여 항공사진측량을 병용하는 것과 가장 관계가 깊은 지적원리는?

① 공기능성의 원리
② 능률성의 원리
③ 민주성의 원리
④ 정확성의 원리

해설 능률성의 원리

지적의 능률성은 토지현황을 조사하여 지적공부를 만드는 데 따르는 실무활동의 능률과 주어진 여건과 실행과정에서 이론개발 및 그 전달과정의 개선을 뜻하며, 지적활동의 과학화 · 기술화 · 합리화 · 근대화를 지칭한다.

71 하천으로 된 민유지의 소유권 정리는?

① 국가
② 국방부
③ 토지소유자
④ 지방자치단체

해설 민유지인 토지의 일부 또는 전체가 하천으로 된 경우라도 소유권 정리는 토지소유자가 하여야 한다.

72 다음 지번의 부번(附番) 방법 중 진행방향에 의한 분류에 해당하지 않는 것은?

① 기우식법
② 단지식법
③ 사행식법
④ 도엽단위법

해설 지번의 부여방법 중 진행방향에 따른 분류에는 사행식 · 기우식(교호식) · 단지식(블록식) · 절충식 등이 있다.

73 토지등록에 대한 설명으로 가장 거리가 먼 것은?

① 토지 거래를 안전하고 신속하게 해 준다.
② 토지의 공개념을 실현하는 데 활용될 수 있다.
③ 지적소관청이 토지등록사항을 공적장부에 기록 공시하는 행정행위이다.
④ 국가가 공적장부에 기록된 토지의 이동 및 수정사항을 규제하는 법률적 행위이다.

해설 국가가 공적장부에 기록된 토지의 이동 및 수정사항을 관리하고 공개하는 행정적 행위이다.

74 토렌스시스템의 커튼이론(Curtain Principle)에 대한 설명으로 가장 옳은 것은?

① 선의의 제3자에게는 보험 효과를 갖는다.
② 사실심사 시 권리의 진실성에 직접 관여하여야 한다.
③ 토지등록이 토지의 권리관계를 완전하게 반영한다.
④ 토지등록 업무는 매입 신청자를 위한 유일한 정보의 기초이다.

토렌스시스템의 3대 기본이론에는 거울이론, 커튼이론, 보험이론이 있다. 이 중 커튼이론은 소유권의 법적 상태와 관련한 확실성을 보장하기 위하여 단지 현재의 등기부에 등기된 사항만 논의되어야 한다는 이론이다. 토렌스시스템에 의해 발급된 현재의 소유권 증서는 완전하고 유일한 것이므로 해당 토지에 대한 이전의 모든 이해관계는 무효가 되며 커튼 뒤에 있는 토지등록에 대한 신빙성과 정당성에 대한 의심이 필요하지 않다.

75 법률 체제를 갖춘 우리나라 최초의 지적법으로 이 법의 폐지 이후 대부분의 내용이 토지조사령에 계승된 것은?

① 삼림법   ② 지세법
③ 토지조사법   ④ 조선임야조사령

해설 대한제국 정부는 1910년 8월 토지조사법을 제정하고 근대적인 지적제도 창설을 위한 토지조사 및 측량에 착수하였다. 1910년 10월 한일합방 이후 조선총독부는 1912년 8월 토지조사법의 내용을 계승한 토지조사령을 제정하여 본격적인 토지조사사업을 추진하였다.

76 토지조사사업 당시 분쟁의 원인에 해당되지 않는 것은?

① 미개간지   ② 토지 소속의 불분명
③ 역둔토의 정리 미비   ④ 토지점유권 증명의 미비

해설 토지조사사업 당시 발생된 분쟁지의 원인에는 토지 소속의 불분명, 역둔토의 정리 미비, 세제의 결함, 미간지, 제언의 모경, 토지소유권 증명의 미비, 권리서식의 미비 등이 있다.

77 토지조사사업 및 임야조사사업에 대한 설명으로 옳은 것은?

① 임야조사사업의 사정기관은 도지사였다.
② 토지조사사업의 사정기관은 시장, 군수였다.
③ 토지조사사업 당시 사정의 공시는 60일간 하였다.
④ 토지조사사업의 재결기관은 지방토지조사위원회였다.

해설 토지 및 임야조사사업 당시의 사정기관은 임시토지조사국장(토지) 및 도지사(임야)이고, 사정은 30일간 공시하였으며 사정에 불복할 경우 60일 이내에 이의를 제기하도록 하였다. 재결기관은 고등토지조사위원회(토지) 및 임야조사위원회(임야)이다.

78 토지대장의 편성방법 중 현행 우리나라에서 채택하고 있는 방법은?

① 물적 편성주의   ② 인적 편성주의
③ 연대적 편성주의   ④ 인적 · 물적 편성주의

해설 물적 편성주의는 개별 토지 중심으로 대장을 작성하며, 우리나라에서 채택하고 있는 방법이다.

79 토지대장의 편성방법 중 리코딩시스템(Recording System)이 해당하는 것은?

① 물적 편성주의
② 연대적 편성주의
③ 인적 편성주의
④ 면적별 편성주의

해설 연대적 편성주의는 신청순서에 따라 순차적으로 대장을 작성하며, 프랑스의 등기부와 미국의 리코딩시스템 (Recording System)이 이에 해당된다.

80 토지조사사업 당시 토지대장은 1동 · 리마다 조제하되 약 몇 매를 1책으로 하였는가?

① 200매
② 300매
③ 400매
④ 500매

해설 토지조사사업 당시 토지대장은 일필지를 1매의 대장에 작성하여 1동 · 리마다 약 200필지를 1책으로 하였다.

5과목 지적관계법규

81 「공간정보의 구축 및 관리 등에 관한 법률」상 지목변경 없이 등록전환을 신청할 수 없는 경우는?

① 도시 · 군관리계획선에 따라 토지를 분할하는 경우
② 관계법령에 따른 토지의 형질변경 또는 건축물의 사용을 승인하는 경우
③ 임야도에 등록된 토지가 사실상 형질변경되었으나 지목변경을 할 수 없는 경우
④ 대부분의 토지가 등록전환되어 나머지 토지를 임야도에 계속 존치하는 것이 불합리한 경우

해설 지목변경 없이 토지의 등록전환을 신청할 수 있는 경우에는 ①, ③, ④가 있다. 「산지관리법」, 「건축법」 등 관계법령에 따른 토지의 형질변경 또는 건축물의 사용을 승인하는 경우에는 지목을 변경하여야 할 토지이다.

82 「공간정보의 구축 및 관리 등에 관한 법규」상 측량업자의 지위승계 신고에 첨부하여야 할 서류로 옳지 않은 것은?

① 합병공고문
② 지적측량업등록증
③ 양도 · 양수 계약서 사본
④ 상속인임을 증명할 수 있는 서류

해설 측량업자의 지위를 승계한 자가 지위승계 신고를 할 경우에는 신고서에 기술인력 · 장비 사실증명 서류와 양도 · 양수 계약서 사본(측량업 양도 · 양수 신고의 경우)과 상속인 증명 서류(측량업 상속 신고의 경우) 및 합병계약서 사본, 합병공고문, 합병을 의결한 총회 또는 창립총회 결의서 사본(측량업 법인 합병 신고의 경우)을 첨부하여 등록한 기관에 제출하여야 한다.

83 등기의 일반적 효력에 관한 사항으로 옳지 않은 것은?

① 공신력
② 대항적 효력
③ 추정적 효력
④ 순위 확정적 효력

등기의 일반적 효력에는 권리변동의 효력, 대항력, 순위확정력, 추정력, 점유적 효력, 형식적 확정력(후등기저지력) 등이 있다.

84 「공간정보의 구축 및 관리 등에 관한 법률」상 토지를 수용하거나 사용할 수 있는 경우는?

① 타인의 토지를 출입할 경우
② 장애물의 형상을 변경할 경우
③ 기본측량 시 필요하다고 인정하는 경우
④ 축척변경측량 시 경계표지를 설치할 경우

국토교통부장관은 기본측량을 실시하기 위하여 필요하다고 인정하는 경우에는 토지, 건물, 나무 그 밖의 공작물을 수용하거나 사용할 수 있다.

85 다음 중 축척변경위원회의 구성에 대한 설명으로 옳은 것은?

① 위원은 지적소관청이 위촉한다.
② 축척변경 시행지역의 토지소유자가 7명 이하일 때 토지소유자 전원을 위원으로 위촉하여야 한다.
③ 10명 이상 15명 이하의 위원으로 구성하되, 위원의 3분의 2 이상을 축척변경 시행지역의 토지소유자로 하여야 한다.
④ 위원장은 위원 중에서 지적에 관하여 전문지식을 가지고 해당 지역의 사정에 정통한 사람 중에서 국토교통부장관이 지명한다.

---

② 축척변경 시행지역의 토지소유자가 5명 이하일 때에는 토지소유자 전원을 위원으로 위촉한다.
③ 5명 이상 10명 이하의 위원으로 구성하되, 위원의 2분의 1 이상을 토지소유자로 하여야 한다.
④ 위원은 해당 축척변경 시행지역의 토지소유자로서 지역 사정에 정통한 사람과 지적에 관하여 전문지식을 가진 사람 중에서 지적소관청이 위촉한다.

86 「공간정보의 구축 및 관리 등에 관한 법률」상 토지소유자가 하여야 하는 신청을 대신할 수 없는 자는?(단, 등록사항정정 대상토지는 제외한다.)

① 토지점유자
② 채권을 보전하기 위한 채권자
③ 학교용지, 도로, 수도용지 등의 지목으로 될 토지의 경우 그 해당사업의 시행자
④ 지방자치단체가 취득하는 토지의 경우 그 토지를 관리하는 지방자치단체의 장

토지소유자의 신청을 대신(등록사항정정 토지는 제외)하는 신청의 대위에는 ②, ③, ④ 외 「민법」 제404조에 따른 채권자가 있다. 토지점유자는 해당되지 않는다.

87 「공간정보의 구축 및 관리 등에 관한 법률」의 기본원칙이 아닌 것은?

① 토지표시의 공시
② 등록사항의 국가 결정
③ 등록사항의 실질적 심사
④ 등록사항의 형식적 심사

「공간정보의 구축 및 관리 등에 관한 법률」은 국가가 토지의 표시(토지의 소재 · 지번 · 지목 · 면적 · 경계 또는 좌표를 등록한 것)를 지적공부에 등록하고 공시하는 것과 등록사항을 실질적으로 심사하는 것을 규정하고 있다.

88 다음 중 1년 이하의 징역 또는 1천만 원 이하의 벌금에 처하는 경우는?

① 고의로 측량성과를 다르게 한 자
② 정당한 사유 없이 측량을 방해한 자
③ 지적측량수수료 외의 대가를 받은 지적측량기술자
④ 본인 또는 배우자가 소유한 토지에 대한 지적측량을 한 자

① 고의로 측량성과를 사실과 다르게 한 자는 2년 이하의 징역 또는 2천만 원 이하의 벌금에 처한다.
② 정당한 사유 없이 측량을 방해한 자에게는 300만 원 이하의 과태료를 부과한다.
④ 본인, 배우자 또는 직계 존속 · 비속이 소유한 토지에 대한 지적측량을 한 자에게는 300만 원 이하의 과태료를 부과한다.

89 도시 · 군관리계획으로 결정하는 주거지역의 분류 및 설명으로 옳은 것은?

① 준주거지역 : 편리한 주거환경을 조성하기 위하여 필요한 지역
② 전용주거지역 : 양호한 주거환경을 보호하기 위하여 필요한 지역
③ 일반준주거지역 : 근린지역에서의 일용품 및 서비스의 공급을 위하여 필요한 지역
④ 일반주거지역 : 주거기능을 위주로 일부 상업기능 및 업무기능을 보완하기 위하여 필요한 지역

① 준주거지역 : 주거기능을 위주로 이를 지원하는 일부 상업기능 및 업무기능을 보완하기 위하여 필요한 지역
③ 일반준주거지역 : 주거기능을 위주로 이를 지원하는 일부 상업기능 및 업무기능을 보완하기 위하여 필요한 지역
④ 일반주거지역 : 편리한 주거환경을 조성하기 위하여 필요한 지역

90 「공간정보의 구축 및 관리 등에 관한 법령」상 지적위원회에 관한 설명으로 옳지 않은 것은?

① 지적위원회에는 중앙지적위원회와 지방지적위원회가 있다.

② 지방지적위원회의 위원장 및 부위원장을 제외한 위원의 임기는 2년으로 한다.

③ 지방지적위원회는 지적측량 적부심사청구를 회부받은 날부터 60일 이내에 심의·의결하여야 한다.

④ 중앙지적위원회의 위원장은 국토교통부의 지적업무 담당 과장이 되고, 부위원장은 위원 중에서 임명한다.

해설 중앙지적위원회는 위원장 1명(국토교통부 지적업무 담당 국장)과 부위원장 1명(국토교통부 지적업무 담당 과장)을 포함하여 5명 이상 10명 이하의 위원으로 구성된다.

91 다음 중 「공간정보의 구축 및 관리 등에 관한 법률」의 목적으로 볼 수 없는 것은?

① 해상교통의 안전   ② 토지개발의 촉진

③ 국토의 효율적 관리   ④ 국민의 소유권 보호에 기여

해설 「공간정보의 구축 및 관리 등에 관한 법률」은 측량 및 수로조사의 기준 및 절차와 지적공부·부동산종합공부의 작성 및 관리 등에 관한 사항을 규정함으로써 국토의 효율적 관리와 해상교통의 안전 및 국민의 소유권 보호에 기여함을 목적으로 한다.

92 「국토의 계획 및 이용에 관한 법률」상 입지규제최소구역에서의 다른 법률 규정을 적용하지 아니할 수 있는 사항으로 옳지 않은 것은?

① 「도로법」 제40조에 따른 접도구역

② 「주차장법」 제19조에 따른 부설주차장의 설치

③ 「문화예술진흥법」 제9조에 따른 건축물에 대한 미술작품의 설치

④ 「주택법」 제35조에 따른 주택의 배치, 부대시설·복리시설의 설치기준 및 대지조성 기준

해설 「도로법」 제40조에 따른 접도구역은 입지규제최소구역에서의 다른 법률의 적용 특례에 해당되지 않는다.

93 다음 중 지적소관청이 관할 등기관서에 등기촉탁을 하는 사유에 해당되지 않는 것은?

① 축척변경   ② 신규등록

③ 등록사항의 직권정정   ④ 행정구역 개편에 따른 지번부여

해설 등기촉탁의 대상에는 ①, ③, ④ 외 지번을 변경한 때, 등록사항의 오류를 지적소관청이 직권으로 조사·측량하여 정정한 때 등이 있다.

94 「공간정보의 구축 및 관리 등에 관한 법률」상 용어의 정의로 옳은 것은?

① "경계점"이란 구면좌표를 이용하여 계산한다.
② "토지의 이동"이란 토지의 표시를 새로이 정하는 경우만을 말한다.
③ "지적공부"란 정보처리시스템에 저장된 것을 제외한 토지대장, 임야대장 등을 말한다.
④ "토지의 표시"란 지적공부에 토지의 소재ㆍ지번ㆍ지목ㆍ면적ㆍ경계 또는 좌표를 등록한 것을 말한다.

해설
① 경계점이란 필지를 구획하는 선의 굴곡점으로서 지적도나 임야도에 도해 형태로 등록하거나 경계점좌표등록부에 좌표 형태로 등록하는 점을 말한다.
② 토지의 이동이란 토지의 표시를 새로 정하거나 변경 또는 말소하는 것을 말한다.
③ 지적공부란 토지대장, 임야대장, 공유지연명부, 대지권등록부, 지적도, 임야도 및 경계점좌표등록부 등 지적측량 등을 통하여 조사된 토지의 표시와 해당 토지의 소유자 등을 기록한 대장 및 도면(정보처리시스템을 통하여 기록ㆍ저장된 것을 포함)을 말한다.

95 「부동산등기법」상 등기관이 토지 등기기록의 표제부에 기록하여야 하는 사항으로 옳지 않은 것은?

① 경계   ② 면적   ③ 지목   ④ 지번

해설
등기관은 토지 등기기록의 표제부에 표시번호, 접수연월일, 소재와 지번, 지목, 면적, 등기원인을 기록하여야 한다.

96 「부동산등기법」상 토지가 멸실된 경우 그 토지소유권의 등기명의인은 그 사실이 있는 때부터 얼마 이내에 그 등기를 신청하여야 하는가?

① 1개월 이내   ② 2개월 이내   ③ 3개월 이내   ④ 6개월 이내

해설
멸실등기의 신청은 그 사실이 있는 때부터 1개월 이내에 신청하여야 한다.

97 「공간정보의 구축 및 관리 등에 관한 법률」상 지적공부 등록사항의 정정에 대한 내용으로 옳지 않은 것은?

① 등록사항의 정정이 토지소유자에 관한 사항일 경우 지적공부등본에 의하여야 한다.
② 토지소유자는 지적공부의 등록사항에 잘못이 있음을 발견하면 지적소관청에 그 정정을 신청할 수 있다.
③ 지적소관청은 지적공부의 등록사항에 잘못이 있음을 발견하면 대통령령으로 정하는 바에 따라 직권으로 조사ㆍ측량하여 정정할 수 있다.
④ 등록사항의 정정으로 인접토지의 경계가 변경되는 경우 그 정정은 인접 토지소유자의 승낙서를 제출하여야 한다(토지소유자가 승낙하지 아니하는 경우는 이에 대항할 수 있는 확정판결서 정본을 제출한다).

해설 지적소관청은 등록사항 정정사항이 토지소유자에 관한 사항인 경우에는 등기필증, 등기완료통지서, 등기사항증명서 또는 등기관서에서 제공한 등기전산정보자료에 따라 정정하여야 한다. 미등기 토지에 대하여 토지소유자의 성명 또는 명칭, 주민등록번호, 주소 등에 관한 사항의 정정을 신청한 경우로서 그 등록사항이 명백히 잘못된 경우에는 가족관계 기록사항에 관한 증명서에 따라 정정하여야 한다.

98 측량업자로서 속임수, 위력(威力), 그 밖의 방법으로 측량업과 관련된 입찰의 공정성을 해친 자에 대한 벌칙 기준은?

① 300만 원 이하의 과태료
② 1년 이하의 징역 또는 1천만 원 이하의 벌금
③ 2년 이하의 징역 또는 2천만 원 이하의 벌금
④ 3년 이하의 징역 또는 3천만 원 이하의 벌금

해설 측량업자로서 속임수, 위력, 그 밖의 방법으로 측량업과 관련된 입찰의 공정성을 해친 자는 3년 이하의 징역 또는 3천만 원 이하의 벌금에 처한다.

99 국토교통부장관, 해양수산부장관 또는 시·도지사가 측량업자에게 측량업의 등록을 취소하거나 1년 이내의 기간을 정하여 영업의 정지를 명할 수 있는 경우에 해당하지 않는 것은?

① 고의 또는 과실로 측량을 부정확하게 한 경우
② 거짓이나 그 밖의 부정한 방법으로 측량업의 등록을 한 경우
③ 지적측량업자가 업무 범위를 위반하여 지적측량을 한 경우
④ 정당한 사유 없이 측량업의 등록을 한 날부터 1년 이내에 영업을 시작하지 아니한 경우

해설 거짓이나 그 밖의 부정한 방법으로 측량업의 등록을 한 경우에는 측량업의 등록을 취소하여야 한다.

100 「지적측량 시행규칙」에 따른 지적측량의 실시기준 중 지적도근점측량을 실시하여야 하는 경우로 옳은 것은?

① 측량지역의 지형상 지적삼각점의 재설치가 필요한 경우
② 세부측량을 하기 위하여 지적삼각보조점의 설치가 필요한 경우
③ 측량지역의 면적이 해당 지적도 1장에 해당하는 면적 이상인 경우
④ 지적도근점의 설치 또는 재설치를 위하여 지적삼각점이나 지적삼각보조점의 설치가 필요한 경우

해설 지적도근점측량은 축척변경을 위한 측량, 도시개발사업 등으로 인한 지적확정측량, 「국토의 계획 및 이용에 관한 법률」이 규정한 용도지역 중 도시지역의 세부측량, 측량지역의 면적이 해당 지적도 1장에 해당하는 면적 이상인 경우 및 세부측량에 특히 필요한 경우에 실시한다. ①, ②, ④는 지적삼각점측량·지적삼각보조점측량 실시기준이다.

1과목 **지적측량**

---

01 중부원점지역에 설치된 지적삼각점의 경위도좌표에 해당되는 것은?

① 북위 37°43′23″, 동경 129°58′53″

② 북위 36°56′18″, 동경 128°34′35″

③ 북위 35°32′36″, 동경 126°24′36″

④ 북위 34°23′14″, 동경 125°21′46″

해설 우리나라 평면직각좌표의 원점(4대 원점)

명칭	경도	위도	적용 범위
서부좌표계	동경(E) 125°00′00″.0	북위(N) 38°00′00″.0	동경 124~126°
중부좌표계	동경(E) 127°00′00″.0	북위(N) 38°00′00″.0	동경 126~128°
동부좌표계	동경(E) 129°00′00″.0	북위(N) 38°00′00″.0	동경 128~130°
동해(울릉)좌표계	동경(E) 131°00′00″.0	북위(N) 38°00′00″.0	동경 130~132°
단일평면좌표계(UTM−K)	동경(E) 127°30′00″.0	북위(N) 38°00′00″.0	한반도 전역

---

02 지적도의 축척이 1/600 지역에서 산출면적이 327.55m²일 때 결정면적은?

① 327m²

② 327.5m²

③ 327.6m²

④ 328m²

해설 지적도의 축척이 1/600인 지역과 경계점좌표등록부에 등록하는 지역의 토지면적은 m² 이하 한 자리 단위로 하되, 0.1m² 미만의 끝수가 있는 경우 0.05m² 미만일 때에는 버리고 0.05m²를 초과할 때에는 올리며, 0.05m² 일 때에는 구하려는 끝자리의 숫자가 0 또는 짝수면 버리고 홀수면 올린다. 다만, 1필지의 면적이 0.1m² 미만일 때에는 0.1m²로 한다.

---

03 지적도근점측량에서 변장거리가 200m, 측점에서 5cm 오차가 있었다면 측각치의 오차는?

① 22″　　　　　② 32″　　　　　③ 42″　　　　　④ 52″

해설 시준(관측)오차

$$\frac{\Delta l}{L} = \frac{\theta''}{\rho''}$$

$$\theta'' = \frac{\Delta l \times \rho''}{L} = \frac{0.05\text{m} \times 206,265''}{200\text{m}} \fallingdotseq 52''$$

04 각을 측정할 때 발생할 수 있는 오차에 해당되지 않는 것은?

① 정오차　　　　　　　　　　② 과대오차
③ 우연오차　　　　　　　　　④ 확률중등오차

해설 각관측 시 발생하는 오차에는 착오(과실 또는 과대오차), 정오차(계통오차 또는 누차), 부정오차(우연오차 또는 상차)가 있다.

05 다음 중 경위의측량방법과 평판측량방법으로 세부측량을 할 때 측량준비파일 작성에 공통적으로 포함되는 사항이 아닌 것은?

① 도곽선과 그 수치　　　　　　② 행정구역선과 그 명칭
③ 측량대상 토지의 지번 및 지목　④ 인근 토지의 경계점 좌표 및 경계선

해설 경위의측량방법은 수치지역(경계점좌표등록부 시행지역)에서 실시하는 세부측량방법이므로 측량준비파일에 경계점좌표가 포함되고, 평판측량방법은 도해지역(지적도 · 임야도 시행지역)에서 실시하는 세부측량방법이므로 경계선이 포함된다.

06 전자면적측정기에 의한 면적측정 기준에 대한 설명으로 옳은 것은?

① 측정면적은 10,000분의 1m² 까지 계산하여 10분의 1m² 단위로 정한다.
② 측정면적은 1,000분의 1m² 까지 계산하여 10분의 1m² 단위로 정한다.
③ 측정면적은 1,000분의 1m² 까지 계산하여 100분의 1m² 단위로 정한다.
④ 측정면적은 10,000분의 1m² 까지 계산하여 100분의 1m² 단위로 정한다.

해설 좌표면적계산법(경계점좌표등록부 지역)에 따른 산출면적은 1,000분의 1m² 까지 계산하여 10분의 1m² 단위로 정하고, 전자면적측정기(도해지역)에 따른 측정면적은 1,000분의 1m² 까지 계산하여 10분의 1m² 단위로 정한다.

07 다음 그림에서 전제장 $l(\overline{PA} = \overline{PB})$의 길이 (㉠)와 전제면적(㉡)으로 옳은 것은?(단, $\theta = 82°21'50''$, $L = 5$m이다.)

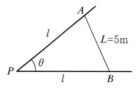

① ㉠ 3.364m, ㉡ 9.74m² ② ㉠ 3.797m, ㉡ 7.14m²

③ ㉠ 3.896m, ㉡ 18.82m² ④ ㉠ 3.988m, ㉡ 14.29m²

> **해설** 전제장과 전제면적 계산
>
> $$전제장(l) = \frac{L}{2}\operatorname{cosec}\frac{\theta}{2} = \frac{5}{2}\operatorname{cosec}\frac{82°\,21'\,50''}{2} = 3.797\text{m}$$
>
> $$전제면적(A) = \left(\frac{L}{2}\right)^2 \cdot \cot\frac{\theta}{2} = \left(\frac{5}{2}\right)^2 \cdot \cot\frac{82°\,21'\,50''}{2} = 7.14\text{m}^2$$

08 전파기 또는 광파기측량방법에 따라 다각망도선법으로 지적삼각보조점측량을 할 때 기지점과 교점을 포함하여 1도선의 점의 수는 몇 점 이하로 하여야 하는가?

① 5점 이하 ② 10점 이하

③ 15점 이하 ④ 20점 이하

> **해설** 전파기 또는 광파기측량방법에 따라 다각망도선법으로 지적삼각보조점측량을 할 때에는 3점 이상의 기지점을 포함한 결합다각방식에 따르고, 1도선(기지점과 교점 간 또는 교점과 교점 간)의 점의 수는 기지점과 교점을 포함하여 5점 이하로 하며, 1도선의 거리(기지점과 교점 또는 교점과 교점 간 점간거리의 총합계)는 4km 이하로 한다.

09 토털스테이션을 이용한 작업의 장점으로 가장 거리가 먼 것은?

① 각과 거리를 동시에 측정할 수 있다.
② 전자기록장치를 사용할 수 있어 작업효율이 높다.
③ 날씨나 장애물의 영향을 받지 않아 항상 작업이 가능하다.
④ 측정에 있어 사용자에 따른 눈금읽기 오차로 인한 실수를 피할 수 있다.

> **해설** 토털스테이션은 거리를 측정하는 광파거리측정기와 각(수평각·연직각)을 측정하는 전자 데오돌라이트를 하나의 기계로 통합한 장비로서 날씨나 장애물의 영향을 받는 단점이 있다.

10 지적도근점측량에서 측각오차를 배부할 때 소수점 아래의 단수처리방법은?

① 모두 올린다. ② 모두 버린다.

③ 4사 5입법에 의한다. ④ 5사 5입법에 의한다.

해설 지적측량에서 각, 거리, 면적 등을 결정할 때 오사오입의 법칙에 의하여 구하려는 끝자리의 다음 숫자가 5를 초과할 경우에는 올리고 5 미만일 경우에는 버리며, 5일 경우에는 구하려는 끝자리의 숫자가 홀수면 올리고 0 또는 짝수면 버린다.

11 표준자보다 5cm 긴 50m의 줄자를 이용하여 정방형 토지의 면적을 측정한 결과 40,000m²였다면, 이 토지의 정확한 면적은?

① 39,920m² ② 39,980m²

③ 40,080m² ④ 40,100m²

해설 줄자가 늘어나 부호는 (+)가 되므로,

40,000m²의 토지가 정방형으로 한 변의 거리$(a) = \sqrt{40,000} = 200$m

한 변의 실제거리$(L_0) = L \pm \left(\dfrac{\Delta l}{l} \times L \right) = 200 + \left(\dfrac{0.05}{50} \times 200 \right) = 200.2$m

(L : 관측 총거리, Δl : 구간 관측오차, l : 구간 관측거리)

∴ 정확한 면적$(A) = 200.2 \times 200.2 = 40,080$m²

12 지적삼각보조점측량에서 지적삼각보조점을 구성할 수 있는 망 형태로 옳은 것은?

① 교회망 또는 교점다각망 ② 사각망 또는 교점다각망

③ 삼각쇄망 또는 교점다각망 ④ 유심다각망 또는 교점다각망

해설 지적삼각보조점은 교회망 또는 교점다각망으로 구성하여야 한다.

13 지적삼각점의 선점에 대한 설명으로 옳지 않은 것은?

① 사용이 편리하고 발견이 쉬운 장소가 좋다.

② 측량지역의 특정 장소에 밀집하여 배치하도록 한다.

③ 지반이 견고하고, 가급적 시준선상에 장애물이 없도록 한다.

④ 후속 측량에 편리하고 영구적으로 보존할 수 있는 위치이어야 한다.

해설 지적삼각점 선점 시에는 ①, ③, ④ 외 가능한 한 정삼각형에 가까운 형태가 되는 곳, 삼각점 상호 간 시통이 양호한 곳, 식별하기 좋은 곳, 교통 장애가 없는 곳이 좋으며, 측량의 목적·정밀도·정확도 등을 고려하여 측량지역에 균일한 밀도로 배치하도록 한다.

14 수평각 측정에 있어서 측점에 편심이 있었을 때 측정한 측각오차에 관한 설명 중 옳지 않은 것은?

① 측각오차는 편심량과 편심방향에 관계가 있다.
② 측각오차의 크기는 보통 측점거리에 비례한다.
③ 편심방향이 시준방향에 직각인 경우에 측각오차가 가장 크다.
④ 시준방향과 편심방향이 같을 때에는 측각오차가 거의 없다.

해설 삼각측량의 수평각관측에서 삼각점의 중심에 기계를 세우지 못하고 가까운 거리에 이동하여 기계를 세워서 관측하는 경우를 측점편심이라 하고, 편심한 측점에서 삼각점에서 관측한 것과 같은 값을 계산하는 것을 수평각의 측점귀심이라고 한다.

$$편심각(\gamma'') = \frac{k \cdot \sin\alpha}{D \cdot \sin 1''}$$

[k : 편심거리, D : 시준점과 삼각점 간 거리, α : 방향관측각 $+360° - \theta(\theta =$ 편심측점의 내각), $\sin 1'' = \rho''$: 206264.8'']이므로,
∴ 측각오차의 크기는 편심거리에 비례하고 측점거리에 반비례한다.

15 시·도지사가 지적삼각점성과를 관리할 때 지적삼각점성과표에 기록·관리하여야 하는 사항이 아닌 것은?

① 자오선수차
② 좌표 및 표고
③ 소재지와 측량연월일
④ 번호 및 위치의 약도

해설 지적기준점성과표의 기록·관리사항

지적삼각점성과	지적삼각보조점성과 및 지적도근점성과
• 지적삼각점의 명칭과 기준 원점명	• 번호 및 위치의 약도
• 좌표 및 표고	• 좌표와 직각좌표계 원점명
• 경도 및 위도(필요한 경우로 한정한다.)	• 경도와 위도(필요한 경우로 한정한다.)
• 자오선수차(子午線收差)	• 표고(필요한 경우로 한정한다.)
• 시준점(視準點)의 명칭, 방위각 및 거리	• 소재지와 측량연월일
• 소재지와 측량연월일	• 도선등급 및 도선명
	• 표지의 재질
	• 도면번호
	• 설치기관
	• 조사연월일, 조사자의 직위·성명 및 조사 내용

16 경위의측량방법에 따른 세부측량의 기준으로 옳은 것은?

① 거리측정단위는 0.01cm로 한다.
② 경계점의 점간거리는 1회 측정한다.
③ 관측은 30초독 이상의 경위의를 사용한다.
④ 수평각의 관측은 1대회의 방향관측법이나 2배각의 배각법에 따른다.

① 경위의측량방법에 따른 세부측량의 거리측정단위는 1cm로 한다.
② 경계점의 점간거리는 2회 측정(측정치의 교차가 평균치의 3,000분의 1 이하일 때에는 그 평균치)한다.
③ 관측은 20초독 이상의 경위의를 사용한다.

17 30m의 줄자로 120m의 거리를 4구간으로 나누어 측정하였다. 구간마다 ±5cm의 우연오차가 발생하였다면, 전 구간에서 발생할 우연오차는?

① ±5cm　　　　② ±10cm　　　　③ ±15cm　　　　④ ±20cm

해설 우연오차(부정오차)$(M) = \pm m\sqrt{n} = 5\sqrt{4} = \pm 10$cm
(m : 1구간의 우연오차, n : 관측횟수)

18 평판측량방법으로 조준의를 사용하여 경사거리를 측정한 결과가 아래와 같은 경우 수평거리로 옳은 것은?(단, 경사거리는 74.3m, 경사분획은 6.5이다.)

① 72.3m　　　　② 74.1m　　　　③ 81.1m　　　　④ 82.3m

해설 수평거리$(L) = \dfrac{L_0}{\sqrt{1 + \left(\dfrac{n}{100}\right)^2}} = \dfrac{74.3}{\sqrt{1 + \left(\dfrac{6.5}{100}\right)^2}} = 74.1$m

(L_0 : 경사거리, n : 앨리데이드 분획 수)

19 30m 표준자보다 20cm가 짧은 스틸테이프를 사용하여 두 점의 거리를 측정한 결과 1.5km일 때, 두 점의 실제거리는?

① 1,486m　　　　② 1,490m　　　　③ 1,494m　　　　④ 1,499m

해설 두 점의 실제거리$(L_0) = L \pm \left(\dfrac{\Delta l}{l} \times L\right) = 1,500 - \left(\dfrac{0.02}{30} \times 1,500\right) = 1,499$m

(L : 관측 총거리, Δl : 구간 관측오차, l : 구간 관측거리)

20 배각법으로 지적도근점측량을 실시한 결과 횡선오차(f_y)가 +0.16m, 횡선차(Δy)의 절대치의 합계가 396.28일 때, 4cm를 배분할 횡선차는?

① 75.36m　　　　② 86.95m　　　　③ 99.07m　　　　④ 105.30m

해설 $T = \dfrac{e}{L} \times l \rightarrow \therefore$ 4cm를 배분할 횡선차$(l) = \dfrac{TL}{e} = \dfrac{0.04 \times 396.28}{0.16} = 99.07$m

(T : 각 측선의 종선차 또는 횡선차에 배분할 cm 단위의 수치, e : 종선오차 또는 횡선오차, L : 종선차 또는 횡선차의 절대치의 합계, l : 각 측선의 종선차 또는 횡선차)

21 정밀도 저하율(DOP)의 종류에 대한 설명으로 틀린 것은?

① GDOP : 기하학적 정밀도 저하율

② HDOP : 시간정밀도 저하율

③ RDOP : 상대정밀도 저하율

④ PDOP : 위치정밀도 저하율

> **해설** DOP(Dilution of Precision, 정밀도 저하율)의 종류에는 GDOP[Geometrical DOP, 기하학적 정밀도 저하율(3~5 정도가 적당)], PDOP[Position DOP : 위치정밀도 저하율(3차원 위치, 2.5 이하가 적당)], HDOP[Horizintal DOP, 수평 정밀도 저하율(수평위치)], VDOP[Vertical DOP, 수직 정밀도 저하율(높이)], RDOP(Relation DOP, 상대 정밀도 저하율), TDOP(Time DOP, 시간 정밀도 저하율) 등이 있다.

22 반지름 100m의 단곡선을 설치하기 위하여 교각 I를 관측하였더니 60°였다. 곡선시점과 교점(I.P) 간의 거리는?

① 45.25m ② 55.57m ③ 57.74m ④ 81.37m

> **해설** 접선길이$(T.L) = R \cdot \tan\dfrac{I}{2} = 100 \times \tan\dfrac{60°}{2} = 57.74m$

23 GNSS측량 시 이중 주파수 관측을 통해 실질적으로 소거할 수 있는 오차는?

① 다중경로 오차   ② 전리층 굴절오차

③ 대류권 굴절오차   ④ 위성궤도 오차

> **해설** GNSS측량에서 전리층 굴절오차는 전파가 전리층을 통과할 때 굴절되면서 발생하는 오차로서 이중 주파수 관측을 통해 L₁ 신호와 L₂ 신호의 굴절 비율을 이용하여 소거하거나 항법메시지에 포함된 오차보정계수를 이용하여 전리층 효과를 보정할 수 있다.

24 표고가 동일한 A, B 두 지점에서 지구 중심방향으로 깊이 1,000m인 수직터널을 각각 굴착하였다. 지표에서 150m 떨어진 두 점 간의 수평거리와 지하 1,000m 깊이의 두 점 간의 수평거리의 차이는?(단, 지구의 반지름은 6,370km이다.)

① 2cm ② 4cm ③ 6cm ④ 8cm

> **해설** 비례식에 의하면, 6,370km : (6,370km − 1,000m) = 150m : 1,000m 깊이의 수평거리
>
> 지하 1,000m 깊이의 수평거리 $= \dfrac{6,369,000 \times 150}{6,370,000} = 149.9764m$
>
> ∴ 150m − 149.9764m = 0.0236m ≒ 2cm

25 위성을 이용한 원격탐사의 일반적인 특징에 대한 설명으로 옳지 않은 것은?

① 넓은 지역을 짧은 시간에 관측할 수 있다.
② 육안으로 식별되지 않는 대상도 측정할 수 있다.
③ 어떤 대상이든 원하는 시간에 쉽게 관측할 수 있다.
④ 관측 시야각이 작아 취득한 영상은 정사투영에 가깝다.

> **해설** 위성을 이용한 원격탐사는 회전주기가 일정하므로 원하는 시기에 원하는 지점을 관측하기가 어렵다.

26 그림과 같이 2개의 산꼭대기가 서로 만나는 곳으로 좋은 교통로가 되는 고개부분을 무엇이라 하는가?

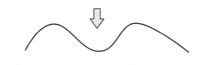

① 안부   ② 요지   ③ 능선   ④ 경사변환점

> **해설** 안부(鞍部)는 서로 인접한 산봉우리와 산봉우리 사이에 있는 낮은 부분을 말한다. 산배선(山背線)과 곡선(谷線)의 지성선이 교차한 곳으로 일반적으로 산을 넘는 도로가 통하는 곳이며, 고개, 재 또는 영이라고도 한다.

27 교각 $I=60°$, 곡선반지름 $R=150$m인 노선의 기점에서 교점(I.P)까지의 추가거리가 210.60m 일 때 시단현의 편각은?(단, 중심말뚝은 40m마다 설치하는 것으로 가정한다.)

① $0°45'50''$ ② $3°03'59''$
③ $6°16'20''$ ④ $6°52'32''$

> **해설** 접선길이$(T.L) = R \cdot \tan\dfrac{I}{2} = 150 \times \tan\dfrac{60°}{2} = 86.60$m
>
> 곡선시점$(B.C)$의 위치 $=$ 총연장 $- T.L = 210.60$m $- 86.60$m $= 124.00$m $\rightarrow$ No.3$+4.00$m
> 시단현길이$(l_1) = 40$m $- 4.00$m $= 36.00$m
>
> 시단현의 편각$(\delta_1) = 1,718.87' \times \dfrac{l_1}{R} = 1,718.87' \times \dfrac{36}{150} = 6°52'31.73'' \fallingdotseq 6°52'32''$

28 축척 1/50,000 지도상에서 도상거리가 8cm인 두 점 사이의 실제거리는?

① 1.6km   ② 4km   ③ 8km   ④ 16km

> **해설** 축척$(M) = \dfrac{1}{m} = \dfrac{l}{D}$
>
> $D = 50,000 \times 0.08$m $= 4,000$m $= 4$km
> (m : 축척분모, l : 도상거리, D : 지상거리)

29 완화곡선의 성질에 대한 설명으로 옳은 것은?

① 완화곡선의 반지름은 종점에서 무한대가 된다.

② 완화곡선은 원곡선이 연속되는 경우에 설치되는 것으로 원곡선과 원곡선 사이에 설치하는 곡선이다.

③ 완화곡선의 접선은 종점에서 직선에 접한다.

④ 완화곡선의 종점에 있는 캔트는 원곡선의 캔트와 같게 된다.

해설 완화곡선의 반지름은 시점에서는 무한대이며, 종점에서는 원곡선의 반지름과 같다. 완화곡선의 접선은 시점에서 직선에, 종점에서 원호에 접한다.

30 수치사진측량의 영상정합(Image Matching) 방법에 해당되지 않는 것은?

① 형상기준 정합   ② 미분연산자 정합

③ 영역기준 정합   ④ 관계형 정합

해설 영상정합은 입체영상 중 한 영상의 위치에 해당하는 실제의 객체가 다른 영상의 어느 위치에 형성되었는가를 발견하는 작업이며, 영역기준 정합과 형상기준 정합, 관계형 정합 방법이 있다.

31 지형측량에서 산지의 형상, 토지의 기복 등을 나타내기 위한 지형의 표시방법이 아닌 것은?

① 등고선법   ② 방사법

③ 음영법   ④ 영선법

해설 지형도에 의한 지형의 표시방법에는 자연도법[영선법(게바법, 우모법)·음영법(명암법)]과 부호도법(점고법·등고선법·채색법)이 있다.

32 GPS에 이용되는 WGS84 좌표계는 다음 중 어디에 해당하는가?

① 경위도좌표계   ② 극좌표계

③ 평면직교좌표계   ④ 지심좌표계

해설 GPS에 이용되는 WGS84는 지구의 질량중심에 위치한 좌표원점과 X, Y, Z축으로 정의되는 지구중심좌표계이다.

33 항공사진의 특수 3점 중 기복변위의 중심점이 되는 것은?

① 연직점   ② 주점

③ 등각점   ④ 표정점

34 A, B 두 지점 간 지반고의 차를 구하기 위하여 왕복 관측한 결과, 그림과 같은 관측값을 얻었다. 지반고 차의 최확값은?

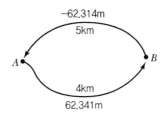

① 62.326m

② 62.329m

③ 62.334m

④ 62.341m

35 등고선을 이용하여 결정하는 지성선(地性線)과 거리가 먼 것은?

① 삼각망 기선

② 최대경사선

③ 계곡선

④ 능선

36 수준측량에서 중간시가 많을 경우 가장 편리한 야장기입법은?

① 승강식

② 고차식

③ 기고식

④ 하강식

37 초점거리 15cm, 사진의 크기 23cm×23cm, 축척 1/20,000 촬영기준면으로부터 종중복도 60%가 되도록 수립된 촬영계획을 촬영종기선장을 유지하며 종중복도를 50%로 변경하였을 때, 비행고도의 변화량은?

① 333m
② 420m
③ 550m
④ 600m

해설 사진축척$(M) = \dfrac{1}{m} = \dfrac{f}{H} \rightarrow H = f \times m = 0.15\text{m} \times 20,000 = 3,000\text{m}$

촬영종기선장$(B) = a \cdot m\left(1 - \dfrac{p}{100}\right) = 0.23 \times 20,000\left(1 - \dfrac{60}{100}\right) = 1,840\text{m}$

(m : 축척분모, f : 렌즈의 초점거리, H : 촬영고도, a : 사진크기, p : 종중복도)

$B = 0.23 \times 20,000\left(1 - \dfrac{60}{100}\right) = 1,840\text{m}$이고, B가 일정하므로 종중복도 50%일 때,

축척분모$(m) = \dfrac{B}{a(1 - p/100)} = \dfrac{1,840}{0.23 \times (1 - 50/100)} = 16,000\text{m}$

비행고도$(H) = 0.15\text{m} \times 16,000 = 2,400\text{m}$

∴ 종중복도 60%와 50%일 때 비행고도(H)의 변화량은 $3,000\text{m} - 2,400\text{m} = 600\text{m}$

38 터널측량에 대한 설명으로 틀린 것은?

① 터널 내 측량은 주로 굴착방향과 표고를 결정하기 위하여 실시한다.
② 터널 내외 연결측량은 지상측량의 좌표와 지하측량의 좌표를 연결하기 위하여 실시한다.
③ 터널 외 측량은 주로 굴착을 위한 기준점 설치를 목적으로 한다.
④ 세부측량은 터널의 단면 변형과 변위 관리를 위해 시공 후 실시한다.

해설 터널측량에서 세부측량은 터널입구 및 가설계획에 필요한 상세지형도 작성을 위해 터널 외부 기준점 측량 후 시공 전에 실시한다. 터널의 내공단면측량과 변위계측 및 첨단 침하측량 등은 터널 완공 후에 실시한다.

39 노선측량의 완화곡선에서 클로소이드에 대한 설명으로 옳지 않은 것은?

① 클로소이드는 곡률이 곡선의 길이에 비례한다.
② 모든 클로소이드는 닮은꼴이다.
③ 종단곡선 설치에 가장 효율적이다.
④ 클로소이드의 요소에는 길이의 단위를 갖는 것과 단위가 없는 것이 있다.

해설 수평곡선에는 원곡선(단곡선 · 복심곡선 · 반향곡선 · 배향곡선)과 완화곡선(클로소이드 곡선 · 렘니스케이트 곡선 · 3차 포물선 · sin 체감곡선)이 있다. 수직곡선에는 원곡선, 2차 포물선 등이 있으며, 종단곡선 설치에는 수직곡선을 사용한다.

40 수준측량의 오차 중 우연오차에 해당되는 것은?

① 지구의 곡률에 의한 오차

② 빛의 굴절에 의한 오차

③ 표척의 눈금이 표준(검정)길이와 달라 발생하는 오차

④ 순간적인 레벨 시준측 변위에 의한 읽음 오차

해설 수준측량의 오차

- 부정오차(우연오차) : 레벨의 읽음 오차, 시차에 의한 오차, 아지랑이에 의한 오차, 기상(일조 · 바람 · 온도 · 습도 등)의 변화에 의한 오차, 기포관의 둔감에 의한 오차, 진동 및 지진에 의한 오차
- 정오차 : 시준축오차, 레벨 침하 오차, 표척 눈금의 부정확에 의한 오차, 표척의 영점오차, 표척 기울기에 의한 오차, 표척 침하 오차, 표척 이음새 오차, 지구 곡률오차, 광선 굴절오차

3과목 토지정보체계론

41 토지대장의 데이터베이스 관리시스템은?

① C − ISAM

② Infor Database

③ Access Database

④ RDBMS(Relational DBMS)

해설 RDBMS(관계형 데이터관리시스템)는 모든 데이터들이 테이블과 같은 형태로 데이터베이스를 구축하는 가장 전형적인 DBMS 모형이다. 토지대장과 같이 속성데이터만 관리하는 경우에는 RDBMS를 적용한다.

42 토지 관련 정보시스템의 구축 순서를 올바르게 나열한 것은?

① 지적행정시스템 → 필지중심토지정보시스템(PBLIS) → 토지관리정보체계(LMIS) → 한국토지 정보시스템(KLIS)

② 필지중심토지정보시스템(PBLIS) → 토지관리정보체계(LMIS) → 한국토지정보시스템(KLIS) → 지적행정시스템

③ 토지관리정보체계(LMIS) → 지적행정시스템 → 필지중심토지정보시스템(PBLIS) → 한국토지 정보시스템(KLIS)

④ 한국토지정보시스템(KLIS) → 토지관리정보체계(LMIS) → 지적행정시스템 → 필지중심토지 정보시스템(PBLIS)

해설 지적행정전산화는 토지기록 전산화(1978년 대장전산화 시범사업 · 1990년 대장전산화 완료 · 1996년 도면 전산화 시범사업 · 2003년 도면전산화 완료) → 필지중심토지정보시스템(2002년 시범사업 · 2003년 전국 확산) → 토지관리정보체계(1998년 시범사업 · 2004년 전국 확산) → 한국토지정보시스템(2004년 시범운 영 · 2005년 전국 확산) → 부동산종합공부시스템(2014년 운영) 순으로 추진되었다.

43 한국토지정보시스템(KLIS)에 대한 설명으로 옳은 것은?

① PBLIS와 LIS를 통합하여 구축한 것이다.

② 지하시설물 관리를 중심으로 구축한 것이다.

③ 토지관리 정보를 공동 활용하기 위해 구축한 것이다.

④ 과거 행정안전부에서 독자적으로 구축한 시스템이다.

해설 한국토지정보시스템(KLIS : Korea Land Information System)은 (구)건설교통부(현 국토교통부)의 토지종합정보망(LMIS)과 (구)행정자치부(현 행정안전부)의 필지중심토지정보시스템(PBLIS)을 통합한 시스템으로서 토지행정업무와 지적 관련 업무의 관리를 위해 구축되었다. 지적공부관리시스템, 지적측량성과작성시스템, 연속·편집도 관리시스템, 토지민원발급시스템, 도로명 및 건물번호부여 관리시스템, DB관리시스템 등으로 구성되어 있다.

44 규칙적인 격자(Cell)에 의하여 형상을 묘사하는 자료 구조는?

① 벡터자료 구조 ② 속성자료 구조

③ 필지자료 구조 ④ 래스터자료 구조

해설 벡터자료 구조는 점·선·면을 사용하여 객체의 위치와 경계를 좌표 형태로 표현한다. 래스터자료 구조는 영상을 일정 크기의 격자로 구성하고, 공간을 개별 속성값을 가진 셀(Cell)들의 집합으로 표현한다.

45 지적소관청이 부동산종합공부에 공통으로 등록하여야 하는 사항으로 옳지 않은 것은?

① 소재지 ② 관련 지번

③ 건축물 명칭 ④ 토지이동사유

해설 지적소관청이 부동산종합공부에 등록하는 사항

• 토지의 표시와 소유자에 관한 사항

• 건축물의 표시와 소유자에 관한 사항(토지에 건축물이 있는 경우만 해당)

• 토지의 이용 및 규제에 관한 사항

• 부동산의 가격에 관한 사항, 등기법에 따른 부동산의 권리에 관한 사항

46 필지중심토지정보시스템에서 도형정보와 속성정보를 연계하기 위하여 사용되는 가변성이 없는 고유번호는?

① 객체식별번호 ② 단일식별번호

③ 유일식별번호 ④ 필지식별번호

해설 필지중심토지정보시스템(PBLIS)에서 필지식별번호는 각 필지에 부여하는 가변성 없는 번호로서 필지에 관련된 자료의 공통적인 색인 역할과 필지별 대장과 도면의 등록사항을 연결 및 각 필지별 등록사항의 저장과 수정 등을 용이하게 처리할 수 있도록 한다.

47 전산화 관련 자료의 구조 중 하나의 조직 안에서 다수의 사용자들이 공통으로 자료를 사용할 수 있도록 통합 저장되어 있는 운영자료의 집합을 무엇이라고 하는가?

① DMS
② Geocode
③ Database
④ Expert System

> **해설** 데이터베이스(Database)는 하나의 조직 안에서 다수의 사용자들이 공동으로 사용할 수 있도록 통합(Integrated), 저장되어 있는 운영자료(Operational Data)의 집합을 의미하며 일반적으로 DB라 부른다.

48 필지중심토지정보시스템의 데이터베이스 설계에 대한 설명으로 옳지 않은 것은?

① 데이터베이스 설계는 기본 틀과 데이터의 관계를 논리적으로 연결해 주는 역할을 한다.
② 사용자 요구사항과 분야별 응용성, 다양한 데이터 간의 관계성 등을 고려하여 설계하여야 한다.
③ 데이터베이스 구조는 자료의 중복을 배제하고 자료의 공유 및 일관성을 유지할 수 있어야 한다.
④ 지적도면의 도곽은 필지경계가 수치화될 경우 의미가 없어서 도곽의 개념을 적용하지 않는다.

> **해설** 필지중심토지정보시스템(PBLIS)에서 도곽 및 도곽좌표는 필지경계와 함께 중요한 도형정보로 데이터베이스에 입력·저장된다.

49 국가지리정보체계의 추진과정에 관한 내용으로 틀린 것은?

① 1995년부터 2000년까지 제1차 국가GIS사업 수행
② 2006년부터 2010년에는 제2차 국가GIS기본계획 수립
③ 제1차 국가GIS사업에서는 지형도, 공동주제도, 지하시설물도의 DB 구축 추진
④ 제2차 국가GIS사업에서는 국가공간정보기반 확충을 통한 디지털 국토 실현 추진

> **해설** 국가지리정보체계(NGIS)의 추진과정
> • 제1차 기본계획(1995~2000) : 국가GIS사업으로 국토정보화의 기반 준비
> • 제2차 기본계획(2001~2005) : 국가공간정보기반을 확충하여 디지털 국토 실현
> • 제3차 기본계획(2006~2010) : 유비쿼터스 국토실현을 위한 기반조성
> • 제4차 기본계획(2010~2012) : 녹색성장을 위한 그린(GREEN) 공간정보사회 실현
> • 제5차 기본계획(2013~2017) : 공간정보로 실현하는 국민행복과 국가발전
> • 제6차 기본계획(2018~2022) : 공간정보 융·복합 르네상스로 살기 좋고 풍요로운 스마트코리아 실현

50 디지타이징에서 발생하는 오류가 아닌 것은?

① 방향의 혼돈
② 오버슈트(Overshoot)
③ 언더슈트(Undershoot)
④ 슬리버 폴리곤(Sliver Polygon)

디지타이징 및 스캐너에서 발생하는 오류
- 디지타이징 및 벡터편집 오류 유형 : 오버슈트(Overshoot, 기준선 초과 오류), 언더슈트(Undershoot, 기준선 미달 오류), 스파이크(Spike), 슬리버 폴리곤(Sliver Polygon), 점·선 중복(Overlapping), 댕글(Dangle)
- 스캐너로 읽은 래스터데이터의 벡터화 과정에서 발생하는 오류 유형 : 선의 단절, 주기와 대상물의 혼동, 방향의 혼돈, 불분명한 경계

51 지적 데이터베이스 설계 시 면적필드의 변수로 사용되는 것은?

① Text ② Char
③ Integer ④ Floating

해설 Floating은 지적 데이터베이스 설계 시 면적필드의 변수로 사용된다.

52 데이터베이스의 구축에 따른 장점으로 옳지 않은 것은?

① 자료의 중복을 방지할 수 있다.
② 통제의 분산화를 이룰 수 있다.
③ 자료의 효율적인 관리가 가능하다.
④ 같은 자료에 동시 접근이 가능하다.

해설 데이터베이스가 구축되면 집중된 통제에 따른 위험이 존재하는 단점이 있다.

53 지적재조사사업의 목적으로 옳지 않은 것은?

① 지적불부합지 문제 해소 ② 토지의 경계복원능력 향상
③ 지하시설물 관리체계 개선 ④ 능률적인 지적관리체계 개선

해설 지적재조사사업은 지적공부의 등록사항을 토지의 실제 현황과 일치시키고 종이 지적을 디지털 지적으로 전환하여 지적불부합지 문제를 해소하고, 토지의 경계복원력을 향상시키며, 능률적인 지적관리체제로 개선함으로써 국토를 효율적으로 관리하고 국민의 재산권 보호에 기여하는 것을 목적으로 한다.

54 SQL 언어 중 데이터 조작어(DML)에 해당하지 않는 것은?

① DROP ② INSERT ③ DELETE ④ UPDATE

해설 데이터베이스 언어에는 데이터 정의어(DDL), 데이터 조작어(DML), 데이터 제어어(DCL) 등이 있다. 이 중 데이터 조작어에는 데이터베이스에 저장된 자료를 검색(SELECT), 삽입(INSERT), 삭제(DELETE), 수정(UPDATE)하는 기능이 있다.

55 벡터데이터의 구성요소에 대한 설명으로 틀린 것은?

① 점사상은 차원은 없으나 심벌을 사용하여 지도나 컴퓨터상에 표현되는 객체이다.

② 지표상의 면사상 실체는 축척에 따라 면 또는 점사상으로 표현이 가능하다.

③ 선사상은 연속적인 선을 묘사하는 다수의 X, Y좌표 집합으로 아크, 체인, 스트링 등의 다양한 용어로 표현된다.

④ 선과 선을 가지고 추적할 수 있는 선형 네트워크를 형성하기 위해서 자료구조에 포인터의 삽입이 불필요하다.

> **해설** 선에서 선까지를 추적할 수 있는 선형 네트워크를 구성하여 전산처리될 수 있도록 자료구조에 포인터의 삽입이 필요하다.

56 두 개 또는 더 많은 레이어들에 대하여 불린(Boolean)의 OR 연산자를 적용하여 합병하는 방법으로, 기준이 되는 레이어의 모든 특징이 결과 레이어에 포함되는 중첩분석방법은?

① Clip   ② Union

③ Identity   ④ Intersection

> **해설** Union(합집합)은 두 개 이상의 레이어에 있는 도형정보를 OR 연산자를 이용하여 합병하는 방법이며, 입력레이어와 중첩레이어의 모든 레이어가 결과레이어에 포함되는 중첩분석의 한 유형이다.

57 위상 자료구조를 만드는 과정에 해당하는 것은?

① 스캐닝   ② 디지타이징

③ 구조화 편집   ④ 정위치 편집

> **해설** 구조화 편집이란 정위치 편집된 자료에서 데이터 간의 상관관계를 파악하기 위하여 위상구조를 가진 기하학적인 형태로 구성하는 것이다. 정위치 편집이란 지리조사 및 현지측량에서 얻은 자료를 이용하여 도화 데이터 또는 지도입력 데이터를 수정·보완하는 작업을 말한다.

58 필지중심토지정보시스템(PBLIS)의 업무 및 시스템 개발 내용으로 옳지 않은 것은?

① 지적측량업무   ② 지적공부관리업무

③ 지적소유권관리업무   ④ 지적측량성과작성업무

> **해설** 필지중심토지정보시스템(PBLIS)은 지적공부관리시스템, 지적측량시스템, 지적측량성과작성시스템으로 구성되었다.

59 다음 그림의 경계선을 체인코드 방법으로 올바르게 표기한 것은?

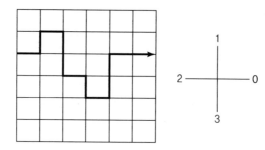

① 0,1,0,3,3,0,3,0,1,1,0,0
② $0,1,0,3^2,0,3,0,1^2,0^2$
③ ABACCACABBAA
④ $ABAC^2ACAB^2A^2$

> **해설** 래스터 자료구조의 압축방법 중 하나인 체인코드(Chain Code) 방법은 대상 지역에 해당하는 셀들의 연속적인 연결상태를 파악하여 압축시키는 방법으로 영역의 경계를 그 시작점과 방향(4방 또는 8방)에 대한 단위벡터로 표시하며, 각 방향은 동−0, 북−1, 서−2, 남−3으로 표시하고 픽셀의 수는 위첨자로 표시한다.

60 벡터자료의 특징에 대한 설명이 아닌 것은?

① 위상구조를 가질 수 있다.
② 확대 · 축소하여도 선이 매끄럽다.
③ 자료의 표준화를 위해 GeoTIFF가 개발되었다.
④ 객체의 크기와 방향성에 대한 정보를 가지고 있다.

> **해설** GeoTIFF는 래스터자료의 파일 형식 중 하나이다.

4과목 **지적학**

61 거래안전의 도모 및 배타적 소유권 보호와 관련 있는 것은?

① 공개주의
② 국정주의
③ 증거주의
④ 형식주의

> **해설** 우리나라 지적제도는 토지에 대한 등록사항을 국가가 결정(국정주의)하고, 그 사항을 지적공부에 등록하는 형식을 갖추어야(형식주의) 하며, 그 내용을 국민에게 공개하여 이용할 수 있도록(공개주의) 하고 있다. 따라서 지적공부의 등록사항을 지적공개주의에 모든 국민에게 공개함으로써 토지의 거래안전을 도모하고, 소유권을 보호할 수 있다.

62 지적의 기능 및 역할로 옳지 않은 것은?

① 재산권의 보호 ② 토지관리에 기여
③ 공정과세의 기초자료 ④ 쾌적한 생활환경 조성

해설 쾌적한 생활환경의 조성은 지적의 기능 및 역할에 해당되지 않는다.

63 우리나라의 지적제도와 등기제도에 대한 내용이 모두 옳은 것은?

구분	지적제도	등기제도
㉠ 편제방법	물적 편성주의	인적 편성주의
㉡ 심사방법	형식적 심사주의	실질적 심사주의
㉢ 공신력	불인정	인정
㉣ 토지제도의 기능	토지에 대한 물리적 현황의 등록공시	토지에 대한 법적 권리관계의 공시

① ㉠ ② ㉡ ③ ㉢ ④ ㉣

해설 편제방법은 지적제도와 등기제도 모두 물적 편성주의를 채택하고 있고, 심사방법은 지적제도는 실질적 심사주의, 등기제도는 형식적 심사주의를 채택하고 있다. 공신력은 지적제도와 등기제도 모두 인정되지 않고 있다.

64 지목설정에 대한 설명으로 옳지 않은 것은?

① 지목설정은 토지소유자의 신청이 있어야만 한다.
② 지목은 주된 사용목적 또는 용도에 따라 설정한다.
③ 지목은 하나의 필지에 하나의 지목만을 설정하여야 한다.
④ 지목설정은 행정기관인 지적소관청에서만 할 수 있다.

해설 우리나라는 지목뿐만 아니라 토지소재, 지번, 지목, 경계 또는 좌표 등 지적공부의 등록사항은 지적국정주의 원칙에 따라 국가(지적소관청)에서 결정하여 지적공부에 등록하며, 지목변경 등 토지의 이동이 발생한 경우에는 토지소유자가 신청하도록 하고 있다. 토지소유자가 신청을 게을리할 경우에는 직권등록주의에 따라 지적소관청이 직권으로 조사 · 측량하여 지적공부에 새로이 등록한다.

65 토지조사사업의 특징으로 틀린 것은?

① 근대적 토지제도가 확립되었다.
② 사업의 조사, 준비, 홍보에 철저를 기하였다.
③ 역둔토 등을 사유화하여 토지소유권을 인정하였다.
④ 도로, 하천, 구거 등을 토지조사사업에서 제외하였다.

해설 1909년 6월부터 1910년 9월까지 탁지부 소관 다른 국유지와 함께 전국의 역둔토 측량을 실시하여 조선총독부 소유로 국유화하여 총독부 재무부에서 관장하다가 역둔토협회가 전담하였다.

66 토지조사사업 초기의 임야도 표기방식에 대한 설명으로 틀린 것은?

① 임야 내 미등록 도로는 양홍색으로 표시하였다.
② 임야 경계와 토지소재, 지번, 지목을 등록하였다.
③ 모든 국유임야는 축척 1/6,000 지형도를 임야도로 간주하여 적용하였다.
④ 임야도의 크기는 남북 1척 3촌 2리(40cm), 동서 1척 6촌 5리(50cm)였다.

> **해설** 면적이 매우 큰 국유임야를 대상으로 축척 1/50,000 지형도에 등록하여 임야도로 간주하였다.

67 조선시대에 정약용의 양전개정론과 관계가 없는 것은?

① 경무법   ② 망척제   ③ 방량법   ④ 어린도법

> **해설** 망척제는 이기가 해학유서에서 수등이척제의 개선안으로 주장하였다.

68 임야조사사업에 대한 설명으로 옳지 않은 것은?

① 토지조사사업에서 제외된 임야를 대상으로 하였다.
② 1916년 시험 조사로부터 1924년까지 시행하였다.
③ 임야 내에 개재된 임야 이외의 토지를 대상으로 하였다.
④ 농경지 사이에 있는 5만 평 이하의 낙산임야를 대상으로 하였다.

> **해설** 임야조사사업은 1916년 시험 조사를 시작으로 토지조사사업에서 제외된 임야 및 임야 내에 개재된 임야 이외의 토지를 대상으로 실시하여 1924년에 완료하였다.

69 지적측량 대행제도를 운영하고 있지 않은 국가는?

① 독일   ② 스위스   ③ 프랑스   ④ 네덜란드

> **해설** 지적측량은 국가 직영(네덜란드, 대만, 미얀마, 인도네시아 등), 일부 대행(프랑스, 스위스, 독일 등), 완전 대행(한국, 일본 등) 방식으로 운영된다.

70 지적공부의 효력으로 옳지 않은 것은?

① 공적인 기록이다.
② 등록 정보에 대한 공신력이 있다.
③ 토지에 대한 사실관계의 등록이다.
④ 등록된 정보는 모두 공신력이 있다.

> **해설** 우리나라는 적극적 등록제도를 채택하고는 있지만, 지적제도와 등기제도 모두 공신력이 인정되지 않는다.

71 토지등록의 법적 지위에 있어서 토지의 이동은 반드시 외부에 알려야 한다는 일반원칙은?

① 공시의 원칙
② 공신의 원칙
③ 신고의 원칙
④ 형식의 원칙

해설 토지등록의 원칙 중 공시의 원칙은 토지등록의 법적 지위에 있어서 토지의 이동이나 물권의 변동은 반드시 외부에 알려야 한다는 원칙이다.

72 지목 "임야"의 명칭이 변천된 과정으로 옳은 것은?

① 산림산야 → 산림임야 → 임야
② 산림원야 → 산림산야 → 임야
③ 산림임야 → 산림산야 → 임야
④ 산림산야 → 산림원야 → 임야

해설 임야 지목의 변천은 산림원야(1907.5.16. 대구시가지 토지측량에 관한 타협사항) → 산림산야(1908.1. 21. 삼림법) → 임야(1910.8.24. 토지조사법) 순이다.

73 다음 중 지적 관련 법령의 변천 순서로 옳은 것은?

① 토지조사령 → 조선임야조사령 → 지세령 → 조선지세령 → 지적법
② 토지조사령 → 지세령 → 조선임야조사령 → 조선지세령 → 지적법
③ 토지조사령 → 조선임야조사령 → 조선지세령 → 지세령 → 지적법
④ 토지조사령 → 조선지세령 → 조선임야조사령 → 지세령 → 지적법

해설 토지조사법(1910.8.23. 법률 제7호) → 토지조사령(1912.8.13. 제령 제2호) → 지세령(1914.3.16. 제령 제1호) → 조선임야조사령(1918.5.1. 제령 제5호) → 조선지세령(1943.3.31. 제령 제6호) → 지적법(1950. 12.1. 법률 제165호) 순이다.

74 각 도에 지정측량사를 두어 광대지 측량업무를 대행함으로써 사실상의 지적측량 일부 대행제도가 시작된 시기는?

① 1910년
② 1918년
③ 1923년
④ 1938년

해설 지정측량사제도(각 도에 지적측량 기술자 1명씩을 지정하여 지적측량을 수행)와 기업자측량제도(도로 · 하천 · 철도 · 수도 등을 신설 · 보수하는 기업자인 관청과 개인이 지적측량 기술자를 고용하여 지적측량을 수행)는 토지조사사업과 임야조사사업에 따라 급증한 지적측량의 효율적 수행을 위해 1923년 도입하였다가 1938년 조선지적협회의 설립으로 폐지되었다.

75 토지조사사업 당시 재결기관으로 옳은 것은?

① 부와 면
② 임시토지조사국
③ 임야심사위원회
④ 고등토지조사위원회

---

76 토렌스시스템의 기본이론인 거울이론에 대한 설명으로 옳은 것은?

① 토지등록부는 매입신청자를 위한 유일한 정보의 기초이다.
② 토지권리증서의 등록은 토지의 거래 사실을 완벽하게 반영한다.
③ 선의의 제3자는 토지의 권리자와 동등한 입장에 놓여야 한다.
④ 토지권리에 대한 사실심사 시 권리의 진실성에 직접 관여하여야 한다.

77 노비의 이름을 빌려 부동산을 처분하기 위해 작성한 문서로 옳은 것은?

① 패지   ② 불망기
③ 전세문기   ④ 매려약관부 문기

78 초기의 지적도에 대한 설명으로 틀린 것은?

① 지적도에는 토지경계와 지번, 지목이 등록되었다.
② 지적도 도곽 내의 산림에는 등고선을 표시하여 표고에 의한 지형 구별이 용이하도록 하였다.
③ 토지분할의 경우에는 지적도 정리 시 신강계선을 흑색으로 정리하였으나 그 후 양홍색으로 변경하였다.
④ 조사지역 외의 토지에 대해서는 이용현황에 따라 활자로 산(山), 해(海), 호(湖), 도(道), 천(川), 구(溝) 등으로 표기하였다.

79 토지경계선의 위치가 가장 정확하여야 하는 것은?

① 법지적   ② 세지적   ③ 경제지적   ④ 유사지적

해설 법지적은 소유권지적으로서 소유권의 한계설정과 경계복원 가능성을 강조하여 위치본위로 운영된다.

80 토지소유권 권리의 특성 중 틀린 것은?

① 단일성   ② 완전성   ③ 탄력성   ④ 항구성

해설 법률의 범위 안에서 그 소유물을 사용, 수익, 처분할 수 있는 토지소유권 권리의 특성에는 관념성, 전면성(완전성), 혼일성, 탄력성, 항구성 등이 있다.

5과목 **지적관계법규**

81 「공간정보의 구축 및 관리 등에 관한 법률」상 용어의 정의로 틀린 것은?

① "면적"이란 지적공부에 등록한 필지의 수평면상 넓이를 말한다.
② "지적소관청"이란 지적공부를 관리하는 특별자치시장, 시장·군수 또는 구청장을 말한다.
③ "필지"란 토지의 주된 용도에 따라 토지의 종류를 구분하여 지적공부에 등록한 것을 말한다.
④ "토지의 표시"란 지적공부에 토지의 소재·지번(地番)·지목(地目)·면적·경계 또는 좌표를 등록한 것을 말한다.

해설 필지란 지번부여지역의 토지로서 소유자와 용도가 같고 지반이 연속되어 1필지로 구획되는 토지의 등록단위를 말한다. 토지의 주된 용도에 따라 토지의 종류를 구분하여 지적공부에 등록한 것은 지목이다.

82 「공간정보의 구축 및 관리 등에 관한 법률」상 토지의 등록에 관한 설명으로 틀린 것은?

① 토지의 소재와 지번은 토지대장과 임야대장에 공통적으로 등록되는 사항이다.
② 국토교통부장관은 모든 토지에 대하여 필지별로 소재·지번·지목·면적·경계 또는 좌표 등을 조사·측량하여 지적공부에 등록하여야 한다.
③ 지적공부에 등록하는 지번·지목·면적·경계 또는 좌표는 토지의 이동이 있을 때 토지소유자(법인이 아닌 사단이나 재단의 경우에는 그 대표자나 관리인)의 신청을 받아 지적소관청이 결정한다.
④ 지적소관청은 지적공부에 등록된 지번을 변경할 필요가 있다고 인정하면 국토교통부장관의 승인을 받아 지번부여지역의 전부 또는 일부에 대하여 지번을 새로 부여할 수 있다.

해설 지적소관청은 지적공부에 등록된 지번을 변경할 필요가 있다고 인정하면 시·도지사나 대도시 시장의 승인을 받아 지번부여지역의 전부 또는 일부에 대하여 지번을 새로 부여할 수 있다.

83 「국토의 계획 및 이용에 관한 법률」에 따른 국토의 용도 구분 4가지에 해당하지 않는 것은?

① 관리지역　　　② 농림지역　　　③ 도시지역　　　④ 보존지역

해설 국토는 토지의 이용실태 및 특성, 장래의 토지 이용 방향, 지역 간 균형발전 등을 고려하여 도시지역, 관리지역, 농림지역, 자연환경보전지역과 같은 용도지역으로 구분한다.

84 등기관이 토지 등기기록의 표제부에 기록하여야 하는 사항으로 옳지 않은 것은?

① 이해관계자　　　　　　　　② 지목과 면적
③ 등기원인　　　　　　　　　④ 소재와 지번

해설 등기관은 토지 등기기록의 표제부에 표시번호, 접수연월일, 소재와 지번, 지목, 면적, 등기원인을 기록한다.

85 축척변경에 대한 내용으로 틀린 것은?(단, 예외의 경우는 고려하지 않는다.)

① 작은 축척을 큰 축척으로 변경하여 등록하는 것을 말한다.
② 임야도 축척에서 지적도 축척으로 옮겨 등록하는 것을 의미한다.
③ 축척변경위원회는 청산금의 이의신청에 관한 사항을 심의·의결한다.
④ 축척변경을 시행하고자 할 경우에는 시·도지사의 승인을 받아서 시행한다.

해설 축척변경은 지적도에 등록된 경계점의 정밀도를 높이기 위하여 작은 축척을 큰 축척으로 변경하여 등록하는 것을 말한다. 임야대장 및 임야도에 등록된 토지를 토지대장 및 지적도에 옮겨 등록하는 것은 등록전환이다.

86 「부동산등기법」상 등기할 수 없는 권리만으로 연결된 것은?

① 유치권－점유권　　　　　　② 소유권－지역권
③ 지상권－전세권　　　　　　④ 저당권－임차권

해설 등기할 수 있는 권리에는 소유권, 지상권, 지역권, 전세권, 저당권, 권리질권, 채권담보권, 임차권이, 등기할 수 없는 권리에는 점유권, 유치권, 동산질권이 있다.

87 도시개발사업 등이 준공되기 전에 사업시행자가 지번부여 신청을 하는 경우 처리방법으로 옳은 것은?

① 지번을 부여할 수 없다.
② 지번을 부여할 수 있다.
③ 가지번을 부여할 수 있다.
④ 행정안전부장관의 승인을 받아 지번을 부여할 수 있다.

88 지적기준점표지의 설치·관리 등에 관한 내용으로 옳지 않은 것은?

① 지적도근점표지의 점간거리는 평균 50m 이상 300m 이하로 한다.
② 지적삼각보조점표지의 점간거리는 평균 1km 이상 3km 이하로 한다.
③ 지적도근점표지의 점간거리는 다각망도선법에 따른 경우에는 평균 1km 이하로 한다.
④ 지적삼각보조점표지의 점간거리는 다각망도선법에 따르는 경우에는 평균 0.5km 이상 1km 이하로 한다.

89 지목을 "대"로 구분할 수 없는 것은?

① 목장용지 내 주거용 건축물의 부지
② 영구적 건축물 중 변전소 시설의 부지
③ 과수원에 접속된 주거용 건축물의 부지
④ 「국토의 계획 및 이용에 관한 법률」 등 관계법령에 따른 택지조성공사가 준공된 토지

90 축척변경 시행지역의 토지소유자가 5명 이하인 경우, 토지소유자 중 위원으로 위촉하여야 하는 기준은?

① 0명
② 무작위 선정
③ 토지소유자 전원
④ 토지소유자 대표 1명

91 다음 중 관할 등기소의 정의로 옳은 것은?

① 상급법원의 장이 위임하는 등기소
② 매도인의 소재지를 관할하는 지방법원, 그 지원(支院) 또는 등기소
③ 부동산의 소재지를 관할하는 지방법원, 그 지원(支院) 또는 등기소
④ 소유자의 소재지를 관할하는 지방법원, 그 지원(支院) 또는 등기소

해설 관할 등기소는 부동산의 소재지를 관할하는 지방법원, 그 지원 또는 등기소를 말하며, 부동산이 여러 관할
구역에 걸쳐 있을 때에는 상급법원의 장이 관할 등기소를 지정한다.

92 「공간정보의 구축 및 관리 등에 관한 법률」상 지적측량수수료에 관한 설명으로 틀린 것은?

① 지적측량 종목별 세부 산정기준은 국토교통부장관이 정한다.
② 지적측량수수료는 국토교통부장관이 매년 12월 말일까지 고시하여야 한다.
③ 국토교통부장관이 고시하는 표준품셈 중 지적측량품에 지적기술자의 정부노임단가를 적용하여
산정한다.
④ 지적소관청이 직권으로 조사 · 측량하여 지적공부를 정리한 경우, 조사 · 측량에 들어간 비용을
면제한다.

해설 지적소관청이 직권으로 조사 · 측량하여 지적공부를 정리한 경우에는 그 조사 · 측량에 들어간 비용을 토지소유
자로부터 징수한다(바다로 된 토지의 지적공부를 등록말소한 경우는 제외).

93 다음 중 2년 이하의 징역 또는 2천만 원 이하의 벌금에 처하는 벌칙 기준을 적용받는 자는?

① 정당한 사유 없이 측량을 방해한 자
② 측량기술자가 아님에도 불구하고 측량을 한 자
③ 측량업의 등록을 하지 아니하고 측량업을 한 자
④ 측량업자로서 속임수로 측량업과 관련된 입찰의 공정성을 해친 자

해설 ① 정당한 사유 없이 측량을 방해한 자는 300만 원 이하의 과태료를 부과한다.
② 측량기술자가 아님에도 불구하고 측량을 한 자는 1년 이하의 징역 또는 1천만 원 이하의 벌금에 처한다.
③ 측량업의 등록을 하지 아니하거나 거짓이나 그 밖의 부정한 방법으로 측량업의 등록을 하고 측량업을 한
자는 2년 이하의 징역 또는 2천만 원 이하의 벌금에 처한다.
④ 측량업자로서 속임수, 위력, 그 밖의 방법으로 측량업과 관련된 입찰의 공정성을 해친 자는 3년 이하의
징역 또는 3천만 원 이하의 벌금에 처한다.

94 「공간정보의 구축 및 관리 등에 관한 법률」상 청산금의 납부고지 및 이의신청 기준으로 틀린 것은?

① 지적소관청은 수령통지를 한 날부터 6개월 이내에 청산금을 지급하여야 한다.
② 납부고지를 받은 자는 그 고지를 받은 날부터 6개월 이내에 청산금을 지적소관청에 내야 한다.
③ 지적소관청은 청산금의 결정을 공고한 날부터 1개월 이내에 토지소유자에게 청산금의 납부고지 또는 수령통지를 하여야 한다.
④ 납부 고지되거나 수령 통지된 청산금에 관하여 이의가 있는 자는 납부고지 또는 수령통지를 받은 날부터 1개월 이내에 지적소관청에 이의신청을 할 수 있다.

> **해설** 축척변경측량 결과 면적증감에 따른 산정된 청산금을 결정·공고한 경우 지적소관청은 청산금의 결정을 공고한 날부터 20일 이내에 토지소유자에게 청산금의 납부고지 또는 수령통지를 하여야 한다.

95 지적소관청이 토지의 이동현황을 직권으로 조사·측량하여 토지의 지번·지목·면적·경계 또는 좌표를 결정하고자 하는 때에 토지이동현황 조사계획 수립 기준으로 옳은 것은?

① 시·도별로 수립한다.
② 시·군·구별로 수립한다.
③ 한국국토정보공사의 지사별로 수립한다.
④ 측량수행자가 수립하여 지적소관청에 보고한다.

> **해설** 지적소관청은 토지의 이동현황을 직권으로 조사·측량하여 토지의 지번·지목·면적·경계 또는 좌표를 결정하려는 때에는 시·군·구별(부득이한 경우에는 읍·면·동별)로 토지이동현황 조사계획을 수립하여야 한다.

96 「공간정보의 구축 및 관리 등에 관한 법률」상 벌칙규정으로서 1년 이하의 징역 또는 1천만 원 이하의 벌금에 해당되는 자는?

① 측량성과를 국외로 반출한 자
② 무단으로 측량성과 또는 측량기록을 복제한 자
③ 본인, 배우자 또는 직계 존속·비속이 소유한 토지에 대한 지적측량을 한 자
④ 측량업자가 속임수, 위력(威力), 그 밖의 방법으로 측량업과 관련된 입찰의 공정성을 해친 자

> **해설** ① 2년 이하의 징역 또는 2천만 원 이하의 벌금에 처한다.
> ③ 300만 원 이하의 과태료에 처한다.
> ④ 3년 이하의 징역 또는 3천만 원 이하의 벌금에 처한다.

97 지상경계점등록부의 등록사항이 아닌 것은?

① 경계점의 사진 파일
② 경계점 위치 설명도
③ 토지의 소재와 지번
④ 경계점 등록자의 정보

> **해설** 지적소관청이 토지의 이동에 따라 지상경계를 새로 정한 경우에 작성·관리하는 지상경계점등록부의 등록사항에는 토지의 소재, 지번, 경계점좌표(경계점좌표등록부 시행지역에 한정), 경계점 위치 설명도, 공부상 지목과 실제 토지이용 지목, 경계점의 사진 파일, 경계점표지의 종류 및 경계점 위치 등이 있다. 경계점 등록자의 정보는 해당되지 않는다.

98 「국토의 계획 및 이용에 관한 법률」에 따른 용도지구가 아닌 것은?

① 경관지구
② 고도지구
③ 문화지구
④ 보호지구

> **해설** 용도지구에는 경관지구, 고도지구, 방화지구, 방재지구, 보호지구, 취락지구, 개발진흥지구, 특정용도제한지구, 복합용도지구가 있다.

99 측량기하적에 대한 내용으로 틀린 것은?

① 측량대상토지의 점유현황선은 검은색 점선으로 표시한다.
② 측량결과의 파일 형식은 표준화된 공통포맷을 지원할 수 있어야 한다.
③ 측정점의 표시에서 측량자는 붉은색 짧은 십자선(+)으로 표시한다.
④ 측량대상토지에 지상구조물 등이 있는 경우와 새로이 설정하는 경계에 지상건물 등이 걸리는 경우에는 그 위치현황을 표시하여야 한다.

> **해설** 측량대상토지의 점유현황선은 붉은색 점선으로 표시한다.

100 경위의측량방법에 따른 세부측량의 관측 및 계산에 관한 기준으로 옳지 않은 것은?

① 도선법 또는 방사법에 따른다.
② 미리 각 경계점에 표지를 설치한다.
③ 관측은 20초독 이상의 경위의를 사용한다.
④ 연직각의 관측은 교차가 30초 이내인 때에 그 평균치를 연직각으로 하되, 초단위로 독정한다.

> **해설** 연직각의 관측은 정·반으로 1회 관측하여 그 교차가 5분 이내일 때에는 그 평균치를 연직각으로 하되, 분단위로 독정(讀定)한다.

1과목 지적측량

01 지적삼각망 조정 시 국소조정이라고도 하며 수평각관측부의 출발차 또는 폐색차를 조정하는 것을 무엇이라 하는가?

① 변규약   ② 도형조건   ③ 삼각규약   ④ 측점조건

해설 측점조건은 측점규약(각 측점의 둘레각의 합이 360°가 되는 조건)에 따라 조정하는 것을 말하며, 국소조정이라고도 하며 수평각관측부의 출발차 또는 폐색차를 조정한다.

02 경계의 제도방법 기준으로 옳지 않은 것은?

① 경계는 0.1cm 폭의 선으로 제도한다.
② 경계점좌표등록부 등록지역의 도면에 등록할 경계점 간 거리는 붉은색으로 제도한다.
③ 경계점좌표등록부 등록지역의 도면에 등록할 경계점 간 거리는 1.0~1.5cm 크기의 아라비아숫자로 제도한다.
④ 지적기준점이 매설된 토지를 분할하는 경우 그 토지가 작아서 제도하기 곤란한 때에는 그 도면의 여백에 그 축척의 10배로 확대하여 제도할 수 있다.

해설 경계점좌표등록부 등록지역의 도면에 등록할 경계점 간 거리는 검은색으로 제도한다.

03 잔차를 ν, 관측횟수를 n이라고 할 때 최확치의 확률오차는?

① $\sqrt{\dfrac{[\nu\nu]}{n-1}}$

② $\sqrt{\dfrac{[\nu\nu]}{n(n-1)}}$

③ $\pm 0.6745\sqrt{\dfrac{[\nu\nu]}{n-1}}$

④ $\pm 0.6745\sqrt{\dfrac{[\nu\nu]}{n(n-1)}}$

해설 관측치의 표준오차는 $\sqrt{\dfrac{[\nu\nu]}{n-1}}$ 이고, 확률오차는 $\pm 0.6745\sqrt{\dfrac{[\nu\nu]}{n-1}}$ 이며, 최확치의 표준오차는 $\sqrt{\dfrac{[\nu\nu]}{n(n-1)}}$ 이고, 확률오차는 $\pm 0.6745\sqrt{\dfrac{[\nu\nu]}{n(n-1)}}$ 이다.

04 60m의 Steel Tape로 540m의 거리를 측정했다. 이때 60m의 거리를 잴 때마다 ±5cm의 평균 제곱근오차가 있었다면 전장 측정치의 평균제곱근오차는?

① ±5cm　　　　② ±10cm　　　　③ ±15cm　　　　④ ±20cm

> **해설**　평균제곱근오차 $m_o = \pm m\sqrt{n} = \pm 5\sqrt{9} = \pm 15\text{cm}$
> 측정횟수$(n) = 540 \div 60 = 9$

05 지적측량의 방법 중 세부측량의 방법으로 옳지 않은 것은?

① 평판측량방법　　　　　　　　② 경위의측량방법
③ 전파기측량방법　　　　　　　④ 전자평판측량방법

> **해설**　세부측량은 위성기준점, 통합기준점, 지적기준점 및 경계점을 기초로 하여 경위의측량방법, 평판측량방법, 위성측량방법 및 전자평판측량방법에 따른다.

06 A, B 두 점의 좌표가 아래와 같을 때 A, B 사이의 거리를 구하면?

| • A점의 좌표(−100.25m, 0.00m) | • B점의 좌표(0.00m, −200.18m) |

① 99.93m　　　　② 121.33m　　　　③ 182.66　　　　④ 223.88m

> **해설**　AB의 거리 $= \sqrt{\Delta x^2 + \Delta y^2} = \sqrt{\{0.00 - (-100.25)\}^2 + \{(-200.18) - 0.00\}^2} = 223.88\text{m}$

07 지적측량성과와 검사성과의 연결교차 허용범위 기준으로 옳지 않은 것은?

① 지적삼각점 : 0.20m 이내
② 지적삼각보조점 : 0.20m 이내
③ 지적도근점(경계점좌표등록부 시행지역) : 0.15m 이내
④ 경계점(경계점좌표등록부 시행지역) : 0.10m 이내

> **해설**　지적측량성과와 검사성과의 연결교차 허용범위

구분	분류		허용범위
기초측량	지적삼각점		0.20m
	지적삼각보조점		0.25m
	지적도근점	경계점좌표등록부 시행지역	0.15m
		그 밖의 지역	0.25m
세부측량	경계점	경계점좌표등록부 시행지역	0.10m
		그 밖의 지역	10분의 3Mmm (M은 축척분모)

08 다각망도선법의 망형태에 따른 최소조건식의 설명으로 옳지 않은 것은?

① Y망의 최소조건식 수는 3개지만 조건식 수는 2개만 충족시키면 된다.
② X망의 최소조건식 수는 4개지만 조건식 수는 3개만 충족시키면 된다.
③ A망의 최소조건식 수는 5개지만 조건식 수는 4개만 충족시키면 된다.
④ 복합망은 어느 조건식을 사용하던지 최소조건식 수만 충족시키면 된다.

해설 최소조건식 수＝도선 수－교점 수

구분	최대조건식 수	최소조건식 수
X망	4개	3개
Y망	3개	2개
H · A망	4개	3개

09 지적삼각점 사이의 거리를 광파기로 5회 측정한 결과 245.45m일 때 허용교차는?

① 0.2cm
② 0.1cm
③ 0.002cm
④ 0.001cm

해설 전파기 또는 광파기측량방법에 따른 지적삼각점의 점간거리는 5회 측정하여 그 측정치의 최대치와 최소치의 교차가 평균치의 10만분의 1 이하일 때에는 그 평균치를 측정거리로 한다.

$$\therefore \text{허용교차} = \frac{245.45}{100,000} = 0.00245\text{m} ≒ 0.2\text{cm}$$

10 경위의측량방법으로 세부측량을 할 때 측량준비파일에 포함하여 작성하여야 하는 사항에 해당하지 않는 것은?

① 경계점 간 계산거리
② 인근 토지의 경계점과 경계점의 좌표
③ 측량대상 토지의 경계와 경계점의 좌표
④ 지적기준점 및 그 번호와 지적기준점의 좌표

해설 평판측량방법으로 세부측량을 할 때 측량준비파일에 지적기준점 및 그 번호와 지적기준점의 좌표가 포함되지만 경위의측량방법에는 포함되지 않는다.

11 그림과 같은 사각망에서 $\sum \alpha = 360° \, 00' \, 32''$이고 $(\alpha_1 + \alpha_2) - (\alpha_5 + \alpha_6) = -4''$일 때 α_6에 배분할 조정량은?

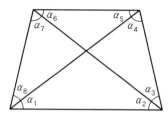

① $-3''$ ② $-5''$ ③ $+3''$ ④ $+5''$

해설 각규약 보정량$(\varepsilon) = 360°00'32'' - 360° = +32'' \rightarrow \dfrac{\varepsilon}{8} = \dfrac{32}{8} = 4''$

$(\alpha_1 + \alpha_2) - (\alpha_5 + \alpha_6) = -4'' \rightarrow \dfrac{e_1}{4} = \dfrac{-4}{4} = -1''$

$\therefore \alpha_6$의 조정량 $= -\dfrac{\varepsilon}{8} + \dfrac{e_1}{4} = -4'' + (-1)'' = -5''$

12 다음 중 지적도근점측량을 반드시 시행하여야 하는 지역은?

① 토지분할지역   ② 대단위 합병지역
③ 축척변경시행지역   ④ 소규모등록전환지역

해설 지적도근점측량은 축척변경을 위한 측량을 하는 경우, 도시개발사업 등으로 인하여 지적확정측량을 하는 경우, 도시지역에서 세부측량을 하는 경우, 측량지역의 면적이 해당 지적도 한 장에 해당하는 면적 이상인 경우, 세부측량을 하기 위하여 특히 필요한 경우 등에 실시한다.

13 100m+4.96cm의 정수를 표시한 권척을 사용하여 500m를 측정하였을 경우 바른 길이는?

① 500.000m   ② 500.025m   ③ 500.043m   ④ 500.050m

해설 바른 길이$(D_0) = D \pm \delta = D + \left(\dfrac{c}{L} \times D \right) = 500 + \left(\dfrac{0.00496}{100} \times 500 \right) = 500.025$m

(D_0 : 바른 길이, c : 특성값=자정수, L : 자길이, D : 측정길이, δ : 권척의 오차)

14 좌표면적계산법에 따른 면적측정을 하는 경우 면적을 정하는 단위 기준으로 옳은 것은?

① 10분의 1m^2 단위로 정한다.   ② 100분의 1m^2 단위로 정한다.
③ 1,000분의 1m^2 단위로 정한다.   ④ 10,000분의 1m^2 단위로 정한다.

해설 좌표면적계산법에 따른 면적측정 시 산출면적은 1,000분의 1m^2까지 계산하여 10분의 1m^2 단위로 정한다.

15 지적삼각보조점의 관측 및 계산방법으로 옳은 것은?

① 진수의 계산은 6자리 이상으로 한다.

② 1측회의 폐색공차는 ±30초 이내여야 한다.

③ 삼각형의 내각관측의 합과 180°의 차는 ±40초 이내여야 한다.

④ 수평각관측의 윤곽도는 0°, 60°, 120°의 방향관측법에 의한다.

해설 지적삼각보조점을 관측하는 경우 수평각의 측각공차

종별	1방향각	1측회 폐색	삼각형 내각관측의 합과 180°의 차	기지각과의 차
공차	40초 이내	±40초 이내	±50초 이내	±50초 이내

※ 수평각관측은 2대회(윤곽도는 0°, 90°로 한다.)의 방향관측법에 의한다.

---

16 다음 그림과 같은 정삼각형 ABC의 내접원의 반지름(r)은?(단, $\overline{AB} = 10\text{m}$)

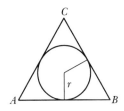

① 약 1.6m　　　② 약 2.9m　　　③ 약 3.5m　　　④ 약 4.1m

해설 정삼각형 내접원 반지름(r) $= \overline{AB} \times \dfrac{1}{2\sqrt{3}} = 10 \times \dfrac{1}{2\sqrt{3}} = 2.89 ≒ 2.9\text{m}$

---

17 경계점좌표등록부를 갖춰 두는 지역에 있는 각 필지의 경계점을 측정할 때 좌표를 산출하는 방법이 아닌 것은?

① 교회법　　　② 도선법　　　③ 방사법　　　④ 지거법

해설 경계점좌표등록부를 갖춰 두는 지역에 있는 각 필지의 경계점을 측정할 때에는 도선법 · 방사법 · 교회법에 따라 좌표를 산출한다.

---

18 세부측량을 실시한 경우 지적소관청의 지적측량성과검사 시 검사항목이 아닌 것은?

① 기지점 사용의 적정 여부

② 지적기준점설치망 구성의 적정 여부

③ 측량준비도 및 측량결과도 작성의 적정 여부

④ 경계점 간 계산거리(도상거리)와 실측거리의 부합 여부

해설 세부측량성과의 검사항목에는 ①, ③, ④ 외에 기지점과 지상경계와의 부합 여부, 면적측정의 정확 여부, 관계법령의 분할제한 등의 저촉 여부 등이 있다.

19 경기도에 위치한 2등 삼각점의 종선좌표(X)가 −3,156.78m, 횡선좌표(Y)가 +2,314.65m일 때 이를 지적측량에서 사용하고 있는 좌표로 환산한 값으로 옳은 것은?

① $X=496,843.22$m, $Y=202,314.65$m

② $X=196,843.22$m, $Y=502,314.65$m

③ $X=503,156.78$m, $Y=197,685.35$m

④ $X=546,843.22$m, $Y=197,685.35$m

해설 세계측지계에 따르지 않는 지적측량은 가우스상사이중투영법으로 표시하되, 직각좌표계 투영원점의 가산수치를 각각 종선(X)=500,000m(제주도지역 550,000m), 횡선(Y)=200,000m로 하여 사용한다.

∴ $X=500,000-3,156.78=496,843.22$m, $Y=200,000+2,314.65=202,314.65$m

20 지적도근점측량을 배각법에 따르는 경우 연결오차의 배분방법으로 옳은 것은?

① 각 측선의 측선장에 비례하여 배분한다.

② 각 측선의 측선장에 반비례하여 배분한다.

③ 각 측선의 종횡선차 길이에 비례하여 배분한다.

④ 각 측선의 종횡선차 길이에 반비례하여 배분한다.

해설 지적도근점측량에서 연결오차의 배분방법

• 배각법은 측선장에 반비례하여 각 측선의 관측각에 배분한다.

• 방위각법은 변의 수에 비례하여 각 측선의 방위각에 배분한다.

2과목 응용측량

21 GNSS측량에서 사이클슬립(Cycle Slip)의 주된 원인은?

① 높은 위성의 고도   ② 높은 신호강도

③ 낮은 신호잡음   ④ 지형지물에 의한 신호단절

해설 사이클슬립은 반송파 위상추적회로(PLL : Phase Lock Loop)에서 반송파 위상 관측치의 값을 순간적으로 놓침(일시적인 끊김 현상)으로써 발생하는 오차로서, 안테나 주위의 지형지물에 의한 신호의 단절, 높은 신호잡음, 낮은 신호강도(Signal Strength), 낮은 위성의 고도각 등이 주요 원인이며, 이동측량에서 많이 발생한다.

22 GPS 위성의 신호에 대한 설명 중 틀린 것은?

① L_1 반송파에는 C/A코드와 P코드가 포함되어 있다.

② L_2 반송파에는 C/A코드만 포함되어 있다.

③ L_1 반송파가 L_2 반송파보다 높은 주파수를 가지고 있다.

④ 위성에서 송신되는 신호는 대기의 상태에 따라 전파의 속도가 달라지는 것을 보정하기 위하여 파장이 다른 2가지의 전파를 동시에 수신한다.

해설 L_2 반송파에는 P코드만 포함되어 있다.

23 터널측량 시 터널입구를 결정하기 위하여 측정 A, B, C, D순으로 트래버스측량한 결과가 아래와 같을 때, AD 간의 거리는?

- 측선 AB : 거리＝30m, 방위각＝40°
- 측선 BC : 거리＝35m, 방위각＝120°
- 측선 CD : 거리＝40m, 방위각＝210°

① 40.45m　　　② 40.54m　　　③ 41.45m　　　④ 41.54m

해설 A의 경거＝$30 \times \sin 40° = 19.28$m
　　　　위거＝$30 \times \cos 40° = 22.98$m
　　　B의 경거＝$35 \times \sin 120° = 30.31$m
　　　　위거＝$35 \times \cos 120° = -17.5$m
　　　C의 경거＝$40 \times \sin 210° = -20$m
　　　　위거＝$40 \times \cos 21° = -34.64$m
　　　$\sum \Delta x = 19.28 + 30.31 + (-20) = 29.59$m, $\sum \Delta y = 22.98 + (-17.5) + (-34.64) = -29.16$m
　　　$\therefore AD$의 거리＝$\sqrt{(29.59)^2 + (-29.16)^2} = 41.54$m

24 단곡선에서 반지름 $R = 300$m, 교각 $I = 60°$일 때, 곡선길이($C.L$)는?

① 310.10m　　　　　　　② 315.44m
③ 314.16m　　　　　　　④ 311.55m

해설 방법 1. 곡선길이($C.L$)＝$\dfrac{R\pi I}{180} = \dfrac{360 \times \pi \times 60}{180} = 314.16$m
　　　방법 2. $C.L = 0.01745 RI° = 0.0174533 \times 300\text{m} \times 60° = 314.16$m

25 GNSS측량에서 구조적 요인에 의한 오차에 해당하지 않는 것은?

① 전리층 오차
② 대류층 오차
③ SA(Selective Availability)
④ 위성궤도오차 및 시계오차

> **해설** GNSS측량의 오차에는 구조적 요인에 의한 오차(위성시계오차 · 위성궤도오차 · 전리층과 대류권에 의한 전파
> 지연 · 수신기 자체의 전자파적 잡음에 따른 오차), 측위 환경에 따른 오차[정밀도 저하율(DOP) · 주파단절
> (Cycle Slip) · 다중경로(Multipath) 오차], 선택적 가용성(SA), 위상신호의 가변성(PCV) 등이 있다.

26 축척 1/50,000 지형도에서 등고선 간격을 20m로 할 때, 도상에서 표시될 수 있는 최소 간격을
0.45cm로 할 경우 등고선으로 표현할 수 있는 최대 경사각은?

① 40.1°
② 41.6°
③ 44.6°
④ 46.1°

> **해설** 수평거리＝축척×도상거리＝50,000×0.45＝22.5m
> $$\therefore \text{경사각}=\tan^{-1}\frac{\text{높이}}{\text{수평거리}}=\tan^{-1}\frac{20}{22.5}=41.6°$$

27 수준측량에서 전시와 후시거리를 같게 취하는 가장 큰 이유는?

① 시준축과 기포관축이 평행이 아니므로 생기는 오차의 제거를 위해
② 표척에 있을 수 있는 눈금 오차의 제거를 위해
③ 표척이 연직이 아닐 때의 오차 제거를 위해
④ 관측을 편하게 하기 위해

> **해설** 수준측량에서 전시와 후시거리를 같게 취하는 가장 큰 이유는 시준선이 기포관축과 평행하지 않을 때 발생하는
> 오차, 레벨 조정 불완전에 의한 오차, 지구 곡률오차, 대기 굴절오차 등을 제거하기 위해서다.

28 사진의 주점이나 표정점 등 제점의 위치를 인접한 사진에 옮기는 작업은?

① 점이사
② 표정
③ 투영
④ 정합

> **해설** 점이사는 사진상의 주점이나 표정점 등의 제점의 위치를 인접한 사진에 옮기는 작업이다.

29 편각법으로 원곡선을 설치할 때, 기점으로부터 교점까지의 거리＝123.45m, 교각(I)＝40°20′,
곡선반지름(R)＝100m일 때 시단현의 길이는?(단, 중심말뚝의 간격은 20m이다.)

① 4.18m
② 6.72m
③ 13.28m
④ 14.18m

> **해설** 접선길이($T.L$)＝$R \cdot \tan\dfrac{I}{2}=100\times\tan\dfrac{40°20′}{2}=36.73$m

곡선시점($B.C$)의 위치 = 총연장 $- T.L = 123.45 - 36.73 = 86.72$m → No.$4 + 6.72$m
시단현길이(l_1) $= 20$m-6.72m$=13.28$m

30 항공삼각측량에서 기본단위가 사진으로 블록 내의 각 사진상에 관측된 기준점, 접합점의 사진좌표를 이용하여 최소제곱법으로 사진의 외부표정요소 및 접합점의 최확값을 결정하는 방법은?

① 다항식법
② 독립모델법
③ 광속조정법
④ 그루버법

해설 항공삼각측량의 조정법
- 다항식 조정법(Polymonial Method) : Strip을 단위로 하여 Block을 조정하는 것으로 타 방법에 비해 기준점 수가 많이 소요되고 정확도가 낮은 단점과 계산량이 적은 장점이 있다.
- 독립모델법(IMT : Independent Model Triangulation) : 각 Model을 기본단위로 접합점과 기준점을 이용하여 여러 모델의 좌표를 조정하여 절대좌표로 환산하는 방법이다. 다항식법에 비해 기준 점수가 감소되며, 전체적인 정확도가 향상되므로 큰 블록조정에 자주 이용된다.
- 광속조정법(Bundle Adjustment Method) : 사진을 기본단위로 사용하여 다수의 광속을 공선조건에 따라 표정하고, 각 점의 사진좌표가 관측값에 이용되며 가장 조정능력이 높은 방법이다.
- DLT법(Direct Liner Transformation) : 광속법을 변형한 방법으로 상좌표로부터 사진좌표를 거치지 않고 11개의 변수를 이용하여 직접 절대좌표를 구하는 방법이다.

31 갑, 을 2인이 두 점 간의 수준측량을 하여 고저차를 구하였더니 다음과 같았다면 최확값은?

- 갑 : 25.56±0.029m
- 을 : 25.52±0.012m

① 25.515m
② 25.526m
③ 25.537m
④ 25.548m

해설 경중률은 오차의 제곱에 반비례하므로,

경중률 $w_1 : w_2 = \dfrac{1}{m_1^2} : \dfrac{1}{m_2^2} = \dfrac{1}{29^2} : \dfrac{1}{12^2} = \dfrac{1}{841} : \dfrac{1}{144} = 1 : 5.8$

최확값 $= \dfrac{(25.56 \times 1) + (25.52 \times 5.8)}{1 + 5.8} = 25.5258$m $\fallingdotseq 25.526$m

32 지형의 표시방법 중에서 자연적 도법에 해당되는 것은?

① 영선법
② 점고법
③ 채색법
④ 등고선법

해설 지형도에 의한 지형의 표시방법에는 자연도법[영선법(게바법, 우모법)·음영법(명암법)]과 부호도법(점고법·등고선법·채색법)이 있다.

33 노선측량에서 일반적으로 종단면도에 기입되는 항목이 아닌 것은?

① 관측점 간 수평거리   ② 절토 및 성토량

③ 계획선의 경사   ④ 관측점의 지반고

해설 종단면도의 기입항목은 측점, 거리, 지반고, 계획고, 경사, 절토고, 성토고 등이다.

34 항공사진측량에서 동일한 지역을 사진의 크기와 촬영고도는 같게 하고, 카메라를 달리하여 촬영하였을 때, 1장의 사진에서 나타나는 초광각카메라에 의한 촬영면적은 광각카메라에 의한 촬영면적의 몇 배인가?(단, 초광각카메라 초점거리＝88cm, 광각카메라 초점거리＝150cm)

① 약 2배   ② 약 3배   ③ 약 4배   ④ 약 5배

해설 사진의 유효면적$(A) = (m \cdot a)^2$

축척분모수$(m) = \dfrac{f}{H}$

사진의 크기(a)와 촬영고도(H)가 동일하므로 초점거리(f)의 제곱에 의해

∴ $88 : 150 = 2.91 ≒ 3$배

35 수준측량으로 야장기입법 중에서 완전한 검산을 계산으로 할 수 있으며 높은 정도를 필요로 하는 측량에 적합하나 중간점이 많을 경우 계산이 복잡하고 시간이 많이 소요되는 단점을 갖고 있는 것은?

① 고차식   ② 기고식   ③ 승강식   ④ 종단식

해설 승강식은 완전한 검산을 계산으로 할 수 있으며 높은 정도를 필요로 하는 측량에 적합하나 중간점이 많을 경우 계산이 복잡하고 시간이 많이 소요되는 단점이 있다. 고차식은 전시 합과 후시 합의 차로서 고저차를 구하는 방법으로 시작점과 최종점 간의 고저차나 지반고를 계산하는 것이 주목적이며 중간의 지반고를 구할 필요가 없을 때 사용한다. 기고식은 기계고를 이용하여 표고를 결정하며, 도로의 종횡단 측량처럼 중간점이 많을 때 사용(가장 많이 사용되는 방법이나 중간시에 대한 완전 검산이 어려움)한다.

36 완화곡선의 성질에 대한 설명으로 옳지 않은 것은?

① 곡선의 반지름은 완화곡선의 시점에서 무한대, 종점에서 원곡선의 반지름이 된다.

② 완화곡선의 접선은 시점에서 원호에, 종점에서 직선에 접한다.

③ 완화곡선에 연한 곡선반지름의 감소율은 캔트의 증가율과 같다.

④ 완화곡선의 종점에 있는 캔트는 원곡선의 캔트와 같다.

해설 완화곡선의 접선은 시점에서 직선에, 종점에서 원호에 접한다.

37 터널 내 수준측량의 특징에 대한 설명으로 옳은 것은?

① 지상에서의 수준측량방법과 장비가 모두 동일하다.
② 관측점의 위치는 바닥레일의 중심점을 이용한다.
③ 이동식 답판을 주로 이용해야 안정성이 있다.
④ 수준측량을 위한 관측점은 천정에 설치되는 경우가 많다.

해설 터널 내에서 수준측량을 위한 관측점은 보통 천정에 설치한다.

38 항공사진을 실체시할 때 생기는 과고감에 영향을 미치는 인자가 아닌 것은?

① 사진의 크기　　　　　　　② 카메라의 초점거리
③ 기선고도비　　　　　　　④ 입체시할 경우 눈의 위치

해설 과고감은 지표면의 기복을 과장하여 나타낸 것으로서 기선고도비에 비례하고, 사진의 초점거리와 종중복도에 반비례한다. 과고감에 영향을 미치는 인자는 기선의 변화, 초점거리의 변화, 촬영고도의 차, 눈의 높이에 의한 차, 눈을 옆으로 돌렸을 때의 변화 등이 있다.

39 다음 중 지형측량의 지성선에 해당되지 않는 것은?

① 합수선　　　　　　　　　② 능선(분수선)
③ 경사변환선　　　　　　　④ 주곡선

해설 지성선(地性線, 지세선)은 다수의 평면으로 이루어진 지형의 접합부를 말한다. 이에는 능선(凸선·분수선), 합수선(凹선·계곡선), 경사변환선, 최대경사선(유하선) 등이 있다.

40 등고선의 성질을 설명한 것으로 틀린 것은?

① 등고선은 등경사지에서 등간격으로 나타낸다.
② 등고선은 도면 내외에서 반드시 폐합하는 폐곡선이다.
③ 등고선은 절벽이나 동굴에서는 교차할 수 있다.
④ 등고선은 급경사지에서는 간격이 넓고 완경사지에서는 좁다.

해설 등고선은 경사가 급한 곳에서는 간격이 좁고 완만한 경사지는 넓다.

41 관계형 DBMS에서 자료를 만들고 조회할 수 있는 도구로서 처음 개발된 것으로, DBMS를 제어하고 DBMS와 대화할 수 있는 관계형 데이터베이스의 표준 질의 언어는?

① SQL   ② ADT   ③ HTML   ④ COBOL

해설 SQL(Structured Query Language, 구조화 질의어)은 데이터베이스로부터 정보를 얻거나 갱신하기 위한 표준 대화식 프로그래밍 언어이다. 이는 관계형 데이터베이스관리시스템에서 자료의 검색과 관리, 데이터베이스 스키마 생성과 수정, 데이터베이스 객체 접근 조정관리를 위해 고안되었다.

42 아래와 같이 주어진 서식이 의미하는 좌표변환은?(단, λ : 축척변환, (X_0, Y_0) : 원점의 변위량, θ : 회전변환, (x', y') : 보정된 좌표, (x, y) : 보정 전 좌표)

$$\begin{bmatrix} x' \\ y' \end{bmatrix} = \lambda \begin{bmatrix} \cos\theta & -\sin\theta \\ \sin\theta & \cos\theta \end{bmatrix} \begin{bmatrix} x \\ y \end{bmatrix} + \begin{bmatrix} x_0 \\ y_0 \end{bmatrix}$$

① 투영변환
② 등각사상변환
③ 어파인(Affine) 변환
④ 의사어파인(Pseudo – Affine) 변환

해설 등각사상변환(Conformal Transformation)은 직교좌표계에서 관측된 지표좌표계를 사진좌표계로 변환할 때 이용되며, 변환 후에도 좌표계의 모양이 변하지 않는다. 정확도 향상을 위해 2점 이상의 기준점이 필요하며 축척변환, 회전변환, 평행변위 세 단계로 이루어지고, 축척변환(λ), 원점의 변위량(X_0, Y_0), 회전변환(θ) 등 4개의 변수를 갖는다.

43 지적분야에서 토지정보시스템 구축 목적으로 옳은 것은?

① 세계측지계로의 변환에 대비
② 지적삼각점의 관리 부실 개선
③ 지적불부합에 의한 분쟁 해결
④ 토지 관련 정보의 효율적 이용 및 관리

해설 토지정보시스템의 구축 목적에는 토지와 관련된 정책자료의 다목적 활용, 공공기관 및 부서 간의 토지정보 공유, 토지 관련 과세자료 활용, 지적민원사항의 신속한 처리, 토지 관련 정보의 효율적 관리 및 이용, 다목적지적 정보체계 구축 등이 있다.

44 데이터 취득 시 항공사진측량에서 중복촬영 사진의 도화 유형에 속하지 않는 것은?

① 기계식 도화기
② 디지타이저
③ 해석식 도화기
④ 수치사진측량시스템

해설 디지타이저(좌표독취기)는 도면상의 점, 선, 면(영역)을 사람이 직접 입력하는 장비이며 이러한 디지타이징에 의하여 벡터자료가 입력된다.

45 데이터베이스시스템의 구성요소에 해당하지 않는 것은?

① 사용자
② 운영체계
③ 하드웨어
④ 데이터베이스관리시스템

해설 데이터베이스시스템의 구성요소에는 데이터베이스(스키마 · 데이터베이스 언어), 데이터베이스관리시스템, 하드웨어, 사용자 등이 있다.

46 한국토지정보시스템 구축에 따른 기대효과로 옳지 않은 것은?

① 업무 능률성 향상
② 데이터 무결성 확보
③ 지적도 DB 활용 확보
④ 2계층으로 시스템 확장성

해설 한국토지정보시스템의 기대효과로는 사용자 업무능률성 향상, 3계층으로 시스템 확장성, 데이터 무결성 확보, 지적도 DB 활용 극대화, 전산자원 공동 활용, 전국 온라인 민원발급서비스 등이 있다.

47 지적도면을 전산화함에 있어 정비하여야 할 사항과 가장 거리가 먼 것은?

① 경계 정비
② 도곽선 정비
③ 소유자 정비
④ 도면번호 정비

해설 소유자는 속성정보이므로 지적도면전산화에서 정비할 도형정보가 아니다.

48 벡터데이터에 비하여 래스터데이터가 갖는 특징으로 옳지 않은 것은?

① 자료 구조가 단순하다.
② 위상구조의 표현에 적합하다.
③ 중첩연산을 용이하게 구현할 수 있다.
④ 원격탐사자료와의 연계처리가 용이하다.

해설 위상구조의 표현에 적합한 것은 벡터데이터이다.

49 지반 보강을 할 필요가 있는 사질토에 위치한 대지를 검색하여 공간정보데이터 중첩분석을 통해 얻어진 결과로 옳은 것은?

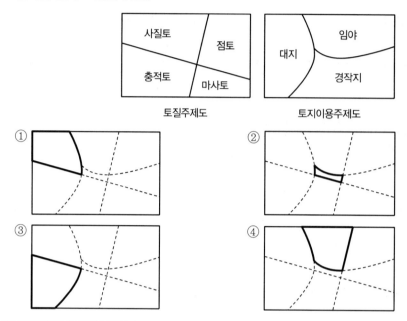

해설 토질주제도의 사질토와 토지이용주제도의 대지를 중첩하면 ①과 같은 결과가 나타난다.

50 경위의측량방법으로 세부측량을 하고자 할 때 측량준비파일의 작성에 있어 지적기준점 간 거리 및 방위각의 작성 표시 색으로 옳은 것은?

① 검은색
② 노란색
③ 붉은색
④ 파란색

해설 경위의측량방법에 의한 세부측량 측량준비파일의 작성 시 지적기준점 간 거리 및 방위각은 붉은색으로 작성한다.

51 다음 지적도 종류 중 지형과의 부합도가 가장 높은 도면은?

① 건물지적도
② 개별지적도
③ 연속지적도
④ 편집지적도

해설 편집지적도는 연속지적도를 수치지형도의 도로경계, 하천경계 및 행정경계 등에 맞추어 변환한 도면이므로 지형과의 부합도가 상대적으로 높다.

52 GIS 구축 시 좌표계의 설정이 중요한 공간데이터에 대한 설명으로 틀린 것은?

① 수집한 데이터의 좌표계가 무엇인지 파악하여 투영정의를 해야 한다.

② 투영정의한 후에는 최종 구축할 좌표계로 투영변환해야 한다.

③ 각기 다른 좌표계로 투영변환할 때에는 변환인자가 필요하다.

④ 우리나라의 경우 X, Y좌표에 대한 가산수치는 모두 +5,000,000m, +200,000m이므로 확인하지 않아도 된다.

해설 우리나라 직각좌표의 기준은 투영원점 가산좌표가 종선(X)=600,000m, 횡선(Y)=200,000m이나, 세계측지계에 따르지 아니하는 지적측량의 경우에는 직각좌표계 투영원점 가산좌표가 X=500,000m(제주도지역 550,000m), Y=200,000m이므로 확인이 필요하다.

53 아래 내용에서 (   ) 안에 알맞은 것은?

> 지적소관청이 지번변경, 행정구역변경, 구획정리, 경지정리, 축척변경, 토지개발사업을 하고자 하는 때에는 (   )을 생성하여야 한다.

① 도곽파일 ② 복제파일

③ 임시파일 ④ 토지이동파일

해설 지적소관청이 지번변경, 행정구역변경, 구획정리, 경지정리, 축척변경, 토지개발사업을 하고자 하는 때에는 임시파일을 생성하여야 하며, 임시파일이 생성되면 지번별 조서를 출력하여 임시파일의 정확성을 확인하여야 한다.

54 항공사진을 활용한 토지정보 수집에 대한 설명으로 옳지 않은 것은?

① 항공사진을 스캐닝하여 공간데이터에 대한 보조적 자료로 활용한다.

② 항공사진은 세부적인 정보를 얻을 수 있는 소축척의 정보 획득에 적합하다.

③ 항공사진은 사진판독을 통하여 지질도, 토지이용도 등의 각종 주제도 제작 시 자료로 이용한다.

④ 변동사항이 광역적이지 않은 경우 간단히 최근의 항공사진과 비교함으로써 공간데이터를 최신 정보로 수정할 수 있다.

해설 사진측량은 축척 변경이 가능하여 소축척 또는 대축척의 정보 획득에 모두 적합하다.

55 속성정보로 보기 어려운 것은?

① 임야도의 등록사항인 경계

② 경계점좌표등록부의 등록사항인 지번

③ 공유지연명부의 등록사항인 토지의 소재

④ 대지권등록부의 등록사항의 대지권 비율

속성정보는 통계자료, 보고서, 관측자료, 범례 등의 형태로 구성되고 주로 글자나 숫자의 형태로 표현되는 자료이다. 임야도의 등록사항인 경계는 지적정보 중 대표적인 도형정보이다.

56 PBLIS 구축의 직접적인 기대효과가 아닌 것은?

① 지적정보의 효율적 관리 ② 지적정보 활용의 극대화
③ 지적재조사사업의 비용 절감 ④ 지적행정업무의 획기적인 개선

PBLIS 구축의 직접적인 기대효과에는 ①, ②, ④ 외 정밀한 토지정보체계 구축 가능, 지적재조사 기반 조성, 국민편의 지향적인 서비스 제공 등이 있다.

57 공간정보 형태에 대한 설명 중 틀린 것은?

① 영역은 선에 의해 폐합된 형태로서 범위를 갖는다.
② 선은 점이 연결되어 만들어지는 2차원의 공간객체이다.
③ 점은 위치 좌표계의 단 하나의 쌍으로 표현되는 대상이다.
④ 표면은 공간적 대상물의 범주로 간주되며 연속적인 자료의 표현이다.

선(Line)은 연속되는 점의 연결로서 공간상에 그 위치와 형상을 표현하는 1차원의 길이를 갖는 공간객체이며, 0차원인 점들의 연속적인 표현으로 이루어진다.

58 한국토지정보시스템의 개발 배경에 대한 설명으로 옳지 않은 것은?

① 필지중심토지정보시스템은 지적도를 기본도로 하였으며, 토지종합정보망은 지형도를 기본도로 하였다.
② 한국토지정보시스템은 구 행정자치부의 필지중심토지정보시스템과 구 건설교통부의 토지종합 정보망을 통합하여 개발한 시스템이다.
③ 기존 전산화사업을 통해 구축된 데이터의 중복을 방지하고, 데이터 간 이질감을 방지하기 위해 필지중심토지정보시스템과 토지종합정보망을 연계 통합하였다.
④ 한국토지정보시스템은 구 행정자치부가 담당하는 다양한 지적 관련 업무와 함께 구 건설교통부가 담당하는 토지행정업무 지원기능 및 공간자료 관리기능을 제공한다.

필지중심토지정보시스템(PBLIS)은 지적도, 임야도, 경계점좌표등록부를 기본도로 하며, 토지종합정보망 (LMIS)은 연속지적도를 기본도로 한다.

59 지적전산자료의 이용에 관한 심사신청을 받은 관계 중앙행정기관의 장이 심사하는 사항에 해당하지 않는 것은?

① 개인의 사생활 침해 여부

② 신청내용의 타당성, 적합성 및 공정성

③ 자료의 이용에 관한 사용료 납부방법

④ 자료의 목적 외 사용 방지 및 안전관리대책

해설 지적전산자료를 이용·활용하기 위해서는 관계 중앙행정기관의 장에게 자료의 이용 또는 활용 목적 및 근거, 자료의 범위 및 내용, 자료의 제공 방식, 보관 기관 및 안전관리대책 등을 제출하여 심사를 신청하고, 관계 중앙행정기관의 장은 신청내용의 타당성, 적합성 및 공익성, 개인의 사생활 침해 여부, 자료의 목적 외 사용 방지 및 안전관리대책 등을 심사한 후 그 결과를 신청인에게 통지하여야 한다.

60 토지정보시스템에 있어 객체(Object)와 관련이 먼 것은?

① 도로나 시설물 등도 해당된다.

② 공간정보를 근간으로 구성된다.

③ 정보의 생성, 저장, 관리기능 일체를 의미한다.

④ 공간상에 존재하는 일정 사물이나 특정현상을 발생시키는 존재이다.

해설 객체는 자료나 절차를 구성하는 기본요소이며, 엄밀하게 정의된 경계로 식별자를 갖는 상태와 행동을 캡슐화한 실체를 말한다. 데이터(실체)와 그 데이터에 관련되는 동작(절차, 방법, 기능)을 모두 포함한 개념이다.

4과목 **지적학**

61 다음 중 지번의 특성에 해당하지 않는 것은?

① 연속성　　　② 종속성　　　③ 특정성　　　④ 형평성

해설 지번의 특성에는 특정성, 동질성, 종속성, 불가분성, 연속성 등이 있다.

62 신라의 토지측량에 사용된 구장산술의 방전장 내용에 속하지 않는 토지 형태는?

① 양전　　　② 직전　　　③ 환전　　　④ 구고전

해설 구장산술은 고대 중국의 수학서로 삼국시대부터 우리나라에 영향을 미쳐 산학관리의 시험 문제, 토지의 측량 및 지도나 도면 제작 등에 사용되었다. 삼국시대 구장산술의 방전장 내용(전의 형태)에는 방전·직전·구고전·규전·제전·원전·호전·환전 등이 있다.

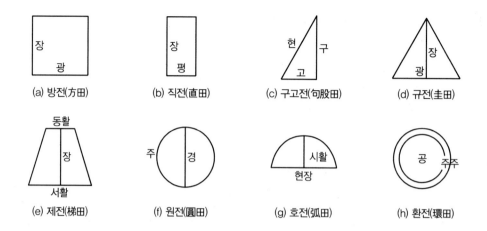

(a) 방전(方田) (b) 직전(直田) (c) 구고전(句股田) (d) 규전(圭田)

(e) 제전(梯田) (f) 원전(圓田) (g) 호전(弧田) (h) 환전(環田)

63 지적공부에 등록하는 면적에 관한 내용으로 틀린 것은?

① 국가만이 결정한다.
② 1m² 단위로만 등록한다.
③ 계산은 오사오입법에 의한다.
④ 지적측량에 의하여 결정한다.

해설 지적국정주의 이념에 따라 지적공부의 등록사항인 토지소재, 지번, 지목, 경계 또는 좌표와 면적은 오직 국가만이 결정할 수 있다. 지적공부에 등록하는 면적의 최소등록단위는 1m²(지적도 축척 1/600인 지역과 경계점좌표등록부에 등록하는 지역은 0.1m²)이며, 면적의 결정방법은 오사오입의 원칙에 따라 1m² 미만의 끝수가 있는 경우 0.5m² 미만은 버리고 초과는 올리며 0.5m²인 경우에는 홀수만 올린다(지적도 축척 1/600인 지역과 경계점좌표등록부에 등록하는 지역은 0.05m² 미만은 버리고 초과는 올리며 0.05m²인 경우에는 홀수만 올린다).

64 독일의 지적제도에 관한 설명으로 틀린 것은?

① 등기제도와 지적제도는 행정부에서 통합하여 운영하고 있다.
② 각 주마다 주측량사무소와 지적사무소를 설치하여 운영하고 있다.
③ 연방정부는 내무부에서 측량 관련 업무를 담당하고 있으나 주정부에 대한 통제가 미미한 상태로 운영되고 있다.
④ 지적 관련 법령으로 민법, 지적법, 토지측량법, 지적 및 측량법, 부동산등기법 등으로 각 주마다 다르다.

해설 독일의 지적제도
지적사무는 내무성에서, 등기사무는 법무성에서 각각 다른 법령(측량법 및 지적법과 등기법)에 의해 이원적으로 운영되고 있으나, 등기공무원이 전문화되고 실질적 심사권을 갖고 있어 등기의 부실을 방지하고 있다.

65 토지조사사업에 대한 설명으로 틀린 것은?

① 토지조사사업은 일제가 식민지정책의 일환으로 실시하였다.
② 토지조사사업의 내용에는 토지소유권 조사, 토지가격 조사, 지형지모조사가 있다.
③ 토지조사사업은 사법적인 성격을 갖고 업무를 수행하였으며, 연속성과 통일성이 있도록 하였다.
④ 축척 1/25,000 지형도를 작성하기 위해 축척 1/3,000과 1/6,000을 사용하여 세부측량을 함께 실시하였다.

해설 토지조사사업 당시 지형도는 1/50,000(724장), 1/25,000(144장), 1/10,000(54장), 특수지형도(3장) 등 925장을 작성하였으며, 지적도는 1/600, 1/1,200, 1/2,400의 축척을 사용하고, 임야도는 1/3,000, 1/6,000, 1/50,000의 축척을 사용하여 측량을 실시하였다.

66 현대지적의 기능을 일반적 기능과 실제적 기능으로 구분하였을 때, 지적의 일반적 기능이 아닌 것은?

① 법률적 기능　　　　　　　　　② 사회적 기능
③ 유통적 기능　　　　　　　　　④ 행정적 기능

해설 지적의 일반적 기능에는 사회적 기능, 법률적 기능(사법적 · 공법적), 행정적 기능이 있다. 지적의 실제적 기능에는 토지에 대한 기록의 법적인 효력 및 공시, 국토 및 도시계획의 자료, 토지관리의 자료, 토지유통의 자료, 토지에 대한 평가기준, 지방행정의 자료 등이 있다.

67 입안을 받지 않은 매매계약서를 무엇이라 하였는가?

① 휴도　　　　　　　　　　　　② 결연매매
③ 백문매매　　　　　　　　　　④ 지세명기

해설 백문매매는 입안을 받지 않은 매매계약서이다. 입안(立案)은 토지가옥의 매매를 국가에서 증명하는 등기권리증과 같은 개념으로서 토지에 대한 매매 · 양도 등의 경우에 매도인이 토지매매계약서인 문기(文記)를 첨부하여 입안을 신청하였다. 향후 백문매매는 입안 폐지의 사유가 되었다.

68 조선시대의 양전법은 토지의 등급에 따라 상등전 · 중등전 · 하등전의 척도를 다르게 하는 수등이척제(隨等異尺制)를 사용하였는데 이에 대한 설명으로 옳은 것은?

① 상등전은 농부수의 20지(指)　　② 상등전은 농부수의 25지(指)
③ 중등전은 농부수의 20지(指)　　④ 중등전은 농부수의 30지(指)

해설 조선 초기에 토지에 대한 양전법은 상등전 20지, 중등전 25지, 하등전 30지와 같이 3등급으로 구분하여 타량하였고, 세종 25년에는 전품을 6등급으로 구분하여 타량하는 수등이척제를 실시하였다.

69 적극적 등록주의와 관련된 내용으로 틀린 것은?

① 토지등록의 효력은 정부에 의해 보장된다.

② 지적공부에 등록된 토지만이 권리가 인정된다.

③ 토렌스시스템은 적극적 등록제도의 발전된 형태이다.

④ 적극적 등록제도를 채택한 국가는 영국, 프랑스, 네덜란드이다.

해설 적극적 등록제도는 우리나라, 스위스, 대만, 일본, 오스트레일리아, 뉴질랜드, 미국의 일부 주, 캐나다 일부 등의 국가에서 시행되고 있다. 소극적 등록제도는 네덜란드, 영국, 프랑스, 이탈리아, 미국의 일부 주, 캐나다 등에서 시행되고 있다.

70 관계(官契)에 대한 설명으로 옳은 것은?

① 민유지만 조사하여 관계를 발급하였다.

② 외국인에게도 토지소유권을 인정하였다.

③ 관계 발급의 신청은 소유자의 의무사항은 아니다.

④ 발급대상은 산천, 전답, 천택(川澤), 가사(家舍) 등 모든 부동산이었다.

해설 관계(官契)는 대한제국이 근대적인 토지소유권을 확립하고 과세대상을 정확하게 파악하기 위하여 지계아문을 설치 후 토지의 소유자를 확인하고 국가가 공인한 토지소유권 증서인 "대한제국전답관계"를 발급한 사업이다. 관계는 지정된 개항장 이외의 토지를 불법으로 소유한 외국인에게는 발행하지 않았다. 전, 답, 산림, 천택, 가사 등 전국의 모든 토지의 소유권자는 의무적으로 관계를 발급받게 하였다.

71 지적에서 지번의 부번진행방법 중 옳지 않은 것은?

① 고저식(高低式)

② 기우식(奇偶式)

③ 사행식(蛇行式)

④ 절충식(折衷式)

해설 지번의 부여방법 중 진행방향에 따른 분류에는 사행식 · 기우식(교호식) · 단지식(블록식) · 절충식 등이 있다.

72 필지별 지번의 부번방식이 아닌 것은?

① 기번식

② 문자식

③ 분수식

④ 자유식

해설 일반적으로 지번을 부여하는 방법에는 분수식 지번제도, 기번식 부여제도, 자유부번제도 등이 있다.

73 토지조사부(土地調査簿)에 대한 설명으로 옳은 것은?

① 결수연명부로 사용된 장부이다.
② 입안과 양안을 통합한 장부이다.
③ 별책토지대장으로 사용된 장부이다.
④ 토지소유권의 사정원부로 사용된 장부이다.

해설 토지조사부는 토지소유권의 사정원부로 사용되었다가 토지조사가 완료되고 토지대장이 작성됨으로써 그 기능이 상실되었다.

74 토지조사사업 당시 사정에 대한 재결기관은?

① 도지사
② 임시토지조사국장
③ 고등토지조사위원회
④ 지방토지조사위원회

해설 사정에 대하여 불복이 있는 경우의 재결기관은 토지조사사업에서는 고등토지조사위원회이며, 임야조사사업에서는 임야조사위원회이다.

75 지적법의 3대 이념으로 옳은 것은?

① 지적공부주의
② 직권등록주의
③ 지적형식주의
④ 실질적 심사주의

해설 지적법의 3대 이념은 지적국정주의, 지적형식주의, 지적공개주의이고, 실질적 심사주의(사실심사주의)와 직권등록주의(강제등록주의)를 더하여 5대 이념이라고 한다.

76 1필지의 성립 요건으로 볼 수 없는 것은?

① 경계의 결정
② 정확한 측량성과
③ 지번 및 지목의 결정
④ 지표면을 인위적으로 구획한 폐쇄된 공간

해설 1필지의 성립 요건에는 지번부여지역 · 소유자 · 지목 · 축척의 동일, 지반의 연속, 소유권 이외 권리의 동일, 등기 여부의 동일 등이 있다.

77 토지조사사업 당시 험조장의 위치를 선정할 때 고려사항이 아닌 것은?

① 조류의 속도
② 해저의 깊이
③ 유수 및 풍향
④ 선착장의 편리성

토지조사사업 당시 1913~1916년까지 인천, 목포, 진남포, 청진, 원산 등 5곳에 험조장을 설치하고 표고를 측정하였는데 험조장의 위치는 해당 지점의 최저ㆍ최고 조위의 개략적 위치, 해안선의 형상, 해저의 심천(깊이), 조류의 속도, 유빙 및 풍위 등을 고려하여 선정하였다.

78 토지표시사항은 지적공부에 등록하여야만 효력이 발생한다는 이념은?

① 공개주의   ② 국정주의   ③ 직권주의   ④ 형식주의

지적형식주의는 국가의 통치권이 미치는 모든 영토를 필지 단위로 구획하여 지번, 지목, 경계 또는 좌표, 면적 등을 정한 다음 국가의 공적장부인 지적공부에 등록ㆍ공시해야만 효력이 인정된다는 이념이다.

79 다음 중 지적형식주의와 가장 관계있는 사항은?

① 공시의 원칙   ② 등록의 원칙
③ 특정화의 원칙   ④ 인적편성의 원칙

지적의 이념 중 지적형식주의는 토지의 등록사항은 지적공부에 등록ㆍ공시해야만 효력이 인정되는 이념이다. 토지등록의 원칙 중 등록의 원칙은 토지의 표시사항은 지적공부에 등록해야 하고 변동사항도 정리ㆍ등록해야 한다는 원칙으로서 형식주의의 규정이라 할 수 있다.

80 현존하는 지적기록 중 가장 오래된 것은?

① 매향비   ② 경국대전   ③ 신라장적   ④ 해학유서

신라장적(신라 경덕왕 7년 : 815년) → 삼일포 매향비(고려 충선왕 1년 : 1309년) → 경국대전(조선 세조 6년 : 1460년) → 이기의 해학유서(유고문집을 1955년 편찬) 순이다.

5과목 **지적관계법규**

81 좌표면적계산법으로 면적측정을 하는 경우 산출면적은 얼마까지 계산하는가?

① $\dfrac{1}{10}\,\mathrm{m}^2$ ② $\dfrac{1}{100}\,\mathrm{m}^2$ ③ $\dfrac{1}{1{,}000}\,\mathrm{m}^2$ ④ $\dfrac{1}{10{,}000}\,\mathrm{m}^2$

좌표면적계산법에 따른 면적측정 시 산출면적은 $\dfrac{1}{1{,}000}\,\mathrm{m}^2$까지 계산하여 $\dfrac{1}{10}\,\mathrm{m}^2$ 단위로 결정한다.

82 「공간정보의 구축 및 관리 등에 관한 법률」에 따른 용어의 정의가 틀린 것은?

① "지번"이란 필지에 부여하여 지적공부에 등록한 번호를 말한다.
② "등록전환"이란 지적도에 등록된 경계점의 정밀도를 높이는 것을 말한다.
③ "토지의 이동"이란 토지의 표시를 새로 정하거나 변경 또는 말소하는 것을 말한다.
④ "지목변경"이란 지적공부에 등록된 지목을 다른 지목으로 바꾸어 등록하는 것을 말한다.

해설 등록전환은 임야대장 및 임야도에 등록된 토지를 토지대장 및 지적도에 옮겨 등록하는 것을 말한다. 지적도에 등록된 경계점의 정밀도를 높이기 위하여 작은 축척을 큰 축척으로 변경하여 등록하는 것은 축척변경이다.

83 사용자권한 등록파일에 등록하는 사용자번호 및 비밀번호에 대한 설명으로 틀린 것은?

① 사용자의 비밀번호는 6자리부터 16자리까지의 범위에서 사용자가 정하여 사용한다.
② 사용자번호는 사용자권한 등록관리청별로 일련번호를 부여하여야 하며, 수시로 사용자번호를 변경하며 관리하여야 한다.
③ 사용자의 비밀번호는 다른 사람에게 누설하여서는 아니 되며, 사용자는 비밀번호가 누설되거나 누설될 우려가 있는 때에는 즉시 이를 변경하여야 한다.
④ 사용자권한 등록관리청은 사용자가 다른 사용자권한 등록관리청으로 소속이 변경되거나 퇴직 등을 한 경우에는 사용자번호를 따로 분리하여 사용자의 책임을 명백히 할 수 있도록 하여야 한다.

해설 사용자권한 등록파일에 등록하는 사용자번호는 사용자권한 등록관리청별로 일련번호를 부여하여야 하며, 한번 부여된 사용자번호는 변경할 수 없다.

84 지목을 "도로"로 구분할 수 있는 토지가 아닌 것은?

① 고속도로의 휴게소 부지
② 1필지에 진입하는 통로로 이용되는 토지
③ 「도로법」 등 관계법령에 따라 도로로 개설된 토지
④ 일반 공중의 교통 운수를 위해 차량운행에 필요한 설비를 갖추어 이용되는 토지

해설 2필지 이상에 진입하는 통로로 이용되는 토지를 "도로"로 구분한다.

85 축척변경에 따른 청산금을 산출한 결과, 증가된 면적에 대한 청산금의 합계와 감소된 면적에 대한 청산금의 합계에 차액이 생긴 경우 부족액의 부담권자는?

① 국토교통부　　　　　　　　　② 토지소유자
③ 지방자치단체　　　　　　　　④ 한국국토정보공사

청산금을 산정한 결과, 증가된 면적에 대한 청산금의 합계와 감소된 면적에 대한 청산금의 합계에 차액이 생긴 경우 초과액은 그 지방자치단체의 수입으로 하고, 부족액은 그 지방자치단체가 부담한다.

86 이미 완료된 등기에 대해 등기 절차상에 착오 또는 유루(遺漏)가 발생하여 원시적으로 등기사항과 실체사항과의 불일치가 발생되었을 때 이를 시정하기 위해 행하여지는 등기는?

① 경정등기 ② 기입등기
③ 부기등기 ④ 회복등기

① 경정등기 : 이미 완료된 등기에 대해 등기 절차상에 착오 또는 유루(遺漏)가 발생하여 원시적으로 등기사항과 실체사항과의 불일치가 발생되었을 때 이를 시정하기 위해 행하여지는 등기이다.
② 기입등기 : 새로운 등기 원인이 생겼을 때 그것을 등기부에 기재하는 등기이며, 소유권보전등기 · 소유권이전등기 · 저당권설정등기 등이 있다.
③ 부기등기 : 독립한 등기란을 가지지 못하고 이미 설정한 주등기에 덧붙여서 그 일부를 변경하는 등기이다.
④ 회복등기 : 등기부의 전부 또는 일부가 멸실되었다가 회복절차에 따라 회복시키는 등기이며, 멸실회복등기 · 말소회복등기가 있다.

87 측량기하적에 대한 설명으로 틀린 것은?

① 측정점의 방향선 길이는 측정점을 중심으로 약 2cm로 표시한다.
② 평판점 · 측정점 및 방위표정에 사용한 기지점 등에는 방향선을 긋고 실측한 거리를 기재한다.
③ 평판점은 측량자의 경우 직경 1.5cm 이상 3cm 이하의 검은색 원으로 표시한다.
④ 평판점의 결정 및 방위표정에 사용한 기지점은 측량자의 경우 직경 1cm와 2cm의 2중원으로 표시한다.

측정점의 방향선 길이는 측정점을 중심으로 약 1cm로 표시한다.

88 지적재조사사업에 따른 경계 확정 시기로 옳지 않은 것은?

① 이의신청 기간에 이의를 신청하지 아니하였을 때
② 경계결정위원회의 의결을 거쳐 결정되었을 때
③ 이의신청에 대한 결정에 대하여 30일 이내에 불복의사를 표명하지 아니하였을 때
④ 이의신청에 대한 결정에 불복하여 행정소송을 제기한 경우 그 판결이 확정되었을 때

이의신청에 대한 결정에 대하여 60일 이내에 불복의사를 표명하지 아니하였을 때에 확정된다.

89 「공간정보의 구축 및 관리 등에 관한 법률」에서 규정한 지적측량수행자의 성실의무 등에 관한 내용으로 옳지 않은 것은?

① 지적측량수행자는 업무상 알게 된 비밀을 누설하여서는 아니 된다.
② 지적측량수행자는 지적측량수수료 외에는 어떠한 명목으로도 그 업무와 관련된 대가를 받으면 아니 된다.
③ 지적측량수행자는 본인, 배우자 또는 직계 존속·비속이 소유한 토지에 대한 지적측량을 하여서는 아니 된다.
④ 지적측량수행자는 신의와 성실로써 공정하게 지적측량을 하여야 하며, 정당한 사유 없이 지적측량 신청을 거부하여서는 아니 된다.

해설 업무상 알게 된 비밀의 누설 금지에 관한 사항은 측량기술자의 의무에는 해당되지만 지적측량수행자의 성실의무에는 해당되지 않는다.

90 다음 중 2년 이하의 징역 또는 2천만 원 이하의 벌금에 해당하는 자는?

① 거짓으로 축척변경 신청을 한 자
② 고의로 측량성과를 사실과 다르게 한 자
③ 속임수로 측량업과 관련된 입찰의 공정성을 해친 자
④ 심사를 받지 아니하고 지도 등을 간행하여 판매하거나 배포한 자

해설 ③ 3년 이하의 징역 또는 3천만 원 이하의 벌금에 처한다.
①, ④ 1년 이하의 징역 또는 1천만 원 이하의 벌금에 해당된다.

91 「국토의 계획 및 이용에 관한 법률」상의 용도지역 중 행위제한 시 자연공원법, 수도법 또는 문화재보호법의 규정이 적용되는 지역은?

① 녹지지역
② 계획관리지역
③ 보전관리지역
④ 자연환경보전지역

해설 자연환경보전지역 중 「자연공원법」에 따른 공원구역, 「수도법」에 따른 상수원보호구역, 「문화재보호법」에 따라 지정된 지정문화재 또는 천연기념물과 그 보호구역, 「해양생태계의 보전 및 관리에 관한 법률」에 따른 해양보호구역인 경우에는 건축물이나 그 밖의 시설의 용도·종류 및 규모 등의 제한에 관하여는 각각 「자연공원법」, 「수도법」 또는 「문화재보호법」 또는 「해양생태계의 보전 및 관리에 관한 법률」에서 정하는 바에 따른다.

92 토지의 표시 변경에 관한 등기를 할 필요가 있는 경우에는 지적소관청은 지체 없이 관할 등기관서에 그 등기를 촉탁하여야 하는데, 다음 중 등기촉탁이 가능하지 않은 것은?

① 등록전환
② 신규등록
③ 지번변경
④ 축척변경

등기촉탁의 대상에는 ①, ③, ④ 외 바다로 된 토지의 등록말소, 행정구역 명칭변경, 등록사항의 오류를 지적소관청이 직권으로 조사·측량하여 정정한 때 등이 있다.

93 수수료를 현금으로만 내야 하는 사항으로 옳은 것은?

① 측량성과 사본 발급 신청 수수료
② 지적기준점성과의 열람 및 등본 수수료
③ 성능검사대행자가 하는 성능검사 수수료
④ 측량성과의 국외 반출 허가 신청 수수료

수수료의 납부방법에는 현금, 수입인지, 수입증지, 전자화폐, 전자결제 등이 있으나 성능검사 수수료와 공간정보산업협회 등에 위탁된 업무의 수수료는 현금으로 납부하여야 한다.

94 「공간정보의 구축 및 관리 등에 관한 법률」상 지목의 명칭으로 옳은 것은?

① 소지, 염전, 도로용지, 광천지
② 사적지, 광천지, 운동장, 유원지
③ 주차장용지, 잡종지, 양어장, 임야
④ 공장용지, 창고용지, 목장용지, 주유소용지

지목의 종류에는 전·답·과수원·목장용지·임야·광천지·염전·대·공장용지·학교용지·주차장·주유소용지·창고용지·도로·철도용지·제방·하천·구거·유지·양어장·수도용지·공원·체육용지·유원지·종교용지·사적지·묘지·잡종지 등 28개가 있다.

95 시·도별 지적삼각점의 명칭이 잘못된 것은?

① 충청북도 : 충청
③ 부산광역시 : 부산
② 서울특별시 : 서울
④ 제주특별자치도 : 제주

충청북도의 지적삼각점 명칭은 "충북"이다.

96 「공간정보의 구축 및 관리 등에 관한 법령」상 1필지로 정할 수 있는 기준에 해당하지 않는 것은?

① 지반이 연속된 토지
③ 토지의 소유자가 동일
② 토지의 용도가 동일
④ 동일한 지적측량방법에 의한 토지

1필지의 성립 요건에는 지번부여지역·소유자·지목·축척의 동일, 지반의 연속, 소유권 이외 권리의 동일, 등기 여부의 동일 등이 있다.

97 거짓으로 분할 신청을 한 경우 벌칙 기준으로 옳은 것은?

① 300만 원 이하의 과태료
② 1년 이하의 징역 또는 1천만 원 이하의 벌금
③ 2년 이하의 징역 또는 2천만 원 이하의 벌금
④ 3년 이하의 징역 또는 3천만 원 이하의 벌금

> **해설** 거짓으로 신규등록 · 등록전환 · 분할 · 합병 · 지목변경 · 바다로 된 토지의 등록말소 · 축척변경 · 등록사항의 정정 · 도시개발사업 등 시행지역의 토지이동 등의 신청을 한 경우에는 1년 이하의 징역 또는 1천만 원 이하의 벌금에 처한다.

98 등기관이 토지에 관한 등기를 하였을 때 지적소관청에 지체 없이 그 사실을 알려야 하는 대상에 해당하지 않는 것은?

① 소유권의 변경 또는 경정
② 소유권의 보존 또는 이전
③ 소유권의 등록 또는 등록정정
④ 소유권의 말소 또는 말소회복

> **해설** 등기관이 소유권의 보존 또는 이전, 소유권의 등기명의인표시의 변경 또는 경정, 소유권의 변경 또는 경정, 소유권의 말소 또는 말소회복의 등기를 하였을 때에는 지체 없이 그 사실을 지적소관청(토지의 경우)과 건축물대장 소관청(건물의 경우)에 알려야 한다.

99 「국토의 계획 및 이용에 관한 법률」상 공동구 관리자로 옳은 것은?

① 구청장
② 특별시장
③ 국토교통부장관
④ 행정안전부장관

> **해설** 공동구는 전기 · 가스 · 수도 등의 공급설비, 통신시설, 하수도시설 등 지하매설물을 공동 수용함으로써 미관의 개선, 도로구조의 보전 및 교통의 원활한 소통을 위하여 지하에 설치하는 시설물이며, 특별시장 · 광역시장 · 특별자치시장 · 특별자치도지사 · 시장 또는 군수가 관리한다.

100 사업시행자가 지적소관청에 토지이동에 대한 신청을 할 수 없는 사업은?

① 도시개발사업
② 주택건설사업
③ 축척변경사업
④ 산업단지개발사업

> **해설** 토지이동은 토지소유자가 신청하여야 하지만 도시개발사업, 농어촌정비사업, 주택건설사업, 택지개발사업, 산업단지개발사업, 도시 및 주거환경정비사업, 체육시설 설치를 위한 토지개발사업, 관광단지개발사업, 항만개발사업 및 항만재개발사업, 공공주택지구조성사업, 물류시설의 개발 및 경제자유구역 개발사업, 고속철도 · 일반철도 · 광역철도 건설사업, 고속국도 및 일반국도 건설사업 등의 사업시행자는 그 사업의 착수 · 변경 및 완료 사실을 지적소관청에 신고하여야 한다. 축척변경사업은 지적소관청이 토지소유자의 신청 또는 직권으로 시행하는 사업이므로 토지이동 신청의 특례에 포함되지 않는다.

[1과목] **지적측량**

01 광파거리측량기의 프리즘 정수와 관련하여 보정하는 사항은?

① 경사보정　　　　② 기상보정　　　　③ 영점보정　　　　④ 투영보정

> **해설** 광파거리측량기의 프리즘 정수와 관련된 보정은 영점보정이다.

02 경계점좌표등록부 시행지역에서 지적도근점의 측량성과와 검사성과의 연결교차 기준은?

① 0.15m 이내　　　　　　　　　② 0.20m 이내

③ 0.25m 이내　　　　　　　　　④ 0.30m 이내

> **해설** 지적측량성과와 검사성과의 연결교차 허용범위

구분	분류		허용범위
기초측량	지적삼각점		0.20m
	지적삼각보조점		0.25m
	지적도근점	경계점좌표등록부 시행지역	0.15m
		그 밖의 지역	0.25m

03 축척 1/1,200지역에서 도곽선의 신축량이 +2.0cm일 때 도곽의 신축에 따른 면적보정계수는?

① 0.99328　　　　　　　　　② 0.99224

③ 0.98929　　　　　　　　　④ 0.98844

> **해설** $\Delta X = 1,200 \times 0.002\text{m} = 2.4\text{m}$
>
> $\Delta Y = 1,200 \times 0.002\text{m} = 2.4\text{m}$
>
> 면적보정계수 $Z = \dfrac{X \cdot Y}{\Delta X \cdot \Delta Y} = \dfrac{400 \times 500}{(400 + 2.4) \times (500 + 2.4)} = 0.98929$
>
> (Z : 보정계수, X : 도곽선 종선길이, Y : 도곽선 횡선길이, ΔX : 신축된 도곽선 종선길이의 합/2, ΔY : 신축된 도곽선 횡선길이의 합/2)

04 세부측량 중 베셀법에 의한 방식은 어디에 해당하는가?

① 방사법   ② 전방교회법   ③ 측방교회법   ④ 후방교회법

해설 후방교회법은 미지점에 평판을 세우고 기지점의 방향선에 의해 위치를 결정하는 방법으로서 2점법, 3점법, 자침법으로 구분하며 3점법이 가장 대표적이다. 3점법에는 레이만법, 베셀법, 투사지법이 있다.

05 도선법과 다각망도선법에 따른 지적도근점의 각도 관측에서 도선별 폐색오차의 허용범위 기준으로 틀린 것은?(단, n은 폐색변을 포함한 변의 수를 말한다.)

① 방위각법에 따르는 경우 : 1등 도선 $\pm\sqrt{n}$ 분 이내

② 방위각법에 따르는 경우 : 2등 도선 $\pm 2\sqrt{n}$ 분 이내

③ 배각법에 따르는 경우 : 1등 도선 $\pm 20\sqrt{n}$ 초 이내

④ 배각법에 따르는 경우 : 2등 도선 $\pm 30\sqrt{n}$ 초 이내

해설 지적도근점측량의 폐색오차 허용범위(공차)

측량방법	등급	폐색오차의 허용범위(공차)
배각법	1등 도선	$\pm 20\sqrt{n}$ 초 이내
	2등 도선	$\pm 30\sqrt{n}$ 초 이내
방위각법	1등 도선	$\pm\sqrt{n}$ 분 이내
	2등 도선	$\pm 1.5\sqrt{n}$ 분 이내

※ n : 폐색변을 포함한 변의 수

06 평판측량방법에 따른 세부측량을 방사법으로 하는 경우 1방향의 도상길이는 몇 cm 이하로 하여야 하는가?

① 3cm   ② 5cm   ③ 8cm   ④ 10cm

해설 평판측량방법에 따른 세부측량을 방사법으로 하는 경우 1방향선의 도상길이는 10cm 이하로 하며, 광파조준의 또는 광파측거기를 사용할 때에는 30cm 이하로 하여야 한다.

07 평판측량방법에 따른 세부측량을 교회법으로 할 때 방향각의 교각은?

① 30° 이상 150° 이하로 한다.   ② 20° 이상 130° 이하로 한다.

③ 30° 이상 120° 이하로 한다.   ④ 50° 이상 130° 이하로 한다.

해설 평판측량방법에 따른 세부측량을 교회법으로 하는 경우 방향각의 교각은 30° 이상 150° 이하로 한다.

08 우리나라 토지조사사업 당시 대삼각본점측량의 방법으로 틀린 것은?

① 전국에 13개소 기선을 설치하였다.

② 관측은 기선망에서 12대회의 방향관측을 실시하였다.

③ 대삼각점은 평균 점간거리 30km로 23개의 삼각망으로 구분하였다.

④ 대삼각점은 위도 20′, 경도 15′의 방안 내의 10점이 배치되도록 하였다.

> **해설** 대삼각측량은 위도 15′, 경도 20′의 방안에 대략 1점을 배치하여 전국에 400점을 배치하였다.

09 지적삼각보조점측량을 다각망도선법에 의하여 시행하는 경우에 대한 설명으로 옳은 것은?

① 1도선의 거리는 4km 이하로 한다.

② 4점 이상의 기지점을 포함한 결합다각방식에 따른다.

③ 1도선의 점의 수는 기지점과 교점을 제외하고 5점 이하로 한다.

④ 1도선의 점의 수는 기지점과 교점을 포함하여 6점 이하로 한다.

> **해설** ② 3점 이상의 기지점을 포함한 결합다각방식에 따른다.
> ③, ④ 1도선(기지점과 교점 간 또는 교점과 교점 간)의 점의 수는 기지점과 교점을 포함하여 5점 이하로 한다.

10 지적삼각보조점의 각 점에서 같은 정도로 측정하여 생기는 각도오차의 소거방법으로 옳은 것은?(단, 2방향 교회에 의하고 각 내각의 합계와 180°와의 차가 ±40초 이내인 경우)

① 변장에 비례하여 배분한다.　　　② 각의 크기에 비례하여 배분한다.

③ 각의 크기에 역비례하여 배분한다.　　④ 삼각형의 각 내각에 고르게 배분한다.

> **해설** 경위의측량방법과 전파기 또는 광파기측량방법에 따라 교회법으로 지적삼각보조점측량을 할 때에는 3방향의 교회에 따른다. 다만 지형상 부득이하여 2방향의 교회에 의하여 결정하려는 경우에는 각 내각을 관측하여 각 내각의 관측치 합계와 180°와의 차가 ±40초 이내일 때에는 이를 각 내각에 고르게 배분하여 사용할 수 있다.

11 고초원점의 평면직각종횡선 수치는 얼마인가?

① X＝0m, Y＝0m

② X＝10,000m, Y＝30,000m

③ X＝500,000m, Y＝200,000m

④ X＝550,000m, Y＝200,000m

> **해설** 원점별 종횡선직각좌표

원점명	X(종선)	Y(횡선)
통일원점	500,000m(제주지역 : 550,000m)	200,000m
구소삼각원점	0m	0m
특별소삼각원점	10,000m	30,000m

12 지적삼각점측량에서 A점의 종선좌표가 1,000m, 횡선좌표가 2,000m, AB 간의 평면거리가 3,210.987m, AB 간의 방위각이 333°33′33.3″일 때의 B점의 횡선좌표는?

① 496.789m

② 570.237m

③ 798.466m

④ 1,322.123m

해설 B점의 횡선좌표$(X_B) = X_A + (l \cdot \sin V_B^A) = 2,000\text{m} + (3,210.987\text{m} \times \sin 333°33′33.3″) = 570.237\text{m}$

13 경위의측량방법에 따른 세부측량에서 연직각의 관측은 정·반으로 1회 관측하여 그 교차가 얼마 이내일 때에 그 평균치를 연직각으로 하는가?

① 2분 이내

② 3분 이내

③ 4분 이내

④ 5분 이내

해설 연직각의 관측은 정·반으로 1회 관측하여 그 교차가 5분 이내일 때에는 그 평균치를 연직각으로 하되, 분단위로 독정(讀定)한다.

14 지적삼각점측량에 대한 설명으로 옳지 않은 것은?

① 지적삼각점표지는 관측 후에 설치한다.

② 삼각형의 각 내각은 30° 이상 120° 이하로 한다.

③ 지적삼각점의 일련번호는 측량지역이 소재하고 있는 시·도 단위로 부여한다.

④ 지적삼각점의 명칭은 측량지역이 소재하고 있는 시·도의 명칭 중 두 글자를 선택한다.

해설 지적삼각점측량을 할 때에는 미리 지적삼각점표지를 설치하여야 한다.

15 다음 중 지적삼각점성과를 관리하는 자는?

① 지적소관청

② 시·도지사

③ 국토교통부장관

④ 행정안전부장관

해설 지적기준점성과의 관리자(기관)

구분	관리기관
지적삼각점	시·도지사
지적삼각보조점, 지적도근점	지적소관청

16 교회법에서 삼각형의 3내각을 같은 정도로 측정하였을 때에 그 합계 180°와의 차에 대한 배부는?

① 각의 크기에 비례하여 배부한다.

② 3등분하여 각각에 1/3씩 배부한다.

③ 각의 크기에 역비례하여 배부한다.

④ 대변의 크기에 비례하여 배부한다.

해설 교회법으로 지적삼각보조점측량을 같은 정도로 관측한 결과 삼각형의 3내각의 합계와 180°와의 차이가 발생하고, 그 오차가 허용공차 이내일 경우에는 오차를 3등분하여 3내각 각각에 1/3씩 배부한다.

17 축척 1/1,000로 평판측량을 할 때 제도의 허용오차 $q = 0.2$cm 이내로 하려면 지적도근점을 중심으로 반경 몇 cm 이내에 있도록 평판을 설치하여야 하는가?

① 6cm ② 10cm ③ 15cm ④ 20cm

해설 구심오차$(e) = \dfrac{qM}{2} = \dfrac{0.2 \times 1,000}{2} = 10$cm

(q : 도상위치오차, M : 축척분모수)

18 지적삼각점측량 시 두 지점의 기지점에서 소구점까지 평면거리가 각각 4,700m, 3,900m일 때, 두 기지점에서 소구점의 표고를 계산한 교차는 얼마 이하이어야 하는가?

① 0.46m ② 0.47m ③ 0.48m ④ 0.50m

해설 교차 $= 0.05\text{m} + 0.05(S_1 + S_2) = 0.05\text{m} + 0.05(4.7\text{km} + 3.9\text{km}) = 0.48\text{m}$

(S_1, S_2 : 기지점에서 소구점까지의 평면거리로서 km 단위로 표시한 수)

19 지적도의 제도방법으로 틀린 것은?

① 도면의 위 방향은 항상 북쪽이 되어야 한다.

② 경계선은 경계점과 경계점 사이를 직선으로 연결한다.

③ 등록전환할 때에는 지적도의 그 지번 및 지목을 말소한다.

④ 말소된 경계를 다시 등록할 때에는 말소 정리 이전의 자료로 원상회복 정리한다.

해설 등록전환할 때에는 임야도의 그 지번 및 지목을 말소한다.

20 수평각을 관측하는 경우 망원경을 정·반으로 하여 측정하는 가장 큰 목적은?

① 망원경이 회전하기 때문에
② 관측오차를 발견하기 위하여
③ 외심오차를 발견하기 위하여
④ 기계 조정에 의한 오차를 소거하기 위하여

해설 수평각관측에서 망원경을 정·반으로 하여 관측하는 이유는 기계적 결함과 기계 조정에 따른 오차를 소거하기 위해서다.

2과목 응용측량

21 축척 1/50,000 지형도에서 길이가 6.58cm인 두 점 A, B의 길이가 항공사진 촬영한 사진에서 23.03cm였다면 항공사진의 촬영고도는?(단, 사진기의 초점거리는 21cm이다.)

① 2,000m
② 2,500m
③ 3,000m
④ 3,500m

해설 사진축척$(M) = \dfrac{1}{m} = \dfrac{l}{D} = \dfrac{f}{H}$ → 지상거리$(D) = m \times l = 50,000 \times 0.0658 = 3,290$m

(m : 축척분모, l : 사진상 거리, D : 지상거리, f : 렌즈의 초점거리, H : 촬영고도)

∴ 항공사진의 촬영고도$(H) = \dfrac{Df}{l} = \dfrac{3,290 \times 0.21}{0.2303} = 3,000$m

22 등고선의 성질에 대한 설명으로 틀린 것은?

① 등고선은 최대경사선과 직교한다.
② 동일 등고선상에 있는 모든 점은 높이가 같다.
③ 등고선은 절벽이나 동굴의 지형을 제외하고는 교차하지 않는다.
④ 등고선은 폭포와 같이 도면 내외 어느 곳에서도 폐합되지 않는 경우가 있다.

해설 등고선의 성질(특징)
• 동일 등고선상에 있는 모든 점은 같은 높이다.
• 등고선은 도면 내외에서 폐합하는 폐곡선이다.
• 지도의 도면 내에서 폐합하는 경우 등고선의 내부에 산정 또는 분지가 있다.
• 높이가 다른 두 등고선은 동굴이나 절벽의 지형이 아닌 곳에서는 교차하지 않으며, 동굴이나 절벽은 반드시 두 점에서 교차한다.
• 동등한 경사의 지표에서 양 등고선의 수평거리는 같다.
• 같은 경사의 평면일 때는 나란히 직선이 된다.
• 최대경사의 방향은 등고선과 직각으로 교차한다.
• 등고선은 경사가 급한 곳에서는 간격이 좁고 완만한 경사지는 넓다.
• 등고선은 분수선과 직각으로 만난다.
• 등고선의 수평거리는 산꼭대기 및 산밑에서는 크고 산중턱에서는 작다.
• 등고선이 능선을 직각방향으로 횡단한 다음 능선 다른 쪽을 따라 거슬러 올라간다.

23 다음 중 수동적 센서 방식이 아닌 것은?

① 사진방식
② 선주사방식
③ Laser 방식
④ Vidicon 방식

해설 탐측기(Sensor)는 수동적 센서와 능동적 센서로 구분된다. 수동적 센서에는 일반렌즈 사진기(사진측량용 · 프레임 · 파노라마 · 스트립), 디지털 사진기(CCD), 다중분광대 센서(전자스캐너 · MSS · TM · HRV), 초분광 센서가 있고, 능동적 센서에는 레이저(Laser) 영상방식(LiDAR)과 레이더(Radar) 영상방식(도플러 · SLAR · SAR)이 있다.

24 초점거리 210cm, 사진크기 18cm×18cm인 카메라로 평지를 촬영한 항공사진 입체모델의 주점기선장이 60cm라면 종중복도는?

① 56%
② 61%
③ 67%
④ 72%

해설 주점기선장$(b_0) = a\left(1 - \dfrac{p}{100}\right)$

(a : 사진크기, p : 종중복도)

$6 = 18 \times \left(1 - \dfrac{p}{100}\right)$ ∴ $p = 67\%$

25 단곡선 설치에 있어서 접선과 현이 이루는 각을 이용하여 곡선을 설치하는 방법은?

① 편각설치법
② 지거설치법
③ 중앙종거법
④ 현편거법

해설 편각법에 의한 단곡선 설치방법은 접선과 현이 이루는 각을 이용하여 곡선을 설치하는 방법으로서 도로, 철도 등의 곡선설치에 가장 일반적이며 다른 방법에 비해 정확하나 곡선반경이 적으면 오차가 많이 발생한다.

26 축척 1/5,000의 지형측량에서 위치의 허용오차를 도상 ±0.5cm, 실제 관측 높이의 허용오차를 ±1.0m로 하는 경우에 토지의 경사가 25°인 지형에서 발생할 수 있는 등고선의 최대 오차는?

① ±2.51m
② ±2.17m
③ ±2.04m
④ ±1.83m

해설 등고선 최대오차$(H) \geq dh + dl\tan\alpha$

$H = dh + dl\tan\alpha = 1.0 + 2.5 \times \tan 25° = 2.17$m

dl = 위치허용오차×축척분모 = 0.0005m×5,000 = 2.5m

(dh : 높이오차, dl : 거리오차, α : 경사)

27 그림과 같이 측점 A의 밑에 기계를 세워 천정에 설치된 측점 A, B를 관측하였을 때 두 점의 높이차(H)는?

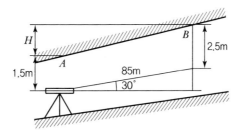

① 42.5m

② 43.5m

③ 45.5m

④ 46.5m

해설 높이차(H)+I.H=$L\sin\alpha$+H.P

$H=L\sin\alpha+\text{H.P}-\text{I.H}=85\times\sin30°+2.5-1.5=43.5\text{m}$

(I.H : 기계고, H.P : 시준고, L : 경사거리, α : 연직각)

28 GNSS측량에서 위도, 경도, 고도, 시간에 대한 차분해(Differential Solution)를 얻기 위해 필요한 최소 위성의 수는?

① 2

② 4

③ 6

④ 8

해설 GNSS측량을 위해서는 위치(x, y, z)+시간(t) 등 4개의 미지수 결정을 위해 최소 4개 이상의 위성이 필요하다.

29 수준기의 감도가 20″인 레벨(Level)을 사용하여 40m 떨어진 표척을 시준할 때 발생할 수 있는 시준오차는?

① ±0.5cm

② ±3.9cm

③ ±5.2cm

④ ±8.5cm

해설 편심(위치)오차

$$\frac{\Delta l}{L(=nD)}=\frac{\theta''}{\rho''}$$

$$\Delta l=\frac{L(=nD)\times\theta''}{\rho''}=\frac{1\times40\times20''}{206,265''}=3.9\text{cm}$$

(θ : 기포관의 감도, Δl : 기포 이동에 대한 표척값의 차이, n : 눈금 수, D : 레벨에서 표척까지의 거리, ρ : 206,265″)

30 지하시설물측량에 대한 설명으로 옳은 것은?

① 전자기유도법 – 고가이고 판독기술이 요구된다.
② 지하레이더탐사법 – 비금속 탐지가 가능하다.
③ 음파탐사법 – 지중에 있는 강자성체의 이상자기를 조사하는 방법이다.
④ 전기탐사법 – 문화유적지 조사, 지중금속체 탐지에는 부적합하다.

해설 지하시설물의 탐사방법
• 음파탐사법 : 물이 가득 차 흐르는 관로에 음파신호를 보내 관로 내부에 발생한 음파를 탐사하는 방법으로 플라스틱, PVC 등 비금속 수도관로 탐사에 유용하다.
• 전기탐사법 : 지반 중에 전류를 흘려보내 그 전류에 의한 전압 강하를 측정하여 비저항값의 분포를 구해 토질변화에 따른 지반 상황의 변화를 탐사하는 방법이다.
• 전자기유도법 : 송신기를 지하에 매설된 관이나 케이블에 직접 접지하고 교류 전류를 공급하여 그 주변에 교류 자장을 발생시켜 자기장의 세기로 위치를 측정하는 방법으로 자장탐사법 또는 전자유도탐사법이라고도 한다.
• 지하레이더탐사법 : 지하에 전자기파를 투과해서 전기적 물성이 다른 경계에서 반사되어 돌아온 전자기파를 수신하여 확인하는 탐사방법으로 지표투과레이더법 또는 지중레이더탐사법이라고도 한다.

31 수준측량에서 n회 기계를 설치하여 높이를 측정할 때 1회 기계 설치에 따른 표준오차가 $\hat{\sigma}_r$이면 전체 높이에 대한 오차는?

① $n\hat{\sigma}_r$

② $\dfrac{\sqrt{\hat{\sigma}_r}}{n}$

③ $\hat{\sigma}_r$

④ $\sqrt{n}\,\hat{\sigma}_r$

해설 전체 높이에 대한 오차는 측정횟수의 제곱근에 비례한다.

32 노선측량의 작업단계를 A~E와 같이 나눌 때, 일반적인 작업순서로 옳은 것은?

| • A : 실시설계측량 | • B : 계획조사측량 | • C : 노선선정 |
| • D : 용지 및 공사측량 | • E : 세부측량 | |

① A – C – D – E – B

② A – C – B – D – E

③ C – A – D – B – E

④ C – B – A – E – D

해설 노선측량의 작업은 일반적으로 노선선정 → 계획조사측량 → 실시설계측량(세부지형측량 및 용지경계측량 포함) → 공사측량(시공측량 및 준공측량 포함) 단계로 진행한다.

33 현장에서 수준측량을 정확하게 수행하기 위해서 고려해야 할 사항이 아닌 것은?

① 전시와 후시의 거리를 가능한 한 동일하게 한다.
② 기포가 중앙에 있을 때 읽는다.
③ 표척이 연직으로 세워졌는지 확인한다.
④ 레벨의 설치횟수는 홀수회로 끝나도록 한다.

───────────────────────────────

해설 수준측량 시 주의(고려)사항
- 레벨은 사용 전 반드시 검사/조정이 필요함
- 견고한 땅에 기계를 세우고 햇빛을 피할 것
- 측정순간의 기포는 반드시 중앙에 있을 것
- 수준척은 연직으로 세우고 침하 없는 견고한 땅에 세울 것
- 전시와 후시의 거리를 같도록 할 것
- 기계 운반 시 고정나사를 잠근 후 어깨에 메지 않고 연직으로 하고 운반할 것
- 야장기입에서 착오가 없도록 할 것

④ 레벨과 표척과의 거리를 길게 취하면 취한 만큼 레벨의 거치점수가 적어지므로 정밀도가 좋고 능률적이다. 다만 설치횟수를 홀수회로 할 필요는 없다.

34 설치되어 있는 기준점만으로 세부측량을 실시하기에 부족할 경우 설치되어 있는 기준점을 기준으로 지형측량에 필요한 새로운 측점을 관측하여 결정된 기준점은?

① 도근점   ② 경사변환점   ③ 등각점   ④ 이점

───────────────────────────────

해설 지형측량에서 도근점은 기존에 설치된 기준점만으로는 세부측량을 실시하기 부족할 경우 기설 기준점을 기준으로 하여 새로운 평면위치 및 높이를 관측하여 결정되는 기준점을 말한다.

35 터널의 시점(P)과 종점(Q)의 좌표를 $P(1,200, 800, 75)$, $Q(1,600, 600, 100)$로 하여 터널을 굴진할 경우 경사각은?(단, 좌표 단위 : m)

① $2°11'59''$ ② $2°13'19''$ ③ $3°11'59''$ ④ $3°13'19''$

───────────────────────────────

해설 PQ의 높이 $= 100 - 75 = 25m$

PQ의 거리 $= \sqrt{(1,600-1,200)^2 + (600-800)^2} = 447.21m$

$\therefore$ 터널경사각 $\theta = \tan^{-1}\dfrac{높이}{거리} = \tan^{-1}\left(\dfrac{25}{447.21}\right) = 3°11'59''$

36 GPS에서 이용하는 좌표계는?

① WGS84   ② Bessel   ③ JGD2000   ④ ITRF2000

───────────────────────────────

해설 GPS는 WGS84라고 하는 기준좌표계와 WGS84타원체를 이용한다. 다만 한국측지계(KGD2020)는 ITRF 2000에 따르고 GRS80타원체를 사용한다.

37 축척 1/50,000의 지형도에서 A의 표고가 235m, B의 표고가 563m일 때 두 점 A, B 사이 주곡선 간격의 등고선 수는?

① 13 　　　② 15 　　　③ 17 　　　④ 18

> **해설** 축척 1/50,000의 지형도에서 주곡선의 간격은 20m이므로,
>
> $\therefore$ A, B 사이의 등고선 개수 $= \dfrac{560-240}{20}+1=17$개

38 완화곡선의 성질에 대한 설명으로 틀린 것은?

① 곡선의 반지름은 시점에서 원곡선의 반지름이 되고 종점에서는 무한대이다.
② 완화곡선의 접선은 시점에서 직선, 종점에서 원호에 접한다.
③ 완화곡선에 연한 곡선반지름의 감소율은 캔트의 증가율과 동률로 된다.
④ 종점에 있는 캔트는 원곡선의 캔트와 같게 된다.

> **해설** 완화곡선의 반지름은 시점에서는 무한대이며, 종점에서는 원곡선의 반지름과 같다.

39 동서(종방향) 45km, 남북(횡방향) 25km인 직사각형의 토지를 종중복도 60%, 횡종복도 30%, 초점거리 150cm, 촬영고도 3,000m, 사진크기 23cm×23cm로 촬영하였을 경우에 필요한 입체 모델 수는?

① 100 　　　② 125 　　　③ 150 　　　④ 200

> **해설** 축척분모$(m)=\dfrac{H}{f}=\dfrac{3,000}{0.15}=20,000$
>
> 종모델 수 $=\dfrac{S_1}{ma\left(1-\dfrac{p}{100}\right)}=\dfrac{45,000}{2,000\times0.23\times\left(1-\dfrac{60}{100}\right)}=24.46 \fallingdotseq 25$매
>
> 횡모델 수 $=\dfrac{S_2}{ma\left(1-\dfrac{q}{100}\right)}=\dfrac{25,000}{2,000\times0.23\times\left(1-\dfrac{30}{100}\right)}=7.76 \fallingdotseq 8$매
>
> $\therefore$ 총모델 수는 $25\times8=200$매

40 곡선의 반지름이 250m, 교각 80°20′의 원곡선을 설치하려고 한다. 시단현에 대한 편각이 2°10′이라면 시단현의 길이는?

① 16.29m 　　　② 17.29m 　　　③ 17.45m 　　　④ 18.91m

> **해설** 편각$(\delta)=\dfrac{l}{2R}$ (라디안) $=1,718.87'\dfrac{l}{R}$ (분) $\rightarrow 2°10'=1,718.87'\times\dfrac{l}{250}$
>
> $\therefore$ 시단현의 길이$(l)=\dfrac{2°\,10'\times250}{1,718.87'}=18.91$m

41 토지정보시스템의 발전 과정에 대한 설명으로 옳지 않은 것은?

① 1950년대 미국 워싱턴 대학에서 연구를 시작하여 1960년대 캐나다의 자원관리를 목적으로 CGIS(Canadian GIS)가 개발되어 각국에 보급되었다.

② 1970년대에는 GIS전문회사가 출현되어 토지나 공공시설의 관리를 목적으로 시범적인 개발계획을 수행하였다.

③ 1980년대에는 개발도상국의 GIS 도입과 구축이 활발히 진행되면서 위상정보의 구축과 관계형 데이터베이스의 기술발전 및 워크스테이션 도입으로 활성화되었다.

④ 1990년대에는 Network 기술의 발달로 중앙집중형에서 지역분산형 데이터베이스의 구축으로 변환되어 경제적인 공간데이터베이스의 구축과 운용이 가능하게 되었다.

해설 1990년대에는 컴퓨터 및 통신기술의 발전과 Internet GIS 및 3D GIS의 등장으로 중앙집중형에서 지역분산형 데이터베이스의 구축으로 변환되었다.

42 한국토지정보시스템 운영기관의 장이 데이터를 백업해야 하는 주기는?

① 일 1회   ② 주 1회   ③ 월 1회   ④ 연 1회

해설 한국토지정보시스템 운영기관의 장은 데이터베이스의 장애 및 복구를 위하여 월 1회 백업을 수행하여야 한다(한국토지정보시스템 운영규정 제19조의 규정사항이나 2015.12.29. 폐지됨).

43 SDTS(Spatial Data Transfer Standard)를 통한 데이터 변환에 있어 최소 단위의 체계적으로 표현되는 3차원 객체의 정의는?

① Chain   ② Voxel   ③ GT−ring   ④ 2D−Manifold

해설 복셀(Voxel)은 체적 요소이며, 3차원 공간에서 그래픽의 최소 단위로서 2차원적인 픽셀을 3차원의 형태로 구현한 것이다.

44 국토교통부장관이 시·군·구 자료를 취합하여 지적통계를 작성하는 주기로 옳은 것은?

① 매일   ② 매주   ③ 매월   ④ 매년

해설 국토교통부장관은 매년 시·군·구 자료를 취합하여 지적통계를 작성한다.

45 토지정보체계의 특징으로 옳지 않은 것은?

① 편리한 자료 검색

② 전문화에 따른 호환성 배제

③ 변동자료의 신속·정확한 처리

④ 토지권리에 대한 분석과 정보 제공

해설 토지정보체계의 특징에는 ①, ③, ④ 외 토지정보를 DB시스템으로 관리하여 안전, 토지에 대한 권리분석과 정보제공, 자료검색 용이, 전문적인 관련 분야와의 유연한 호환성 등이 있다. 이때 전문화에 따른 호환성은 확대되어야 한다.

46 사용자권한 등록관리청이 지적정보관리체계 사용자권한 등록 신청내용을 심사하여 사용자권한 등록파일에 등록하여야 하는 사항을 모두 나열한 것은?

① 사용자의 소속 및 권한과 비밀번호

② 사용자의 이름 및 권한과 사용자번호

③ 사용자의 이름 및 권한과 사용자번호 및 비밀번호

④ 사용자의 소속 및 사용자번호 및 권한과 비밀번호

해설 지적정보관리시스템을 설치한 기관의 장은 그 소속공무원을 사용자로 등록하기 위해 사용자권한 등록신청서를 사용자권한 등록관리청(국토교통부장관, 시·도지사 및 지적소관청)에 제출하여야 하며, 신청을 받은 사용자 권한 등록관리청은 신청내용을 심사하여 사용자권한 등록파일에 사용자의 이름 및 권한과 사용자번호 및 비밀번호를 등록하여야 한다.

47 도형자료의 입력방법에 대한 설명으로 옳지 않은 것은?

① 수치형태의 자료입력방법은 키보드를 이용한다.

② 항공사진에 의한 도면자료 입력은 디지타이저를 이용한다.

③ 스캐너에 의한 방법은 별도의 자료변환 작업을 필요로 한다.

④ 도형자료 입력은 수치형태의 자료 입력과 도면형태의 자료 입력이 있다.

해설 항공사진에 의한 도면자료 입력은 스캐너를 이용한다.

48 벡터자료를 래스터자료로 자료 변환하는 것은?

① 섹션화　　　　　　　　　② 필터링

③ 벡터라이징　　　　　　　④ 래스터라이징

해설 벡터데이터를 래스터데이터로 변환하는 것을 래스터라이징, 래스터데이터를 벡터데이터로 변환하는 것을 벡터라이징이라고 한다.

49 데이터베이스에서 속성자료의 형태에 대한 설명으로 옳지 않은 것은?

① 법규집, 일반보고서 등의 자료를 말한다.

② 통계자료, 관측자료, 범례 등의 형태로 구성되어 있다.

③ 선 또는 다각형과 입체의 형태로 표현되는 자료이다.

④ 지리적 객체와 관련된 정보가 문자 형식으로 구성되어 있다.

해설 선 또는 다각형과 입체의 형태로 표현되는 자료는 도형자료이다.

50 한국토지정보시스템에 대한 설명으로 옳은 것은?

① PBLIS와 LMIS를 통합하여 새로 구축한 시스템이다.

② 지하시설물관리를 중심으로 각 지자체에서 구축한 것이다.

③ 한국토지정보시스템은 National Geographic Information System의 약자로 NGIS라 한다.

④ 한국토지정보시스템은 지적공부관리시스템과 지적측량성과시스템으로 구성되어 있다.

해설 한국토지정보시스템(KLIS : Korea Land Information System)은 (구)건설교통부(현 국토교통부)의 토지 종합정보망(LMIS)과 (구)행정자치부(현 행정안전부)의 필지중심토지정보시스템(PBLIS)을 통합한 시스템으로서 토지행정업무와 지적 관련 업무의 관리를 위해 구축되었다. 지적공부관리시스템, 지적측량성과작성시스템, 연속·편집도 관리시스템, 토지민원발급시스템, 도로명 및 건물번호부여 관리시스템, DB관리시스템 등으로 구성되어 있다.

51 한국토지정보시스템에서 사용할 수 있는 GIS엔진이 아닌 것은?

① Java   ② Zeus   ③ Gothic   ④ ArcSDE

해설 PBLIS와 LMIS에서 사용했던 Gothic, ArcSDE, Zeus 등을 전면 수용할 수 있는 미들웨어를 개발하여 KLIS를 구축하였다.

52 래스터자료의 중첩분석에서 A xor B의 결과로 옳은 것은?(단, 그림에서 음영 셀은 참값을 의미한다.)

데이터 A   데이터 B

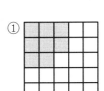  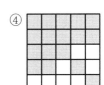

배타적 논리합(xor) 결과

진리표		입력 A						입력 B						결과				
입력	결과	1	1	1	0	0		1	1	1	1	1		0	0	0	1	1
0 0	0	1	1	1	0	0		1	1	1	1	1		0	0	0	1	1
0 1	1	1	1	1	0	0	+	1	1	0	0	0	=	0	0	1	0	0
1 0	1	0	0	0	1	0		1	1	0	0	0		1	1	0	1	0
1 1	0	0	0	0	0	1		0	0	0	0	0		0	0	0	0	1

53 제2차 NGIS(국가 GIS)사업의 주요 추진전략에 해당되지 않는 것은?

① 지리정보의 통합
② 기본지리정보의 구축
③ GIS 전문인력 양성
④ 지리정보 유통체계 구축

제2차 NGIS(2001~2005)사업에서는 기본지리정보 구축, GIS 활용체계 구축, 지리정보 유통체계 구축, GIS 산업육성, NGIS 표준화, GIS 전문인력 양성 및 홍보, 지원연구 및 제도개선 등을 주요 전략으로 추진하였다.

54 벡터자료의 저장 모형 중 위상(Topology) 모형에 대한 설명으로 옳지 않은 것은?

① 좌표데이터만을 사용할 때보다 다양한 공간분석이 가능하다.
② 공간객체 간의 위상정보를 저장하는 데 보편적으로 사용되는 방식이다.
③ 인접한 폴리곤 간의 공통 경계는 각 폴리곤에 대하여 반드시 두 번 기록되어야 한다.
④ 다각형의 형상(Shape), 인접성(Neighborhood), 계급성(Hierarchy)을 묘사할 수 있는 정보를 제공한다.

스파게티 구조에서는 인접한 폴리곤 간의 공통 경계는 반드시 두 번 기록되어야 하지만 위상구조에서는 한 번만 입력해도 폴리곤이 구축된다.

55 지적정보체계로 처리하는 지적공부정리 등의 사용자권한 등록파일을 등록할 때의 사용자 비밀번호 설정 기준으로 옳은 것은?

① 4자리부터 12자리까지의 범위에서 사용자가 정하여 사용한다.
② 6자리부터 16자리까지의 범위에서 사용자가 정하여 사용한다.
③ 영문을 포함하여 3자리부터 12자리까지의 범위에서 사용자가 정하여 사용한다.
④ 영문을 포함하여 5자리부터 16자리까지의 범위에서 사용자가 정하여 사용한다.

사용자의 비밀번호는 6자리부터 16자리까지의 범위에서 사용자가 정하여 사용한다.

56 지적재조사사업 시스템의 구축과 관련한 내용으로 옳지 않은 것은?

① 공개시스템으로 구축한다.

② 토지현황조사, 새로운 지적공부 및 등기촉탁, 건축물 위치 및 건물 표시 등의 정보를 시스템에 입력한다.

③ 토지소유자 등의 지적재조사사업과 관련한 정보를 인터넷 등을 통하여 실시간 열람할 수 있도록 구축한다.

④ 취득된 필지경계 정보의 안정적인 관리를 위하여 관련 행정정보와의 연계 활용이 발생하지 않도록 보완 시스템으로 구축한다.

> **해설** 국토교통부장관은 지적재조사사업에 따른 공개시스템을 「전자정부법」에 따른 행정정보의 공동이용과 연계하거나 정보의 공동활용체계를 구축할 수 있다.

57 다음 중 SQL과 같은 표준 질의어를 사용하여 복잡한 질의를 간단하게 표현할 수 있게 하는 데이터베이스 모형은?

① 관계형(Relational)　　　　　② 계층형(Hierarchical)
③ 네트워크형(Network)　　　　④ 객체지향형(Object-Oriented)

> **해설** SQL(Structured Query Language, 구조화 질의어)은 관계형 데이터베이스관리시스템(RDBMS)의 데이터를 관리하기 위해 설계된 특수 목적의 프로그래밍 언어이다. 이는 비절차적 언어이며, 표현력이 다양하고 구조가 간단하다.

58 두 개 이상의 커버리지 오버레이로 인해 폴리곤의 경계에 생기는 작은 영역을 일컫는 것은?

① 슬리버(Sliver)　　　　　　② 스파이크(Spike)
③ 오버슈트(Overshoot)　　　　④ 언더슈트(Undershoot)

> **해설** 슬리버 폴리곤(Sliver Polygon)은 하나의 선으로 입력되어야 할 곳에서 두 개의 선으로 입력되어 불필요한 가늘고 긴 폴리곤이며, 오류에 의해 발생하는 선 사이의 틈이다.

59 토지정보시스템의 구성요소에 해당하지 않는 것은?

① 인적자원　　　　　　　　② 처리시간
③ 소프트웨어　　　　　　　④ 공간데이터베이스

> **해설** 토지정보시스템의 4가지 구성요소는 하드웨어, 소프트웨어, 데이터베이스, 인적자원(인력 및 조직)이다.

60 「지적업무 처리규정」상 다음 내용의 (   ) 안에 들어갈 말로 적당한 것은?

> 지적소관청이 지번변경, 행정구역변경, 구획정리, 경지정리, 축척변경, 토지개발사업을 하고자 하는
> 때에는 (   )을 생성하여야 한다.

① 도곽파일   ② 복제파일   ③ 임시파일   ④ 토지이동파일

해설 지적소관청이 지번변경, 행정구역변경, 구획정리, 경지정리, 축척변경, 토지개발사업을 하고자 하는 때에는
임시파일을 생성하여야 하며, 임시파일이 생성되면 지번별 조서를 출력하여 임시파일의 정확성을 확인하여야
한다.

4과목 지적학

61 지적공부에 등록하는 경계에 있어 경계불가분의 원칙이 적용되는 가장 큰 이유는?

① 면적의 크기에 따르기 때문이다.
② 경계의 중앙 선택 원칙 때문이다.
③ 설치자의 소속으로 결정하기 때문이다.
④ 경계선은 길이와 위치만 존재하기 때문이다.

해설 경계불가분의 원칙은 토지의 경계는 유일무이하여 어느 한쪽의 필지에만 전속되는 것이 아니고 연접한 토지에
공통으로 작용되기 때문에 이를 분리할 수 없다는 개념으로 토지의 경계선은 위치와 길이만 있을 뿐 넓이와
크기가 존재하지 않는다는 원칙이다.

62 토지표시사항 등록의 심사원칙은?

① 대행심사   ② 서류심사   ③ 실질심사   ④ 형식심사

해설 실질적 심사주의는 지적공부에 새로이 등록하는 사항이나 이미 등록된 사항의 변경 등록은 국가기관의 장인
시장·군수·구청장이 지적법령에 의한 절차상의 적법성뿐만 아니라 실체법상 사실관계의 부합 여부를 조사하
여 지적공부에 등록하여야 한다는 이념으로 사실심사주의라고도 한다.

63 임야조사사업 당시의 사정(査定)기관으로 옳은 것은?

① 도지사   ② 읍·면장
③ 임야조사위원회   ④ 임시토지조사국장

해설 토지조사사업의 사정기관은 임시토지조사국장, 임야조사사업의 사정기관은 도지사이다.

64 수등이척제에 대한 개선으로 망척제를 주장한 학자는?

① 이기   ② 서유구   ③ 정약용   ④ 정약전

해설 이기는 저서 해학유서에서 종래의 양전법인 수등이척제에 대한 개선방법으로 망척제(정방형의 눈을 가진 그물로 전지를 측량하여 면적을 산출하는 방법)의 도입을 주장하였으며, 전안을 작성하는 데 반드시 도면과 지적이 있어야 비로소 자세하게 갖추어진 것이라 하였다.

65 토지소유권 보장제도의 변천과정으로 옳은 것은?

① 지계제도 → 증명제도 → 입안제도

② 입안제도 → 지계제도 → 증명제도

③ 증명제도 → 입안제도 → 지계제도

④ 지계제도 → 입안제도 → 증명제도

해설 입안제도(조선 초~1892년) → 지계제도(1893~1905년) → 토지가옥 증명제도(1906~1910년) 순으로 변천되었다.

66 지적공개주의를 실현하는 방법에 해당하지 않는 것은?

① 지적공부를 직접 열람하거나 등본에 의하여 외부에서 알 수 있도록 하는 방법

② 지적공부에 등록된 사항을 실지에 복원하여 등록된 결정사항을 파악하는 방법

③ 지적공부의 등록된 사항과 실지상황이 불일치할 경우 실지상황에 따라 변경 등록하는 방법

④ 등록사항에 대하여 소유자의 신청이 없는 경우 국가가 직권으로 이를 조사 또는 측량하여 결정하는 방법

해설 공개주의 또는 공시의 원칙을 실현하기 위해서는 모든 필지가 강제적으로 적법한 절차를 거쳐 실체적 부합 여부까지 확인된 등록사항을 정확하고 신속하게 공적장부에 등록하고 공개하여야 한다. ④는 직권등록주의(강제등록주의)에 관한 사항이다.

67 지적제도와 등기제도가 통합된 넓은 의미의 지적제도에서의 3요소이며, 네덜란드의 J. L. G. Henssen이 구분한 지적의 3요소로만 나열된 것은?

① 소유자, 권리, 필지   ② 측량, 필지, 지적파일

③ 필지, 측량, 지적공부   ④ 권리, 지적도, 토지대장

해설 지적의 3대 구성요소
- 광의적 개념 : 소유자, 권리, 필지
- 협의적 개념 : 토지, 등록, 공부

68 토지조사사업 당시의 재결기관(裁決機關)으로 옳은 것은?

① 도지사
② 부와 면
③ 임시토지조사국장
④ 고등토지조사위원회

해설 사정에 대하여 불복이 있는 경우의 재결기관은 토지조사사업에서는 고등토지조사위원회이며, 임야조사사업에 서는 임야조사위원회이다.

69 고려시대에 양전을 담당한 중앙기구로서의 특별관서가 아닌 것은?

① 급전도감
② 사출도감
③ 절급도감
④ 정치도감

해설 고려시대의 양전업무는 호조에서 관장하였으며, 특별관서로서 급전도감, 정치도감, 절급도감, 찰리변위도감, 전민변정도감 등의 임시관서가 있었다.

70 토지의 매매 및 소유자의 등록요구에 의하여 필요한 경우 토지를 지적공부에 등록하는 방법은?

① 권원등록제도
② 분산등록제도
③ 수복등록제도
④ 일괄등록제도

해설 지적공부의 등록방법 중에서 분산등록제도는 토지등록이 필요한 경우마다 토지를 지적공부에 등록하는 제도로 서 주로 국토면적이 넓은 국가에서 채택하며 지형도를 기본도로 사용한다.

71 다음 중 토지정보시스템(LIS)이 해당하는 지적은?

① 법지적
② 과세지적
③ 경계지적
④ 다목적지적

해설 다목적지적은 토지에 대한 세금징수 및 소유권보호뿐만 아니라 토지이용의 효율화를 위하여 토지 관련 모든 정보를 종합적으로 관리하고 공급하며, 토지정책에 대한 의사결정을 지원하는 종합적 토지정보시스템이다.

72 다음 지적불부합지의 유형 중 아래의 설명에 해당하는 것은?

> 지적도근점의 위치가 부정확하거나 지적도근점의 사용이 어려운 지역에서 현황측량 방식으로 대단 위지역의 이동측량을 할 경우에 일필지의 단위면적에는 큰 차이가 없으나 토지경계선이 인접한 토 지를 침범해 있는 형태다.

① 공백형
② 중복형
③ 편위형
④ 불규칙형

해설 지적불부합지의 유형에는 중복형, 공백형, 편위형, 불규칙형, 위치오류형이 있다. 이 중 편위형은 국지적인 현황측량 방식에 의한 측량과정에서 측판점의 위치오류로 발생한 경우가 많고 경계선이 이동되거나 회전되어 있어 인접토지를 침범해 있는 형태이다.

73 다음 중 양안에 기재된 사항에 해당하지 않는 것은?

① 신구 토지소유자
② 토지소재, 지번, 면적
③ 측량 순서, 토지등급
④ 토지 모양(지형), 사표(四標)

> **해설** 고려시대부터 조선시대에 시행된 현대의 토지대장 성격인 양안에는 토지소유자, 토지소재지, 천자문의 자호 및 지번, 양전 방향, 토지형태, 지목, 사표, 결부수(면적), 등급 등을 기재하였다. 신구 토지소유자는 매매계약서 인 문기에 기재된 사항이다.

74 토지등록 방법인 인적 편성주의에 대한 설명으로 옳은 것은?

① 개개의 토지를 중심으로 등록부를 편성하는 방식이다.
② 당사자의 신청 순서에 따라 순차적으로 등록 · 편성하는 방식이다.
③ 동일 소유자에게 속하는 모든 토지를 당해 소유자의 대장에 기록하는 방식이다.
④ 2개 이상의 토지를 하나의 등기용지인 공동용지를 사용하여 등록하는 방식이다.

> **해설** 토지등록(부)의 편성방법에는 물적 편성주의, 인적 편성주의, 연대적 편성주의, 물적 · 인적 편성주의가 있다. 이 중 인적 편성주의는 동일 소유자 중심으로 대장을 작성한다.

75 지방토지조사위원회에 대한 설명으로 옳지 않은 것은?

① 각 도에 설치하였다.
② 토지사정의 자문기관이었다.
③ 위원장은 조선총독부 정무총감이 맡았다.
④ 위원장 1명과 상임위원 5명으로 구성되었다.

> **해설** 지방토지조사위원회는 토지의 사정에 대한 자문기관으로서 위원장은 도지사이며, 위원장 포함 정원의 반수 이상 출석으로 개최하여 출석위원의 과반수로 의결하고, 가부 동수일 경우에는 위원장이 결정하였다.

76 지적의 요건에 해당하지 않는 것은?

① 경제성
② 공개성
③ 안전성
④ 정확성

> **해설** 지적의 요건에는 법적 측면에서 안전성, 제도적 측면에서 공정성, 기술적 측면에서 정확성, 경제적 측면에서 경제성이 있다.

77 임야조사사업의 특징에 대한 설명으로 옳지 않은 것은?

① 토지조사사업에 비해 적은 인원으로 업무를 수행하였다.
② 토지조사사업을 시행하면서 축적된 기술을 이용하여 사업을 완성하였다.

③ 면적이 넓어 토지조사사업에 비해 많은 예산을 투입하여 사업을 완성하였다.

④ 임야는 토지에 비하여 경제적 가치가 낮아 정확도가 낮은 소축척을 사용하였다.

해설 토지조사사업에 비해 면적은 넓었으나 사정 필수(토지조사 19,107,520필, 임야조사 3,479,915필)가 적어 적은 인력(토지조사 7,000여 명, 임야조사 4,600여 명)과 적은 예산(토지조사 약 2,040만 원, 임야조사 약 380만 원)을 투입하여 사업을 완성하였다.

78 현대지적의 일반적 기능이 아닌 것은?

① 사회적 기능   ② 경제적 기능

③ 법률적 기능   ④ 행정적 기능

해설 지적의 일반적 기능에는 사회적 기능, 법률적 기능(사법적 · 공법적), 행정적 기능이 있다.

79 의상경계책(擬上經界策)을 주장한 양전개혁론자는?

① 이기   ② 김성규   ③ 서유구   ④ 정약용

해설 서유구는 의상경계책에서 양전법을 방량법과 어린도법으로 개정해야 한다고 주장하였다.

80 다음 중 현존하는 우리나라의 가장 오래된 지적자료는?

① 경자양안   ② 광무양안   ③ 신라장적   ④ 결수연명부

해설 신라장적(新羅帳籍) 문서는 우리나라에 현존하는 최고(最古)의 지적기록으로서, 통일신라 말기 지금의 청주지역인 서원경 부근 4개 촌락의 마을이름, 영역, 호수, 토지, 우마, 수목 등을 집계한 당시의 종합정보대장이다.

[5과목] **지적관계법규**

81 측량기준점의 설치를 위해 토지 등의 출입 등에 따라 손실이 발생하였을 때, 손실을 보상할 자와 손실을 받은 자의 협의가 성립되지 아니한 경우 재결을 신청할 수 있는 곳은?

① 시 · 도지사   ② 중앙지적위원회

③ 행정안전부장관   ④ 관할 토지수용위원회

해설 손실보상에 대한 협의가 이루어지지 않을 때에는 관할 토지수용위원회에 재결을 신청하며, 관할 토지수용위원회의 재결에 불복하는 자는 재결서 정본을 송달받은 날부터 30일 이내에 중앙토지수용위원회에 이의를 신청할 수 있다.

82 「공간정보의 구축 및 관리 등에 관한 법률」상 잡종지로 지목을 설정할 수 없는 것은?

① 야외시장

② 돌을 캐내는 곳

③ 자동차운전학원의 부지

④ 원상회복을 조건으로 흙을 파내는 곳으로 허가된 토지

해설 원상회복을 조건으로 돌을 캐내는 곳 또는 흙을 파내는 곳으로 허가된 토지는 잡종지에서 제외한다.

83 주된 용도의 토지에 편입하여 1필지로 할 수 있는 종된 토지로 옳은 것은?

① 주된 지목의 토지면적이 1,148m²인 토지로 종된 지목의 토지면적이 116m²인 토지

② 주된 지목의 토지면적이 2,300m²인 토지로 종된 지목의 토지면적이 231m²인 토지

③ 주된 지목의 토지면적이 3,125m²인 토지로 종된 지목의 토지면적이 228m²인 토지

④ 주된 지목의 토지면적이 3,350m²인 토지로 종된 지목의 토지면적이 332m²인 토지

해설 주된 용도의 토지에 편입하여 1필지로 할 수 있는 경우

양입지의 조건	양입지 예외 조건
• 주된 용도의 토지의 편의를 위하여 설치된 도로 · 구거(溝渠, 도랑) 등의 부지 • 주된 용도의 토지에 접속되거나 주된 용도의 토지로 둘러싸인 토지로서 다른 용도로 사용되고 있는 토지 • 소유자가 동일하고 지반이 연속되지만, 지목이 다른 경우	• 종된 토지의 지목이 "대(垈)"인 경우 • 종된 용도의 토지면적이 주된 용도의 토지면적의 10%를 초과하는 경우 • 종된 용도의 토지면적이 주된 용도의 토지면적의 330 m²를 초과하는 경우 ※ 염전, 광천지는 면적에 관계없이 양입지로 하지 않는다.

③ 종된 지목의 토지면적이 7.3%로 10%가 안 되므로 주된 용도의 토지에 편입할 수 있다.

84 토지대장의 등록사항에 해당하지 않는 것은?

① 면적　　　　② 지번　　　　③ 대지권 비율　　　④ 토지의 소재

해설 토지 · 임야대장의 등록사항

법률상 규정	국토교통부령 규정
• 토지의 소재 • 지번 • 지목 • 면적 • 소유자의 성명 또는 명칭, 주소 및 주민등록번호	• 토지의 고유번호 • 도면번호 • 필지별 대장의 장번호 및 축척 • 토지의 이동사유 • 토지소유자가 변경된 날과 그 원인 • 토지등급 또는 기준수확량 등급과 그 설정 · 수정 연월일 • 개별공시지가와 그 기준일

85 성능검사대행자의 등록을 취소하여야 하는 경우가 아닌 것은?

① 거짓이나 부정한 방법으로 성능검사를 한 경우

② 업무정지기간 중에 계속하여 성능검사대행 업무를 한 경우

③ 다른 행정기관이 관계법령에 따라 등록취소 또는 업무정지를 요구한 경우

④ 다른 사람에게 자기의 성명 또는 상호를 사용하여 성능검사대행업무를 수행하게 한 경우

해설 다른 행정기관이 관계법령에 따라 등록취소 또는 업무정지를 요구한 경우에는 등록을 취소하거나 1년 이내의 기간을 정하여 업무정지 처분을 할 수 있다.

86 「공간정보의 구축 및 관리 등에 관한 법률」에 따른 성능검사대행자의 등록기준으로 옳은 것은?

① 기술인력 중 기술인과 기능사는 상호 대체할 수 있다.

② 기술인력에 해당하는 사람은 상시 근무하는 사람이 아니어도 된다.

③ 외국인이 측량기기 성능검사대행자 등록을 신청하는 경우 영업소를 설치하지 않아도 된다.

④ 일반성능검사대행자와 금속관로탐지기 성능검사대행자를 중복해서 신청하는 경우에는 기술인력을 50% 감면할 수 있다.

해설 기술인력 중 기술인과 기능사는 상호 대체할 수 없으며, 기술인력에 해당하는 사람은 상시 근무하는 사람이어야 하고, 외국인이 측량기기 성능검사대행자 등록을 신청하는 경우 영업소를 설치하고 등기하여야 한다.

87 임야도 작성 시 구계(區界)와 동계(洞界)가 겹치는 경우 제도하는 방법은?

① 구계만 그린다. ② 동계만 그린다.

③ 필지와 경계만 그린다. ④ 구계와 동계를 겹쳐 그린다.

해설 행정구역선이 2종 이상 겹치는 경우에는 최상급 행정구역선인 구계(區界)만 그린다.

88 도시 · 군기본계획에 포함되어야 할 사항으로 옳은 것은?

① 도시개발사업이나 정비사업의 계획에 관한 사항

② 지구단위계획구역의 지정 또는 변경에 관한 사항

③ 공간구조, 생활권의 설정 및 인구의 배분에 관한 사항

④ 도시자연공원구역의 지정 또는 변경 계획에 관한 사항

해설 도시 · 군기본계획에 포함사항
- 지역적 특성 및 계획의 방향 · 목표에 관한 사항
- 공간구조, 생활권의 설정 및 인구의 배분에 관한 사항
- 토지의 이용 및 개발에 관한 사항
- 토지의 용도별 수요 및 공급에 관한 사항
- 환경의 보전 및 관리에 관한 사항

- 기반시설에 관한 사항
- 공원 · 녹지에 관한 사항
- 경관에 관한 사항
- 기후변화 대응 및 에너지절약에 관한 사항
- 방재 · 방범 등 안전에 관한 사항

89 합병하고자 하는 4필지의 지번이 99－1, 100－10, 222, 325인 경우 지번의 결정방법으로 옳은 것은?(단, 토지소유자가 별도의 신청을 하는 경우는 고려하지 않는다.)

① 222로 한다.
② 325로 한다.
③ 99－1로 한다.
④ 100－10으로 한다.

해설 합병의 경우에는 합병 대상 지번 중 선순위의 지번을 그 지번으로 하되, 본번으로 된 지번이 있을 때에는 본번 중 선순위의 지번을 합병 후의 지번으로 한다. 지번이 99－1, 100－10, 222, 325인 경우 지번은 222로 한다.

90 지적재조사사업을 하고자 하는 목적으로 가장 적합한 것은?

① 정확한 과세부과
② 행정구역의 조정
③ 합리적인 토지개발
④ 효율적인 토지관리

해설 지적재조사사업은 토지의 실제 현황과 일치하지 아니하는 지적공부의 등록사항을 바로잡고 종이에 구현된 지적을 디지털 지적으로 전환함으로써 국토를 효율적으로 관리함과 아울러 국민의 재산권 보호에 기여함을 목적으로 한다.

91 「공간정보의 구축 및 관리 등에 관한 법률」에 따른 용어의 정의로 틀린 것은?

① "지번"이란 필지에 부여하여 지적공부에 등록한 번호를 말한다.
② "경계"란 필지별로 경계점들을 직선으로 연결하여 지적공부에 등록한 선을 말한다.
③ "지목"이란 토지의 주된 용도에 따라 토지의 종류를 구분하여 지적공부에 등록한 것을 말한다.
④ "등록전환"이란 토지대장 및 지적도에 등록된 토지를 임야대장 및 임야도에 옮겨 등록하는 것을 말한다.

해설 "등록전환"이란 임야대장 및 임야도에 등록된 토지를 토지대장 및 지적도에 옮겨 등록하는 것을 말한다.

92 특별시 · 광역시 · 특별자치시 · 특별자치도 · 시 또는 군의 개발 · 정비 및 보전을 위하여 수립한 도시 · 군관리계획에 포함되지 않는 것은?

① 도시개발사업이나 정비사업에 관한 계획
② 기반시설의 설치 · 정비 또는 개량에 관한 계획
③ 기본적인 공간구조와 장기발전방향을 제시하는 종합계획
④ 용도지역 · 용도지구의 지정 및 변경에 관한 계획

93 토지이동으로 볼 수 있는 것은?

① 경계의 정정   ② 소유권의 변경   ③ 지상권의 변경   ④ 소유자의 주소변경

94 지적소관청이 토지의 표시 변경에 관한 등기를 촉탁하는 사유가 아닌 것은?

① 신규등록   ② 축척변경
③ 등록사항의 정정   ④ 지번변경에 따른 지번의 부여

95 지적삼각점성과표에 기록 · 관리하여야 하는 사항 중 필요한 경우로 한정하여 기재하는 것은?

① 자오선수차   ② 경도 및 위도   ③ 좌표 및 표고   ④ 시준점의 명칭

96 등기관이 토지소유권의 이전 등기를 한 경우 지체 없이 그 사실을 누구에게 알려야 하는가?

① 이해관계인   ② 지적소관청   ③ 관할 등기소   ④ 행정안전부장관

97 「지적업무 처리규정」에서 사용하는 용어의 뜻에 대한 내용으로 틀린 것은?

① 지적측량파일이란 측량준비파일, 측량현형파일 및 측량성과파일을 말한다.

② "토털스테이션"이란 경위의측량방법에 따른 기초측량 및 세부측량에 사용되는 장비를 말한다.

③ "측량부"란 기초측량 또는 세부측량성과를 결정하기 위하여 사용한 관측부 · 계산부 등 이에 수반되는 기록을 말한다.

④ 기초측량에서의 "기지점"이란 지적기준점 또는 지적도면상 필지를 구획하는 선의 경계점과 상호 부합되는 지상의 경계점을 말한다.

해설 "기지점(旣知點)"이란 기초측량에서는 국가기준점 또는 지적기준점을 말하고, 세부측량에서는 지적기준점 또는 지적도면상 필지를 구획하는 선의 경계점과 상호 부합되는 지상의 경계점을 말한다.

98 「부동산등기법」상 등기부에 관한 설명으로 옳지 않은 것은?

① 등기부는 영구히 보존하여야 한다.

② 공동인명부와 도면은 영구히 보존하여야 한다.

③ 등기부는 토지등기부와 건물등기부로 구분한다.

④ 등기부란 전산정보처리조직에 의하여 입력 · 처리된 등기정보자료를 대법원규칙으로 정하는 바에 따라 편성한 것을 말한다.

해설 공동인명부와 도면은 부동산등기부 전산화사업의 완료로 2011년 영구보존 규정이 삭제되었다.

99 지적공부에 등록된 지번을 변경하여 새로이 부여할 경우 승인을 받아야 하는 자로 옳은 것은?

① 행정안전부장관 ② 군수 · 구청장
③ 중앙지적위원회 위원장 ④ 특별시장 · 광역시장 · 도지사

해설 지적소관청은 지번을 변경하려면 지번변경 승인신청서를 시 · 도지사 또는 대도시 시장에게 제출하여야 하고, 신청을 받은 시 · 도지사 또는 대도시 시장은 지번변경 사유 등을 심사한 후 그 결과를 지적소관청에 통지하여야 한다.

100 60일 이내에 토지의 이동 신청을 하지 않아도 되는 것은?

① 경계정정 신청 ② 신규등록 신청
③ 지목변경 신청 ④ 형질변경에 따른 분할 신청

해설 신규등록, 등록전환, 분할, 합병, 지목변경 등의 경우 토지이동 신청은 사유가 발생한 날로부터 60일 이내에 지적소관청에 신청하여야 한다. 경계정정 신청은 이동사유가 발생할 때 신청하는 것으로 신청기간을 따로 정하지 않는다.

1과목 지적측량

01 오차의 성질에 관한 설명으로 옳지 않은 것은?

① 정오차는 측정횟수에 비례하여 증가한다.

② 부정오차는 일정한 크기와 방향으로 나타난다.

③ 우연오차는 상차라고도 하며, 측정횟수의 제곱근에 비례한다.

④ 1회 측정 후 우연오차를 b라 하면 n회 측정의 우연오차는 $b\sqrt{n}$이다.

해설 부정오차(우연오차, 상차)는 ①, ③, ④ 외 발생원인이 불명확하고, 오차 원인의 방향이 일정하지 않으므로 최소제곱법에 의한 확률법칙으로 처리가 가능하다.

02 점 P에서 점 A를 지나며 방위각이 β인 직선까지의 수선장(d)을 구하는 식으로 옳은 것은?

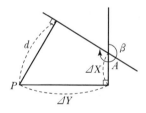

① $d = \Delta x \cos\beta - \Delta y \sin\beta$ ② $d = \Delta y \cos\beta - \Delta x \sin\beta$

③ $d = \Delta x \sin\beta - \Delta y \cos\beta$ ④ $d = \Delta y \sin\beta - \Delta x \cos\beta$

해설 $\angle ATS = 360° - \beta$이므로,

수선장$(d) = QR + RP_1 = AS + RP_1 = x \cdot \sin(360 - \beta) + y \cdot \cos(360 - \beta) = y \cdot \cos\beta - x \cdot \sin\beta$

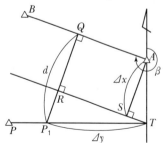

03 광파기측량방법과 도선법에 따른 지적도근점 간의 수평거리를 2회 측정한 결과가 각각 149.95m, 150.05m였을 때 결정거리는?

① 149.90m　　　② 150.00m　　　③ 150.10m　　　④ 재측정

> **해설** 경위의측량방법, 전파기 또는 광파기측량방법과 도선법 또는 다각망도선법에 따른 지적도근점 관측 시 점간
> 거리는 2회 측정하여 그 측정치의 교차가 평균치의 1/3,000 이하인 때에는 그 평균치를 점간거리로 한다.
> $$허용교차 = 150 \times \frac{1}{3,000} = 0.05m \left(평균값 = \frac{149.95 + 150.05}{2} = 150m \right)$$
> ※ 측정값의 차이 = 150.05m - 149.95m = 0.1m이므로, 재관측해야 한다.

04 A, B 기지점으로부터 소구점의 표고를 계산하고자 A, B 각 지점에서 소구점까지 평면거리를 관측한 결과 1km, 2km였다. 이때 두 기지점으로부터 구한 소구점의 표고에 대한 교차 한계는?

① 0.1m　　　② 0.2m　　　③ 0.3m　　　④ 0.4m

> **해설** 2점의 기지점에서 소구점의 표고를 계산한 결과 그 교차가 $0.05m + 0.05(S_1 + S_2)m$ 이하($S_1 + S_2$: 기지점에
> 서 소구점까지의 평면거리로서 km 단위로 표시한 수)일 때에는 그 평균치를 표고로 한다.
> ∴ 교차 = $0.05m + 0.05(1 + 2)m = 0.2m$

05 경위의측량방법과 다각망도선법에 따른 지적도근점의 관측에서 시가지지역, 축척변경지역 및 경계점좌표등록부 시행지역의 수평각관측방법은?

① 교회법　　　② 배각법　　　③ 방위각법　　　④ 방향각법

> **해설** 경위의측량방법, 전파기 또는 광파기측량방법과 도선법, 다각망도선법에 따른 지적도근점의 수평각관측은
> 시가지지역, 축척변경지역, 경계점좌표등록부 시행지역은 배각법에 의하고 그 밖의 지역은 배각법과 방위각법
> 을 혼용한다.

06 축척이 1/1,200인 지역의 토지면적을 전자면적측정기로 2회 측정한 결과가 각각 138,232m², 138,347m²였을 때 처리방법으로 옳은 것은?(단, 측정한 면적의 교차가 허용면적 이하인 경우)

① 재측량하여야 한다.　　　　　　② 평균치를 측정면적으로 한다.
③ 작은 면적을 측정면적으로 한다.　　④ 큰 면적을 측정면적으로 한다.

> **해설** 허용교차 $A = \pm 0.023^2 M \sqrt{F} = \pm 0.023^2 \times 1,200 \sqrt{\dfrac{138,232 + 138,347}{2}} = \pm 23.61m^2$
> (M : 축척분모, F : 2회 측정한 면적의 합계를 2로 나눈 수)
> ※ 측정면적 차이는 115m²로서 허용범위 이내이므로, 평균값을 측정면적으로 한다.

07 지적도근점측량에 의하여 계산된 연결오차가 허용범위 이내인 경우 연결오차와 배분방법이 옳은 것은?(단, 방위각법에 의하는 경우를 기준으로 한다.)

① 각 측선장에 비례하여 배분한다.
② 각 방위각의 크기에 비례하여 배분한다.
③ 각 측선장의 반수에 비례하여 배분한다.
④ 각 측선의 종횡선차 길이에 비례하여 배분한다.

─────────────────────────────

해설 지적도근점측량에서 연결오차의 배분방법
• 배각법에 의한 경우에는 각 측선의 종선차 또는 횡선차 길이에 비례하여 배분한다.
• 방위각법에 의할 경우에는 각 측선장에 비례하여 배분한다.

08 삼각형 각 변의 길이가 각각 30m, 40m, 50m일 때 이 삼각형의 면적은?

① 600m²   ② 756m²   ③ 1,000m²   ④ 1,200m²

─────────────────────────────

해설 삼변법(헤론의 공식)

$$면적(A) = \sqrt{s(s-a)(s-b)(s-c)} = \sqrt{60(60-30)(60-40)(60-50)} = 600m^2$$
$$\left(s = \frac{a+b+c}{2} = \frac{30+40+50}{2} = 60\right)$$

09 경위의측량방법에 따른 지적삼각점의 관측 및 계산에 대한 기준으로 옳은 것은?

① 1측회의 폐색 공차는 ±40초 이내로 한다.
② 관측은 20초독 이상의 경위의를 사용한다.
③ 1방향각의 수평각 공차는 30초 이내로 한다.
④ 삼각형의 각 내각은 30° 이상 150° 이하로 한다.

─────────────────────────────

해설 지적삼각점측량의 수평각 측각공차
① 1측회의 폐색 공차는 ±30초 이내로 한다.
② 관측은 10초독 이상의 경위의를 사용한다.
④ 삼각형의 각 내각은 30° 이상 120° 이하로 한다.

10 지적삼각점측량의 시행에 있어 내각을 n회 측정하였을 경우, 경중률(Weight)의 부여방법은?

① n ② n^2 ③ $1/n$ ④ $n(n-1)$

─────────────────────────────

해설 지적삼각점측량의 관측 경중률은 관측횟수에 비례한다.

11 지적측량에서의 직각좌표는 어떤 투영법으로 표시함을 기준으로 하는가?(단, 세계측지계에 따르지 아니하는 지적측량의 경우)

① 베셀법
② 가우스법
③ 가우스크루거법
④ 가우스상사이중투영법

> **해설** 세계측지계에 따르지 않는 지적측량의 경우에는 가우스상사이중투영법으로 표시하되, 직각좌표계 투영원점의 가산수치를 각각 종선(X) = 500,000m(제주도지역 550,000m), 횡선(Y) = 200,000m로 하여 사용한다.

12 평판측량에서 발생할 수 있는 오차가 아닌 것은?

① 시준오차
② 연결오차
③ 외심오차
④ 정준오차

> **해설** 평판측량 오차에는 기계오차(외심오차 · 시준오차 · 자침오차), 평판설치오차(정준오차 · 구심오차 · 표정오차), 측량오차(방사법 · 교회법 · 도선법 · 지가법)가 있다.

13 지적삼각보조점의 수평각을 관측하는 방법에 대한 기준으로 옳은 것은?

① 도선법에 따른다.
② 2대회의 방향관측법에 따른다.
③ 3대회의 방향관측법에 따른다.
④ 관측지역에 따라 방위각법과 배각법을 혼용한다.

> **해설** 지적삼각보조점의 수평각관측은 윤곽도 0°, 90°인 2대회의 방향관측법에 따른다.

14 지구를 평면으로 가정할 때 정도 $1/10^6$에서 거리오차는?(단, 지구의 곡률반경은 6,370km이다.)

① 1.2cm
② 2.2cm
③ 3.2cm
④ 4.2cm

> **해설** 허용정밀도$\left(\dfrac{d-D}{D}\right) = \dfrac{1}{12}\left(\dfrac{D}{r}\right)^2 = \dfrac{1}{10^6}$
>
> 실제거리(D) = $\sqrt{\dfrac{12 \times 6,370^2}{10^6}}$ = 22.066km
>
> 곡면과 평면거리의 차($d-D$) = $\dfrac{D}{10^6} = \dfrac{22.066}{10^6}$ = 0.022066m = 2.21cm
>
> (d : 평면거리, D : 실제거리, r : 지구 평균곡률반경)

15 전파기 또는 광파기측량방법에 따라 다각망도선법으로 지적삼각보조점측량을 할 때의 기준으로 틀린 것은?

① 1도선의 거리는 4km 이하로 한다.

② 삼각형의 각 내각은 30° 이상 150° 이하로 한다.

③ 3점 이상의 기지점을 포함한 결합다각방식에 따른다.

④ 1도선의 점의 수는 기지점과 교점을 포함하여 5점 이하로 한다.

해설 삼각형의 각 내각은 30° 이상 120° 이하로 한다.

---

16 지적삼각점측량에서 점표가 기울어진 상단을 시준 관측하고 편심거리(l)를 측정한 결과 시준선에서 직각 방향으로 1.6m였다. 이로 인한 각도오차(θ)는?[단, 삼각점 간 거리(S)는 3km이다.]

① 0′34″   ② 1′34″   ③ 1′50″   ④ 2′50″

해설 시준(관측)오차

$$\frac{\Delta l}{L} = \frac{\theta''}{\rho''}$$

$$\theta'' = \frac{\Delta l \times \rho''}{L} = \frac{1.6\text{m} \times 206,265''}{3,000\text{m}} ≒ 110'' = 1'50''$$

---

17 반지름 11km 이내의 면적을 기준으로 평면측량을 시행한다면 이 측량의 정밀도는?

① 1/5,000   ② 1/10,000

③ 1/500,000   ④ 1/1,000,000

해설 측량정밀도 $1/1,000,000\left(=\dfrac{1}{10^6}\right)$일 때 반경 11km 이내, 면적 약 400km² 이내의 지역은 평면으로 취급한다.

---

18 토지의 이동에 따른 도면의 제도방법 기준이 틀린 것은?

① 이동 전 지번 및 지목을 말소하고 새로 설정된 지번 및 지목을 가로쓰기로 제도한다.

② 지적공부에 등록된 토지가 바다가 된 때에는 경계, 지번 및 지목을 말소한다.

③ 도곽선에 걸쳐 있는 필지를 분할하는 경우 그 도곽선 밖에 필지의 경계, 지번 및 지목을 제도한다.

④ 합병할 때에는 합병되는 필지 사이의 경계, 지번 및 지목을 말소한 후 새로 부여하는 지번과 지목을 제도한다.

해설 도곽선에 걸쳐 있는 필지가 분할되어 도곽선 밖에 분할경계가 제도된 때에는 도곽선 밖에 제도된 필지의 경계를 말소하고, 그 도곽선 안에 필지의 경계, 지번 및 지목을 제도한다.

---

19 지적확정측량결과도 작성 시 포함하여야 할 사항으로 틀린 것은?

① 경계점 간 계산거리 및 실측거리

② 확정 경계선에 지상구조물 등이 걸리는 경우에는 그 위치 현황

③ 지적기준점 및 그 번호와 지적기준점 간 방위각 및 거리

④ 확정된 필지의 경계(경계점좌표를 전개하여 연결한 선) 및 면적

해설 지적확정측량결과도 작성 시 필지의 경계는 포함되나 "필지별 면적"은 포함사항이 아니다.

20 다음 중 구면삼각법을 평면삼각법으로 간주하여 계산할 때 적용하는 이론은?

① 가우스(Gauss) 정리   ② 르장드르(Legendre) 정리

③ 뫼스니에(Measnier) 정리   ④ 가우스크루거(Gauss–Kruger) 정리

해설 구면삼각형의 계산은 복잡하고 시간이 많이 걸리므로 평면삼각형의 공식을 사용하여 변길이를 구하는 편법이 사용되는데, 그중 르장드르 정리가 널리 사용된다.

2과목 응용측량

21 그림에서 $\overline{BC}$와 평행한 $\overline{xy}$로 면적률 $m : n = 1 : 4$의 비율로 분할하고자 한다. $\overline{AB} = 75\text{m}$일 때 $\overline{Ax}$의 거리는?

① 15.0m   ② 18.8m   ③ 33.5m   ④ 37.5m

해설
$$\overline{Ax} = \overline{AB}\sqrt{\frac{m}{m+n}} = 75\sqrt{\frac{1}{1+4}} = 33.54\text{m}$$

22 회전주기가 일정한 위성을 이용한 원격탐사의 특징에 대한 설명으로 옳지 않은 것은?

① 탐사된 자료가 즉시 이용될 수 있으며, 재해 및 환경문제 해결에 편리하다.

② 관측이 좁은 시야각으로 행하여지므로 얻어진 영상은 정사투영에 가깝다.

③ 회전주기가 일정하므로 원하는 지점 및 시기에 관측하기가 쉽다.

④ 짧은 시간 내에 넓은 지역을 동시에 측정할 수 있으며 반복 측정이 가능하다.

해설 회전주기가 일정하므로 원하는 시기에 원하는 지점을 관측하기가 어렵다.

23 지성선상의 중요점의 위치와 표고를 측정하여, 이 점들을 기준으로 등고선을 삽입하는 등고선 측정방법은?

① 좌표점법   ② 종단점법   ③ 횡단점법   ④ 직접법

해설 등고선 관측방법 중 간접관측법에는 목측에 의한 방법, 방안법, 종단점법, 횡단점법 등이 있다. 이 중 종단점법은 지성선의 방향이나 주요한 방향의 여러 개의 측선에 대하여 기준점에서 필요한 점까지의 높이를 관측하고 등고선을 삽입하는 방법으로 주로 소축척의 산지에 이용되며 기준점법이라고도 한다. 횡단점법은 노선측량의 평면도에 등고선을 삽입할 경우에 이용한다.

24 비행고도 3,000m인 항공기에서 초점거리 150cm인 카메라로 촬영한 실제 길이 50m 교량의 수직사진에서의 길이는?

① 1.0cm   ② 1.5cm   ③ 2.0cm   ④ 2.5cm

해설 $M = \dfrac{1}{m} = \dfrac{l}{D} = \dfrac{f}{H} \rightarrow m = \dfrac{H}{f} = \dfrac{3,000}{0.15} = 20,000\text{m}$

(m : 축척분모, l : 사진상 거리, D : 지상거리, f : 렌즈의 초점거리, H : 촬영고도)

∴ 교량의 크기$(l) = \dfrac{D}{m} = \dfrac{50}{20,000} = 2.5\text{cm}$

25 지형도에 의한 댐의 저수량 측정에 사용할 수 있는 방법으로 적당한 것은?

① 영선법   ② 채색법   ③ 음영법   ④ 등고선법

해설 등고선법은 같은 표고의 점을 연결하는 등고선에 의하여 지표를 표시하는 방법으로서 토량의 산정 및 용량, 저수량 측정 등에 가장 많이 사용된다.

26 원심력의 변화를 곡선의 길이에 따라 점진적으로 반영하도록 직선부와 곡선부 사이에 삽입하는 곡선은?

① 횡단곡선   ② 완화곡선   ③ 반향곡선   ④ 복심곡선

해설 완화곡선은 도로나 철도에서 차량이 직선부에서 곡선부로 들어갈 때 받게 되는 원심력에 의한 횡방향의 힘을 줄이기 위해 곡률을 0에서 조금씩 증가시켜 일정값에 이르도록 직선부와 곡선부 사이에 삽입하는 나선형의 곡선이다.

27 지형도 작성 시 활용하는 지형표시방법과 거리가 먼 것은?

① 방사법   ② 영선법   ③ 채색법   ④ 점고법

해설 지형도에 의한 지형의 표시방법에는 자연도법[영선법(게바법, 우모법)·음영법(명암법)]과 부호도법(점고법·등고선법·채색법)이 있다.

28 노선측량에서 단곡선의 설치방법 중 접선과 현이 이루는 각을 이용하여 곡선을 설치하는 방법은?

① 편각법
② 중앙종거법
③ 장현지거법
④ 좌표에 의한 설치법

해설 편각법은 곡선시점에 측량기계를 설치하고 교점(I.P) 방향을 기준으로 하여 편각값과 현길이값을 이용하여 곡선을 설치하는 방법으로서 도로·철도 등의 곡선설치에 가장 많이 사용된다.

29 항공삼각측량(Aerial Triangulation) 방법에 대한 설명으로 옳은 것은?

① 다항식 조정법(Polunomial Method)은 가장 최근에 제안된 방법이다.
② 독립모델조정법(Independent Model Triangulation)은 공선조건식을 사용한다.
③ 광속조정법(Bundle Adjustment Method)은 공면조건식을 이용한다.
④ 광속조정법(Bundle Adjustment Method)은 사진좌표를 기본단위로 사용한다.

해설 **항공삼각측량의 조정법**
• 다항식 조정법(Polymonial Method) : 스트립(Strip)을 단위로 하여 블록을 조정하는 것으로 타 방법에 비해 기준점 수가 많이 소요되고 정확도가 낮은 단점과, 계산량이 적은 장점이 있다.
• 독립모델법(IMT : Independent Model Triangulation) : 각 모델을 기본단위로 하여 접합점과 기준점을 이용하여 여러 모델의 좌표를 조정하여 절대좌표로 환산하는 방법이며, 다항식법에 비해 기준점 수가 감소되며, 전체적인 정확도가 향상되므로 큰 블록조정에 자주 이용된다.
• 광속조정법(Bundle Adjustment Method) : 사진을 기본단위로 사용하여 다수의 광속을 공선조건에 따라 표정하며, 각 점의 사진좌표가 관측값에 이용되고 가장 조정능력이 높은 방법이다.

30 GNSS의 구성요소에 해당되지 않는 것은?

① 위성에 대한 우주부문
② 지상 관제소에서의 제어부문
③ 경영활동을 위한 영업부문
④ 측량용 수신기에 대한 사용자부문

해설 GNSS는 우주부문, 제어부문, 사용자부문 등 3개 부문으로 구성된다.

31 곡선의 종류 중 원곡선 두 개가 접속점에서 각각 다른 방향으로 굽어진 형태의 곡선으로 주로 계곡부에 이용되는 것은?

① 단곡선
② 복선곡선
③ 완화곡선
④ 반향곡선

해설 반향곡선은 반경이 다른 2개의 원곡선이 1개의 공통접선의 양쪽에 서로 곡선 중심을 가지고 연결된 곡선으로서 두 곡선의 접속점에서 각각 다른 방향으로 굽어진 형태이므로, 원심력이 심하게 변하여 차량 통행에 좋지 않기 때문에 불가피한 경우에만 사용한다.

32 직접수준측량에서 2km를 왕복하는 데 오차가 ±4cm 발생했다면 이와 같은 정밀도로 하여 4.5km를 왕복했을 때의 오차는?

① ±5.0cm   ② ±5.5cm   ③ ±6.0cm   ④ ±6.5cm

> **해설** 수준측량 오차는 거리의 제곱근에 비례하므로,
>
> $$\sqrt{2} : 4 = \sqrt{4.5} : x \rightarrow x = \frac{\sqrt{4.5}}{\sqrt{2}} \times 4 = 6\text{cm}$$

33 터널 내에서 천정에 고정점 A, B를 관측한 결과가 그림과 같을 때 두 지점 간의 고저차는?(단, $a = 1.15\text{m}$, $S = 25.30\text{m}$, $b = 1.75\text{m}$, $\alpha = 30°$)

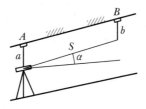

① 11.50m   ② 13.25m   ③ 20.76m   ④ 22.51m

> **해설** 고저차$(\Delta h) = S \cdot \sin\alpha + \text{H.P}(a) - \text{H.I}(b) = 25.3 \times \sin 30° + 1.75 - 1.15 = 13.25\text{m}$

34 GNSS의 오차 중 반송파가 지상의 수신기를 향하여 직접 송신되지 못하고 주변의 다른 장애물에 반사된 후 수신기에 수신될 때 생기는 오차는?

① 수신기오차   ② 위성의 궤도오차
③ 대기조건에 의한 오차   ④ 다중 전파경로에 의한 오차

> **해설** 다중경로(Multipath) 오차는 위성신호가 수신기에 도달할 때 건물 등 주변의 물체에 반사된 전파가 수신되어 발생하는 오차이며, 도심지역의 높은 건물이 있는 경우에 자주 발생한다.

35 GNSS에서 의사거리 결정에 영향을 주는 오차의 원인으로 거리가 먼 것은?

① 대기굴절에 의한 오차
② 위성의 시계오차
③ 수신 위치의 기온 변화에 의한 오차
④ 위성의 기하학적 위치에 따른 오차

> **해설** 의사거리에 영향을 미치는 오차의 원인은 대기굴절에 의한 오차, 위성 시계오차, 위성의 기하학적 위치에 따른 오차, 안테나 구심오차, 위성 궤도오차 등이다.

36 수준측량에서 굴절오차와 관측거리의 관계를 설명한 것으로 옳은 것은?

① 거리의 제곱에 비례한다.
② 거리의 제곱에 반비례한다.
③ 거리의 제곱근에 비례한다.
④ 거리의 제곱근에 반비례한다.

해설 굴절오차(기차) : $Er = -\dfrac{KS^2}{2R}$

(R : 곡률반경, S : 수평거리, K : 빛의 굴절계수)
굴절오차(기차)는 지구공간의 대기가 지표면에 가까울수록 밀도가 커짐으로써 생기는 오차로 거리의 제곱에 비례한다.

37 지상거리 500m인 두 개의 수직터널에 의하여 깊이 700m의 터널 내외를 연결하는 경우에 두 수직터널의 지상거리와 터널 내 연결점의 거리차는?(단, 지구반지름 $R = 6,370$km이다.)

① 4.5m
② 5.5m
③ 4.5cm
④ 5.5cm

해설 수평거리(L)

$$L = \frac{L_0 H}{R} = \frac{700 \times 500}{6,370,000} = 0.054945\text{m} ≒ 5.5\text{cm}$$

(L_0 : 터널길이, H : 표고차, R : 지구반지름)

38 초점거리 100cm인 카메라로 촬영한 축척 1/5,000 수직사진에서 사진크기 23cm×23cm, 종중복도 60%인 경우에 기선고도비는?

① 0.61
② 0.92
③ 1.09
④ 0.25

해설

$$\text{기선고도비}(h) = \frac{B}{H} = \frac{ma\left(1 - \dfrac{p}{100}\right)}{H} = \frac{\dfrac{H}{f}a(1-p)}{H}$$

(B : 촬영기선 길이, H : 촬영고도, m : 축척분모, a : 화면크기, p : 종중복도, f : 초점거리)
$H = f \times m = 0.1 \times 5,000 = 500\text{m}$,

$$B = 5,000 \times 0.23\left(1 - \frac{60}{100}\right) = 460\text{m}$$

$$∴ h = \frac{B}{H} = \frac{460}{500} = 0.92$$

39 곡선반지름 $R = 80$m, 곡선길이 $L = 20$m일 때 클로소이드의 매개변수 A의 값은?

① 40m
② 60m
③ 100m
④ 160m

해설 클로소이드의 매개변수(A)
$$\sqrt{RL} = \sqrt{80 \times 20} = 40\text{m}$$

40 A점의 표고가 100.56m이고 A와 B점의 지표에 세운 표적의 관측값이 각각 $a = +5.5$m, $b = +2.3$m이라 할 때 B점의 표고는?

① 97.36m ② 101.46m ③ 103.76m ④ 108.36m

> **해설** B점의 표고(H_B) $= H_A + a - b = 100.56$m $+ 5.5$m $- 2.3$m $= 103.76$m

---

3과목 **토지정보체계론**

41 스파게티(Spaghetti) 모형에 대한 설명으로 옳지 않은 것은?

① 자료구조가 단순하여 파일의 용량이 작다.
② 하나의 점(X, Y좌표)을 기준으로 하고 있어 구조가 간단하므로 이해하기 쉽다.
③ 객체들 간의 공간관계에 대한 정보가 입력되므로 공간분석에 효율적이다.
④ 상호 연관성에 관한 정보가 없어 인접한 객체들의 특징과 관련성을 파악하기 힘들다.

> **해설** 스파게티 모형은 객체들 간의 공간관계가 설정되지 않아 공간분석에 비효율적이다.

---

42 데이터 품질 측정의 구성요소에 해당하지 않는 것은?(단, KS X ISO 19157 : 2013을 기준으로 한다.)

① 설명 ② 이름 ③ 정의 ④ 완전성

> **해설** 데이터 품질 측정의 구성요소에는 측정 식별자, 이름, 별칭, 요소 이름, 기본 측정, 정의, 설명, 파라미터, 값 유형, 값 구조, 참조 정보, 보기 등이 있다.

---

43 지적공부의 효율적인 관리 및 활용을 위하여 지적정보 전담 관리 기구를 설치 · 운영하는 자는?

① 국토교통부장관
② 행정안전부장관
③ 국토지리정보원장
④ 한국국토정보공사장

> **해설** 국토교통부장관은 지적공부의 효율적인 관리 및 활용을 위하여 지적정보 전담 관리 기구를 설치 · 운영한다.

---

44 토지 고유번호의 코드 구성 기준으로 옳은 것은?

① 행정구역코드 9자리, 대장 구분 2자리, 본번 4자리, 부번 4자리, 합계 19자리로 구성
② 행정구역코드 9자리, 대장 구분 1자리, 본번 4자리, 부번 5자리, 합계 19자리로 구성
③ 행정구역코드 10자리, 대장 구분 1자리, 본번 4자리, 부번 4자리, 합계 19자리로 구성
④ 행정구역코드 10자리, 대장 구분 1자리, 본번 3자리, 부번 5자리, 합계 19자리로 구성

토지 고유번호의 코드 구성

- 전국을 단위로 하나의 필지에 하나의 번호를 부여하는 가변성 없는 번호이다.
- 총 19자리로 구성된다.
  - 행정구역 10자리(시 · 도 2자리, 시 · 군 · 구 3자리, 읍 · 면 · 동 3자리, 리 2자리)
  - 대장 구분 1자리 및 지번표시 8자리(본번 4자리, 부번 4자리)

시 · 도	시 · 군 · 구	읍 · 면 · 동	리	대장	본번	부번
2자리	3자리	3자리	2자리	1자리	4자리	4자리

45 국토교통부장관이 지적공부에 관한 전산자료를 갱신하여야 하는 기간의 기준으로 옳은 것은?

① 수시
② 매월
③ 매분기
④ 매년

국토교통부장관은 지적공부에 관한 전산자료가 최신 정보에 맞도록 수시로 갱신하여야 한다.

46 데이터에 대한 정보로서 데이터의 내용, 품질, 조건 및 기타 특성에 대한 정보를 포함하는 정보의 이력서라 할 수 있는 것은?

① 인덱스(Index)
② 라이브러리(Library)
③ 메타데이터(Metadata)
④ 데이터베이스(Database)

메타데이터는 데이터에 대한 정보로서 데이터의 내용, 품질, 조건, 상태, 제작시점, 제작자, 소유권자, 좌표체계 등 특성에 대한 정보를 포함하는 정보의 이력서, 즉 데이터의 이력서라 할 수 있다.

47 DBMS의 "정의" 기능에 대한 설명이 아닌 것은?

① 데이터의 물리적 구조를 명세한다.
② 데이터의 논리적 구조와 물리적 구조 사이의 변환이 가능하도록 한다.
③ 데이터베이스의 논리적 구조와 그 특성을 데이터 모델에 따라 명세한다.
④ 데이터베이스를 공용하는 사용자의 요구에 따라 체계적으로 접근하고 조작할 수 있다.

데이터베이스를 공용하는 사용자의 요구에 따라 체계적으로 접근하고 조작할 수 있는 것은 DBMS의 "조작" 기능이다.

48 국가지리정보체계사업(NGIS)의 단계별 주요 목표에 대한 설명으로 옳은 것은?

① 제1차 사업은 1995년 시작되었으며, 수치지도의 표준화 활용방안을 주요 목표로 설정하였다.

② 제2차 사업은 2001년 시작하였으며, 지적도전산화를 주요 목표로 하였다.

③ 제3차 사업은 2006년부터 시작되었으며, 수치지도의 작성을 주요 목표로 하였다.

④ 제4차 사업은 2010년부터 시작되었으며, 언제 · 어디서나 · 누구나 자유롭게 활용할 수 있는 그린(GREEN) 공간정보 구축을 목표로 하였다.

──────────────────────────────

해설 국가지리정보체계(NGIS)의 추진과정
- 제1차 기본계획(1995~2000) : 국가GIS사업으로 국토정보화의 기반 준비
- 제2차 기본계획(2001~2005) : 국가공간정보기반을 확충하여 디지털 국토 실현
- 제3차 기본계획(2006~2010) : 유비쿼터스 국토실현을 위한 기반조성
- 제4차 기본계획(2010~2012) : 녹색성장을 위한 그린(GREEN) 공간정보사회 실현
- 제5차 기본계획(2013~2017) : 공간정보로 실현하는 국민행복과 국가발전
- 제6차 기본계획(2018~2022) : 공간정보 융 · 복합 르네상스로 살기 좋고 풍요로운 스마트코리아 실현

49 필지중심토지정보시스템 중 지적소관청에서 일반적으로 많이 사용하는 시스템은?

① 지적측량시스템
② 지적행정시스템
③ 지적공부관리시스템
④ 지적측량성과작성시스템

──────────────────────────────

해설 지적공부관리시스템은 사용자권한관리, 지적측량검사업무, 토지이동관리, 지적일반업무관리, 창구민원관리, 토지기록자료조회 및 출력, 지적통계관리, 정책정보관리 등의 기능이 있어 지적소관청에서 사용된다.

50 다음 중 NGIS의 데이터 교환표준 포맷은?

① MOSS
② DX－90
③ TIGER
④ SDTS

──────────────────────────────

해설 SDTS(Spatial Data Transfer Standard, 공간자료교환표준)는 미국에서 공간정보의 교환과 공유를 위해 개발된 표준으로 가장 일반적이고 안정적인 교환 포맷이며, 1995년 12월 우리나라 NGIS 데이터 교환표준으로 채택되었다.

51 스캐닝 방식을 이용하여 지적전산 파일을 생성할 경우, 선명한 영상을 얻기 위한 방법으로 옳지 않은 것은?

① 해상도를 최대한 낮게 한다.

② 원본 형상의 보존 상태를 양호하게 한다.

③ 하프톤 방식의 스캐닝 시에는 되도록 속도를 느리게 한다.

④ 크기가 큰 영상은 영역을 세분하여 차례로 스캐닝한다.

──────────────────────────────

해설 스캐닝 방식에서 선명한 영상을 얻기 위해서는 해상도는 기본적으로 최대한 높게 해야 한다.

52 래스터데이터 구조에 비해 벡터데이터 구조가 갖는 장점으로 옳지 않은 것은?

① 자료구조가 단순하다.
② 위상자료구조를 가질 수 있다.
③ 복잡한 현실세계에 대한 세밀한 묘사를 할 수 있다.
④ 세밀한 묘사에 비해 데이터 용량이 상대적으로 작다.

해설 벡터데이터 구조는 복잡하고 래스터데이터 구조는 간단명료하다.

53 공간정확도를 확인하기 위해서는 샘플링이 필요하다. 모집단에 대한 기존지식을 활용하여 모집단을 몇 개의 소집단으로 구분하고, 각 소집단 내에서 랜덤(Random)추출하는 방법으로 구성요소들보다 더욱 동질적이 될 수 있도록 추출하는 방법은?

① 계통샘플링(Systematic Sampling)
② 단순무작위샘플링(Simple Random Sampling)
③ 층화무작위샘플링(Stratified Random Sampling)
④ 층화계통비정렬샘플링(Stratified Systematic Unaligned Sampling)

해설 지리적 샘플링 방법
• 단순무작위샘플링 : 각 점이 무작위로 선택되는 것이며 각 점의 선택 기회가 동일하다.
• 계통샘플링 : 먼저 초기점을 무작위로 선택하고, 또 다른 점들을 결정하기 위해 고정된 간격을 선택한다.
• 층화무작위샘플링 : 연구 지역을 층들로 세분화하고, 각 층 안에서 표본점들은 무작위로 선택된다.
• 층화계통비정렬샘플링 : 임의 · 계통 · 층화된 샘플링의 이점을 갖는 샘플링이다.

54 다음 중 데이터 표준화의 내용에 해당하지 않는 것은?

① 데이터 교환의 표준화 ② 데이터 분석의 표준화
③ 데이터 품질의 표준화 ④ 데이터 위치참조의 표준화

해설 GIS에서 표준화 요소에는 데이터 모델의 표준화, 데이터 내용의 표준화, 데이터 수집의 표준화, 데이터 질의 표준화, 위치참조의 표준화, 메타데이터의 표준화, 데이터 교환의 표준화 등이 있다.

55 사용자가 데이터베이스에 접근하여 데이터를 처리할 수 있도록 하는 것으로 데이터의 검색, 삽입, 삭제 및 갱신 등과 같은 조작에 사용되는 데이터 언어는?

① DLL(Data Link Language) ② DCL(Data Control Language)
③ DDL(Data Definition Language) ④ DML(Data Manipulation Language)

해설 데이터 조작어(DML)는 사용자가 데이터베이스에 접근하여 데이터를 처리할 수 있는 데이터 언어로서 데이터베이스에 저장된 자료를 검색(SELECT), 삽입(INSERT), 삭제(DELETE), 갱신(UPDATE)하는 기능이 있다.

56 스캐너를 활용한 공간자료 구축과정에 대한 설명으로 옳지 않은 것은?

① 손상된 도면을 입력하기 어렵고 벡터화가 불안전한 부분들의 인식·점검이 필요하며 래스터 및 벡터자료 편집용 소프트웨어가 필요하다.

② 스캐너의 정밀도에 따라 이미지 자료의 변형이 발생하며 벡터라이징 과정에서 자료를 선택적으로 분리하기 어렵다는 단점이 있다.

③ 스캐너 장비로는 평판스캐너와 원통형 스캐너가 있으며 일반적으로 평판스캐너의 성능이 우수하여 더 많이 활용된다.

④ 파장이 적을수록 래스터의 수가 늘어나서 스캐닝의 결과로서 생성되는 데이터의 양이 늘어난다는 단점이 있다.

> **해설** 지적도전산화사업에 사용된 평판스캐너는 정밀도가 우수하지만 스캐닝 시간이 많이 소요되어 비효율적이다. 고도의 정밀성이 필요하지 않는 경우에는 드럼이 회전하면서 도면을 읽어내는 방식인 원통형 스캐너가 일반적으로 많이 사용된다.

57 속성자료 입력 시 발생할 수 있는 가장 일반적인 오차는?

① 도면인식 오차   ② 자동입력 오차

③ 통계처리 오차   ④ 입력자 착오 오차

> **해설** 속성자료의 입력은 대부분 키보드 방식으로 진행되므로 입력자의 착오로 오차가 발생할 수 있다.

58 OGC(Open GIS Consortium, 또는 Open Geo data Consortium)에 대한 설명으로 틀린 것은?

① 지리정보를 객체지향으로 정의하기 위한 명세서라 할 수 있다.

② 지리정보와 관련된 여러 처리방식에 대하여 개방형 시스템적인 접근을 시도하였다.

③ 지리정보를 활용하고 관련 응용분야를 주요 업무로 하고 있는 공공기관 및 민간기관으로 구성된 컨소시엄이다.

④ OGIS(Open GIS)를 개발하고 추진하는 데 필요한 합의된 절차를 정립할 목적으로 비영리의 협회 형태로 설립되었다.

> **해설** OGC(개방형 공간정보 컨소시엄)는 지리정보의 호환성과 기술표준을 연구하고 제정하기 위해 설립된 비영리 민·관 참여 국제기구로서 공간정보의 상호 운영성과 공간정보 서비스 사용의 촉진 등을 위한 표준 구현을 목표로 하고 있다.

59 다음 중 래스터데이터의 자료압축 방법이 아닌 것은?

① 블록코드(Block Code) 방법   ② 체인코드(Chain Code) 방법

③ 트랜스코드(Trans Code) 방법   ④ 린렝스코드(Run-length Code) 방법

해설 래스터데이터의 저장구조인 자료압축방법에는 행렬방법, 런렝스코드(Run-length Code) 방법, 체인코드(Chain Code) 방법, 블록코드(Block Code) 방법, 사지수형(Quadtree) 방법, 알트리(R-tree) 방법 등이 있다.

60 다음 중 LIS/GIS의 기능적 요소에 해당하지 않는 것은?

① 데이터 생산　　② 데이터 입력　　③ 데이터 처리　　④ 데이터 해석

해설 GIS 기능 요소에는 공간데이터의 입력 · 저장 · 관리 · 처리 · 해석 · 출력 등이 있다.

4과목　지적학

61 지압(地押)조사에 대한 설명으로 옳은 것은?

① 신고, 신청에 의하여 실시하는 토지조사이다.
② 토지의 이동측량성과를 검사하는 성과검사이다.
③ 분쟁지의 경계와 소유자를 확정하는 토지조사이다.
④ 무신고 이동지를 발견하기 위하여 실시하는 토지검사이다.

해설 토지에 이동이 있는 경우에는 토지소유자가 지적소관청에 신고하고 지적소관청에서는 "토지검사"를 실시하여 신고 또는 신청사항을 확인하였으나, 토지소유자의 신고가 없는 경우 지적소관청이 무신고 이동지를 조사 · 발견할 목적으로 실시한 토지검사를 "지압(地押)조사"라고 하여 일반 토지검사와 구별하였다.

62 토지조사사업에 대한 설명으로 틀린 것은?

① 사정권자는 임시 토지조사국장이었다.
② 조사측량기관은 임시 토지조사국이었다.
③ 도면축척은 1/1,200, 1/2,400, 1/3,000이었다.
④ 조사대상은 전국 평야부의 토지 및 낙산임야이다.

해설 토지조사사업에 의하여 작성된 지적도의 축척은 1/600, 1/1,200, 1/2,400이며, 임야조사사업에 의해 작성된 임야도의 축척은 1/3,000, 1/6,000이다.

63 다음 중 지적의 요건으로 볼 수 없는 것은?

① 안전성　　　② 정확성　　　③ 창조성　　　④ 효율성

해설 지적제도의 특징은 안전성, 간편성, 정확성, 신속성, 저렴성, 적합성, 등록의 완전성이다.

64 우리나라 지적제도의 기본이념에 해당하는 것은?

① 지적민정주의   ② 인적편성주의
③ 지적형식주의   ④ 지적비밀주의

> **해설** 지적국정주의, 지적형식주의, 지적공개주의를 지적의 3대 이념이라고 하며, 실질적 심사주의(사실심사주의)
> 와 직권등록주의(강제등록주의)를 더하여 5대 이념이라고 한다.

65 다음 지적재조사사업에 관한 설명으로 옳은 것은?

① 지적재조사사업은 지적소관청이 시행한다.
② 지적소관청은 지적재조사사업에 관한 기본계획을 수립하여야 한다.
③ 지적재조사사업에 관한 주요 정책을 심의 · 의결하기 위하여 지적소관청 소속으로 중앙지적재조
    사위원회를 둔다.
④ 시 · 군 · 구의 지적재조사사업에 관한 주요 정책을 심의 · 의결하기 위하여 국토교통부장관 소속
    으로 시 · 군 · 구 지적재조사위원회를 둘 수 있다.

> **해설** 지적재조사사업에 관한 기본계획은 국토부장관이 수립한다. 중앙지적재조사위원회는 국토교통부장관 소속으
> 로 두며, 지적소관청 소속으로 시 · 군 · 구 지적재조사위원회를 둔다.

66 다음 중 지적제도와 등기제도를 처음부터 일원화하여 운영한 국가는?

① 대만   ② 독일
③ 일본   ④ 네덜란드

> **해설** 네덜란드는 창설 당시부터 지적제도와 등기제도를 통합 · 운영했다. 대만과 일본은 이원화 체계로 창설되었지
> 만 이후 통합하여 운영하고 있고, 독일과 우리나라는 현재까지 이원화 체계로 운영 중이다.

67 입안제도(立案制度)에 대한 설명으로 옳지 않은 것은?

① 입안은 매수인의 소재관(所在官)에게 제출하였다.
② 토지매매 후 100일 이내에 하는 명의변경 절차이다.
③ 입안받지 못한 문기는 효력을 인정받지 못하였다.
④ 조선시대에 토지거래를 관(官)에 신고하고 증명을 받는 것이다.

> **해설** 입안(立案)은 매도인의 소재관에게 제출하는 것이 원칙이다.

68 다음 중 지적의 개념 연결이 잘못된 것은?

① 법지적 – 소유지적
② 세지적 – 과세지적
③ 수치지적 – 입체지적
④ 다목적지적 – 정보지적

해설 3차원 지적을 입체지적이라고 한다.

69 다음 경계 중 정밀지적측량이 수행되고 지적소관청으로부터 사정의 행정처리가 완료된 것은?

① 고정경계
② 보증경계
③ 일반경계
④ 특정경계

해설 특성에 따른 경계는 일반경계(General Boundary)와 고정경계(Fixed Boundary) 및 보증경계(Guaranteed Boundary)로 구분되며, 보증경계는 정밀지적측량이 시행되고 토지소관청의 사정이 완료되어 확정된 경계로 서 경계가 법률적으로 보장된다.

70 토지의 이익에 영향을 미치는 문서의 공적등기를 보전하는 것을 주된 목적으로 하는 등록제도는?

① 권원 등록제도
② 소극적 등록제도
③ 적극적 등록제도
④ 날인증서 등록제도

해설 날인증서 등록제도는 토지의 이익에 영향을 미치는 공적등기를 보전하는 제도로서, 모든 등록된 문서는 미등록 문서와 후순위등록문서보다 우선권을 갖는다.

71 조선시대 이성계와 그를 지지하는 신진세력들에 의하여 추진된 제도로서, 토지의 국유화에 의한 사전(私田)의 재분배와 수확량의 10분의 5가 일반화되었던 수조율(收租率)을 대폭 경감하여 국 고와 경작자 사이에 개재하는 중간착취를 배제하고자 하는 목적으로 시행된 제도는?

① 과전법
② 역분전
③ 전시과
④ 정전제

해설 과전법(科田法)은 고려 말 토지국유제 확립과 국가재정 안정을 위해 이성계를 중심으로 한 신진세력이 추진한 전제개혁으로 도입된 토지제도로서 전 · 현직 관료들에게 계급적 신분과 관위의 고하에 따라 토지를 차등하여 지급한 제도이다. 관리들은 과전에서 나오는 세금을 거두는 권리인 수조권을 부여받았다.

72 다목적지적제도를 구축하는 이유로 가장 거리가 먼 것은?

① 토지 공개념 도입 용이
② 토지 소유현황 파악 용이
③ 정확한 토지 과세정보의 획득
④ 중복업무 방지로 인한 국가 토지행정의 효율성 증대

다목적지적은 토지에 대한 세금징수 및 소유권보호뿐만 아니라 토지이용의 효율화를 위하여 토지 관련 모든 정보를 종합적으로 관리하고 공급하며, 토지정책에 대한 의사결정을 지원하는 종합적 토지정보시스템이다. 토지 공개념은 토지의 소유, 이용 및 개발에 관한 공적인 개념으로서 다목적지적의 구축과는 거리가 멀다.

73 신라시대에 시행한 토지측량 방식으로 토지를 여러 형태로 구분하여 측량하기 쉽도록 하였던 것은?

① 결부제
② 경무법
③ 연산법
④ 구장산술

구장산술의 저자 및 편찬연대는 정확히 알 수 없으나 삼국시대에 중국에서 들어와 일본에까지 커다란 영향을 미쳤다. 삼국시대는 지형을 측량하기 쉬운 형태로 구분하여 화사(畵師)가 회화적으로 지도나 지적도 등을 만들었으며, 방전·직전·구고전·규전·제전·원전·호전·환전 등의 형태를 설정하였다.

74 현행 지목 중 차문자(次文字) 표기를 따르지 않는 것은?

① 주차장
② 유원지
③ 공장용지
④ 종교용지

지목의 표기방법
- 두문자(頭文字) 표기 : 전, 답, 대 등 24개 지목
- 차문자(次文字) 표기 : 장(공장용지), 천(하천), 원(유원지), 차(주차장) 등 4개 지목

75 다음 중 오늘날의 토지대장과 유사한 것이 아닌 것은?

① 문기(文記)
② 양안(量案)
③ 도전장(都田帳)
④ 타량성책(打量成冊)

문기는 조선시대에 토지 및 가옥을 매수 또는 매도할 때 작성한 매매계약서를 말한다.

76 토지조사사업 당시 지번의 부번방식으로 가장 많이 사용된 것은?

① 기우식
② 단지식
③ 사행식
④ 절충식

사행식은 필지의 배열이 불규칙한 지역에서 필지의 진행순서에 따라 연속적으로 지번을 부여하는 방법으로서 농촌지역에 적합하여 토지조사사업 당시 가장 많이 사용되었다. 기우식은 도로를 중심으로 한쪽은 홀수로, 반대쪽은 짝수로 지번을 부여하는 방법이다.

77 조선지세령(朝鮮地稅令)에 관한 내용으로 틀린 것은?

① 1943년에 공포되어 시행되었다.
② 전문 7장과 부칙을 포함한 95개의 조문으로 되어 있었다.
③ 토지대장, 지적도, 임야대장에 관한 모든 규칙을 통합하였다.
④ 우리나라 세금의 대부분의 지세에 관한 사항을 규정하는 것이 주목적이었다.

해설 조선지세령(제령 제6호, 1943.3.31. 제정, 1943.4.1. 시행)은 그동안 각각 시행하던 지세 및 지적정리 · 지적측량 등 지적에 관한 각종 영과 예규를 통합하여 시행하였다.

78 일반적으로 양안에 기재된 사항에 해당하지 않는 것은?

① 지번, 면적
② 측량순서, 토지등급
③ 토지형태, 사표(四標)
④ 신구 토지소유자, 토지가격

해설 양안의 기재내용에는 토지의 소재지, 지목, 면적, 자호, 전형(토지형태), 토지소유자, 양전방향, 사표, 장광척, 등급, 결부수, 경작 여부 등이 있다. 토지가격은 기재하지 않았다.

79 일필지에 대한 내용으로 틀린 것은?

① 자연적으로 형성된 토지단위
② 토지소유권이 미치는 구획단위
③ 토지의 법률적 단위로서, 거래단위
④ 국가의 권력으로 결정하는 등록단위

해설 일필지는 법적으로 물권이 미치는 권리의 객체로서 토지의 등록단위, 소유단위, 이용단위가 되는 인위적으로 구획한 토지단위이다.

80 지번의 특성에 해당되지 않는 것은?

① 토지의 식별
② 토지의 가격화
③ 토지의 특정화
④ 토지의 위치 추측

해설 지번의 특성에는 토지의 고정화, 토지의 특정화, 토지의 개별화, 토지 위치의 확인 등이 있다. 토지의 가격화는 지번과는 거리가 멀다.

81 토지 등의 출입 등에 손실보상에 관하여 손실을 보상할 자와 손실을 받은 자의 협의가 성립되지 않거나 협의를 할 수 없는 경우 재결을 신청할 수 있는 곳은?

① 지적소관청
② 중앙지적위원회
③ 지방지적위원회
④ 관할 토지수용위원회

해설 손실보상에 대한 협의가 이루어지지 않을 때에는 관할 토지수용위원회에 재결을 신청하며, 관할 토지수용위원회의 재결에 불복하는 자는 재결서 정본을 송달받은 날부터 30일 이내에 중앙토지수용위원회에 이의를 신청할 수 있다.

82 「부동산등기법」에 따라 등기할 수 있는 권리가 아닌 것은?

① 소유권
② 저당권
③ 점유권
④ 지상권

해설
- 등기할 수 있는 권리 : 소유권, 지상권, 지역권, 전세권, 저당권, 권리질권, 채권담보권, 임차권
- 등기할 수 없는 권리 : 점유권, 유치권, 동산질권

83 「국토의 계획 및 이용에 관한 법률」상 용도지역의 지정목적으로 옳은 것은?

① 도시기능을 증진시키고 미관 · 경관 · 안전 등을 도모
② 시가지의 무질서한 확산 방지로 계획적 · 단계적인 토지이용의 도모
③ 산업과 인구의 과대한 도시 집중을 방지하여 기반시설의 설치에 필요한 용지 확보
④ 토지의 이용 및 건축물의 용도, 건폐율, 용적률, 높이 등을 제한함으로써 토지의 경제적 · 효율적 이용 도모

해설 용도지역의 지정목적은 토지의 이용 및 건축물의 용도, 건폐율, 용적률, 높이 등을 제한함으로써 토지를 경제적 · 효율적으로 이용하고 공공복리의 증진을 도모하기 위함이다.

84 「공간정보의 구축 및 관리 등에 관한 법령」상 지목의 구분에 따라 한강을 이용한 경정장의 지목으로 옳은 것은?

① 하천
② 유원지
③ 잡종지
④ 체육용지

해설 하천은 자연의 유수(流水)가 있거나 있을 것으로 예상되는 토지이다. 유수를 이용한 요트장 및 카누장 등의 토지는 체육용지에서 제외되는 것과 같이 경정장(競艇場)은 자연의 유수인 한강을 이용하므로 지목을 하천으로 하여야 한다.
※ 경정장은 경정을 개최하기 위한 시설이다.

85 지적재조사사업에 관한 기본계획 수립 시 포함하여야 하는 사항으로 옳지 않은 것은?

① 지적재조사사업의 시행기간
② 지적재조사사업에 관한 기본방향
③ 지적재조사사업비의 시 · 군별 배분계획
④ 지적재조사사업에 필요한 인력 확보계획

해설 지적재조사사업에 관한 기본계획 수립 시 포함사항에는 ①, ②, ④ 외 지적재조사사업비의 연도별 집행계획, 지적재조사사업비의 시 · 도별 배분계획 등이 있다. 지적재조사사업비의 시 · 군별 배분계획은 포함사항이 아니다.

86 다음 중 지번을 새로이 부여해야 할 경우가 아닌 것은?

① 등록전환　　　② 신규등록　　　③ 임야분할　　　④ 지목변경

해설 지적공부에 등록된 지목을 다른 지목으로 바꾸어 등록하는 지목변경의 경우에는 지번을 새로이 부여하지 않는다.

87 토지의 지번이 결번되는 사유에 해당되지 않는 것은?

① 지번의 변경　　　　　　　　② 토지의 분할
③ 행정구역의 변경　　　　　　④ 도시개발사업의 시행

해설 토지의 지번이 결번되는 사유에는 토지의 합병, 등록전환, 행정구역의 변경, 도시개발사업의 시행, 토지구획정리사업, 경지정리사업, 지번변경, 축척변경, 바다로 된 토지의 등록말소, 지번정정 등이 있다.
※ 결번이 발생한 경우에는 지체 없이 그 사유를 결번대장에 등록하여 영구히 보존한다.

88 「공간정보의 구축 및 관리 등에 관한 법률」상 1년 이하의 징역 또는 1천만 원 이하의 벌금 대상으로 옳은 것은?

① 정당한 사유 없이 측량을 방해한 자
② 측량업 등록사항의 변경신고를 하지 아니한 자
③ 무단으로 측량성과 또는 측량기록을 복제한 자
④ 고시된 측량성과에 어긋나는 측량성과를 사용한 자

해설 ①, ②, ④는 300만 원 이하의 과태료 부과 대상이다.

89 측량업의 등록취소 및 영업정지에 관한 설명으로 옳지 않은 것은?

① 다른 사람에게 자기의 측량업 등록증을 빌려 준 경우 등록취소 사유가 된다.

② 거짓이나 그 밖의 부정한 방법으로 측량업을 등록한 경우 등록을 취소하여야 한다.

③ 영업정지기간 중에 측량업을 영위한 경우일지라도 등록취소가 아닌 재차의 영업정지 명령이 내려질 수 있다.

④ 지적측량업자가 법 규정에 의한 지적측량수수료보다 과소하게 받은 경우도 등록취소 및 영업정지 처분의 대상이 된다.

해설 영업정지기간 중에 계속하여 영업을 한 경우에는 측량업의 등록을 취소하여야 한다.

90 「부동산등기법」상 합필의 등기를 할 수 없는 것은?

① 소유권 등기가 있는 토지

② 전세권 등기가 있는 토지

③ 승역지에 하는 지역권의 등기가 있는 토지

④ 합병하려는 모든 토지에 있는 등기원인 및 그 연월일과 접수번호가 상이한 저당권에 관한 등기가 있는 토지

해설 합필의 등기를 할 수 있는 권리의 등기에는 소유권·지상권·전세권·임차권 및 승역지에 하는 지역권의 등기 외의 등기가 있는 경우, 합필하려는 모든 토지에 있는 등기원인 및 그 연월일과 접수번호가 동일한 저당권에 관한 등기, 합필하려는 모든 토지에 있는 등기사항이 동일한 신탁등기 등이 있다.

91 「공간정보의 구축 및 관리 등에 관한 법률」상 규정된 지목의 종류로 옳지 않은 것은?

① 운동장   ② 유원지

③ 잡종지   ④ 철도용지

해설 운동장은 현행 28개 지목 구분에 포함되지 않는다.

92 다음 중 지적공부에 등록하는 토지의 표시가 아닌 것은?

① 소유자   ② 지번과 지목

③ 토지의 소재   ④ 경계 또는 좌표

해설 토지의 표시는 지적공부에 토지의 소재·지번·지목·면적·경계 또는 좌표를 등록한 것을 말한다.

93 「국토의 계획 및 이용에 관한 법률」에 따른 도시·군관리계획에 포함되지 않는 것은?

① 지적불부합지역의 지적재조사에 관한 계획
② 기반시설의 설치·정비 또는 개량에 관한 계획
③ 용도지역·용도지구의 지정 또는 변경에 관한 계획
④ 지구단위계획구역의 지정 또는 변경에 관한 계획과 지구단위계획

해설 지적불부합지역의 지적재조사에 관한 계획은 지적재조사에 관한 특별법과 관련이 있다.

94 축척변경 시행지역의 토지는 어느 때에 토지의 이동이 있는 것으로 보는가?

① 청산금 산출일
② 청산금 납부일
③ 축척변경 승인공고일
④ 축척변경 확정공고일

해설 축척변경 시행지역의 토지는 확정공고일에 토지의 이동이 있는 것으로 본다.

95 경위의측량방법으로 세부측량을 한 경우 측량결과도에 적어야 하는 사항이 아닌 것은?

① 방위각
② 측량기하적
③ 지상에서 측정한 거리
④ 측량대상 토지의 점유현황선

해설 경위의측량방법으로 세부측량을 한 경우 측량기하적은 측량결과도에 작성하여야 할 사항이 아니다.

96 축척변경에 따른 청산금을 산정한 결과, 증가된 면적에 대한 청산금의 합계와 감소된 면적에 대한 청산금의 합계에 차액이 생긴 경우 부족액은 누가 부담하는가?

① 지적소관청
② 지방자치단체
③ 국토교통부장관
④ 증가된 면적의 토지소유자

해설 청산금을 산정한 결과, 증가된 면적에 대한 청산금의 합계와 감소된 면적에 대한 청산금의 합계에 차액이 생긴 경우 초과액은 그 지방자치단체의 수입으로 하고, 부족액은 그 지방자치단체가 부담한다.

97 전파기 또는 광파기측량방법에 따른 지적삼각점의 관측과 계산 기준으로 틀린 것은?

① 표준편차가 $\pm(5mm+5ppm)$ 이상인 정밀측거기를 사용한다.
② 삼각형의 내각계산은 기지각과의 차가 ±40초 이내이어야 한다.
③ 점간거리는 3회 측정하고 원점에 투영된 수평거리로 계산하여야 한다.
④ 측정치의 최대치와 최소치의 교차가 평균치의 10만분의 1 이하일 때는 그 평균치를 측정거리로 한다.

해설 점간거리는 5회 측정하여 그 측정치의 최대치와 최소치의 교차가 평균치의 10만분의 1 이하일 때에는 그 평균치를 측정거리로 하고, 원점에 투영된 평면거리에 따라 계산하여야 한다.

98 지적공부의 "대장"으로만 나열된 것은?

① 토지대장, 임야도
② 대지권등록부, 지적도
③ 공유지연명부, 토지대장
④ 경계점좌표등록부, 일람도

해설 지적공부의 대장에는 토지대장, 임야대장, 공유지연명부, 대지권등록부가 있다.

99 다음 중 면적의 최소 등록단위가 다른 하나는?(단, 경계점좌표등록부에 등록하는 지역의 경우는 고려하지 않는다.)

① 1/600
② 1/1,000
③ 1/2,400
④ 1/6,000

해설 면적의 최소 등록단위는 $1m^2$이며, 지적도 축척 1/600인 지역과 경계점좌표등록부에 등록하는 지역은 $0.1m^2$이다.

100 지목변경 및 합병을 하여야 하는 토지가 있을 때 작성하는 현지조사서에 포함되어야 하는 사항에 해당되지 않는 것은?

① 조사자의 의견
② 소유자의 변동이력
③ 토지의 이동현황
④ 관계법령의 저촉 여부

해설 지목변경 및 합병 현지조사서에는 토지의 이동현황, 관계법령의 저촉 여부, 조사자의 의견 등이 포함된다.

1과목 지적측량

01 경위의측량방법으로 세부측량을 하였을 때 측량대상 토지의 경계점 간 실측거리와 경계점의 좌표에 따라 계산한 거리의 교차 기준은?(단, L은 실측거리로서 m 단위로 표시한 수치를 말한다.)

① $\dfrac{3L}{10}$ cm 이내

② $\dfrac{3L}{100}$ cm 이내

③ $3+\dfrac{L}{10}$ cm 이내

④ $3+\dfrac{L}{100}$ cm 이내

해설 경위의측량방법으로 세부측량(수치지역의 세부측량)을 시행할 경우 측량대상 토지의 경계점 간 실측거리와 경계점의 좌표에 따라 계산한 거리의 교차 기준은 $3+\dfrac{L}{10}$ cm이다.

02 지적삼각점성과표에 기록 · 관리하여야 하는 사항이 아닌 것은?

① 부호 및 위치의 약도
② 소재지와 측량연월일
③ 시준점의 명칭, 방위각 및 거리
④ 지적삼각점의 명칭과 기준 원점명

해설 지적기준점성과표의 기록 · 관리사항

지적삼각점성과표	지적삼각보조점 및 지적도근점성과표
• 지적삼각점의 명칭과 기준 원점명 • 좌표 및 표고 • 경도 및 위도(필요한 경우로 한정한다.) • 자오선수차 • 시준점의 명칭, 방위각 및 거리 • 소재지와 측량연월일 • 그 밖의 참고사항	• 번호 및 위치의 약도 • 좌표와 직각좌표계 원점명 • 경도와 위도(필요한 경우로 한정한다.) • 표고(필요한 경우로 한정한다.) • 소재지와 측량연월일 • 도선등급 및 도선명 • 표지의 재질 • 도면번호 • 설치기관 • 조사연월일, 조사자의 직위 · 성명 및 조사 내용

03 다각망도선법에 따른 지적도근점측량에 대한 설명으로 옳은 것은?

① 1도선의 점의 수는 최대 40점 이하로 한다.

② 각 도선의 교점은 지적도근점의 번호 앞에 "교점" 자를 붙인다.

③ 3점 이상의 기지점을 포함한 결합다각방식에 따른다.

④ 영구표지를 설치하지 않는 경우, 지적도근점의 번호는 시·군·구별로 부여한다.

해설 ① 1도선의 점의 수는 20개 이하로 한다.

② 각 도선의 교점은 지적도근점의 번호 앞에 "교" 자를 붙인다.

④ 영구표지를 설치하는 경우 지적도근점의 번호는 시·군·구별로 부여하고, 영구표지를 설치하지 않는 경우에는 시행지역별로 설치순서에 따라 일련부호를 부여한다.

04 어떤 도선측량에서 변장거리 800m, 측점 8점 Δx의 폐합차 7cm, Δy의 폐합차 6cm의 결과를 얻었다. 이때 정도를 구하는 올바른 식은?

① $\dfrac{\sqrt{0.07^2 + 0.06^2}}{(8-1)800}$

② $\dfrac{\sqrt{0.07^2 + 0.06^2}}{800}$

③ $\sqrt{\dfrac{0.07^2 + 0.06^2}{8 \times 800}}$

④ $\sqrt{\dfrac{0.07^2 + 0.06^2}{800}}$

해설 $정도 = \dfrac{오차}{거리} = \dfrac{\sqrt{\Delta x^2 + \Delta y^2}}{거리} = \dfrac{\sqrt{0.07^2 + 0.06^2}}{800}$

05 다음 중 지적도근점측량에서 지적도근점을 구성하는 도선의 형태에 해당하지 않는 것은?

① 개방도선 　　② 결합도선 　　③ 폐합도선 　　④ 다각망도선

해설 지적도근점의 도선은 결합도선, 폐합도선, 왕복도선, 다각망도선으로 구성하여야 한다. 개방도선은 사용하지 않는다.

06 지적삼각점측량에서 진북방향각의 계산단위로 옳은 것은?

① 초 아래 1자리 　　　　　　② 초 아래 2자리

③ 초 아래 3자리 　　　　　　④ 초 아래 4자리

해설 지적삼각점측량의 수평각 계산단위

종별	각	변의 길이	진수	좌표 또는 표고	경위도	자오선수차
단위	초	cm	6자리 이상	cm	초 아래 3자리	초 아래 1자리

07 우리나라 직각좌표계의 원점축척계수로 옳은 것은?

① 0.9996　　　　② 0.9997　　　　③ 0.9999　　　　④ 1.0000

해설 우리나라의 직각좌표계 원점 축척계수는 1.0000이다.

08 지적삼각점 간 거리가 2.5km에서 각도 오차가 1′20″가 발생되었다면 위치오차는?

① 0.3m　　　　② 0.5m　　　　③ 1.0m　　　　④ 1.4m

해설 위치(편심)오차 $= \dfrac{\Delta l}{L} = \dfrac{\theta''}{\rho''}$

$$\Delta l = \frac{2{,}500\text{m} \times 80''(1'\,20'')}{206{,}265} = 0.9696\text{m} \fallingdotseq 1\text{m}$$

09 지적삼각보조점표지의 점간거리 기준으로 옳은 것은?(단, 다각망도선법에 따르는 경우다.)

① 평균 2km 이상 5km 이하　　　　② 평균 1km 이상 3km 이하
③ 평균 0.5km 이상 1km 이하　　　　④ 평균 0.3km 이상 5km 이하

해설 지적기준점표지의 점간거리 기준은 지적삼각점은 평균 2km 이상 5km 이하, 지적삼각보조점은 평균 1km 이상 3km 이하(다각망도선법은 평균 0.5km 이상 1km 이하), 지적도근점은 평균 50m 이상 300m 이하(다각망도선법은 평균 500m 이하)이다.

10 평판측량방법으로 세부측량을 할 때에 지적도, 임야도에 따라 작성하는 측량준비파일에 포함시켜야 할 사항이 아닌 것은?

① 인근 토지의 경계선 · 지번 및 지목
② 측량대상 토지의 경계선 · 지번 및 지목
③ 지적기준점 간의 거리, 지적기준점의 좌표
④ 지적기준점 간의 방위각 및 경계점 간 계산거리

해설 지적기준점 간의 방위각 및 거리와 경계점 간 계산거리는 경위의측량방법으로 세부측량을 할 때 측량준비파일에 기재해야 할 사항이다.

11 전파기측량방법에 따라 다각망도선법으로 지적삼각보조점측량을 할 때 1도선의 거리는 얼마 이하로 하여야 하는가?

① 0.5km 이하　　　　② 1km 이하
③ 3km 이하　　　　④ 4km 이하

해설 전파기 또는 광파기측량방법에 따라 다각망도선법으로 지적삼각보조점측량을 할 때는 3점 이상의 기지점을 포함한 결합다각방식에 따르고, 1도선(기지점과 교점 간 또는 교점과 교점 간)의 점의 수는 기지점과 교점을 포함하여 5점 이하로 하며, 1도선의 거리(기지점과 교점 또는 교점과 교점 간 점간거리의 총합계)는 4km 이하로 한다.

12 UTM좌표계에 대한 설명으로 옳은 것은?

① 종선좌표의 원점은 위도 38°선이다.
② 중앙자오선에서 멀수록 축척계수는 작아진다.
③ 우리나라는 UTM좌표가 53, 54 종대에 속해 있다.
④ UTM투영은 적도선을 따라 6° 간격으로 이루어진다.

해설 ① 경도의 원점은 중앙자오선, 위도의 원점은 적도상에 있다.
② 중앙자오선에서 축척계수는 0.9996m이다.
③ 우리나라는 51, 52 종대 및 S~T 횡대에 속한다.

13 지적도 및 임야도에 등록하는 도곽선의 용도가 아닌 것은?

① 토지경계의 측정 기준
② 도곽신축량의 측정 기준
③ 인접 도면과의 접합 기준
④ 지적측량기준점 전개 시의 기준

해설 도곽선의 역할(용도)에는 ②, ③, ④ 외 도북방위선의 표시, 외업 시 측량준비도와 현황의 부합 확인 기준 등이 있다. 토지경계의 측정 기준은 도곽선의 용도가 아니다.

14 지적기준점을 19점 설치하여 측량하는 경우 측량기간으로 옳은 것은?

① 4일 ② 5일 ③ 6일 ④ 7일

해설 측량기간 및 검사기간

구분	측량기간	검사기간
기본기간	5일	4일
지적기준점을 설치하여 측량 또는 검사할 때	15점 이하	
	4일	4일
	15점 초과	
	4일에 4점마다 1일 가산	4일에 4점마다 1일 가산
지적측량의뢰자와 수행자가 상호 합의에 의할 때	합의기간의 4분의 3	합의기간의 4분의 1

15 데오돌라이트의 기계오차 중 수평각관측 시 고려하지 않아도 되는 것은?

① 기포관 조정

② 수평축의 조정

③ 십자선 종선의 조정

④ 망원경 수준기의 조정

해설 데오돌라이트의 조정조건에는 평반기포관의 조정(제1조정), 십자종선의 조정(제2조정), 수평축의 조정(제3조정), 십자횡선의 조정(제4조정), 망원경 기포관의 조정(제5조정), 연직분도반의 조정(제6조정)이 있다.

16 거리측량을 할 때 발생하는 오차 중 우연오차의 원인이 아닌 것은?

① 테이프의 길이가 표준길이와 다를 때

② 온도가 측정 중에 시시각각으로 변할 때

③ 눈금의 끝수를 정확히 읽을 수 없을 때

④ 측정 중 장력을 일정하게 유지하지 못하였을 때

해설 테이프의 길이가 표준길이와 달라서 발생하는 오차는 정오차이며, 원인과 상태를 파악하면 제거가 가능하다.

17 조준의(앨리데이드)가 갖추어야 할 조건으로 틀린 것은?

① 시준판의 눈금은 정확하여야 한다.

② 기포관축은 자의 밑면과 평행이어야 한다.

③ 시준면은 조준의의 밑면에 직교되어야 한다.

④ 시준판을 세웠을 때 밑면에 평행하여야 한다.

해설 조준의(앨리데이드)의 조건
- 수평눈금 모서리는 반드시 직선이어야 한다.
- 앨리데이드의 수평눈금은 정확해야 한다.
- 시준판에 새겨진 눈금은 반드시 시준판 내측간격의 1/100이 되어야 한다.
- 시준면은 조준의의 밑면에 직각이 되어야 한다.
- 시준공의 크기는 직경 4~6cm의 것이 보통이다.
- 수준기의 감도는 기포관의 곡률반경 1.0~1.5cm의 것이 적당하다.
- 시준공은 아랫면에 대해 동일 수직선상에 있어야 한다.
- 시준기축은 기준아랫면에 평행해야 한다.
- 기포관 축은 자의 밑면과 평행해야 한다.

18 A점의 좌표가 $(1,000.00, 1,000.00)$이고 AP의 방위각이 $60°00'00''$, AP의 거리가 $3,000$m 일 때 P점의 좌표는?(단, 좌표의 단위는 m이다.)

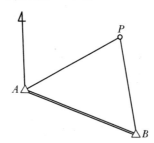

① $(1,500.00, 1,000.00)$
② $(2,476.89, 2,611.29)$
③ $(2,500.00, 3,598.08)$
④ $(3,611.28, 3,776.09)$

해설 $P_x = A_x + (\overline{AP} \times \cos V_A^P) = 1,000.00 + (3,000 \times \cos 60°) = 2,500.00$m
$P_y = A_y + (\overline{AP} \times \sin V_A^P) = 1,000.00\text{m} + (3,000 \times \sin 60°) = 3,598.08$m

19 $\alpha = 58°40'50''$, $\overline{AC} = 64.85$m, $\overline{BD} = 59.60$m인 아래 도형의 면적은?

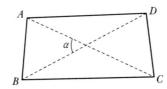

① $1,650.9\text{m}^2$
② $1,805.4\text{m}^2$
③ $1,950.9\text{m}^2$
④ $2,005.4\text{m}^2$

해설 면적$(A) = \frac{1}{2} \overline{AC} \cdot \overline{BD} \sin\alpha = \frac{1}{2} \times 64.85 \times 59.60 \times \sin 58°40'50'' = 1,650.9\text{m}^2$이다.

20 지적삼각점측량을 할 때 사용하고자 하는 삼각점의 변동 유무를 확인하는 기준은?

① 기지각과의 오차가 ±30초 이내
② 기지각과의 오차가 ±40초 이내
③ 기지각과의 오차가 ±50초 이내
④ 기지각과의 오차가 ±60초 이내

해설 지적삼각보조점측량의 수평각 측각공차

종별	1방향각	1측회 폐색	삼각형 내각관측의 합과 180°의 차	기지각과의 차
공차	40초 이내	±40초 이내	±50초 이내	±50초 이내

21 지형도에서 92m 등고선상의 A점과 118m 등고선상의 B점 사이에 기울기가 8%로 일정한 도로를 만들었을 때, AB 사이 도로의 실제 경사거리는?

① 347m ② 339m

③ 332m ④ 326m

해설 A점과 B점의 고저차(h)=118-92=26m

수평거리(D) = $\dfrac{높이}{경사}$ = $\dfrac{26}{0.08}$ = 325m

$\therefore$ 경사거리(L) = $\sqrt{26^2 + 325^2}$ = 326m

22 GNSS측량에서 다중경로오차가 발생할 가능성이 가장 큰 곳은?

① 사막 ② 수중

③ 지하 ④ 건물 옆

해설 다중경로(Multipath) 오차는 위성신호가 수신기에 도달할 때 건물 등 주변의 물체에 반사된 전파가 수신되어 발생하는 오차이며 도심지역의 높은 건물이 있는 경우에 자주 발생한다.

23 궤도간격 1.067m인 철도에서 곡선반지름이 5,000m인 곡선궤도를 속도 100km/h로 주행할 경우에 캔트(Cant)의 높이는?(단, 중력가속도 $g = 9.8$m/s^2)

① 17cm ② 25cm

③ 31cm ④ 60cm

해설 캔트(C) = $\dfrac{SV^2}{Rg}$ = $\dfrac{1.067 \times (100,000/3,600)^2}{5,000 \times 9.8}$ = 0.017m = 17cm

[S : 레일(궤도)간격, V : 주행속도, g : 중력가속도(9.81m/sec), R : 곡률반경]

24 수준측량 시 중간시가 많은 경우 가장 편리한 야장기입방법은?

① 기고식 ② 고차식

③ 승강식 ④ 기준면식

해설 수준측량에서 기고식은 기계고를 이용하여 표고를 결정하며, 도로의 종횡단 측량처럼 중간점이 많을 때 편리하게 사용되는 야장기입법이다. 고차식은 전시 합과 후시 합의 차로 고저차를 구하는 방법으로 시작점과 최종점 간의 고저차나 지반고를 계산하는 것이 주목적이며, 중간의 지반고를 구할 필요가 없을 때 사용한다. 승강식은 높이차(전시 – 후시)를 현장에서 계산하여 작성하며 정확도가 높은 측량에 적합하다.

25 회전주기가 일정한 위성을 이용한 원격탐사의 특징으로 틀린 것은?

① 짧은 시간에 넓은 지역을 동시에 측정할 수 있으며 반복측정이 주기적으로 가능하여 대상물의 변화를 감지할 수 있다.

② 다중파장대에 의한 지구표면의 다양한 정보의 취득이 용이하며 관측자료가 수치로 기록되어 판독에 있어서 자동적인 작업수행이 가능하고 정량화하기 쉽다.

③ 관측이 넓은 시야각으로 행해지므로 얻어진 영상은 중심투영에 가깝다.

④ 탐사된 자료가 즉시 이용될 수 있으며 재해 및 환경문제의 해결에 유용하게 이용될 수 있다.

> **해설** 관측이 좁은 시야각으로 얻어진 영상은 정사투영에 가깝다.

26 클로소이드 곡선에 대한 설명으로 옳지 않은 것은?

① 클로소이드 형식에는 기본형, S형, 나선형, 복합형 등이 있다.

② 모든 클로소이드는 닮은꼴이다.

③ 클로소이드의 모든 요소들은 단위가 없다.

④ 매개변수(A)에 의해 클로소이드의 크기가 정해진다.

> **해설** 클로소이드 곡선은 단위가 있는 것도 있고, 없는 것도 있다.

27 수직터널에 의하여 지상과 지하의 측량을 연결할 때의 수선측량에 대한 설명으로 틀린 것은?

① 깊은 수직터널에 내리는 추는 50~60kg 정도의 추를 사용할 수 있다.

② 추를 드리울 때, 깊은 수직터널에서는 보통 피아노선이 이용된다.

③ 수직터널 밑에는 물이나 기름을 담은 물통을 설치하고 내린 추가 그 물통 속에서 동요하지 않게 한다.

④ 수직터널 밑에서 수선의 위치를 결정하는 데는 수선이 완전 정지하는 것을 기다린 후 1회 관측값으로 결정한다.

> **해설** 수선진동의 위치를 10회 이상 관측하여 평균값을 관측값으로 결정한다.

28 축척 1/25,000의 항공사진을 200km/h로 촬영할 경우에 최장노출시간이 1/100초였다면 사진에서 허용 흔들림양은?

① 0.002cm

② 0.02cm

③ 0.2cm

④ 2cm

해설

$$최장노출시간(T_l) = \frac{\Delta s m}{V}$$

[Δs : 흔들림양, m : 축척분모, V : 비행기의 초속(m/sec)]

$$\therefore \Delta s = \frac{T_l V}{m} = \frac{\frac{1}{100} \times \left(\frac{200,000}{3,600}\right)}{25,000} \fallingdotseq 0.0000222\text{m} = 0.02\text{mm}$$

29 영상정합의 종류에서 객체의 점, 선, 면의 밝기값 등을 이용하는 정합은?

① 단순정합
② 관계형 정합
③ 형상기준정합
④ 영역기준정합

해설 영상정합의 종류

• 관계형 정합 : 두 영상에서 점·선·면 등 구성요소들의 길이·면적·형상·평균밝기값 등의 속성을 이용하여 영상을 정합하는 방법이다.
• 형상기준정합 : 점·선·영역 등의 특징을 이용하여 두 영상에서 상응하는 특징을 발견하여 공액점을 찾는 방법이다.
• 영역기준정합 : 영상화소의 밝기값을 이용하는 방법이다.

30 원곡선의 설치에서 곡선반지름이 150m, 시단현의 길이가 15m이면 시단현에 의한 편각은?

① 2°6′35″
② 2°51′53″
③ 3°44′35″
④ 5°44′53″

해설

$$편각(\delta) = \frac{l}{2R} (라디안) \text{ 또는 } 1,718.87' \frac{l}{R} (분)$$

$$\therefore \delta = 1,718.87' \frac{15}{150} = 2°51'53''$$

31 터널 안에서 A점의 좌표가 (1,749.0, 1,134.0, 126.9), B점의 좌표가 (2,419.0, 987.0, 149.4)일 때 A, B점을 연결하는 터널을 굴진하는 경우 이 터널의 경사거리는?(단, 좌표의 단위는 m이다.)

① 685.94m
② 686.19m
③ 686.31m
④ 686.57m

해설

AB의 높이$(h) = B_z - A_z = 149.4 - 126.9 = 22.5\text{m}$

$$수평거리(D) = \sqrt{(B_x - A_x) + (B_y - Ay)^2}$$
$$= \sqrt{(2,419.0 - 1,749.0)^2 + (987.0 - 1,134.0)^2}$$
$$= 685.94\text{m}$$

$$\therefore 경사거리(L) = \sqrt{D^2 + h^2} = \sqrt{685.94^2 + 22.5^2} = 686.31\text{m}$$

32 축척 1/50,000 지형도에서 주곡선의 간격은?

① 5m   ② 10m   ③ 20m   ④ 100m

> **해설** 등고선의 종류 및 간격   (단위 : m)
>
> | 등고선의 종류 | 등고선의 간격 | | | |
> |---|---|---|---|---|
> | | 1/5,000 | 1/10,000 | 1/25,000 | 1/50,000 |
> | 계곡선 | 25 | 25 | 50 | 100 |
> | 주곡선 | 5 | 5 | 10 | 20 |
> | 간곡선 | 2.5 | 2.5 | 5 | 10 |
> | 조곡선 | 1.25 | 1.25 | 2.5 | 5 |

33 A, B 두 개의 수준점에서 P점을 관측한 결과가 표와 같을 때 P점의 최확값은?

구분	관측값	거리
$A \rightarrow P$	80.258m	4km
$B \rightarrow P$	80.218m	3km

① 80.235m   ② 80.238m   ③ 80.240m   ④ 80.258m

> **해설** 경중률은 관측거리에 반비례하므로, 경중률 $P_A : P_B = \dfrac{1}{4} : \dfrac{1}{3} = 3 : 4$
>
> P점의 최확값$(P_h) = \dfrac{(80.258 \times 3) + (80.218 \times 4)}{3 + 4} = 80.235\text{m}$

34 GNSS측량 방법 중 후처리방식이 아닌 것은?

① Static 방법   ② Kinematic 방법
③ Pseudo−Kinematic 방법   ④ Real−Time Kinematic 방법

> **해설** RTK(Real−Time Kinematic) 방식은 실시간 위치를 결정하는 방식이다.

35 원곡선에서 교각(I)이 90°일 때, 외할(E)이 25m라고 하면 곡선반지름은?

① 35.6m   ② 46.2m   ③ 60.4m   ④ 93.7m

> **해설** 외할$(E) = R\left(\sec\dfrac{I}{2} - 1\right) \rightarrow 25 = R\left(\sec\dfrac{90°}{2} - 1\right)$
>
> $\therefore R = \dfrac{25}{\sec 45° - 1} = 60.4\text{m}$

36 레벨의 시준축이 기포관축과 평행하지 않으므로 인한 오차를 소거하는 방법으로 옳은 것은?

① 후시한 후 곧바로 전시한다.
② 전시와 후시의 거리를 같게 한다.
③ 표척을 정확히 수직으로 세운다.
④ 표척을 시준선의 좌우로 약간 기울인다.

해설 수준측량에서 전시와 후시의 시준거리를 같게 관측하면 소거되는 오차에는 시준선이 기포관축과 평행하지 않을 때 발생하는 오차, 레벨 조정 불완전에 의한 오차, 지구 곡률오차, 대기 굴절오차 등이 있다.

37 GPS를 구성하는 위성의 궤도 주기로 옳은 것은?

① 약 6시간   ② 약 12시간   ③ 약 18시간   ④ 약 24시간

해설 GPS는 24개의 위성(항법 사용 21+예비용 3)이 고도 20,200km 상공에서 12시간을 주기로 지구 주위를 돌고 있으며 6개 궤도면은 지구의 적도면과 55°의 각을 이루고 있다.

38 지형의 표시방법이 아닌 것은?

① 평행선법   ② 점고법
③ 등고선법   ④ 우모법

해설 지형도에 의한 지형의 표시방법에는 자연도법[영선법(게바법 또는 우모법)·음영법(명암법)]과 부호도법(점고법·등고선법·채색법)이 있다.

39 카메라의 초점거리가 153cm, 촬영 경사각이 4.5°로 평지를 촬영한 항공사진이 있다. 이 사진에서 등각점과 주점의 거리는?

① 5.4cm   ② 5.2cm
③ 6.0cm   ④ 3.6cm

해설 등각점과 주점의 거리 $= f \times \tan\left(\dfrac{\theta}{2}\right) = 1.53 \times \tan\left(\dfrac{4.5}{2}\right) = 0.06\text{m} = 6.0\text{cm}$

40 지물과 지모의 대상으로 짝지어진 것으로 옳은 것은?

① 지물 : 산정, 평야, 구릉, 계곡   ② 지모 : 수로, 계곡, 평야, 도로
③ 지물 : 교량, 평야, 수로, 도로   ④ 지모 : 산정, 구릉, 계곡, 평야

해설 지물은 하천, 호수, 도로, 철도, 건축물 등 지표면 위의 자연적·인위적 물체를 의미하며, 지모는 능선, 계곡, 언덕, 산정, 구릉, 평야 등 지표면의 기복 상태를 의미한다.

41 도형정보의 입력방법 중 디지타이징 방식에 비하여 스캐닝 방식이 갖는 특징으로 옳지 않은 것은?

① 특정 주제만을 선택하여 입력시킬 수 없다.

② 레이어별로 나뉘어져 입력되므로 비용이 저렴하다.

③ 복잡한 도면을 입력할 경우에 작업시간이 단축된다.

④ 손상된 도면의 경우 스캐닝에 의한 인식이 원활하지 못할 수 있다.

해설 스캐닝 방식은 데이터를 레이어별로 구분하여 입력할 수 없으므로 비용이 많이 소요된다.

42 제5차 국가공간정보정책 기본계획 기간으로 옳은 것은?

① 2005~2010년 ② 2010~2015년

③ 2013~2017년 ④ 2014~2019년

해설 국가지리정보체계(NGIS)의 추진과정

• 제1차 기본계획(1995~2000) : 국가GIS사업으로 국토정보화의 기반 준비

• 제2차 기본계획(2001~2005) : 국가공간정보기반을 확충하여 디지털 국토 실현

• 제3차 기본계획(2006~2010) : 유비쿼터스 국토실현을 위한 기반조성

• 제4차 기본계획(2010~2012) : 녹색성장을 위한 그린(GREEN) 공간정보사회 실현

• 제5차 기본계획(2013~2017) : 공간정보로 실현하는 국민행복과 국가발전

• 제6차 기본계획(2018~2022) : 공간정보 융·복합 르네상스로 살기 좋고 풍요로운 스마트코리아 실현

43 지적측량성과작성시스템에서 지적측량접수 프로그램을 이용하여 작성된 측량성과 검사 요청서 파일포맷 형식으로 옳은 것은?

① *.jsg ② *.srf ③ *.sif ④ *.cif

해설 지적측량성과작성시스템의 파일포맷 형식에는 *.iuf(정보이용승인신청서), *.sif(측량검사요청), *.cif(측량준비파일), *.dat(측량결과파일), *.srf(측량성과검사결과) 등이 있다.

44 데이터베이스관리시스템(DBMS)의 주요 기능에 대한 설명으로 틀린 것은?

① 데이터를 안정적으로 관리한다.

② 하드디스크에 매체를 저장할 수 있다.

③ 데이터에 대한 효율적인 검색을 지원한다.

④ 각종 데이터베이스의 질의 언어를 지원한다.

해설 DBMS는 자료의 저장과 관리가 중앙집약적으로 이루어지기 때문에 효율적인 백업과 회복기능이 중요하지만, 응용 시스템마다 개별적인 하드디스크에 저장·관리할 필요는 없다.

45 다음 중 지형 및 공간과 관련된 모든 종류의 공간자료들을 서로 호환이 가능하도록 하기 위하여 만들어진 대표적인 교환표준은?

① SPPS　　　　② SDTS　　　　③ GIST　　　　④ NIST

해설 공간자료교환표준(SDTS)은 미국에서 공간정보의 교환과 공유를 위해 개발된 표준으로 가장 일반적이고 안정적인 교환 포맷이다.

46 데이터 처리 시 대상물이 두 개의 유사한 색조나 색깔을 가지고 있는 경우 소프트웨어적으로 구별하기 어려워서 발생되는 오류는?

① 선의 단절　　　　　　　　② 방향의 혼돈
③ 불분명한 경계　　　　　　④ 주기와 대상물의 혼동

해설 래스터데이터의 활용성을 높이기 위해 벡터데이터로 변환하는 작업인 벡터화 과정에서 발생하는 오류에는 선의 단절, 주기와 대상물의 혼동, 방향의 혼돈, 불분명한 경계 등이 있다.

47 기존 종이지적도면을 스캐닝 방식으로 입력할 경우, 격자영상에 생긴 잡음(Noise)을 제거하는 단계는?

① 스캐닝 단계　　　　　　　② 필터링 단계
③ 위상정립 단계　　　　　　④ 세선화(Thining) 단계

해설 필터링 단계는 격자데이터에 생긴 여러 형태의 잡음을 제거하며, 연속적이지 않은 외곽선을 연속적으로 이어주는 단계이다. 세선화 단계는 필터링에서 만들어진 두꺼운 선형의 패턴을 가늘고 긴 선과 같은 형상으로 만드는 단계이다.

48 개인이나 기업이 직접 지적소관청을 방문하지 않고, 원하는 시간에 인터넷상에서 민원을 처리할 수 있도록 개발된 토지정보시스템은?

① GIS　　　　　　　　　　② PIS
③ OGC　　　　　　　　　　④ WEB LIS

해설 웹기반 토지정보시스템(WEB LIS)은 토지정보 DB를 구축하여 인터넷 또는 무인발급기를 통해 시간과 장소의 제약 없이 국민에게 토지정보를 제공하는 시스템이다.

49 시설물관리를 위한 수치지도를 바탕으로 건축, 전기, 설비, 통신, 가스, 도로 등의 위치정보를 데이터베이스로 구축하고 공간데이터와 연관되는 속성자료를 입력하여 시설물에 대한 유지보수 활동을 효과적으로 지원할 수 있는 체계는 무엇인가?

① FM
② ITS
③ UGIS
④ Telematics

해설 시설물 관리체계(FMS : Facility Management System)는 도로, 상하수도, 전기 등의 자료를 수치지도화하고 시설물의 속성을 입력하여 데이터베이스를 구축함으로써 시설물 관리활동을 효율적으로 지원하는 시스템이다.

50 3차원 지적정보를 구축할 때, 지상 건축물의 권리관계 등록과 가장 밀접한 관련성을 가지는 도형 정보는?

① 수치지도
② 층별권원도
③ 토지피복도
④ 토지이용계획도

해설 층별권원도는 지상 · 지하의 건축물의 권리관계를 위한 도면으로서 3차원 지적정보와 밀접한 관련성을 가지고 있다.

51 캐나다의 지적제도와 지적공부 전산화 과정에 대한 설명으로 옳지 않은 것은?

① 캐나다의 국립지리원(Ordnance Survey)은 1971년에 설립되었으며 대축척 수치지도를 작성한다.
② 'GeoConnections'은 캐나다 지리정보체계를 인터넷상에서 활용할 수 있도록 하기 위해 개발한 프로그램이다.
③ CEONet은 캐나다의 세계적인 지리와 지구관측 상품과 서비스에 대한 정보를 포함한다.
④ 지리정보관계기관 위원회는 14개의 연방부처와 민간분야 관련 산업 협의회와 학계로 구성된다.

해설 캐나다 국립지리원은 GC(GeoConnections)이며, OS(Ordnance Survey)는 영국의 지도제작국이다.

52 다음 중 OGC(Open GIS Consortium)에 관한 설명으로 옳지 않은 것은?

① 지리정보와 관련된 여러 처리방식에 대하여 개방형 시스템적인 접근을 시도하였다.
② 지리정보를 활용하고 관련 응용분야를 주요 업무로 하는 공공기관 및 민간기관들로 구성된 컨소시엄이다.
③ ISO/TC211의 활동이 시작되기 이전에 미국의 표준화 기구를 중심으로 추진된 지리정보 표준화 기구이다.
④ OGIS(Open Geodata Interoperability Specification)를 개발하고 추진하는 데 필요한 합의된 절차를 정립할 목적으로 설립되었다.

해설 ISO/TC211은 지리정보 분야의 표준화를 위해 설립된 국제기구이며, ISO/TC211 활동 이전에 유럽을 중심으로 추진된 지리정보 표준화 기구는 CEN/TC287이다.

53 지적전산자료의 이용 및 활용에 관한 사항으로 틀린 것은?

① 지적공부의 형식으로는 복사할 수 없다.
② 필요한 최소한도 안에서 신청하여야 한다.
③ 지적파일 자체를 제공하라고 신청할 수는 없다.
④ 승인받은 자료의 이용 · 활용에 관한 사용료는 무료이다.

해설 지적전산자료를 이용 또는 활용하기 위해서는 국토교통부장관이 정한 사용료를 내야 한다. 단, 국가 · 지방자치단체는 사용료 면제이다.

54 토지정보체계에서 차원이 다른 공간객체는?

① 노드
② 링크
③ 아크
④ 체인

해설 공간객체의 표현
- 0차원 : 점(Point) · 노드(Node)
- 1차원 : 선(Line Segment) · Arc · Link · Chain · G−ring · GT−ring
- 2차원 : 면적(Interior Area) · 영상소(Pixel) · 격자셀(Grid Cell) · Image · G−polygon · GT−polygon · Grid · Layer · Laster · Planar Graph · 2D−Manifold
- 3차원 : Voxel
- 4차원 : Voxel Space

55 GIS의 일반적 작업순서로 옳은 것은?

① 실세계 → 데이터 수집 → DB 구축 → 분석 → 결과도출 → 사용자
② 실세계 → DB 구축 → 데이터 수집 → 분석 → 결과도출 → 사용자
③ 실세계 → 분석 → DB 구축 → 데이터 수집 → 결과도출 → 사용자
④ 실세계 → 데이터 수집 → 분석 → DB 구축 → 결과도출 → 사용자

해설 GIS의 일반적인 작업순서는 실세계 → 자료수집 및 입력 → DB 구축 및 관리 → 검색 및 변환 → 분석 → 출력 → 사용자이다.

56 시·군·구(자치구가 아닌 구 포함) 단위의 지적공부에 관한 전산자료의 이용 및 활용에 관한 승인권자로 옳은 것은?

① 지적소관청

② 시·도지사 또는 지적소관청

③ 국토교통부장관 또는 시·도지사

④ 국토교통부장관, 시·도지사 또는 지적소관청

해설 지적전산자료의 이용 및 활용에 관한 승인권자

구분	승인권자
전국 단위	국토교통부장관, 시·도지사 또는 지적소관청
시·도 단위	시·도지사 또는 지적소관청
시·군·구 단위	지적소관청

57 다음 중 벡터데이터의 위상구조에 대한 설명으로 옳지 않은 것은?

① 다양한 공간분석을 가능하게 해주는 구조이다.

② 지형지물들 간의 공간관계를 인식할 수 있다.

③ 데이터의 갱신 시 위상구조는 신경 쓰지 않아도 된다.

④ 다중연결을 통하여 각 지형지물은 다른 지형지물과 연결될 수 있다.

해설 벡터데이터는 위상구조를 갖지 않는 것과 위상구조를 가진 것으로 구분된다. 위상구조를 갖지 않는 스파게티 모델의 경우 데이터의 갱신 시 위상구조는 신경 쓰지 않아도 된다. 위상구조를 갖는 벡터데이터는 데이터 갱신 시 많은 주의가 필요하다.

58 데이터베이스의 모형 중 트리(Tree) 형태의 구조로 행정구역을 나타내는 레이어 등에 효율적으로 적용될 수 있는 것은?

① 계급형   ② 관계형   ③ 관망형   ④ 평면형

해설 데이터베이스의 모형에는 계층형(계급형), 네트워크(관망)형, 관계형, 객체지향형, 객체관계형 등이 있다. 이 중 계층형은 트리(Tree) 형태의 계층구조로 구성하는 특징이 있어 행정구역과 같은 지리정보 데이터 구축에 적합하다.

59 지리정보데이터 교환표준은 각 국가마다 상이하다. 세계 각국의 데이터 교환표준이 서로 잘못 연결된 것은?

① 한국−DXF   ② 미국−SDTS

③ NATO 국가−DIGEST   ④ 유럽 교통 관련 표준−GDF

해설 우리나라 공간정보 데이터 교환표준은 국가지리정보체계(NGIS)에서 SDTS를 채택하였다.

60 다음 중 공간데이터 모델링 과정에 포함되지 않는 것은?

① 개념적 모델링
② 논리적 모델링
③ 물리적 모델링
④ 위상적 모델링

해설 공간데이터 모델링 과정에는 개념적 모델링, 논리적 모델링, 물리적 모델링이 있다.

4과목 지적학

61 다목적지적제도에서의 토지등록사항으로 보기 어려운 것은?

① 지하시설물
② 지상 건축물
③ 토지의 위치
④ 당해 토지의 상속권

해설 다목적지적제도의 등록내용에는 기준점, 토지자산, 지역권, 공공도로, 철도, 송유관, 수로, 습지, 지하시설물, 토양, 산림, 사용권, 토지 표시사항(위치·면적·경계), 가격 표시사항(토지 및 건축물), 토지소유권 표시사항, 기타 권리 표시사항, 토지에 관한 소득, 토지이용현황, 시설물자료(상수도·가스·전기 등), 인구통계자료(주택·가구당 인구수·직업) 등이 있다.

62 토지조사사업 당시 소유자는 같으나 지목이 상이하여 별필(別筆)로 해야 하는 토지들의 경계선과 소유자를 알 수 없는 토지와의 구획선으로 옳은 것은?

① 강계선(疆界線)
② 경계선(境界線)
③ 지세선(地勢線)
④ 지역선(地域線)

해설 토지조사사업 당시 지역선은 소유자는 같으나 지목이 다른 경우, 지반이 연속되지 않는 경우 등 지적정리 상 별필로 하여야 하는 토지 간의 경계선으로서 소유자가 같은 토지와의 구획선, 소유자를 알 수 없는 토지와의 구획선, 토지조사사업의 시행지와 미시행지와의 지계선 등이 대상이었다.

63 일필지의 경계설정방법이 아닌 것은?

① 보완설
② 분급설
③ 점유설
④ 평분설

해설 지상경계설정의 처리방법에는 점유설, 평분설, 보완설이 있다.

64 지적재조사사업 추진을 위한 구체적인 기본계획이 최초로 수립된 시기는?

① 1992년   ② 1995년   ③ 1997년   ④ 2000년

> **해설** 1995년 행정쇄신위원회에서 지적재조사사업 추진 기본계획을 수립하였으나 관련 부처의 반대로 특별법(안) 국회 상정을 보류하여 입법이 무산되었다.

65 지적을 아래와 같이 정의한 학자는?

> 지적은 과세의 기초자료를 제공하기 위하여 한 나라의 부동산의 규모와 가치 및 소유권을 등록하는 제도이다.

① A. Toffler   ② G. McEntyre
③ S. R. Simpson   ④ Henssen, J. L. G.

> **해설** 영국의 S. R. Simpson은 지적을 "과세의 기초를 제공하기 위하여 한 나라 안의 부동산의 수량과 소유권 및 가격을 등록한 공부이다."라고 정의하였다.

66 지적제도의 외부 요소에 속하지 않는 것은?

① 교육적 요소   ② 법률적 요소
③ 사회적 요소   ④ 지리적 요소

> **해설** 지적의 구성요소
> • 외부 요소 : 지리적 요소, 법률적 요소, 사회 · 정치 · 경제적 요소
> • 내부 요소 : 토지, 등록, 공부(협의적 개념) 또는 소유자, 권리, 필지(광의적 개념)

67 지적공부에 원칙적으로 등록할 수 없는 토지는?

① 간석지   ② 해안 빈지
③ 하천 포락지   ④ 해안 방풍림

> **해설** 간석지는 만조수위선과 간조수위선 사이의 토지로서, 영해와 배타적 경제수역과 함께 바다에 포함되므로 지적 공부에 등록할 수 없다.

68 임야조사사업에 대한 설명으로 틀린 것은?

① 조사 및 측량기관은 부 또는 면이다.
② 임야조사사업 당시 사정의 대상은 소유자 및 경계이다.
③ 토지조사에서 제외된 임야 등의 토지에 대한 행정처분이다.
④ 사정권자는 지방토지조사위원회의 자문을 받아 당시 토지조사국장이 실시하였다.

해설 토지조사사업의 사정은 지방토지조사위원회의 자문을 받아 당시 토지조사국장이 실시하였으나 임야조사사업의 사정은 도지사가 실시하였다.

69 토지조사사업 당시 지번의 설정을 생략한 지목은?

① 성첩
② 임야
③ 지소
④ 잡종지

해설 도로 · 하천 · 구거 · 제방 · 성첩 · 철도선로 · 수도선로는 지목만 조사하고 특별한 사정이 없으면 지반을 측량하거나 지번을 부여하지 않았다.

70 고구려의 토지면적 측정에 관한 설명으로 틀린 것은?

① 토지의 면적단위는 경무법을 사용하였다.
② 면적의 단위로 "정, 단, 무, 보"를 사용하였다.
③ 구고장은 측량에 따른 계산에 관한 문제를 다루었다.
④ 방전장은 주로 논이나 밭의 넓이를 계산하였다.

해설 구장산술에 의한 방전장 및 구고장의 면적측량법을 사용하였다.

71 지목의 설정 원칙으로 옳지 않은 것은?

① 용도경중의 원칙
② 일시변경의 원칙
③ 주지목추종의 원칙
④ 사용목적추종의 원칙

해설 지목설정의 원칙에는 1필1지목의 원칙, 주지목추종의 원칙, 등록선후의 원칙, 용도경중의 원칙, 일시변경불가의 원칙, 사용목적추종의 원칙 등이 있다. 일시변경된 토지의 지목에 대해서는 반영하지 않는다.

72 토지조사사업 당시 재결한 경계의 효력발생 시기는?

① 재결일
② 재결확정일
③ 재결서 접수일
④ 사정일에 소급

해설 사정은 토지소유자와 토지강계만을 대상으로 하였으며 사정에 불복하는 자는 고등토지조사위원회에 재결을 요청할 수 있었고 재결의 경우에도 효력발생일을 사정일로 소급하였다.

73 백문매매(白文賣買)에 대한 설명으로 옳은 것은?

    ① 오늘날의 토지대장에 해당한다.

    ② 입안을 받지 않은 계약서를 말한다.

    ③ 구문기에서 소유자란 없는 것을 뜻한다.

    ④ 조선건국 초기에 성행되었던 토지등기 제도의 일종이다.

해설 백문매매는 입안을 받지 않는 매매계약서로서 문기 또는 명문문권이라 한다.

74 지적공부에 대한 설명으로 옳은 것은?

    ① 토지대장은 국가가 작성하여 비치하는 공적장부를 말한다.

    ② 경계점좌표등록부는 지적공부에 해당되지 않는다.

    ③ 지적공부 중 대장에 해당되는 것은 토지대장, 임야대장만을 말한다.

    ④ 지적공부 중 도면에 해당되는 것은 지적도, 임야도, 도시계획도를 말한다.

해설 지적공부란 토지대장, 임야대장, 공유지연명부, 대지권등록부, 지적도, 임야도 및 경계점좌표등록부 등 지적측량 등을 통하여 조사된 토지의 표시와 해당 토지의 소유자 등을 기록한 대장 및 도면(정보처리시스템을 통하여 기록·저장된 것을 포함)을 말한다.

75 우리나라 지적제도에 토지대장과 임야대장이 2원적(二元的)으로 있게 된 가장 큰 이유는?

    ① 측량기술이 보급되지 않았기 때문이다.

    ② 삼각측량에 시일이 너무 많이 소요되었기 때문이다.

    ③ 토지나 임야의 소유권 제도가 확립되지 않았기 때문이다.

    ④ 우리나라의 지적제도가 조사사업별 구분에 의하여 다르게 하였기 때문이다.

해설 토지조사사업(1910~1918년)에 의해 토지대장과 지적도가 작성되었으며, 임야조사사업(1916~1924년)에 의해 임야대장과 임야도가 작성되었다.

76 토지등록제도 중 모든 토지를 공부에 강제등록시키는 제도를 취하지 않는 나라는?

    ① 스위스   ② 프랑스

    ③ 네덜란드   ④ 오스트리아

해설 프랑스는 토지를 지적공부에 필요시마다 분산하여 등록하는 분산등록제도를 채택하고 있다.

77 다음 중 최초로 부동산(토지) 등기부를 작성할 때 등기 내용을 확인하는 기초 장부로 사용하였던 것은?

① 재결조서   ② 토지대장

③ 토지조사부   ④ 토지가옥증명부

> **해설** 토지조사사업에 의해 작성된 토지대장을 기초로 등기부가 작성되어 1918년 전국에 등기령이 실시되었다.

78 지적은 지형, 지질 또는 국유, 민유 등 소유관계에 구애됨이 없이 어떤 객체를 대상으로 하는가?

① 공부   ② 등록

③ 지물   ④ 필지

> **해설** 일필지는 지적공부에 등록하는 법적인 토지등록단위이므로 지적의 객체는 필지를 대상으로 한다.

79 아래 내용이 의미하는 토지등록 제도는?

> 모든 토지는 지적공부에 등록해야 하고 등록 전 토지표시사항은 항상 실제와 일치하게 유지해야 한다.

① 권원등록제도   ② 소극적 등록제도

③ 적극적 등록제도   ④ 날인증서등록제도

> **해설** 적극적 등록제도에서 토지등록은 일필지의 개념으로 법적권리보장이 인증되고 국가에 의해 그러한 합법성과 효력이 발생한다. 따라서 지적공부에 등록되지 않는 토지는 어떠한 권리도 인정받을 수 없고, 등록은 강제적·의무적이며, 공적 지적측량이 시행되어야 토지등기가 가능하다.

80 우리나라 토지소유권 보장제도의 변천순서를 올바르게 나열한 것은?

① 입안제도 → 지계제도 → 증명제도

② 입안제도 → 증명제도 → 지계제도

③ 증명제도 → 지계제도 → 입안제도

④ 지계제도 → 증명제도 → 입안제도

> **해설** 입안제도(조선 초~1892년) → 지계제도(1893~1905년) → 토지가옥 증명제도(1906~1910년)

81 「공간정보의 구축 및 관리 등에 관한 법률」상 양벌규정에 해당하는 행위가 아닌 것은?(단, 법인 또는 개인이 그 위반행위를 방지하기 위하여 해당 업무에 관하여 상당한 주의와 감독을 게을리하지 아니한 경우는 고려하지 않는다.)

① 고의로 측량성과를 사실과 다르게 한 자
② 둘 이상의 측량업자에게 소속된 측량기술자
③ 직계 존속·비속이 소유한 토지에 대한 지적측량을 한 자
④ 측량업자로서 속임수, 위력(威力), 그 밖의 방법으로 측량업과 관련된 입찰의 공정성을 해친 자

해설 본인, 배우자 또는 직계 존속·비속이 소유한 토지에 대한 지적측량을 한 자는 300만 원 이하의 과태료 부과 대상이다.

82 성능검사대행자의 등록을 1년 이내의 기간을 정하여 업무정지 처분을 할 수 있는 경우가 아닌 것은?

① 정당한 사유 없이 성능검사를 거부하거나 기피한 경우
② 등록사항 변경신고를 하지 아니한 경우
③ 업무정지기간 중에 계속하여 성능검사대행 업무를 한 경우
④ 다른 행정기관이 관계법령에 따라 등록취소 또는 업무정지를 요구한 경우

해설 업무정지기간 중에 계속하여 성능검사대행업무를 한 경우는 성능검사대행자의 등록을 취소하여야 한다.

83 시장, 군수가 도시·군관리계획을 입안하고자 할 때 기초조사 사항이 아닌 것은?

① 재해의 발생현황 및 추이
② 토지이용상황 및 지가 변동 상황
③ 기반시설 및 주거수준의 현황과 전망
④ 기후·지형·자원·생태 등 자연적 여건

해설 도시·군관리계획 입안 기초조사 사항에는 ①, ③, ④ 외 풍수해·지진 그 밖의 재해 발생현황 및 추이, 도시·군관리계획과 관련된 다른 계획 및 사업의 내용 등이 있다. 토지이용상황 및 지가 변동 상황은 기초조사 사항이 아니다.

84 다음 중 토지의 이동 신청·신고 기간이 잘못 연결된 것은?

① 등록전환 : 그 사유가 발생한 날부터 60일 이내
② 지목변경 : 그 사유가 발생한 날부터 60일 이내
③ 합병 : 그 사유가 발생한 날부터 60일 이내
④ 도시개발사업 착수 신고 : 그 사유가 발생한 날부터 60일 이내

도시개발사업 착수 신고는 그 사유가 발생한 날부터 15일 이내에 하여야 한다.

85 「공간정보의 구축 및 관리 등에 관한 법률」에 따른 지적측량을 수행 시 타인의 토지 등에의 출입에 관한 설명으로 옳은 것은?

① 급한 경우에는 소유자에게 통지 없이 출입할 수 있다.
② 토지 등의 점유자는 정당한 사유 없이 업무집행을 거부하지 못한다.
③ 토지 등의 소유자 · 관리자를 알 수 없을 경우에도 관리인에게 미리 통지하여야 한다.
④ 타인의 토지 등에 출입 시 권한을 표시하는 허가증을 지니고 있으면 통지 없이 출입할 수 있다.

① 출입하려는 날의 3일 전까지 해당 토지 등의 소유자 · 점유자 또는 관리인에게 그 일시와 장소를 통지하여야 한다.
③ 토지 등의 소유자 · 점유자 또는 관리인이 현장에 없거나 주소 또는 거소가 분명하지 아니할 때에는 관할 특별자치시장, 특별자치도지사, 시장 · 군수 또는 구청장에게 통지하여야 한다.
④ 출입 시에는 그 권한을 표시하는 허가증을 지니고 관계인에게 이를 내보여야 한다.

86 지적측량수행자가 손해배상책임을 보장하기 위하여 보증보험에 가입하여야 하는 금액으로 옳은 것은?

① 지적측량업자 1억 원 이상, 한국국토정보공사 20억 원 이상
② 지적측량업자 1억 원 이상, 한국국토정보공사 10억 원 이상
③ 지적측량업자 2억 원 이상, 한국국토정보공사 20억 원 이상
④ 지적측량업자 2억 원 이상, 한국국토정보공사 10억 원 이상

지적측량자의 손해배상책임 보장기준
• 지적측량업자 : 보장기간 10년 이상 및 보증금액 1억 원 이상의 보증보험
• 한국국토정보공사 : 보증금액 20억 원 이상의 보증보험

87 도시개발사업 등이 준공되기 전에 사업시행자가 지번부여신청을 할 경우 지적소관청은 무엇을 기준으로 지번을 부여하여야 하는가?

① 측량준비도   ② 지번별 조서
③ 사업계획도   ④ 확정측량결과도

지적소관청은 도시개발사업 등이 준공되기 전에 지번을 부여하는 때에는 사업계획도에 따라 부여하여야 한다.

88 다음 중 도시 · 군관리계획의 입안권자가 아닌 자는?

① 군수   ② 구청장   ③ 광역시장   ④ 특별시장

89 「부동산등기법」에 따라 미등기의 토지에 관한 소유권보존등기를 신청할 수 없는 자는?

① 토지대장에 최초의 소유자로 등록되어 있는 자

② 확정판결에 의하여 자기의 소유권을 증명하는 자

③ 수용으로 인하여 소유권을 취득하였음을 증명하는 자

④ 토지에 대하여 지적소관청의 확인에 의하여 자기의 소유권을 증명하는 자

해설 건물에 대하여 특별자치도지사, 시장, 군수 또는 구청장(자치구의 구청장)의 확인에 의하여 자기의 소유권을 증명하는 자는 미등기건물에 대한 소유권보존등기를 신청할 수 있다.

90 「부동산등기법」의 수용으로 인한 등기에 관한 내용이다. (   ) 안에 들어갈 내용으로 옳은 것은?

> 수용으로 인한 소유권이전등기를 하는 경우 그 부동산의 등기기록 중 소유권, 소유권 외의 권리, 그 밖의 처분제한에 관한 등기가 있으면 그 등기를 직권으로 말소하여야 한다. 다만, 그 부동산을 위하여 존재하는 (   )의 등기 또는 토지수용위원회의 재결(裁決)로써 존속(存續)이 인정된 권리의 등기는 그러하지 아니한다.

① 소유권   ② 지역권   ③ 지상권   ④ 저당권

해설 등기관이 수용으로 인한 소유권이전등기를 하는 경우 그 부동산의 등기기록 중 소유권, 소유권 외의 권리, 그 밖의 처분제한에 관한 등기가 있으면 그 등기를 직권으로 말소하여야 한다. 다만, 그 부동산을 위하여 존재하는 지역권의 등기 또는 토지수용위원회의 재결로써 존속이 인정된 권리의 등기는 그러하지 아니하다.

91 「공간정보의 구축 및 관리 등에 관한 법률」에서 규정된 용어의 정의로 틀린 것은?

① "경계"란 필지별로 경계점들을 곡선으로 연결하여 지적공부에 등록한 선을 말한다.

② "면적"이란 지적공부에 등록한 필지의 수평면상 넓이를 말한다.

③ "신규등록"이란 새로 조성된 토지와 지적공부에 등록되어 있지 아니한 토지를 지적공부에 등록하는 것을 말한다.

④ "축척변경"이란 지적도에 등록된 경계점의 정밀도를 높이기 위하여 적은 축척을 큰 축척으로 변경하여 등록하는 것을 말한다.

해설 경계는 필지별로 경계점들을 곡선이 아닌 "직선"으로 연결하여 지적공부에 등록한 선을 말한다.

92 다음 중 지목변경에 해당하는 것은?

① 밭을 집터로 만드는 행위
② 밭의 흙을 파서 논으로 만드는 행위
③ 산을 절토(切土)하여 대(垈)로 만드는 행위
④ 지적공부상의 전(田)을 대(垈)로 변경하는 행위

해설 지목변경은 지적공부에 등록된 지목을 다른 지목으로 바꾸어 등록하는 것이다.

93 「공간정보의 구축 및 관리 등에 관한 법령」에 따른 지목에 관한 내용으로 틀린 것은?

① 산림 안에 야영장으로 활용하는 부지는 체육용지로 한다.
② 공장용지를 지적도면에 등록할 때에는 "장"으로 표기한다.
③ 토지의 주된 용도에 따라 토지의 종류를 구분하여 지적공부에 등록한 것을 말한다.
④ 1필지가 둘 이상의 용도로 활용되는 경우에는 주된 용도에 따라 지목을 설정한다.

해설 야영장 등의 토지와 이에 접속된 부속시설물의 부지는 유원지로 한다.

94 「공간정보의 구축 및 관리 등에 관한 법률」상 임야대장에 등록하는 1필지 최소면적 단위는?(단, 지적도의 축척이 1/600인 지역과 경계점좌표등록부에 등록하는 지역의 토지면적은 제외한다.)

① 0.1m^2 ② 1m^2 ③ 10m^2 ④ 100m^2

해설 면적의 최소 등록단위는 1m^2이며, 지적도 축척 1/600인 지역과 경계점좌표등록부에 등록하는 지역은 0.1m^2이다.

95 경위의측량방법에 따른 지적삼각점의 관측과 계산 기준으로 틀린 것은?

① 관측은 10초독 이상의 경위의를 사용한다.
② 수평각관측은 3대회의 방향관측법에 따른다.
③ 수평각의 측각공차에서 1방향각의 공차는 40초 이내로 한다.
④ 수평각의 측각공차에서 1측회의 폐색공차는 ±30초 이내로 한다.

해설 지적삼각점측량의 수평각 측각공차

종별	1방향각	1측회 폐색	삼각형 내각관측의 합과 180°의 차	기지각과의 차
공차	30초 이내	±30초 이내	±30초 이내	±40초 이내

96 도로명주소법상 "도로명주소안내시설"에 해당하지 않는 것은?

① 도로명판
② 건물번호판
③ 지역번호판
④ 지역안내판

> **해설** 도로명주소안내시설은 도로명판, 기초번호판, 지역안내판, 기초번호판으로 규정하였으나, 현재의 「도로명주소법」에서는 도로명판, 기초번호판, 건물번호판, 국가지점번호판, 사물주소판, 주소정보안내판을 주소정보시설로 정의하고 있다.

97 「지적업무 처리규정」상 현지측량방법에 대한 내용으로 틀린 것은?

① 지적측량을 완료한 때에는 반드시 측량결과도에 측정점 위치설명도를 작성하여야 한다.
② 전자평판측량에 따른 세부측량은 지적기준점을 기준으로 실시하여야 하며 면적측정은 전산처리방법에 따른다.
③ 지적측량수행자가 지적공부의 표지에 잘못이 있음을 발견한 때에는 지체 없이 지적소관청에 문서로 통보하여야 한다.
④ 지적확정측량지구 안에서 지적측량을 하고자 할 경우에는 종전에 실시한 지적확정측량성과를 참고하여 성과를 결정하여야 한다.

> **해설** 지적측량을 완료한 때에는 측정점의 위치설명도를 작성하여야 하지만 주위 고정물이 없는 경우와 도로, 구거, 하천 등 연속 또는 집단 토지의 경우에는 작성을 생략할 수 있다.

98 기존의 경계점좌표등록부를 갖춰 두는 지역의 경계점에 접속하여 경위의측량방법 등으로 지적확정측량을 하는 경우 동일한 경계점의 측량성과가 서로 다른 경우에는 어떻게 하여야 하는가?

① 경계점의 측량성과 차이가 0.15m 이내이면 확정측량성과에 따른다.
② 경계점의 측량성과 차이가 0.15m 초과이면 확정측량성과에 따른다.
③ 경계점의 측량성과 차이가 0.10m 이내이면 확정측량성과에 따른다.
④ 경계점의 측량성과 차이가 0.10m 초과이면 확정측량성과에 따른다.

> **해설** 경계점좌표등록부 시행지역에서 지적측량성과와 검사성과의 경계점 연결교차 허용범위는 0.10m 이내이다.

99 지적서고의 연중평균습도 기준으로 옳은 것은?

① 20±5%
② 30±5%
③ 50±5%
④ 65±5%

> **해설** 지적서고에는 온도 및 습도 자동조절장치를 설치해야 하는데, 연중평균온도는 섭씨 20±5도, 연중평균습도는 65±5%를 유지하여야 한다.

100 정당한 사유 없이 지적측량 및 토지이동 조사에 필요한 토지 등에의 출입 등을 방해하거나 거부한 자에 대한 조치로 옳은 것은?

① 300만 원 이하의 과태료
② 1년 이하의 징역 또는 1천만 원 이하의 벌금
③ 2년 이하의 징역 또는 2천만 원 이하의 벌금
④ 3년 이하의 징역 또는 3천만 원 이하의 벌금

해설 토지 등의 점유자는 정당한 사유 없이 지적측량, 기준점설치, 토지이동 조사 등을 위해 타인의 토지 등(토지 · 건물 · 공유수면 등)에 출입하거나 일시사용 등의 행위를 방해하거나 거부하지 못하며, 정당한 사유 없이 토지 등에의 출입 등을 방해하거나 거부한 자에게는 200만 원 이하의 과태료를 부과한다.

1과목 지적측량

---

01 지적도근점측량에서 다각망도선법의 관측방위각 계산식으로 옳은 것은?(단, T_1 : 출발기지방위각, $\sum a$: 관측각의 합, n : 폐색변을 포함한 변수)

① $T_1 + \sum a + 180°(n-1)$

② $T_1 - \sum a + 180°(n-1)$

③ $T_1 + \sum a - 180°(n-1)$

④ $T_1 - \sum a + 180°(n+1)$

해설 관측방위각＝기지방위각＋관측각의 합－180(측점 수－1)이다.

---

02 지적삼각점측량의 조정계산에서 기지내각에 맞도록 오차를 조정하는 것을 무엇이라 하는가?

① 각조정

② 망조정

③ 삼각조정

④ 측점조정

해설 삼각망 조정조건에는 측점조정, 각(도)조정, 변조정이 있다. 이 중 각(도)조정에는 삼각조정, 망조정이 있으며, 망조정은 기지내각에 맞도록 오차를 조정하는 것이다.

---

03 지적도근점 두 점 A, B 간의 종횡선차가 아래와 같을 때 V_a^b는?

> • 종선차 $\Delta X_a^b = 345.67\text{m}$ • 횡선차 $\Delta Y_a^b = -456.78\text{m}$

① 37°07′00″

② 52°38′24″

③ 52°53′00″

④ 307°07′00″

해설
$$\text{방위}(\theta) = \tan^{-1}\frac{\Delta Y}{\Delta X} = \tan^{-1}\frac{-456.78}{345.67} = 52°53′00″$$

Δx값은 $(+)$, Δy값은 $(-)$로 4상한이므로,

∴ 방위각(V) ＝ $360° - \theta = 360° - 52°53′00″ = 307°07′00″$

---

04 지적측량에서 각을 측정할 경우 발생하는 오차가 아닌 것은?

① 착오
② 정오차
③ 과밀오차
④ 부정오차

> **해설** 각관측 시 발생하는 오차에는 정오차(계통오차 또는 누차), 부정오차(우연오차 또는 상차), 착오(과실 또는 과대오차) 등이 있다.

05 지적삼각보조점측량의 다각망도선법 Y망에서 1도선의 거리의 합이 3,865.74m일 때 연결오차 의 허용범위는?

① 0.16m 이하
② 0.19m 이하
③ 0.22m 이하
④ 0.25m 이하

> **해설** 연결오차 허용범위 $= 0.05 \times S\text{m} = 0.05 \times \dfrac{3,865.74}{1000} = 0.19\text{m}$ 이하
>
> (S : 도선의 거리를 1,000으로 나눈 수)

06 관측값의 표준편차(σ)와 경중률(w)의 관계로 옳은 것은?(단, n : 관측횟수)

① $w = \dfrac{1}{\sigma}$
② $w = \dfrac{\sqrt{n}}{\sigma}$
③ $w = \dfrac{1}{\sigma^2}$
④ $w = \sqrt{\dfrac{n}{\sigma}}$

> **해설** 각 관측값의 경중률은 상대적인 중요도 또는 가능하다면 관측값의 표준편차로부터 얻는다. 그러므로 표준편차 (σ)와 경중률(w)의 관계는 $w = \dfrac{1}{\sigma^2}$ 이다.

07 좌표면적계산법에 따른 면적측정의 기준으로 옳은 것은?

① 평판측량방법으로 세부측량을 시행한 지역의 면적측정방법이다.
② 도곽선의 길이에 0.3cm 이상의 신축이 있을 경우 보정하여야 한다.
③ 산출면적은 100분의 1m^2까지 계산하여 10분의 1m^2 단위로 정한다.
④ 경위의측량방법으로 세부측량을 한 지역의 필지별 면적측정은 경계점좌표에 따른다.

> **해설** 좌표면적계산법에 따른 면적측정 시 경위의측량방법으로 세부측량을 한 지역의 필지별 면적측정은 경계점좌표 에 따르고, 산출면적은 1,000분의 1m^2까지 계산하여 10분의 1m^2 단위로 정한다.

08 대삼각(본점)측량에 관한 설명으로 옳지 않은 것은?

① 전국에 13개소의 기선을 설치하였다.
② 기선망의 수평각은 12대회 각관측법으로 실시하였다.
③ 르장드르(Legendre) 정리에 의하여 구과량을 계산하였다.
④ 대삼각점을 평균 점간거리 20km의 20개 삼각망으로 구성하였다.

해설 대삼각측량은 전국에 13개의 기선을 설치하고, 삼각형의 평균변장을 약 30km로 하여 23개의 삼각망으로 구성하였다.

09 지적기준점측량의 절차가 올바르게 나열된 것은?

① 계획의 수립 → 선점 및 조표 → 준비 및 현지답사 → 관측 및 계산과 성과표의 작성
② 계획의 수립 → 준비 및 현지답사 → 선점 및 조표 → 관측 및 계산과 성과표의 작성
③ 준비 및 현지답사 → 계획의 수립 → 선점 및 조표 → 관측 및 계산과 성과표의 작성
④ 준비 및 현지답사 → 선점 및 조표 → 계획의 수립 → 관측 및 계산과 성과표의 작성

해설 지적기준점측량의 절차는 계획 및 준비 → 현지답사 → 망구성 → 선점 → 매설 → 조표 → 관측 및 계산 → 성과표 작성 순이다.

10 「지적측량 시행규칙」상 평판측량방법으로 세부측량을 한 경우 측량결과도에 적어야 할 사항이 아닌 것은?

① 신규등록 또는 등록전환하려는 경계선 및 분할경계선
② 측정점의 위치, 측량기하적 및 지상에서 측정한 거리
③ 이동지의 경계선, 지번, 지목, 토지소유자의 등기연월일
④ 측량 및 검사의 연월일, 측량자 및 검사자의 성명과 자격등급

해설 평판측량방법으로 세부측량을 한 경우 측량결과도에 측량대상 토지와 인근 토지의 경계선 · 지번 및 지목은 기재하나 토지소유자의 등기연월일은 기재하지 않는다.

11 지적삼각점측량에서 수평각의 측각공차 기준으로 옳은 것은?

① 1방향각 : 40초 이내
② 1측회의 폐색 : ±30초 이내
③ 기지각과의 차 : ±30초 이내
④ 삼각형 내각관측의 합과 180°와의 차 : ±40초 이내

지적삼각점을 관측하는 경우 수평각의 측각공차

종별	1방향각	1측회 폐색	삼각형 내각관측의 합과 180°의 차	기지각과의 차
공차	30초 이내	±30초 이내	±30초 이내	±40초 이내

12 실선과 허선을 각각 3cm로 연결하고, 허선에 0.3cm의 점 2개를 제도하는 행정구역선은?

① 국계

② 시 · 도계

③ 시 · 군계

④ 동 · 리계

해설 ① 국계는 실선 4cm와 허선 3cm로 연결하고 실선 중앙에 실선과 직각으로 교차하는 1cm의 실선을 긋고, 허선에 직경 0.3cm의 점 2개를 제도한다.

② 시 · 도계는 실선 4cm와 허선 2cm로 연결하고 실선 중앙에 실선과 직각으로 교차하는 1cm의 실선을 긋고, 허선에 직경 0.3cm의 점 1개를 제도한다.

④ 동 · 리계는 실선 3cm와 허선 1cm로 연결하는 파선으로 제도한다.

13 그림에서 $E_1 = 20m$, $\theta = 150°$일 때 S_1은?

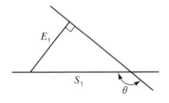

① 10.0m

② 23.1

③ 34.6m

④ 40.0m

해설 $\alpha = 180° - \theta = 180° - 150° = 30°$

$$\frac{E_1}{\sin\alpha} = \frac{S_1}{\sin90°} \rightarrow S_1 = \frac{20 \times \sin90}{\sin30} = 40.0m$$

14 부정오차의 특성으로 옳지 않은 것은?

① 정오차와 유사한 특성을 갖는다.

② 관측과정에서 부분적으로는 상쇄되기도 한다.

③ 최소제곱법의 원리를 사용하여 처리하기도 한다.

④ 원인이 명확하지 않으며, 오차의 크기가 불규칙적이다.

해설 부정오차(우연오차, 상차)는 발생원인이 불명확하고 부호와 크기가 불규칙하게 발생하는 오차이다. 원인을 알아도 소거가 불가능하며 최소제곱법에 의한 확률법칙으로 추정이 가능하다.

15 교회법에 의하여 지적삼각보조점측량을 실시할 경우 수평각관측의 윤곽도는?

① 0°, 90°

② 0°, 120°

③ 0°, 45°, 90°

④ 0°, 60°, 120°

지적삼각점측량의 수평각관측은 2대회(윤곽도 0°, 90°)의 방향관측법에 따른다.

16 경위의측량방법에 따른 세부측량을 실시할 경우, 축척변경 시행지역의 측량결과도는 얼마의 축척으로 작성하여야 하는가?(단, 시·도지사의 승인을 얻는 경우는 고려하지 않는다.)

① 1/500

② 1/1,000

③ 1/3,000

④ 1/6,000

경위의측량방법에 따른 세부측량결과도의 축척은 측량대상 토지의 지적도와 동일한 축척으로 작성하고, 도시개발사업 등의 시행지역과 축척변경 시행지역은 1/500, 농지의 구획정리시행지역은 1/1,000(필요한 경우 시·도지사의 승인을 받아 1/6,000까지 가능)로 한다.

17 경계점좌표등록부 시행지역에서 지적도근점측량의 성과와 검사성과의 연결교차는 얼마 이내이어야 하는가?

① 0.10m 이내

② 0.15m 이내

③ 0.20m 이내

④ 0.25m 이내

지적측량성과와 검사성과의 연결교차 허용범위

구분	분류		허용범위
기초측량	지적삼각점		0.20m
	지적삼각보조점		0.25m
	지적도근점	경계점좌표등록부 시행지역	0.15m
		그 밖의 지역	0.25m

18 경위의측량방법에 따른 세부측량을 할 때, 토지의 경계가 곡선인 경우 직선으로 연결하는 곡선의 중앙종거의 길이 기준으로 옳은 것은?

① 5cm 이상 10cm 이하

② 10cm 이상 15cm 이하

③ 15cm 이상 20cm 이하

④ 20cm 이상 25cm 이하

경위의측량방법에 따른 세부측량을 할 때 토지의 경계가 곡선인 경우에는 가급적 현재 상태와 다르게 되지 아니하도록 경계점을 측정하여 연결하여야 하며, 이때 직선으로 연결하는 곡선의 중앙종거의 길이는 5cm 이상 10cm 이하로 한다.

19 5km 간격의 지적삼각점 간 거리측량을 1/50,000의 정밀도로 실시하고자 할 때, 각과 거리의 균형을 위한 각측량오차의 한계는?

① 1초 ② 4초 ③ 10초 ④ 15초

해설 $\dfrac{\triangle l}{L} = \dfrac{\theta''}{\rho''}$, $\dfrac{1}{50,000} = \dfrac{\theta''}{\rho''}$ → 각오차의 한계$(\theta)'' = \dfrac{206,265''}{50,000} = 4''$이다.

20 특별소삼각원점의 좌표(종선좌표, 횡선좌표)는?

① (10,000m, 30,000m) ② (20,000m, 60,000m)
③ (200,000m, 600,000m) ④ (500,000m, 200,000m)

해설 원점별 종횡선직각좌표

원점명	X(종선)	Y(횡선)
통일원점	500,000m(제주지역 : 550,000m)	200,000m
구소삼각원점	0m	0m
특별소삼각원점	10,000m	30,000m

2과목 응용측량

21 터널 내 중심선측량 시 다보(도벨, Dowel)를 설치하는 주된 이유는?

① 중심말뚝 간 시통이 잘 되도록 하기 위하여
② 차량 등에 의한 기준점 파손을 막기 위하여
③ 후속작업을 위해 쉽게 제거할 수 있도록 하기 위하여
④ 측량 시 쉽게 발견할 수 있도록 하기 위하여

해설 다보(도벨, Dowel)는 터널 내에서 기준점이 차량 등에 의하여 파괴되지 않도록 견고하게 만든 기준점이다.

22 다음 중 지질, 토양, 수자원, 삼림 조사 등의 판독작업에 가장 적합한 사진은?

① 적외선 사진 ② 흑백 사진
③ 반사 사진 ④ 위색 사진

해설 적외선 사진은 가시광선이나 자외선보다 강한 열작용을 가지고 있는 적외선의 특성 때문에 지질, 토양, 수자원, 삼림조사 등의 판독작업에 이용된다. 위색 사진은 식물의 잎은 적색, 그 외는 청색으로 나타나며 생물 및 식물의 연구조사 등에 이용한다.

23 초점거리 210cm의 카메라로 비고가 50m인 구릉지에서 촬영한 사진의 축척이 1/25,000이다. 이 사진의 비고에 의한 최대 기복변위량은?(단, 사진크기＝23cm×23cm, 종중복도＝60%)

① ±0.15cm　　② ±0.26cm　　③ ±1.5cm　　④ ±2.6cm

> **해설** 최대화면 연직선에서의 거리$(r_{max}) = \dfrac{\sqrt{2}}{2} \cdot a = \dfrac{\sqrt{2}}{2} \times 23 = 16.26\text{cm} = 0.1626\text{m}$
>
> 비행촬영고도$(H) = m \times f = 25,000 \times 0.21 = 5,250\text{m}$
>
> 기복변위$(\Delta r) = \dfrac{h}{H} \cdot r \rightarrow$ 최대기복변위$(\Delta r_{max}) = \dfrac{h}{H} \cdot r_{max}$
>
> $\therefore \Delta r_{max} = \dfrac{h}{H} \cdot r_{max} = \dfrac{50}{5,250} \times 0.1626 = 0.0015\text{m} = 0.15\text{cm}$
>
> (a : 한 변의 사진크기, h : 비고, H : 비행촬영고도, r : 주점에서 측정점까지의 거리, m : 축척분모, f : 초점거리)

24 그림과 같은 수평면과 45°의 경사를 가진 사면의 길이($\overline{AB}$)가 25m이다. 이 사면의 경사를 30° 로 완화한다면 사면의 길이($\overline{AC}$)는?

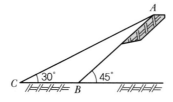

① 32.36m　　　　　　　　② 33.36m
③ 34.36m　　　　　　　　④ 35.36m

> **해설** $\angle ABC = 180 - 45° = 135°$
>
> sin법칙 $\dfrac{25}{\sin 30°} = \dfrac{\overline{AC}}{\sin 135°} \rightarrow \therefore$ 사면의 길이$(\overline{AC}) = \dfrac{25 \times \sin 135°}{\sin 30°} = 35.36\text{m}$

25 종단곡선에서 상향기울기 $\dfrac{4.5}{1,000}$, 하향기울기 $\dfrac{35}{1,000}$ 인 두 노선이 반지름이 2,000m의 원곡선 상에서 교차할 때 곡선길이(l)는?

① 49.5m　　　　　　　　② 44.5m
③ 39.5m　　　　　　　　④ 34.5m

> **해설** 곡선길이$(l) = \dfrac{R}{2}\left(\dfrac{m}{1,000} - \dfrac{n}{1,000}\right) = \dfrac{2,000}{2}\left(\dfrac{4.5}{1,000} - \dfrac{(-)35}{1,000}\right) = 39.5\text{m}$

26 축척 1/10,000의 항공사진에서 건물의 시차를 측정하니 상부가 19.33cm, 하부가 16.83cm였다면 건물의 높이는?(단, 촬영고도＝800m, 사진상의 기선길이＝68cm)

① 19.4m ② 29.4m ③ 39.4m ④ 49.4m

> **해설** 시차차$(\Delta p) = 19.33 - 16.83 = 2.5\text{cm}$
>
> ∴ 건물의 높이$(h) = \dfrac{H}{b_0} \cdot \Delta p = \dfrac{800}{0.68} \times 0.025 = 29.4\text{m}$
>
> (h : 건물의 높이, H : 비행고도, b_0 : 주점기선길이, Δp : 시차차)

27 1/25,000 지형도상에서 어떤 산정상으로부터 산기슭까지의 수평거리를 측정하니 48cm였다. 산정상의 표고는 454m, 산기슭의 표고가 12m일 때 이 사면의 경사는?(단, 사면의 경사는 동일한 것으로 가정한다.)

① 1/2.7 ② 1/4.0 ③ 1/5.7 ④ 1/9.2

> **해설** 축척$(M) = \dfrac{1}{m} = \dfrac{l}{D} \rightarrow D = m \times l = 25,000 \times 0.048 = 1,200\text{m}$
>
> 경사$(i) = \dfrac{H}{D} = \dfrac{(454 - 12)}{1,200} = \dfrac{442}{1,200} = \dfrac{1}{2.7}$
>
> (D : 지상거리, m : 축척분모, l : 도상거리)

28 각관측 장비를 이용하여 고저각을 관측하고 두 지점 간의 수평거리를 알고 있을 때 적용할 수 있는 간접수준측량의 방법은?

① 삼각수준측량　　　　　　　　　② 스타디아 측량
③ 수직표척에 의한 측량　　　　　　④ 수평표척에 의한 측량

> **해설** 간접수준측량 방법에는 삼각수준측량, 시거측량, 평판측량, 기압수준측량, 사진측량 등이 있다. ②, ③, ④는 직접수준측량 방법이다.

29 지성선 중에서 빗물이 이것을 따라 좌우로 흐르게 되는 선으로 지표면이 높은 곳의 꼭대기 점을 연결한 선은?

① 합수선(계곡선)　　　　　　　　② 경사변환선
③ 분수선(능선)　　　　　　　　　④ 최대경사선

> **해설** 분수선은 지표면이 높은 곳의 꼭대기를 연결한 선을 말하며, 빗물이 두 갈래 이상으로 갈라져 흐르는 경계이다. 보통 서로 반대 방향으로 흐르고 능선이라고도 한다.

30 중력장을 고려한 수직위치에 대한 설명으로 틀린 것은?

① 기하학적 수직위치인 정표고는 직접 고저측량에 의하여 두 점 간의 비고를 구하려 할 때, 중력 등퍼텐셜면의 비평형성을 고려하여야 한다.

② 어느 지점의 수직위치는 일반적으로 지오이드로부터 그 지점에 이르는 연직선의 길이인 정표고로 표시한다.

③ 여러 구간으로 나누어 직접고저측량을 실시할 경우, 고저측량의 비고 요소의 합은 정표고의 차와 정확히 일치한다.

④ 직접고저측량을 실시할 경우, 고저측량만으로는 물리적인 의미를 가질 수 없고 중력측량과 결합해야 한다.

해설 동일한 수준면상에서 정표고의 값이 반드시 동일하지 않기 때문에 고저측량의 비고 요소의 합과 정표고의 차가 정확히 일치하지 않는다.

---

31 표고를 알고 있는 기지점에서 중요한 지성선을 따라 측선을 설치하고, 측선을 따라 여러 점의 표고와 거리를 측량하여 등고선을 측량하는 방법은?

① 방안법   ② 횡단점법   ③ 영선법   ④ 종단점법

해설 종단점법은 지성선의 방향이나 주요한 방향의 여러 개의 측선에 대하여 기준점에서 필요한 점까지의 높이를 관측하고 등고선을 삽입하는 방법으로 주로 소축척의 산지 등에 이용되며 기준점법이라고도 한다. 방안법은 각 교점의 표고를 관측하여 등고선을 그리는 방법으로 지형이 복잡한 곳에 이용되며 좌표점검법 또는 모눈종이법이라고도 한다. 횡단점법은 노선측량의 평면도에 등고선을 삽입할 경우에 이용한다.

---

32 레벨의 중심에서 100m 떨어진 곳에 표척을 세워 1.921m를 관측하고 기포가 5눈금 이동 후에 1.994m를 관측하였다면 이 기포관의 1눈금 이동에 대한 경사각(감도)은?

① 약 40″   ② 약 30″   ③ 약 20″   ④ 약 10″

해설 $\dfrac{\Delta h}{nD} = \dfrac{\theta''}{\rho''}$, 기포관의 감도$(\theta'') = \dfrac{\Delta h \rho''}{nD}$

$\theta'' = \dfrac{\Delta h \rho''}{nD} = \dfrac{(1.994 - 1.921) \times 206,265''}{5 \times 100} = 30.11'' \fallingdotseq 30$초

[θ : 기포관의 감도, ρ'' : 206,265″, $\triangle h$: 기포가 수평일 때 읽음값과 기포가 움직였을 때의 높이차$(l_1 - l_2)$, n : 이동눈금수, D : 수평거리]

---

33 GPS측량에서 나타나는 오차의 종류 중 현재 영향을 받지 않는 오차는?

① 위성시계오차   ② 위성궤도오차

③ 대기권오차   ④ 선택적 가용성(SA) 오차

선택적 가용성(SA : Selective Availability)은 미국이 다른 나라의 사용제한을 위해 C/A 코드에 인위적으로 궤도오차 및 시간오차를 부여하여 의도적으로 GPS의 정확도를 낮추려는 방법이었으나 2000년 5월 1일 해제되었다.

34 GNSS측량에서 의사거리(Pseudo – range)에 대한 설명으로 옳지 않은 것은?

① 인공위성과 지상수신기 사이의 거리 측정값이다.
② 대류권과 이온층의 신호지연으로 인한 오차의 영향력이 제거된 관측값이다.
③ 기하학적인 실제거리와 달라 의사거리라 부른다.
④ 인공위성에서 송신되어 수신기로 도착된 신호의 송신시간을 PRN 인식 코드로 비교하여 측정한다.

의사거리(疑似距離)는 GNSS 관측자료인 코드나 반송파로부터 계산된 거리를 의미한다. 이는 실제 위성과 수신기 사이의 기하학적 거리로서, 대기에 의한 오차, 위성 및 수신기 시계에 의한 오차 등이 포함되어 있다.

35 노선측량에서 노선선정을 할 때 고려사항으로 가장 우선시되는 것은?

① 교통량 및 경제성
② 건설비와 측량비
③ 곡선설치의 난이도
④ 공사기간

노선측량에서 최적노선은 타당성 조사를 통해 효율적이고 합리적인 노선선정 계획을 수립하여야 하고 교통효과, 경제성, 시공성 등을 고려한 종합적인 검토가 필요하다.

36 터널측량의 작업 단계 중 지표에 설치된 중심선을 기준으로 하여 터널의 입구에서 굴착을 시작하여 굴착이 진행됨에 따라 터널 내의 중심선을 설정하는 작업은?

① 지표설치
② 지하설치
③ 조사
④ 예측

터널측량의 작업 절차는 계획 → 답사(조사) → 예측 → (지상)중심선측량 → (지하)중심선측량 → 연결측량 → 수준측량 → 단면측량 순서로 진행된다.

37 노선측량에서 시공이 완료될 때까지 반드시 보존되어야 할 측점은?

① 교점(I.P)
② 곡선중점(S.P)
③ 곡선시점(B.C)
④ 곡선종점(E.C)

교점(I.P : Intersection Point)은 시공이 완료될 때까지 보존되어야 한다.

38 삼각형의 세 꼭짓점의 좌표가 $A(3, 4)$, $B(6, 7)$, $C(7, 1)$일 때에 삼각형의 면적은?(단, 좌표의 단위는 m이다.)

① $12.5m^2$
② $11.5m^2$
③ $10.5m^2$
④ $9.5m^2$

해설

$a = \sqrt{(-1^2) + 6^2} = 6.08m$

$b = \sqrt{4^2 + (-3^2)} = 5m$

$c = \sqrt{(-3^2) + (-3^2)} = 4.24m$

$S = \dfrac{1}{2}(a+b+c) = \dfrac{1}{2}(6.08 + 5 + 4.24) = 7.66m$

∴ 삼각형의 면적$(A) = \sqrt{7.66(7.66-6.08)(7.66-5)(7.66-4.24)} = 10.5m^2$

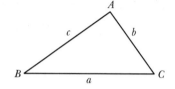

39 사진의 특수 3점은 주점, 등각점, 연직점을 말하는데, 이 특수 3점이 일치하는 사진은?

① 수평사진
② 저각도경사사진
③ 고각도경사사진
④ 엄밀수직사진

해설 사진의 특수 3점은 사진의 성질을 설명하는 데 중요한 점으로, 이 특수 3점이 일치하는 사진은 엄밀수직사진이다.

40 GNSS 위치결정에서 정확도와 관련된 위성의 위치 상태에 관한 내용으로 옳지 않은 것은?

① 결정좌표의 정확도는 정밀도 저하율(DOP)과 단위관측정확도의 곱에 의해 결정된다.
② 3차원 위치는 TDOP(Time DOP)에 의해 정확도가 달라진다.
③ 최적의 위성배치는 한 위성은 관측자의 머리 위에 있고 다른 위성의 배치가 각각 120°를 이룰 때이다.
④ 높은 DOP는 위성의 배치 상태가 나쁘다는 것을 의미한다.

해설 DOP(Dilution of Precision, 정밀도 저하율)의 종류에는 GDOP[Geometrical DOP, 기하학적 정밀도 저하율(3~5 정도가 적당)], PDOP[Position DOP, 위치정밀도 저하율(3차원 위치, 2.5 이하가 적당)], HDOP[Horizintal DOP, 수평정밀도 저하율(수평위치)], VDOP[Vertical DOP, 수직정밀도 저하율(높이)], RDOP(Relation DOP, 상대정밀도 저하율), TDOP(Time DOP, 시간정밀도 저하율) 등이 있다. 3차원 위치는 TDOP(Time DOP)에 의해 정확도가 같다.

41 벡터자료 구조에 비하여 래스터자료 구조가 갖는 장단점으로 옳지 않은 것은?

① 자료의 구조가 단순하다.
② 그래픽 자료의 양이 방대하다.
③ 여러 레이어의 중첩이 용이하다.
④ 복잡한 자료를 최소한의 공간에 저장시킬 수 있다.

해설 복잡한 자료를 최소한의 공간에 저장시킬 수 있는 것은 벡터구조의 장점이다.

42 도로, 상하수도, 전기시설 등의 자료를 수치 지도화하고 시설물의 속성을 입력하여 데이터베이스를 구축함으로써 시설물 관리활동을 효율적으로 지원하는 시스템은?

① FM(Facility Management)
② LIS(Land Information System)
③ UIS(Urban Information System)
④ CAD(Computer-Aided Drafting)

해설 시설물 관리체계(FMS : Facility Management System)는 주요 시설물의 위치, 크기, 연계성, 내용 등을 지도 위에 도형적 요소와 비도형적 요소의 접합에 의하여 표시하거나 분석, 관리가 가능한 시스템으로서 공공시설물, 대규모 공장, 관로망 등에 대한 위치 및 제반 정보를 수치 입력하여 시설물에 대한 효율적인 운영 관리를 목적으로 한다.

43 지방자치단체가 지적공부 및 부동산종합공부 정보를 전자적으로 관리·운영하는 시스템은?

① 한국토지정보시스템
② 부동산종합공부시스템
③ 지적행정시스템
④ 국가공간정보시스템

해설 부동산종합공부는 토지의 표시와 소유자에 관한 사항, 건축물의 표시와 소유자에 관한 사항, 토지의 이용 및 규제에 관한 사항, 부동산의 가격에 관한 사항 등 부동산에 관한 종합정보를 정보관리체계를 통하여 기록·저장한 것으로서, 지적소관청(시장·군수·구청장)이 부동산종합공부 정보관리체계를 구축하여 관리·운영한다.

44 필지식별번호에 관한 설명으로 틀린 것은?

① 필지에 관련된 모든 자료의 공통적 색인번호의 역할을 한다.
② 필지의 등록사항 변경 및 수정에 따라 변화할 수 있도록 가변성이 있어야 한다.
③ 각 필지의 등록사항의 저장과 수정 등을 용이하게 처리할 수 있는 고유번호를 말한다.
④ 토지 관련 정보를 등록하고 있는 각종 대장과 파일 간의 정보를 연결하거나 검색하는 기능을 향상시킨다.

해설 필지식별번호는 토지거래에 있어서 변화가 없고 영구적이어야 한다.

45 토지정보체계의 특징에 해당되지 않는 것은?

① 지형도 기반의 지적정보를 대상으로 하는 위치참조 체계이다.

② 토지이용계획 및 토지 관련 정책자료 등 다목적으로 활용이 가능하다.

③ 토지 1필지의 이동정리에 따른 정확한 자료가 저장되고 검색이 편리하다.

④ 지적도의 경계점좌표를 수치로 등록함으로써 각종 계획업무에 활용할 수 있다.

해설 토지정보체계는 토지이용계획 및 토지 관련 정책자료 등 다목적으로 활용이 가능하며, 1필지의 이동정리에 따른 정확한 자료가 저장되고 검색이 편리하다. 또한, 지적도의 경계점좌표를 수치로 등록함으로써 각종 계획업무에 활용할 수 있다.

46 지적도전산화 작업으로 구축된 도면의 데이터별 레이어 번호로 옳지 않은 것은?

① 지번 : 10

② 지목 : 11

③ 문자정보 : 12

④ 필지경계선 : 1

해설 지적도면전산화 작업으로 구축된 도면 데이터는 1 : 필지경계선, 10 : 지번, 11 : 지목, 30 : 문자정보, 60 : 도곽선 등으로 레이어를 구분하였다.

47 다음 중 평면직각좌표계의 이점이 아닌 것은?

① 지도 구면상에 표시하기가 쉽다.

② 관측값으로부터 평면직각좌표를 계산하기 편리하다.

③ 평판측량, 항공사진측량 등 많은 측량작업과 호환성이 좋다.

④ 평면직각좌표로부터 거리, 수평각, 면적을 계산하기 편리하다.

해설 평면직각좌표계는 X · Y직각좌표를 평면상에 전개하는 좌표계로, 지도 평면상에 표시하기가 쉽다.

48 토탈스테이션과 지적측량 운영프로그램 등이 설치된 컴퓨터를 연결하여 세부측량을 수행함으로써 필지경계 정보를 취득하는 측량방법은?

① GNSS

② 경위의측량

③ 전자평판측량

④ 네트워크 RTK 측량

해설 전자평판측량은 종래 평판과 앨리데이드, 종이와 연필 등을 사용하던 아날로그 방식인 평판측량을 경위의측량에 사용되는 장비인 토탈스테이션과 전산화된 지적도면과 운영프로그램이 탑재된 컴퓨터를 결합한 디지털 지적측량방법을 의미한다.

49 부동산종합공부시스템의 하부 시스템 중 토지민원발급 시스템에 대한 설명으로 옳지 않은 것은?

① 토지민원발급 시스템은 현재 시 · 군 · 구까지만 민원열람 및 발급이 가능한 상황이다.

② 개별공시지가 확인서의 발급수수료를 관리하고 발급지역 및 발급지역별 사용자를 등록하여 관리할 수 있다.

③ 지적 및 토지관리 업무를 통하여 등록 및 관리되는 속성정보와 공간정보를 민원인에게 실시간으로 제공하는 시스템이다.

④ 시 · 군 · 구 토지민원발급 담당자가 수행하는 업무를 토지민원발급 시스템을 이용하여 효율적이고 체계적인 방식으로 처리할 수 있도록 지원하는 시스템이다.

해설 부동산종합증명서는 시 · 군 · 구 지적 관련 부서와 읍 · 면 · 동 주민자치센터 및 일사편리 사이트를 통한 인터넷 발급이 가능하다.

50 지리정보의 특성인 공간적 위상관계에 대한 설명으로 옳지 않은 것은?

① 근접성은 대상물의 주변에 존재하는 대상물과의 관계를 의미한다.

② 연결성은 실제로 연결된 대상물들 사이의 관계를 의미한다.

③ 근접성은 서로 다른 계층에서 서로 다르게 인식될 수 있는 대상물의 관계를 의미한다.

④ 공간적 위상관계의 특성을 바탕으로 조건에 만족하는 지역이나 조건을 검색 및 분석할 수 있다.

해설 근접성(Proximity)이란 공간상의 객체가 얼마나 가깝게 존재하는가를 나타내는 데 사용된다.

51 관계형 데이터베이스관리시스템에서 자료를 만들고 조회할 수 있는 것은?

① ASP   ② JAVA   ③ Perl   ④ SQL

해설 SQL(Structured Query Language, 구조화 질의어)은 데이터베이스로부터 정보를 얻거나 갱신하기 위한 표준 대화식 프로그래밍 언어이다. 이는 관계형 데이터베이스관리시스템에서 자료의 검색과 관리, 데이터베이스 스키마 생성과 수정, 데이터베이스 객체 접근 조정관리를 위해 고안되었다.

52 벡터지도의 오류 유형 및 이에 대한 설명으로 틀린 것은?

① Overshoot : 어떤 선분까지 그려야 하는데 그 선분을 지나쳐 그려진 경우

② Undershoot : 어떤 선분이 아래에서 위로 그려져야 하는데 수평으로 그려진 경우

③ 레이블입력오류 : 지번 등이 다르게 기입되는 경우 또는 없거나 2개가 존재하는 경우

④ Silver Polygon : 지적필지를 표현할 때 필지가 아닌데도 경계불일치로 조그만 폴리곤이 생겨 필지로 인식되는 오류

해설 언더슈트(Undershoot)는 어떤 선이 다른 선과의 교차점까지 연결되어야 하는데 완전히 연결되지 못하고 선이 끝나는 경우를 말한다.

53 벡터데이터의 특징이 아닌 것은?

① 자료의 갱신과 유지관리가 편리하다.

② 격자간격에 의존하여 면으로 표현된다.

③ 각기 다른 위상구조로 중첩기능을 수행하기 어렵다.

④ 좌표를 이용하여 복잡한 자료를 최소의 공간에 저장할 수 있다.

해설 벡터데이터는 점·선·면을 사용하여 객체의 위치와 경계를 좌표 형태로 표현한다. 래스터데이터는 영상을 일정 크기의 격자로 구성하고, 공간을 개별 속성값을 가진 셀(Cell)들의 집합으로 표현한다.

54 다음 GIS작업 흐름도에서 A, B, C부분에 들어가야 할 내용과 분석방법으로 옳은 것은?

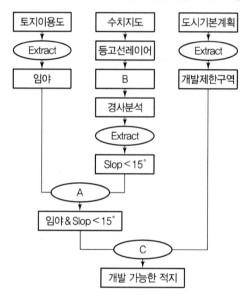

① A : Extract, B : DEM, C : Erase

② A : Extract, B : Buffer Polygon, C : Intersect

③ A : Intersect, B : DEM, C : Erase

④ A : Intersect, B : Buffer Polygon, C : Extract

해설 GIS작업의 분석방법

토지이용도에서 임야를 추출(Extract) → 수치지도에서 등고선레이어를 이용하여 DEM(B)을 구축하고 경사분석을 통해 경사도가 15° 이하인 지역의 레이어를 추출 → 토지이용도에서 추출한 임야와 수치지도에서 추출한 경사도가 15° 이하인 지역의 레이어를 중첩 → 경사도가 15° 이하인 지역의 레이어를 Intersert(A)를 추출 → 도시기본계획에서 개발제한구역을 추출하고, 경사도가 15° 이하인 지역의 레이어와 중첩하여 개발이 불가능한 개발제한구역을 Erase(C)를 제외하여 개발 가능 적지를 도출한다.

55 다음은 DEM데이터의 DN값이다. A → B 방향의 경사도로 옳은 것은?(단, 셀의 크기는 100m ×100m이다.)

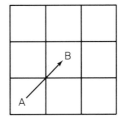

200	210	220
190	190	200
170	190	190

① −14.2%

② −20.0%

③ +14.2%

④ +20.0%

해설 $\overline{AB}$ 의 거리$(D) = \sqrt{(100^2 + 100^2)} = 141.42$m와 B의 높이차 $= 190$m $- 170$m $= +20$m이므로,

∴ 경사도(구배) $= \dfrac{h}{D} = \dfrac{20}{141.42} = 14.14\%$

56 공간데이터 분석에 대한 설명으로 옳지 않은 것은?

① 질의검색이란 사용자가 특정 조건을 제시하면 데이터베이스 내에서 주어진 조건을 만족하는 레코드를 찾아내는 기법이다.

② 중첩분석은 도형자료에 적용되는 것으로 하나의 레이어 또는 커버리지 위에 다른 레이어를 올려 놓고 비교하고 분석하는 기법이다.

③ 버퍼는 점(Point), 선(Line), 면(Polygon)의 공간객체 중 면에 해당하는 객체에서만 일정한 폭을 가진 구역을 정하는 기법이다.

④ 네트워크 분석은 서로 연관된 일련의 선형 형상물로 도로, 철도와 같은 교통망이나 전기, 전화, 하천과 같은 연결성과 경로를 분석하는 기법이다.

해설 버퍼(Buffer)는 점·선·면의 공간객체 둘레에 특정한 폭을 가진 구역을 구축하는 것이며, 버퍼를 생성하는 것을 버퍼링이라고 한다.

57 행정구역의 명칭이 변경된 때에 지적소관청은 시·도지사를 경유하여 국토교통부장관에게 행 정구역변경일 며칠 전까지 행정구역의 코드변경을 요청하여야 하는가?

① 5일

② 10일

③ 20일

④ 30일

해설 지적소관청은 시·도지사를 경유하여 국토교통부장관에게 10일 전까지 요청하여야 하며, 국토교통부장관은 지체 없이 행정구역코드를 변경하고 그 변경 내용을 행정안전부, 국세청 등 관련 기관에 통지하여야 한다.

58 관계형 데이터베이스모델(Relational Database Model)의 기본구조 요소로 옳지 않은 것은?

① 소트(Sort)
② 행(Row)
③ 테이블(Table)
④ 속성(Attribute)

해설 관계형 데이터베이스(RDB : Relational DataBase)는 관계형 모델(Relational Model)을 바탕으로 개발되었다. 관계형 모델은 실제 세계의 데이터를 수학적 논리 관계 개념을 사용하여 행(Row)과 속성[Attribute=열(Column)]으로 표현한 표(Table)와 행과 열의 상관관계로 정의하는 데이터 모델이다.

59 파일처리시스템에 비하여 데이터베이스 관리시스템(DBMS)이 갖는 특징으로 옳지 않은 것은?

① 시스템의 구성이 단순하여 자료의 손실 가능성이 낮다.
② 다른 사용자와 함께 자료호환을 자유롭게 할 수 있어 효율적이다.
③ DBMS에서 제공되는 서비스 기능을 이용하여 새로운 응용프로그램의 개발이 용이하다.
④ 직접적으로 사용자와의 연계를 위한 기능을 제공하여 복잡하고 높은 수준의 분석이 가능하다.

해설 DBMS는 시스템의 구성이 복잡하여 데이터의 손실 가능성이 높은 단점이 있다.

60 속성자료를 설명한 내용으로 옳지 않은 것은?

① 속성자료는 점, 선, 면적의 형태로 구성되어 있다.
② 속성자료는 각종 정책적 · 경제적 행정적인 자료에 해당하는 글자와 숫자로 구성된 자료이다.
③ 범례는 도형자료의 속성을 설명하기 위한 자료로 도로명, 심벌, 주기인 글자, 숫자, 기호, 색상으로 구성되어 있다.
④ 경계점좌표등록부는 토지소재, 지번, 좌표, 토지의 고유번호, 도면번호, 경계점좌표등록부의 장번호, 부호 및 부호도 등에 대한 속정정보에 해당한다.

해설 점, 선, 면의 형태로 구성된 자료구조는 도형자료이다.

61 아래의 설명에 해당하는 토지제도는?

• 신라 말기에 극도로 문란해졌던 토지제도를 바로잡아 국가 재정을 확립하고, 민생을 안정시키기 위하여 관리들의 경제적 기반을 마련하도록 고려시대에 창안된 것이다.
• 문무 신하에게 지급된 전토(田土)인데 이는 공훈전적인 성격이 강했다.

① 경무전
② 반전제
③ 역분전
④ 전부전

해설 역분전(役分田)은 고려 초 관계(官階)에 관계없이 공로·인품·충성도 등 논공행상에 따라 차등하여 지급한 수조지이다.

62 토지조사사업 당시 토지소유자와 강계를 사정하기에 앞서 진행한 절차는?

① 조선총독부의 심의
② 토지조사부의 심의
③ 중앙토지조사위원회의 자문
④ 지방토지조사위원회의 자문

해설 사정(査定)은 지방토지조사위원회의 자문을 받아 당시 토지조사국장이 실시하였으며, 조사 및 측량은 토지조사국에서 실시하였다.

63 다음 중 입안제도(立案制度)에 대한 설명으로 옳지 않은 것은?

① 토지매매계약서이다.
② 관에서 교부하는 형식이었다.
③ 조선 후기에는 백문매매가 성행하였다.
④ 소유권 이전 후 100일 이내에 신청하였다.

해설 조선시대의 입안제도는 토지가옥의 매매를 국가에서 증명하는 제도로서, 현재의 등기권리증과 같은 역할을 하였다. 토지매매계약서는 "문기"를 의미한다.

64 지상경계를 결정하기 곤란한 경우에 경계 결정의 방법에 대한 일반적인 원칙(이론)이 아닌 것은?

① 보완설
② 점유설
③ 지배설
④ 평분설

해설 지상경계결정의 일반적인 원칙(이론)
• 점유설 : 현재 점유하고 있는 구획선이 하나일 경우 그를 양 토지의 경계로 한다.
• 평분설 : 점유 상태를 확정할 수 없는 경우 분쟁지를 2등분하여 양 토지에 소속시킨다.
• 보완설 : 새로이 결정한 경계가 다른 확정된 자료에 비추어 합리적이지 못할 때는 지적측량 등을 보완한다.

65 지적재조사의 목적과 가장 거리가 먼 것은?

① 지적공부의 질적 향상
② 합리적인 국가 경계설정
③ 토지의 경계복원력 향상
④ 지적불부합지 문제의 해소

해설 지적재조사는 토지의 실제 현황과 일치하지 아니하는 지적공부의 등록사항을 바로잡고 종이에 구현된 지적을 디지털 지적으로 전환함으로써 국토를 효율적으로 관리함과 아울러 국민의 재산권 보호에 기여함을 목적으로 한다. 국가 경계의 설정은 외교적 문제로서 지적재조사의 목적과 거리가 멀다.

66 토지소유권 권리의 특성이 아닌 것은?

① 탄력성 　　　② 혼일성 　　　③ 항구성 　　　④ 불완전성

> **해설** 소유권은 법률의 범위 안에서 그 소유물을 사용, 수익, 처분할 수 있는 권리로서 그 특성에는 관념성, 전면성(완전성), 혼일성, 탄력성, 항구성 등이 있다.

67 간주지적도에 등록된 토지는 토지대장과는 별도로 대장을 작성하였다. 다음 중 그 명칭에 해당하지 않는 것은?

① 산토지대장 　　　　　　② 별책토지대장
③ 임야토지대장 　　　　　④ 을호토지대장

> **해설** 간주지적도는 지적도로 간주하는 임야도를 의미하며, 간주지적도에 등록된 토지의 대장은 산토지대장, 별책토지대장, 을호토지대장이라고 하였다.

68 지번설정에서 사행식 방법이 가장 적합한 지역은?

① 경기정리지역 　　　　　② 택지조성지역
③ 도로변의 주택구획지역 　④ 지형이 불규칙한 농경지

> **해설** 사행식은 필지의 배열이 불규칙한 지역에서 진행순서에 따라 지번 부여하는 방법으로서 진행방향에 따라 지번이 순차적으로 연속되므로 농촌지역에 적합하다.

69 토렌스시스템의 기본이론이 아닌 것은?

① 거울이론 　　　② 보험이론 　　　③ 지가이론 　　　④ 커튼이론

> **해설** 토렌스시스템의 3대 기본이론에는 거울이론, 커튼이론, 보험이론이 있다.

70 토지조사사업에 따른 지적제도의 확립에 대한 설명으로 틀린 것은?

① 토지의 경계와 소유권은 고등토지조사위원회에서 사정하였다.
② 사정은 강력한 행정처분을 확정하는 원시취득의 효력이 있었다.
③ 토지의 일필지에 대한 위치 및 형상과 경계를 측정하여 지적도에 등록하였다.
④ 측량성과에 의거 토지의 소재, 지번, 지목, 소유권 등을 조사하여 토지대장에 등록하였다.

> **해설** 토지조사사업의 사정은 지방토지조사위원회의 자문을 받아 당시 토지조사국장이 실시하였다.

71 지번에 결번이 생겼을 경우 처리하는 방법은?

① 결번된 토지 대장 카드를 삭제한다.
② 결번대장을 비치하여 영구히 보존한다.
③ 결번된 지번을 삭제하고 다른 지번을 설정한다.
④ 신규등록 시 결번을 사용하여 결번이 없도록 한다.

해설 토지의 지번이 결번되는 사유에는 토지의 합병, 등록전환, 행정구역의 변경, 도시개발사업의 시행, 토지구획정리사업, 경지정리사업, 지번변경, 축척변경, 바다로 된 토지의 등록말소, 지번정정 등이 있다. 결번이 발생한 경우에는 지체 없이 그 사유를 결번대장에 등록하여 영구히 보존한다.

72 우리나라 법정지목을 구분하는 중심적 기준은?

① 토지의 성질
② 토지의 용도
③ 토지의 위치
④ 토지의 지형

해설 지목은 토지의 주된 용도에 따라 토지의 종류를 구분하여 지적공부에 등록한 것을 의미한다.

73 다음 중 우리나라 지적제도의 원리에 해당하는 것은?

① 성립 요건주의
② 직권등록주의
③ 소극적 등록주의
④ 형식적 심사주의

해설 지적의 기본이념에는 지적국정주의, 지적형식주의, 지적공개주의, 실질적 심사주의(사실심사주의), 직권등록주의(강제등록주의)가 있다.

74 특별한 기준을 두지 않고 당사자의 신청순서에 따라 토지등록부를 편성하는 방법은?

① 물적 편성주의
② 인적 편성주의
③ 연대적 편성주의
④ 인적 · 물적 편성주의

해설 연대적 편성주의는 신청순서에 따라 순차적으로 대장을 작성하며, 리코딩시스템(Recording System)이 이에 해당한다.

75 다음 중 지적공부의 성격이 다른 것은?

① 산토지대장
② 토지조사부
③ 별책토지대장
④ 을호토지대장

해설 간주지적도(지적도로 간주하는 임야도)에 등록된 토지의 대장을 산토지대장, 별책토지대장, 을호토지대장이라고 하였다. 토지조사부는 토지조사사업 당시 토지소유권의 사정원부로 사용되었다가 토지조사가 완료되고 토지대장이 작성됨으로써 그 기능을 상실하였다.

76 1807년에 나폴레옹이 지적법을 발효시키고 대단지 내의 필지에 대한 조사를 위하여 발족된 위원회에서 프랑스 전 국토에 대하여 시행한 세부 사업에 해당하지 않는 것은?

① 소유자 조사
② 필지측량 실시
③ 필지별 생산량 조사
④ 축척 1/5,000 지형도 작성

해설 프랑스 측량위원회의 세부사업으로 필지측량의 실시, 필지별 생산량 조사, 소유자 조사, 축척 1/5,000 지적도 및 지적대장 작성 등이 있다.

77 지적의 구성요소 중 외부 요소에 해당되지 않는 것은?

① 법률적 요소
② 사회적 요소
③ 지리적 요소
④ 환경적 요소

해설 지적의 구성요소
• 외부 요소 : 지리적 요소, 법률적 요소, 사회 · 정치 · 경제적 요소
• 내부 요소 : 토지, 등록, 공부(협의적 개념) 또는 소유자, 권리, 필지(광의적 개념)

78 다목적지적의 구성요건에 해당하지 않는 것은?

① 기본도
② 지적도
③ 측량계산부
④ 측지기준망

해설 • 다목적지적의 3대 요소 : 측지기본망, 기본도, 지적중첩도
• 다목적지적의 5대 요소 : 측지기본망, 기본도, 지적중첩도, 필지식별번호, 토지자료파일

79 적극적 등록주의(Positive System) 지적제도에 있어서 토지등록 방법상 그 내용으로 하지 않는 것은?

① 직권주의
② 실질적 검사
③ 형식적 검사
④ 모든 토지등록

해설 적극적 등록제도의 기본원칙은 지적공부에 등록되지 않는 토지는 어떠한 권리도 인정받을 수 없다. 등록은 강제적이고 의무적이며, 지적측량 시행 후 토지등기가 가능하다.

80 토지조사사업 당시 일필지조사 사항의 업무가 아닌 것은?

① 지목의 조사
② 지번의 조사
③ 지주의 조사
④ 분쟁지의 조사

해설 토지조사사업의 소유권 조사는 준비조사, 일필지조사, 분쟁지조사로 나뉜다. 이 중 일필지조사는 지주의 조사, 강계의 조사, 지목의 조사, 지번의 조사 등 4개로 구분하여 실시한다.

81 지적소관청이 토지의 표시 변경에 관한 등기를 할 필요가 있는 경우 관할 등기관서에 등기촉탁을 하여야 하는 사유에 해당하지 않는 것은?

① 축척변경   ② 신규등록

③ 바다로 된 토지의 등록말소   ④ 행정구역개편으로 인한 지번변경

해설 등기촉탁의 대상에는 ①, ③, ④ 외 지번을 변경한 때, 등록사항의 오류를 지적소관청이 직권으로 조사 · 측량하여 정정한 때 등이 있다.

82 등록전환측량에 대한 설명으로 옳지 않은 것은?

① 토지대장에 등록하는 면적은 임야대장의 면적을 그대로 따른다.

② 등록전환할 일단의 토지가 2필지 이상으로 분할될 경우 1필지로 등록전환 후 지목별로 분할하여야 한다.

③ 1필지 전체를 등록전환할 경우에는 임야대장등록사항과 토지대장등록사항의 부합 여부를 확인해야 한다.

④ 경계점좌표등록부를 비치하는 지역과 연접되어 있는 토지를 등록전환하려면 경계점좌표등록부에 등록하여야 한다.

해설 토지대장에 등록하는 면적은 등록전환측량의 결과에 따라야 하며, 임야대장의 면적을 그대로 정리할 수 없다.

83 국제기관 및 외국정부의 부등산등기용 등록번호를 지정 · 고시하는 자는?

① 외교부장관   ② 국토교통부장관

③ 행정안전부장관   ④ 출입국 · 외국인정책본부장

해설 국가 · 지방자치단체 · 국제기관 및 외국정부의 부동산등기용 등록번호는 국토교통부장관이 지정 · 고시한다.

84 도로명주소법에서 사용하는 용어의 정의로 옳지 않은 것은?

① "기초번호"란 도로구간에 행정안전부령으로 정하는 간격마다 부여된 번호를 말한다.

② "상세주소"란 건물 등 내부의 독립된 거주 · 활동 구역을 구분하기 위하여 부여된 동(棟)번호, 층수 또는 호(號)수를 말한다.

③ "도로명주소"란 도로명, 건물번호 및 상세주소(상세주소가 있는 경우만 해당한다.)로 표기하는 주소를 말한다.

④ "사물주소"란 도로명과 건물번호를 활용하여 건물 등에 해당하지 아니하는 시설물의 위치를 특정하는 정보를 말한다.

해설 사물주소는 도로명과 기초번호를 활용하여 건물 등에 해당하지 않는 시설물의 위치를 특정하는 정보이다.

85 「공간정보의 구축 및 관리 등에 관한 법률」상 국토교통부장관의 권한을 국토지리정보원장에게 위임하는 사항이 아닌 것은?

① 기본측량성과의 정확도 검증 의뢰
② 측량업자의 지위 승계 신고의 수리
③ 측량업의 휴업·폐업 등의 신고 수리
④ 지적측량업자의 등록취소에 대한 청문

해설 지적측량기술자의 업무정지, 지적측량업자에 대한 보고접수 및 조사, 지적측량업자의 등록취소에 대한 청문 등은 국토교통부장관이 국토지리정보원장에게 위임한 권한에서 제외된 사항이다.

86 「공간정보의 구축 및 관리 등에 관한 법률」에서 규정하고 있는 경계의 의미로 옳은 것은?

① 계곡·능선 등의 자연적 경계
② 토지소유자가 표시한 지상경계
③ 지적도나 임야도에 등록한 경계
④ 지상에 설치한 담장·둑 등의 인위적인 경계

해설 경계란 지적도, 임야도, 경계점좌표등록부 등 지적공부에 등록한 경계점을 직선으로 연결한 선이다.

87 경계점좌표등록부의 등록사항이 아닌 것은?

① 지목
② 지번
③ 토지의 소재
④ 토지의 고유번호

해설 지목은 경계점좌표등록부에 등록되지 않는다.

88 경위의측량방법에 따른 세부측량에 대한 설명으로 옳은 것은?

① 거리측정단위는 1m로 한다.
② 농지의 구획정리시행지역의 측량결과도는 축척을 1/500로 한다.
③ 방향관측법인 경우에 수평각의 관측은 1측회의 폐색을 하지 아니할 수 있다.
④ 1방향각 수평각의 측각공차는 60초 이내로 하고, 1회 측정각과 2회 측정각의 평균값에 대한 교차는 30초 이내로 한다.

해설 ① 경위의측량방법에 따른 세부측량에서 거리측정단위는 1cm로 한다.
② 농지의 구획정리시행지역의 측량결과도는 축척은 1/1,000로 하되, 필요한 경우에는 1/6,000까지 작성할 수 있다.
④ 1회 측정각과 2회 측정각의 평균값에 대한 교차는 40초 이내로 한다.

89 축척변경에 따른 청산금의 납부고지 등에 관한 설명으로 옳은 것은?

① 지적소관청은 청산금의 수령통지를 한 날부터 9개월 이내에 청산금을 지급하여야 한다.

② 지적소관청은 청산금의 결정을 공고한 날부터 1개월 이내에 청산금의 수령통지를 하여야 한다.

③ 지적소관청은 청산금의 결정을 공고한 날부터 1개월 이내에 토지소유자에게 납부고지를 하여야 한다.

④ 청산금의 납부고지를 받은 자는 그 고지를 받은 날부터 6개월 이내에 청산금을 지적소관청에 내야 한다.

해설 축척변경에 따른 청산금을 결정·공고하면 지적소관청은 청산금의 결정을 공고한 날부터 20일 이내에 토지소유자에게 청산금의 납부고지 또는 수령통지를 하여야 하고, 수령통지를 한 날부터 6개월 이내에 청산금을 지급하여야 한다.

90 지목설명에 관한 설명으로 옳지 않은 것은?

① 종합운동장 부지의 지목은 "체육용지"로 한다.

② 모래땅·습지·황무지의 지목은 "잡종지"로 한다.

③ 과수원 내 주거용 건축물 부지의 지목은 "대"로 한다.

④ 축산업 및 낙농업을 하기 위하여 초지를 조성한 토지의 지목은 "목장용지"로 한다.

해설 모래땅·습지·황무지는 수림지·죽림지·암석지·자갈땅 등과 함께 임야로 한다.

91 밭에 있는 비닐하우스에 채소를 재배하는 토지와 같은 지목을 갖는 것은?

① 소류지

② 죽림지·간석지

③ 식용을 목적으로 죽순을 재배하는 토지

④ 물을 상시적으로 이용하여 미나리를 재배하는 토지

해설 물을 상시적으로 이용하지 않고 곡물·원예작물(과수류 제외)·약초·뽕나무·닥나무·묘목·관상수 등의 식물을 주로 재배하는 토지와 식용으로 죽순을 재배하는 토지는 "전"으로 한다. 소류지는 "유지", 죽림지는 "임야", 간석지는 "신규등록의 대상 토지", 물을 상시적으로 이용하여 미나리를 재배하는 토지는 "답"이다.

92 광파기측량방법에 따라 다각망도선법으로 지적삼각보조점측량을 할 때의 기준으로 옳은 것은?

① 결합도선에 의하고 부득이한 때에는 왕복도선에 의할 수 있다.

② 3점 이상의 기지점을 포함한 결합다각방식에 의한다.

③ 1도선의 거리는 3km 이상 5km 이하로 한다.

④ 1도선의 점의 수는 기지점과 교점을 제외하고 5점 이하로 한다.

다각망도선법에 따른 지적삼각보조점측량은 3점 이상의 기지점을 포함한 결합다각방식에 따른다. 1도선(기지점과 교점 간 또는 교점과 교점 간)의 점의 수는 기지점과 교점을 포함하여 5점 이하로 하며, 1도선의 거리(기지점과 교점 또는 교점과 교점 간 점간거리의 총합계)는 4km 이하로 하여야 한다.

93 다음 설명의 (   ) 안에 공통으로 들어갈 알맞은 용어는?

> 토지의 이동에 따른 면적 등의 결정방법에서 (   )에 따른 경계 · 좌표 또는 면적은 따로 지적측량을 하지 아니하고 (   ) 후 필지의 경계 또는 좌표와 (   ) 후 필지의 면적의 구분에 따라 결정한다.

① 등록전환 　　　　　　　　　　② 분할
③ 복원 　　　　　　　　　　　　④ 합병

토지의 이동에 따른 면적 등의 결정방법에서 합병에 따른 경계 · 좌표 또는 면적은 따로 지적측량을 하지 아니하고 합병 후 필지의 경계 또는 좌표와 합병 후 필지의 면적의 구분에 따라 결정한다.

94 「공간정보의 구축 및 관리 등에 관한 법률」에서 규정한 용어의 정의로 옳지 않은 것은?

① "지번"이란 필지에 부여하여 등기부등본에 등록한 번호를 말한다.
② "필지"란 대통령령으로 정하는 바에 따라 구획되는 토지의 등록단위를 말한다.
③ "지목"이란 토지의 주된 용도에 따라 토지의 종류를 구분하여 지적공부에 등록한 것을 말한다.
④ "지번부여지역"이란 지번을 부여하는 단위지역으로서 동 · 리 또는 이에 준하는 지역을 말한다.

지번은 필지에 부여하여 지적공부에 등록한 번호이다.

95 토지이동을 수반하지 않고 토지대장을 정리하는 경우는?

① 등록전환정리 　　　　　　　　② 토지분할정리
③ 토지합병정리 　　　　　　　　④ 소유권변경정리

등록전환, 신규등록, 분할, 합병 등은 토지이동에 속하며, 소유권변경정리는 등기관서에서 등기한 것을 증명하는 등기필증, 등기완료통지서, 등기사항증명서 또는 등기관서에서 제공한 등기전산정보자료에 따라 정리하는 것을 말하는 것으로 토지이동을 수반하지 않는다.

96 지적측량수행자가 손해배상책임을 보장하기 위하여 보증보험에 가입하여야 하는 금액 기준으로 옳은 것은?

① 지적측량업자 : 1억 원 이상 　　② 지적측량업자 : 5천만 원 이상
③ 한국국토정보공사 : 5억 원 이상 　④ 한국국토정보공사 : 10억 원 이상

해설 지적측량수행자의 손해배상책임 보장기준
- 지적측량업자 : 보장기간 10년 이상 및 보증금액 1억 원 이상의 보증보험
- 한국국토정보공사 : 보증금액 20억 원 이상의 보증보험

97 「공간정보의 구축 및 관리 등에 관한 법령」상 축척변경위원회에 대한 설명으로 옳지 않은 것은?

① 위원장은 위원 중에서 지적소관청이 지명한다.
② 축척변경 시행지역의 토지소유자가 5명 이하일 때에는 토지소유자 전원을 위원으로 위촉하여야 한다.
③ 축척변경위원회는 10명 이상 20명 이하의 위원으로 구성하되, 위원의 3분의 1 이상을 토지소유자로 하여야 한다.
④ 위원은 해당 축척변경 시행지역의 토지소유자로서 지역 사정에 정통한 사람, 지적에 관하여 전문지식을 가진 사람 중에서 지적소관청이 위촉한다.

해설 축척변경위원회는 5명 이상 10명 이하의 위원으로 구성하되, 위원의 2분의 1 이상을 토지소유자로 하여야 한다.

98 「국토의 계획 및 이용에 관한 법률」에 따른 기반시설의 종류에 해당하지 않는 것은?

① 환경기초시설
② 보건위생시설
③ 물류 · 유통정비시설
④ 공공 · 문화체육시설

해설 기반시설의 종류에는 교통시설, 공간시설, 유통 · 공급시설, 공공 · 문화체육시설, 방재시설, 보건위생시설, 환경기초시설 등이 있다.

99 「부동산등기법」상 등기부등본의 갑구 또는 을구의 기재사항으로 옳지 않은 것은?

① 지목
② 관리자
③ 등기원인 및 그 연월일
④ 접수연월일 및 접수번호

해설 지목은 표제부 기재사항이다.

100 「국토의 계획 및 이용에 관한 법률」의 목적으로 가장 옳은 것은?

① 고도의 경제 성장 유지
② 국토 및 해양의 이용 질서 확립
③ 환경보전 및 중앙집권체제의 강화
④ 공공복리의 증진과 국민의 삶의 질 향상

해설 「국토의 계획 및 이용에 관한 법률」은 국토의 이용 · 개발과 보전을 위한 계획의 수립 및 집행 등에 필요한 사항을 정하여 공공복리를 증진시키고 국민의 삶의 질을 향상시키는 것을 목적으로 한다.

제1회 지적기사

1과목 지적측량

01 두 점 간의 거리가 222m이고, 두 점 간의 방위각이 33°33′33″일 때 횡선차는?

① 122.72m   ② 145.26m   ③ 185.00m   ④ 201.56m

해설 횡선차$(\Delta y) = 222\text{m} \times \sin 33°33′33″ = 122.72\text{m}$

02 교회법에 따른 지적삼각보조점의 관측 및 계산 기준으로 옳은 것은?

① 3배각법에 따른다.
② 3대회의 방향관측법에 따른다.
③ 1방향각의 측각공차는 50초 이내로 한다.
④ 관측은 20초독 이상의 경위의를 사용한다.

해설 지적삼각보조점의 관측 및 계산에서 관측은 20초독 이상의 경위의를 사용한다. 수평각관측은 2대회(윤곽도는 0°, 90°로 한다.)의 방향관측법에 따르며 1방향각의 측각공차는 40초 이내로 한다.

03 경계점좌표등록부를 갖춰 두는 지역에 있는 각 필지의 경계점을 측정할 때에 측점번호의 부여 방법으로 옳은 것은?

① 오른쪽 위에서부터 왼쪽으로 경계를 따라 일련번호를 부여한다.
② 왼쪽 위에서부터 오른쪽으로 경계를 따라 일련번호를 부여한다.
③ 오른쪽 아래에서부터 왼쪽으로 경계를 따라 일련번호를 부여한다.
④ 왼쪽 아래에서부터 오른쪽으로 경계를 따라 일련번호를 부여한다.

해설 경계점좌표등록부를 갖춰 두는 지역(수치지역)의 측량에서 각 필지의 경계점을 측정할 때에는 도선법·방사법 또는 교회법에 따라 좌표를 산출한다. 필지의 경계점이 지형지물에 가로막혀 경위의를 사용할 수 없는 경우에는 간접적인 방법으로 경계점의 좌표를 산출할 수 있고, 각 필지의 경계점 측점번호는 왼쪽 위에서부터 오른쪽으로 경계를 따라 일련번호를 부여한다.

04 배각법에 의하여 지적도근점측량을 시행할 경우 측각오차 계산식으로 옳은 것은?(단, e는 각오차, T_1은 출발기지방위각, $\sum\alpha$는 관측각의 합, n은 폐색변을 포함한 변수, T_2는 도착기지방위각)

① $e = T_1 + \sum\alpha - 180(n-1) + T_2$ ② $e = T_1 + \sum\alpha - 180(n-1) - T_2$

③ $e = T_1 - \sum\alpha - 180(n-1) + T_2$ ④ $e = T_1 - \sum\alpha - 180(n-1) - T_2$

해설 측각오차$(e) = T_1 + \sum\alpha - 180(n-1) - T_2$

05 축척이 서로 다른 도면에 동일 경계선이 등록되어 있는 경우 어느 경계선에 따라야 하는가?

① 평균하여 결정한다.   ② 축척이 큰 것에 따른다.

③ 축척이 작은 것에 따른다.   ④ 토지소유자 의견에 따라야 한다.

해설 축척종대의 원칙에 따라 동일한 경계가 서로 다른 도면에 각각 등록된 때에는 큰 축척에 따른다.

06 지적삼각보조점측량을 Y망으로 실시하여 1도선의 거리의 합계가 1,654.15m였을 때 연결오차는 최대 얼마 이하로 하여야 하는가?

① 0.03m 이하   ② 0.05m 이하

③ 0.07m 이하   ④ 0.08m 이하

해설 경위의측량방법, 전파기 또는 광파기측량방법과 다각망도선법에 따른 지적삼각보조점의 도선별 연결오차는 $0.05 \times S\text{m}$ 이하(S는 도선의 거리를 1,000으로 나눈 수)로 한다.

$\therefore$ 연결오차 $= 0.05 \times S\text{m} = 0.05 \times \dfrac{1,654.15}{1,000} = 0.08\text{m}$ 이하

07 A, B 두 점의 좌표에 의하여 산출한 AB의 역방위각으로 옳은 것은?(단, $X_A = 356.77$m, $Y_A = 965.44$m, $X_B = 251.32$m, $Y_B = 412.07$m)

① $79°12'40''$ ② $100°47'20''$

③ $169°12'40''$ ④ $349°47'20''$

해설 $\Delta x = Bx - Ax = 251.32 - 356.77 = -105.45$, $\Delta y = By - Ay = 412.07 - 965.44 = -553.37$

방위$(\theta) = \tan^{-1}\left(\dfrac{\Delta Y}{\Delta X}\right) = \tan^{-1}\left(\dfrac{-553.37}{-105.45}\right) = 79°12'40''$

$\triangle x$값과 $\triangle y$값 모두 $(-)$로 3상한이므로,

AB의 방위각$(V_A^B) = 180° + \theta = 180° + 79°12'40'' = 259°12'40''$

$\therefore$ 역방위각$(V_B^A) = $ 방위각 $- 180° = 259°12'40'' - 180° = 79°12'40''$

08 배각법에 따른 지적도근점의 각도관측에서 폐색변을 포함한 변수가 9변일 때 관측방위각의 폐색오차 허용한계는?(단, 1등 도선이다.)

① ±30초 이내　　　　　　　　② ±45초 이내
③ ±60초 이내　　　　　　　　④ ±90초 이내

지적도근점측량의 폐색오차 허용범위(공차)

측량방법	등급	폐색오차의 허용범위(공차)
배각법	1등 도선	$\pm 20\sqrt{n}$ 초 이내
	2등 도선	$\pm 30\sqrt{n}$ 초 이내

※ n : 각 측선의 수평거리의 총합계를 100으로 나눈 수

∴ 배각법의 경우 1등 도선 $\pm 20\sqrt{n} = \pm 20\sqrt{9} = \pm 60$초 이내

09 지적삼각점성과를 관리할 때 지적삼각점성과표에 기록·관리하여야 할 사항이 아닌 것은?

① 설치기관　　　　　　　　② 자오선수차
③ 좌표 및 표고　　　　　　　　④ 지적삼각점의 명칭

지적기준점성과표의 기록·관리사항

지적삼각점성과표	지적삼각보조점성과 및 지적도근점성과표
• 지적삼각점의 명칭과 기준 원점명 • 좌표 및 표고 • 경도 및 위도(필요한 경우로 한정한다.) • 자오선수차(子午線收差) • 시준점(視準點)의 명칭, 방위각 및 거리 • 소재지와 측량연월일	• 번호 및 위치의 약도 • 좌표와 직각좌표계 원점명 • 경도와 위도(필요한 경우로 한정한다.) • 표고(필요한 경우로 한정한다.) • 소재지와 측량연월일 • 도선등급 및 도선명 • 표지의 재질 • 도면번호 • 설치기관 • 조사연월일, 조사자의 직위·성명 및 조사 내용

10 지적도근점측량에서 연결오차의 허용범위에 대한 기준으로 틀린 것은?(단, n은 각 측선의 수평거리의 총합계를 100으로 나눈 수)

① 1등 도선은 해당 지역 축척분모의 $\dfrac{1}{100}\sqrt{n}$ cm 이하로 한다.

② 2등 도선은 해당 지역 축척분모의 $\dfrac{1.5}{100}\sqrt{n}$ cm 이하로 한다.

③ 경계점좌표등록부를 갖춰 두는 지역의 축척분모는 500으로 한다.

④ 하나의 도선에 속하여 있는 지역의 축척이 2 이상일 때에는 소축척의 축척분모에 따른다.

해설 축척종대의 원칙에 따라 하나의 도선에 축척이 2 이상일 때에는 대축척의 축척분모에 따른다.

11 지적측량의 방법으로 옳지 않은 것은?

① 수준측량방법
② 경위의측량방법
③ 사진측량방법
④ 위성측량방법

해설 지적측량은 평판측량, 전자평판측량, 경위의측량, 전파기 또는 광파기 측량, 사진측량, 위성측량 등의 방법에 따른다.

12 평판측량에서 "폐합오차/측선길이의 합계"가 나타내는 것은?

① 표준오차
② RMSE
③ 잔차
④ 폐합비

해설
$$폐합비 = \frac{폐합오차}{총측선의 길이}$$

13 지적삼각점측량에서 수평각의 측각공차에 대한 기준으로 옳은 것은?

① 기지각과의 차는 ± 40초 이상
② 삼각형 내각관측의 합과 $180°$와의 차는 ± 40초 이내
③ 1측회의 폐색차는 ± 30초 이상
④ 1방향각은 30초 이내

해설 지적삼각점측량의 수평각 측각공차

종별	1방향각	1측회 폐색	삼각형 내각관측의 합과 180°의 차	기지각과의 차
공차	30초 이내	± 30초 이내	± 30초 이내	± 40초 이내

14 토지를 분할하는 경우, 분할 후 각 필지면적의 합계와 분할 전 면적과의 오차 허용범위를 구하는 식으로 옳은 것은?(단, A : 오차 허용면적, M : 축척분모, F : 원면적)

① $A = 0.023^2 \cdot M\sqrt{F}$
② $A = 0.026^2 \cdot M\sqrt{F}$
③ $A = 0.023 \cdot M\sqrt{F}$
④ $A = 0.026 \cdot M\sqrt{F}$

해설 등록전환 또는 분할에 따른 면적 오차의 허용범위 $A = 0.026^2 M\sqrt{F}$
[A는 오차 허용면적, M은 임야도 축척분모(등록전환) 또는 축척분모(분할), F는 등록전환될 면적(등록전환) 또는 원면적(분할)]

15 평판측량방법에 따른 세부측량을 교회법으로 하는 경우의 기준으로 옳은 것은?

① 2방향의 교회에 따른다.

② 전방교회법 또는 후방교회법을 사용한다.

③ 방향각의 교각은 30° 이상 120° 이하로 한다.

④ 광파조준의를 사용하는 경우 방향선의 도상길이는 30cm 이하로 할 수 있다.

해설 평판측량방법에 따른 세부측량을 교회법으로 하는 경우
- 평판측량의 기준은 전방교회법 또는 측방교회법에 따른다.
- 3방향 이상의 교회에 따른다.
- 방향각의 교각은 30° 이상 150° 이하로 한다.
- 방향선의 도상길이는 측판의 방위표정에 사용한 방향선의 도상길이 이하로서 10cm 이하로 한다(광파조준의 또는 광파측거기를 사용하는 경우에는 30cm 이하로 할 수 있음).
- 시오삼각형이 생긴 경우 내접원 지름이 1cm 이하일 때에는 그 중심을 점의 위치로 한다.

16 「공간정보의 구축 및 관리에 관한 법률」에 따른 측량기준(세계측지계)에서 회전타원체의 편평률로 옳은 것은?(단, 분모는 소수 둘째 자리까지 표현한다.)

① 294.98분의 1

② 298.26분의 1

③ 299.15분의 1

④ 299.26분의 1

해설 우리나라 회전타원체 위치측정 기준은 긴 반지름=6,378,137m이고, 편평률=298.257222101분의 1이다.

17 면적계산에서 두 변이 각각 20m±5cm, 30m±7cm였다면 사각형면적 600m²에 대한 표준편차는?

① ±0.06m²

② ±0.63m²

③ ±1.32m²

④ ±2.05m²

해설 표준편차 $M = \pm \sqrt{(y^2 \cdot m_1^2)+(x^2 \cdot m_2^2)} = \pm \sqrt{(y \cdot m_1)^2 +(x \cdot m_2)^2}$
$$= \pm \sqrt{(30 \times 0.05)^2 +(20 \times 0.07)^2} = \pm 2.05\text{m}^2$$

18 수평각관측 시 경위의의 기계오차 소거방법으로 틀린 것은?

① 연직축이 연직되지 않아 발생하는 오차는 망원경의 정·반 관측을 평균한다.

② 시준축과 수평축이 직교하지 않아 발생하는 오차는 망원경의 정·반 관측을 평균한다.

③ 시준선이 기계의 중심을 통과하지 않아 발생하는 오차는 망원경의 정·반 관측을 평균한다.

④ 회전축에 대하여 망원경의 위치가 편심되어 있어 발생하는 오차는 망원경의 정·반 관측을 평균한다.

해설 연직축오차는 정·반 관측하여 평균해도 그 오차를 소거할 수 없다.

19 지적소관청은 지적도면의 관리가 필요한 경우에는 지번부여지역마다 일람도와 지번색인표를 작성하여 갖춰둘 수 있다. 도면이 몇 장 미만일 경우 일람도를 작성하지 아니할 수 있는가?

① 4장　　　　　　② 5장　　　　　　③ 6장　　　　　　④ 7장

해설 일람도의 작성 시 축척은 그 도면축척의 10분의 1로 하며(도면의 장수가 많아서 한 장에 작성할 수 없을 때에는 축척을 줄여서 작성 가능), 도면의 장수가 4장 미만인 경우에는 일람도를 작성하지 않을 수 있다.

20 지적삼각점 O점에 기계를 세우고 지적삼각점 A, B점을 시준하여 수평각 $\angle AOB$를 측정할 경우 측각의 최대오차를 30″까지 하려면 O점에서 편심거리는 최대 얼마까지 허용되는가?(단, $AO = BO = 2\mathrm{km}$이다.)

① 27.1cm 정도　　　　　　　　② 28.9cm 정도
③ 29.1cm 정도　　　　　　　　④ 30.9cm 정도

해설 방법 1. 위치(편심)오차 $\dfrac{\Delta l}{L} = \dfrac{\theta''}{\rho''}$, $\Delta l = \dfrac{200,000\mathrm{cm} \times 30''}{206,265} = 29.1\mathrm{cm}$

방법 2. $\tan\theta = \dfrac{x}{2,000} \rightarrow$ 편심거리$(x) = 2,000 \times \tan 30'' = 29.1\mathrm{cm}$

2과목 응용측량

21 도로의 개설을 위하여 편입되는 대상용지와 경계를 정하는 측량으로서 설계가 완료된 이후에 수행할 수 있는 노선측량 단계는?

① 용지측량　　　　② 다각측량　　　　③ 공사측량　　　　④ 조사측량

해설 노선측량의 작업순서는 일반적으로 노선선정 → 계획조사측량 → 실시설계측량(용지측량 포함) → 공사측량 단계로 진행된다. 이 중 용지측량은 편입용지와 도로의 경계를 정하는 단계로 실시설계가 완료된 이후에 진행된다.

22 정밀수준측량에서 수준망을 측량한 결과로 환폐합차가 6.0cm였다면 편도거리는?[단, 허용 환폐합차 = 2mm$\sqrt{S}$, S : 편도관측거리(km)]

① 4.0km　　　② 6.0km　　　③ 9.0km　　　④ 16.0km

해설 환폐합차 $6.0\mathrm{mm} = 2\mathrm{mm}\sqrt{S} \rightarrow \sqrt{S} = \dfrac{6}{2}$

∴ S = 9km

23 그림과 같은 등고선에서 AB의 수평거리가 60m일 때 경사도(Incline)로 옳은 것은?

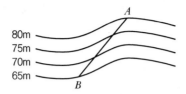

80m
75m
70m
65m

① 10%   ② 15%   ③ 20%   ④ 25%

해설 높이 = 경사도 × 수평거리

$\therefore$ 경사도 $= \dfrac{높이}{수평거리} = \dfrac{15}{60} = 0.25 = 25\%$

24 노선측량의 곡선설치에 대한 설명으로 옳지 않은 것은?

① 고속도로의 완화곡선으로 주로 클로소이드 곡선을 설치한다.
② 완화곡선의 곡선반지름은 시점에서 무한대, 종점에서 원곡선으로 된다.
③ 반향곡선은 2개의 원호가 공통절선의 양측에 있는 곡선이다.
④ 종단곡선으로는 주로 3차 포물선이 사용된다.

해설 종단곡선 설치에는 수직곡선(종곡선)을 사용한다.

25 곡선반지름 $R = 2,500$m, 캔트(Cant) 100cm인 철도 선로를 설계할 때, 적합한 설계속도는?(단, 레일간격은 1m로 가정한다.)

① 50km/h   ② 60km/h   ③ 150km/h   ④ 178km/h

해설 캔트$(C) = \dfrac{s V^2}{Rg}$

$V = \sqrt{\dfrac{CgR}{s}} = \sqrt{\dfrac{0.1 \times 9.81 \times 2,500}{1}} = 49.5227\,\text{km/s}$

$\therefore 49.5227 \times 3,600 = 178\text{km/h}$

[s : 차도간격, V : 주행속도, g : 중력가속도(9.81m/sec), R : 곡률반경]

26 사이클슬립(Cycle Slip)이나 멀티패스(Multipath)의 오차를 줄일 목적으로 낮은 위성의 고도각을 제한하기도 한다. 일반적으로 제한하는 위성의 고도각 범위로 옳은 것은?

① 10° 이상   ② 15° 이상   ③ 30° 이상   ④ 40° 이상

해설 위성측량에서 위성의 고도각은 15° 이상으로 한다.

27 지형도의 난외주기 사항에 「NJ 52 − 13 − 17 − 3 대천」과 같이 표시되어 있을 때, 표시사항 중 경도 180°선에서 동으로 6°마다 붙인 경도 구역을 의미하는 숫자는?

① 52   ② 13   ③ 17   ④ 3

해설 「NJ 52 − 13 − 17 − 3 대천」에서 N＝북반구지역, J＝적도에서 북쪽으로 4°마다 알파벳순으로 붙인 위도 구역, 52＝경도 180°에서 동으로 6°마다 붙인 경도 구역, 13＝1/250,000 지세도의 지도번호, 17＝1/250,000 지세도를 가로 7등분, 세로 4등분한 1/50,000 지형도의 지도번호(28번 중 17번), 3＝1/50,000 지형도를 가로 2등분, 세로 2등분한 1/25,000 지형도의 지도번호(4번 중 3번), 대천＝지역명이다.

28 지표에서 거리 1,000m 떨어진 A, B지점에서 수직터널에 의하여 터널 내외의 연결측량을 하는 경우 두 수직터널의 깊이가 지구 중심방향으로 1,500m라 할 때, 두 지점 간의 지표거리와 지하거리의 차이는?(단, 지구를 반지름 R＝6,370km의 구로 가정)

① 15cm   ② 24cm   ③ 48cm   ④ 52cm

해설 수평거리$(L) = L = \dfrac{L_0 H}{R} = \dfrac{1,500 \times 1,000}{6,370,000} = 0.235\text{m} ≒ 24\text{cm}$

(L_0 : 터널길이, H : 표고차, R : 지구반지름)

29 해발고도 250m의 평탄한 지역을 사진축척 1/10,000으로 촬영한 연직사진의 촬영고도는?(단, 카메라의 초점거리는 150cm이다.)

① 1,500m   ② 1,700m   ③ 1,750m   ④ 1,800m

해설 촬영고도$(H) = m \times f \rightarrow H = 0.15 \times 10,000 = 1,500\text{m}$

(f : 초점거리, m : 축척분모)

∴ 연직사진의 촬영고도＝1,500m＋250m＝1,750m

30 다음 중 원곡선의 종류가 아닌 것은?

① 반향곡선   ② 단곡선
③ 렘니스케이트 곡선   ④ 복심곡선

해설 노선측량 곡선설치법에서 원곡선 종류에는 단곡선 · 복심곡선 · 반향곡선 · 배향곡선 등이 있으며, 완화곡선의 종류에는 클로소이드 곡선 · 렘니스케이트 곡선 · 3차 포물선 · sin 체감곡선 등이 있다.

31 터널이 긴 경우 굴진 공정기간의 단축을 위하여 중간에 수직터널이나 경사터널을 설치하고 본 터널과의 좌표를 일치시키기 위하여 실시하는 측량은?

① 지하수준측량   ② 터널 내 고저측량
③ 터널 내 중심선측량   ④ 터널 내외 연결측량

해설 터널 내외 연결측량은 수직 터널이나 경사 터널을 본 터널에 연결하는 측량이다.

32 촬영고도 1,500m에서 촬영된 항공사진에 나타난 굴뚝 정상의 시차가 17.32cm이고, 굴뚝 밑 부분의 시차는 15.85cm였다면 이 굴뚝의 높이는?

① 103.7m   ② 113.3m   ③ 123.7m   ④ 127.3m

해설 시차차에 의한 비고량을 계산하면,

$$비고(h) = \frac{H}{p_r + \Delta p} \cdot \Delta p = \frac{1,500,000}{15.85 + (17.32 - 15.85)} \times (17.32 - 15.85) = 127.3m$$

[h : 높이, H : 비행고도, Δp : 시차차($p_a - p_r$), p_a : 정상의 시차, p_r : 기준면의 시차]

33 초점거리 210cm, 사진크기 23cm×23cm의 카메라로 촬영한 평탄한 지역의 항공사진 주점기 선장이 70cm였다면 인접 사진과의 중복도는?

① 60%   ② 65%   ③ 70%   ④ 75%

해설

$$주점기선장(b_0) = a\left(1 - \frac{p}{100}\right)$$

(a : 사진크기, p : 종중복도)

$$\therefore 중복도(p) = \frac{23 - 7}{23} \times 100 = 70\%$$

34 수준측량 시 중간점이 많을 경우에 가장 편리한 야장기입법은?

① 고차식   ② 승강식   ③ 기고식   ④ 교차식

해설 기고식은 기계고를 이용하여 표고를 결정하며, 도로의 종횡단 측량처럼 중간점이 많을 때 편리하게 사용되는 야장기입법이다. 고차식은 전시 합과 후시 합의 차로서 고저차를 구하는 방법으로 시작점과 최종점 간의 고저차나 지반고를 계산하는 것이 주목적이며, 중간의 지반고를 구할 필요가 없을 때 사용한다. 승강식은 높이차(전시−후시)를 현장에서 계산하여 작성하며 정확도가 높은 측량에 적합한다.

35 표척 2개를 사용하여 수준측량할 때 기계의 배치횟수를 짝수로 하는 주된 이유는?

① 표척의 영점오차를 제거하기 위하여   ② 표척수의 안전한 작업을 위하여
③ 작업능률을 높이기 위하여   ④ 레벨의 조정이 불완전하기 때문에

해설 수준측량 영점오차 소거방법은 처음에 세운 표척이 마지막에 오도록 하고, 이기점이 홀수가 되도록 하며, 표척을 세운 횟수가 짝수가 되도록 한다.

36 GNSS측량을 위하여 어느 곳에서나 같은 시간대에 관측할 수 있어야 하는 위성의 최소 개수는?

① 2개　　　　② 4개　　　　③ 6개　　　　④ 8개

해설　GNSS측량에서는 최소 4개 이상의 위성으로부터 신호를 받아야 한다.

37 등고선의 성질에 대한 설명으로 옳은 것은?

① 동굴과 낭떠러지에서는 교차할 수 없다.
② 등고선은 한 도곽 내에서 반드시 폐합한다.
③ 등고선은 경사가 급한 곳에서는 간격이 넓다.
④ 등고선상에 있는 모든 점은 각각의 다른 고유한 표고값을 갖는다.

해설　등고선의 성질
• 동일 등고선상에 있는 모든 점은 같은 높이이다.
• 등고선은 도면 내외에서 폐합하는 폐곡선이다.
• 지도의 도면 내에서 폐합하는 경우 등고선의 내부에 산정 또는 분지가 있다.
• 높이가 다른 두 등고선은 동굴이나 절벽의 지형이 아닌 곳에서는 교차하지 않으며, 동굴이나 절벽은 반드시 두 점에서 교차한다.
• 동등한 경사의 지표에서 양 등고선의 수평거리는 같다.
• 같은 경사의 평면일 때는 나란히 직선이 된다.
• 최대경사의 방향은 등고선과 직각으로 교차한다.
• 등고선은 경사가 급한 곳에서는 간격이 좁고 완만한 경사지는 넓다.
• 등고선은 분수선과 직각으로 만난다.
• 등고선의 수평거리는 산꼭대기 및 산 밑에서는 크고 산중턱에서는 작다.
• 등고선이 능선을 직각방향으로 횡단한 다음 능선 다른 쪽을 따라 거슬러 올라간다.

38 사진의 표정 중 절대표정에 의하여 결정(조정)되는 사항이 아닌 것은?

① 축척　　　　② 위치　　　　③ 수준면　　　　④ 초점거리

해설　절대표정의 결정사항은 축척의 결정, 수준면의 결정(표고, 경사결정), 위치의 결정이다.

39 GNSS의 직접적인 활용분야와 가장 거리가 먼 것은?

① 긴급구조 및 방재　　　　　　② 터널 내 중심선측량
③ 지상측량 및 측지측량기준망 설정　　④ 지형공간정보 및 시설물관리

해설　터널측량에서는 위성관측을 위한 상공의 확보가 곤란하여 GNSS 활용이 어렵다.

40 지형도를 이용하여 작성할 수 있는 자료에 해당되지 않는 것은?

① 종횡단면도 작성
② 표고에 의한 평균유속 결정
③ 절토 및 성토 범위의 결정
④ 등고선에 의한 체적 계산

> **해설** 지형도는 등경사선 관측에 의한 종단면도 및 횡단면도 작성, 도로 · 철도 · 수로 등의 도상 선정, 저수량 관측에 의한 집수면적의 측정, 절토 및 성토 범위의 결정, 등고선에 의한 체적 계산 등에 이용된다.

3과목 토지정보체계론

41 다음 위상정보 중 하나의 지점에서 또 다른 지점으로 이동 시 경로 선정이나 자원의 배분 등과 가장 밀접한 것은?

① 중첩성(Overlay)
② 연결성(Connectivity)
③ 계급성(Hierarchy or Containment)
④ 인접성(Neighborhood or Adjacency)

> **해설** 위상관계는 공간상에서 대상물들의 위치나 관계를 나타내는 것으로서 연결성(Connectivity), 인접성(Adjacency), 포함성(Containment) 등의 관점에서 묘사되며 다양한 공간분석이 가능하다. 이 중 연결성은 특정 사상이 어떤 사상과 연결되어 있는지를 정의한다. 즉, 두 개 이상의 객체가 연결되어 있는지를 판단하며, 네트워크에 있는 두 점 간의 최적경로탐색이나 자원 배분 등과 관련된다.

42 지리현상의 공간적 분석에서 시간 개념을 도입하여, 시간 변화에 따른 공간 변화를 이해하기 위한 방법과 가장 밀접한 관련이 있는 것은?

① Temporal GIS
② Embedded SW
③ Target Platform
④ Terminating Node

> **해설** Temporal GIS(시간적 GIS, TGIS)는 인간활동과 환경 사이에서 지리적 과정과 상호 관련된 인간관계를 보다 잘 이해할 수 있는 GIS를 구축하기 위하여 지리현상의 공간적 분석에서 시간의 개념을 도입하여 시간의 변화에 따른 공간 변화를 이해하기 위한 방법이다.

43 지방자치단체가 지적공부 및 부동산종합공부 정보를 전자적으로 관리 · 운영하는 시스템은?

① 국토정보시스템
② 지적행정시스템
③ 국가공간정보시스템
④ 부동산종합공부시스템

해설 부동산종합공부시스템은 부동산 관련 18종의 공적장부를 통합하여 맞춤형 부동산종합증명서 창구발급 및 열람서비스를 제공한다.

44 데이터베이스관리시스템에 대한 설명으로 옳은 것은?

① 파일시스템보다 도입비용이 저렴하다.
② 데이터베이스관리시스템은 하드웨어의 집합체이다.
③ 내부 스키마는 하나의 데이터베이스에 하나만 존재한다.
④ 외부 스키마는 자료가 실제로 저장되는 방법을 기술한 것이다.

해설 스키마(Schema)는 DB 내에 어떤 구조로 데이터가 저장되는가를 나타내는 데이터베이스 구조를 말한다. 스키마는 개념 스키마, 내부 스키마, 외부 스키마(서브 스키마)의 3단계로 구분한다. 이 중 내부 스키마는 자료가 실제로 저장되는 방법을 기술한 물리적인 데이터의 구조로서, 하나의 데이터베이스에 하나만 존재한다. 외부 스키마(서브 스키마)는 사용자나 응용 프로그래머가 개인의 입장에서 필요한 데이터베이스의 논리적 구조이다.

45 종이형태의 지적도면을 디지타이저를 이용하여 입력할 경우 자료 형태로 옳은 것은?

① 셀(Cell) 자료
② 메시(Mesh) 자료
③ 벡터(Vector) 자료
④ 래스터(Raster) 자료

해설 디지타이저를 이용한 종이도면의 지적도면전산화는 점·선·면의 자료를 좌표로 표현한 벡터자료 구조이다.

46 부동산종합공부시스템 전산자료의 오류를 정비할 경우 정비내역은 몇 년간 보관하여야 하는가?

① 1년
② 2년
③ 3년
④ 영구

해설 부동산종합공부시스템의 운영기관(지자체)은 전산자료의 장애·오류를 정비할 경우 그 정비내역을 3년간 보존하여야 한다.

47 위상관계의 특성과 관계가 없는 것은?

① 단순성
② 연결성
③ 인접성
④ 포함성

해설 위상관계는 공간상에서 대상물들의 위치나 관계를 나타내는 것으로서 연결성(Connectivity), 인접성(Adjacency), 포함성(Containment) 등의 관점에서 묘사되며 다양한 공간분석이 가능하다.

48 한국토지정보시스템의 구성내용에 해당하지 않는 것은?

① 건축행정정보시스템
② 지적공부관리시스템
③ 데이터베이스변환시스템
④ 도로명 및 건물번호관리시스템

해설 한국토지정보시스템(KLIS)은 토지와 관련된 각종 정보를 전산화하여 통합적으로 관리하는 시스템으로 지적공부관리시스템, 연속도 도면관리, 주제도 관리, 도로명주소관리시스템, 민원종합발급, DB관리 등으로 구성되어 있다.

49 다음 용어와 상호 관련이 없는 것끼리 묶은 것은?

① FM – 수치모델
② AM – 도면자동화
③ CAD – 컴퓨터설계
④ LBS – 위치기반정보시스템

해설 FM은 시설물 관리(Facility Management) 종합체계이다.

50 지적재조사사업 시스템의 구축과 관련한 내용으로 옳지 않은 것은?

① 공개형 시스템으로 구축한다.
② 일필지 조사, 새로운 지적공부 및 등기촉탁, 건축물 위치 및 건물 표시 등의 정보를 시스템에 입력한다.
③ 토지소유자 등이 지적재조사사업과 관련한 정보를 인터넷 등을 통하여 실시간 열람할 수 있도록 구축한다.
④ 취득된 필지경계 정보의 안정적인 관리를 위해 관련 행정정보와의 연계 활용이 발생하지 않도록 보안시스템으로 구축한다.

해설 국토교통부장관은 토지소유자나 이해관계인이 지적재조사사업과 관련한 정보를 인터넷 등을 통하여 실시간 열람할 수 있도록 공개시스템을 구축·운영하여야 한다. 「전자정부법」에 따른 행정정보의 공동이용과 연계하거나 정보의 공동활용체계를 구축할 수 있다.

51 메타데이터(Metadata)에 대한 설명으로 옳지 않은 것은?

① 자료에 대한 내용, 품질, 사용조건 등을 기술한다.
② 정확한 정보를 유지하기 위한 수정 및 갱신은 불가능하다.
③ 데이터의 원활한 교환을 지원하기 위한 틀을 제공함으로써 데이터의 공유를 극대화할 수 있다.
④ 취득하려는 자료가 사용목적에 적합한 품질의 데이터인지를 확인할 수 있는 정보가 제공되어야 한다.

해설 메타데이터는 다른 데이터를 설명해 주는 데이터이기 때문에 부가적 정보를 추가할 수 있는 확장성을 가진다.

52 토지정보체계에 대한 설명으로 틀린 것은?

① 토지정보체계는 토지에 관한 정보를 제공함으로써 토지관리를 지원한다.
② 토지정보체계의 유용성은 토지자료의 유연성과 획일성에 중점을 두고 있다.
③ 토지정보체계는 토지이용계획, 토지 관련 정책자료 등에 다목적으로 활용이 가능하다.
④ 토지정보체계의 운영은 자료의 수집 및 자료의 처리 · 유지 · 검색 · 분석 · 보급 등도 포함한다.

해설 토지정보체계의 유용성은 토지자료의 정확성과 접근성에 중점을 두고 있다.

53 래스터 구조에 비하여 벡터 구조가 갖는 장점으로 옳지 않은 것은?

① 데이터 압축이 용이하다.
② 위상에 관한 정보가 제공된다.
③ 복잡한 현실세계의 묘사가 가능하다.
④ 지도를 확대하여도 형상이 변하지 않는다.

해설 벡터데이터 구조는 래스터데이터 구조보다 복잡하고 관리하기가 어렵다. 래스터데이터 구조는 압축을 통해 파일용량을 줄일 수 있다.

54 스캐너를 이용하여 지적도면을 전산 입력할 경우 발생하는 오차가 아닌 것은?

① 기계적인 오차
② 도면등록 시의 오차
③ 입력도면의 평탄성 오차
④ 벡터자료를 래스터자료로 변환 시 오차

해설 벡터데이터를 래스터데이터로 변환할 때는 변환오차가 발생한다.

55 전국 단위의 지적전산자료를 이용 · 활용하는 데 따른 승인권자에 해당하는 자는?

① 교육부장관
② 국토교통부장관
③ 국토지리정보원장
④ 한국국토정보공사장

해설 지적전산자료의 이용 및 활용에 관한 승인권자

구분	승인권자
전국 단위	국토교통부장관, 시 · 도지사 또는 지적소관청
시 · 도 단위	시 · 도지사 또는 지적소관청
시 · 군 · 구 단위	지적소관청

56 국가나 지방자치단체가 지적전산자료를 이용하는 경우 사용료의 납부방법으로 옳은 것은?

① 사용료를 면제한다.
② 사용료를 수입증지로 납부한다.
③ 사용료를 수입인지로 납부한다.
④ 규정된 사용료의 절반을 현금으로 납부한다.

해설 국가와 지방자치단체에 대해서는 사용료를 면제한다.

57 아래 내용의 ㉠, ㉡에 들어갈 용어가 올바르게 나열된 것은?

> 수치지도는 영어로 Digital Map으로 일컬어진다. 좀 더 명확한 의미에서는 도형자료만을 수치로 나타낸 것을 (㉠)라 하고, 도형자료와 관련 속성을 함께 지닌 수치지도를 (㉡)라고 한다.

① ㉠ Legend, ㉡ Layer
② ㉠ Coverage, ㉡ Layer
③ ㉠ Layer, ㉡ Coverage
④ ㉠ Legend, ㉡ Coverage

해설 레이어는 한 주제를 다루는 데 중첩되는 다양한 자료들로 한 커버리지의 자료 파일을 말하며 중첩된 자료들은 지형 레이어에서 건물 · 도로 · 등고선 등의 레이어로 구분된 것처럼 보통 하나의 주제를 갖는다. 커버리지는 분석을 위해 여러 지도 요소를 중첩할 때 그 지도 요소 하나하나를 가리키는 말로서, 공간자료와 속성자료를 갖고 있는 수치지도이다.

58 지적업무의 정보화를 목표로 1977년부터 시작된 사전 기반조성 작업이 아닌 것은?

① 지적 법령 정비
② 토지 · 임야대장 부책화
③ 소유자 주민등록번호 등재 정리
④ 토지소유자의 유형별 구분 및 고유번호 부여

해설 토지대장과 임야대장을 카드화하였다.

59 디지타이징 입력에 의한 도면의 오류를 수정하는 방법으로 틀린 것은?

① 선의 중복 : 중복된 두 선을 제거함으로써 쉽게 오류를 수정할 수 있다.
② 라벨오류 : 잘못된 라벨을 선택하여 수정하거나 제 위치에 옮겨주면 된다.
③ Undershoot and Overshoot : 두 선이 목표지점을 벗어나거나 못 미치는 오류를 수정하기 위해서는 선분의 길이를 늘려주거나 줄여야 한다.
④ Sliver Polygon : 폴리곤이 겹치지 않게 적절하게 위치를 이동시킴으로써 제거될 수 있는 경우도 있고, 폴리곤을 형성하고 있는 부정확하게 입력된 선분을 만든 버틱스들을 제거함으로써 수정될 수도 있다.

해설 선이 중복된 경우에는 중복된 두 선에서 하나의 선을 제거함으로써 쉽게 오류를 수정할 수 있다.

60 데이터 정의어(Data Definition Language) 중에서 이미 설정된 테이블의 정의를 수정하는 명령어는?

① DROP TABLE
② MOVE TABLE
③ ALTER TABLE
④ CHANGE TABLE

해설 데이터베이스 언어에는 데이터 정의어(DDL), 데이터 조작어(DML), 데이터 제어어(DCL)가 있다. 이 중 데이터 정의어(Data Definition Language)에는 데이터베이스, 테이블, 필드, 인덱스 등 객체를 CREATE(생성), ALTER(수정), DROP(삭제), RENAME(이름변경)하는 기능이 있다.

4과목 **지적학**

61 임야조사사업 당시 도지사가 사정한 임야경계의 구획선을 무엇이라고 하였는가?

① 경계선
② 묘유선
③ 지세선
④ 지역선

해설 강계선은 토지조사사업 당시 임시토지조사국장이 확정된 사정선으로 소유자가 다른 토지 간의 경계선으로 강계선의 상대는 소유자와 지목이 다르다는 원칙이 성립한다. 지역선은 소유자가 같은 토지와의 구획선 또는 소유자를 알 수 없는 토지와의 구획선 및 토지조사사업의 시행지와 미시행지와의 지계선으로 사정선의 대상에서 제외되었다.

62 경계불가분의 원칙이 의미하는 것으로 옳은 것은?

① 인접지와의 경계선은 공통이다.
② 경계선은 면적이 큰 것을 위주로 한다.
③ 먼저 조사한 선을 그 경계선으로 한다.
④ 토지조사 당시의 사정은 말소가 불가능하다.

해설 경계불가분의 원칙은 토지의 경계는 유일무이하여 어느 한쪽의 필지에만 전속되는 것이 아니고 연접한 토지에 공통으로 작용되기 때문에 이를 분리할 수 없다는 개념으로 토지의 경계선은 위치와 길이만 있을 뿐 넓이와 크기가 존재하지 않는다는 원칙이다.

63 "지적은 특정한 국가나 지역 내에 있는 재산을 지적측량에 의해 체계적으로 정리해 놓은 공부다." 라고 정의한 학자는?

① Kaufmann
② S. R. Simpson
③ J. L. G. Henssen
④ J. G. M. Entyre

> **해설** 네덜란드의 J. L. G. Henssen은 "지적이란 국내의 모든 부동산에 관한 데이터를 체계적으로 정리하여 등록하는 것이다."라고 하였다. 영국의 S. R. Simpson은 "지적이란 과세의 기초를 제공하기 위하여 한 나라 안의 부동산의 수량과 소유권 및 가격을 등록한 공부이다."라고 하였다. 미국의 J. G. M. Entyre는 "지적이란 토지에 대한 법률상의 용어로서 조세를 부과하기 위한 부동산의 수량, 가치 및 소유권의 공적인 등록이다."라고 하였다.

64 소극적 등록제도에 대한 설명으로 옳지 않은 것은?

① 권리자체의 등록이다.
② 지적측량과 측량도면이 필요하다.
③ 토지등록을 의무화하고 있지 않다.
④ 서류의 합법성에 대한 사실조사가 이루어지는 것은 아니다.

> **해설** 소극적 등록제도는 일필지의 소유권이 거래되면서 발생하는 거래증서를 변경ㆍ등록하는 제도에 불과하므로 적극적 등록제도에서와 같이 국가에 의해 등록에 대한 법적 권리보장이 되지 않는다. 토지의 권원(Title)을 등록하는 제도는 토렌스시스템이다.

65 경계복원측량의 법률적 효력 중 소관청 자신이나 토지소유자 및 이해관계인에게 정당한 변경절차가 없는 한 유효한 행정처분에 복종하도록 하는 것은?

① 구속력
② 공정력
③ 강제력
④ 확정력

> **해설** 경계복원측량 또는 토지등록의 효력에는 행정처분의 구속력, 공정력, 확정력, 강제력이 있다. 이 중 구속력은 경계복원 또는 토지등록의 행정처분이 유효한 한 정당한 절차 없이 그 존재를 누구나 부정하거나 기피할 수 없는 효력을 말한다. 소관청은 물론 상대방까지도 그 존재를 부정할 수 없는 구속력이 발생한다는 효력이다.

66 대한제국 시대에 양전사업을 전담하기 위해 설치한 최초의 독립기관은?

① 탁지부
② 양지아문
③ 지계아문
④ 임시토지조사국

> **해설** 대한제국(1897.10.12.~1910.8.29.)에서는 1898년 11월 전국의 양전업무를 관장하도록 양전 독립기구인 양지아문을 설치하였고, 1901년 10월 지계아문을 설치하여 양전업무를 이관(양지아문은 1902년 폐지)하였다. 1904년 4월 지계아문이 폐지되어 탁지부 양지국에 양전업무가 이관되었다가 1905년 2월에는 양지과로 담당기관이 축소되었다.

67 토지조사사업 시 일필지측량의 결과로 작성한 도부(개황도)의 축척에 해당되지 않는 것은?

① 1/600
② 1/1,200
③ 1/2,400
④ 1/3,000

해설 개황도는 1척 6촌×1척 2촌의 규격에 축척 1/600, 1/1,200, 1/2,400으로 작성되었다.

68 지적재조사사업의 목적으로 옳지 않은 것은?

① 경계복원능력의 향상
② 지적불부합지의 해소
③ 토지거래질서의 확립
④ 능률적인 지적관리체계 개선

해설 지적재조사사업은 지적공부의 등록사항을 토지의 실제 현황과 일치시키고 종이 지적을 디지털 지적으로 전환하여 지적불부합지 문제를 해소하고, 토지의 경계복원력을 향상시키며, 능률적인 지적관리체제로 개선함으로써 국토를 효율적으로 관리하고 국민의 재산권 보호에 기여하는 것을 목적으로 한다. 토지거래질서의 확립과는 관계가 없다.

69 양전법 개정을 위한 새로운 양전방안으로, 정전제의 시행을 전제로 하는 방량법과 어린도법을 주장한 학자는?

① 이기
② 서유구
③ 정약용
④ 정약전

해설 조선 후기 양전개정론자 중 정약용은 목민심서에서 정전제(井田制)의 시행을 전제로 방량법과 어린도법 도입을 주장하였고, 서유구는 의상경계책에서 양전법을 방량법과 어린도법으로 개정해야 한다고 하였으며, 이기는 해학유서를 통해 수등이척제에 대한 개선방법으로 망척제 도입을 주장하였다.

70 토지조사 및 임야조사사업 시에 사정 사항으로서 소유자를 사정하였는데, 물권객체로서의 소유자 사정의 본질이라 할 수 있는 것은?

① 소유권의 이전
② 기존 소유권의 승계
③ 기존 소유권의 확인
④ 기존 소유권의 공증

해설 사정(査定)은 토지조사부와 지적도 등에 의하여 토지의 소유자 및 그 강계(경계)를 확정하는 행정처분으로 이전의 권리와 무관한 창설적 · 확정적 효력이 있다. 따라서 사정은 원시취득의 효력을 가지며, 재결 시에도 효력 발생일을 사정일로 소급하였다.

71 조선시대의 속대전(續大典)에 따르면 양안(量案)에서 토지의 위치로서 동서남북의 경계를 표시한 것을 무엇이라고 하였는가?

① 자번호
② 사주(四柱)
③ 사표(四標)
④ 주명(主名)

해설 사표는 고려와 조선의 양안에 수록된 사항으로서 동서남북의 토지소유자와 지목, 자번호, 양전방향, 토지등급, 토지형태, 토지의 동서길이와 남북너비, 토지면적 등을 기재하여 토지의 위치를 간략하게 표시하였으며, 속대전에 모든 토지는 사표와 주명(主名)을 양안에 수록토록 규정하였다.

72 물권의 객체로서 토지를 외부에서 인식할 수 있는 토지등록의 원칙은?

① 공고(公告)의 원칙
② 공시(公示)의 원칙
③ 공신(公信)의 원칙
④ 공증(公證)의 원칙

해설 토지등록의 원칙은 등록의 원칙, 신청의 원칙, 특정화의 원칙, 국정주의 및 직권주의, 공시(公示)의 원칙 및 공개주의, 공신의 원칙으로 구분된다. 이 중 공시의 원칙은 토지등록의 법적 지위에 있어서 토지의 이동이나 물권의 변동은 반드시 외부에 알려야 한다는 원칙이다.

73 현대지적의 원리 중 지적행정을 수행함에 있어 국민의사의 우월적 가치가 인정되며, 국민에 대한 충실한 봉사, 국민에 대한 행정책임 등의 확보를 목적으로 하는 것은?

① 능률성의 원리
② 민주성의 원리
③ 정확성의 원리
④ 공기능성의 원리

해설 현대지적의 원리에는 공기능성의 원리, 민주성의 원리, 능률성의 원리, 정확성의 원리 등이 있다. 이 중 민주성의 원리는 정책결정에서 국민의 참여, 국민에 대한 충실한 봉사, 국민에 대한 행정적 책임 등이 확보되는 상태이다.

74 지적의 역할로서 옳지 않은 것은?

① 공시기능
② 사실관계증명
③ 감정평가 자료
④ 소유권 이외의 권리 확립

해설 소유권과 기타 권리는 부동산등기의 기능과 역할이다.

75 일본의 지적 관련 제도와 거리가 먼 것은?

① 법무성
② 지가공시법
③ 부동산등기법
④ 부동산등기부

76 토지의 권리 공시에 치중한 부동산 등기와 같은 형식적 심사를 가능하게 한 지적제도의 특성으로 볼 수 없는 것은?

① 지적공부의 공시
② 지적측량의 대행
③ 토지표시의 실질심사
④ 최초 소유자의 사정 및 사실조사

해설 지적측량은 실질적 심사를 가능하게 하며, 지적측량의 직영과 대행 등은 국가마다 다르게 운영된다.

77 임시토지조사국의 특별조사기관에서 수행한 업무가 아닌 것은?

① 분쟁지조사
② 외업 특별검사
③ 지지(地誌)자료조사
④ 증명 및 등기필지조사

해설 임시토지조사국 특별조사기관은 특별세부측도 성적검사, 분쟁지 심사, 급여 및 장려제도 조사, 고원고사(雇員考査), 외업 특별검사, 지지자료조사 등의 업무를 담당하였다.

78 대한제국 정부에서 문란한 토지제도를 바로잡기 위하여 시행하였던 근대적 공시제도의 과도기적 제도는?

① 등기제도
② 양안제도
③ 입안제도
④ 지권제도

해설 대한제국 정부(구한말)에 권세가나 토호의 토지 침탈이 많았고, 부동산 거래질서가 문란해져 입안이 없이 매매문기의 취득만으로 부동산 소유권이 이전되는 폐단이 발생함에 따라 입안을 대신하기 위하여 1901년 지계아문을 설치하여 지계(지권)제도를 시행하였다.

79 다음 중 두문자(頭文字) 표기방식의 지목이 아닌 것은?

① 과수원
② 사적지
③ 양어장
④ 유원지

해설 지목의 표기방법
• 두문자(頭文字) 표기 : 전, 답, 대 등 24개 지목
• 차문자(次文字) 표기 : 장(공장용지), 천(하천), 원(유원지), 차(주차장) 등 4개 지목

80 토지조사사업 당시 소유권조사에서 사정한 사항은?

① 강계, 면적
② 소유자, 지번
③ 강계, 소유자
④ 소유자, 면적

해설 토지조사사업 당시 소유권조사에서 사정은 소유자와 강계를 대상으로 하였다.

5과목 지적관계법규

81 지적재조사사업의 실시계획 수립권자는?

① 시 · 도지사
② 지적소관청
③ 국토교통부장관
④ 한국국토정보공사장

해설 지적재조사사업의 실시계획 수립권자는 지적소관청이다.

---

82 지적측량을 수반하는 토지이동으로 옳지 않은 것은?

① 분할
② 등록전환
③ 신규등록
④ 지목변경

해설 합병, 지번변경, 지목변경 등은 지적측량을 수반하지 않는 토지이동이다.

---

83 중앙지적위원회의 심의 · 의결사항이 아닌 것은?

① 지적측량기술의 연구 · 개발 및 보급에 관한 사항
② 지적 관련 정책 개발 및 업무 개선 등에 관한 사항
③ 지적소관청이 회부하는 청산금의 이의신청에 관한 사항
④ 지적기술자의 업무정지 처분 및 징계요구에 관한 사항

해설 중앙지적위원회의 심의 · 의결사항에는 ①, ②, ④ 외에 지적측량 적부심사에 대한 재심사, 측량기술자 중 지적분야 측량기술자의 양성에 관한 사항이 있다. 청산금의 이의신청에 관한 사항은 축척변경위원회의 심의 · 의결사항이다.

---

84 도로명주소법령상 국가지점번호 표기 및 국가지점번호판의 표기 대상 시설물에 대한 설명으로 틀린 것은?

① 국가지점번호는 주소정보기본도에 기록하고 관리하여야 한다.
② 국가지점번호는 가로와 세로의 길이가 각각 10m인 격자를 기본단위로 한다.

---

③ 국가지점번호의 표기대상 시설물은 지면 또는 수면으로부터 50cm 이상 노출되어 이동이 가능한 시설물로 한정한다.

④ 국가지점번호 표기 · 확인의 방법 및 절차, 국가지점번호판의 설치 절차 및 그 밖에 필요한 사항은 대통령령으로 정한다.

해설 국가지점번호의 표기대상 시설물은 지면 또는 수면으로부터 50cm 이상 노출되어 고정된 시설물로 한정하며, 설치한 날부터 1년 이내에 철거가 예정된 시설물은 제외한다.

85 토지표시의 변경등기에 관한 내용으로 틀린 것은?

① 등기명의인에게 등기 신청의무가 있다.
② 합필의 등기와 합병의 등기는 같은 것이다.
③ 토지등기부의 표제부에 등기된 사항에 변동이 있을 때 하는 등기이다.
④ 신청서에 토지대장 정보나 임야대장 정보를 첨부정보로서 제공하여야 한다.

해설 합필등기는 토지의 표시에 관한 등기를, 합병등기는 건물의 표시에 관한 등기를 의미한다.

86 「국토의 계획 및 이용에 관한 법률」에서 도시 · 군관리계획에 해당하지 않는 것은?

① 도시개발사업이나 정비사업에 관한 계획
② 기반시설의 설치 · 정비 또는 개량에 관한 계획
③ 기본적인 공간구조와 장기발전방향에 대한 계획
④ 용도지역 · 용도지구의 지정 또는 변경에 관한 계획

해설 도시 · 군관리계획의 포함사항에는 ①, ②, ④ 외 개발제한구역, 도시자연공원구역, 시가화조정구역, 수산자원 보호구역의 지정 또는 변경에 관한 계획, 지구단위계획구역의 지정 또는 변경에 관한 계획과 지구단위계획, 입지규제최소구역의 지정 또는 변경에 관한 계획과 입지규제최소구역계획 등이 있다. 기본적인 공간구조와 장기발전방향에 대한 계획은 도시 · 군기본계획에 해당된다.

87 토지의 이동과 관련하여 세부측량을 실시할 때 면적을 측정하지 않는 경우는?

① 지적공부의 복구 · 신규등록을 하는 경우
② 등록전환 · 분할 및 축척변경을 하는 경우
③ 등록된 경계점을 지상에 복원만 하는 경우
④ 면적 및 경계의 등록사항을 정정하는 경우

해설 면적측정 대상은 지적공부의 복구 · 신규등록 · 등록전환 · 분할 및 축척변경을 하는 경우, 면적 또는 경계를 정정하는 경우, 도시개발사업 등으로 인한 토지의 이동에 따라 토지의 표시를 새로 결정하는 경우, 경계복원측량 및 지적현황측량에 면적측정이 수반되는 경우 등이다. 등록된 경계점을 지상에 복원만 하는 경우에는 면적을 측정하지 않는다.

88 측량업의 등록을 하려는 자가 국토교통부장관 또는 시·도지사에게 제출하여야 할 첨부서류에 해당하지 않는 것은?

① 측량업 사무소의 등기부등본
② 보유하고 있는 장비의 명세서
③ 보유하고 있는 측량기술자의 명단
④ 보유하고 있는 측량기술자의 측량기술 경력증명서

해설 측량업등록의 첨부서류

구분	내용
기술인력을 갖춘 사실을 위한 증명서류	• 보유하고 있는 측량기술자의 명단 • 인력에 대한 측량기술 경력증명서
보유장비를 증명하기 위한 서류	• 보유하고 있는 장비의 명세서 • 장비의 성능검사서 사본 • 소유권 또는 사용권을 보유한 사실을 증명할 수 있는 서류

89 지적전산자료를 이용하거나 활용하려는 자로부터 심사 신청을 받은 관계 중앙행정기관의 장이 심사하여야 할 사항에 해당되지 않는 것은?

① 개인의 사생활 침해 여부
② 신청인의 지적전산자료 활용 능력
③ 신청내용의 타당성, 적합성 및 공익성
④ 자료의 목적 외 사용 방지 및 안전관리대책

해설 지적전산자료의 이용에 관한 심사사항에는 ①, ③, ④가 있다. 신청인의 지적전산자료 활용 능력은 해당되지 않는다.

90 경계에 관한 설명으로 옳은 것은?

① 연접되는 토지 간에 높낮이 차이가 있을 경우 그 지물 또는 구조물의 상단부가 경계설정기준이 된다.
② 도로·구거 등의 토지에 절토된 부분이 있는 경우에는 그 경사면의 상단부가 경계설정의 기준이 된다.
③ 「공간정보의 구축 및 관리 등에 관한 법률」상 경계란 경계점좌표등록부에 등록된 좌표의 연결을 말한다. 즉, 물리적 경계를 의미한다.
④ 「공간정보의 구축 및 관리 등에 관한 법률」상 경계란 지적도 또는 임야도에 등록된 경계점 및 굴곡점의 연결을 말한다. 즉, 지표상의 경계를 의미한다.

91 등록전환측량과 분할측량에 대한 설명으로 틀린 것은?

① 토지의 형질변경이 수반되는 등록전환측량은 토목공사 등이 시작되기 전에 실시하여야 한다.

② 합병된 토지를 합병 전의 경계대로 분할하려면 합병 전 각 필지의 면적을 분할 후 필지의 면적으로 한다.

③ 분할측량 시에 측량대상토지의 점유현황이 도면에 등록된 경계와 일치하지 않으면 분할 등록될 경계점을 지상에 복원하여야 한다.

④ 1필지의 일부를 등록전환하려면 등록전환으로 인하여 말소하여야 할 필지의 면적은 반드시 임야분할측량결과도에서 측정하여야 한다.

해설 토지의 형질변경이 수반되는 등록전환측량은 토목공사 등이 완료된 후에 실시하여야 한다. 각종 인허가 등의 내용과 다르게 토지의 형질이 변경되었을 경우에는 그 변경된 토지의 현황대로 측량성과를 결정하여야 한다.

92 측량기준점을 설치하거나 토지의 이동을 조사하는 자가 타인의 토지 등에 출입하는 것에 대한 내용으로 틀린 것은?

① 허가증의 발급권자는 국토교통부장관이다.

② 토지 등의 점유자는 정당한 사유 없이 출입행위를 방해하거나 거부하지 못한다.

③ 출입 행위를 하려는 자는 그 권한을 표시하는 허가증을 지니고 관계인에게 이를 내보여야 한다.

④ 해 뜨기 전이나 해가 진 후에는 그 토지 등의 점유자의 승낙 없이 택지나 담장 또는 울타리로 둘러싸인 타인의 토지에 출입할 수 없다.

해설 타인의 토지 등에 출입하고자 하는 때에는 관할 특별자치시장, 특별자치도지사, 시장 · 군수 또는 구청장의 허가를 받아야 하며, 출입하려는 날의 3일 전까지 해당 토지 등의 소유자 · 점유자 또는 관리인에게 그 일시와 장소를 통지하여야 한다.

93 「공간정보의 구축 및 관리 등에 관한 법률」상 지적측량 적부심사청구 사안에 대한 시 · 도지사의 조사사항이 아닌 것은?

① 지적측량 기준점 설치연혁

② 다툼이 되는 지적측량의 경위 및 그 성과

③ 해당 토지에 대한 토지이동 및 소유권 변동 연혁

④ 해당 토지 주변의 측량기준점, 경계, 주요 구조물 등 현황 실측도

94 도로명주소법에서 사용하는 용어 중 아래에서 설명하는 것은?

> 도로명과 기초번호를 활용하여 건물 등에 해당하지 아니하는 시설물의 위치를 특정하는 정보를 말한다.

① 사물주소   ② 상세주소
③ 지번주소   ④ 도로명주소

95 지적기준점성과의 관리 등에 대한 설명으로 옳은 것은?

① 지적도근점성과는 지적소관청이 관리한다.
② 지적삼각점성과는 지적소관청이 관리한다.
③ 지적삼각보조점성과는 시 · 도지사가 관리한다.
④ 지적소관청이 지적삼각점을 변경하였을 때에는 그 측량성과를 국토교통부장관에게 통보한다.

96 「공간정보의 구축 및 관리 등에 관한 법률」에 따른 지목의 종류가 아닌 것은?

① 양어장   ② 철도용지
③ 수도선로   ④ 창고용지

97 지적기준점의 제도방법으로 틀린 것은?

① 2등 삼각점은 직경 1mm, 2mm 및 3mm의 3중원으로 제도한다.

② 지적삼각보조점은 직경 3mm의 원으로 제도하고 원 안에 십자선을 표시한다.

③ 위성기준점은 직경 2mm 및 3mm의 2중원 안에 십자선을 표시하여 제도한다.

④ 3등 삼각점은 직경 1mm 및 2mm의 2중원으로 제도하고 중심원 내부를 검은색으로 엷게 채색한다.

해설 지적삼각보조점은 직경 3mm의 원으로 제도하고 원 안에 검은색으로 엷게 채색한다.

지적기준점의 제도방법

구분	위성기준점	1등 삼각점	2등 삼각점	3등 삼각점	4등 삼각점	지적삼각점	지적삼각보조점	지적도근점
기호	⊕	◉	◎	●	◎	⊕	●	○
크기	3mm/2mm	3mm/2mm/1mm		2mm/1mm		3mm		2mm

98 「지적재조사에 관한 특별법률」상 지상경계점등록부의 등록사항으로 틀린 것은?

① 토지의 소재, 지번, 지목
② 측량성과결정에 사용된 기준점명
③ 경계점 번호 및 표지 종류
④ 경계설정기준 및 경계형태

해설 지상경계점등록부의 등록사항에는 ①, ③, ④ 외 작성일, 위치도, 경계위치, 경계점 세부설명 및 관련 자료, 작성자의 소속·직급(직위)·성명, 확인자의 직급·성명 등이 있다. 측량성과결정에 사용된 기준점명은 등록사항이 아니다.

99 토지의 이동신청 및 지적정리에 관한 설명으로 옳은 것은?

① 토지소유자의 토지의 이동신청 없이는 지적정리를 할 수 없다.

② 토지의 이동신청은 사유가 발생한 날부터 90일 이내에 신청하여야 한다.

③ 지적소관청은 토지의 표시에 관한 변경등기가 필요한 경우 그 등기완료의 통지서를 접수한 날부터 10일 이내에 토지소유자에게 지적정리를 통지하여야 한다.

④ 지적소관청은 토지의 표시에 관한 변경등기가 필요하지 아니한 경우 지적공부에 등록한 날부터 7일 이내에 토지소유자에게 지적정리를 통지하여야 한다.

해설 ① 토지소유자의 신청이 없을 경우 지적소관청은 직권으로 조사 또는 측량하여 지번, 지목, 경계 또는 좌표와 면적을 결정할 수 있다.

② 신규등록, 등록전환, 분할, 합병, 지목변경 등의 경우 토지의 이동신청은 사유가 발생한 날부터 60일 이내에 지적소관청에 신청하여야 한다.

③ 지적소관청은 토지의 표시에 관한 변경등기가 필요한 경우에는 그 등기완료의 통지서를 접수한 날부터 15일 이내에, 필요하지 아니한 경우에는 지적공부에 등록한 날부터 7일 이내에 토지소유자에게 지적정리를 통지하여야 한다.

100 지목 및 지목의 제도에 대한 설명으로 틀린 것은?

① 지번 및 지목을 제도하는 경우 지번 다음에 지목을 제도한다.

② 부동산종합공부시스템이나 레터링으로 작성하는 경우에는 굴림체로 할 수 있다.

③ 필지의 중앙에 제도하기가 곤란한 때에는 가로쓰기가 되도록 도면을 돌려서 제도할 수 있다.

④ 지번의 글자 간격은 글자크기의 1/4 정도, 지번과 지목의 글자 간격은 글자크기의 1/2 정도 띄어서 제도한다.

해설 지번 및 지목의 글씨체는 2cm 이상 3cm 이하 크기의 명조체로 하며, 부동산종합공부시스템이나 레터링으로 작성할 경우에는 고딕체로 할 수 있다.

1과목 지적측량

01 전파기측량방법에 따라 교회법으로 지적삼각보조점측량을 할 때의 기준에 관한 아래 설명 중
( ) 안에 알맞은 말은?

> 지형상 부득이하여 2방향의 교회에 의하여 결정하려는 경우에는 각 내각을 관측하여 각 내각의 관측
> 치의 합계와 180°와의 차가 ( ) 이내일 때에는 이를 각 내각에 고르게 배분하여 사용할 수 있다.

① ±20초 ② ±30초 ③ ±40초 ④ ±50초

해설 경위의측량방법과 전파기 또는 광파기측량방법에 따라 교회법에 따른 지적삼각보조점측량은 3방향의 교회에
따라야 한다. 다만, 지형상 부득이하여 2방향의 교회에 의하여 결정하려는 경우에는 각 내각을 관측하여 각
내각의 관측치의 합계와 180°와의 차가 ±40초 이내일 때에는 이를 각 내각에 고르게 배분하여 사용할 수
있다.

02 수평각관측에서 망원경의 정위와 반위로 관측하는 목적은?

① 양차를 방지하기 위하여 ② 연직축오차를 방지하기 위하여
③ 시준축오차를 제거하기 위하여 ④ 굴절보정 오차를 제거하기 위하여

해설 수평각관측에서 망원경 정·반 관측의 목적은 기계적 결함과 기계 조정의 불완전 등의 오차를 소거하고 시준축
오차를 제거하기 위함이다.

03 임야도를 갖춰 두는 지역의 세부측량에 있어서 지적기준점에 따라 측량하지 아니하고 지적도의
축척으로 측량한 후 그 성과에 따라 임야측량결과도를 작성할 수 있는 경우는?

① 임야도에 도곽선이 없는 경우
② 경계점의 좌표를 구할 수 없는 경우
③ 지적도근점이 설치되어 있지 않은 경우
④ 지적도에 기지점은 없지만 지적도를 갖춰 두는 지역에 인접한 경우

해설 지적도의 축척으로 측량한 후 임야측량결과도를 작성할 수 있는 경우
- 측량대상토지가 지적도를 갖춰 두는 지역에 인접하여 있고 지적도의 기지점이 정확하다고 인정되는 경우
- 임야도에 도곽선이 없는 경우

04 아래 그림에서 l의 길이는?(단, $L=10m$, $\theta=75°45'26.7''$)

① 4.35m　② 6.29m　③ 8.14m　④ 9.42m

해설 전제장$(l)=\dfrac{L}{2}\times\csc\dfrac{\theta}{2}=\dfrac{10}{2}\times\csc\dfrac{75°45'26.7''}{2}=8.14m$

※ cosec는 sin의 역수로서 $\dfrac{75°45'26.7''}{2}=37°52'43.4''$의 sin값을 구한 후 역수로 계산하며, 역수로 계산할 때는 sin값이 있는 상태에서 계산기의 $1/\chi$라고 되어 있는 키를 선택하면 된다.

05 평판측량방법에 따른 세부측량을 시행하는 경우 기지점을 기준으로 하여 지상경계선과 도상경계선의 부합 여부를 확인하는 방법에 해당하지 않는 것은?
① 현형법　② 중앙종거법
③ 거리비교확인법　④ 도상원호교회법

해설 평판측량방법에 따른 세부측량에서 경계점은 기지점을 기준으로 하여 지상경계선과 도상경계선의 부합 여부를 현형법·도상원호교회법·지상원호교회법·거리비교확인법 등으로 확인하여 결정한다.

06 다음 중 잔차를 구하는 식은?
① 잔차=관측값-참값　② 잔차=관측값-최확값
③ 잔차=기댓값-관측값　④ 잔차=최확값-기대값

해설 참오차는 관측값-참값이며, 편의는 참값-평균값(최확값)이고, 잔차는 관측값-평균값(최확값)이다. 일반적으로 참값은 알 수 없는 값이므로 참값에 가장 가까운 의미로 최확값 또는 평균값을 사용한다.

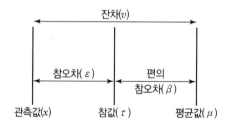

07 다음 중 고대 지적 및 측량사와 가장 거리가 먼 것은?

① 고대 이집트의 나일강변
② 고대 인도의 타지마할 유적
③ 중국 전한(前漢)의 회남자(淮南子)
④ 고대 수메르(Sumer)지방의 점토판

해설 고대 인도의 우수한 건축미를 보여주는 타지마할 유적은 지적 및 측량사와 관계가 멀다.

08 지적삼각점의 관측계산에서 자오선수차의 계산단위 기준은?

① 초 아래 1자리
② 초 아래 2자리
③ 초 아래 3자리
④ 초 아래 4자리

해설 지적삼각점측량의 수평각 계산단위

종별	각	변의 길이	진수	좌표 또는 표고	경위도	자오선수차
단위	초	cm	6자리 이상	cm	초 아래 3자리	초 아래 1자리

09 지적삼각점을 설치하기 위하여 연직각을 관측한 결과가 최대치는 $+25°42'37''$이고, 최소치는 $+25°42'32''$일 때 옳은 것은?

① 최대치를 연직각으로 한다.
② 평균치를 연직각으로 한다.
③ 최소치를 연직각으로 한다.
④ 연직각을 다시 관측하여야 한다.

해설 지적삼각점측량 시 관측치의 최대치와 최소치의 교차가 30초 이내일 때에는 그 평균치를 연직각으로 한다.

10 도곽선의 제도에 대한 설명으로 틀린 것은?

① 도면의 위 방향은 항상 북쪽이 되어야 한다.
② 도면에 등록하는 도곽선은 0.1cm의 폭으로 제도한다.
③ 도곽선수치는 왼쪽 윗부분과 오른쪽 아랫부분에 제도한다.
④ 이미 사용하고 있는 도면의 도곽크기는 종전에 구획되어 있는 도곽과 그 수치로 한다.

해설 도곽선의 수치는 도곽선 왼쪽 아랫부분과 오른쪽 윗부분의 종횡선교차점 바깥쪽에 2cm 크기의 아라비아숫자로 제도한다.

11 다음 구소삼각지역의 직각좌표계 원점 중 평면직각종횡선수치의 단위를 간(間)으로 한 원점은?

① 고초원점
② 망산원점
③ 율곡원점
④ 조본원점

구소삼각원점의 구분

지역		단위	
경기지역	경북지역	미터(m)	간(間)
고초원점 등경원점 가리원점 계양원점 망산원점 조본원점	구암원점 금산원점 율곡원점 현창원점 소라원점	고초원점 조본원점 율곡원점 현창원점 소라원점	등경원점 가리원점 계양원점 망산원점 구암원점 금산원점

12 지적도근점측량에 대한 내용으로 틀린 것은?

① 1등 도선은 가 · 나 · 다 순으로, 2등 도선은 ㄱ · ㄴ · ㄷ 순으로 표기한다.

② 경위의측량방법에 따라 다각망도선법으로 할 때에는 3점 이상의 기지점을 포함한 결합다각방식에 따른다.

③ 경위의측량방법에 따라 도선법으로 할 때에는 왕복도선에 따르며 지형상 부득이한 경우 개방도선에 따를 수 있다.

④ 경위의측량방법에 따라 도선법으로 할 때에 1도선의 점의 수는 부득이한 경우 50점까지로 할 수 있다.

해설 경위의측량방법에 따라 도선법으로 지적도근점측량을 할 때에는 결합도선에 따르며, 지형상 부득이한 경우 폐합도선 또는 왕복도선에 따를 수 있다.

13 축척이 1/600인 지역에서 일필지로 산출된 면적이 10.550㎡일 때 결정면적으로 옳은 것은?

① 10㎡   ② 10.5㎡   ③ 10.6㎡   ④ 11㎡

해설 지적도의 축척이 1/600인 지역과 경계점좌표등록부에 등록하는 지역의 토지면적은 ㎡ 이하 한 자리 단위로 하되, 0.1㎡ 미만의 끝수가 있는 경우 0.05㎡ 미만일 때에는 버리고 0.05㎡를 초과할 때에는 올리며, 0.05㎡일 때에는 구하려는 끝자리의 숫자가 0 또는 짝수면 버리고 홀수면 올린다. 다만, 1필지의 면적이 0.1㎡ 미만일 때에는 0.1㎡로 한다.

14 지적삼각점측량의 계산에서 진수는 몇 자리 이상을 사용하는가?

① 6자리 이상   ② 7자리 이상   ③ 8자리 이상   ④ 9자리 이상

해설 지적삼각점측량의 수평각 계산단위

종별	각	변의 길이	진수	좌표 또는 표고	경위도	자오선수차
단위	초	cm	6자리 이상	cm	초 아래 3자리	초 아래 1자리

15 지적도근점측량에서 측정한 각 측선의 수평거리의 총합계가 1,550m일 때, 연결오차의 허용범위 기준은?(단, 축척 1/600 지역과 경계점좌표등록부 시행지역에 걸쳐 있으며, 2등 도선이다.)

① 25cm 이하

② 29cm 이하

③ 30cm 이하

④ 35cm 이하

해설 지적도근점측량의 연결오차 허용범위(공차)

측량방법	등급	연결오차의 허용범위(공차)
배각법	1등 도선	$M \times \dfrac{1}{100} \sqrt{n}$ cm 이내
	2등 도선	$M \times \dfrac{1.5}{100} \sqrt{n}$ cm 이내

※ M : 축척분모, n : 각 측선의 수평거리의 총합계를 100으로 나눈 수

축척분모는 하나의 도선에 속하여 있는 지역의 축척이 2 이상일 때에는 대축척의 축척분모에 따른다. 2등 도선에 경계점좌표등록부를 갖춰 두는 지역의 축척분모는 500이므로,

2등 도선의 연결오차 $= 500 \times \dfrac{1.5}{100} \sqrt{15.5} = 29.5$cm

16 지적도근점측량 중 배각법에 의한 도선의 계산순서를 올바르게 나열한 것은?

ㄱ 관측성과의 이기   ㄴ 측각오차의 계산
ㄷ 방위각의 계산   ㄹ 관측각의 합계 계산
ㅁ 각 측점의 종횡선차의 계산   ㅂ 각 측점의 좌표계산

① ㄱ-ㄴ-ㄷ-ㄹ-ㅁ-ㅂ

② ㄱ-ㄴ-ㄹ-ㄷ-ㅂ-ㅁ

③ ㄱ-ㄷ-ㄹ-ㄴ-ㅂ-ㅁ

④ ㄱ-ㄹ-ㄴ-ㄷ-ㅁ-ㅂ

해설 배각법의 계산순서

관측성과의 이기 → 폐색변을 포함한 변수(n) 계산 → 관측각의 합계 계산 → 측각오차 및 공차의 계산 → 반수의 계산 → 측각오차의 배부 → 방위각의 계산 → 각 측점의 종횡선차의 계산 → 종횡선오차, 연결오차 및 공차의 계산 → 종횡선오차의 배부 → 각 측점의 좌표계산

17 지적확정측량 시 그림과 같이 $\theta = 45°$, $L = 10$m일 때 우절면적은?

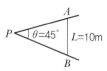

① 27.1m²

② 36.7m²

③ 60.4m²

④ 65.3m²

해설 우절면적$(A) = \left(\dfrac{L}{2}\right)^2 \times \cot\dfrac{\theta}{2} = \left(\dfrac{10}{2}\right)^2 \times \cot\dfrac{45°}{2} = 25 \times \cot 22°30' = 25 \div \tan 22°30' = 60.4$m²

18 지적측량에서 사용하는 구소삼각원점 중 가장 남쪽에 위치한 원점은?

① 가리원점　　　　② 구암원점　　　　③ 망산원점　　　　④ 소라원점

> **해설** 망산원점의 경위도는 동경 126°22′24″.596, 북위 37°43′07″.060이고, 가리원점은 동경 126°51′59″.430, 북위 37°25′30″.532이며, 구암원점은 동경 128°35′46″.186, 북위 35°51′30″.878, 소라원점이 동경 128°43′36″.841, 북위 35°39′58″.199이다.
> ※ 위도가 가장 낮은 소라원점이 가장 남쪽에 있다.

19 삼각측량에서 경도보정량 10.405″에 대한 설명으로 옳은 것은?

① 1등 삼각점 관측방향각의 상수로서 기지삼각점의 경도오차이다.
② 우리나라의 1등이 일본의 2등에 준성성과이므로 정확도 향상을 위해 필요하다.
③ 우리나라의 통일원점과 만주원점의 성과차이로 계산 시 수정을 요한다.
④ 동경원점의 오류수정 사항으로서 기지삼각점 사용 시 경도의 수정을 요한다.

> **해설** 경도보정량 10.405″는 일본 동경원점의 1898년과 1918년 천문측량 결과 경도에 10.405초의 오류가 발견되어 이후 동경원점을 사용하는 베셀타원체를 이용할 경우에는 10.405초를 더하여 보정하게 되었다. 우리나라의 국토지리정보원에서도 삼각점의 성과를 고시할 때 경도값에 10.405초를 더해서 사용하도록 명시하고 있다.

20 지적삼각보조점측량에서 연결오차가 0.42m이고, 종선차가 0.22m였다면 횡선차는?

① 0.21m　　　　② 0.36m　　　　③ 0.42m　　　　④ 0.48m

> **해설** 연결오차 $= \sqrt{종선교차^2 + 횡선교차^2} \rightarrow 0.42 = \sqrt{0.22^2 + 횡선교차^2}$
> ∴ 횡선교차 $= \sqrt{0.42^2 - 0.22^2} = 0.36$m

2과목 **응용측량**

21 GNSS측량에서 에포크(Epoch)의 의미로 옳은 것은?

① 신호를 수신하는 데이터 취득 간격
② 위성을 포함하는 대원(Great Circle)의 평면
③ 안테나와 수신기를 연결하는 케이블
④ 위성들의 위치를 기록한 표

> **해설** 에포크(Epoch)는 GNSS측량에서 상대(간섭) 위치결정을 할 때 신호 수신간격을 말하며, 일반적으로 30초 이내로 한다.

22 촬영고도 1,500m에서 찍은 인접 사진에서 주점기선의 길이가 15cm이고, 어느 건물의 시차차가 3cm였다면 건물의 높이는?

① 10m
② 30m
③ 50m
④ 70m

해설 건물의 높이$(h) = \dfrac{H}{b_0}\Delta p = \dfrac{1,500}{0.15} \times 0.003 = 30\text{m}$

(h : 건물의 높이, H : 비행고도, b_0 : 주점기선길이, Δp : 시차차)

23 두 점 간의 고저차를 A, B 두 사람이 정밀하게 측정하여 다음과 같은 결과를 얻었다. 두 점 간 고저차의 최확값은?

- A : 68.994m±0.008m
- B : 69.003m±0.004m

① 68.996m
② 68.997m
③ 68.999m
④ 69.001m

해설 경중률은 오차의 제곱에 반비례하므로,

$$P_1 : P_2 = \dfrac{1}{0.008^2} : \dfrac{1}{0.004^2} = \dfrac{1}{64} : \dfrac{1}{16} = 1 : 4$$

$\therefore$ 최확값$(H) = \dfrac{(68.994 \times 1) + (69.003 \times 4)}{1+4} = 69.001\text{m}$

24 GNSS측량을 실시할 경우 고도 관측의 일차적인 기준으로 옳은 것은?

① NGVD
② 지오이드
③ 평균해수면
④ 기준타원체

해설 GNSS측량 시 고도 관측의 일차적인 기준은 기준타원체이다.

25 터널의 준공을 위한 변형조사측량에 해당되지 않는 것은?

① 중심측량
② 고저측량
③ 삼각측량
④ 단면측량

해설 터널 완성한 후 변형조사측량에는 중심측량, 고저측량, 단면측량 등이 있다.

26 터널측량을 하여 터널 시점(A)과 종점(B)의 좌표와 높이(H)가 다음과 같을 때, 터널의 경사도는?

> A(1,125.68, 782.46), B(1,546.73, 415.37), H_A=49.25, H_B=86.39 (단위 : m)

① 3°25′14″

② 3°48′14″

③ 4°08′14″

④ 5°08′14″

해설 높이차=86.39−49.25=37.14m

AB의 거리 $=\sqrt{(1,546.73-1,125.68)^2+(415.37-782.46)^2}=558.60$m

∴ 터널경사도 $\theta=\tan^{-1}\dfrac{\text{높이}}{\text{거리}}=\tan^{-1}\dfrac{37.14}{558.60}=3°48′14″$

27 GPS 위성신호인 L_1과 L_2의 주파수의 크기로 옳은 것은?

① L_1=1,274.45MHz, L_2=1,567.62MHz

② L_1=1,367.53MHz, L_2=1,425.30MHz

③ L_1=1,479.23MHz, L_2=1,321.56MHz

④ L_1=1,575.42MHz, L_2=1,227.60MHz

해설 GPS 신호의 주파수에서 L_1 반송파는 1,575.42MHz(154×10.23MHz), L_2 반송파는 1,227.60MHz(120×10.23MHz)이다.

28 지성선에 대한 설명으로 옳은 것은?

① 지표면의 다른 종류의 토양 간에 만나는 선

② 경작지와 산지가 교차되는 선

③ 지모의 골격을 나타내는 선

④ 수평면과 직교하는 선

해설 지성선(地性線, 지세선)은 다수의 평면으로 이루어진 지형의 접합부를 말한다. 이에는 능선(凸선 · 분수선), 합수선(凹선 · 계곡선), 경사변환선, 최대경사선(유하선) 등이 있다.

29 지모의 형태를 표시하고 표고의 높이를 쉽게 파악하기 위해 주곡선 5개마다 표시하는 등고선은?

① 계곡선

② 수애선

③ 간곡선

④ 조곡선

등고선의 종류 및 간격 (단위 : m)

등고선의 종류	등고선의 간격			
	1/5,000	1/10,000	1/25,000	1/50,000
계곡선	25	25	50	100
주곡선	5	5	10	20
간곡선	2.5	2.5	5	10
조곡선	1.25	1.25	2.5	5

30 수준측량 용어로 이 점의 오차는 다른 점에 영향을 주지 않으며 이 점만의 표고를 관측하기 위한 관측점을 의미하는 것은?

① 기준점   ② 측점   ③ 이기점   ④ 중간점

해설 수준측량에서 전시만 취하는 점으로 표고를 관측할 점을 중간점이라 하는데, 중간점에 오차가 발생하여도 다른 측량지역에 오차의 영향이 미치지 않는다.

31 수준측량에서 전시와 후시를 등거리로 하는 것이 좋은 이유로 틀린 것은?

① 지구곡률오차를 소거할 수 있다.   ② 레벨 조정 불완전에 의한 오차를 없앤다.

③ 시차에 의한 오차를 없앤다.   ④ 대기굴절오차를 소거할 수 있다.

해설 전시와 후시를 등거리로 하면 시준선이 기포관축과 평행하지 않을 때 발생하는 오차를 제거할 수 있다.

32 노선측량에서 완화곡선의 성질을 설명한 것으로 틀린 것은?

① 완화곡선 종점의 캔트는 원곡선의 캔트와 같다.

② 완화곡선에 연한 곡률반지름의 감소율은 캔트의 증가율과 같다.

③ 완화곡선의 접선은 시점에서는 원호에, 종점에서는 직선에 접한다.

④ 완화곡선의 반지름은 시점에서는 무한대이며, 종점에서는 원곡선의 반지름과 같다.

해설 완화곡선의 접선은 시점에서는 직선이고, 종점에서는 원호이다.

33 기복변위와 경사변위를 모두 제거한 사진으로 옳은 것은?

① 정사사진   ② 엄밀수직사진

③ 엄밀수평사진   ④ 사진집성도

해설 정사사진(Orthophoto)은 중심투영으로 인해서 비행고도에 따라 생긴 연직사진상의 기복변위와 경사변위, 기타 오차 등의 왜곡을 제거하여 모든 물체를 수직으로 내려다보았을 때의 모습으로 변환한 사진이다.

34 A점의 표고가 125m, B점의 표고가 155m인 등경사 지형에서 A점으로부터 표고 130m 등고선까지의 거리는?(단, AB의 거리는 250m이다.)

① 31.76m　　　② 41.67m　　　③ 52.67m　　　④ 58.76m

> **해설**　AB점의 표고차 : AB점의 수평거리 = A점에서 130m 지점의 표고차 : A점에서 130m 지점의 수평거리이므로, $30:250=5:d \rightarrow d=\dfrac{250\times5}{30}=41.67$m

35 노선측량에서 곡선설치에 사용하는 완화곡선에 해당되지 않는 것은?

① 복심곡선　　　　　　　　② 3차 포물선
③ 클로소이드 곡선　　　　　④ 렘니스케이트 곡선

> **해설**　평면곡선에는 단곡선, 복심곡선, 반향곡선, 완화곡선이 있다. 완화곡선에는 클로소이드 곡선·렘니스케이트 곡선·3차 포물선·sin 체감곡선이 있다.

36 등고선 측정방법 중 지성선상의 중요한 지점의 위치와 표고를 측정하여 이 점들을 기준으로 하여 등고선을 삽입하는 방법은?

① 횡단점법　　　　　　　　② 종단점법
③ 좌표점법　　　　　　　　④ 방안법

> **해설**　종단점법은 지성선의 방향이나 중요한 방향의 여러 측선에 대하여 기준점에서 필요한 점까지의 높이를 관측하여 등고선을 그리는 간접관측방법으로서 소축척의 산지에 주로 사용된다.

37 원곡선 설치 시 교각이 60°, 반지름이 100m, 곡선시점 B.C = No.5 + 8m일 때 도로기점에서 곡선종점 E.C까지의 거리는?(단, 중심 말뚝간격은 25m이다.)

① 212.72m　　　② 220.72m　　　③ 237.72m　　　④ 273.72m

> **해설**　곡선시점(B.C) = No.5 + 8m = 25 × 5 + 8 = 133m
>
> 곡선길이(C.L) = $RI \times \dfrac{\pi}{180} = 100 \times 60 \times \dfrac{\pi}{180} = 104.72$m
>
> 곡선종점(E.C)까지 거리 = 곡선시점(B.C) + 곡선길이(C.L) = 133m + 104.7m = 237.7m

38 항공사진측량을 고도 1km 상공에서 실거리가 500m인 교량을 촬영하였다면 사진에 나타난 교량의 길이는?(단, 카메라 초점거리는 150cm이다.)

① 5.0cm　　　② 7.5cm　　　③ 13.3cm　　　④ 30.0cm

사진축척$(M) = \dfrac{1}{m} = \dfrac{l}{D} = \dfrac{f}{H} \rightarrow m = \dfrac{H}{f} = \dfrac{1,000}{0.15} = 6,666.67$

(m : 축척분모, l : 사진상 거리, D : 지상거리, f : 렌즈의 초점거리, H : 촬영고도)

$\therefore$ 사진상 거리$(l) = \dfrac{D}{m} = \dfrac{500}{6,666.7} = 7.5\text{cm}$

39 그림의 AB 간에 곡선을 설치하고자 하였으나 교점(P)에 접근할 수 없어 $\angle ACD = 140°$, $\angle CDB = 90°$ 및 $CD = 200\text{m}$를 관측하였다. C점에서 곡선시점$(B.C)$까지의 거리는?(단, 곡선 반지름은 300m이다.)

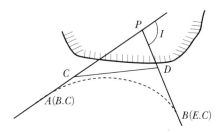

① 643.35m ② 261.68m ③ 382.27m ④ 288.66m

$\angle PCD = 180 - 140 = 40°$

$\angle CDP = 180 - 90 = 90°$

$\angle CPD = 180 - (40 + 90) = 50°$

교각$(I) = 180 - 50 = 130°$

$\text{T.L} = R \cdot \tan\dfrac{I}{2} = 300 \times \tan\dfrac{130°}{2} = 643.35\text{m}$

$\sin$법칙 $\dfrac{200}{\sin 50} = \dfrac{\overline{PC}}{\sin 90} \rightarrow \overline{PC} = \dfrac{200 \times \sin 90}{\sin 50} = 261.08\text{m}$

$\therefore$ 거리$(\overline{CA}) = $ 접선길이$(\text{T.L}) - \text{I.P} = 643.35 - 261.08 = 382.27\text{m}$

40 항공사진에서 주점(Principal Point)에 관련된 설명으로 옳은 것은?

① 축척과 표점의 결정에 사용되는 지표상의 한 점이다.

② 동일한 개체가 중복된 인접영상에 나타나는 점을 의미한다.

③ 2장의 입체사진을 겹쳤을 때 중앙에 위치하는 점이다.

④ 마주보는 지표의 대각선이 교차하는 점이다.

항공사진의 성질을 설명하는 데 중요한 점인 주점, 연직점, 등각점을 특수 3점이라고 한다. 주점은 사진의 중심점으로서 투영중심으로부터 사진면에 내린 수선의 발, 즉 렌즈의 광축과 사진면이 교차하는 점이다. 일반적으로 측량용 사진에서는 마주보는 사진지표의 대각선이 서로 만나는 점이 주점의 위치가 되며 거의 수직사진에서 각관측의 중심점으로 사용된다.

41 행정구역의 명칭이 변경된 때에 지적소관청은 국토교통부장관에게 행정구역변경일 며칠 전까지 행정구역의 코드변경을 요청하여야 하는가?

① 10일 전   ② 20일 전   ③ 30일 전   ④ 60일 전

> **해설** 지적소관청은 국토교통부장관(시 · 도지사 경유)에게 행정구역변경일 10일 전까지 행정구역의 코드변경을 요청해야 한다.

42 토지정보시스템의 속성정보가 아닌 것은?

① 일람도 자료   ② 대지권등록부
③ 토지 · 임야대장   ④ 경계점좌표등록부

> **해설** 일람도는 하나의 지번부여지역의 개략적인 지적내용을 표시한 지적도면의 보조도면으로 토지정보시스템의 속성정보에 해당되지 않는다.

43 벡터데이터와 래스터데이터의 구조에 관한 설명으로 옳지 않은 것은?

① 래스터데이터는 중첩분석이나 모델링이 유리하다.
② 벡터데이터는 자료구조가 단순하여 중첩분석이 쉽다.
③ 벡터데이터는 좌표계를 이용하여 공간정보를 기록한다.
④ 벡터데이터는 점, 선, 면으로 표현하고 래스터데이터는 격자로 도형을 표현한다.

> **해설** 벡터데이터와 래스터데이터의 장단점

구분	벡터데이터	래스터데이터
장점	• 사용자 관점에 가까운 자료구조이다. • 자료 압축률이 높다. • 위상에 대한 정보가 제공되어 관망분석과 같은 다양한 공간분석이 가능하다. • 위치와 속성에 대한 검색, 갱신, 일반화가 가능하다. • 정확도가 높다. • 지도와 비슷한 도형제작이다.	• 데이터 구조가 간단하다. • 다양한 레이어의 중첩분석이 용이하다. • 영상자료(위성 및 항공사진 등)와 연계가 용이하다. • 중첩분석이 용이하다. • 셀의 크기와 형태가 동일하여 시뮬레이션이 용이하다.
단점	• 데이터 구조가 복잡하다. • 중첩의 수행이 어렵다. • 동일하지 않은 위상구조로 분석이 어렵다.	• 이미지 자료이기 때문에 자료량이 크다. • 셀의 크기를 확대하면 정보손실을 초래한다. • 시각적인 효과가 떨어진다. • 관망분석이 불가능하다. • 좌표변환(벡터화) 시 절차가 복잡하고 시간이 많이 소요된다.

44 다음을 Run – length 코드 방식으로 표현하면 어떻게 되는가?

A	A	A	B
B	B	B	B
B	C	C	A
A	A	B	B

① 3A6B2C3A2B

② 1B3A4B1A2C3B2A

③ 1A2B2A1B1C2A1B1C3B1A1B

④ 2B1A1B1A1B1C1B1A1B1C2A2B1A

해설 연속분할코드(Run – length Code) 방법은 래스터데이터의 각 행마다 왼쪽에서 오른쪽으로 진행하면서 시작하는 셀부터 끝나는 셀까지 동일 값의 셀들을 묶어 압축시키는 방식으로 3A6B2C3A2B와 같이 표현된다.

45 지적전산자료의 이용에 관한 설명으로 옳은 것은?

① 심사 및 승인을 거쳐 지적전산자료를 이용하는 모든 자는 사용료를 면제한다.

② 시 · 군 · 구 단위의 지적전산자료를 이용하고자 하는 자는 시 · 도지사 또는 지적소관청의 승인을 얻어야 한다.

③ 시 · 도 단위의 지적전산자료를 이용하고자 하는 자는 행정안전부장관 또는 시 · 도지사의 승인을 얻어야 한다.

④ 전국 단위의 지적전산자료를 이용하고자 하는 자는 국토교통부장관, 시 · 도지사 또는 지적소관청의 승인을 얻어야 한다.

해설 지적전산자료의 이용 및 활용에 관한 승인권자

구분	승인권자
전국 단위	국토교통부장관, 시 · 도지사 또는 지적소관청
시 · 도 단위	시 · 도지사 또는 지적소관청
시 · 군 · 구 단위	지적소관청

46 스파게티(Spaghetti) 모형에 대한 설명으로 옳지 않은 것은?

① 데이터 파일을 이용한 지도를 인쇄하는 단순 작업의 경우에 효율적인 도구로 사용된다.

② 개체들 간에 정보를 갖지 못하고 국수가락처럼 좌표들이 길게 연결된 구조를 말한다.

③ 상호 연관성에 관한 정보가 없어 인접한 객체들의 특징과 관련성, 연결성을 파악하기 어렵다.

④ 하나의 점이 X, Y좌표를 기본으로 하고 있어 다른 모형에 비하여 구조가 복잡하고 이해하기 어렵다.

스파게티 자료구조는 점·선·면 등의 객체들 간의 공간관계가 설정되지 못한 채 일련의 좌표에 의한 그래픽 형태로 저장되는 구조로서 공간분석에는 비효율적이다. 하나의 점(X, Y좌표)을 기본으로 하고 있어 구조가 간단하므로 이해하기 쉽다.

47 다음 중 지적행정에 웹 LIS를 도입한 효과로 가장 거리가 먼 것은?

① 중복된 업무를 처리하지 않아도 된다.
② 지적 관련 정보와 자원을 공유할 수 있다.
③ 업무의 중앙 집중 및 업무별 중앙 제어가 가능하다.
④ 시간과 거리에 제한을 받지 않고 민원을 처리할 수 있다.

업무별 분산처리를 실현할 수 있다.

48 토지정보시스템의 집중형 하드웨어 시스템에 대한 설명으로 틀린 것은?

① 초기 도입비용이 저렴하다.
② 시스템 장애 시 전체적인 피해가 발생한다.
③ 시스템 구성의 초기 단계에서 치밀한 계획이 필요하다.
④ 토지정보의 통합 관리로 전체적인 통제 및 유지가 가능하다.

토지정보시스템의 집중형 하드웨어 시스템은 전국적인 획일적 시스템의 활용으로 각 시·도 분산시스템의 상호 간 또는 중앙시스템 간의 인터페이스를 완전하게 확보 가능한 장점이 있으나 시스템 구축 등으로 도입비용이 많이 소요되는 단점이 있다.

49 지적도면을 스캐닝한 결과로 나타나는 격자구조에 대한 설명으로 옳은 것은?

① 디지타이징된 자료구조는 격자이다.
② 스캐닝된 격자구조는 선 방향을 갖는다.
③ 격자구조의 정확도는 격자의 면적에 비례한다.
④ 격자의 크기가 작을수록 저장되는 자료는 늘어난다.

격자(래스터)구조는 셀(Cell), 격자(Grid) 또는 화소(Pixel)로 구성되고, 스캐닝된 격자구조는 행과 열로 표현하는 격자 좌표를 가지며, 격자구조의 정확도는 격자의 면적에 반비례한다.

50 속성정보를 데이터베이스에 입력하기에 가장 적합한 장비는?

① 스캐너
② 키보드
③ 플로터
④ 디지타이저

해설 속성자료는 통계자료 · 보고서 · 관측자료 · 범례 등의 형태로 구성되고, 주로 글자나 숫자의 형태로 표현되는 자료로서 데이터베이스 입력에는 키보드가 적합하다.

51 다음 중 KLIS 구축에 따른 시스템의 구성요건으로 옳지 않은 것은?

① 개방적 구조를 고려하여 설계
② 전국적인 통일된 좌표계 사용
③ 시스템의 확장성을 고려하여 설계
④ 파일처리 방식의 데이터관리시스템 설계

해설 한국토지정보시스템(KLIS)은 데이터베이스관리시스템(DBMS) 방식으로 설계되었다.

52 자료에 대한 내용, 품질, 사용조건 등의 정보를 제공하는 것으로 데이터의 이력서라고도 하는 것은?

① Layer   ② Index   ③ SDTS   ④ Metadata

해설 메타데이터는 데이터에 대한 데이터로서 데이터의 내용, 품질, 조건, 상태, 제작시점, 제작자, 소유권자, 좌표체계 등 특성에 대한 정보를 포함하는 데이터의 이력서라 할 수 있으며, 공간데이터, 속성데이터 및 추가적인 정보로 구성되어 있다.

53 토지정보시스템의 필요성을 가장 잘 설명한 것은?

① 기준점의 효율적 관리
② 지적재조사사업 추진
③ 지역측지계의 세계좌표계로의 변환
④ 토지 관련 자료의 효율적 이용과 관리

해설 토지정보시스템은 토지의 효율적 관리를 목적으로 토지와 관련된 정보를 체계적 · 종합적으로 수집 · 저장 · 조회 · 분석하여 법률적 · 행정적 · 경제적으로 활용하기 위한 시스템이다.

54 필지식별번호에 대한 설명으로 옳지 않은 것은?

① 각 필지에 부여하며 가변성이 있는 번호다.
② 필지에 관련된 자료의 공통적인 색인번호 역할을 한다.
③ 필지별 대장의 등록사항과 도면의 등록사항을 연결하는 기능을 한다.
④ 각 필지별 등록사항의 저장과 수정 등을 용이하게 처리할 수 있는 고유번호다.

해설 필지식별자는 토지거래에 있어서 변화가 없고 영구적이어야 한다.

55 GIS 데이터의 표준화 유형에 해당하지 않는 것은?

① 데이터 모형(Data Model)의 표준화

② 데이터 내용(Data Content)의 표준화

③ 데이터 정책(Data Institute)의 표준화

④ 위치 참조(Location Reference)의 표준화

해설 GIS 데이터의 표준화는 내적 요소와 외적 요소로 나뉜다. 내적 요소에는 데이터 모형표준, 데이터 내용표준, 메타데이터 표준, 외적 요소에는 데이터 품질표준, 데이터 수집표준, 위치참조 표준 등이 있다.

56 토지정보데이터의 처리 시 활용하는 벡터데이터의 장점이 아닌 것은?

① 자료의 갱신과 유지관리가 편리하다.

② 객체의 크기와 방향성에 대한 정보를 가지고 있다.

③ 컴퓨터상에서 확대·축소하여도 선이 매끄럽고 정확한 형상묘사가 가능하다.

④ 격자의 크기 및 형태가 동일하므로 중첩분석이나 시뮬레이션에 용이하다.

해설 격자의 크기 및 형태가 동일하여 중첩분석이나 시뮬레이션에 용이한 것은 래스터데이터의 장점이다.

57 현지측량 등으로 얻어진 대상물의 좌표를 직접 입력하여 공간정보를 구축하는 방식은?

① 스캐닝　　　　② COGO　　　　③ DIGEST　　　　④ 디지타이징

해설 COGO(Coordinate Geometry) 방식은 측량에 의해 취득한 자료의 거리, 방향각 등 관측값을 직접 입력하여 컴퓨터에서 각 점의 좌표를 계산하여 처리하는 방법이다.

58 국가지리정보시스템 구축사업 중 제1차 주제도 전산화사업이 아닌 것은?

① 지적도　　　　② 도로망도　　　　③ 도시계획도　　　　④ 지형지번도

해설 국가지리정보시스템(NGIS) 구축사업의 주제도는 토지이용현황도, 도로망도, 국토이용계획도, 도시계획도, 행정구역도, 지형·지번도 등이다.

59 다음 중 지도데이터의 표준화를 위하여 미국의 국가위원회(NCDCDS)에서 분류한 1차원 공간객체에 해당하지 않는 것은?

① 선(Line)　　　　② 아크(Arc)　　　　③ 면적(Area)　　　　④ 스트링(String)

해설 공간객체의 표현
- 0차원 : 점(Point) · 노드(Node)
- 1차원 : 선(Line Segment) · Arc · Link · Chain · G-ring · GT-ring

- 2차원 : 면적(Interior Area) · 영상소(Pixel) · 격자셀(Grid Cell) · Image · G−polygon · GT−polygon · Grid · Layer · Laster · Planar Graph · 2D−Manifold
- 3차원 : Voxel
- 4차원 : Voxel Space

60 적합도를 판단하는 조건이 다음과 같을 때 표현식으로 옳은 것은?

> 사질토에 산림이 있거나 점토에 목초지가 있을 경우에는 적합하고 그렇지 않을 경우에는 부합

① IFF((토지이용＝"산림" OR 토질＝"사질토") OR (토지이용＝"목초지" AND 토질＝"점토"), "적합", "부적합")
② IFF((토지이용＝"산림" AND 토질＝"사질토") OR (토지이용＝"목초지" OR 토질＝"점토"), "적합", "부적합")
③ IFF((토지이용＝"산림" AND 토질＝"사질토") OR (토지이용＝"목초지" AND 토질＝"점토"), "적합", "부적합")
④ IFF((토지이용＝"산림" OR 토질＝"사질토") AND (토지이용＝"목초지" AND 토질＝"점토"), "적합", "부적합")

해설 사질토에 산림이 있어야 하므로 AND이고, 점토에 목초지가 있어야 하므로 AND이며, 두 조건 중 하나라도 참이면 "적합"으로, 둘 다 거짓일 경우 "부적합" 값을 반환해야 하므로 OR 함수를 사용한다.

4과목 지적학

61 지적의 발생설을 토지측량과 밀접하게 관련지어 이해할 수 있는 이론은?
① 과세설　　　　② 치수설　　　　③ 지배설　　　　④ 역사설

해설
- 치수설은 지적이 토목측량술 및 치수에서 비롯되었다는 설이다.
- 과세설은 지적이 세금 징수의 목적에서 출발했다는 설이다.
- 지배설(통치설)은 지적은 통치적 수단에서 시작되었다고 보는 설이다.

62 일필지를 구획하기 위해 선차적으로 결정되어야 할 것은?
① 면적　　　　② 지번　　　　③ 지목　　　　④ 경계

해설 일필지의 경계 결정이 선행되어야 지번, 지목, 면적 등의 토지표시사항을 결정할 수 있다.

63 결부제에 대한 설명으로 옳은 것은?

① 1척=10파
② 100파=1속
③ 100속=1부
④ 100부=1결

> **해설** 결부법은 곡화 일악을 파(把), 10파를 속(束), 10속을 부(負), 100부를 1결(結)로 하여 계산한다.

64 다음 중 지목의 변천에 관한 설명으로 옳은 것은?

① 2000년의 지목의 수는 28개였다.
② 토지조사사업 당시 지목의 수는 21개였다.
③ 최초 지적법이 제정된 후 지목의 수는 24개였다.
④ 지목 수의 증가는 경제발전에 따른 토지이용의 세분화를 반영한 것이다.

> **해설** 우리나라 지목은 대구 시가지 토지측량에 관한 타합사항(1907년) 17개 → 토지조사법(1910년) 17개 → 토지조사령(1912년) 18개 → 지세령 개정(1918년) 19개 → 조선지세령(1943년) 21개 → 지적법(1950년) 21개 → 제1차 지적법 전문개정(1975년) 24개 → 제5차 지적법 개정(1991년) 24개 → 제2차 지적법 전문개정(2001년) 28개 순으로 변천되었다.

65 토지경계에 대한 설명으로 옳지 않은 것은?

① 지역선은 사정선과 같다.
② 강계선이란 사정선을 말한다.
③ 원칙적으로 지적(임야)도상의 경계를 말한다.
④ 지적공부상에 등록하는 단위토지인 일필지의 구획선을 말한다.

> **해설** 강계선은 토지조사사업 당시 임시토지조사국장이 확정된 사정선으로 소유자가 다른 토지 간의 경계선으로 강계선의 상대는 소유자와 지목이 다르다는 원칙이 성립한다. 지역선은 소유자가 같은 토지와의 구획선 또는 소유자를 알 수 없는 토지와의 구획선 및 토지조사사업의 시행지와 미시행지와의 지계선으로 사정선의 대상에서 제외되었다.

66 토지조사사업의 사정에 불복하는 자는 공시기간 만료 후 최대 며칠 이내에 고등토지조사위원회에 재결을 신청하여야 하는가?

① 10일
② 30일
③ 60일
④ 90일

> **해설** 사정은 30일간 공시하였으며 불복하는 자는 공시기간 만료 후 60일 이내에 고등토지조사위원회에 이의를 제기하여 재결을 요청할 수 있도록 하였다.

67 지주총대의 사무에 해당되지 않는 것은?

① 신고서류 취급 처리

② 소유자 및 경계 사정

③ 동리의 경계 및 일필지조사의 안내

④ 경계표에 기재된 성명 및 지목 등의 조사

해설 지주총대(地主總代)는 토지조사법과 토지조사령에 의해 토지조사사업 지역 내의 동·리마다 1~2인 또는 2인 이상이 선정되어 조사 및 측량에 관한 사무에 종사하도록 한 지주(토지소유자)이며, 조사 및 측량의 안내, 신고 서류의 취급, 강계표의 설치 및 보조, 소유자와 이해관계자의 실지 입회 및 소환, 토지의 이동에 관한 사항, 기타 조사관리의 지시 이행 등의 업무에 종사하였다. 소유자 및 경계 사정에 관한 사무는 토지조사국(토지조사사업)과 도지사(임야조사사업)가 담당하였으며, 소유자 및 경계의 사정권자는 임시토지조사국장이다.

---

68 지적의 분류 중 등록대상에 따른 분류가 아닌 것은?

① 도해지적   ② 2차원 지적

③ 3차원 지적   ④ 입체지적

해설 지적의 분류 중 등록대상(등록방법)에는 2차원 지적(평면지적), 3차원 지적(입체지적)이 있다.

---

69 지적제도의 특성으로 가장 거리가 먼 것은?

① 윤리성   ② 민원성   ③ 전문성   ④ 지역성

해설 현대지적의 특성에는 역사성, 영구성, 반복민원성, 전문기술성, 서비스성과 윤리성, 정보원 등이 있다.

---

70 토렌스시스템은 오스트레일리아의 Robert Torrens경에 의해 창안된 시스템으로서, 토지권리 등록법안의 기초가 된다. 다음 중 토렌스시스템의 주요 이론에 해당되지 않는 것은?

① 거울이론   ② 권원이론

③ 보험이론   ④ 커튼이론

해설 토렌스시스템의 3대 기본이론에는 거울이론, 커튼이론, 보험이론이 있다.

---

71 다음 지적측량의 행정적 효력 중 지적공부에 유효하게 등록된 표시사항은 일정한 기간이 경과된 후 그 상대방이나 이해관계인이 그 효력을 다툴 수 없으며 소관청 자체도 특별한 사유가 있는 경우를 제외하고 그 성과를 변경할 수 없는 처분행위의 효력은?

① 구속력   ② 확정력

③ 강제력   ④ 추정력

지적측량 또는 토지등록의 효력에는 행정처분의 구속력, 공정력, 확정력, 강제력이 있다. 이 중 확정력은 일단 유효하게 성립된 지적측량(토지등록)은 일정한 기간이 경과한 뒤에 그 상대방이나 기타 이해관계인이 그 효력을 다툴 수 없으며 소관청도 특별한 사유가 없는 한 그 성과를 변경할 수 없는 효력이다. 구속력은 경계복원 또는 토지등록의 행정처분이 유효한 한 정당한 절차 없이 그 존재를 누구나 부정하거나 기피할 수 없는 효력을 말한다. 소관청은 물론 상대방까지도 그 존재를 부정할 수 없는 구속력이 발생한다는 효력이다.

72 경국대전에 의한 공전(公田), 사전(私田)의 구분 중 사전에 속하는 것은?

① 적전(籍田)
② 직전(職田)
③ 관둔전(官屯田)
④ 목장토(牧場土)

조선시대의 사전에는 문무 관료에게 내리는 토지인 과전, 현직 관료에게 내리는 토지인 직전, 왕의 특명으로 지급된 토지인 별역전, 공신에게 지급된 토지인 공신전 등이 있다.

73 우리나라의 지적도에 등록해야 할 사항으로 볼 수 없는 것은?

① 지번
② 필지의 경계
③ 토지의 소재
④ 소관청의 명칭

지적도 및 임야도 등 지적도면의 등록사항에는 토지의 소재, 지번, 지목, 경계, 지적도면의 색인도, 지적도면의 제명 및 축척, 도곽선과 그 수치, 좌표에 의하여 계산된 경계점 간의 거리(경계점좌표등록부 지역에 한정), 삼각점 및 지적기준점의 위치, 건축물 및 구조물의 위치 등이 있다.

74 상고시대의 촌락의 설치와 토지분급 및 수확량의 파악을 위하여 시행하였던 제도는?

① 정전제(井田制)
② 결부제(結負制)
③ 두락제(斗落制)
④ 경무법(頃畝法)

정전제는 고조선에서 균형 있는 촌락의 설치와 토지분급 및 수확량 파악을 위하여 실시한 제도이다.

75 토지등록제도의 유형에 포함되지 않는 것은?

① 임시 등록제도
② 소극적 등록제도
③ 적극적 등록제도
④ 날인증서 등록제도

토지등록제도의 유형에는 날인증서 등록제도, 권원등록제도, 소극적 등록제도, 적극적 등록제도, 토렌스시스템(Torrens System) 등이 있다.

76 임야조사사업 당시 임야대장에 등록된 정(町), 단(段), 무(畝), 보(步)의 면적을 평으로 환산한 값이 틀린 것은?

① 1정(町)=3,000평
② 1단(段)=300평
③ 1무(畝)=30평
④ 1보(步)=3평

해설 척관법에서 1坪(평) → 6尺(자 또는 척)×6尺=1間(간 또는 간)×1間이고, 1合(합 또는 홉) → 1/10坪, 1步(보) → 1坪=10合, 1畝(무 또는 묘) → 30坪, 1段(단) → 300坪=10畝, 1町(정) → 3,000坪=100畝=10段이다.

77 역토(驛土)에 대한 설명으로 틀린 것은?

① 역토의 수입은 국고수입으로 하였다.
② 역토는 역참에 부속된 토지의 명칭이다.
③ 역토는 주로 군수비용을 충당하기 위한 토지였다.
④ 조선시대 초기에 역토에는 관둔전, 공수전 등이 있다.

해설 역토는 주요 도로에 설치된 역참에 부속된 토지로서 소속 관리의 급여, 말의 사육비 등 역참의 운영비용을 충당하기 위한 토지이다. 변경이나 군사요지에 설치해 군수비용에 충당한 토지는 둔전(屯田)이라고 한다.

78 토지등록제도의 장점으로 보기 어려운 것은?

① 사인간(私人間)의 토지거래에 있어서 용이성과 경비절감을 기대할 수 있다.
② 토지에 대한 장기신용에 의한 안정성을 확보할 수 있다.
③ 지적과 등기에 공신력이 인정되고, 측량성과의 정확도가 향상될 수 있다.
④ 토지분쟁의 해결을 위한 개인의 경비측면이나, 시간적 절감을 가져오고 소송사건이 감소될 수 있다.

해설 토지등록의 공신력과 정확도는 토지등록제도의 유형에 따라 다르다.

79 지적재조사사업의 사업내용으로 옳은 것은?

① 지가 조사
② 소유권 조사
③ 일필지 조사
④ 지형 · 지모조사

해설 지적재조사사업의 사업내용은 일필지 조사와 지적재조사 측량이며, 일필지 조사는 지적재조사 측량과 병행하여 추진할 수 있다.

80 토지등록의 편성방법에 해당되지 않는 것은?

① 물적 편성주의
② 인적 편성주의
③ 법률적 편성주의
④ 연대적 편성주의

해설 토지등록(부)의 편성방법에는 물적 편성주의, 인적 편성주의, 연대적 편성주의, 물적 · 인적 편성주의 등이 있다.

5과목 지적관계법규

81 축척변경 시행지역의 토지는 언제 토지의 이동이 있는 것으로 보는가?

① 등기 촉탁일
② 청산금 지급완료일
③ 축척변경 시행공고일
④ 축척변경 확정공고일

해설 축척변경 시행지역의 토지이동은 확정공고일에 토지의 이동이 있는 것으로 본다.

82 「공간정보의 구축 및 관리 등에 관한 법률」상 용어의 정의로 옳지 않은 것은?

① "면적"이란 지적공부에 등록한 필지의 수평면상 넓이를 말한다.
② "토지의 이동"이란 토지의 표시를 새로 정하거나 변경 또는 말소하는 것을 말한다.
③ "경계"란 필지별 경계점들을 직선 혹은 곡선으로 연결하여 지적공부에 등록한 선을 말한다.
④ "지번부여지역"이란 지번을 부여하는 단위 지역으로서 동 · 리 또는 이에 준하는 지역을 말한다.

해설 경계란 필지별 경계점들을 직선으로 연결하여 지적공부에 등록한 선을 말한다.

83 「공간정보의 구축 및 관리 등에 관한 법률」상 지상경계의 결정기준에서 분할에 따른 지상경계를 지상 건축물에 걸리게 결정할 수 있는 경우로 틀린 것은?

① 법원의 확정판결이 있는 경우
② 토지를 토지소유자의 필요에 의해 분할하는 경우
③ 공공사업 등에 따라 지목이 학교용지로 되는 토지를 분할하는 경우
④ 도시개발사업 등의 사업시행자가 사업지구의 경계를 결정하기 위하여 토지를 분할하려는 경우

해설 토지를 토지소유자의 필요에 의해 분할하는 경우에는 지상경계가 지상건축물에 걸리게 결정할 수 없다.

84 「공간정보의 구축 및 관리 등에 관한 법률」상 측량업등록의 결격사유에 해당되는 자는?

① 금치산자 또는 한정치산자
② 임원 중에 금치산자가 있는 법인
③ 측량업의 등록이 취소된 후 3년이 지난 자
④ 「국가보안법」 등을 위반하여 금고 이상의 집행유예를 선고받고 그 집행유예기간 중에 있는 자

해설 **측량업등록의 결격사유**
• 피성년후견인 또는 피한정후견인
• 금고 이상의 실형을 선고받고 그 집행이 끝나거나(집행이 끝난 것으로 보는 경우를 포함) 집행이 면제된 날부터 2년이 지나지 아니한 자
• 「국가보안법」 또는 형법 규정을 위반하여 금고 이상의 형의 집행유예를 선고받고 그 집행유예기간 중에 있는 자
• 측량업의 등록이 취소된 후 2년이 지나지 아니한 자(피성년후견인 또는 피한정후견인에 해당하여 취소된 경우는 제외)
• 임원 중에 결격사유 중 위 4개에 해당하는 자가 있는 법인

---

85 「공간정보의 구축 및 관리 등에 관한 법령」상 중앙지적위원회의 구성 등에 관한 설명으로 옳은 것은?

① 위원장은 국토교통부장관이 임명하거나 위촉한다.
② 부위원장은 국토교통부의 지적업무 담당 국장이 된다.
③ 위원장 및 부위원장을 제외한 위원의 임기는 2년으로 한다.
④ 위원장 1명과 부위원장 1명을 제외하고, 5명 이상 10명 이하의 위원으로 구성한다.

해설 중앙지적위원회는 위원장 1명(국토교통부 지적업무 담당 국장)과 부위원장 1명(국토교통부 지적업무 담당 과장)을 포함하여 5명 이상 10명 이하의 위원으로 구성한다. 위원은 지적에 관한 학식과 경험이 풍부한 자 중에서 국토교통부장관이 임명하거나 위촉하고 위원장과 부위원장을 제외한 위원의 임기는 2년으로 한다.

---

86 「공간정보의 구축 및 관리 등에 관한 법률」상 용어 정의에서 "지적공부"로 볼 수 없는 것은?

① 면적측정부　　　　　　　　　② 대지권등록부
③ 토지 · 임야대장　　　　　　　④ 지적도와 임야도

해설 지적공부는 토지대장, 임야대장, 공유지연명부, 대지권등록부, 지적도, 임야도 및 경계점좌표등록부 등 지적측량 등을 통하여 조사된 토지의 표시와 해당 토지의 소유자 등을 기록한 대장 및 도면(정보처리시스템을 통하여 기록 · 저장된 것을 포함)을 말한다.

87 지적공부 관리에 대한 내용으로 틀린 것은?

① 지적공부는 지적업무담당공무원과 지적측량수행자 외에는 취급하지 못한다.

② 도면은 말거나 접지 못하며 직사광선을 받게 하거나 건습이 심한 장소에서 취급하지 못한다.

③ 지적공부를 지적서고 밖으로 반출하고자 할 때에는 훼손이 되지 않도록 보관·운반함 등을 사용한다.

④ 지적공부 사용을 완료한 때에는 즉시 보관상자에 넣어야 하나 간이보관상자를 비치한 경우에는 그러하지 아니한다.

> **해설** 지적공부는 지적업무담당공무원 외에는 취급하지 못한다.

88 지적측량성과도의 발급에 대한 내용으로 틀린 것은?

① 지적소관청은 지적측량성과도를 발급한 토지에 대하여 지적공부정리 신청 여부를 조사하여 필요한 조치를 하여야 한다.

② 측량성과도를 정보시스템으로 작성한 경우 측량의뢰인이 파일로 제공할 것을 요구하면 편집이 가능한 파일형식으로 변환하여 파일로 제공할 수 있다.

③ 각종 인허가 등의 내용과 다르게 토지의 형질이 변경되었을 경우, 각종 인허가 등이 변경되어야 지적공부정리신청을 할 수 있다는 뜻을 지적측량성과도에 표시하여야 한다.

④ 경계복원측량과 지적현황측량성과도를 지적측량의뢰인에게 송부하고자 하는 때에는 지체 없이 인터넷 등 정보통신망 또는 등기우편으로 송달하거나 직접 발급하여야 한다.

> **해설** 측량성과도를 정보시스템으로 작성한 경우 측량의뢰인이 파일로 제공할 것을 요구하면 편집이 불가능한 파일형식으로 변환하여 측량성과를 파일로 제공할 수 있다.

89 「도로명주소법」상 도로 및 건물 등의 위치에 관한 기초조사의 권한이 부여되지 않는 자는?

① 시·도지사
② 읍·면·동장
③ 행정안전부장관
④ 시장·군수·구청장

> **해설** 행정안전부장관, 시·도지사 및 시장·군수·구청장은 기초번호, 도로명주소, 국가기초구역, 국가지점번호 및 사물주소의 부여·설정·관리 등을 위하여 도로 및 건물 등의 위치에 관한 기초조사를 할 수 있다.

90 다음 중 토지소유자의 토지이동 신청 기간 기준이 다른 것은?

① 등록전환 신청
② 신규등록 신청
③ 지목변경 신청
④ 바다로 된 토지의 등록말소 신청

> **해설** 등록전환, 지목변경, 신규등록 신청은 사유가 발생한 날부터 60일 이내에 지적소관청에 신청하고, 바다로 된 토지의 등록말소는 신청 통지를 받은 날부터 90일 이내에 지적소관청에 신청한다.

91 「도로명주소법」상 도로명 부여의 세부기준으로 옳은 것은?

① 도로명은 한글과 영문으로 표기할 것

② 도로구간만 변경된 경우에는 새로운 도로명을 사용할 것

③ 도로명에 숫자를 사용하는 경우 숫자는 한 번만 사용하도록 할 것

④ 도로명의 로마자 표기는 행정안전부장관이 고시하는 「국어의 로마자 표기법」을 따를 것

해설 도로명 부여 시 세부기준

- 도로구간만 변경된 경우에는 기존의 도로명을 계속 사용한다.
- 도로명에 숫자를 사용하는 경우 숫자는 한 번만 사용한다.
- 도로명은 한글로 표기(숫자와 온점 포함 가능)한다.
- 도로명의 로마자는 문화체육관광부장관이 정하여 고시하는 「국어의 로마자 표기법」에 따라 표기한다.

---

92 「공간정보의 구축 및 관리 등에 관한 법령」상 결번대장에 기재하여 영구히 보존해야 하는 결번발생 사유에 해당하지 않는 것은?

① 지목변경으로 지번에 결번이 발생한 경우

② 지번변경으로 지번에 결번이 발생한 경우

③ 지번정정으로 지번에 결번이 발생한 경우

④ 축척변경으로 지번에 결번이 발생한 경우

해설 토지의 지번이 결번되는 사유에는 토지의 합병, 등록전환, 행정구역의 변경, 도시개발사업의 시행, 토지구획정리사업, 경지정리사업, 지번변경, 축척변경, 바다로 된 토지의 등록말소, 지번정정 등이 있다. 결번이 발생한 경우에는 지체 없이 그 사유를 결번대장에 등록하여 영구히 보존한다.

---

93 「지적측량 시행규칙」상 세부측량의 기준 및 방법으로 옳지 않은 것은?

① 평판측량방법에 따른 세부측량은 교회법, 도선법 및 방사법(放射法)에 따른다.

② 평판측량방법에 따른 세부측량의 측량결과도는 그 토지가 등록된 도면과 동일한 축척으로 작성하여야 한다.

③ 평판측량방법에 따른 세부측량을 교회법으로 하는 경우 방향각의 교각은 45° 이상 120° 이하로 하여야 한다.

④ 평판측량방법에 따른 세부측량을 도선법으로 하는 경우 도선의 측선장은 도상길이 8cm 이하로 하여야 한다.

해설 평판측량방법에 따른 세부측량을 교회법으로 하는 경우 방향각의 교각은 30° 이상 150° 이하로 하여야 한다.

94 다음 중 사용자권한 등록관리청에 해당하지 않는 것은?

① 지적소관청
② 시 · 도지사
③ 국토교통부장관
④ 국토지리정보원장

> **해설** 사용자권한 등록관리청(국토교통부장관, 시 · 도지사 및 지적소관청)은 지적공부정리 등을 지적정보관리체계로 처리하는 담당자를 사용자권한 등록파일에 등록하여 관리하여야 한다.

95 「국토의 계획 및 이용에 관한 법률」의 정의에 따른 도시 · 군관리계획에 포함되지 않는 것은?

① 기반시설의 설치 · 정비 또는 개량에 관한 계획
② 광역계획권의 기본구조와 발전방향에 관한 계획
③ 지구단위계획구역의 지정 또는 변경에 관한 계획
④ 용도지역 · 용도지구의 지정 또는 변경에 관한 계획

> **해설** 도시 · 군관리계획의 포함사항에는 ①, ③, ④ 외 개발제한구역, 도시자연공원구역, 시가화조정구역, 수산자원보호구역의 지정 또는 변경에 관한 계획, 입지규제최소구역의 지정 또는 변경에 관한 계획과 입지규제최소구역계획 등이 있다. 광역계획권의 기본구조와 발전방향을 제시하는 계획은 광역도시계획이다.

96 지적재조사측량의 세부측량방법이 아닌 것은?

① 위성측량
② 평판측량
③ 항공사진측량
④ 토털스테이션측량

> **해설** 지적재조사의 세부측량은 위성측량, 토털스테이션측량 및 항공사진측량 등의 방법으로 한다.

97 「부동산등기법」상 미등기의 토지에 관한 소유권보존등기를 신청할 수 없는 자는?

① 시장의 확인에 의하여 자기의 소유권을 증명하는 자
② 확정판결에 의하여 자기의 소유권을 증명하는 자
③ 수용(收用)으로 인하여 소유권을 취득하였음을 증명하는 자
④ 임야대장에 최초의 소유자로 등록되어 있는 자의 상속인

> **해설** 미등기의 토지 또는 건물에 관한 소유권보존등기의 신청인에는 ②, ③, ④ 외 특별자치도지사, 시장 · 군수 · 구청장의 확인에 의하여 자기의 소유권을 증명하는 자(건물의 경우로 한정) 등이 있다.

98 지적삼각보조점측량에서 다각망도선법에 의한 측량 시 1도선의 점의 수는 최대 몇 개까지로 할 수 있는가?(단, 기지점과 교점을 포함한 점의 수)

① 3개　　　　　　　　　　　② 5개
③ 7개　　　　　　　　　　　④ 9개

해설 다각망도선법에 따른 지적삼각보조점측량은 3점 이상의 기지점을 포함한 결합다각방식에 따르고, 1도선(기지점과 교점 간 또는 교점과 교점 간)의 점의 수는 기지점과 교점을 포함하여 5점 이하로 하며, 1도선의 거리(기지점과 교점 또는 교점과 교점 간 점간거리의 총합계)는 4km 이하로 하여야 한다.

99 중앙지적재조사위원회의 설명으로 틀린 것은?

① 중앙지적재조사위원회는 위원장 및 부위원장 각 1명을 포함한 15명 이상 20명 이하의 위원으로 구성한다.
② 중앙지적재조사위원회는 기본계획의 수립 및 변경, 관계법령의 제정·개정 및 제도의 개선에 관한 사항 등을 심의·의결한다.
③ 위원이 최근 3년 이내에 심의·의결 안건과 관련된 업체의 임원 또는 직원으로 재직한 경우 그 안건의 심의·의결에서 제척된다.
④ 중앙지적재조사위원회의 위원장은 국토교통부장관이 되며, 위원장은 회의 개최 10일 전까지 회의 일시·장소 및 심의안건을 각 위원에게 통보하여야 한다.

해설 중앙지적재조사위원회의 위원장(국토교통부장관)은 회의 개최 5일 전까지 회의 일시·장소 및 심의안건을 각 위원에게 통보하여야 한다. 다만, 긴급한 경우에는 회의 개최 전까지 통보할 수 있다.

100 「공간정보의 구축 및 관리 등에 관한 법률」상 지목설정이 잘못된 것은?

① 영구적인 봉안당 → 묘지
② 자연의 유수가 있는 토지 → 하천
③ 택지조성공사가 준공된 토지 → 대
④ 용·배수가 용이한 지역의 연·왕골 재배지 → 유지

해설 물을 상시적으로 직접 이용하여 벼·연(蓮)·미나리·왕골 등의 식물을 주로 재배하는 토지의 지목은 "답"이다.

CBT
실전모의고사

01회 CBT 실전모의고사
실전점검!

글자 크기 100% 150% 200%

화면 배치

전체 문제 수 :
안 푼 문제 수 :

답안 표기란

1	①	②	③	④
2	①	②	③	④
3	①	②	③	④
4	①	②	③	④
5	①	②	③	④
6	①	②	③	④
7	①	②	③	④
8	①	②	③	④
9	①	②	③	④
10	①	②	③	④
11	①	②	③	④
12	①	②	③	④
13	①	②	③	④
14	①	②	③	④
15	①	②	③	④
16	①	②	③	④
17	①	②	③	④
18	①	②	③	④
19	①	②	③	④
20	①	②	③	④
21	①	②	③	④
22	①	②	③	④
23	①	②	③	④
24	①	②	③	④
25	①	②	③	④
26	①	②	③	④
27	①	②	③	④
28	①	②	③	④
29	①	②	③	④
30	①	②	③	④

1과목 **지적측량**

01 지적삼각점의 관측계산에서 자오선수차의 계산단위 기준은?

① 초 아래 1자리
② 초 아래 2자리
③ 초 아래 3자리
④ 초 아래 4자리

02 오차의 성질에 관한 설명으로 옳지 않은 것은?

① 정오차는 측정횟수에 비례하여 증가한다.
② 부정오차는 일정한 크기와 방향으로 나타난다.
③ 우연오차는 상차라고도 하며, 측정횟수의 제곱근에 비례한다.
④ 1회 측정 후 우연오차를 b라 하면 n회 측정의 상쇄오차는 $b\sqrt{n}$ 이다.

03 배각법에 의한 지적도근점측량에서 측각오차가 $-43''$이고 측선장의 반수 합이 275.2일 때 65.32m인 변에 배분할 각은?

① $-2''$
② $+2''$
③ $-10''$
④ $+10''$

04 평면직각좌표상의 점 A(X_1, Y_1)에서 점 B(X_2, Y_2)를 지나고 방위각이 α인 직선에 내린 수선의 길이(E)는?

① $E = (Y_2 - Y_1)\sin\alpha - (X_2 - X_1)\cos\alpha$
② $E = (Y_2 - Y_1)\sin\alpha - (X_2 - X_1)\sin\alpha$
③ $E = (Y_2 - Y_1)\cos\alpha - (X_2 - X_1)\cos\alpha$
④ $E = (Y_2 - Y_1)\cos\alpha - (X_2 - X_1)\sin\alpha$

계산기 다음 ▶ 안 푼 문제 답안 제출

실전점검!

01회 CBT 실전모의고사

수험번호:

수험자명:

제한 시간 : 150분
남은 시간 :

글자 크기 100% 150% 200%　화면 배치

전체 문제 수 :
안 푼 문제 수 :

	답안 표기란			
1	①	②	③	④
2	①	②	③	④
3	①	②	③	④
4	①	②	③	④
5	①	②	③	④
6	①	②	③	④
7	①	②	③	④
8	①	②	③	④
9	①	②	③	④
10	①	②	③	④
11	①	②	③	④
12	①	②	③	④
13	①	②	③	④
14	①	②	③	④
15	①	②	③	④
16	①	②	③	④
17	①	②	③	④
18	①	②	③	④
19	①	②	③	④
20	①	②	③	④
21	①	②	③	④
22	①	②	③	④
23	①	②	③	④
24	①	②	③	④
25	①	②	③	④
26	①	②	③	④
27	①	②	③	④
28	①	②	③	④
29	①	②	③	④
30	①	②	③	④

05 지적도근점측량에 따라 계산된 연결오차가 허용범위 이내인 경우 그 오차의 배분방법이 옳은 것은?

① 배각법에 따르는 경우 각 측선장에 비례하여 배분한다.

② 배각법에 따르는 경우 각 측선장에 반비례하여 배분한다.

③ 배각법에 따르는 경우 각 측선의 종선차 또는 횡선차 길이에 비례하여 배분한다.

④ 방위각법에 따르는 경우 각 측선의 종선차 또는 횡선차 길이에 반비례하여 배분한다.

06 다음 중 도선법에 따른 지적도근점의 각도관측에서 방위각법에 따른 1등 도선의 폐색오차는 최대 얼마 이내로 하여야 하는가?(단, n은 폐색변을 포함한 변의 수를 말한다.)

① $\pm\sqrt{n}$ 분 이내

② $\pm1.5\sqrt{n}$ 분 이내

③ $\pm20\sqrt{n}$ 초 이내

④ $\pm30\sqrt{n}$ 초 이내

07 경위의측량방법에 의한 세부측량을 실시할 때 연직각의 관측(정·반)값에 대한 허용 교차 범위에 대한 기준은?

① 90초 이내

② 1분 이내

③ 3분 이내

④ 5분 이내

08 전파기에 따른 지적삼각점의 계산 시 점간거리는 어떤 거리에 의하여 계산하여야 하는가?

① 점간 실제 수평거리

② 점간 실제 경사거리

③ 원점에 투영된 평면거리

④ 기준면상 거리

09 지적삼각점성과를 관리할 때 지적삼각점성과표에 기록·관리하여야 할 사항이 아닌 것은?

① 설치기관

② 자오선수차

③ 좌표 및 표고

④ 지적삼각점의 명칭

계산기　　　다음 ▶　　　안 푼 문제　　답안 제출

실전점검!

01 CBT 실전모의고사

수험번호 :
수험자명 :

제한 시간 : 150분
남은 시간 :

글자
크기 🔍 100% 🔍 150% 🔍 200%   화면
배치 ▭▯ ▯▯ ▯

전체 문제 수 :
안 푼 문제 수 :

답안 표기란

1	① ② ③ ④
2	① ② ③ ④
3	① ② ③ ④
4	① ② ③ ④
5	① ② ③ ④
6	① ② ③ ④
7	① ② ③ ④
8	① ② ③ ④
9	① ② ③ ④
10	① ② ③ ④
11	① ② ③ ④
12	① ② ③ ④
13	① ② ③ ④
14	① ② ③ ④
15	① ② ③ ④
16	① ② ③ ④
17	① ② ③ ④
18	① ② ③ ④
19	① ② ③ ④
20	① ② ③ ④
21	① ② ③ ④
22	① ② ③ ④
23	① ② ③ ④
24	① ② ③ ④
25	① ② ③ ④
26	① ② ③ ④
27	① ② ③ ④
28	① ② ③ ④
29	① ② ③ ④
30	① ② ③ ④

10 좌표면적계산법에 의한 면적측정 시 산출면적에 대한 단위 기준이 옳은 것은?

① 10,000분의 $1m^2$까지 계산하여 100분의 $1m^2$ 단위로 결정한다.
② 10,000분의 $1m^2$까지 계산하여 10분의 $1m^2$ 단위로 결정한다.
③ 1,000분의 $1m^2$까지 계산하여 100분의 $1m^2$ 단위로 결정한다.
④ 1,000분의 $1m^2$까지 계산하여 10분의 $1m^2$ 단위로 결정한다.

11 A, B 두 점의 좌표가 각각 A(200m, 300m,), B(400m, 200m)인 두 가지 삼각점을 연결하는 방위각 V_a^b는?

① 26°33′54″
② 153°26′06″
③ 206°33′54″
④ 333°26′06″

12 축척이 1/1,200인 지역에서 $800m^2$의 토지를 분할하고자 할 때 신구면적 오차의 허용범위는?

① $114m^2$
② $57m^2$
③ $22m^2$
④ $20m^2$

13 지적삼각보조점측량을 다각망도선법에 의하여 시행하는 경우에 대한 설명으로 옳은 것은?

① 1도선의 거리는 4km 이하로 한다.
② 4점 이상의 기지점을 포함한 결합다각방식에 따른다.
③ 1도선의 점의 수는 기지점과 교점을 제외하고 5점 이하로 한다.
④ 1도선의 점의 수는 기지점과 교점을 포함하여 6점 이하로 한다.

14 다음 중 지적삼각점성과를 관리하는 자는?

① 지적소관청
② 시 · 도지사
③ 국토교통부장관
④ 행정안전부장관

⌨ 계산기   다음 ▶   🖯 안 푼 문제   답안 제출

실전점검!
01회 CBT 실전모의고사

수험번호 :

수험자명 :

제한 시간 : 150분
남은 시간 :

글자
크기 🔍 100% Ⓜ 150% ⊕ 200%　화면 배치 ▭ ▭ ▯

전체 문제 수 :
안 푼 문제 수 :

답안 표기란

1	① ② ③ ④
2	① ② ③ ④
3	① ② ③ ④
4	① ② ③ ④
5	① ② ③ ④
6	① ② ③ ④
7	① ② ③ ④
8	① ② ③ ④
9	① ② ③ ④
10	① ② ③ ④
11	① ② ③ ④
12	① ② ③ ④
13	① ② ③ ④
14	① ② ③ ④
15	① ② ③ ④
16	① ② ③ ④
17	① ② ③ ④
18	① ② ③ ④
19	① ② ③ ④
20	① ② ③ ④
21	① ② ③ ④
22	① ② ③ ④
23	① ② ③ ④
24	① ② ③ ④
25	① ② ③ ④
26	① ② ③ ④
27	① ② ③ ④
28	① ② ③ ④
29	① ② ③ ④
30	① ② ③ ④

15 배각법에 의하여 지적도근점측량을 시행할 경우 측각오차 계산식으로 옳은 것은? (단, e는 각오차, T_1은 출발기지방위각, $\sum \alpha$는 관측각의 합, n은 폐색변을 포함한 변수, T_2는 도착기지방위각)

① $e = T_1 + \sum \alpha - 180(n-1) + T_2$　② $e = T_1 + \sum \alpha - 180(n-1) - T_2$

③ $e = T_1 - \sum \alpha - 180(n-1) + T_2$　④ $e = T_1 - \sum \alpha - 180(n-1) - T_2$

16 지적측량기준점표지의 설치기준에 대한 설명으로 옳은 것은?

① 지적도근점표지의 점간거리는 평균 300m 이상 600m 이하로 한다.

② 지적도근점표지의 점간거리는 평균 5km 이상 10km 이하로 한다.

③ 다각망도선법에 의한 지적삼각보조점표지의 점간거리는 평균 2km 이상 5km 이하로 한다.

④ 다각망도선법에 의한 지적도근점표지의 점간거리는 평균 500m 이하로 한다.

17 지적삼각점측량에서 수평각의 측각공차에 대한 기준으로 옳은 것은?

① 기지각과의 차는 ±40초 이상

② 삼각형 내각관측치의 합과 180도와의 차는 ±40초 이내

③ 1측회의 폐색차는 ±30초 이상

④ 1방향각은 30초 이내

18 전파기 또는 광파기측량방법에 따른 지적삼각점의 관측과 계산 기준이 틀린 것은?

① 표준편차가 ±(5mm+5ppm) 이상인 정밀측정기를 사용한다.

② 점간거리는 3회 측정하고, 원점에 투영된 수평거리로 계산하여야 한다.

③ 측정치의 최대치와 최소치의 교차가 평균치의 10만분의 1 이하일 때는 그 평균치를 측정거리로 한다.

④ 삼각형의 내각계산은 기지각과의 차가 ±40초 이내이어야 한다.

⌨ 계산기　　　　다음 ▶　　　☞ 안 푼 문제　📋 답안 제출

01 실전점검!
CBT 실전모의고사

수험번호 :

수험자명 :

제한 시간 : 150분
남은 시간 :

글자
크기

화면
배치

전체 문제 수 :
안 푼 문제 수 :

답안 표기란

19 경중률이 서로 다른 데오돌라이트 A, B를 사용하여 동일한 측점의 협각을 관측한 결과가 다음과 같을 때 최확값은?

구분	경중률	관측값
A	3	60°39′10″
B	2	60°39′30″

① 68°39′15″ ② 68°39′18″
③ 68°39′20″ ④ 68°39′22″

20 지적도근점측량 중 배각법에 의한 도선의 계산순서를 올바르게 나열한 것은?

㉠ 관측성과의 이기	㉡ 측각오차의 계산
㉢ 방위각의 계산	㉣ 관측각의 합계 계산
㉤ 각 관측선의 종횡선오차의 계산	㉥ 각 측점의 좌표계산

① ㉠-㉡-㉢-㉣-㉤-㉥ ② ㉠-㉡-㉣-㉢-㉥-㉤
③ ㉠-㉣-㉡-㉢-㉤-㉥ ④ ㉠-㉢-㉣-㉡-㉥-㉤

1	① ② ③ ④
2	① ② ③ ④
3	① ② ③ ④
4	① ② ③ ④
5	① ② ③ ④
6	① ② ③ ④
7	① ② ③ ④
8	① ② ③ ④
9	① ② ③ ④
10	① ② ③ ④
11	① ② ③ ④
12	① ② ③ ④
13	① ② ③ ④
14	① ② ③ ④
15	① ② ③ ④
16	① ② ③ ④
17	① ② ③ ④
18	① ② ③ ④
19	① ② ③ ④
20	① ② ③ ④
21	① ② ③ ④
22	① ② ③ ④
23	① ② ③ ④
24	① ② ③ ④
25	① ② ③ ④
26	① ② ③ ④
27	① ② ③ ④
28	① ② ③ ④
29	① ② ③ ④
30	① ② ③ ④

 계산기   다음 ▶   안 푼 문제   📋 답안 제출

01 회 실전점검!
CBT 실전모의고사

수험번호 :
수험자명 :

 제한 시간 : 150분
남은 시간 :

글자 크기 🔍 100% Ⓜ 150% 🔍 200%   화면 배치

전체 문제 수 :
안 푼 문제 수 :

답안 표기란

1	① ② ③ ④
2	① ② ③ ④
3	① ② ③ ④
4	① ② ③ ④
5	① ② ③ ④
6	① ② ③ ④
7	① ② ③ ④
8	① ② ③ ④
9	① ② ③ ④
10	① ② ③ ④
11	① ② ③ ④
12	① ② ③ ④
13	① ② ③ ④
14	① ② ③ ④
15	① ② ③ ④
16	① ② ③ ④
17	① ② ③ ④
18	① ② ③ ④
19	① ② ③ ④
20	① ② ③ ④
21	① ② ③ ④
22	① ② ③ ④
23	① ② ③ ④
24	① ② ③ ④
25	① ② ③ ④
26	① ② ③ ④
27	① ② ③ ④
28	① ② ③ ④
29	① ② ③ ④
30	① ② ③ ④

2과목   **응용측량**

21 평탄한 지형에서 초점거리 150cm인 카메라로 촬영한 축척 1/15,000 사진상에서 굴뚝의 길이가 2.4cm, 주점에서 굴뚝 윗부분까지의 거리가 20cm로 측정되었다. 이 굴뚝의 실제 높이는?

① 20m
② 27m
③ 30m
④ 36m

22 터널측량을 하여 터널 시점(A)과 종점(B)의 좌표와 높이(H)가 다음과 같을 때, 터널의 경사도는?

> A(1,125.68, 782.46), B(1,546.73, 415.37), H_A =49.25, H_B =86.39 (단위 : m)

① 3°25′14″
② 3°48′14″
③ 4°08′14″
④ 5°08′14″

23 종단측량을 행하여 표와 같은 결과를 얻었을 때, 측점 1과 측점 5의 지반고를 연결한 도로 계획선의 경사도는?(단, 중심선의 간격은 20m이다.)

측점	지반고(m)	측점	지반고(m)
1	53.38	4	50.56
2	52.28	5	52.38
3	55.76		

① +1.00%
② −1.00%
③ +1.25%
④ −1.25%

24 GPS 위성신호인 L_1과 L_2의 주파수의 크기는?

① L_1 =1,274.45MHz, L_2 =1,567.62MHz
② L_1 =1,367.53MHz, L_2 =1,425.30MHz
③ L_1 =1,479.23MHz, L_2 =1,321.56MHz
④ L_1 =1,575.42MHz, L_2 =1,227.60MHz

⌨ 계산기   다음 ▶   🗂 안 푼 문제   📋 답안 제출

01

실전점검!
CBT 실전모의고사

수험번호:

수험자명:

제한 시간 : 150분
남은 시간 :

글자 크기 100% 150% 200%

화면 배치

전체 문제 수:
안 푼 문제 수:

25 다음 중 지형측량의 지성선에 해당되지 않는 것은?

① 계곡선(합수선)
② 능선(분수선)
③ 경사변환선
④ 주곡선

26 수준측량 작업에서 전시와 후시의 거리를 같게 하여 소거되는 오차와 거리가 먼 것은?

① 기차의 영향
② 레벨 조정 불완전에 의한 기계오차
③ 지표면의 구차의 영향
④ 표척의 영점오차

27 완화곡선의 성질에 대한 설명으로 옳지 않은 것은?

① 완화곡선의 접선은 시점에서 직선에 접한다.
② 완화곡선의 접선은 종점에서 원호에 접한다.
③ 완화곡선에 연한 곡선반지름의 감소율은 캔트의 증가율과 같다.
④ 곡선반지름은 완화곡선의 시점에서 원곡선의 반지름과 같다.

28 지형도와 지적도를 중첩할 때 도면과 도면의 비연속되는 부분을 수정하는 데 이용될 수 있는 참고자료로 가장 유용한 것은?

① 식생도
② 지질도
③ 정사사진
④ 토지이용도

29 곡선의 종류 중 완화곡선이 아닌 것은?

① 복심곡선
② 3차 포물선
③ 렘니스케이트 곡선
④ 클로소이드 곡선

30 등고선 측정방법 중 지성선상의 중요한 지점의 위치와 표고를 측정하여 이 점들을 기준으로 하여 등고선을 삽입하는 방법은?

① 횡단점법
② 종단점법
③ 좌표점법
④ 방안법

1	①	②	③	④
2	①	②	③	④
3	①	②	③	④
4	①	②	③	④
5	①	②	③	④
6	①	②	③	④
7	①	②	③	④
8	①	②	③	④
9	①	②	③	④
10	①	②	③	④
11	①	②	③	④
12	①	②	③	④
13	①	②	③	④
14	①	②	③	④
15	①	②	③	④
16	①	②	③	④
17	①	②	③	④
18	①	②	③	④
19	①	②	③	④
20	①	②	③	④
21	①	②	③	④
22	①	②	③	④
23	①	②	③	④
24	①	②	③	④
25	①	②	③	④
26	①	②	③	④
27	①	②	③	④
28	①	②	③	④
29	①	②	③	④
30	①	②	③	④

계산기

다음 ▶

안 푼 문제

답안 제출

실전점검!
01 회 **CBT 실전모의고사**

수험번호 :

수험자명 :

제한 시간 : 150분
남은 시간 :

글자
크기 100% 150% 200%

화면
배치

전체 문제 수 :
안 푼 문제 수 :

답안 표기란

31	① ② ③ ④
32	① ② ③ ④
33	① ② ③ ④
34	① ② ③ ④
35	① ② ③ ④
36	① ② ③ ④
37	① ② ③ ④
38	① ② ③ ④
39	① ② ③ ④
40	① ② ③ ④
41	① ② ③ ④
42	① ② ③ ④
43	① ② ③ ④
44	① ② ③ ④
45	① ② ③ ④
46	① ② ③ ④
47	① ② ③ ④
48	① ② ③ ④
49	① ② ③ ④
50	① ② ③ ④
51	① ② ③ ④
52	① ② ③ ④
53	① ② ③ ④
54	① ② ③ ④
55	① ② ③ ④
56	① ② ③ ④
57	① ② ③ ④
58	① ② ③ ④
59	① ② ③ ④
60	① ② ③ ④

31 그림과 같이 원곡선(AB)을 설치하려고 하는데 그 교점(I.P)에 갈 수 없어 $\angle ACD$ = 150°, $\angle CDB$ = 90°, CD = 100m를 관측하였다. C점에서 곡선시점(B.C)까지의 거리는?(단, 곡선반지름 R = 150m)

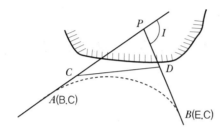

① 155.47m

② 125.25m

③ 144.34m

④ 259.81m

32 항공사진에서 주점(Principal Point)에 관련된 설명으로 옳은 것은?

① 축척과 표점의 결정에 사용되는 지표상의 한 점이다.

② 동일한 개체가 중복된 인접영상에 나타나는 점을 의미한다.

③ 2장의 입체사진을 겹쳤을 때 중앙에 위치하는 점이다.

④ 마주보는 지표의 대각선이 교차하는 점이다.

33 AB, BC의 경사거리를 측정하여 AB = 21.562m, BC = 28.064m를 얻었다. 레벨을 설치하여 A, B, C의 표척을 읽은 경과가 그림과 같을 때 AC의 수평거리는?(단, AB, BC 구간은 각각 등경사로 가정한다.)

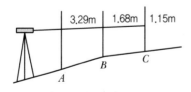

① 49.6m

② 50.1m

③ 59.6m

④ 60.1m

계산기

다음 ▶

안 푼 문제

답안 제출

01 실전점검!
CBT 실전모의고사

수험번호 :

수험자명 :

제한 시간 : 150분
남은 시간 :

글자 크기 100% 150% 200%

화면 배치

전체 문제 수 :
안 푼 문제 수 :

34 터널공사에서 터널 내 측량에 주로 사용되는 방법으로 연결된 것은?

① 삼각측량 – 평판측량

② 평판측량 – 트래버스측량

③ 트래버스측량 – 수준측량

④ 수준측량 – 삼각측량

35 교각 55°, 곡선반지름 285m인 단곡선이 설치된 도로의 기점에서 교점(I.P)까지의 추가 거리가 423.87m일 때, 시단현의 편각은?(단, 말뚝 간의 중심거리는 20m이다.)

① 0°11′24″

② 0°27′05″

③ 1°45′16″

④ 1°45′20″

36 GNSS측량에서 의사거리(Pseudo – range)에 대한 설명으로 옳지 않은 것은?

① 인공위성과 지상수신기 사이의 거리 측정값이다.

② 대류권과 이온층의 신호지연으로 인한 오차의 영향력이 제거된 관측값이다.

③ 기하학적인 실제거리와 달라 의사거리라 부른다.

④ 인공위성에서 송신되어 수신기로 도착된 신호의 송신시간을 PRN 인식 코드로 비교하여 측정한다.

37 입체시에 의한 과고감에 대한 설명으로 옳은 것은?

① 사진의 초점거리와 비례한다.

② 사진 촬영의 기선 고도비에 비례한다.

③ 입체시할 경우 눈의 위치가 높아짐에 따라 작아진다.

④ 렌즈 피사각의 크기와 반비례한다.

답안 표기란

31	①	②	③	④
32	①	②	③	④
33	①	②	③	④
34	①	②	③	④
35	①	②	③	④
36	①	②	③	④
37	①	②	③	④
38	①	②	③	④
39	①	②	③	④
40	①	②	③	④
41	①	②	③	④
42	①	②	③	④
43	①	②	③	④
44	①	②	③	④
45	①	②	③	④
46	①	②	③	④
47	①	②	③	④
48	①	②	③	④
49	①	②	③	④
50	①	②	③	④
51	①	②	③	④
52	①	②	③	④
53	①	②	③	④
54	①	②	③	④
55	①	②	③	④
56	①	②	③	④
57	①	②	③	④
58	①	②	③	④
59	①	②	③	④
60	①	②	③	④

계산기

다음 ▶

안 푼 문제

답안 제출

01 회
실전점검!
CBT 실전모의고사

수험번호 :
수험자명 :

제한 시간 : 150분
남은 시간 :

글자
크기 100% 150% 200%
화면
배치

전체 문제 수 :
안 푼 문제 수 :

답안 표기란

31	① ② ③ ④
32	① ② ③ ④
33	① ② ③ ④
34	① ② ③ ④
35	① ② ③ ④
36	① ② ③ ④
37	① ② ③ ④
38	① ② ③ ④
39	① ② ③ ④
40	① ② ③ ④
41	① ② ③ ④
42	① ② ③ ④
43	① ② ③ ④
44	① ② ③ ④
45	① ② ③ ④
46	① ② ③ ④
47	① ② ③ ④
48	① ② ③ ④
49	① ② ③ ④
50	① ② ③ ④
51	① ② ③ ④
52	① ② ③ ④
53	① ② ③ ④
54	① ② ③ ④
55	① ② ③ ④
56	① ② ③ ④
57	① ② ③ ④
58	① ② ③ ④
59	① ② ③ ④
60	① ② ③ ④

38 터널구간의 고저차를 관측하기 위하여 그림과 같이 간접수준측량을 하였다. 경사각은 부각 30°이며, AB의 경사거리가 18.64m이고 A점의 표고가 200.30m일 때 B점의 표고는?

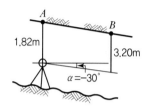

① 182.78m
② 189.60m
③ 190.92m
④ 192.36m

39 축척 1/50,000 지형도에서 주곡선의 간격은?

① 5m
② 10m
③ 20m
④ 100m

40 수준측량에서 전시와 후시의 거리를 같게 하여 소거할 수 있는 오차는?

① 표척의 눈금오차
② 레벨의 침하에 의한 오차
③ 지구의 곡률오차
④ 레벨과 표척의 경사에 의한 오차

 계산기

다음 ▶

안 푼 문제

답안 제출

01 실전점검!
CBT 실전모의고사

수험번호 :

수험자명 :

제한 시간 : 150분
남은 시간 :

글자 크기 100% 150% 200%

화면 배치

전체 문제 수 :
안 푼 문제 수 :

답안 표기란

31	①	②	③	④
32	①	②	③	④
33	①	②	③	④
34	①	②	③	④
35	①	②	③	④
36	①	②	③	④
37	①	②	③	④
38	①	②	③	④
39	①	②	③	④
40	①	②	③	④
41	①	②	③	④
42	①	②	③	④
43	①	②	③	④
44	①	②	③	④
45	①	②	③	④
46	①	②	③	④
47	①	②	③	④
48	①	②	③	④
49	①	②	③	④
50	①	②	③	④
51	①	②	③	④
52	①	②	③	④
53	①	②	③	④
54	①	②	③	④
55	①	②	③	④
56	①	②	③	④
57	①	②	③	④
58	①	②	③	④
59	①	②	③	④
60	①	②	③	④

3과목 토지정보체계론

41 한국토지정보시스템(KLIS)에 대한 설명으로 옳은 것은?

① PBLIS와 LIS를 통합하여 구축한 것이다.
② 지하시설물 관리를 중심으로 구축한 것이다.
③ 토지관리 정보를 공동 활용하기 위해 구축한 것이다.
④ 과거 행정안전부에서 독자적으로 구축한 시스템이다.

42 토지정보시스템의 속성정보가 아닌 것은?

① 일람도 자료
② 대지권등록부
③ 토지 · 임야대장
④ 경계점좌표등록부

43 벡터데이터와 래스터데이터의 구조에 관한 설명으로 옳지 않은 것은?

① 래스터데이터는 중첩분석이나 모델링이 유리하다.
② 벡터데이터는 자료구조가 단순하여 중첩분석이 쉽다.
③ 벡터데이터는 좌표계를 이용하여 공간정보를 기록한다.
④ 벡터데이터는 점, 선, 면으로 래스터데이터는 격자로 도형의 정보를 표현한다.

44 지적전산자료의 이용에 관한 설명으로 옳은 것은?

① 시 · 군 · 구 단위의 지적전산자료를 이용하고자 하는 자는 지적소관청 또는 도지사의 승인을 얻어야 한다.
② 시 · 도 단위의 지적전산자료를 이용하고자 하는 자는 시 · 도지사 또는 행정안전부장관의 승인을 얻어야 한다.
③ 전국 단위의 지적전산자료를 이용하고자 하는 자는 국토교통부장관, 시 · 도지사 또는 지적소관청의 승인을 얻어야 한다.
④ 심사 및 승인을 거쳐 지적전산자료를 이용하는 모든 자는 사용료를 면제한다.

계산기

다음 ▶

안 푼 문제

답안 제출

01회
실전점검!
CBT 실전모의고사

수험번호 :

수험자명 :

제한 시간 : 150분
남은 시간 :

글자
크기 100% 150% 200% 화면 배치

전체 문제 수 :
안 푼 문제 수 :

45 「공간정보의 구축 및 관리 등에 관한 법률」상 지적전산자료의 이용에 대한 심사 신청을 받은 관계 중앙행정기관의 장이 심사하여야 할 사항이 아닌 것은?

① 소유권 침해 여부
② 신청 내용의 타당성
③ 개인의 사생활 침해 여부
④ 자료의 목적 외 사용 방지 및 안전관리대책

46 스파게티(Spaghetti) 모형에 대한 설명으로 옳지 않은 것은?

① 자료구조가 단순하여 파일의 용량이 작다.
② 하나의 점(X, Y좌표)을 기본으로 하고 있어 구조가 간단하므로 이해하기 쉽다.
③ 객체들 간의 공간관계에 대한 정보가 입력되므로 공간분석에 효율적이다.
④ 상호 연관성에 관한 정보가 없어 인접한 객체들의 특징과 관련성을 파악하기 힘들다.

47 다음 중 KLIS 구축에 따른 시스템의 구성요건으로 옳지 않은 것은?

① 개방적 구조를 고려하여 설계
② 전국적인 통일된 좌표계 사용
③ 시스템의 확장성을 고려하여 설계
④ 파일처리 방식의 데이터관리시스템 설계

48 데이터에 대한 정보로서 데이터의 내용, 품질, 조건 및 기타 특성에 대한 정보를 포함하는 정보의 이력서라 할 수 있는 것은?

① 인덱스(Index)
② 라이브러리(Library)
③ 메타데이터(Metadata)
④ 데이터베이스(Database)

번호	①	②	③	④
31	①	②	③	④
32	①	②	③	④
33	①	②	③	④
34	①	②	③	④
35	①	②	③	④
36	①	②	③	④
37	①	②	③	④
38	①	②	③	④
39	①	②	③	④
40	①	②	③	④
41	①	②	③	④
42	①	②	③	④
43	①	②	③	④
44	①	②	③	④
45	①	②	③	④
46	①	②	③	④
47	①	②	③	④
48	①	②	③	④
49	①	②	③	④
50	①	②	③	④
51	①	②	③	④
52	①	②	③	④
53	①	②	③	④
54	①	②	③	④
55	①	②	③	④
56	①	②	③	④
57	①	②	③	④
58	①	②	③	④
59	①	②	③	④
60	①	②	③	④

계산기 　　　다음 ▶　　　 안 푼 문제　　 답안 제출

실전점검!
01회 CBT 실전모의고사

수험번호 :

수험자명 :

제한 시간 : 150분
남은 시간 :

글자
크기 100% 150% 200%
화면
배치

전체 문제 수 :
안 푼 문제 수 :

답안 표기란

31	①	②	③	④
32	①	②	③	④
33	①	②	③	④
34	①	②	③	④
35	①	②	③	④
36	①	②	③	④
37	①	②	③	④
38	①	②	③	④
39	①	②	③	④
40	①	②	③	④
41	①	②	③	④
42	①	②	③	④
43	①	②	③	④
44	①	②	③	④
45	①	②	③	④
46	①	②	③	④
47	①	②	③	④
48	①	②	③	④
49	①	②	③	④
50	①	②	③	④
51	①	②	③	④
52	①	②	③	④
53	①	②	③	④
54	①	②	③	④
55	①	②	③	④
56	①	②	③	④
57	①	②	③	④
58	①	②	③	④
59	①	②	③	④
60	①	②	③	④

49 다음 중 GIS데이터의 표준화에 해당하지 않는 것은?

① 데이터 모델(Data Model)의 표준화

② 데이터 내용(Data Contents)의 표준화

③ 데이터 제공(Data Supply)의 표준화

④ 위치참조(Location Reference)의 표준화

50 필지식별번호에 관한 설명으로 틀린 것은?

① 각 필지의 등록사항의 저장과 수정 등을 용이하게 처리할 수 있는 고유번호를 말한다.

② 필지에 관련된 모든 자료의 공통적 색인번호의 역할을 한다.

③ 토지 관련 정보를 등록하고 있는 각종 대장과 파일 간의 정보를 연결하거나 검색하는 기능을 향상시킨다.

④ 필지의 등록사항 변경 및 수정에 따라 변화할 수 있도록 가변성이 있어야 한다.

51 현지측량 등으로 얻어진 대상물의 좌표를 직접 입력하여 공간정보를 구축하는 방식은?

① 디지타이징　　　　　　② 스캐닝

③ COGO　　　　　　　④ DIGEST

52 PBLIS와 NGIS의 연계로 나타나는 장점으로 가장 거리가 먼 것은?

① 토지 관련 자료의 원활한 교류와 공동활용

② 토지의 효율적인 이용 증진과 체계적 국토개발

③ 유사한 정보시스템의 개발로 인한 중복투자 방지

④ 지적측량과 일반측량의 업무통합에 따른 효율성 증대

계산기　　　　　　다음 ▶　　　　안 푼 문제　　답안 제출

01 회 실전점검!
CBT 실전모의고사

수험번호 :
수험자명 :

제한 시간 : 150분
남은 시간 :

글자
크기 100% 150% 200%   화면
배치

전체 문제 수 :
안 푼 문제 수 :

답안 표기란

31	① ② ③ ④
32	① ② ③ ④
33	① ② ③ ④
34	① ② ③ ④
35	① ② ③ ④
36	① ② ③ ④
37	① ② ③ ④
38	① ② ③ ④
39	① ② ③ ④
40	① ② ③ ④
41	① ② ③ ④
42	① ② ③ ④
43	① ② ③ ④
44	① ② ③ ④
45	① ② ③ ④
46	① ② ③ ④
47	① ② ③ ④
48	① ② ③ ④
49	① ② ③ ④
50	① ② ③ ④
51	① ② ③ ④
52	① ② ③ ④
53	① ② ③ ④
54	① ② ③ ④
55	① ② ③ ④
56	① ② ③ ④
57	① ② ③ ④
58	① ② ③ ④
59	① ② ③ ④
60	① ② ③ ④

53 국가지리정보체계의 추진과정에 관한 내용으로 틀린 것은?

① 1995~2000년까지 제1차 국가GIS사업 수행
② 2006~2010년에는 제2차 국가GIS기본계획 수립
③ 제1차 국가GIS사업에서는 지형도, 공동주제도, 지하시설물도의 DB 구축 추진
④ 제2차 국가GIS사업에서는 국가공간정보기반 확충을 통한 디지털 국토 실현 추진

54 다음 중 지도데이터의 표준화를 위하여 미국의 국가위원회(NCDCDS)에서 분류한 1차원 공간객체에 해당하지 않는 것은?

① 선(Line)
② 아크(Arc)
③ 면적(Area)
④ 스트링(String)

55 국가나 지방자치단체가 지적전산자료를 이용하는 경우 사용료의 납부방법으로 옳은 것은?

① 사용료를 면제한다.
② 사용료를 수입증지로 납부한다.
③ 사용료를 수입인지로 납부한다.
④ 규정된 사용료의 절반을 현금으로 납부한다.

56 데이터 처리 시 대상물이 두 개의 유사한 색조나 색깔을 가지고 있는 경우 소프트웨어적으로 구별하기 어려워서 발생되는 오류는?

① 선의 단절
② 방향의 혼돈
③ 불분명한 경계
④ 주기와 대상물의 혼동

57 다음 중 기존 공간 사상의 위치, 모양, 방향 등에 기초하여 공간 형상의 둘레에 특정한 폭을 가진 구역을 구축하는 공간분석 기법은?

① Buffer
② Dissolve
③ Interpolation
④ Classification

계산기   다음 ▶   안 푼 문제   답안 제출

01

실전점검!
CBT 실전모의고사

수험번호 :

수험자명 :

제한 시간 : 150분
남은 시간 :

글자 크기 ⊖ 100% Ⓜ 150% ⊕ 200%

화면 배치

전체 문제 수 :
안 푼 문제 수 :

답안 표기란

31	①	②	③	④
32	①	②	③	④
33	①	②	③	④
34	①	②	③	④
35	①	②	③	④
36	①	②	③	④
37	①	②	③	④
38	①	②	③	④
39	①	②	③	④
40	①	②	③	④
41	①	②	③	④
42	①	②	③	④
43	①	②	③	④
44	①	②	③	④
45	①	②	③	④
46	①	②	③	④
47	①	②	③	④
48	①	②	③	④
49	①	②	③	④
50	①	②	③	④
51	①	②	③	④
52	①	②	③	④
53	①	②	③	④
54	①	②	③	④
55	①	②	③	④
56	①	②	③	④
57	①	②	③	④
58	①	②	③	④
59	①	②	③	④
60	①	②	③	④

58 표준 데이터베이스 질의언어인 SQL의 데이터 정의어(DDL)에 해당하지 않는 것은?

① DROP
② ALTER
③ CRANT
④ CREATE

59 지적도면전산화 작업과정에서 처리하지 않는 작업은?

① 신축보정
② 벡터라이징
③ 구조화 편집
④ 지적도 스캐닝

60 도형정보와 속성정보의 통합 공간분석 기법 중 연결성 분석과 가장 거리가 먼 것은?

① 관망(Network)
② 근접성(Proximity)
③ 연속성(Continuity)
④ 분류(Classification)

계산기

다음 ▶

안 푼 문제

답안 제출

실전점검!
01 회
CBT 실전모의고사

수험번호 :

수험자명 :

제한 시간 : 150분
남은 시간 :

글자 크기 🔍 100% 🔍 150% 🔍 200% | 화면 배치

전체 문제 수 :
안 푼 문제 수 :

답안 표기란

61	① ② ③ ④
62	① ② ③ ④
63	① ② ③ ④
64	① ② ③ ④
65	① ② ③ ④
66	① ② ③ ④
67	① ② ③ ④
68	① ② ③ ④
69	① ② ③ ④
70	① ② ③ ④
71	① ② ③ ④
72	① ② ③ ④
73	① ② ③ ④
74	① ② ③ ④
75	① ② ③ ④
76	① ② ③ ④
77	① ② ③ ④
78	① ② ③ ④
79	① ② ③ ④
80	① ② ③ ④
81	① ② ③ ④
82	① ② ③ ④
83	① ② ③ ④
84	① ② ③ ④
85	① ② ③ ④
86	① ② ③ ④
87	① ② ③ ④
88	① ② ③ ④
89	① ② ③ ④
90	① ② ③ ④

4과목 **지적학**

61 지적의 발생설 중 영토의 보존과 통치수단이라는 두 관점에 대한 이론은?

① 지배설
② 치수설
③ 침략설
④ 과세설

62 토지에 대한 일정한 사항을 조사하여 지적공부에 등록하기 위하여 반드시 선행되어야 할 사항은?

① 토지번호의 확정
② 토지용도의 결정
③ 1필지의 경계설정
④ 토지소유자의 결정

63 다음 중 지목의 변천에 관한 설명으로 옳은 것은?

① 2000년의 지목 수는 28개였다.
② 토지조사사업 당시 지목의 수는 21개였다.
③ 최초 지적법이 제정된 후 지목의 수는 24개였다.
④ 지목 수의 증가는 경제발전에 따른 토지이용의 세분화를 반영하는 것이다.

64 토지조사사업 당시 소유자는 같으나 지목이 상이하여 별필(別筆)로 해야 하는 토지들의 경계선과 소유자를 알 수 없는 토지와의 구획선으로 옳은 것은?

① 강계선(疆界線)
② 경계선(境界線)
③ 지세선(地勢線)
④ 지역선(地域線)

65 토지조사사업 당시 사정에 대한 재결기관은?

① 지방토지조사위원회
② 도지사
③ 임시토지조사국장
④ 고등토지조사위원회

⌨ 계산기

◀ 다음 ▶

🔲 안 푼 문제

📋 답안 제출

01 실전점검!
CBT 실전모의고사

수험번호 :

수험자명 :

제한 시간 : 150분
남은 시간 :

글자 크기 100% 150% 200%

화면 배치

전체 문제 수 :
안 푼 문제 수 :

답안 표기란

61	① ② ③ ④
62	① ② ③ ④
63	① ② ③ ④
64	① ② ③ ④
65	① ② ③ ④
66	① ② ③ ④
67	① ② ③ ④
68	① ② ③ ④
69	① ② ③ ④
70	① ② ③ ④
71	① ② ③ ④
72	① ② ③ ④
73	① ② ③ ④
74	① ② ③ ④
75	① ② ③ ④
76	① ② ③ ④
77	① ② ③ ④
78	① ② ③ ④
79	① ② ③ ④
80	① ② ③ ④
81	① ② ③ ④
82	① ② ③ ④
83	① ② ③ ④
84	① ② ③ ④
85	① ② ③ ④
86	① ② ③ ④
87	① ② ③ ④
88	① ② ③ ④
89	① ② ③ ④
90	① ② ③ ④

66 토지조사 때 사정한 경계에 불복하여 고등토지조사위원회에서 재결한 결과 사정한 경계가 변동되는 경우 그 변경의 효력이 발생되는 시기는?

① 재결일
② 사정일
③ 재결서 접수일
④ 재결서 통지일

67 다음 중 현대지적의 특성만으로 연결된 것이 아닌 것은?

① 역사성 – 영구성
② 전문성 – 기술성
③ 서비스성 – 윤리성
④ 일시적 민원성 – 개별성

68 지적에서 지번의 부번진행방법 중 옳지 않은 것은?

① 고저식(高低式)
② 기우식(奇偶式)
③ 사행식(蛇行式)
④ 절충식(折衷式)

69 다음 지적측량의 행정적 효력 중 지적공부에 유효하게 등록된 표시사항은 일정한 기간이 경과된 후 그 상대방이나 이해관계인이 그 효력을 다툴 수 없으며 소관청 자체도 특별한 사유가 있는 경우를 제외하고 그 성과를 변경할 수 없는 처분행위의 효력은?

① 구속력
② 확정력
③ 강제력
④ 추정력

70 우리나라의 지적도에 등록해야 할 사항으로 볼 수 없는 것은?

① 지번
② 필지의 경계
③ 토지의 소재
④ 소관청의 명칭

71 다음 중 고조선시대의 토지제도로 옳은 것은?

① 과전법(科田法)
② 두락제(斗落制)
③ 정전제(井田制)
④ 수등이척제(隨等異尺制)

계산기
다음 ▶
안 푼 문제
답안 제출

실전점검!
01회 **CBT 실전모의고사**

수험번호 :

수험자명 :

제한 시간 : 150분
남은 시간 :

글자
크기 100% 150% 200%

화면
배치

전체 문제 수 :
안 푼 문제 수 :

답안 표기란

61	①	②	③	④
62	①	②	③	④
63	①	②	③	④
64	①	②	③	④
65	①	②	③	④
66	①	②	③	④
67	①	②	③	④
68	①	②	③	④
69	①	②	③	④
70	①	②	③	④
71	①	②	③	④
72	①	②	③	④
73	①	②	③	④
74	①	②	③	④
75	①	②	③	④
76	①	②	③	④
77	①	②	③	④
78	①	②	③	④
79	①	②	③	④
80	①	②	③	④
81	①	②	③	④
82	①	②	③	④
83	①	②	③	④
84	①	②	③	④
85	①	②	③	④
86	①	②	③	④
87	①	②	③	④
88	①	②	③	④
89	①	②	③	④
90	①	②	③	④

72 다음 중 적극적 등록제도(Positive System)에 대한 설명으로 옳지 않은 것은?

① 거래행위에 따른 토지등록은 사유재산 양도증서의 작성과 거래증서의 등록으로 구분된다.

② 적극적 등록제도에서의 토지등록은 일필지의 개념으로 법적인 권리보장이 인정된다.

③ 적극적 등록제도의 발달된 형태로 유명한 것은 토렌스시스템(Torrens System)이 있다.

④ 지적공부에 등록되지 아니한 토지는 그 토지에 대한 어떠한 권리도 인정되지 않는다는 이론이 지배적이다.

73 다음 중 현존하는 우리나라의 가장 오래된 지적자료는?

① 경자양안   ② 광무양안

③ 신라장적   ④ 결수연명부

74 다음 중 역토(驛土)에 대한 설명으로 옳지 않은 것은?

① 역토는 주로 군수비용을 충당하기 위한 토지이다.

② 역토의 수입은 국고수입으로 하였다.

③ 역토는 역참에 보속된 토지의 명칭이다.

④ 조선시대 초기에 역토에는 관둔전, 공수전 등이 있다.

75 다음 중 토지등록제도의 장점으로 보기 어려운 것은?

① 사인간의 토지거래에 있어서 용이성과 경비절감을 기할 수 있다.

② 토지에 대한 장기신용에 의한 안정성을 확보할 수 있다.

③ 지적과 등기에 공신력이 인정되고, 측량성과의 정확도가 향상될 수 있다.

④ 토지분쟁의 해결을 위한 개인의 경비측면이나, 시간적 절감을 가져오고 소송사건이 감소될 수 있다.

계산기   다음 ▶   안 푼 문제   답안 제출

실전점검!
01 **CBT 실전모의고사**

수험번호:

수험자명:

제한 시간 : 150분
남은 시간 :

글자
크기 100% 150% 200%

화면
배치

전체 문제 수 :
안 푼 문제 수 :

답안 표기란

61	①	②	③	④
62	①	②	③	④
63	①	②	③	④
64	①	②	③	④
65	①	②	③	④
66	①	②	③	④
67	①	②	③	④
68	①	②	③	④
69	①	②	③	④
70	①	②	③	④
71	①	②	③	④
72	①	②	③	④
73	①	②	③	④
74	①	②	③	④
75	①	②	③	④
76	①	②	③	④
77	①	②	③	④
78	①	②	③	④
79	①	②	③	④
80	①	②	③	④
81	①	②	③	④
82	①	②	③	④
83	①	②	③	④
84	①	②	③	④
85	①	②	③	④
86	①	②	③	④
87	①	②	③	④
88	①	②	③	④
89	①	②	③	④
90	①	②	③	④

76 토지조사사업 당시 일필지조사 사항의 업무가 아닌 것은?

① 지목의 조사
② 지번의 조사
③ 지주의 조사
④ 분쟁지의 조사

77 지적재조사사업의 목적으로 옳지 않은 것은?

① 경계복원능력의 향상
② 지적불부합지의 해소
③ 토지거래질서의 확립
④ 능률적인 지적관리체제 개선

78 다음의 설명에 해당하는 학자는?

- 해학유서에서 망척제를 주장하였다.
- 전안을 작성하는 데 반드시 도면과 지적이 있어야 비로소 자세하게 갖추어진 것이라
하였다.

① 이기
② 서유구
③ 유진억
④ 정약용

79 지적제도와 등기제도가 통합된 넓은 의미의 지적제도에서의 3요소이며, 네덜란드의 J. L. G. Henssen이 구분한 지적의 3요소로만 나열된 것은?

① 소유자, 권리, 필지
② 측량, 필지, 지적파일
③ 필지, 측량, 지적공부
④ 권리, 지적도, 토지대장

80 다음 중 입안제도(立案制度)에 대한 설명으로 옳지 않은 것은?

① 토지매매계약서이다.
② 관에서 교부하는 형식이었다.
③ 조선 후기에는 백문매매가 성행하였다.
④ 소유권 이전 후 100일 이내에 신청하였다.

계산기

다음 ▶

안 푼 문제

답안 제출

01회 실전점검!
CBT 실전모의고사

수험번호 :

수험자명 :

제한 시간 : 150분
남은 시간 :

글자 크기 100% 150% 200%　화면 배치　전체 문제 수 :
안 푼 문제 수 :

5과목　**지적관계법규**

81 축척변경 시행지역의 토지는 어느 때에 토지의 이동이 있는 것으로 보는가?
① 청산금 산출일
② 청산금 납부일
③ 축척변경 승인공고일
④ 축척변경 확정공고일

82 「공간정보의 구축 및 관리 등에 관한 법률」에서 규정된 용어의 정의로 틀린 것은?
① "경계"란 필지별로 경계점들을 곡선으로 연결하여 지적공부에 등록한 선을 말한다.
② "면적"이란 지적공부에 등록한 필지의 수평면상 넓이를 말한다.
③ "신규등록"이란 새로 조성된 토지와 지적공부에 등록되어 있지 아니한 토지를 지적공부에 등록하는 것을 말한다.
④ "축척변경"이란 지적도에 등록된 경계점의 정밀도를 높이기 위하여 작은 축척을 큰 축척으로 변경하여 등록하는 것을 말한다.

83 「공간정보의 구축 및 관리 등에 관한 법률 시행령」상 지상경계의 결정기준에서 분할에 따른 지상경계를 지상건축물에 걸리게 결정할 수 있는 경우로 틀린 것은?
① 공공사업 등에 따라 지목이 학교용지로 되는 토지를 분할하는 경우
② 토지를 토지소유자의 필요에 의해 분할하는 경우
③ 도시개발사업 등의 사업시행자가 사업지구의 경계를 결정하기 위하여 토지를 분할하려는 경우
④ 법원의 확정판결이 있는 경우

61	①	②	③	④
62	①	②	③	④
63	①	②	③	④
64	①	②	③	④
65	①	②	③	④
66	①	②	③	④
67	①	②	③	④
68	①	②	③	④
69	①	②	③	④
70	①	②	③	④
71	①	②	③	④
72	①	②	③	④
73	①	②	③	④
74	①	②	③	④
75	①	②	③	④
76	①	②	③	④
77	①	②	③	④
78	①	②	③	④
79	①	②	③	④
80	①	②	③	④
81	①	②	③	④
82	①	②	③	④
83	①	②	③	④
84	①	②	③	④
85	①	②	③	④
86	①	②	③	④
87	①	②	③	④
88	①	②	③	④
89	①	②	③	④
90	①	②	③	④

계산기　　다음 ▶　　안 푼 문제　답안 제출

실전점검!
CBT 실전모의고사

01

수험번호 :

수험자명 :

제한 시간 : 150분
남은 시간 :

글자
크기 100% 150% 200%

화면
배치

전체 문제 수 :
안 푼 문제 수 :

답안 표기란

84 다음 중 측량업등록의 결격사유에 해당하지 않는 것은?

① 파산자로서 복권되지 아니한 자

② 피성년후견인 또는 피한정후견인

③ 측량업의 등록이 취소된 후 2년이 지나지 아니한 자

④ 「국가보안법」의 관련 규정을 위반하여 금고 이상의 실형을 선고받고 그 집행이 끝난 날부터 2년이 지나지 아니한 자

85 「공간정보의 구축 및 관리 등에 관한 법률」상 중앙지적위원회의 구성 등에 관한 설명으로 옳은 것은?

① 위원장은 국토교통부장관이 임명하거나 위촉한다.

② 부위원장은 국토교통부의 지적업무 담당 국장이 된다.

③ 위원장 및 부위원장을 제외한 위원의 임기는 2년으로 한다.

④ 위원장 1명과 부위원장 1명을 제외하고, 5명 이상 10명 이하의 위원으로 구성한다.

86 「공간정보의 구축 및 관리 등에 관한 법률」에서 규정하고 있는 내용이 아닌 것은?

① 토지공개념의 확보

② 국민의 소유권 보호에 기여

③ 지적공부의 작성 및 관리에 관한 사항 규정

④ 부동산종합공부의 작성 및 관리에 관한 사항 규정

87 지적공부에 대한 설명으로 옳은 것은?

① 토지대장은 국가가 작성하여 비치하는 공적장부를 말한다.

② 경계점좌표등록부는 지적공부에 해당되지 않는다.

③ 지적공부 중 대장에 해당되는 것은 토지대장, 임야대장만을 말한다.

④ 지적공부 중 도면에 해당되는 것은 지적도, 임야도, 도시계획도를 말한다.

61	①	②	③	④
62	①	②	③	④
63	①	②	③	④
64	①	②	③	④
65	①	②	③	④
66	①	②	③	④
67	①	②	③	④
68	①	②	③	④
69	①	②	③	④
70	①	②	③	④
71	①	②	③	④
72	①	②	③	④
73	①	②	③	④
74	①	②	③	④
75	①	②	③	④
76	①	②	③	④
77	①	②	③	④
78	①	②	③	④
79	①	②	③	④
80	①	②	③	④
81	①	②	③	④
82	①	②	③	④
83	①	②	③	④
84	①	②	③	④
85	①	②	③	④
86	①	②	③	④
87	①	②	③	④
88	①	②	③	④
89	①	②	③	④
90	①	②	③	④

01회 실전점검!
CBT 실전모의고사

수험번호 :

수험자명 :

제한 시간 : 150분
남은 시간 :

글자 크기 100% 150% 200%

화면 배치

전체 문제 수 :
안 푼 문제 수 :

88 다음 중 토지소유자의 토지이동 신청 기간 기준이 다른 것은?

① 등록전환 신청

② 신규등록 신청

③ 지목변경 신청

④ 바다로 된 토지의 등록말소 신청

89 지번에 결번이 생겼을 경우 처리하는 방법은?

① 결번된 토지대장 카드를 삭제한다.

② 결번 대장을 비치하여 영구히 보존한다.

③ 결번된 지번을 삭제하고 다른 지번을 설정한다.

④ 신규등록 시 결번을 사용하여 결번이 없도록 한다.

90 「지적측량 시행규칙」상 세부측량의 기준 및 방법으로 옳지 않은 것은?

① 평판측량방법에 따른 세부측량은 교회법, 도선법 및 방사법(放射法)에 따른다.

② 평판측량방법에 따른 세부측량의 측량결과도는 그 토지가 등록된 도면과 동일한 축척으로 작성하여야 한다.

③ 평판측량방법에 따른 세부측량을 교회법으로 하는 경우 방향각의 교각은 45° 이상 120° 이하로 하여야 한다.

④ 평판측량방법에 따른 세부측량을 도선법으로 하는 경우 도선의 측선장은 도상길이 8cm 이하로 하여야 한다.

답안 표기란

61	① ② ③ ④
62	① ② ③ ④
63	① ② ③ ④
64	① ② ③ ④
65	① ② ③ ④
66	① ② ③ ④
67	① ② ③ ④
68	① ② ③ ④
69	① ② ③ ④
70	① ② ③ ④
71	① ② ③ ④
72	① ② ③ ④
73	① ② ③ ④
74	① ② ③ ④
75	① ② ③ ④
76	① ② ③ ④
77	① ② ③ ④
78	① ② ③ ④
79	① ② ③ ④
80	① ② ③ ④
81	① ② ③ ④
82	① ② ③ ④
83	① ② ③ ④
84	① ② ③ ④
85	① ② ③ ④
86	① ② ③ ④
87	① ② ③ ④
88	① ② ③ ④
89	① ② ③ ④
90	① ② ③ ④

계산기

다음 ▶

안 푼 문제

답안 제출

실전점검!
01 CBT 실전모의고사

수험번호 :
수험자명 :

제한 시간 : 150분
남은 시간 :

글자
크기
100%
150%
200%

화면
배치

전체 문제 수 :
안 푼 문제 수 :

답안 표기란

91	①	②	③	④
92	①	②	③	④
93	①	②	③	④
94	①	②	③	④
95	①	②	③	④
96	①	②	③	④
97	①	②	③	④
98	①	②	③	④
99	①	②	③	④
100	①	②	③	④

91 경위의측량방법에 따른 세부측량의 기준으로 옳은 것은?

① 거리측정단위는 0.01cm로 한다.

② 경계점의 점간거리는 1회 측정한다.

③ 관측은 30초독 이상의 경위의를 사용한다.

④ 수평각의 관측은 1대회의 방향관측법이나 2배각의 배각법에 따른다.

92 다음 중 사용자권한 등록파일에 등록하는 사용자의 권한에 해당하지 않는 것은?

① 지적전산코드의 입력 · 수정 및 삭제

② 토지등급 및 기준수확량등급 변동의 관리

③ 개별공시지가의 변동 관리

④ 기업별 토지소유현황의 조회

93 사용자권한 등록파일에 등록하는 사용자번호 및 비밀번호에 대한 설명으로 틀린 것은?

① 사용자의 비밀번호는 6자리부터 16자리까지의 범위에서 사용자가 정하여 사용한다.

② 사용자번호는 사용자권한 등록관리청별로 일련번호를 부여하여야 하며, 수시로 사용자번호를 변경하며 관리하여야 한다.

③ 사용자의 비밀번호는 다른 사람에게 누설하여서는 아니 되며, 사용자는 비밀번호가 누설되거나 누설될 우려가 있는 때에는 즉시 이를 변경하여야 한다.

④ 사용자권한 등록관리청은 사용자가 다른 사용자권한 등록관리청으로 소속이 변경되거나 퇴직 등을 한 경우에는 사용자번호를 따로 분리하여 사용자의 책임을 명백히 할 수 있도록 하여야 한다.

94 「국토의 계획 및 이용에 관한 법률」의 정의에 따른 도시 · 군관리계획에 포함되지 않는 것은?

① 기반시설의 설치 · 정비 또는 개량에 관한 계획

② 광역계획권의 기본구조와 발전방향에 관한 계획

③ 지구단위계획구역의 지정 또는 변경에 관한 계획

④ 용도지역 · 용도지구의 지정 또는 변경에 관한 계획

계산기
다음 ▶
안 푼 문제
답안 제출

01 실전점검!
CBT 실전모의고사

수험번호 :

수험자명 :

제한 시간 : 150분
남은 시간 :

글자
크기 100% 150% 200%

화면
배치

전체 문제 수 :
안 푼 문제 수 :

답안 표기란

91	①	②	③	④
92	①	②	③	④
93	①	②	③	④
94	①	②	③	④
95	①	②	③	④
96	①	②	③	④
97	①	②	③	④
98	①	②	③	④
99	①	②	③	④
100	①	②	③	④

95 전파기측량방법에 따라 다각망도선법으로 지적삼각보조점측량을 하는 경우 적용되는 기준으로 틀린 것은?

① 3점 이상의 기지점을 포함한 결합다각방식에 따른다.

② 1도선의 거리는 4km 이하로 한다.

③ 1도선의 점의 수는 기지점과 교점을 포함하여 5점 이상으로 한다.

④ 1도선이란 기지점과 교점 간 또는 교점과 교점 간을 말한다.

96 다각망도선법으로 지적삼각보조점측량을 할 때 1도선의 거리는 최대 얼마 이하로 하여야 하는가?

① 3km 이하

② 4km 이하

③ 5km 이하

④ 6km 이하

97 「부동산등기법」상 미등기의 토지에 관한 소유권보존등기를 신청할 수 없는 자는?

① 시장의 확인에 의하여 자기의 소유권을 증명하는 자

② 확정판결에 의하여 자기의 소유권을 증명하는 자

③ 수용(收用)으로 인하여 소유권을 취득하였음을 증명하는 자

④ 임야대장에 최초의 소유자로 등록되어 있는 자의 상속인

98 「공간정보의 구축 및 관리 등에 관한 법률」상 지목설정이 올바르게 연결된 것은?

① 체육용지 – 실내체육관, 승마장

② 유원지 – 스키장, 어린이놀이터

③ 잡종지 – 원상회복을 조건으로 돌을 캐내는 곳

④ 염전 – 동력을 이용하여 소금을 제조하는 공장시설물의 부지

계산기

다음 ▶

안 푼 문제

답안 제출

01 실전점검!
CBT 실전모의고사

수험번호 :

수험자명 :

제한 시간 : 150분
남은 시간 :

글자
크기 100% 150% 200%

화면
배치

전체 문제 수 :
안 푼 문제 수 :

답안 표기란
91	① ② ③ ④
92	① ② ③ ④
93	① ② ③ ④
94	① ② ③ ④
95	① ② ③ ④
96	① ② ③ ④
97	① ② ③ ④
98	① ② ③ ④
99	① ② ③ ④
100	① ② ③ ④

99 「공간정보의 구축 및 관리 등에 관한 법률」상 지적측량 및 토지이동 조사를 위해 타인의 토지에 출입하거나 일시 사용하는 경우에 대한 설명으로 옳지 않은 것은?

① 타인의 토지에 출입하려는 자는 관할 특별자치시장, 특별자치도지사, 시장 · 군수 또는 구청장의 허가를 받아야 한다.

② 타인의 토지를 출입하는 자는 소유자 · 점유자 또는 관리인의 동의 없이 장애물을 변경 또는 제거할 수 있다.

③ 토지의 점유자는 정당한 사유 없이 지적측량 및 토지이동 조사에 필요한 행위를 방해하거나 거부하지 못한다.

④ 지적측량 및 토지이동 조사에 필요한 행위를 하려는 자는 그 권한을 표시하는 허가증을 지니고 관계인에게 이를 내보여야 한다.

100 「국토의 계획 및 이용에 관한 법률」상 용어의 정의로 옳지 않은 것은?

① "도시 · 군계획사업"이란 도시 · 군관리계획을 시행하기 위한 도시 · 군계획시설사업, 「도시개발법」에 따른 도시개발사업, 「도시 및 주거환경정비법」에 따른 정비사업을 말한다.

② "용도지역"이란 토지의 이용 및 건축물의 용도 · 건폐율 · 용적률 · 높이 등에 대한 용도지역의 제한을 강화하거나 완화하여 적용함으로써 용도지역의 기능을 증진시키고 미관 · 경관 · 안전 등을 도모하기 위하여 도시 · 군관리계획으로 결정하는 지역을 말한다.

③ "지구단위계획"이란 도시 · 군계획 수립 대상지역의 일부에 대하여 토지 이용을 합리화하고 그 기능을 증진시키며 미관을 개선하고 양호한 환경을 확보하며, 그 지역을 체계적 · 계획적으로 관리하기 위하여 수립하는 도시 · 군관리계획을 말한다.

④ "용도구역"이란 토지의 이용 및 건축물의 용도 · 건폐율 · 용적률 · 높이 등에 대한 용도지역 및 용도지구의 제한을 강화하거나 완화하여 따로 정함으로써 시가지의 무질서한 확산방지, 계획적이고 단계적인 토지이용의 도모, 토지이용의 종합적 조정 · 관리 등을 위하여 도시 · 군관리계획으로 결정하는 지역을 말한다.

계산기   다음 ▶   안 푼 문제   답안 제출

CBT 정답 및 해설

01	02	03	04	05	06	07	08	09	10
①	②	②	④	③	①	④	③	①	④
11	12	13	14	15	16	17	18	19	20
④	③	①	②	②	④	④	②	②	③
21	22	23	24	25	26	27	28	29	30
②	②	④	④	④	②	③	④	①	②
31	32	33	34	35	36	37	38	39	40
③	④	①	③	④	③	②	④	③	③
41	42	43	44	45	46	47	48	49	50
③	①	②	④	④	④	③	③	③	④
51	52	53	54	55	56	57	58	59	60
③	④	②	③	①	③	①	③	③	④
61	62	63	64	65	66	67	68	69	70
①	③	④	④	④	②	④	①	②	④
71	72	73	74	75	76	77	78	79	80
③	①	③	②	③	③	③	①	①	①
81	82	83	84	85	86	87	88	89	90
④	②	①	④	①	④	④	④	②	③
91	92	93	94	95	96	97	98	99	100
④	④	②	②	③	②	①	①	②	②

01 정답 | ①
풀이 | 지적삼각점을 관측하는 경우 수평각의 계산단위

종별	각	변의 길이	진수	좌표 또는 표고	경위도	자오선 수차
단위	초	cm	6자리 이상	cm	초 아래 3자리	초 아래 1자리

02 정답 | ②
풀이 | 부정오차(우연오차, 상차)는 발생 원인이 불명확하고, 오차 원인의 방향이 일정하지 않다.

03 정답 | ②
풀이 | $R = \dfrac{1,000}{L} = \dfrac{1,000}{65.32} ≒ 15.31$ (L : 각 측선의 수평거리)

측각오차의 배분은 측선장에 반비례하여 각 측선의 관측각에 배분한다.

$K = -\dfrac{e}{R} \times r = -\dfrac{-43''}{275.2} \times 15.31 = -2.4''$

$\therefore -2.4''$이므로, $+2''$가 된다.

[K : 각 측선에 배분할 초단위 각도, e : 초단위의 오차, R : 폐색변을 포함한 각 측선장의 반수의 총합계, r : 각 측선장의 반수(반수 : 측선장 1m를 1,000으로 나눈 수)]

04 정답 | ④
풀이 | 수선장$(E) = (Y_2 - Y_1) \cos\alpha - (X_2 - X_1) \sin\alpha$

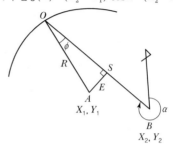

05 정답 | ③
풀이 | 지적도근점측량의 연결오차 배분방법

배각법	방위각법
각 측선의 종횡선차 길이에 비례하여 배분한다. $T = -\dfrac{e}{L} \times n$ [T : 각 측선의 종횡선차에 배분할 cm 단위의 보정치, e : 종선오차(또는 횡선오차), L : 종횡선차의 절대치 합계, n : 각 측선의 종횡선차]	각 측선장에 비례하여 배분한다. $T_n = -\dfrac{e}{L} \times n$ [T_n : 각 측선의 종선차(또는 횡선차)에 배분할 cm 단위의 보정치, e : 종선오차(또는 횡선오차), L : 각 측선장의 총합계, n : 각 측선의 측선장]

06 정답 | ①
풀이 | 지적도근점측량의 폐색오차 허용범위(공차)

측량방법	등급	폐색오차의 허용범위(공차)
방위각법	1등 도선	$\pm\sqrt{n}$ 분 이내
	2등 도선	$\pm 1.5\sqrt{n}$ 분 이내

※ n : 폐색변을 포함한 변의 수

07 정답 | ④
풀이 | 경위의측량방법에 의한 세부측량을 실시할 때 연직각의 관측은 정・반으로 1회 관측하여 그 교차가 5분 이내이면 평균치를 연직각으로 하되, 분단위로 독정(讀定)한다.

08 정답 | ③
풀이 | 지적삼각점의 계산 시 점간거리는 원점에 투영된 평면거리에 따라 계산한다.

09 정답 | ①

풀이 | 지적기준점성과표의 기록·관리사항

지적삼각점성과	지적삼각보조점성과 및 지적도근점성과
• 지적삼각점의 명칭과 기준 원점명 • 좌표 및 표고 • 경도 및 위도(필요한 경우 로 한정한다.) • 자오선수차(子午線收差) • 시준점(視準點)의 명칭, 방 위각 및 거리 • 소재지와 측량연월일	• 번호 및 위치의 약도 • 좌표와 직각좌표계 원점명 • 경도와 위도(필요한 경우 로 한정한다.) • 표고(필요한 경우로 한정 한다.) • 소재지와 측량연월일 • 도선등급 및 도선명 • 표지의 재질 • 도면번호 • 설치기관 • 조사연월일, 조사자의 직 위·성명 및 조사 내용

10 정답 | ④

풀이 | 좌표면적계산법에 의한 면적측정 시 산출면적은 1,000 분의 $1m^2$까지 계산하여 10분의 $1m^2$ 단위로 결정한다.

11 정답 | ④

풀이 | $\triangle x = Bx - Ax = 400 - 200 = 200m$,

$\triangle y = By - Ay = 200 - 300 = -100m$

$방위(\theta) = \tan^{-1}\left(\frac{\triangle Y}{\triangle X}\right) = \tan^{-1}\left(\frac{100}{200}\right)$

$= 26°33'54.18'' ≒ 26°33'54''$

$\triangle x$ 값은 $(+)$, $\triangle y$ 값은 $(-)$로 4상한이므로,

$\therefore V_a^b = 360° - 26°33'54'' = 333°26'06''$

12 정답 | ③

풀이 | 등록전환 또는 분할에 따른 면적 오차의 허용범위

$A = 0.026^2 M\sqrt{F}$

(A : 오차 허용면적, M : 축척분모, F : 원면적)

$A = 0.026^2 M\sqrt{F} = 0.026^2 \times 1,200 \sqrt{800} = 22m^2$

13 정답 | ①

풀이 | ② 3점 이상의 기지점을 포함한 결합다각방식에 따른다.

③, ④ 1도선(기지점과 교점 간 또는 교점과 교점 간) 의 점의 수는 기지점과 교점을 포함하여 5점 이하로 한다.

14 정답 | ②

풀이 | 지적기준점성과의 관리자(기관)

구분	관리기관
지적삼각점	시·도지사
지적삼각보조점 지적도근점	지적소관청

15 정답 | ②

풀이 | 측각오차 $e = T_1 + \sum\alpha - 180(n-1) - T_2$

$[T_1$: 출발기지방위각, T_2 : 도착기지방위각, n : 폐 색변을 포함한 변의 수(측정횟수)]

16 정답 | ④

풀이 | 지적측량기준점표지의 설치기준

점간 거리	지적삼각점	2km 이상 5km 이하
	지적삼각 보조점	• 1km 이상 3km 이하 • 다각망도선법인 경우 평균 0.5km 이상 1km 이하
	지적도근점	• 점간거리 50m 이상 300m 이하 • 다각망도선법인 경우 평균 500m 이하

17 정답 | ④

풀이 | 지적삼각점측량의 수평각 측각공차

종별	1 방향각	1측회 폐색	삼각형 내각관측의 합과 180°의 차	기지각과 의 차
공차	30초 이내	±30초 이내	±30초 이내	±40초 이내

18 정답 | ②

풀이 | 점간거리는 5회 측정하여 그 측정치의 최대치와 최소 치의 교차가 평균치의 10만분의 1 이하일 때에는 그 평 균치를 측정거리로 하고, 원점에 투영된 평면거리에 따라 계산한다.

19 정답 | ②

풀이 | 경중률은 관측횟수에 비례하므로,

$최확값(L_o) = 60°39'00'' + \dfrac{10'' \times 3 + 30'' \times 2}{5}$

$= 68°39'18''$

CBT 정답 및 해설

20 정답 | ③

풀이 | 배각법의 계산순서

관측성과의 이기 → 폐색변을 포함한 변수(n) 계산 → 관측각의 합계 계산 → 측각오차 및 공차의 계산 → 반수의 계산 → 측각오차의 배부 → 방위각의 계산 → 각 측점의 종횡선차의 계산 → 종횡선오차, 연결오차 및 공차의 계산 → 종횡선오차의 배부 → 각 측점의 좌표 계산

21 정답 | ②

풀이 | 기복변위($\triangle r$) $= \dfrac{h}{H} \cdot r$

→ $H = m \times f = 15,000 \times 0.15 = 2,250$m

(h : 비고, H : 비행촬영고도, r : 연직점에서 측정점까지의 거리)

굴뚝높이(h) $= \dfrac{H}{r} \cdot \triangle r = \dfrac{2,250}{0.2} \times 0.0024 = 27$m

22 정답 | ②

풀이 | 높이차 $= 86.39 - 49.25 = 37.14$m

AB의 거리

$= \sqrt{(1,546.73 - 1,125.68)^2 + (415.37 - 782.46)^2}$

$= 558.60$m

터널경사도 $\theta = \tan^{-1}\left(\dfrac{높이}{거리}\right)$

$= \tan^{-1}\left(\dfrac{37.14}{558.60}\right)$

$= 3°48'14''$

23 정답 | ④

풀이 | 측점 1과 5의 높이차(h) $= 53.38 - 52.38 = 1$m,

측점 1과 5의 거리 $= 80$m

구배 $= \dfrac{높이}{수평거리} = \dfrac{1}{80} = 1.25\%$

측점 5의 지반고가 1보다 낮으므로 경사도는 -1.25%이다.

24 정답 | ④

풀이 | GPS 신호의 주파수에서 L_1 반송파는 1,575.42MHz (154×10.23MHz), L_2 반송파는 1,227.60MHz(120 ×10.23MHz)이다.

25 정답 | ④

풀이 | 지성선(地性線, 지세선)은 다수의 평면으로 이루어진 지형의 접합부를 말한다. 이에는 능선(凸선 · 분수선), 합수선(凹선 · 계곡선), 경사변환선, 최대경사선(유하

선) 등이 있다.

26 정답 | ④

풀이 | 수준측량에서 전시와 후시의 시준거리를 같게 관측하면 소거되는 오차에는 시준선이 기포관 축과 평행하지 않을 때 발생하는 오차, 레벨 조정 불완전에 의한 오차, 지구 곡률오차, 대기 굴절오차 등이 있다. 표척의 영점 오차는 표척을 세운 횟수를 짝수로 하여 제거할 수 있다.

27 정답 | ④

풀이 | 완화곡선의 반지름은 시점에서 무한대이며, 종점에서는 원곡선의 반경과 같게 된다.

28 정답 | ③

풀이 | 정사사진은 항공사진을 보정하여 지도처럼 만든 사진으로서 지형도와 지적도를 중첩할 때 발생하는 도면 간의 비연속성과 비동일성 등을 파악하고 수정하는 데 유용하게 사용된다.

29 정답 | ①

풀이 | 완화곡선의 종류에는 클로소이드 곡선 · 렘니스케이트 곡선 · 3차 포물선 · sin 체감곡선이 있다.

30 정답 | ②

풀이 | 종단점법(기준점법)은 지성선의 방향이나 주요한 방향의 여러 개의 측선에 대하여 기준점에서 필요한 점까지의 높이를 관측하고 등고선을 삽입하는 방법으로 주로 소축척의 산지에 사용된다. 횡단점법은 노선측량의 평면도에 등고선을 삽입할 경우에 이용한다.

31 정답 | ③

풀이 | $\angle \mathrm{PCD} = 180° - 150° = 30°$,

$\angle \mathrm{CDP} = 180° - 90° = 90°$,

$\angle \mathrm{CPD} = 180° - (30° + 90°) = 60°$,

교각(I) $= 180° - 60° = 120°$

$\mathrm{T.L} = R \cdot \tan\dfrac{I}{2} = 150 \times \tan\left(\dfrac{120°}{2}\right) = 259.81$m

sin법칙 $\dfrac{\overline{CD}}{\sin 60°} = \dfrac{\overline{PC}}{\sin 90°}$

→ $\overline{PC} = \dfrac{100 \times \sin 90°}{\sin 60°} = 115.47$m

∴ 거리($\overline{CA}$) $=$ 접선길이(T.L) $-$ I.P

$= 259.81 - 115.47 = 144.34$m

CBT 정답 및 해설

32 정답 | ④

풀이 | 항공사진의 성질을 설명하는 데 중요한 점인 주점, 연직점, 등각점을 특수 3점이라고 한다. 주점은 사진의 중심점으로서 투영중심으로부터 사진면에 내린 수선의 발, 즉 렌즈의 광축과 사진면이 교차하는 점이다. 일반적으로 측량용 사진에서는 마주보는 사진지표의 대각선이 서로 만나는 점이 주점의 위치가 되며, 거의 수직사진에서 각관측의 중심점으로 사용된다.

33 정답 | ①

풀이 | AC의 수평거리$(D) = \sqrt{경사거리^2 - 고저차^2}$
$= \sqrt{(21.562 + 28.064)^2 - (3.29 - 1.15)^2} = 49.6\text{m}$

34 정답 | ③

풀이 | 터널 내 측량에는 트래버스측량과 수준측량이 주로 사용된다.

35 정답 | ②

풀이 | 접선길이$(\text{T.L}) = R \cdot \tan\dfrac{I}{2} = 285 \times \tan\dfrac{55°}{2}$
$\qquad = 148.36\text{m}$
곡선시점(B.C)의 위치 $=$ 총연장$-\text{T.L}$
$\qquad\qquad = 423.87 - 148.36$
$\qquad\qquad = 275.51\text{m}$
$\qquad\qquad \rightarrow \text{No.}13 + 15.51\text{m}$
시단현길이$(l_1) = 20 - 15.51 = 4.49\text{m}$
시단현의 편각$(\delta_1) = 1,718.87' \times \dfrac{l_1}{R}$
$\qquad = 1,718.87' \times \dfrac{4.49}{285}$
$\qquad = 0°27'04.78'' ≒ 0°27'05''$

36 정답 | ②

풀이 | 의사거리(疑似距離)는 GNSS 관측자료인 코드나 반송파로부터 계산된 거리를 의미한다. 이는 실제 위성과 수신기 사이의 기하학적 거리로서, 대기에 의한 오차, 위성 및 수신기 시계에 의한 오차 등이 포함되어 있다.

37 정답 | ②

풀이 | 과고감은 지표면의 기복을 과장하여 나타낸 것으로 기선 고도비$\left(\dfrac{B}{H}\right)$에 비례하고, 사진의 초점거리와 종중복도에 반비례하며, 눈에서 사진을 멀리 볼수록 입체상은 더 높게 보인다.

38 정답 | ④

풀이 | I.H와 H.P는 천정으로부터 측정은 $(-)$, 바닥으로부터 측정은 $(+)$이며, α는 위로 향할 때는 $(+)$, 아래로 향할 때는 $(-)$이므로,
B점의 표고$(H_B) = H_A + (\pm\text{I.H}) + S' \cdot \sin(\pm\alpha) - (\pm\text{H.P})$
$H_B = 200.30 - 1.82 + (18.65 \times \sin30°) - 3.20$
$\qquad = 192.36\text{m}$
(H_A : A점의 표고, I.H : A점의 기계고, S' : 경사거리, α : 경사각, H.P : B점의 시준고)

39 정답 | ③

풀이 | 등고선의 종류 및 간격 (단위 : m)

등고선의 종류	등고선의 간격			
	1/5,000	1/10,000	1/25,000	1/50,000
계곡선	25	25	50	100
주곡선	5	5	10	20
간곡선	2.5	2.5	5	10
조곡선	1.25	1.25	2.5	5

40 정답 | ③

풀이 | 수준측량에서 전시와 후시의 시준거리를 같게 관측하면 소거되는 오차에는 시준선이 기포관 축과 평행하지 않을 때 발생하는 오차, 레벨 조정 불완전에 의한 오차, 지구 곡률오차, 대기 굴절오차 등이 있다.

41 정답 | ③

풀이 | 한국토지정보시스템(KLIS : Korea Land Information System)은 (구)건설교통부(현 국토교통부)의 토지종합정보망(LMIS)과 (구)행정자치부(현 행정안전부)의 필지중심토지정보시스템(PBLIS)을 통합한 시스템으로서 토지행정업무와 지적 관련 업무의 관리를 위해 구축되었다. 지적공부관리시스템, 지적측량성과작성시스템, 연속·편집도 관리시스템, 토지민원발급시스템, 도로명 및 건물번호부여 관리시스템, DB 관리시스템 등으로 구성되어 있다.

42 정답 | ①

풀이 | 토지정보시스템의 속성정보에는 토지소재·지번·지목·행정구역·면적·소유권·토지등급·토지이동사항 등이 있다. 일람도의 정보는 도형정보에 해당된다.

CBT 정답 및 해설

43 정답 | ②
풀이 | 벡터데이터와 래스터데이터의 장단점

구분	벡터데이터	래스터데이터
장점	• 사용자 관점에 가까운 자료구조이다. • 자료 압축률이 높다. • 위상에 대한 정보가 제공되어 관망분석과 같은 다양한 공간분석이 가능하다. • 위치와 속성에 대한 검색, 갱신, 일반화가 가능하다. • 정확도가 높다. • 지도와 비슷한 도형제작이다.	• 데이터 구조가 간단하다. • 다양한 레이어의 중첩분석이 용이하다. • 영상자료(위성 및 항공사진 등)와 연계가 용이하다. • 중첩분석이 용이하다. • 셀의 크기와 형태가 동일하여 시뮬레이션이 용이하다.
단점	• 데이터 구조가 복잡하다. • 중첩의 수행이 어렵다. • 동일하지 않은 위상구조로 분석이 어렵다.	• 이미지 자료이기 때문에 자료량이 크다. • 셀의 크기를 확대하면 정보손실을 초래한다. • 시각적인 효과가 떨어진다. • 관망분석이 불가능하다. • 좌표변환(벡터화) 시 절차가 복잡하고 시간이 많이 소요된다.

44 정답 | ③
풀이 | ① 시·군·구 단위의 지적전산자료를 이용하고자 하는 자는 지적소관청의 승인을 얻어야 한다.
② 시·도 단위의 지적전산자료를 이용하고자 하는 자는 시·도지사 또는 지적소관청의 승인을 얻어야 한다.
④ 심사 및 승인을 거쳐 지적전산자료를 이용하는 모든 자는 사용료를 납부하여야 한다.

45 정답 | ①
풀이 | ②, ③, ④ 관계 중앙행정기관의 장이 심사할 사항이다.
※ 소유권 침해 여부는 관계 중앙행정기관의 장이 판단할 수 없으며 심사사항도 아니다.

46 정답 | ③
풀이 | 객체들 간의 공간관계가 설정되지 않아 공간분석에 비효율적이다.

47 정답 | ④
풀이 | 한국토지정보시스템(KLIS)은 데이터베이스관리시스템(DBMS) 방식으로 설계되었다.

48 정답 | ③
풀이 | 메타데이터(Metadata)는 데이터에 대한 정보로서 데이터의 내용, 품질, 조건 및 기타 특성에 대한 정보를 포함하는 정보의 이력서이다.

49 정답 | ③
풀이 | GIS데이터의 표준화는 내적 요소와 외적 요소로 나뉜다. 내적 요소에는 데이터 모형표준, 데이터 내용표준, 메타데이터 표준, 외적 요소에는 데이터 품질표준, 데이터 수집표준, 위치참조 표준 등이 있다.

50 정답 | ④
풀이 | 필지식별번호는 필지의 등록사항 변경 및 수정에 따라 변화할 수 있도록 가변성이 없어야 한다.

51 정답 | ③
풀이 | COGO(Coordinate Geometry) 방식은 측량에 의해 취득한 자료의 거리, 방향각 등 관측값을 직접 입력하여 컴퓨터에서 각 점의 좌표를 계산하여 처리하는 방법이다.

52 정답 | ④
풀이 | PBLIS와 NGIS의 연계로 지적측량과 일반측량의 업무가 통합되지는 않는다.

53 정답 | ②
풀이 | 국가지리정보체계(NGIS)의 추진과정
• 제1차 기본계획(1995~2000) : 국가GIS사업으로 국토정보화의 기반 준비
• 제2차 기본계획(2001~2005) : 국가공간정보기반을 확충하여 디지털 국토 실현
• 제3차 기본계획(2006~2010) : 유비쿼터스 국토실현을 위한 기반 조성
• 제4차 기본계획(2010~2012) : 녹색성장을 위한 그린(GREEN) 공간정보사회 실현
• 제5차 기본계획(2013~2017) : 공간정보로 실현하는 국민행복과 국가발전
• 제6차 기본계획(2018~2022) : 공간정보 융·복합 르네상스로 살기 좋고 풍요로운 스마트코리아 실현

54 정답 | ③
풀이 | 공간객체의 표현
• 0차원 : 점(Point)·노드(Node)
• 1차원 : 선(Line Segment)·Arc·Link·Chain·G-ring·GT-ring

• 2차원 : 면적(Interior Area) · 영상소(Pixel) · 격자셀(Grid Cell) · Image · G－polygon · GT－polygon · Grid · Layer · Laster · Planar Graph · 2D－Manifold
• 3차원 : Voxel
• 4차원 : Voxel Space

55 정답 | ①
풀이 | 국가와 지방자치단체에 대해서는 사용료를 면제한다.

56 정답 | ③
풀이 | 벡터화 과정 시 발생되는 오류
• 선의 단절 : 육안으로 발견하기 어려운 매우 짧은 선의 단절 발생
• 방향의 혼돈 : T자형 수직선의 경우 어떤 방향으로 이동하여야 할지 정확하게 판단하지 못해 생기는 오류
• 불분명한 경계 : 대상물이 두 개의 유사한 색조나 색깔을 가지고 있는 경우 소프트웨어적으로 구별하기 어려워서 발생되는 오류
• 주기와 대상물의 혼동 : 예를 들어 seoul의 o는 문자로 볼 수 있지만 폴리곤으로도 인식 가능

57 정답 | ①
풀이 | 공간분석 기법
• 버퍼(Buffer)는 점 · 선 · 면의 공간객체 둘레에 특정한 폭을 가진 구역을 구축하는 것이며, 버퍼를 생성하는 것을 버퍼링이라고 한다.

점 버퍼	선 버퍼	면 버퍼

• 분류(Classification)는 원래 자료의 복잡성을 줄여서 동일하거나 유사한 자료를 그룹으로 분류하여 표현하는 것을 말한다.
• 제거(Dissolve)는 다각형의 속성이 같으면서 인접한 다각형 사이의 경계를 제거하여 중첩 혹은 병합하는 과정을 말한다.
• 보간(Interpolation)은 수치가 유사한 관측값들로부터 관측되지 않은 지점에 위치하는 임의의 지역에 대한 값을 추정하는 것을 말한다.

58 정답 | ③
풀이 | 데이터 정의어(DDL : Data Definition Language)에는 데이터베이스, 테이블, 필드, 인덱스 등 객체를 CREATE(생성), ALTER(수정), DROP(삭제), RE-

NAME(이름변경)하는 기능이 있다.

59 정답 | ③
풀이 | 지적도면전산화 작업순서
• 디지타이징 방식 : 도면흡착 → 도곽점 및 필계점 독취 → 성과검사 → 도면정보 입력 → 도면 편집 → 성과검사 → 지적소관청 검사 → 성과물 작성
• 스캐닝 방식 : 도면흡착 → 스캐닝 → 벡터라이징 → 공통 포맷파일 생성 → 성과검사 → 도면정보 입력 → 도면 편집 → 성과검사 → 지적소관청 검사 → 성과물 작성
※ 구조화 편집은 정위치 편집된 자료에서 데이터 간의 상관관계를 파악하기 위하여 위상구조를 가진 기하학적인 형태로 구성하는 과정을 말하며, 지적도면전산화 작업과정에서 처리하지 않았다.

60 정답 | ④
풀이 | 도형정보와 속성정보의 통합 공간분석에는 중첩분석, 근린분석, 연결성 분석, 표면분석, 기타 분석(추출 · 분류 · 일반화 · 측정)이 있다. 이 중 연결성 분석에는 연속성, 근접성, 네트워크(관망), 확산 등이 있다.

61 정답 | ①
풀이 | ② 치수설(토지측량설)은 지적이 토목측량술 및 치수에서 비롯되었다는 설이다.
③ 침략설은 지적은 영토 확장과 침략상 우위를 확보하려는 목적에서 비롯된 것으로 보는 설이다.
④ 과세설은 지적이 세금징수의 목적에서 출발했다는 설이다.

62 정답 | ③
풀이 | 1필지는 법적으로 물권이 미치는 권리의 객체로서 토지의 등록단위, 소유단위, 이용단위가 되는 인위적으로 구획한 토지 단위로서 1필지의 경계 결정이 선행되어야 지번, 지목, 면적 등의 토지표시사항을 결정할 수 있다.

63 정답 | ④
풀이 | 우리나라 지목은 대구 시가지 토지측량에 관한 타합사항(1907년) 17개 → 토지조사법(1910년) 17개 → 토지조사령(1912년) 18개 → 지세령 개정(1918년) 19개 → 조선지세령(1943년) 21개 → 지적법(1950년) 21개 → 제1차 지적법 전문개정(1975년) 24개 → 제5차 지적법 개정(1991년) 24개 → 제2차 지적법 전문개정(2001년) 28개 순으로 변천되었다. 지목 수의 변화는 경제발전에 따른 토지이용의 세분화가 반영된 것이다.

CBT 정답 및 해설

64 정답 | ④

풀이 | 토지조사사업 당시 지역선은 소유자는 같으나 지목이 다른 경우, 지반이 연속되지 않는 경우 등 지적정리상 별필로 하여야 하는 토지 간의 경계선으로서 소유자가 같은 토지와의 구획선, 소유자를 알 수 없는 토지와의 구획선, 토지조사사업의 시행지와 미시행지와의 지계선 등이 대상이었다.

65 정답 | ④

풀이 | 사정에 대하여 불복이 있는 경우의 재결기관은 토지조사사업에서는 고등토지조사위원회이며, 임야조사사업에서는 임야조사위원회이다.

66 정답 | ②

풀이 | 사정은 토지소유자와 토지강계만을 대상으로 하였으며 사정에 불복하는 자는 고등토지조사위원회에 재결을 요청할 수 있었고 재결의 경우에도 효력발생일을 사정일로 소급하였다.

67 정답 | ④

풀이 | 현대지적의 특성에는 역사성, 영구성, 반복민원성, 전문기술성, 서비스성과 윤리성, 정보원 등이 있다.

68 정답 | ①

풀이 | 지번의 부여방법 중 진행방향에 따른 분류에는 사행식 · 기우식 또는 교호식 · 단지식(블록식) · 절충식 등이 있다.

69 정답 | ②

풀이 | 지적측량 또는 토지등록의 효력에는 행정처분의 구속력, 공정력, 확정력, 강제력이 있다. 이 중 확정력은 일단 유효하게 성립된 지적측량(토지등록)은 일정한 기간이 경과한 뒤에 그 상대방이나 기타 이해관계인이 그 효력을 다툴 수 없으며 소관청도 특별한 사유가 없는 한 그 성과를 변경할 수 없는 효력이다. 구속력은 경계복원 또는 토지등록의 행정처분이 유효한 한 정당한 절차 없이 그 존재를 누구나 부정하거나 기피할 수 없는 효력을 말한다. 소관청은 물론 상대방까지도 그 존재를 부정할 수 없는 구속력이 발생한다는 효력이다.

70 정답 | ④

풀이 | 지적도 및 임야도 등 지적도면의 등록사항은 토지의 소재, 지번, 지목, 경계, 지적도면의 색인도, 지적도면의 제명 및 축척, 도곽선과 그 수치, 좌표에 의하여 계산된 경계점 간의 거리(경계점좌표등록부 지역에 한정), 삼

각점 및 지적기준점의 위치, 건축물 및 구조물 등의 위치 등이 있다. 소관청의 명칭은 해당되지 않는다.

71 정답 | ③

풀이 | 정전제(井田制)는 고조선시대의 토지구획 방법으로 균형 있는 촌락의 설치와 토지의 분급 및 수확량을 파악하기 위하여 시행되었던 지적제도로서 당시 납세의 의무를 지게 하여 소득의 1/9을 조공으로 바치게 하였다.

72 정답 | ①

풀이 | 적극적 등록주의(Positive System)란 토지의 등록은 일필지의 개념으로 법적인 권리보장이 인증되고 정부에 의해서 합법성과 효력이 발생한다. 이는 모든 토지를 공부에 강제등록시키는 제도로서 공부에 등록되지 않은 토지는 어떠한 권리도 인정되지 않는다. 소극적 등록주의(Negative System)란 기본적으로 거래와 그에 관한 거래증서의 변경기록을 수행하는 것을 말한다. 이는 사유재산의 양도증서와 거래증서의 등록으로 구분한다.

73 정답 | ③

풀이 | 신라장적(新羅帳籍) 문서는 우리나라에 현존하는 최고(最古)의 지적기록으로서, 통일신라 말기 지금의 청주지역인 서원경 부근 4개 촌락의 마을이름, 영역, 호수, 토지, 우마, 수목 등을 집계한 당시의 종합정보대장이다.

74 정답 | ①

풀이 | 역토(驛土)란 주요 도로에 설치된 역참에 부속된 토지로서 소속 관리의 급여, 말의 사육비 등 역참의 운영비용을 충당하기 위한 토지이다. 둔전(屯田)이란 변경이나 군사요지에 설치해 군수비용에 충당한 토지이다.

75 정답 | ③

풀이 | 우리나라의 경우 지적과 등기에 공신력이 인정되지 않는다.

76 정답 | ④

풀이 | 토지조사사업의 소유권 조사는 준비조사, 일필지조사, 분쟁지조사로 나뉜다. 이 중 일필지조사는 지주의 조사, 강계의 조사, 지목의 조사 및 지번의 조사 4개로 구분하여 실시하였다.

77 정답 | ③
풀이 | 지적재조사사업은 지적공부의 등록사항을 토지의 실제 현황과 일치시키고 종이 지적을 디지털 지적으로 전환하여 지적불부합지 문제를 해소하고, 토지의 경계복원력을 향상시키며, 능률적인 지적관리체제로 개선함으로써 국토를 효율적으로 관리하고 국민의 재산권 보호에 기여하는 것을 목적으로 한다.

78 정답 | ①
풀이 | 이기는 저서 해학유서(海鶴遺書)에서 수등이척제(隨等異尺制)에 대한 개선방법으로 망척제의 도입을 주장하였다.

79 정답 | ①
풀이 | 지적의 3대 구성요소
- 광의적 개념 : 소유자, 권리, 필지
- 협의적 개념 : 토지, 등록, 공부

80 정답 | ①
풀이 | 조선시대의 입안제도(立案制度)는 토지가옥의 매매를 국가에서 증명하는 제도로서, 현재의 등기권리증과 같은 역할을 하였다. 토지매매계약서는 "문기"를 의미한다.

81 정답 | ④
풀이 | 축척변경 시행지역 안의 토지는 확정공고일에 토지의 이동이 있는 것으로 본다.

82 정답 | ①
풀이 | 경계란 필지별로 경계점들을 직선으로 연결하여 지적공부에 등록한 선을 말한다.

83 정답 | ②
풀이 | 토지를 토지소유자의 필요에 의해 분할하는 경우에는 지상경계가 지상건축물에 걸리게 결정할 수 없다.

84 정답 | ①
풀이 | 측량업등록의 결격사유에는 ②, ③, ④ 외 측량업의 등록이 취소된 후 2년이 지나지 아니한 자, 임원 중에 결격사유 중 위 4개에 해당하는 자가 있는 법인 등이 있다. 파산자로서 복권되지 아니한 자는 해당하지 않는다.

85 정답 | ③
풀이 | 중앙지적위원회는 위원장 1명(국토교통부 지적업무 담당 국장)과 부위원장 1명(국토교통부 지적업무 담당 과장)을 포함하여 5명 이상 10명 이하의 위원으로 구성한다. 위원은 지적에 관한 학식과 경험이 풍부한 자 중에서 국토교통부장관이 임명하거나 위촉하고 위원장과 부위원장을 제외한 위원의 임기는 2년으로 한다.

86 정답 | ①
풀이 | 「공간정보의 구축 및 관리 등에 관한 법률」은 측량의 기준 및 절차와 지적공부(地籍公簿)·부동산종합공부(不動産綜合公簿)의 작성 및 관리 등에 관한 사항을 규정함으로써 국토의 효율적 관리 및 국민의 소유권 보호에 기여함을 목적으로 한다.

87 정답 | ①
풀이 | 지적공부란 토지대장, 임야대장, 공유지연명부, 대지권등록부, 지적도, 임야도 및 경계점좌표등록부 등 지적측량 등을 통하여 조사된 토지의 표시와 해당 토지의 소유자 등을 기록한 대장 및 도면(정보처리시스템을 통하여 기록·저장된 것을 포함)을 말한다.

88 정답 | ④
풀이 | 토지이동의 신청 기간은 신규등록, 등록전환, 지목변경은 사유발생일로부터 60일 이내이고, 분할은 용도변경일로부터 60일 이내이며, 합병은 기한이 없다(다만, 공동주택의 부지, 도로, 제방, 하천, 구거, 유지, 공장용지·학교용지·철도용지·수도용지·공원·체육용지는 사유발생일로부터 60일 이내).
※ 바다로 된 토지의 등록말소는 통지받는 날로부터 90일 이내이며, 도시개발사업 등의 시행지역의 토지이동은 사유발생일로부터 15일 이내이다.

89 정답 | ②
풀이 | 토지의 지번이 결번되는 사유에는 토지의 합병, 등록전환, 행정구역의 변경, 도시개발사업의 시행, 토지구획정리사업, 경지정리사업, 지번변경, 축척변경, 바다로 된 토지의 등록말소, 지번정정 등이 있다.
※ 결번이 발생한 경우에는 지체 없이 그 사유를 결번대장에 등록하여 영구히 보존한다.

CBT 정답 및 해설

90 정답 | ③
풀이 | 평판측량방법에 따른 세부측량을 교회법으로 하는 경우에는 방향각의 교각은 30° 이상 150° 이하로 하여야 한다.

91 정답 | ④
풀이 | ① 경위의측량방법에 따른 세부측량의 거리측정단위는 1cm로 한다.
② 경계점의 점간거리는 2회 측정(측정치의 교차가 평균치의 3,000분의 1 이하일 때에는 그 평균치)한다.
③ 관측은 20초독 이상의 경위의를 사용한다.

92 정답 | ④
풀이 | 기업별 토지소유현황의 조회는 사용자권한 등록파일에 등록하는 사용자의 권한이 아니다.

93 정답 | ②
풀이 | 사용자권한 등록파일에 등록하는 사용자번호는 사용자권한 등록관리청별로 일련번호를 부여하여야 하며, 한번 부여된 사용자번호는 변경할 수 없다.

94 정답 | ②
풀이 | 도시 · 군관리계획의 포함사항에는 ①, ③, ④ 외 개발제한구역, 도시자연공원구역, 시가화조정구역, 수산자원보호구역의 지정 또는 변경에 관한 계획, 입지규제최소구역의 지정 또는 변경에 관한 계획과 입지규제최소구역계획 등이 있다.
※ 광역계획권의 기본구조와 발전방향을 제시하는 계획은 광역도시계획이다.

95 정답 | ③
풀이 | 1도선의 점의 수는 기지점과 교점을 포함하여 5점 이하로 한다.

96 정답 | ②
풀이 | 1도선의 거리(기지점과 교점 또는 교점과 교점 간 점간거리의 총합계를 말한다.)는 4km 이하로 한다.

97 정답 | ①
풀이 | 미등기의 토지 또는 건물에 관한 소유권보존등기의 신청인에는 ②, ③, ④ 외 특별자치도지사, 시장 · 군수 · 구청장의 확인에 의하여 자기의 소유권을 증명하는 자(건물의 경우로 한정) 등이 있다.
※ 토지의 경우에는 시장의 확인에 의하여 자기의 소유권을 증명하는 자는 신청인이 될 수 없다.

98 정답 | ①
풀이 | ② 스키장은 체육용지이다.
③ 원상회복을 조건으로 돌을 캐내는 곳으로 허가된 토지는 잡종지에서 제외된다.
④ 동력을 이용하여 소금을 제조하는 공장시설물의 부지는 염전에서 제외된다.

99 정답 | ②
풀이 | 타인의 토지 등을 일시 사용하거나 장애물을 변경 또는 제거하려는 자는 그 소유자 · 점유자 또는 관리인의 동의를 받아야 한다.

100 정답 | ②
풀이 | 용도지역은 토지의 이용 및 건축물의 용도, 건폐율, 용적률, 높이 등을 제한함으로써 토지를 경제적 · 효율적으로 이용하고 공공복리의 증진을 도모하기 위하여 서로 중복되지 아니하게 도시 · 군관리계획으로 결정하는 지역을 말한다.

02 실전점검!
CBT 실전모의고사

수험번호 :

수험자명 :

제한 시간 : 150분
남은 시간 :

글자 크기 100% 150% 200% 화면 배치

전체 문제 수 :
안 푼 문제 수 :

답안 표기란

1	① ② ③ ④
2	① ② ③ ④
3	① ② ③ ④
4	① ② ③ ④
5	① ② ③ ④
6	① ② ③ ④
7	① ② ③ ④
8	① ② ③ ④
9	① ② ③ ④
10	① ② ③ ④
11	① ② ③ ④
12	① ② ③ ④
13	① ② ③ ④
14	① ② ③ ④
15	① ② ③ ④
16	① ② ③ ④
17	① ② ③ ④
18	① ② ③ ④
19	① ② ③ ④
20	① ② ③ ④
21	① ② ③ ④
22	① ② ③ ④
23	① ② ③ ④
24	① ② ③ ④
25	① ② ③ ④
26	① ② ③ ④
27	① ② ③ ④
28	① ② ③ ④
29	① ② ③ ④
30	① ② ③ ④

1과목 지적측량

01 지적삼각점측량의 수평각관측에서 기지각과의 차가 ±30.8″였다. 가장 알맞은 처리방법은?

① 공차(公差) 범위를 벗어나므로 재측량해야 한다.
② 기지점을 확인해야 한다.
③ 다른 기지점을 확인해야 한다.
④ 공차 내이므로 계산처리한다.

02 가구중심점 C점에서 가구정점 P점까지의 거리를 구하는 공식으로 옳은 것은? (단, L_1과 L_2는 가로의 반폭임, θ는 교각)

① $\sqrt{\left(\dfrac{L_2}{\sin\theta} + \dfrac{L_1}{\tan\theta}\right)^2 + L_1^2}$

② $\sqrt{\left(\dfrac{L_2}{\sin\theta} + \dfrac{L_1}{\cot\theta}\right)^2 + L_1^2}$

③ $\sqrt{\left(\dfrac{L_2}{\cos\theta} + \dfrac{L_1}{\tan\theta}\right)^2 + L_1^2}$

④ $\sqrt{\left(\dfrac{L_2}{\cos\theta} + \dfrac{L_1}{\cot\theta}\right)^2 + L_1^2}$

03 각도측정에서 50m의 거리에 1′의 각도 오차가 있을 때 실제의 위치오차는?

① 0.02cm
② 0.50cm
③ 1.00cm
④ 1.45cm

04 지적기준점의 제도방법 기준으로 옳지 않은 것은?

① 2등 삼각점은 직경 1mm, 2mm, 3mm의 3중 원으로 제도한다.
② 위성기준점은 직경 2mm, 3mm의 2중 원으로 제도하고 원 안을 검은색으로 엷게 채색한다.
③ 지적삼각보조점은 직경 3mm의 원으로 제도하고 원 안을 검은색으로 엷게 채색한다.
④ 명칭과 번호는 2mm 이상 3mm 이하 크기의 명조체로 제도한다.

계산기　　　　　다음 ▶　　　　　안 푼 문제　　답안 제출

실전점검!

02회

CBT 실전모의고사

수험번호 :

수험자명 :

제한 시간 : 150분
남은 시간 :

글자
크기 100% 150% 200%

화면
배치

전체 문제 수 :
안 푼 문제 수 :

답안 표기란

1	① ② ③ ④
2	① ② ③ ④
3	① ② ③ ④
4	① ② ③ ④
5	① ② ③ ④
6	① ② ③ ④
7	① ② ③ ④
8	① ② ③ ④
9	① ② ③ ④
10	① ② ③ ④
11	① ② ③ ④
12	① ② ③ ④
13	① ② ③ ④
14	① ② ③ ④
15	① ② ③ ④
16	① ② ③ ④
17	① ② ③ ④
18	① ② ③ ④
19	① ② ③ ④
20	① ② ③ ④
21	① ② ③ ④
22	① ② ③ ④
23	① ② ③ ④
24	① ② ③ ④
25	① ② ③ ④
26	① ② ③ ④
27	① ② ③ ④
28	① ② ③ ④
29	① ② ③ ④
30	① ② ③ ④

05 임야도를 갖춰 두는 지역의 세부측량에서 지적도의 축척에 따른 측량성과를 임야도의 축척으로 측량결과도에 표시하는 방법으로 옳은 것은?

① 임야 경계선과 도곽선을 접합하여 임의로 임야측량결과도에 전개하여야 한다.

② 임야도의 축척에 따른 임야 경계선의 좌표를 구하여 임야측량결과도에 전개하여야 한다.

③ 지적도의 축척에 따른 임야 분할선의 좌표를 구하여 임야측량결과도에 전개하여야 한다.

④ 지적도의 축척에 따른 측량결과도에 표시된 경계점의 좌표를 구하여 임야측량결과도에 전개하여야 한다.

06 전파기측량방법에 따라 다각망도선법으로 지적삼각보조점측량을 할 때의 기준으로 옳은 것은?

① 1도선의 거리는 4km 이하로 한다.

② 3점 이상의 기지점을 포함한 폐합다각방식에 따른다.

③ 1도선의 점의 수는 기지점을 제외하고 5점 이하로 한다.

④ 1도선은 기지점과 기지점, 교점과 교점 간의 거리이다.

07 각관측 시 발생하는 기계오차와 소거법에 대한 설명으로 옳지 않은 것은?

① 외심오차는 시준선에 편심이 나타나 발생하는 오차로, 정위와 반위의 평균으로 소거된다.

② 연직축오차는 수평축과 연직축이 직교하지 않아 생기는 오차로, 정 · 반위의 평균으로 소거된다.

③ 수평축오차는 수평축이 수직축과 직교하지 않기 때문에 생기는 오차로, 정위와 반위의 평균값으로 소거된다.

④ 시준축오차는 시준선과 수평축이 직교하지 않아 생기는 오차로, 망원경의 정위와 반위로 측정하여 평균값을 취하면 소거된다.

계산기   다음 ▶   안 푼 문제   답안 제출

실전점검!
02 CBT 실전모의고사

수험번호 :

수험자명 :

제한 시간 : 150분
남은 시간 :

글자
크기 100% 150% 200%

화면
배치

전체 문제 수 :
안 푼 문제 수 :

답안 표기란

1	① ② ③ ④
2	① ② ③ ④
3	① ② ③ ④
4	① ② ③ ④
5	① ② ③ ④
6	① ② ③ ④
7	① ② ③ ④
8	① ② ③ ④
9	① ② ③ ④
10	① ② ③ ④
11	① ② ③ ④
12	① ② ③ ④
13	① ② ③ ④
14	① ② ③ ④
15	① ② ③ ④
16	① ② ③ ④
17	① ② ③ ④
18	① ② ③ ④
19	① ② ③ ④
20	① ② ③ ④
21	① ② ③ ④
22	① ② ③ ④
23	① ② ③ ④
24	① ② ③ ④
25	① ② ③ ④
26	① ② ③ ④
27	① ② ③ ④
28	① ② ③ ④
29	① ② ③ ④
30	① ② ③ ④

08 다음 중 거리측정에 따른 오차의 보정량이 항상 (−)가 아닌 것은?

① 장력으로 인한 오차

② 줄자의 처짐으로 인한 오차

③ 측선이 수평이 아님으로 인한 오차

④ 측선이 일직선이 아님으로 인한 오차

09 평판측량방법으로 세부측량을 할 때에 지적도, 임야도에 따라 측량준비파일에 포함하여 작성하여야 할 사항에 해당되지 않는 것은?

① 지적기준점 및 그 번호

② 측량방법 및 측량기하적

③ 인근 토지의 경계선, 지번 및 지목

④ 측량대상 토지의 경계선, 지번 및 지목

10 도선법과 다각망도선법에 따른 지적도근점의 각도관측 시, 폐색오차 허용범위의 기준에 대한 설명이다. ㉠, ㉡, ㉢, ㉣에 들어갈 내용이 옳게 짝지어진 것은?(단, n은 폐색변을 포함한 변의 수를 말한다.)

---
1. 배각법에 따르는 경우 : 1회 측정각과 3회 측정각의 평균값에 대한 교차는 30초 이내로 하고, 1도선의 기지방위각 또는 평균방위각과 관측방위각의 폐색오차는 1등 도선은 (㉠)초 이내, 2등 도선은 (㉡)초 이내로 할 것
2. 방위각법에 따르는 경우 : 1도선의 폐색오차는 1등 도선은 (㉢)분 이내, 2등 도선은 (㉣)분 이내로 할 것
---

① ㉠ $\pm 20\sqrt{n}$, ㉡ $\pm 10\sqrt{n}$, ㉢ $\pm\sqrt{n}$, ㉣ $2\pm\sqrt{n}$

② ㉠ $\pm 20\sqrt{n}$, ㉡ $\pm 30\sqrt{n}$, ㉢ $\pm\sqrt{n}$, ㉣ $1.5\pm\sqrt{n}$

③ ㉠ $\pm 10\sqrt{n}$, ㉡ $\pm 20\sqrt{n}$, ㉢ $\pm 2\sqrt{n}$, ㉣ $\pm\sqrt{n}$

④ ㉠ $\pm 30\sqrt{n}$, ㉡ $\pm 20\sqrt{n}$, ㉢ $\pm 1.5\sqrt{n}$, ㉣ $\pm\sqrt{n}$

11 지적삼각보조점의 위치 결정을 교회법으로 할 경우, 두 삼각형으로부터 계산한 종선교차가 60cm, 횡선교차가 50cm일 때, 위치에 대한 연결교차는?

① 0.1m

② 0.3m

③ 0.6m

④ 0.8m

계산기　　　　　　　다음 ▶　　　　　안 푼 문제　　답안 제출

02회 실전점검!
CBT 실전모의고사

수험번호 :

수험자명 :

제한 시간 : 150분
남은 시간 :

글자 크기 100% 150% 200% | 화면 배치 | 전체 문제 수 :
안 푼 문제 수 :

답안 표기란

1	① ② ③ ④
2	① ② ③ ④
3	① ② ③ ④
4	① ② ③ ④
5	① ② ③ ④
6	① ② ③ ④
7	① ② ③ ④
8	① ② ③ ④
9	① ② ③ ④
10	① ② ③ ④
11	① ② ③ ④
12	① ② ③ ④
13	① ② ③ ④
14	① ② ③ ④
15	① ② ③ ④
16	① ② ③ ④
17	① ② ③ ④
18	① ② ③ ④
19	① ② ③ ④
20	① ② ③ ④
21	① ② ③ ④
22	① ② ③ ④
23	① ② ③ ④
24	① ② ③ ④
25	① ② ③ ④
26	① ② ③ ④
27	① ② ③ ④
28	① ② ③ ④
29	① ② ③ ④
30	① ② ③ ④

12 오차의 성질에 대한 설명 중 옳지 않은 것은?

① 값이 큰 오차일수록 발생확률도 높다.

② 우연오차는 확률법칙에 따라 전파된다.

③ 숙련된 지적측량기술자도 착오는 일으킨다.

④ 정오차는 측정횟수를 거듭할수록 누적된다.

13 다각망도선법에 따르는 경우 지적도근점표지의 점간거리는 평균 몇 m 이하로 하여야 하는가?

① 500m

② 1,000m

③ 2,000m

④ 3,000m

14 다음 중 지적기준점측량의 절차로 옳은 것은?

① 계획의 수립 → 준비 및 현지답사 → 선점 및 조표 → 관측 및 계산과 성과표의 작성

② 계획의 수립 → 선점 및 조표 → 준비 및 현지답사 → 관측 및 계산과 성과표의 작성

③ 계획의 수립 → 선점 및 조표 → 관측 및 계산과 성과표의 작성 → 준비 및 현지답사

④ 계획의 수립 → 준비 및 현지답사 → 관측 및 계산과 성과표의 작성 → 선점 및 조표

15 거리측량을 할 때 발생하는 오차 중 우연오차의 원인이 아닌 것은?

① 테이프의 길이가 표준길이와 다를 때

② 온도가 측정 중에 시시각각으로 변할 때

③ 눈금의 끝수를 정확히 읽을 수 없을 때

④ 측정 중 장력을 일정하게 유지하지 못하였을 때

계산기

다음 ▶

안 푼 문제

답안 제출

02 실전점검!
CBT 실전모의고사

수험번호:
수험자명:

제한 시간 : 150분
남은 시간 :

글자
크기 100% 150% 200%

화면
배치

전체 문제 수 :
안 푼 문제 수 :

답안 표기란

16 수평각 측정에 있어서 측점에 편심이 있었을 때 측정한 측각오차에 관한 설명 중 옳지 않은 것은?

① 측각오차는 편심량과 편심방향에 관계가 있다.

② 측각오차의 크기는 보통 측점거리에 비례한다.

③ 편심방향이 시준방향에 직각인 경우에 측각오차가 가장 크다.

④ 시준방향과 편심방향이 같을 때에는 측각오차가 거의 없다.

17 「지적측량 시행규칙」상 지적소관청이 지적삼각보조점성과표 및 지적도근점성과표에 기록·관리하여야 하는 사항에 해당하지 않는 것은?

① 표지의 재질

② 직각좌표계 원점명

③ 소재지와 측량연월일

④ 지적위성기준점의 명칭

18 지적도면의 작성에 대한 설명으로 옳은 것은?

① 경계점 간 거리는 2mm 크기의 아라비아숫자로 제도한다.

② 도곽선의 수치는 2mm 크기의 아라비아숫자로 제도한다.

③ 도면에 등록하는 지번은 5mm 크기의 고딕체로 한다.

④ 삼각점 및 지적기준점은 0.5mm 폭의 선으로 제도한다.

19 A점에서 트랜싯으로 B점을 시준한 결과, 표척눈금이 5.20m, 기계고가 3.70m, AB의 경사거리가 45m였다면, AB 두 지점의 수평거리는?

① 44.67m

② 44.70m

③ 44.85m

④ 44.97m

20 다음 중 온도에 따른 줄자의 신축을 팽창계수에 따라 보정한 오차의 조정과 관련이 있는 것은?

① 착오

② 과대오차

③ 계통오차

④ 우연오차

1	①	②	③	④
2	①	②	③	④
3	①	②	③	④
4	①	②	③	④
5	①	②	③	④
6	①	②	③	④
7	①	②	③	④
8	①	②	③	④
9	①	②	③	④
10	①	②	③	④
11	①	②	③	④
12	①	②	③	④
13	①	②	③	④
14	①	②	③	④
15	①	②	③	④
16	①	②	③	④
17	①	②	③	④
18	①	②	③	④
19	①	②	③	④
20	①	②	③	④
21	①	②	③	④
22	①	②	③	④
23	①	②	③	④
24	①	②	③	④
25	①	②	③	④
26	①	②	③	④
27	①	②	③	④
28	①	②	③	④
29	①	②	③	④
30	①	②	③	④

 계산기
 다음 ▶
 안 푼 문제 | 답안 제출

02회 실전점검!
CBT 실전모의고사

수험번호 :

수험자명 :

제한 시간 : 150분
남은 시간 :

글자
크기 100% 150% 200%

화면
배치

전체 문제 수 :
안 푼 문제 수 :

답안 표기란

1	①	②	③	④
2	①	②	③	④
3	①	②	③	④
4	①	②	③	④
5	①	②	③	④
6	①	②	③	④
7	①	②	③	④
8	①	②	③	④
9	①	②	③	④
10	①	②	③	④
11	①	②	③	④
12	①	②	③	④
13	①	②	③	④
14	①	②	③	④
15	①	②	③	④
16	①	②	③	④
17	①	②	③	④
18	①	②	③	④
19	①	②	③	④
20	①	②	③	④
21	①	②	③	④
22	①	②	③	④
23	①	②	③	④
24	①	②	③	④
25	①	②	③	④
26	①	②	③	④
27	①	②	③	④
28	①	②	③	④
29	①	②	③	④
30	①	②	③	④

2과목 **응용측량**

21 지성선에 대한 설명으로 옳은 것은?

① 지표면의 다른 종류의 토양 간에 만나는 선
② 경작지와 산지가 교차되는 선
③ 지모의 골격을 나타내는 선
④ 수평면과 직교하는 선

22 터널측량의 일반적인 작업순서에 맞게 나열된 것은?

A. 지표 설치	B. 계획 및 답사
C. 예측	D. 지하 설치

① B → C → D → A
② C → B → A → D
③ B → C → A → D
④ C → B → D → A

23 수준점 A, B, C에서 수준측량을 한 결과가 표와 같을 때 P점의 최확값은?

수준점	표고(m)	고저차 관측값(m)		노선거리(km)
A	19.332	A → P	+1.533	2
B	20.933	B → P	-0.074	4
C	18.852	C → P	+1.986	3

① 20.839m
② 20.842m
③ 20.855m
④ 20.869m

24 항공사진측량으로 촬영된 사진에서 높이가 250m인 건물의 변위가 16cm이고, 건물의 정상부분에서 연직점까지의 거리가 48cm였다. 이 사진에서 어느 굴뚝의 변위가 9cm이고, 굴뚝의 정상부분이 연직점으로부터 72cm 떨어져 있었다면 이 굴뚝의 높이는?

① 90m
② 94m
③ 100m
④ 92m

계산기

다음 ▶

안 푼 문제

답안 제출

02 실전점검!
CBT 실전모의고사

수험번호 :

수험자명 :

제한 시간 : 150분
남은 시간 :

글자
크기 100% 150% 200%

화면
배치

전체 문제 수 :
안 푼 문제 수 :

답안 표기란

1	①	②	③	④
2	①	②	③	④
3	①	②	③	④
4	①	②	③	④
5	①	②	③	④
6	①	②	③	④
7	①	②	③	④
8	①	②	③	④
9	①	②	③	④
10	①	②	③	④
11	①	②	③	④
12	①	②	③	④
13	①	②	③	④
14	①	②	③	④
15	①	②	③	④
16	①	②	③	④
17	①	②	③	④
18	①	②	③	④
19	①	②	③	④
20	①	②	③	④
21	①	②	③	④
22	①	②	③	④
23	①	②	③	④
24	①	②	③	④
25	①	②	③	④
26	①	②	③	④
27	①	②	③	④
28	①	②	③	④
29	①	②	③	④
30	①	②	③	④

25 위성을 이용한 원격탐사의 일반적인 특징에 대한 설명으로 옳지 않은 것은?

① 넓은 지역을 짧은 시간에 관측할 수 있다.

② 육안으로 식별되지 않는 대상도 측정할 수 있다.

③ 어떤 대상이든 원하는 시간에 쉽게 관측할 수 있다.

④ 관측 시야각이 작아 취득한 영상은 정사투영에 가깝다.

26 그림과 같은 수평면과 45°의 경사를 가진 사면의 길이($\overline{AB}$)가 25m이다. 이 사면의 경사를 30°로 할 때, 사면의 길이($\overline{AC}$)는?

① 32.36m
② 33.36m
③ 34.36m
④ 35.36m

27 사진 렌즈의 중심으로부터 지상 촬영 기준면에 내린 수선이 사진면과 교차하는 점에 대한 설명으로 옳은 것은?

① 사진의 경사각에 관계없이 이점에서 수직사진의 축척과 같은 축척이 된다.

② 지표면에 기복이 있는 경우 사진상에는 이 점을 중심으로 방사상의 변위가 발생하게 된다.

③ 사진상에 나타난 점과 그와 대응되는 실제 점의 상관성을 해석하기 위한 점이다.

④ 항공사진에서는 마주보는 지표의 대각선이 서로 만나는 교점이 이점의 위치가 된다.

계산기

다음 ▶

안 푼 문제

답안 제출

02회 실전점검!
CBT 실전모의고사

수험번호 :

수험자명 :

제한 시간 : 150분

남은 시간 :

글자
크기 ⊖ 100% Ⓜ 150% ⊕ 200%

화면
배치

전체 문제 수 :

안 푼 문제 수 :

28 도로의 개설을 위하여 편입되는 대상용지와 경계를 정하는 측량으로서 설계가 완료된 이후에 수행할 수 있는 노선측량 단계는?

① 용지측량

② 다각측량

③ 공사측량

④ 조사측량

29 지형의 표시방법 중 길고 짧은 선으로 지표의 기복을 나타내는 방법은?

① 영선법

② 채색법

③ 등고선법

④ 점고법

30 노선측량의 완화곡선에서 클로소이드에 대한 설명으로 옳지 않은 것은?

① 클로소이드는 곡률이 곡선의 길이에 비례한다.

② 모든 클로소이드는 닮은꼴이다.

③ 종단곡선 설치에 가장 효율적이다.

④ 클로소이드의 요소에는 길이의 단위를 갖는 것과 단위가 없는 것이 있다.

1	①	②	③	④
2	①	②	③	④
3	①	②	③	④
4	①	②	③	④
5	①	②	③	④
6	①	②	③	④
7	①	②	③	④
8	①	②	③	④
9	①	②	③	④
10	①	②	③	④
11	①	②	③	④
12	①	②	③	④
13	①	②	③	④
14	①	②	③	④
15	①	②	③	④
16	①	②	③	④
17	①	②	③	④
18	①	②	③	④
19	①	②	③	④
20	①	②	③	④
21	①	②	③	④
22	①	②	③	④
23	①	②	③	④
24	①	②	③	④
25	①	②	③	④
26	①	②	③	④
27	①	②	③	④
28	①	②	③	④
29	①	②	③	④
30	①	②	③	④

계산기

다음 ▶

안 푼 문제

답안 제출

02 실전점검!
CBT 실전모의고사

수험번호 :

수험자명 :

제한 시간 : 150분
남은 시간 :

글자
크기 100% 150% 200%

화면
배치

전체 문제 수 :
안 푼 문제 수 :

답안 표기란

31	①	②	③	④
32	①	②	③	④
33	①	②	③	④
34	①	②	③	④
35	①	②	③	④
36	①	②	③	④
37	①	②	③	④
38	①	②	③	④
39	①	②	③	④
40	①	②	③	④
41	①	②	③	④
42	①	②	③	④
43	①	②	③	④
44	①	②	③	④
45	①	②	③	④
46	①	②	③	④
47	①	②	③	④
48	①	②	③	④
49	①	②	③	④
50	①	②	③	④
51	①	②	③	④
52	①	②	③	④
53	①	②	③	④
54	①	②	③	④
55	①	②	③	④
56	①	②	③	④
57	①	②	③	④
58	①	②	③	④
59	①	②	③	④
60	①	②	③	④

31 터널공사를 위한 트래버스측량의 결과가 다음 표와 같을 때 직선 EA의 거리와 EA의 방위각은?

측선	위거(m)		경거(m)	
	+	−	+	−
AB		31.4	41.4	
BC		20.9		13.2
CD		13.2		50.9
DE	19.7			37.2

① 74.39m, 52°35′53.5″
② 74.39m, 232°35′53.5″
③ 75.40m, 52°35′53.5″
④ 75.40m, 232°35′53.5″

32 노선측량에서 일반적으로 종단면도에 기입되는 항목이 아닌 것은?

① 관측점 간 수평거리
② 절토 및 성토량
③ 계획선의 경사
④ 관측점의 지반고

33 곡선설치에서 캔트(Cant)의 의미는?

① 확폭
② 편경사
③ 종곡선
④ 매개변수

34 30km × 20km의 토지를 사진크기 18cm × 18cm, 초점거리 150cm, 종중복도 60%, 횡중복도 30%, 축척 1/30,000로 촬영할 때, 필요한 총모델 수는?

① 65모델
② 74모델
③ 84모델
④ 98모델

계산기 다음 ▶ 안 푼 문제 답안 제출

실전점검!

02회 CBT 실전모의고사

수험번호 :

수험자명 :

 제한 시간 : 150분
남은 시간 :

글자
크기 100% 150% 200%

화면
배치

전체 문제 수 :
안 푼 문제 수 :

답안 표기란

31	①	②	③	④
32	①	②	③	④
33	①	②	③	④
34	①	②	③	④
35	①	②	③	④
36	①	②	③	④
37	①	②	③	④
38	①	②	③	④
39	①	②	③	④
40	①	②	③	④
41	①	②	③	④
42	①	②	③	④
43	①	②	③	④
44	①	②	③	④
45	①	②	③	④
46	①	②	③	④
47	①	②	③	④
48	①	②	③	④
49	①	②	③	④
50	①	②	③	④
51	①	②	③	④
52	①	②	③	④
53	①	②	③	④
54	①	②	③	④
55	①	②	③	④
56	①	②	③	④
57	①	②	③	④
58	①	②	③	④
59	①	②	③	④
60	①	②	③	④

35 그림과 같이 경사지에 폭 6.0m의 도로를 만들고자 한다. 절토기울기 1 : 0.7, 절토고 2.0m, 성토기울기 1 : 1, 성토고 5.0m일 때, 필요한 용지폭($x_1 + x_2$)은?(단, 여유폭 a는 1.50m로 한다.)

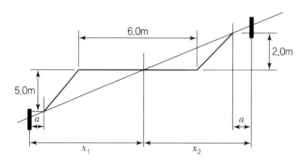

① 16.9m
② 15.4m
③ 11.8m
④ 7.9m

36 거리 80m 떨어진 곳에 표척을 세워 기포가 중앙에 있을 때와 기포관의 눈금이 5눈금 이동했을 때, 표척 읽음값의 차이가 0.09m였다면 이 기포관의 곡률반지름은? (단, 기포관 한 눈금의 간격은 2cm이고, $\rho'' = 206,265''$이다.)

① 8.9m
② 9.1m
③ 9.4m
④ 9.6m

37 그림과 같은 수준망에서 폐합수준측량을 한 결과, 표와 같은 관측오차를 얻었다. 이 중 관측정확도가 가장 낮은 것으로 추정되는 구간은?

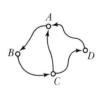

구간	오차(cm)	총거리(km)
AB	4.68	4
BC	2.27	3
CD	5.68	3
DA	7.50	5
CA	3.24	2

① AB구간
② AC구간
③ CA구간
④ DA구간

계산기   다음 ▶   안 푼 문제   답안 제출

02 실전점검!
CBT 실전모의고사

수험번호 :

수험자명 :

제한 시간 : 150분
남은 시간 :

글자
크기 ⊖ 100% ⊕ 150% ⊕ 200%

화면
배치

전체 문제 수 :
안 푼 문제 수 :

38 노선측량 순서에서 중심선을 선정하고 도상 및 현지에 설치하는 단계는?

① 계획조사측량

② 실시설계측량

③ 세부측량

④ 노선선정

39 곡선길이가 104.7m이고, 곡선반지름이 100m일 때, 곡선시점과 곡선종점 간의 곡선길이와 직선거리(장현)의 거리차는?

① 4.7m

② 5.3m

③ 10.9m

④ 18.1m

40 지형도를 이용하여 작성할 수 있는 자료에 해당되지 않는 것은?

① 종횡 단면도 작성

② 표고에 의한 평균유속 결정

③ 절토 및 성토 범위의 결정

④ 등고선에 의한 체적 계산

답안 표기란

31	①	②	③	④
32	①	②	③	④
33	①	②	③	④
34	①	②	③	④
35	①	②	③	④
36	①	②	③	④
37	①	②	③	④
38	①	②	③	④
39	①	②	③	④
40	①	②	③	④
41	①	②	③	④
42	①	②	③	④
43	①	②	③	④
44	①	②	③	④
45	①	②	③	④
46	①	②	③	④
47	①	②	③	④
48	①	②	③	④
49	①	②	③	④
50	①	②	③	④
51	①	②	③	④
52	①	②	③	④
53	①	②	③	④
54	①	②	③	④
55	①	②	③	④
56	①	②	③	④
57	①	②	③	④
58	①	②	③	④
59	①	②	③	④
60	①	②	③	④

계산기

다음 ▶

안 푼 문제

답안 제출

02회 실전점검!
CBT 실전모의고사

수험번호 :
수험자명 :

제한 시간 : 150분
남은 시간 :

글자 크기 100% 150% 200% 화면 배치

전체 문제 수 :
안 푼 문제 수 :

답안 표기란

31	① ② ③ ④
32	① ② ③ ④
33	① ② ③ ④
34	① ② ③ ④
35	① ② ③ ④
36	① ② ③ ④
37	① ② ③ ④
38	① ② ③ ④
39	① ② ③ ④
40	① ② ③ ④
41	① ② ③ ④
42	① ② ③ ④
43	① ② ③ ④
44	① ② ③ ④
45	① ② ③ ④
46	① ② ③ ④
47	① ② ③ ④
48	① ② ③ ④
49	① ② ③ ④
50	① ② ③ ④
51	① ② ③ ④
52	① ② ③ ④
53	① ② ③ ④
54	① ② ③ ④
55	① ② ③ ④
56	① ② ③ ④
57	① ② ③ ④
58	① ② ③ ④
59	① ② ③ ④
60	① ② ③ ④

3과목 토지정보체계론

41 KLIS 중 토지의 등록사항을 관리하는 시스템으로 속성정보와 공간정보를 유기적으로 통합하여 상호 데이터의 연계성을 유지하며 변동자료를 실시간으로 수정하여 국민과 관련 기관에 필요한 정보를 제공하는 시스템은?

① 지적공부관리시스템
② 측량성과작성시스템
③ 토지민원발급시스템
④ 연속/편집도 관리시스템

42 DBMS 방식의 단점으로 옳지 않은 것은?

① 시스템의 복잡성
② 상대적으로 비싼 비용
③ 중앙집약적인 구조의 위험성
④ 미들웨어 사용으로 인한 불편 초래

43 래스터데이터 압축방법 중 각 행마다 왼쪽에서 오른쪽으로 진행하면서 동일한 수치를 갖는 셀들을 묶어 압축하는 방법은?

① Quadtree
② Block Code
③ Chain Code
④ Run-length Code

44 DEM 데이터가 다음과 같을 때, A → B 방향의 경사도는?(단, 셀의 크기는 100m×100m)

200	210	(A) 220
190	(B) 190	200
170	190	190

① 약 +21%
② 약 −21%
③ 약 +30%
④ 약 −30%

계산기   다음 ▶   안 푼 문제   답안 제출

02 실전점검!
CBT 실전모의고사

수험번호 :

수험자명 :

제한 시간 : 150분
남은 시간 :

글자 크기 100% 150% 200%

화면 배치

전체 문제 수 :
안 푼 문제 수 :

답안 표기란

31	①	②	③	④
32	①	②	③	④
33	①	②	③	④
34	①	②	③	④
35	①	②	③	④
36	①	②	③	④
37	①	②	③	④
38	①	②	③	④
39	①	②	③	④
40	①	②	③	④
41	①	②	③	④
42	①	②	③	④
43	①	②	③	④
44	①	②	③	④
45	①	②	③	④
46	①	②	③	④
47	①	②	③	④
48	①	②	③	④
49	①	②	③	④
50	①	②	③	④
51	①	②	③	④
52	①	②	③	④
53	①	②	③	④
54	①	②	③	④
55	①	②	③	④
56	①	②	③	④
57	①	②	③	④
58	①	②	③	④
59	①	②	③	④
60	①	②	③	④

45 벡터자료의 구조에 관한 설명으로 가장 거리가 먼 것은?

① 복잡한 현실세계의 묘사가 가능하다.

② 좌표계를 이용하여 공간정보를 기록한다.

③ 래스터자료보다 자료구조가 단순하여 중첩분석이 쉽다.

④ 위상 관련 정보가 제공되어 네트워크 분석이 가능하다.

46 다음 중 토지정보시스템에 대한 설명으로 옳지 않은 것은?

① 데이터에 대한 내용, 품질, 사용 조건 등을 기술하고 있다.

② 구축된 토지정보는 토지등기, 평가, 과세, 거래의 기초자료로 활용된다.

③ 토지 부동산정보관리체계 및 다목적지적정보체계 구축에 활용될 수 있다.

④ 지적도 기반으로 토지와 관련된 공간정보를 수집·처리·저장·관리하기 위한 정보체계이다.

47 지적도면을 디지타이징한 결과 교차점을 만나지 못하고 선이 끝나는 오류는?

① Spike
② Overshoot
③ Undershoot
④ Sliver Polygon

48 다음 중 공간데이터 관련 표준화와 관련이 없는 것은?

① IDW
② SDTS
③ CEN/TC
④ ISO/TC211

49 행정구역도와 학교위치도를 이용하여 해당 행정구역에 포함되는 학교를 분석할 때 사용하는 기법은?

① 버퍼(Buffer) 분석
② 중첩(Overlay) 분석
③ 입체지형(TIN) 분석
④ 네트워크(Network) 분석

계산기

다음 ▶

안 푼 문제

답안 제출

02회

실전점검!
CBT 실전모의고사

수험번호 :

수험자명 :

제한 시간 : 150분
남은 시간 :

글자
크기   100%   150%   200%

화면
배치

전체 문제 수 :
안 푼 문제 수 :

답안 표기란

31	① ② ③ ④
32	① ② ③ ④
33	① ② ③ ④
34	① ② ③ ④
35	① ② ③ ④
36	① ② ③ ④
37	① ② ③ ④
38	① ② ③ ④
39	① ② ③ ④
40	① ② ③ ④
41	① ② ③ ④
42	① ② ③ ④
43	① ② ③ ④
44	① ② ③ ④
45	① ② ③ ④
46	① ② ③ ④
47	① ② ③ ④
48	① ② ③ ④
49	① ② ③ ④
50	① ② ③ ④
51	① ② ③ ④
52	① ② ③ ④
53	① ② ③ ④
54	① ② ③ ④
55	① ② ③ ④
56	① ② ③ ④
57	① ② ③ ④
58	① ② ③ ④
59	① ② ③ ④
60	① ② ③ ④

50 데이터베이스 언어 중 데이터베이스 관리자나 응용 프로그래머가 데이터베이스의 논리적 구조를 정의하기 위한 언어는?

① 위상(Topology)
② 데이터 정의어(DDL)
③ 데이터 제어어(DCL)
④ 데이터 조작어(DML)

51 지적전산화의 목적으로 가장 거리가 먼 것은?

① 지적민원처리의 신속성
② 전산화를 통한 중앙통제
③ 관련 업무의 능률과 정확도 향상
④ 토지 관련 정책자료의 다목적 활용

52 다음 중 우리나라의 메타데이터에 대한 설명으로 옳지 않은 것은?

① 메타데이터는 데이터사전과 DBMS로 구성되어 있다.
② 1995년 12월 우리나라 NGIS 데이터 교환표준으로 SDTS가 채택되었다.
③ 국가 기본도 및 공통 데이터 교환 포맷 표준안을 확정하여 국가 표준으로 제정하고 있다.
④ NGIS에서 수행하고 있는 표준 내용은 기본모델연구, 정보구축표준화, 정보유통표준화, 정보활용 표준화, 관련 기술 표준화이다.

53 지적 관련 전산화사업의 시기가 빠른 순으로 올바르게 나열한 것은?

① 토지·임야대장 전산화 → 지적도면전산화 → KLIS 구축 → 부동산종합공부시스템 구축
② 지적도면전산화 → 토지·임야대장 전산화 → KLIS 구축 → 부동산종합공부시스템 구축
③ 지적도면전산화 → 토지·임야대장 전산화 → 부동산종합공부시스템 구축 → KLIS 구축
④ 토지·임야대장 전산화 → KLIS 구축 → 지적도면전산화 → 부동산종합공부시스템 구축

계산기

다음 ▶

안 푼 문제

답안 제출

02 실전점검!
CBT 실전모의고사

수험번호 :

수험자명 :

제한 시간 : 150분
남은 시간 :

글자
크기 ⊖ 100% ⊛ 150% ⊕ 200%   화면 배치   전체 문제 수 :
안 푼 문제 수 :

답안 표기란

31	①	②	③	④
32	①	②	③	④
33	①	②	③	④
34	①	②	③	④
35	①	②	③	④
36	①	②	③	④
37	①	②	③	④
38	①	②	③	④
39	①	②	③	④
40	①	②	③	④
41	①	②	③	④
42	①	②	③	④
43	①	②	③	④
44	①	②	③	④
45	①	②	③	④
46	①	②	③	④
47	①	②	③	④
48	①	②	③	④
49	①	②	③	④
50	①	②	③	④
51	①	②	③	④
52	①	②	③	④
53	①	②	③	④
54	①	②	③	④
55	①	②	③	④
56	①	②	③	④
57	①	②	③	④
58	①	②	③	④
59	①	②	③	④
60	①	②	③	④

54 공간데이터에서 나타나는 오차의 발생원인으로 볼 수 없는 것은?

① 원시자료 이용 시 나타나는 오차

② 데이터 모델의 표현 시 발생하는 경우

③ 데이터의 처리과정과 공간분석 시에 발생하는 오차

④ 수치데이터를 생성 및 편집하는 단계에서 발생하는 오차

55 토지대장의 고유번호 중 행정구역코드를 구성하는 자릿수 기준으로 옳지 않은 것은?

① 리 – 3자리

② 시 · 도 – 2자리

③ 시 · 군 · 구 – 3자리

④ 읍 · 면 · 동 – 3자리

56 PBLIS와 NGIS의 연계로 나타나는 장점으로 가장 거리가 먼 것은?

① 토지 관련 자료의 원활한 교류와 공동활용

② 토지의 효율적인 이용 증진과 체계적 국토개발

③ 유사한 정보시스템의 개발로 인한 중복투자 방지

④ 지적측량과 일반측량의 업무통합에 따른 효율성 증대

57 벡터데이터의 위상구조를 이용하여 분석이 가능한 내용이 아닌 것은?

① 분리성

② 연결성

③ 인접성

④ 포함성

계산기   다음 ▶   안 푼 문제   📋 답안 제출

실전점검!
02회
CBT 실전모의고사

수험번호:

수험자명:

제한 시간: 150분
남은 시간:

글자
크기 100% 150% 200%

화면
배치

전체 문제 수:
안 푼 문제 수:

답안 표기란

31	① ② ③ ④
32	① ② ③ ④
33	① ② ③ ④
34	① ② ③ ④
35	① ② ③ ④
36	① ② ③ ④
37	① ② ③ ④
38	① ② ③ ④
39	① ② ③ ④
40	① ② ③ ④
41	① ② ③ ④
42	① ② ③ ④
43	① ② ③ ④
44	① ② ③ ④
45	① ② ③ ④
46	① ② ③ ④
47	① ② ③ ④
48	① ② ③ ④
49	① ② ③ ④
50	① ② ③ ④
51	① ② ③ ④
52	① ② ③ ④
53	① ② ③ ④
54	① ② ③ ④
55	① ② ③ ④
56	① ② ③ ④
57	① ② ③ ④
58	① ② ③ ④
59	① ② ③ ④
60	① ② ③ ④

58 공간자료교환의 표준(SDTS)에 대한 설명으로 옳지 않은 것은?

① NGIS의 데이터 교환표준화로 제정되었다.

② 모든 종류의 공간자료들을 호환 가능하도록 하기 위한 내용을 기술하고 있다.

③ 위상구조로서의 순서(Order), 연결성(Connectivity), 인접성(Adjacency) 정보를 규정하고 있다.

④ 국방 분야의 지리정보 데이터 교환표준으로 미국과 주요 NATO 국가들이 채택하여 사용하고 있다.

59 필지식별자(Parcel Identifier)에 대한 설명으로 옳지 않은 것은?

① 경우에 따라서 변경이 가능하다.

② 지적도에 등록된 모든 필지에 부여하여 개별화한다.

③ 필지별 대장의 등록사항과 도면의 등록사항을 연결시킨다.

④ 각 필지의 등록사항의 저장, 검색, 수정 등을 처리하는 데 이용한다.

60 다음 중 래스터 형식의 자료에 해당되는 파일포맷은?

① DWG　　　　　　　② DXF

③ SHAPE　　　　　　④ GeoTIFF

계산기　　　　　　　다음 ▶　　　　　안 푼 문제　　답안 제출

실전점검!

02 CBT 실전모의고사

수험번호 :

수험자명 :

제한 시간 : 150분
남은 시간 :

글자 크기 100% 150% 200%　　화면 배치

전체 문제 수 :
안 푼 문제 수 :

답안 표기란

61	① ② ③ ④
62	① ② ③ ④
63	① ② ③ ④
64	① ② ③ ④
65	① ② ③ ④
66	① ② ③ ④
67	① ② ③ ④
68	① ② ③ ④
69	① ② ③ ④
70	① ② ③ ④
71	① ② ③ ④
72	① ② ③ ④
73	① ② ③ ④
74	① ② ③ ④
75	① ② ③ ④
76	① ② ③ ④
77	① ② ③ ④
78	① ② ③ ④
79	① ② ③ ④
80	① ② ③ ④
81	① ② ③ ④
82	① ② ③ ④
83	① ② ③ ④
84	① ② ③ ④
85	① ② ③ ④
86	① ② ③ ④
87	① ② ③ ④
88	① ② ③ ④
89	① ② ③ ④
90	① ② ③ ④

4과목 **지적학**

61 우리나라에서 자호제도가 처음 사용된 시기는?

① 백제
② 신라
③ 고려
④ 조선

62 토지측량사에 의해 정밀 지적측량이 수행되고, 토지소관청으로부터 사정의 행정처리가 완료되어 확정된 지적경계의 유형은?

① 고정경계
② 일반경계
③ 보증경계
④ 지상경계

63 토지조사사업 당시의 지목 중 면세지에 해당하지 않는 것은?

① 분묘지
② 사사지
③ 수도선로
④ 철도용지

64 대규모 지역의 지적측량에 부가하여 항공사진측량을 병용하는 것과 가장 관계가 깊은 지적원리는?

① 공기능성의 원리
② 능률성의 원리
③ 민주성의 원리
④ 정확성의 원리

65 지적의 원칙과 이념의 연결이 옳은 것은?

① 공시의 원칙 – 공개주의
② 공신의 원칙 – 국정주의
③ 신의성실의 원칙 – 실질적 심사주의
④ 임의신청의 원칙 – 적극적 등록주의

계산기　　　　　다음 ▶　　　　　안 푼 문제　　답안 제출

02회 실전점검!
CBT 실전모의고사

수험번호 :

수험자명 :

제한 시간 : 150분
남은 시간 :

글자 크기 100% 150% 200%

화면 배치

전체 문제 수 :
안 푼 문제 수 :

답안 표기란

61	① ② ③ ④
62	① ② ③ ④
63	① ② ③ ④
64	① ② ③ ④
65	① ② ③ ④
66	① ② ③ ④
67	① ② ③ ④
68	① ② ③ ④
69	① ② ③ ④
70	① ② ③ ④
71	① ② ③ ④
72	① ② ③ ④
73	① ② ③ ④
74	① ② ③ ④
75	① ② ③ ④
76	① ② ③ ④
77	① ② ③ ④
78	① ② ③ ④
79	① ② ③ ④
80	① ② ③ ④
81	① ② ③ ④
82	① ② ③ ④
83	① ② ③ ④
84	① ② ③ ④
85	① ② ③ ④
86	① ② ③ ④
87	① ② ③ ④
88	① ② ③ ④
89	① ② ③ ④
90	① ② ③ ④

66 지역선에 대한 설명으로 옳지 않은 것은?

① 임야조사사업 당시의 사정선

② 시행지와 미시행지와의 지계선

③ 소유자가 동일한 토지와의 구획선

④ 소유자를 알 수 없는 토지와의 구획선

67 경계결정 시 경계불가분의 원칙이 적용되는 이유로 옳지 않은 것은?

① 필지 간 경계는 1개만 존재한다.

② 경계는 인접토지에 공통으로 작용한다.

③ 실지 경계 구조물의 소유권을 인정하지 않는다.

④ 경계는 폭이 없는 기하학적인 선의 의미와 동일하다.

68 고도의 정확성을 가진 지적측량을 요구하지는 않으나 과세표준을 위한 면적과 토지 전체에 대한 목록의 작성이 중요한 지적제도는?

① 법지적

② 세지적

③ 경제지적

④ 소유지적

69 다음 중 토지등록의 원칙에 대한 설명으로 옳지 않은 것은?

① 지적국정주의 : 지적공부의 등록사항인 토지표시사항을 국가가 결정하는 원칙이다.

② 물적 편성주의 : 권리의 주체인 토지소유자를 중심으로 지적공부를 편성하는 원칙이다.

③ 의무등록주의 : 토지의 표시를 새로이 정하거나 변경 또는 말소하는 경우 의무적으로 소관청에 토지이동을 신청하여야 한다.

④ 직권등록주의 : 지적공부에 등록할 토지표시사항은 소관청이 직권으로 조사 · 측량하여 지적공부에 등록한다는 원칙이다.

70 토지조사 때 사정한 경계에 불복하여 고등토지조사위원회에서 재결한 결과 사정한 경계가 변동되는 경우 그 변경의 효력이 발생되는 시기는?

① 재결일

② 사정일

③ 재결서 접수일

④ 재결서 통지일

계산기

다음 ▶

안 푼 문제

답안 제출

02 실전점검!
CBT 실전모의고사

수험번호 :

수험자명 :

제한 시간 : 150분
남은 시간 :

글자 크기 100% 150% 200%

화면 배치

전체 문제 수 :
안 푼 문제 수 :

답안 표기란

61	①	②	③	④
62	①	②	③	④
63	①	②	③	④
64	①	②	③	④
65	①	②	③	④
66	①	②	③	④
67	①	②	③	④
68	①	②	③	④
69	①	②	③	④
70	①	②	③	④
71	①	②	③	④
72	①	②	③	④
73	①	②	③	④
74	①	②	③	④
75	①	②	③	④
76	①	②	③	④
77	①	②	③	④
78	①	②	③	④
79	①	②	③	④
80	①	②	③	④
81	①	②	③	④
82	①	②	③	④
83	①	②	③	④
84	①	②	③	④
85	①	②	③	④
86	①	②	③	④
87	①	②	③	④
88	①	②	③	④
89	①	②	③	④
90	①	②	③	④

71 우리나라에서 사용하고 있는 지목의 분류방식은?

① 지형지목

② 용도지목

③ 토성지목

④ 단식지목

72 지목의 설정 원칙으로 옳지 않은 것은?

① 용도경중의 원칙

② 일시변경의 원칙

③ 주지목추종의 원칙

④ 사용목적추종의 원칙

73 지적공부의 효력으로 옳지 않은 것은?

① 공적인 기록이다.

② 등록 정보에 대한 공신력이 있다.

③ 토지에 대한 사실관계의 등록이다.

④ 등록된 정보는 모두 공신력이 있다.

74 토지조사사업 및 임야조사사업에 대한 설명으로 옳은 것은?

① 임야조사사업의 사정기관은 도지사였다.

② 토지조사사업의 사정기관은 시장, 군수였다.

③ 토지조사사업 당시 사정의 공시는 60일간 하였다.

④ 토지조사사업의 재결기관은 지방토지조사위원회였다.

75 조선시대의 토지제도에 대한 설명으로 옳지 않은 것은?

① 조선시대의 지번설정제도에는 부번제도가 없었다.

② 사표(四標)는 토지의 위치로서 동서남북의 경계를 표시한 것이다.

③ 양안의 내용 중 시주(時主)는 토지의 소유자이고, 시작(詩作)은 소작인을 나타낸다.

④ 조선시대의 양전은 원칙적으로 20년마다 한 번씩 실시하여 새로이 양안을 작성하게 되어 있다.

계산기

다음 ▶

안 푼 문제

답안 제출

실전점검!
02회 **CBT 실전모의고사**

수험번호 :
수험자명 :

제한 시간 : 150분
남은 시간 :

글자
크기 100% 150% 200%

화면
배치

전체 문제 수 :
안 푼 문제 수 :

답안 표기란

61	①	②	③	④
62	①	②	③	④
63	①	②	③	④
64	①	②	③	④
65	①	②	③	④
66	①	②	③	④
67	①	②	③	④
68	①	②	③	④
69	①	②	③	④
70	①	②	③	④
71	①	②	③	④
72	①	②	③	④
73	①	②	③	④
74	①	②	③	④
75	①	②	③	④
76	①	②	③	④
77	①	②	③	④
78	①	②	③	④
79	①	②	③	④
80	①	②	③	④
81	①	②	③	④
82	①	②	③	④
83	①	②	③	④
84	①	②	③	④
85	①	②	③	④
86	①	②	③	④
87	①	②	③	④
88	①	②	③	④
89	①	②	③	④
90	①	②	③	④

76 다음 중 우리나라 지적제도의 역할과 가장 거리가 먼 것은?

① 토지재산권의 보호
② 국가인적자원의 관리
③ 토지행정의 기초자료
④ 토지기록의 법적 효력

77 다음 중 토지조사사업의 일필지조사 내용에 해당하지 않는 것은?

① 임차인 조사
② 지목의 조사
③ 경계 및 지역의 조사
④ 증명 및 등기필 토지의 조사

78 다음 중 근대지적의 시초로, 과세지적이 대표적인 나라는?

① 일본
② 독일
③ 프랑스
④ 네덜란드

79 경계불가분의 원칙에 관한 설명으로 옳은 것은?

① 3개의 단위토지 간을 구획하는 선이다.
② 토지의 경계에는 위치, 길이, 넓이가 있다.
③ 같은 토지에 2개 이상의 경계가 있을 수 있다.
④ 토지의 경계는 인접토지에 공통으로 작용한다.

80 지주총대의 사무에 해당하지 않는 것은?

① 신고서류의 취급 처리
② 소유자 및 경계 사정
③ 동리의 경계 및 일필지조사의 안내
④ 경계표에 기재된 성명 및 지목 등의 조사

계산기

다음 ▶

안 푼 문제

답안 제출

02 실전점검!
CBT 실전모의고사

수험번호 :
수험자명 :

제한 시간 : 150분
남은 시간 :

글자 크기 100% 150% 200%　화면 배치　전체 문제 수 :
안 푼 문제 수 :

답안 표기란

61	① ② ③ ④
62	① ② ③ ④
63	① ② ③ ④
64	① ② ③ ④
65	① ② ③ ④
66	① ② ③ ④
67	① ② ③ ④
68	① ② ③ ④
69	① ② ③ ④
70	① ② ③ ④
71	① ② ③ ④
72	① ② ③ ④
73	① ② ③ ④
74	① ② ③ ④
75	① ② ③ ④
76	① ② ③ ④
77	① ② ③ ④
78	① ② ③ ④
79	① ② ③ ④
80	① ② ③ ④
81	① ② ③ ④
82	① ② ③ ④
83	① ② ③ ④
84	① ② ③ ④
85	① ② ③ ④
86	① ② ③ ④
87	① ② ③ ④
88	① ② ③ ④
89	① ② ③ ④
90	① ② ③ ④

5과목　지적관계법규

81 지적측량업의 등록기준이 옳은 것은?

① 특급기술자 1명 또는 고급기술자 3명 이상

② 중급기술자 3명 이상

③ 초급기술자 2명 이상

④ 지적 분야의 초급기능사 1명 이상

82 우리나라 부동산등기의 일반적 효력과 관계가 없는 것은?

① 순위 확정적 효력

② 권리의 공신적 효력

③ 권리의 변동적 효력

④ 권리의 추정적 효력

83 다음 중 토지의 이동이라 할 수 없는 사항은?

① 지번의 변경

② 토지의 합병

③ 토지등급의 수정

④ 경계점좌표의 변경

84 토지 등의 출입 등에 따른 손실보상에 관하여 손실을 보상할 자와 손실을 받은 자의 협의가 성립되지 않거나 협의를 할 수 없는 경우 재결을 신청할 수 있는 곳은?

① 지적소관청

② 중앙지적위원회

③ 지방지적위원회

④ 관할 토지수용위원회

계산기　　다음 ▶　　안 푼 문제　답안 제출

실전점검!
02회
CBT 실전모의고사

수험번호 :

수험자명 :

제한 시간 : 150분
남은 시간 :

글자
크기 ⊖ 100% ⊙ 150% ⊕ 200% 화면 배치 전체 문제 수 :
안 푼 문제 수 :

85 등록사항의 정정에 관한 설명으로 옳지 않은 것은?

① 토지소유자는 지적공부의 등록사항에 잘못이 있음을 발견하면 지적소관청에 그 정정을 신청할 수 있다.

② 토지소유자에 관한 사항을 정정하는 경우에는 주민등록등본·초본 및 가족관계 기록사항에 관한 증명서에 따라 정정하여야 한다.

③ 지적공부의 등록사항 중 경계나 면적 등 측량을 수반하는 토지의 표시가 잘못된 경우에는 지적소관청은 그 정정이 완료될 때까지 지적측량을 정지시킬 수 있다.

④ 미등기 토지에 대하여 토지소유자의 성명 또는 명칭, 주민등록번호, 주소 등이 명백히 잘못된 경우에는 가족관계 기록사항에 관한 증명서에 따라 정정하여야 한다.

86 토지의 이동과 관련하여 세부측량을 실시할 때 면적을 측정하지 않는 것은?

① 지적공부의 복구·신규 등록을 하는 경우

② 등록전환·분할 및 축척 변경을 하는 경우

③ 등록된 경계점을 지상에 복원만 하는 경우

④ 면적 및 경계의 등록사항을 정정하는 경우

87 지적소관청이 등록사항을 정정할 때 그 정정사항이 토지소유자에 관한 사항인 경우 정정을 위한 관련 서류가 아닌 것은?

① 등기필증

② 등기완료통지서

③ 등기사항증명서

④ 인접 토지소유자의 승낙서

61	①	②	③	④
62	①	②	③	④
63	①	②	③	④
64	①	②	③	④
65	①	②	③	④
66	①	②	③	④
67	①	②	③	④
68	①	②	③	④
69	①	②	③	④
70	①	②	③	④
71	①	②	③	④
72	①	②	③	④
73	①	②	③	④
74	①	②	③	④
75	①	②	③	④
76	①	②	③	④
77	①	②	③	④
78	①	②	③	④
79	①	②	③	④
80	①	②	③	④
81	①	②	③	④
82	①	②	③	④
83	①	②	③	④
84	①	②	③	④
85	①	②	③	④
86	①	②	③	④
87	①	②	③	④
88	①	②	③	④
89	①	②	③	④
90	①	②	③	④

🖩 계산기   다음 ▶   🗒 안 푼 문제   📋 답안 제출

02 실전점검!
CBT 실전모의고사

수험번호 :

수험자명 :

제한 시간 : 150분
남은 시간 :

글자 크기 100% 150% 200%　화면 배치

전체 문제 수 :
안 푼 문제 수 :

88 「부동산등기법」상 미등기 토지의 소유권 보존등기를 신청할 수 없는 자는?

① 확정판결에 의하여 자기의 소유권을 증명하는 자

② 수용(收用)으로 인하여 소유권을 취득하였음을 증명하는 자

③ 토지대장등본에 의하여 피상속인이 토지대장에 소유자로서 등록되어 있는 것을 증명하는 자

④ 특별자치도지사, 시장, 군수 또는 구청장의 확인에 의하여 자기의 소유권을 증명하는 자(건물의 경우로 한정한다.)

89 「공간정보의 구축 및 관리 등에 관한 법률」상 지적측량수행자의 손해보험책임을 보장하기 위한 보증설정에 관한 설명으로 옳은 것은?

① 지적측량업자가 보증보험에 가입하여야 하는 보증금액은 5천만 원 이상이다.

② 한국국토정보공사가 보증보험에 가입하여야 하는 보증금액은 20억 원 이상이다.

③ 지적측량업자가 보증설정을 하였을 때에는 이를 증명하는 서류를 국토교통부장관에게 제출하여야 한다.

④ 지적측량업자는 지적측량업 등록증을 발급받은 날부터 30일 이내에 보증설정을 하여야 한다.

90 지적측량 적부심사 의결서를 받은 자가 지방지적위원회의 의결에 불복하는 경우에는 그 의결서를 받은 날부터 며칠 이내에 국토교통부장관을 거쳐 중앙지적위원회에 재심사를 청구할 수 있는가?

① 7일 이내

② 30일 이내

③ 60일 이내

④ 90일 이내

61	①	②	③	④
62	①	②	③	④
63	①	②	③	④
64	①	②	③	④
65	①	②	③	④
66	①	②	③	④
67	①	②	③	④
68	①	②	③	④
69	①	②	③	④
70	①	②	③	④
71	①	②	③	④
72	①	②	③	④
73	①	②	③	④
74	①	②	③	④
75	①	②	③	④
76	①	②	③	④
77	①	②	③	④
78	①	②	③	④
79	①	②	③	④
80	①	②	③	④
81	①	②	③	④
82	①	②	③	④
83	①	②	③	④
84	①	②	③	④
85	①	②	③	④
86	①	②	③	④
87	①	②	③	④
88	①	②	③	④
89	①	②	③	④
90	①	②	③	④

계산기　　　　다음 ▶　　　안 푼 문제　답안 제출

02 실전점검!
CBT 실전모의고사

수험번호 :

수험자명 :

제한 시간 : 150분
남은 시간 :

글자
크기 100% 150% 200%

화면
배치

전체 문제 수 :
안 푼 문제 수 :

답안 표기란

91	①	②	③	④
92	①	②	③	④
93	①	②	③	④
94	①	②	③	④
95	①	②	③	④
96	①	②	③	④
97	①	②	③	④
98	①	②	③	④
99	①	②	③	④
100	①	②	③	④

91 「공간정보의 구축 및 관리 등에 관한 법률」상 1년 이하의 징역 또는 1천만 원 이하의 벌금 대상으로 옳은 것은?

① 정당한 사유 없이 측량을 방해한 자

② 측량업 등록사항의 변경신고를 하지 아니한 자

③ 무단으로 측량성과 또는 측량기록을 복제한 자

④ 고시된 측량성과에 어긋나는 측량성과를 사용한 자

92 「공간정보의 구축 및 관리 등에 관한 법률」상 중앙지적위원회의 구성 등에 관한 설명으로 옳은 것은?

① 위원장은 국토교통부장관이 임명하거나 위촉한다.

② 부위원장은 국토교통부의 지적업무 담당 국장이 된다.

③ 위원장 및 부위원장을 제외한 위원의 임기는 2년으로 한다.

④ 위원장 1명과 부위원장 1명을 제외하고, 5명 이상 10명 이하의 위원으로 구성한다.

93 「공간정보의 구축 및 관리 등에 관한 법률」상 토지의 합병을 신청할 수 있는 경우는?

① 합병하려는 토지의 지적도 및 임야도의 축척이 서로 다른 경우

② 합병하려는 토지가 등기된 토지와 등기되지 아니한 토지인 경우

③ 합병하려는 토지의 소유자별 공유지분이 다르거나 소유자의 주소가 서로 다른 경우

④ 합병하려는 각 필지의 지목은 같으나 일부 토지의 용도가 다르게 되어 합병 신청과 동시에 용도에 따라 분할 신청을 하는 경우

계산기

다음 ▶

안 푼 문제 | 답안 제출

02 실전점검!
CBT 실전모의고사

수험번호 :
수험자명 :

제한 시간 : 150분
남은 시간 :

글자
크기 ⊖ 100% Ⓜ 150% ⊕ 200% 화면 배치 ▨▨ ▢▢ ▢

전체 문제 수 :
안 푼 문제 수 :

답안 표기란

91	①	②	③	④
92	①	②	③	④
93	①	②	③	④
94	①	②	③	④
95	①	②	③	④
96	①	②	③	④
97	①	②	③	④
98	①	②	③	④
99	①	②	③	④
100	①	②	③	④

94 「공간정보의 구축 및 관리 등에 관한 법률」상 지적공부의 복구자료에 해당하지 않는 것은?

① 측량준비도
② 토지이동정리 결의서
③ 법원의 확정판결서 정본 또는 사본
④ 부동산등기부등본 등 등기사실을 증명하는 서류

95 「공간정보의 구축 및 관리 등에 관한 법률」상 주된 용도의 토지에 편입하여 1필지로 할 수 있는 경우에 해당하는 것은?

① 1,000m² 내 110m²의 답
② 10,000m² 내 250m²의 전
③ 4,000m² 내 350m²의 과수원
④ 5,000m²인 과수원 내 50m²의 대지

96 지적소관청으로부터 측량성과에 대한 검사를 받지 않아도 되는 것만 나열한 것은?

① 지적기준점측량, 분할측량
② 경계복원측량, 지적현황측량
③ 신규등록측량, 등록전환측량
④ 지적공부복구측량, 축척변경측량

97 「공간정보의 구축 및 관리 등에 관한 법률」상 축척변경에 대한 설명으로 옳지 않은 것은?

① 작은 축척을 큰 축척으로 변경하는 것을 말한다.
② 임야도의 축척을 지적도의 축척으로 바꾸는 것을 말한다.
③ 축척변경은 지적도에 등록된 경계점의 정밀도를 높이기 위해 시행한다.
④ 축척변경에 관한 사항을 심의ㆍ의결하기 위하여 지적소관청에 축척변경위원회를 둔다.

🖩 계산기   다음 ▶   🖐 안 푼 문제   🗎 답안 제출

02 실전점검!
CBT 실전모의고사

수험번호 :
수험자명 :

제한 시간 : 150분
남은 시간 :

글자
크기 100% 150% 200% | 화면 배치

전체 문제 수 :
안 푼 문제 수 :

답안 표기란

91	① ② ③ ④
92	① ② ③ ④
93	① ② ③ ④
94	① ② ③ ④
95	① ② ③ ④
96	① ② ③ ④
97	① ② ③ ④
98	① ② ③ ④
99	① ② ③ ④
100	① ② ③ ④

98 합병하고자 하는 4필지의 지번이 99 – 1, 100 – 10, 222, 325인 경우 지번의 결정방법으로 옳은 것은?(단, 토지소유자가 별도의 신청을 하는 경우는 고려하지 않는다.)

① 222로 한다.　　　　　　② 325로 한다.
③ 99 – 1로 한다.　　　　　④ 100 – 10으로 한다.

99 다음 중 지적소관청이 지적공부의 등록사항에 잘못이 있는지를 직권으로 조사 · 측량하여 정정할 수 있는 경우에 해당하지 않는 것은?

① 미등기 토지의 소유자를 변경하는 경우
② 지적공부의 작성 또는 재작성 당시 잘못 정리된 경우
③ 토지이동정리 결의서의 내용과 다르게 정리된 경우
④ 지적도 및 임야도에 등록된 필지가 면적의 증감 없이 경계의 위치만 잘못된 경우

100 다음 중 지적소관청이 관할 등기관서에 등기를 촉탁하여야 하는 경우가 아닌 것은?

① 토지의 신규등록을 하는 경우
② 토지가 지형의 변화 등으로 바다로 된 경우
③ 지번을 변경할 필요가 있다고 인정되는 경우
④ 하나의 지번부여지역에 서로 다른 축척의 지적도가 있는 경우

계산기　　　　　　다음 ▶　　　　　　안 푼 문제　　답안 제출

01	02	03	04	05	06	07	08	09	10
④	①	④	②	④	①	②	①	②	②
11	12	13	14	15	16	17	18	19	20
④	①	①	①	①	②	④	②	④	③
21	22	23	24	25	26	27	28	29	30
③	③	③	②	③	④	②	①	①	③
31	32	33	34	35	36	37	38	39	40
③	②	②	③	②	①	④	②	①	②
41	42	43	44	45	46	47	48	49	50
①	④	④	②	③	①	③	①	②	②
51	52	53	54	55	56	57	58	59	60
②	①	①	②	①	④	①	④	①	④
61	62	63	64	65	66	67	68	69	70
③	③	③	②	①	①	③	②	②	②
71	72	73	74	75	76	77	78	79	80
②	②	④	①	①	②	①	③	④	②
81	82	83	84	85	86	87	88	89	90
④	②	③	④	②	④	②	②	②	④
91	92	93	94	95	96	97	98	99	100
③	③	④	①	②	②	②	①	①	①

01 정답 l ④

풀이 l 지적삼각점측량의 수평각 측각공차

종별	1방향각	1측회폐색	삼각형 내각관측의 합과 180°의 차	기지각과의 차
공차	30초 이내	±30초 이내	±30초 이내	±40초 이내

※ 지적삼각점측량의 수평각관측에서 기지각과의 차인 공차는 ±40초 이내이며, ±30.8″는 공차 이내이므로 계산처리한다.

02 정답 l ①

풀이 l $AM' = AM + cm'$, $AM = \dfrac{L_2}{\sin\theta}$, $cm' = \dfrac{L_1}{\tan\theta}$ 이므로,

$$\therefore (S = \overline{AO}) = \sqrt{(OM(=L_1)^2 + AM'^2}$$
$$= \sqrt{\left(\dfrac{L_2}{\sin\theta} + \dfrac{L_1}{\tan\theta}\right)^2 + L_1^2}$$

03 정답 l ④

풀이 l 위치(편심)오차 $= \dfrac{\triangle l}{L} = \dfrac{\theta''}{\rho''}$,

$$\triangle l = \dfrac{5,000cm \times 60''}{206,265} = 1.45cm$$

04 정답 l ②

풀이 l 지적기준점의 제도방법

구분	위성기준점	1등삼각점	2등삼각점	3등삼각점	4등삼각점	지적삼각점	지적삼각보조점	지적도근점
기호	⊕	◎	◎	●	◎	⊕	●	○
크기	3mm/2mm	3mm/2mm/1mm		2mm/1mm		3mm		2mm

② 위성기준점은 직경 2mm 및 3mm의 2중 원 안에 십자선을 표시하여 제도한다.

05 정답 l ④

풀이 l 임야도 지역의 세부측량을 시행할 경우에는 지적도의 축척에 따른 측량결과도에 표시된 경계점의 좌표를 구하여 임야측량결과도에 전개하여야 한다. 다만, 경계점의 좌표를 구할 수 없거나 경계점의 좌표에 따라 줄여서 그리는 것이 부적당한 경우에는 축척비율에 따라 줄여서 임야측량결과도를 작성한다.

06 정답 l ①

풀이 l ② 3점 이상의 기지점을 포함한 결합다각방식에 따른다.
③ 1도선(기지점과 교점 간 또는 교점과 교점 간)의 점의 수는 기지점과 교점을 포함하여 5점 이하로 한다.
④ 1도선의 거리(기지점과 교점 또는 교점과 교점 간 점간거리의 총합계)는 4km 이하로 한다.

07 정답 l ②

풀이 l 연직축오차는 수평축과 연직축이 직교하지 않기 때문에 생기는 오차로서 소거가 불가능하다.

08 정답 l ①

풀이 l 장력으로 인한 오차는 측정할 때의 장력이 표준장력보다 크거나 작거나에 따라서 보정량도 (+) 또는 (−)로 된다.

09 정답 | ②

풀이 | 측량준비파일에는 측량방법이나 측량기하적이 포함되지 않는다.

10 정답 | ②

풀이 | 도선법과 다각망도선법에 따른 지적도근점의 각도관측 시 폐색오차의 허용범위는 다음 기준에 따른다(n은 폐색변을 포함한 변의 수를 말한다).

배각법에 따르는 경우에는 1회 측정각과 3회 측정각의 평균값에 대한 교차는 30초 이내로 한다.

지적도근점측량의 폐색오차 허용범위(공차)

측량방법	등급	폐색오차의 허용범위(공차)
배각법	1등 도선	$\pm 20\sqrt{n}$ 초 이내
	2등 도선	$\pm 30\sqrt{n}$ 초 이내
방위각법	1등 도선	$\pm\sqrt{n}$ 분 이내
	2등 도선	$\pm 1.5\sqrt{n}$ 분 이내

※ n : 폐색변을 포함한 변의 수

11 정답 | ④

풀이 | 2개의 삼각형으로부터 계산한 위치의 연결교차 ($\sqrt{종선교차^2 + 횡선교차^2}$)가 0.30m 이하일 때에는 그 평균치를 지적삼각보조점의 위치로 한다.

$$\therefore 연결교차 = \sqrt{종선교차^2 + 횡선교차^2}$$
$$= \sqrt{0.6^2 + 0.5^2} = 0.8m$$

12 정답 | ①

풀이 | 큰 오차가 생길 확률은 작은 오차가 생길 확률보다 매우 작다.

13 정답 | ①

풀이 | 지적기준점표지의 점간거리

- 지적삼각점 : 평균 2km 이상 5km 이하
- 지적삼각보조점 : 평균 1km 이상 3km 이하(다각망도선법은 평균 0.5km 이상 1km 이하)
- 지적도근점 : 평균 50m 이상 m^2m 이하(다각망도선법은 평균 500m 이하)

14 정답 | ①

풀이 | 지적기준점측량의 절차

계획의 수립 → 준비 및 현지답사 → 선점 및 조표 → 관측 및 계산과 성과표의 작성

15 정답 | ①

풀이 | 테이프의 길이가 표준길이와 달라서 발생하는 오차는 정오차이며, 원인과 상태를 파악하면 제거가 가능하다.

16 정답 | ②

풀이 | 삼각측량의 수평각관측에서 삼각점의 중심에 기계를 세우지 못하고 가까운 거리에 이동하여 기계를 세워서 관측하는 경우를 측점편심이라 하고, 편심한 측점에서 삼각점에서 관측한 것과 같은 값을 계산하는 것을 수평각의 측점귀심이라고 한다.

$$편심각(\gamma'') = \frac{k \cdot \sin\alpha}{D \cdot \sin 1''}$$

[k : 편심거리, D : 시준점과 삼각점 간 거리, α : 방향관측각 $+360° - \theta(\theta = $편심측점의 내각), $\sin 1'' = \rho'' : 206264.8''$]

※ 측각오차의 크기는 편심거리에 비례하고 측점거리에 반비례한다.

17 정답 | ④

풀이 | 지적기준점성과표의 기록 · 관리사항

지적삼각점성과	지적삼각보조점성과 및 지적도근점성과
• 지적삼각점의 명칭과 기준원점명 • 좌표 및 표고 • 경도 및 위도(필요한 경우로 한정한다.) • 자오선수차(子午線收差) • 시준점(視準點)의 명칭, 방위각 및 거리 • 소재지와 측량연월일	• 번호 및 위치의 약도 • 좌표와 직각좌표계 원점명 • 경도와 위도(필요한 경우로 한정한다.) • 표고(필요한 경우로 한정한다.) • 소재지와 측량연월일 • 도선등급 및 도선명 • 표지의 재질 • 도면번호 • 설치기관 • 조사연월일, 조사자의 직위 · 성명 및 조사 내용

18 정답 | ②

풀이 | ① 경계점 간 거리는 1.0~1.5mm 크기의 아라비아 숫자로 제도한다.

③ 도면에 등록하는 지번은 2mm 이상 3mm 이하 크기의 명조체로 한다.

④ 삼각점 및 지적기준점은 0.2mm 폭의 선으로 제도한다.

CBT 정답 및 해설

19 정답 | ④

풀이 | 방법 1. 수평거리$(D) = \sqrt{l^2 - (H-i)^2}$
$$= \sqrt{45^2 - (5.20-3.70)^2}$$
$$= 44.97\text{m}$$

(l : 경사거리, H : 표척눈금, i : 기계고)

방법 2. $C_g = -\dfrac{h^2}{2L} = -\dfrac{(5.20-3.70)^2}{2 \times 45} = -0.025\text{m}$

∴ 수평거리(D) = 경사거리 - 경사보정량
$$= 45 - 0.025 = 44.97\text{m}$$

(C_g : 경사보정량, h : 양끝의 고저차, L : 경사거리)

20 정답 | ③

풀이 | 정오차(계통오차, 누차)는 일정한 조건에서 같은 방향과 같은 크기로 발생되는 오차로서 누적되므로 누차라고도 하며 원인과 상태를 파악하면 제거가 가능하다. 그러므로 온도에 따른 줄자의 신축을 팽창계수에 따라 보정한 오차의 조정과 관련이 있는 것은 정오차이다.

21 정답 | ③

풀이 | 지성선(地性線, 지세선)은 다수의 평면으로 이루어진 지형의 접합부로서 지모(지형)의 골격을 나타내는 선을 말한다. 이에는 능선(凸선·분수선), 합수선(凹선·계곡선), 경사변환선, 최대경사선(유하선) 등이 있다.

22 정답 | ③

풀이 | 터널측량 작업순서

계획 → 답사(조사) → 예측 → (지상)중심선측량 → (지하)중심선측량 → 연결측량 → 수준측량 → 단면측량

23 정답 | ③

풀이 | 경중률은 관측거리에 반비례하므로,

• 경중률 $P_A : P_B : P_C = \dfrac{1}{2} : \dfrac{1}{4} : \dfrac{1}{3} = 6 : 3 : 4$
$$= 3 : 4$$

• 표고계산(H_P)
- H_A(A점 기준) $= 19.332 + 1.533 = 20.865\text{m}$
- H_B(B점 기준) $= 20.933 - 0.074 = 20.859\text{m}$
- H_C(C점 기준) $= 18.852 + 1.986 = 20.838\text{m}$

∴ P점의 최확값$(H_P) = \dfrac{(20.865 \times 6) + (20.859 \times 3) + (20.838 \times 4)}{6+3+4}$
$$= 20.855\text{m}$$

24 정답 | ②

풀이 | 기복변위$(\triangle r) = \dfrac{h}{H} \cdot r$

$\to H = \dfrac{h}{\triangle r} \cdot r = \dfrac{250}{0.16} \times 0.48 = 750\text{m}$

∴ 굴뚝높이$(h) = \dfrac{H}{r} \cdot \triangle r = \dfrac{750}{0.72} \times 0.09$
$$= 93.75\text{m} ≒ 94\text{m}$$

(h : 비고, H : 비행촬영고도, r : 연직점에서 측정점까지의 거리)

25 정답 | ③

풀이 | 위성을 이용한 원격탐사는 회전주기가 일정하므로 원하는 시기에 원하는 지점을 관측하기가 어렵다.

26 정답 | ④

풀이 | $\angle ABC = 180 - 45° = 135°$

$\sin$법칙 $\dfrac{25}{\sin 30°} = \dfrac{\overline{AC}}{\sin 135°}$

$\to$ 사면의 길이$(\overline{AC}) = \dfrac{25 \times \sin 135°}{\sin 30°} = 35.36\text{m}$

27 정답 | ②

풀이 | 사진 렌즈의 중심으로부터 지상 촬영 기준면에 내린 수선이 사진면과 교차하는 점을 연직점이라고 한다. 지표면에 기복이 있는 경우 연직으로 촬영하여도 축척은 동일하지 않으며 사진면에서 연직점을 중심으로 방사상의 변위가 생기는데 이를 기복변위라 한다.

28 정답 | ①

풀이 | 노선측량의 작업순서

노선선정 → 계획조사측량 → 실시설계측량(용지측량 포함) → 공사측량

※ 용지측량은 편입용지와 도로의 경계를 정하는 단계로 실시설계가 완료된 이후에 진행된다.

29 정답 | ①

풀이 | 영선법(게바법)은 게바라고 하는 단선상의 선으로 지표의 기복을 나타내는 방법으로서 게바의 사이, 굵기, 길이 및 방법 등에 의하여 지표를 표시하며 급경사는 굵고 짧게, 완경사는 가늘고 길게 새털 모양으로 표시하므로 기복의 판별은 좋으나 정확도가 낮다. 등고선법은 동일표고선을 이은 선으로 지형의 기복을 표시한다. 비교적 정확한 지표의 표현방법으로 등고선의 성질을 잘 파악해야 한다. 점고법은 지면상에 있는 임의 점의 표고를 도상에서 숫자로 표시하는 방법으로 주로 하천, 항만, 해양 등의 수심표시에 사용한다.

CBT 정답 및 해설

30 정답 | ③

풀이 | 수평곡선에는 원곡선(단곡선·복심곡선·반향곡선·배향곡선)과 완화곡선(클로소이드 곡선·렘니스케이트 곡선·3차 포물선·sin 체감곡선)이 있다. 수직곡선에는 원곡선, 2차 포물선 등이 있으며, 종단곡선 설치에는 수직곡선을 사용한다.

31 정답 | ③

풀이 | 위거의 합계$(\Sigma L) = 19.7 - 31.4 - 20.9 - 13.3$
$\qquad = -45.8\text{m}$

경거의 합계$(\Sigma D) = 41.4 - 13.2 - 50.9 - 37.2$
$\qquad = -59.9\text{m}$

$\therefore$ EA 거리 $= \sqrt{(-45.8)^2 + (-59.9^2)} = 75.40\text{m}$

AE방위 $= \tan^{-1}\left(\dfrac{59.9}{45.8}\right) = 52°35'53.5''$, ΣL과 ΣD
이 각각 $(-)$, $(-)$으로 3상한이므로,
AE방위각 $= 52°35'53.5'' + 180° = 232°35'53.5''$
$\therefore$ EA의 방위각 : AE 방위각 $- 180° = 52°35'53.5''$

32 정답 | ②

풀이 | 종단면도의 기입항목은 측점, 거리, 지반고, 계획고, 경사, 절토고, 성토고 등이다.

33 정답 | ②

풀이 | 캔트(Cant)는 철도에서 원심력에 의한 열차의 전도(Over Turning) 위험성을 방지하기 위하여 곡선부 레일의 바깥쪽을 안쪽보다 높게 하는 편경사를 의미하며 도로 설계에도 이용된다.

34 정답 | ③

풀이 | 종모델 수 $= \dfrac{S_1}{ma\left(1 - \dfrac{p}{100}\right)}$

$\qquad = \dfrac{30,000}{30,000 \times 0.18 \times \left(1 - \dfrac{60}{100}\right)}$

$\qquad = 13.89 = 14$매

횡모델 수 $= \dfrac{S_2}{ma\left(1 - \dfrac{q}{100}\right)}$

$\qquad = \dfrac{20,000}{30,000 \times 0.18 \times \left(1 - \dfrac{30}{100}\right)}$

$\qquad = 5.29 = 6$매

$\therefore$ 총모델 수는 $14 \times 6 = 84$매

35 정답 | ②

풀이 | 성토기울기$= 1 : 1 \rightarrow 1 \times 5 = 5.0\text{m}$,
절토기울기$= 1 : 0.7 \rightarrow 0.7 \times 2 = 1.4\text{m}$
용지폭$=$여유폭(하단)$+$기울기(성토)$+$도로폭$+$기울기(절토)$+$여유폭(상단)
$\therefore x_1 + x_2 = 1.5 + 5 + 6 + 1.4 + 1.5 = 15.4\text{m}$

36 정답 | ①

풀이 | $\dfrac{\Delta h}{nD} = \dfrac{a}{R}$, 기포관의 곡률반지름$(R) = \dfrac{anD}{\Delta h}$

$R = \dfrac{anD}{\Delta h} = \dfrac{0.002 \times 5 \times 80}{0.09} = 8.89\text{m} = 8.9\text{m}$

[Δh : 기포 이동에 대한 표척값의 차이$(l_1 - l_2)$, n : 눈금수, D : 레벨에서 표척까지의 거리, a : 기포관 1눈금의 간격, ρ'' : 206,265'']

37 정답 | ④

풀이 | 관측정확도$(\delta) = \pm\dfrac{\text{폐합오차}}{\sqrt{\text{총거리}}}$

AB구간은 $\dfrac{4.68}{\sqrt{4}} = \pm2.34\text{cm}$, AC과 CA구간은 $\dfrac{3.24}{\sqrt{2}}$
$= \pm2.29\text{cm}$, DA구간 : $\dfrac{7.50}{\sqrt{5}} = \pm3.35\text{cm}$

※ 오차가 가장 큰 DA구간이 관측정확도가 가장 낮은 것으로 추정된다.

38 정답 | ②

풀이 | 실시설계측량에는 지형도 작성, 중심선 도상 설치, 기준점 설치, 중심선 현지 설치, 종횡단 측량, 세부지형측량, 용지경계측량, 최종 공사비 산정 등이 포함된다.

39 정답 | ①

풀이 | 곡선길이$(CL) = 0.01745RI°$

$\rightarrow$ 교각$(I) = \dfrac{CL}{0.01745 \times R} = \dfrac{104.7}{0.01745 \times 100} = 60°$

장현$(L) = 2R\sin\dfrac{I}{2} = 2 \times 100 \times \dfrac{60}{2} = 100\text{m}$

$\therefore$ 곡선길이와 직선길이의 거리차 $= 104.7 - 100$
$\qquad = 4.7\text{m}$

40 정답 | ②

풀이 | 지형도는 등경사선을 관측하여 종횡 단면도 작성, 도로·철도·수로 등의 도상선정, 절토·성토 등 토공량 결정, 등고선에 의한 면직 및 체적 결정, 유역면적 산정 등에 이용된다.

41 정답 | ①

풀이 | 한국토지정보시스템(KLIS)의 구성내용
- 지적공부관리시스템 : 속성정보와 공간정보를 유기적으로 통합하여 상호 데이터의 연계성을 유지하며 변동자료를 실시간으로 수정하여 국민과 관련 기관에 필요한 정보를 제공하는 시스템
- 지적측량성과작성시스템 : 지적측량신청에서 지적공부정리까지 데이터베이스를 공동으로 사용하여 전산으로 처리할 수 있도록 작성된 시스템
- Data Base 변환시스템 : 초기 데이터 구축, DB자료 변환, 자료백업 등을 효율적이고 체계적인 방식으로 처리할 수 있도록 지원하는 시스템
- 연속/편집도 관리시스템 : 시·군·구 지적담당자가 수행하는 업무를 연속/편집도 시스템을 이용하여 효율적이고 체계인 방식으로 처리할 수 있도록 지원하는 시스템
- 토지민원발급시스템 : 시·군·구 토지민원발급 담당자가 수행하는 업무를 토지민원발급시스템을 이용하여 효율적이고 체계적인 방식으로 처리할 수 있도록 지원하는 시스템

42 정답 | ④

풀이 | DBMS의 특징
- 장점 : 데이터의 독립성, 데이터의 중복성 배제, 데이터의 공용화, 데이터의 일관성 유지, 데이터의 무결성과 보안성, 데이터의 표준화
- 단점 : 운영비용 부담, 시스템의 복잡성, 중앙집약적 구조의 위험성

43 정답 | ④

풀이 | 런렝스코드(Run−length Code, 연속분할코드) 방법은 각 행마다 왼쪽에서 오른쪽으로 진행하면서 처음 시작하는 셀과 끝나는 셀까지 동일한 수치값을 가지는 셀들을 묶어 압축시키는 방법이다.

① 사지수형(Quadtree) 기법은 크기가 다른 정사각형을 이용하는 방법으로 하나의 속성값이 존재할 때까지 반복하는 방법으로 자료의 압축이 좋다.

② 블록코드(Block Code) 기법은 런렝스코드 기법에 기반을 둔 것으로 2차원 정방형 블록으로 분할하여 객체에 대한 데이터를 구축하는 방법이다.

③ 체인코드(Chain Code) 기법은 대상지역에 해당하는 격자들의 연속적인 연결상태를 파악하여 동일한 지역의 정보를 제공하는 방법으로 자료의 시작점에서 동서남북으로 방향을 이동하는 단위거리를 통해서 표현하는 기법이다.

44 정답 | ②

풀이 | A중심에서 B중심까지의 수평거리(x)를 구하면,

$\sin$법칙 : $\dfrac{100}{\sin 45°} = \dfrac{x}{\sin 90°}$

$\rightarrow x = \dfrac{100 \times \sin 90°}{\sin 45°} = 141.4$m

표고차(h)$= 220 - 190 = 30$m이므로,

구배$= \dfrac{\text{높이}}{\text{수평거리}} = \dfrac{30}{141.4} = 0.21$%

※ A보다 B의 지반이 낮으므로 경사도는 -21%이다.

45 정답 | ③

풀이 | 벡터데이터 구조의 장단점

장점	단점
• 사용자 관점에 가까운 자료 구조이다. • 자료 압축률이 높다. • 위상에 대한 정보가 제공되어 관망분석과 같은 다양한 공간분석이 가능하다. • 위치와 속성에 대한 검색, 갱신, 일반화가 가능하다. • 정확도가 높다. • 지도와 비슷한 도형제작이다.	• 데이터 구조가 복잡하다. • 중첩의 수행이 어렵다. • 동일하지 않은 위상구조로 분석이 어렵다.

46 정답 | ①

풀이 | 데이터에 대한 내용, 품질, 사용조건 등에 대한 정보를 기술하는 것은 메타데이터에 대한 내용이다.

47 정답 | ③

풀이 | 디지타이징 및 벡터편집 시 오류 유형
- 오버슈트(Overshoot, 기준선 초과 오류) : 어떤 선이 다른 선과의 교차점을 지나서 선이 끝나는 형태
- 언더슈트(Undershoot, 기준선 미달 오류) : 어떤 선이 다른 선과의 교차점과 완전히 연결되지 못하고 선이 끝나는 형태
- 스파이크(Spike) : 교차점에서 두 선이 만나거나 연결되는 과정에서 주변 자료의 값보다 월등하게 크거나 작은 값을 가진 돌출된 선
- 슬리버 폴리곤(Sliver Polygon) : 하나의 선으로 입력되어야 할 곳에서 두 개의 선으로 입력되어 불필요한 가늘고 긴 폴리곤이며, 오류에 의해 발생하는 선 사이의 틈

CBT 정답 및 해설

- 점 · 선 중복(Overlapping) : 주로 영역의 경계선에서 점 · 선이 이중으로 입력되어 있는 상태
- 댕글(Dangle) : 한쪽 끝이 다른 연결점이나 절점에 완전히 연결되지 않은 상태의 연결선

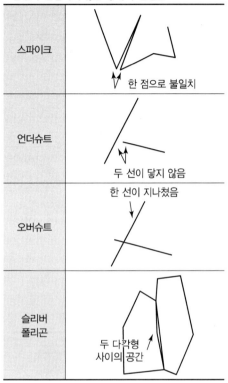

스파이크	한 점으로 불일치
언더슈트	두 선이 닿지 않음
오버슈트	한 선이 지나쳤음
슬리버 폴리곤	두 다각형 사이의 공간

48 정답 | ①
풀이 | 데이터 표준화에는 SDTS(Spatial Data Transfer Standard, 공간자료 변환표준), DIGEST(Digital Geographic Exchange STandard, 국방분야의 지리정보 데이터 교환표준), GDF(Graphic Data File, 유럽 교통 관련 표준), CEN/TC287(ISO/TC211 활동 이전 유럽 중심의 지리정보 표준화 기구), ISO/TC211(국제표준화 기구 ISO의 지리정보표준화 관련 위원회) 등이 있다.

49 정답 | ②
풀이 | 중첩(Overlay) 분석은 하나의 레이어 위에 다른 레이어를 올려놓고 비교하고 분석하는 기법으로서 서로 다른 주제도를 결합하거나 공통의 공간영역을 하나의 결과물로 도출할 수 있어 주로 적지분석에 이용된다.

50 정답 | ②
풀이 | 데이터베이스 언어에는 데이터 정의어(DDL), 데이터 조작어(DML), 데이터 제어어(DCL) 등이 있다. 이 중 데이터 정의어(DDL)는 데이터베이스를 정의하거나 그 정의를 수정할 목적으로 사용하는 언어로서 데이터베이스 관리자나 응용 프로그래머가 주로 사용한다.

51 정답 | ②
풀이 | 지적전산화의 목적에는 ①, ③, ④ 외 토지기록업무의 이중성 제거, 지적서고의 확장비용 절감 등이 있다. 전산화를 통한 중앙통제와는 거리가 멀다.

52 정답 | ①
풀이 | 메타데이터는 데이터에 대한 데이터로서 데이터의 내용, 품질, 조건, 상태, 제작시점, 제작자, 소유권자, 좌표체계 등 특성에 대한 정보를 포함하는 데이터의 이력서라 할 수 있다. 메타데이터는 공간데이터, 속성데이터 및 추가적인 정보로 구성되어 있다.

53 정답 | ①
풀이 | 지적행정전산화는 토지기록 전산화(1978년 대장전산화 시범사업 · 1990년 대장전산화 완료 · 1996년 도면전산화 시범사업 · 2003년 도면전산화 완료) → 필지중심지적정보시스템(2002년 시범사업 · 2003년 전국확산) → 토지관리정보체계(1998년 시범사업 · 2004년 전국 확산) → 한국토지정보시스템(2004년 시범운영 · 2005년 전국 확산) → 부동산종합공부시스템(2014년 운영) 순으로 추진되었다.

54 정답 | ②
풀이 | 공간데이터에서 나타나는 오차의 발생원인에는 ①, ③, ④ 외 지리좌표화에 따른 오차, 다각형 네트워크에 중첩할 때 발생되는 오차 등이 있다. 데이터 모델의 표현 시 발생하는 경우와는 관계가 없다.

55 정답 | ①
풀이 | 고유번호는 전국을 단위로 하나의 필지에 하나의 번호를 부여하는 가변성 없는 번호로서 행정구역코드 10자리(시 · 도 2자리, 시 · 군 · 구 3자리, 읍 · 면 · 동 3자리, 리 2자리)와 대장 구분 1자리 및 지번표시 8자리(본번 4자리, 부번 4자리)로 총 19자리로 구성되어 있다.

56 정답 | ④
풀이 | PBLIS와 NGIS의 연계로 지적측량과 일반측량의 업무가 통합되지는 않는다.

57 정답 | ①

풀이 | 위상관계는 공간상에서 대상물들의 위치나 관계를 나타내는 것으로서 연결성(Connectivity), 인접성(Adjacency), 포함성(Containment) 등의 관점에서 묘사되며 다양한 공간분석이 가능하다.

58 정답 | ④

풀이 | 국방 분야의 지리정보 데이터 교환표준으로 미국을 비롯한 주요 NATO 국가들이 채택한 것은 DIGEST(Digital Geographic Exchange STandard)이다.

59 정답 | ①

풀이 | 필지식별자(PID)는 각 필지의 등록사항을 수집 · 저장 · 처리 · 검색 · 수정 등을 편리하게 처리할 수 있는 영구불변의 필지고유번호로서, 토지식별자는 유일무이하여야 하며 토지거래에 있어서 변화가 없고 영구적이어야 한다. 또한 토지필지와 연관된 표준참조번호라고도 한다.

60 정답 | ④

풀이 | 파일포맷 형식

- 벡터파일 형식 : AutoCAD의 DWG/DXF, ArcView의 SHP(SHAPE)/SHX/DBF, Arcinfo의 E00, Micro-Station의 ISFF, Mapinfo의 MID/MIF, Coverage, DLG, VPF, DGN, IGES, HPGL, TIGER
- 래스터파일 형식 : TIFF, BMP, PCX, GIF, JPG, JPEG, DEM, GeoTIFF, BIIF, ADRG, BSQ, BIL, BIP, ERDAS, IMAGINE, GRASS, NIFF, RLC

61 정답 | ③

풀이 | 자호(字號)제도는 고려 후기에 토지의 정확한 파악을 목적으로 시행한 지번제도이다.

62 정답 | ③

풀이 | ① 고정경계 지적측량에 의하여 결정되어 정확도가 높으나 경계에 대한 법적 보증이 인정되지 않아 일반경계와 법률적 효력이 유사한 토지경계를 말한다.
② 일반경계는 토지경계가 도로, 하천, 해안선, 담, 울타리, 도랑 등 자연적 지형지물로 이루어진 토지경계를 말한다.
④ 지상경계는 도상경계를 지표상에 복원하여 표시한 토지경계를 말한다.

63 정답 | ③

풀이 | 토지조사법에 의한 과세지와 비과세지

- 과세지 : 전 · 답 · 대 · 지소 · 임야 · 잡종지

- 면세지 : 사사지(社寺地) · 분묘지 · 공원지 · 철도용지 · 수도용지
- 비과세지 : 도로 · 하천 · 구거 · 제방 · 성첩 · 철도선로 · 수도선로

64 정답 | ②

풀이 | 능률성의 원리

지적의 능률성은 토지현황을 조사하여 지적공부를 만드는 데 따르는 실무활동의 능률과 주어진 여건과 실행과정에서 이론개발 및 그 전달과정의 개선을 뜻하며 지적활동의 과학화 · 기술화 · 합리화 · 근대화를 지칭한다.

65 정답 | ①

풀이 | 공시의 원칙

토지등록의 법적 지위에 있어서 토지의 이동이나 물권의 변동은 반드시 외부에 알려야 한다는 원칙이며, 이에 따라 토지에 관한 등록사항은 지적공부에 등록하고 이를 일반에 공지하여 누구나 이용하고 활용할 수 있게 하여야 하는 것은 지적공개주의의 이념이다.

66 정답 | ①

풀이 | 지역선은 토지조사사업 당시 사정선인 강계선(임야조사사업에서는 경계선)과 달리 사정에서 제외한 선으로 그 대상은 다음과 같다.

- 소유자가 같은 토지와의 구획선
- 소유자를 알 수 없는 토지와의 구획선
- 토지조사사업의 시행지와 미시행지와의 지계선

67 정답 | ③

풀이 | 경계불가분의 원칙은 기하학상의 선을 의미하므로 현실의 경계 구조물에 대한 소유권 여부와는 관련이 없다. 또한 경계 구조물은 인접 토지소유자가 공동으로 설치한 경우에는 공동의 소유권이 인정되고, 소유자 일방이 단독으로 설치한 경우에는 경계를 설치한 소유자의 소유로 인정된다「민법」제237조(경계표, 담의 설치권), 「민법」제239조(경계표 등의 공유추정)].

68 정답 | ②

풀이 | 세지적은 농경시대에 개발된 최초의 지적제도로서 세금의 징수를 주목적으로 하고 과세지적이라 하며, 필지별 세액산정을 위해 면적본위로 운영된다. 따라서 세지적에서는 고도의 정확성을 가진 지적측량을 요구하지는 않으나 과세표준을 위한 면적과 토지 전체에 대한 목록의 작성이 중요하다.

CBT 정답 및 해설

69 정답 | ②

풀이 | 물적 편성주의는 개별 토지를 중심으로 지적공부를 편성하는 원칙이다. 토지소유자를 중심으로 지적공부를 편성하는 원칙은 인적 편성주의이다.

70 정답 | ②

풀이 | 사정은 토지소유자와 토지강계만을 대상으로 하였으며 사정에 불복하는 자는 고등토지조사위원회에 재결을 요청할 수 있었고 재결의 경우에도 효력발생일을 사정일로 소급하였다.

71 정답 | ②

풀이 | 지목은 토지의 현황에 따라 지형지목, 토성지목, 용도지목 등으로 구분한다. 이 중 용도지목은 토지의 현실적 용도에 따라 결정하며, 우리나라 및 대부분의 국가에서 용도지목을 사용한다.

72 정답 | ②

풀이 | 지목설정의 원칙에는 1필1지목의 원칙, 주지목추종의 원칙, 등록선후의 원칙, 용도경중의 원칙, 일시변경불가의 원칙, 사용목적추종의 원칙 등이 있다. 일시 변경된 토지의 지목에 대해서는 반영하지 않는다.

73 정답 | ④

풀이 | 우리나라는 적극적 등록제도를 채택하고 있지만, 지적제도와 등기제도 모두 공신력이 인정되지 않는다.

74 정답 | ①

풀이 | 토지 및 임야조사사업 당시의 사정기관은 임시토지조사국장(토지) 및 도지사(임야)이고, 사정은 30일간 공시하였으며 사정에 불복할 경우 60일 이내에 이의를 제기하도록 하였다. 재결기관은 고등토지조사위원회(토지) 및 임야조사위원회(임야)이다.

75 정답 | ①

풀이 | 조선시대에는 양전 순서에 따라 5결의 토지마다 천자문의 자번호를 부여(천자문의 자는 토지의 구역, 번호는 지번을 의미함)하는 일자오결제도와 양전이 끝난 이후에 개간한 토지에는 인접지의 자번호에 지번(枝番)을 붙여 사용하는 부번제도를 실시하였다.

76 정답 | ②

풀이 | 국가인적자원의 관리는 지적제도의 역할과는 거리가 멀다.

77 정답 | ①

풀이 | 일필지조사의 내용에는 지주의 조사, 강계 및 지역의 조사, 지목의 조사, 증명 및 등기필지의 조사, 각종의 특별조사 등이 있다.

78 정답 | ③

풀이 | 프랑스의 지적제도는 토지에 대한 공평한 과세와 소유권 확립을 목적으로 1807년 제정된 나폴레옹 지적법(Napoleonien Cadastre Act)에 따라 1808년부터 1850년까지 실시한 전국적인 지적측량으로 창설되었다. 나폴레옹의 영토 확장과 더불어 유럽의 전역에 대한 지적제도의 창설에 직접적인 영향을 미치게 되었고 근대적 지적제도의 효시로서 둠즈데이북과 함께 세지적의 근거가 되고 있다.

79 정답 | ④

풀이 | 경계불가분의 원칙은 토지의 경계는 유일무이하여 어느 한쪽의 필지에만 전속되는 것이 아니고 연접한 토지에 공통으로 작용되기 때문에 이를 분리할 수 없다는 개념으로 토지의 경계선은 위치와 길이만 있을 뿐 넓이와 크기가 존재하지 않는다는 원칙이다.

80 정답 | ②

풀이 | 지주총대(地主總代)는 토지조사법과 토지조사령에 의해 토지조사사업 지역 내의 동·리마다 1~2인 또는 2인 이상이 선정되어 조사 및 측량에 관한 사무에 종사하도록 한 지주(토지소유자)이다. 지주총대의 사무에는 ①, ③, ④ 외 소유자와 이해관계자의 실지 입회 및 소환, 토지의 이동에 관한 사항, 기타 조사관리의 지시 이행 등이 있다.

※ 소유자 및 경계 사정에 관한 사무는 토지조사국(토지조사사업)과 도지사(임야조사사업)가 담당하였다.

81 정답 | ④

풀이 | 지적측량업의 등록기준

구분	기술인력	장비

지적
측량업
	• 특급기술인 1명 또는 고급기술인 2명 이상
	• 중급기술인 2명 이상
	• 초급기술인 1명 이상
	• 지적 분야의 초급기능사 1명 이상
		• 토털스테이션 1대 이상
		• 출력장치 1대 이상
		  - 해상도 : 2,400DPI × 1,200DPI
		  - 출력범위 : 600mm × 1,060mm 이상

82 정답 | ②

풀이 | 부동산등기의 효력에는 일반적으로 물권(권리)변동의 효력, 순위확정의 효력, 권리추정력, 등기의 점유적 효력 등이 있다. 권리의 공신력은 없다.

83 정답 | ③

풀이 | 토지의 이동은 지적공부에 토지의 소재 · 지번 · 지목 · 면적 · 경계 또는 좌표를 새로이 등록하거나 변경 또는 말소하는 것을 의미한다. 토지등급의 수정과는 관계없다.

84 정답 | ④

풀이 | 손실보상에 대한 협의가 이루어지지 않을 때에는 관할 토지수용위원회에 재결을 신청하며, 관할 토지수용위원회의 재결에 불복하는 자는 재결서 정본을 송달받은 날부터 30일 이내에 중앙토지수용위원회에 이의를 신청할 수 있다.

85 정답 | ②

풀이 | 등록사항을 정정할 때 토지소유자에 관한 사항의 확인자료에는 등기필증, 등기완료통지서, 등기사항증명서 또는 등기관서에서 제공한 등기전산정보자료 등이 있다. 주민등록등본 · 초본 및 가족관계기록사항과는 관계가 없다.

86 정답 | ③

풀이 | 면적측정 대상에는 지적공부의 복구 · 신규등록 · 등록전환 · 분할 및 축척변경을 하는 경우, 면적 또는 경계를 정정하는 경우, 도시개발사업 등으로 인한 토지의 이동에 따라 토지의 표시를 새로 결정하는 경우, 경계복원측량 및 지적현황측량에 면적측정이 수반되는 경우 등이 있다. 등록된 경계점을 지상에 복원만 하는 경우에는 면적을 측정하지 않는다.

87 정답 | ④

풀이 | 등록사항정정의 관련 서류
- 토지소유자에 관한 사항인 경우 : 등기필증, 등기완료통지서, 등기사항증명서 또는 등기관서에서 제공한 등기전산정보자료
- 인접토지의 경계가 변경되는 경우 : 인접 토지소유자의 승낙서, 확정판결서 정본(인접 토지소유자가 승낙하지 않는 경우)

88 정답 | ③

풀이 | 토지의 소유권 보존등기를 신청할 수 있는 자에는 ①, ②, ④ 외 토지대장, 임야대장 또는 건축물대장에 최초의 소유자로 등록되어 있는 자 또는 그 상속인, 그 밖의 포괄승계인 등이 있다.

89 정답 | ②

풀이 | 지적측량수행자의 손해배상 보장기준
- 지적측량업자 : 보장기간 10년 이상 및 보증금액 1억 원 이상의 보증보험
- 한국국토정보공사 : 보증금액 20억 원 이상의 보증보험
- ※ 지적측량업자는 지적측량업 등록증을 발급받은 날부터 10일 이내에 보증설정을 해야 하며, 이를 증명하는 서류를 시 · 도지사 또는 대도시 시장에게 제출해야 한다.

90 정답 | ④

풀이 | 지적측량적부심사 의결서를 받은 자가 지방지적위원회의 의결에 불복하는 경우에는 90일 이내에 국토교통부장관에게 재심사 청구할 수 있다.

91 정답 | ③

풀이 | ①, ②, ④ 300만 원 이하의 과태료 부과 대상이다.

92 정답 | ③

풀이 | 중앙지적위원회는 위원장 1명(국토교통부 지적업무 담당 국장)과 부위원장 1명(국토교통부 지적업무 담당 과장)을 포함하여 5명 이상 10명 이하의 위원으로 구성한다. 위원은 지적에 관한 학식과 경험이 풍부한 자 중에서 국토교통부장관이 임명하거나 위촉하고 위원장과 부위원장을 제외한 위원의 임기는 2년으로 한다.

93 정답 | ④

풀이 | 토지의 합병 신청은 지번부여지역으로서 소유자와 용도가 같고 지반이 연속된 토지이다. ①, ②, ③ 외 합병하려는 토지의 지번부여지역, 지목, 축척, 용도 또는 소유자가 서로 다르거나 지반이 연속되어 있지 않거나 등기 여부가 다른 경우 등에는 합병을 신청할 수 없다.

94 정답 | ①

풀이 | 지적공부 복구자료에는 ②, ③, ④ 외 지적공부의 등본, 측량결과도, 지적소관청이 작성하거나 발행한 지적공부의 등록내용을 증명하는 서류, 복제된 지적공부 등이 있다. 측량준비도는 지적공부의 복구자료에 해당하지 않는다.

95 정답 | ②

풀이 | 주된 용도의 토지에 편입하여 1필지로 할 수 있는 경우

양입지의 조건	양입지 예외 조건
• 주된 용도의 토지의 편의를 위하여 설치된 도로·구거 (溝渠, 도랑) 등의 부지 • 주된 용도의 토지에 접속되거나 주된 용도의 토지로 둘러싸인 토지로서 다른 용도로 사용되고 있는 토지 • 소유자가 동일하고 지반이 연속되지만, 지목이 다른 경우	• 종된 토지의 지목이 "대(垈)"인 경우 • 종된 용도의 토지면적이 주된 용도의 토지면적의 10%를 초과하는 경우 • 종된 용도의 토지면적이 주된 용도의 토지면적의 330 m^2를 초과하는 경우 ※ 염전, 광천지는 면적에 관계없이 양입지로 하지 않는다.

② 10,000m^2 내 250m^2의 전은 25%로 10%를 초과하므로 1필지로 확정할 수 없다.

96 정답 | ②

풀이 | 지적측량수행자가 지적측량을 실시한 경우에는 경계복원측량 및 지적현황측량을 제외하고는 시·도지사, 대도시 시장(「지방자치법」 제198조에 따른 서울특별시·광역시 및 특별자치시를 제외한 인구 50만 이상의 시의 시장) 또는 지적소관청으로부터 측량성과에 대한 검사를 받아야 한다.

97 정답 | ②

풀이 | 임야대장 및 임야도에 등록된 토지를 토지대장 및 지적도에 옮겨 등록하는 것은 등록전환이다.

98 정답 | ①

풀이 | 합병의 경우에는 합병 대상 지번 중 선순위의 지번을 그 지번으로 하되, 본번으로 된 지번이 있을 때에는 본번 중 선순위의 지번을 합병 후의 지번으로 한다. 지번이 99－1, 100－10, 222, 325인 경우 지번은 222로 한다.

99 정답 | ①

풀이 | 지적소관청이 등록사항의 직권정정 대상에는 ②, ③, ④ 외 1필지가 각각 다른 지적도나 임야도에 등록되어 있는 경우, 지적측량성과와 다르게 정리된 경우, 면적 환산이 잘못된 경우 등이 있다. 미등기 토지의 소유자를 변경하는 경우는 해당되지 않는다.

100 정답 | ①

풀이 | 등기촉탁의 대상에는 ②, ③, ④ 외 바다로 된 토지의 등록말소, 행정구역 명칭변경 등이 있다. 토지의 신규 등록을 하는 경우에는 제외한다.

03 실전점검!
CBT 실전모의고사

수험번호 :

수험자명 :

제한 시간 : 150분
남은 시간 :

글자 크기 100% 150% 200%　화면 배치

전체 문제 수 :
안 푼 문제 수 :

1과목　지적측량

01 지적측량에 사용하는 좌표의 원점 중 서부좌표계의 원점의 경위도는?

① 경도 : 동경 123°00′, 위도 : 북위 38°00′

② 경도 : 동경 125°00′, 위도 : 북위 38°00′

③ 경도 : 동경 127°00′, 위도 : 북위 38°00′

④ 경도 : 동경 129°00′, 위도 : 북위 38°00′

02 평판측량방법에 따른 세부측량을 방사법으로 하는 경우 1방향선의 도상길이는 최대 얼마 이하로 하여야 하는가?(단, 광파조준의 또는 광파측거기를 사용하는 경우는 고려하지 않는다.)

① 5cm

② 10cm

③ 20cm

④ 30cm

03 전파기 또는 광파기측량방법에 따른 지적삼각점의 관측과 계산 기준이 틀린 것은?

① 표준편차가 ±(5mm+5ppm) 이상인 정밀측정기를 사용한다.

② 점간거리는 3회 측정하고, 원점에 투영된 수평거리로 계산하여야 한다.

③ 측정치의 최대치와 최소치의 교차가 평균치의 10만분의 1 이하일 때는 그 평균치를 측정거리로 한다.

④ 삼각형의 내각계산은 기지각과의 차가 ±40초 이내이어야 한다.

04 경계점좌표등록부를 갖춰 두는 지역의 측량에 대한 설명으로 옳은 것은?

① 경계점좌표등록부를 갖춰 두는 지역에 있는 각 필지의 경계점을 측정할 때에는 도선법 또는 원호법에 따라 좌표를 산출하여야 한다.

② 경계점좌표등록부를 갖춰 두는 지역에 있는 각 필지의 경계점 측점번호는 오른쪽 위에서부터 왼쪽으로 경계를 따라 일련번호를 부여한다.

③ 기존의 경계점좌표등록부를 갖춰 두는 지역의 경계점에 접속하여 지적확정측량을 하는 경우 동일한 경계점의 측량성과의 차이는 0.10m 이내여야 한다.

④ 기존의 경계점좌표등록부를 갖춰 두는 지역의 경계점에 접속하여 지적확정측량을 하는 경우 동일한 경계점의 측량성과가 서로 다를 때에는 새로이 측량한 성과를 좌표로 결정한다.

1	① ② ③ ④
2	① ② ③ ④
3	① ② ③ ④
4	① ② ③ ④
5	① ② ③ ④
6	① ② ③ ④
7	① ② ③ ④
8	① ② ③ ④
9	① ② ③ ④
10	① ② ③ ④
11	① ② ③ ④
12	① ② ③ ④
13	① ② ③ ④
14	① ② ③ ④
15	① ② ③ ④
16	① ② ③ ④
17	① ② ③ ④
18	① ② ③ ④
19	① ② ③ ④
20	① ② ③ ④
21	① ② ③ ④
22	① ② ③ ④
23	① ② ③ ④
24	① ② ③ ④
25	① ② ③ ④
26	① ② ③ ④
27	① ② ③ ④
28	① ② ③ ④
29	① ② ③ ④
30	① ② ③ ④

계산기　　　　　다음 ▶　　　　안 푼 문제　답안 제출

03회 실전점검!
CBT 실전모의고사

수험번호 :

수험자명 :

제한 시간 : 150분
남은 시간 :

글자
크기 ⊖ 100% Ⓜ 150% ⊕ 200%

화면
배치

전체 문제 수 :
안 푼 문제 수 :

답안 표기란				
1	①	②	③	④
2	①	②	③	④
3	①	②	③	④
4	①	②	③	④
5	①	②	③	④
6	①	②	③	④
7	①	②	③	④
8	①	②	③	④
9	①	②	③	④
10	①	②	③	④
11	①	②	③	④
12	①	②	③	④
13	①	②	③	④
14	①	②	③	④
15	①	②	③	④
16	①	②	③	④
17	①	②	③	④
18	①	②	③	④
19	①	②	③	④
20	①	②	③	④
21	①	②	③	④
22	①	②	③	④
23	①	②	③	④
24	①	②	③	④
25	①	②	③	④
26	①	②	③	④
27	①	②	③	④
28	①	②	③	④
29	①	②	③	④
30	①	②	③	④

05 경위의측량방법으로 세부측량을 실시할 때 측량대상 토지의 경계점 간 실측거리와 경계점의 좌표에 따라 계산한 거리의 교차는 얼마 이내여야 하는가?(단, L은 실측거리로서 m 단위로 표시한 수치이다.)

① $6+\dfrac{L}{10}$ 센티미터 이내

② $5+\dfrac{L}{10}$ 센티미터 이내

③ $4+\dfrac{L}{10}$ 센티미터 이내

④ $3+\dfrac{L}{10}$ 센티미터 이내

06 경위의측량방법으로 세부측량을 한 경우 측량결과도에 작성하여야 할 사항이 아닌 것은?

① 측정점의 위치, 측량기하적
② 측량결과도의 제명 및 번호
③ 측량대상 토지의 점유현황선
④ 측량대상 토지의 경계점 간 실측거리

07 다음 중 평판측량방법에 따른 세부측량을 교회법으로 하는 경우의 기준 및 방법에 대한 설명으로 옳지 않은 것은?

① 전방교회법 또는 측방교회법에 따른다.
② 방향각의 교각은 30° 이상 150° 이하로 한다.
③ 광파조준의를 사용하는 경우 방향선의 도상길이는 최대 30cm 이하로 한다.
④ 측량결과 시오삼각형이 생긴 경우 내접원의 반지름이 1cm 이하일 때에는 그 중심을 점의 위치로 한다.

08 면적측정방법에 관한 아래 내용 중 ㉠, ㉡에 알맞은 것은?

전자면적측정기에 따른 면적측정에 있어서 도상에서 (㉠)회 측정하여 그 교차가 허용면적 이하일 때에는 그 평균치를 측정면적으로 정하는데, 허용면적의 계산식은 (㉡)이다.

① ㉠ 2회, ㉡ $A=0.023M\sqrt{F}$

② ㉠ 2회, ㉡ $A=0.023^2M\sqrt{F}$

③ ㉠ 3회, ㉡ $A=0.026M\sqrt{F}$

④ ㉠ 3회, ㉡ $A=0.026^2M\sqrt{F}$

⌨ 계산기

다음 ▶

안 푼 문제

답안 제출

03회

실전점검!
CBT 실전모의고사

수험번호 :

수험자명 :

제한 시간 : 150분
남은 시간 :

글자
크기 100% 150% 200%

화면
배치

전체 문제 수 :
안 푼 문제 수 :

답안 표기란

1	①	②	③	④
2	①	②	③	④
3	①	②	③	④
4	①	②	③	④
5	①	②	③	④
6	①	②	③	④
7	①	②	③	④
8	①	②	③	④
9	①	②	③	④
10	①	②	③	④
11	①	②	③	④
12	①	②	③	④
13	①	②	③	④
14	①	②	③	④
15	①	②	③	④
16	①	②	③	④
17	①	②	③	④
18	①	②	③	④
19	①	②	③	④
20	①	②	③	④
21	①	②	③	④
22	①	②	③	④
23	①	②	③	④
24	①	②	③	④
25	①	②	③	④
26	①	②	③	④
27	①	②	③	④
28	①	②	③	④
29	①	②	③	④
30	①	②	③	④

09 배각법에 의한 지적도근점측량 시 종횡선차 합이 각각 200.25m, −150.44m, 종횡선차 절대치의 합이 각각 200.25m, 150.44m 출발점의 좌푯값이 각각 1,000.00m, 1,000.00m, 도착점의 좌푯값이 각각 1,200.15m, 849.58m일 때 연결오차로 옳은 것은?

① 0.10m

② 0.11m

③ 0.12m

④ 0.13m

10 축척 1/500 도곽선에 신축량이 1.8cm 줄었을 경우 면적보정계수는?

① 0.9895

② 1.0106

③ 1.0213

④ 1.1140

11 평판측량방법에 따른 세부측량에서 지상경계선과 도상경계선의 부합 여부를 확인하는 방법으로 옳지 않은 것은?

① 현형법

② 거리비교교회법

③ 도상원호교회법

④ 지상원호교회법

12 경위의로 수평각을 측정하는 데 50m 떨어진 곳에 지름 2cm인 폴(Pole)의 외곽을 시준했을 때 수평각에 생기는 오차량은?

① 약 41초

② 약 83초

③ 약 98초

④ 약 102초

13 30m의 천줄자를 사용하여 A, B 두 점 간의 거리를 측정하였더니 1.6km였다. 이 천줄자를 표준길이와 비교 검정한 결과 30m에 대하여 20cm가 짧았다면 올바른 거리는?

① 1,596m

② 1,597m

③ 1,599m

④ 1,601m

계산기   다음 ▶   안 푼 문제   답안 제출

03회

실전점검!
CBT 실전모의고사

수험번호 :

수험자명 :

제한 시간 : 150분
남은 시간 :

글자
크기 100% 150% 200%

화면
배치

전체 문제 수 :
안 푼 문제 수 :

답안 표기란

1	① ② ③ ④
2	① ② ③ ④
3	① ② ③ ④
4	① ② ③ ④
5	① ② ③ ④
6	① ② ③ ④
7	① ② ③ ④
8	① ② ③ ④
9	① ② ③ ④
10	① ② ③ ④
11	① ② ③ ④
12	① ② ③ ④
13	① ② ③ ④
14	① ② ③ ④
15	① ② ③ ④
16	① ② ③ ④
17	① ② ③ ④
18	① ② ③ ④
19	① ② ③ ④
20	① ② ③ ④
21	① ② ③ ④
22	① ② ③ ④
23	① ② ③ ④
24	① ② ③ ④
25	① ② ③ ④
26	① ② ③ ④
27	① ② ③ ④
28	① ② ③ ④
29	① ② ③ ④
30	① ② ③ ④

14 평판측량방법에 따른 세부측량 시 임야도를 갖춰 두는 지역의 거리측정단위로 옳은 것은?

① 5cm

② 20cm

③ 40cm

④ 50cm

15 다음 그림에서 전제장 $l(\overline{PA} = \overline{PB})$의 길이(㉠)와 전제면적(㉡)으로 옳은 것은?(단, $\theta = 82°21'50''$, $L = 5m$이다.)

① ㉠ 3.364m, ㉡ 9.74m²

② ㉠ 3.797m, ㉡ 7.14m²

③ ㉠ 3.896m, ㉡ 18.82m²

④ ㉠ 3.988m, ㉡ 14.29m²

16 전파기 또는 광파기측량방법에 따라 다각망도선법으로 지적삼각보조점측량을 할 때 기지점과 교점을 포함하여 1도선의 점의 수는 몇 점 이하로 하여야 하는가?

① 5점 이하

② 10점 이하

③ 15점 이하

④ 20점 이하

17 표준자보다 5cm 긴 50m의 줄자를 이용하여 정방형 토지의 면적을 측정한 결과 40,000m²였다면, 이 토지의 정확한 면적은?

① 39,920m²

② 39,980m²

③ 40,080m²

④ 40,100m²

 계산기

 다음 ▶

 안 푼 문제 답안 제출

03 실전점검!
CBT 실전모의고사

수험번호 :

수험자명 :

제한 시간 : 150분
남은 시간 :

글자
크기　⊖ 100%　Ⓜ 150%　⊕ 200%

화면
배치 ▦ ▢ ▢

전체 문제 수 :
안 푼 문제 수 :

답안 표기란

1	①	②	③	④
2	①	②	③	④
3	①	②	③	④
4	①	②	③	④
5	①	②	③	④
6	①	②	③	④
7	①	②	③	④
8	①	②	③	④
9	①	②	③	④
10	①	②	③	④
11	①	②	③	④
12	①	②	③	④
13	①	②	③	④
14	①	②	③	④
15	①	②	③	④
16	①	②	③	④
17	①	②	③	④
18	①	②	③	④
19	①	②	③	④
20	①	②	③	④
21	①	②	③	④
22	①	②	③	④
23	①	②	③	④
24	①	②	③	④
25	①	②	③	④
26	①	②	③	④
27	①	②	③	④
28	①	②	③	④
29	①	②	③	④
30	①	②	③	④

18 지적삼각점측량에서 수평각을 5방향으로 구성하여 1대회 정측을 실시한 결과 출발차가 +20초, 폐색차가 +30초 발생하였다면, 제3방향각에 각각 보정할 수는?

① 출발차 : $-4''$, 　폐색차 : $-2''$

② 출발차 : $-20''$, 폐색차 : $-2''$

③ 출발차 : $-2''$, 　폐색차 : $-20''$

④ 출발차 : $-20''$, 폐색차 : $-18''$

19 잔차를 ν, 관측횟수를 n이라고 할 때 최확치의 확률오차는?

① $\sqrt{\dfrac{[\nu\nu]}{n-1}}$

② $\sqrt{\dfrac{[\nu\nu]}{n(n-1)}}$

③ $\pm 0.6745 \sqrt{\dfrac{[\nu\nu]}{n-1}}$

④ $\pm 0.6745 \sqrt{\dfrac{[\nu\nu]}{n(n-1)}}$

20 다각망도선법의 망형태에 따른 최소조건식의 설명으로 옳지 않은 것은?

① Y망의 최소조건식 수는 3개지만 조건식 수는 2개만 충족시키면 된다.

② X망의 최소조건식 수는 4개지만 조건식 수는 3개만 충족시키면 된다.

③ A망의 최소조건식 수는 5개지만 조건식 수는 4개만 충족시키면 된다.

④ 복합망은 어느 조건식을 사용하던지 최소조건식 수만 충족시키면 된다.

 계산기　　　　　다음 ▶　　　　　🖐안 푼 문제　📋답안 제출

03 실전점검!
CBT 실전모의고사

수험번호 :

수험자명 :

제한 시간 : 150분
남은 시간 :

글자 크기 100% 150% 200% 화면 배치

전체 문제 수 :
안 푼 문제 수 :

2과목 응용측량

21 곡선설치법에서 원곡선의 종류가 아닌 것은?

① 렘니스케이트 곡선
② 복심곡선
③ 반향곡선
④ 단곡선

22 등고선에 대한 설명으로 옳지 않은 것은?

① 계곡선 간격이 100m이면 주곡선 간격은 20m이다.
② 계곡선은 주곡선보다 굵은 실선으로 그린다.
③ 주곡선 간격이 10m이면 축척 1/10,000 지형도이다.
④ 간곡선 간격이 2.5m이면 주곡선 간격은 5m이다.

23 폭이 넓은 하천을 횡단하여 정밀하게 수준측량을 실시할 때 가장 좋은 방법은?

① 교호수준측량에 의해 실시
② 삼각측량에 의해 실시
③ 시거측량에 의해 실시
④ 육분의에 의해 실시

24 굴뚝의 높이를 구하기 위하여 A, B점에서 굴뚝 끝의 경사각을 관측하여 A점에서는 30°, B점에서는 45°를 얻었다. 이때 굴뚝의 표고는?[단, AB의 거리는 22m, A, B 및 굴뚝의 하단은 모두 일직선상에 있고, 기계고(I.H)는 A, B 모두 1m이다.]

① 30m
② 31m
③ 33m
④ 35m

1	①	②	③	④
2	①	②	③	④
3	①	②	③	④
4	①	②	③	④
5	①	②	③	④
6	①	②	③	④
7	①	②	③	④
8	①	②	③	④
9	①	②	③	④
10	①	②	③	④
11	①	②	③	④
12	①	②	③	④
13	①	②	③	④
14	①	②	③	④
15	①	②	③	④
16	①	②	③	④
17	①	②	③	④
18	①	②	③	④
19	①	②	③	④
20	①	②	③	④
21	①	②	③	④
22	①	②	③	④
23	①	②	③	④
24	①	②	③	④
25	①	②	③	④
26	①	②	③	④
27	①	②	③	④
28	①	②	③	④
29	①	②	③	④
30	①	②	③	④

계산기   다음 ▶   안 푼 문제   답안 제출

03 실전점검!
CBT 실전모의고사

수험번호 :

수험자명 :

제한 시간 : 150분
남은 시간 :

글자 크기 100% 150% 200% 화면 배치

전체 문제 수 :
안 푼 문제 수 :

25 촬영기준면으로부터 비행고도 4,350m에서 촬영한 연직사진의 크기가 23cm × 23cm이고 이 사진의 촬영면적이 48km²라면 카메라의 초점거리는?

① 14.4cm
② 17.0cm
③ 21.0cm
④ 47.9cm

26 수준측량에서 전시와 후시의 거리를 같게 함으로써 소거할 수 있는 주요 오차는?

① 망원경의 시준선이 기포관축에 평행하지 않아 생기는 오차
② 시준하는 순간 기포가 중앙에 있지 않아 생기는 오차
③ 전시와 후시의 야장기입을 잘못하여 생기는 오차
④ 표척이 표준길이와 달라서 생기는 오차

27 그림과 같은 지역에 정지작업을 하였을 때, 절토량과 성토량이 같아지는 지반고는?[단, 각 구역의 크기(4m × 4m)는 동일하다.]

9.5	9.3	9.1	9.0
9.4	9.2	9.0	8.8
9.2	9.1	8.9	[단위 : m]

① 8.95m
② 9.05m
③ 9.15m
④ 9.35m

28 항공사진측량에서 산지는 실제보다 돌출하여 높고 기복이 심하며, 계곡은 실제보다 깊고, 사면은 실제의 경사보다 급하게 느껴지는 것은 무엇에 의한 영향인가?

① 형상
② 음영
③ 색조
④ 과고감

1	①	②	③	④
2	①	②	③	④
3	①	②	③	④
4	①	②	③	④
5	①	②	③	④
6	①	②	③	④
7	①	②	③	④
8	①	②	③	④
9	①	②	③	④
10	①	②	③	④
11	①	②	③	④
12	①	②	③	④
13	①	②	③	④
14	①	②	③	④
15	①	②	③	④
16	①	②	③	④
17	①	②	③	④
18	①	②	③	④
19	①	②	③	④
20	①	②	③	④
21	①	②	③	④
22	①	②	③	④
23	①	②	③	④
24	①	②	③	④
25	①	②	③	④
26	①	②	③	④
27	①	②	③	④
28	①	②	③	④
29	①	②	③	④
30	①	②	③	④

계산기   다음 ▶   안 푼 문제   답안 제출

	실전점검!	
03회	**CBT 실전모의고사**	

수험번호 :
수험자명 :

제한 시간 : 150분
남은 시간 :

글자 크기 100% 150% 200%　화면 배치

전체 문제 수 :
안 푼 문제 수 :

답안 표기란

29 정밀도 저하율(DOP)의 종류에 대한 설명으로 틀린 것은?

① GDOP : 기하학적 정밀도 저하율

② HDOP : 시간정밀도 저하율

③ RDOP : 상대정밀도 저하율

④ PDOP : 위치정밀도 저하율

30 지하시설물의 탐사방법으로 수도관로 중 PVC 또는 플라스틱 관을 찾는 데 주로 이용되는 방법은?

① 전자탐사법(Electromagnetic Survey Method)

② 자기탐사법(Magnetic Detection Method)

③ 음파탐사법(Acoustic Prospecting Method)

④ 전기탐사법(Electrical Survey Method)

1	①	②	③	④
2	①	②	③	④
3	①	②	③	④
4	①	②	③	④
5	①	②	③	④
6	①	②	③	④
7	①	②	③	④
8	①	②	③	④
9	①	②	③	④
10	①	②	③	④
11	①	②	③	④
12	①	②	③	④
13	①	②	③	④
14	①	②	③	④
15	①	②	③	④
16	①	②	③	④
17	①	②	③	④
18	①	②	③	④
19	①	②	③	④
20	①	②	③	④
21	①	②	③	④
22	①	②	③	④
23	①	②	③	④
24	①	②	③	④
25	①	②	③	④
26	①	②	③	④
27	①	②	③	④
28	①	②	③	④
29	①	②	③	④
30	①	②	③	④

계산기　　　다음 ▶　　　안 푼 문제　답안 제출

03 실전점검!
CBT 실전모의고사

수험번호 :

수험자명 :

제한 시간 : 150분
남은 시간 :

글자 크기 100% 150% 200% 화면 배치

전체 문제 수 :
안 푼 문제 수 :

답안 표기란

31	① ② ③ ④
32	① ② ③ ④
33	① ② ③ ④
34	① ② ③ ④
35	① ② ③ ④
36	① ② ③ ④
37	① ② ③ ④
38	① ② ③ ④
39	① ② ③ ④
40	① ② ③ ④
41	① ② ③ ④
42	① ② ③ ④
43	① ② ③ ④
44	① ② ③ ④
45	① ② ③ ④
46	① ② ③ ④
47	① ② ③ ④
48	① ② ③ ④
49	① ② ③ ④
50	① ② ③ ④
51	① ② ③ ④
52	① ② ③ ④
53	① ② ③ ④
54	① ② ③ ④
55	① ② ③ ④
56	① ② ③ ④
57	① ② ③ ④
58	① ② ③ ④
59	① ② ③ ④
60	① ② ③ ④

31 초점거리 15cm, 사진의 크기 23cm×23cm, 축척 1/20,000 촬영기준면으로부터 종중복도 60%가 되도록 수립된 촬영계획을 촬영종기선장을 유지하며 종중복도를 50%로 변경하였을 때, 비행고도의 변화량은?

① 333m

② 420m

③ 550m

④ 600m

32 수준측량의 기고식에 대한 설명으로 옳은 것은?

① 중력 측정을 통한 기계적 고도수정방법

② 시준축오차를 소거하기 위한 수준측량방법

③ 기압 측정을 통한 간접수준측량 방법

④ 중간점이 많은 경우에 편리한 야장기입방법

33 GNSS측량에서 사이클슬립(Cycle Slip)의 주된 원인은?

① 높은 위성의 고도

② 높은 신호강도

③ 낮은 신호잡음

④ 지형지물에 의한 신호단절

34 항공삼각측량에서 기본단위가 사진으로 블록 내의 각 사진상에 관측된 기준점, 접합점의 사진좌표를 이용하여 최소제곱법으로 사진의 외부표정요소 및 접합점의 최확값을 결정하는 방법은?

① 다항식법

② 독립모델법

③ 광속조정법

④ 그루버법

35 초점거리 210cm의 카메라로 비고가 50m인 구릉지에서 촬영한 사진의 축척이 1/25,000이다. 이 사진의 비고에 의한 최대 변위량은?(단, 사진크기 = 23cm×23cm, 종중복도 = 60%)

① ±0.15cm

② ±0.24cm

③ ±1.5cm

④ ±2.4cm

계산기

다음 ▶

안 푼 문제

답안 제출

03회 실전점검!
CBT 실전모의고사

수험번호 :

수험자명 :

제한 시간 : 150분
남은 시간 :

글자
크기 ⊖ 100% ⊛ 150% ⊕ 200%

화면
배치

전체 문제 수 :
안 푼 문제 수 :

답안 표기란

31	①	②	③	④
32	①	②	③	④
33	①	②	③	④
34	①	②	③	④
35	①	②	③	④
36	①	②	③	④
37	①	②	③	④
38	①	②	③	④
39	①	②	③	④
40	①	②	③	④
41	①	②	③	④
42	①	②	③	④
43	①	②	③	④
44	①	②	③	④
45	①	②	③	④
46	①	②	③	④
47	①	②	③	④
48	①	②	③	④
49	①	②	③	④
50	①	②	③	④
51	①	②	③	④
52	①	②	③	④
53	①	②	③	④
54	①	②	③	④
55	①	②	③	④
56	①	②	③	④
57	①	②	③	④
58	①	②	③	④
59	①	②	③	④
60	①	②	③	④

36 터널 내 수준측량의 특징에 대한 설명으로 옳은 것은?

① 지상에서의 수준측량방법과 장비 모두 동일하다.

② 관측점의 위치는 바닥레일의 중심점을 이용한다.

③ 이동식 답판을 주로 이용해야 안정성이 있다.

④ 수준측량을 위한 관측점은 천정에 설치되는 경우가 많다.

37 다음 중 수동적 센서 방식이 아닌 것은?

① 사진방식

② 선주사방식

③ Laser 방식

④ Vidicon 방식

38 축척 1/5,000의 지형측량에서 위치의 허용오차를 도상 ±0.5cm, 실제 관측 높이의 허용오차를 ±1.0m로 하는 경우에 토지의 경사가 25°인 지형에서 발생할 수 있는 등고선의 최대오차는?

① ±2.51m

② ±2.17m

③ ±2.04m

④ ±1.83m

39 터널의 시점(P)과 종점(Q)의 좌표를 P(1,200, 800, 75), Q(1,600, 600, 100)로 하여 터널을 굴진할 경우 경사각은?(단, 좌표단위 : m)

① 2°11′59″

② 2°13′19″

③ 3°11′59″

④ 3°13′19″

40 축척 1/50,000의 지형도에서 A의 표고가 235m, B의 표고가 563m일 때 두 점 A, B 사이 주곡선 간격의 등고선 수는?

① 13

② 15

③ 17

④ 18

▦ 계산기

다음 ▶

안 푼 문제

📋 답안 제출

03 실전점검!
CBT 실전모의고사

수험번호 :

수험자명 :

제한 시간 : 150분
남은 시간 :

글자 크기 100% 150% 200%

화면 배치

전체 문제 수 :
안 푼 문제 수 :

답안 표기란

31	① ② ③ ④
32	① ② ③ ④
33	① ② ③ ④
34	① ② ③ ④
35	① ② ③ ④
36	① ② ③ ④
37	① ② ③ ④
38	① ② ③ ④
39	① ② ③ ④
40	① ② ③ ④
41	① ② ③ ④
42	① ② ③ ④
43	① ② ③ ④
44	① ② ③ ④
45	① ② ③ ④
46	① ② ③ ④
47	① ② ③ ④
48	① ② ③ ④
49	① ② ③ ④
50	① ② ③ ④
51	① ② ③ ④
52	① ② ③ ④
53	① ② ③ ④
54	① ② ③ ④
55	① ② ③ ④
56	① ② ③ ④
57	① ② ③ ④
58	① ② ③ ④
59	① ② ③ ④
60	① ② ③ ④

3과목 **토지정보체계론**

41 다음 토지정보시스템의 공간데이터 취득방법 중 성격이 다른 하나는?

① GPS에 의한 방법
② COGO에 의한 방법
③ 스캐너에 의한 방법
④ 토털스테이션에 의한 방법

42 데이터 분석에 대한 설명이 옳은 것은?

① 재부호화란 속성값의 숫자나 명칭을 변경하는 작업이다.
② 네트워크 분석은 어떤 객체 둘레에 특정한 폭을 가진 구역을 구축하는 것이다.
③ 질의검색이란 취득한 자료를 대상으로 최댓값, 표준편차, 분산 등의 분석과 상관관계 조사 등을 실시할 수 있다.
④ 근접분석은 하나의 레이어 또는 커버리지 위에 다른 레이어를 올려놓고 두 레이어에 나타난 형상들 간의 관계를 분석하는 것이다.

43 주요 DBMS에서 채택하고 있는 표준 데이터베이스 질의어는?

① SQL
② COBOL
③ DIGEST
④ DELPHI

44 공간의 관계를 정의하는 데 쓰이는 수학적 방법으로서 입력된 자료의 위치를 좌푯값으로 인식하고 각각의 자료 간의 정보를 상대적 위치로 저장하며, 선의 방향, 특성 간의 관계, 연결성, 인접성 등을 정의하는 것을 무엇이라고 하는가?

① 속성정보
② 위상관계
③ 위치관계
④ 위치정보

45 래스터자료의 압축방법에 해당되지 않는 것은?

① 블록코드(Block Code) 기법
② 체인코드(Chain Code) 기법
③ 포인트코드(Point Code) 기법
④ 연속분할코드(Run-Length Code) 기법

계산기
다음 ▶
안 푼 문제
답안 제출

03 실전점검!
CBT 실전모의고사

수험번호 :

수험자명 :

제한 시간 : 150분
남은 시간 :

글자
크기 100% 150% 200%　　화면
배치

전체 문제 수 :
안 푼 문제 수 :

답안 표기란				
31	①	②	③	④
32	①	②	③	④
33	①	②	③	④
34	①	②	③	④
35	①	②	③	④
36	①	②	③	④
37	①	②	③	④
38	①	②	③	④
39	①	②	③	④
40	①	②	③	④
41	①	②	③	④
42	①	②	③	④
43	①	②	③	④
44	①	②	③	④
45	①	②	③	④
46	①	②	③	④
47	①	②	③	④
48	①	②	③	④
49	①	②	③	④
50	①	②	③	④
51	①	②	③	④
52	①	②	③	④
53	①	②	③	④
54	①	②	③	④
55	①	②	③	④
56	①	②	③	④
57	①	②	③	④
58	①	②	③	④
59	①	②	③	④
60	①	②	③	④

46 지적도를 스캐너로 입력한 전산자료에 포함될 수 있는 오차로 가장 거리가 먼 것은?

① 기계적인 오차

② 도면등록 시의 오차

③ 입력도면의 평탄성 오차

④ 벡터자료의 래스터자료로서의 변환과정에서의 오차

47 스캐너 및 좌표독취기 장비를 이용한 좌표취득 특성으로 옳지 않은 것은?

① 작업환경이 양호하여 작업진행이 수월하다.

② 정밀도가 높아 도곽을 기준점으로 변위작업이 가능하다.

③ 스캐너에 의한 작업은 스캐닝 및 이미지파일 수신시간이 소요된다.

④ 스캐너는 축이 고정되어 있어 이동식 장비보다 오차 발생요인은 적으나 작업영역이 한정되어 있다.

48 국가의 공간정보의 제공과 관련한 내용으로 옳지 않은 것은?

① 공간정보이용자에게 제공하기 위하여 국가공간정보센터를 설치·운영하고 있다.

② 수집된 공간정보는 제공의 효율화를 위해 분석 또는 가공하지 않고 원자료 형태로 제공하여야 한다.

③ 관리기관이 공공기관일 경우는 자료를 제출하기 전에 주무기관의 장과 미리 협의하여야 한다.

④ 국토교통부장관은 국가공간정보센터의 운영에 필요한 공간정보를 생산 또는 관리하는 관리기관의 장에게 자료의 제출을 요구할 수 있다.

49 레이어의 중첩에 대한 설명으로 옳지 않은 것은?

① 레이어별로 필요한 정보를 추출해 낼 수 있다.

② 일정한 정보만을 처리하기 때문에 정보가 단순하다.

③ 새로운 가설이나 이론 및 시뮬레이션을 통해 정보를 추출하는 모델링 작업을 수행할 수 있다.

④ 형상들의 공간관계를 파악할 수 있으며 특정지점의 주변 환경에 대한 정보를 얻고자 하는 경우에도 사용할 수 있다.

계산기　　　　　다음 ▶　　　　　안 푼 문제　　답안 제출

03 실전점검!
CBT 실전모의고사

수험번호 :

수험자명 :

제한 시간 : 150분
남은 시간 :

글자
크기 100% 150% 200%

화면
배치

전체 문제 수 :
안 푼 문제 수 :

50 토지대장의 데이터베이스 관리시스템은?

① C-ISAM

② Infor Database

③ Access Database

④ RDBMS(Relational DBMS)

51 SQL 언어 중 데이터 조작어(DML)에 해당하지 않는 것은?

① DROP

② INSERT

③ DELETE

④ UPDATE

52 데이터베이스시스템의 구성요소에 해당하지 않는 것은?

① 사용자

② 운영체계

③ 하드웨어

④ 데이터베이스관리시스템

53 속성정보로 보기 어려운 것은?

① 임야도의 등록사항인 경계

② 경계점좌표등록부의 등록사항인 지번

③ 공유지연명부의 등록사항인 토지의 소재

④ 대지권등록부의 등록사항의 대지권 비율

54 지적전산자료의 이용에 관한 심사신청을 받은 관계 중앙행정기관의 장이 심사하는 사항에 해당하지 않는 것은?

① 개인의 사생활 침해 여부

② 신청내용의 타당성, 적합성 및 공정성

③ 자료의 이용에 관한 사용료 납부방법

④ 자료의 목적 외 사용 방지 및 안전관리대책

55 한국토지정보시스템 구축에 따른 기대효과로 옳지 않은 것은?

① 업무 능률성 향상

② 데이터 무결성 확보

③ 지적도 DB 활용 확보

④ 2계층으로 시스템 확장성

31	①	②	③	④
32	①	②	③	④
33	①	②	③	④
34	①	②	③	④
35	①	②	③	④
36	①	②	③	④
37	①	②	③	④
38	①	②	③	④
39	①	②	③	④
40	①	②	③	④
41	①	②	③	④
42	①	②	③	④
43	①	②	③	④
44	①	②	③	④
45	①	②	③	④
46	①	②	③	④
47	①	②	③	④
48	①	②	③	④
49	①	②	③	④
50	①	②	③	④
51	①	②	③	④
52	①	②	③	④
53	①	②	③	④
54	①	②	③	④
55	①	②	③	④
56	①	②	③	④
57	①	②	③	④
58	①	②	③	④
59	①	②	③	④
60	①	②	③	④

계산기

다음 ▶

안 푼 문제

답안 제출

03 실전점검!
CBT 실전모의고사

수험번호 :
수험자명 :

제한 시간 : 150분
남은 시간 :

글자
크기 100% 150% 200%

화면
배치

전체 문제 수 :
안 푼 문제 수 :

답안 표기란

31	①	②	③	④
32	①	②	③	④
33	①	②	③	④
34	①	②	③	④
35	①	②	③	④
36	①	②	③	④
37	①	②	③	④
38	①	②	③	④
39	①	②	③	④
40	①	②	③	④
41	①	②	③	④
42	①	②	③	④
43	①	②	③	④
44	①	②	③	④
45	①	②	③	④
46	①	②	③	④
47	①	②	③	④
48	①	②	③	④
49	①	②	③	④
50	①	②	③	④
51	①	②	③	④
52	①	②	③	④
53	①	②	③	④
54	①	②	③	④
55	①	②	③	④
56	①	②	③	④
57	①	②	③	④
58	①	②	③	④
59	①	②	③	④
60	①	②	③	④

56 SDTS(Spatial Data Transfer Standard)를 통한 데이터 변환에 있어 최소 단위의 체계적으로 표현되는 3차원 객체의 정의는?

① Chain
② Voxel
③ GT-ring
④ 2D-Manifold

57 데이터베이스에서 속성자료의 형태에 대한 설명으로 옳지 않은 것은?

① 법규집, 일반보고서 등의 자료를 말한다.
② 통계자료, 관측자료, 범례 등의 형태로 구성되어 있다.
③ 선 또는 다각형과 입체의 형태로 표현되는 자료이다.
④ 지리적 객체와 관련된 정보가 문자 형식으로 구성되어 있다.

58 다음 중 SQL과 같은 표준 질의어를 사용하여 복잡한 질의를 간단하게 표현할 수 있게 하는 데이터베이스 모형은?

① 관계형(Relational)
② 계층형(Hierarchical)
③ 네트워크형(Network)
④ 객체지향형(Object-oriented)

59 지적공부의 효율적인 관리 및 활용을 위하여 지적정보 전담 관리 기구를 설치 · 운영하는 자는?

① 국토교통부장관
② 행정안전부장관
③ 국토지리정보원장
④ 한국국토정보공사장

60 국토교통부장관이 지적공부에 관한 전산자료를 갱신하여야 하는 기간의 기준으로 옳은 것은?

① 수시
② 매월
③ 매분기
④ 매년

계산기
다음 ▶
안 푼 문제
답안 제출

03회

실전점검!
CBT 실전모의고사

수험번호 :

수험자명 :

제한 시간 : 150분
남은 시간 :

글자 크기 100% 150% 200%

화면 배치

전체 문제 수 :
안 푼 문제 수 :

답안 표기란

61	① ② ③ ④
62	① ② ③ ④
63	① ② ③ ④
64	① ② ③ ④
65	① ② ③ ④
66	① ② ③ ④
67	① ② ③ ④
68	① ② ③ ④
69	① ② ③ ④
70	① ② ③ ④
71	① ② ③ ④
72	① ② ③ ④
73	① ② ③ ④
74	① ② ③ ④
75	① ② ③ ④
76	① ② ③ ④
77	① ② ③ ④
78	① ② ③ ④
79	① ② ③ ④
80	① ② ③ ④
81	① ② ③ ④
82	① ② ③ ④
83	① ② ③ ④
84	① ② ③ ④
85	① ② ③ ④
86	① ② ③ ④
87	① ② ③ ④
88	① ② ③ ④
89	① ② ③ ④
90	① ② ③ ④

4과목 지적학

61 지적국정주의에 대한 설명으로 옳지 않은 것은?

① 지적공부의 등록사항 결정방법과 운영방법에 통일성을 기하여야 한다.

② 모든 토지를 지적공부에 등록해야 하는 적극적 등록주의를 택하고 있다.

③ 토지에 이동사항이 있을 경우 신청이 없더라도 이를 직권으로 조사·정리할 수 있다.

④ 지적공부에 등록된 사항을 토지소유자나 일반 국민에게 신속·정확하게 공개하여 정당하게 이용할 수 있도록 한다.

62 토지등록에 있어서 개개의 토지를 중심으로 등록부를 편성하는 것으로, 하나의 토지에 하나의 등기용지를 두는 방식은?

① 물적 편성주의

② 인적 편성주의

③ 연대적 편성주의

④ 물적·인적 편성주의

63 다음과 같은 특징을 갖는 지적제도를 시행한 나라는?

• 토지대장은 양전도장, 양전장적, 전적 등 다양한 명칭으로 호칭되었다.
• 과전법의 실시와 함께 자호제도가 창설되어 정단위로 자호를 붙여 대장에 기록하였다.
• 수등이척제를 측량의 척도로 사용하였다.

① 고구려

② 백제

③ 고려

④ 조선

64 우리나라에서 지적이라는 용어가 법률상 처음 등장한 것은?

① 1895년 내부관제

② 1898년 양지아문 직원급 처무규정

③ 1901년 지계아문 직원급 처무규정

④ 1910년 토지조사법

계산기

다음 ▶

안 푼 문제

답안 제출

실전점검!
03 CBT 실전모의고사

수험번호 :

수험자명 :

제한 시간 : 150분
남은 시간 :

글자
크기 100% 150% 200%

화면
배치

전체 문제 수 :
안 푼 문제 수 :

65 매 20년마다 양전을 실시하여 작성하도록 경국대전에 나타난 것은?

① 문권(文券)
② 양안(量案)
③ 입안(立案)
④ 양전대장(量田臺帳)

66 토지에 대한 일정한 사항을 조사하여 지적공부에 등록하기 위하여 반드시 선행되어야 할 사항은?

① 토지번호의 확정
② 토지용도의 결정
③ 1필지의 경계설정
④ 토지소유자의 결정

67 조세, 토지관리 및 지적사무를 담당하였던 백제의 지적 담당기관은?

① 공부
② 조부
③ 호조
④ 내두좌평

68 대한제국시대의 행정조직이 아닌 것은?

① 사세청
② 탁지부
③ 양지아문
④ 지계아문

69 지적도의 도곽선이 갖는 역할로서 옳지 않은 것은?

① 면적의 통계 산출에 이용된다.
② 도면신축량 측정의 기준선이다.
③ 도북 방위선의 표시에 해당한다.
④ 인접 도면과의 접합 기준선이 된다.

70 다목적지적제도의 구성요소가 아닌 것은?

① 기본도
② 지적중첩도
③ 측지기본망
④ 주민등록파일

61	① ② ③ ④
62	① ② ③ ④
63	① ② ③ ④
64	① ② ③ ④
65	① ② ③ ④
66	① ② ③ ④
67	① ② ③ ④
68	① ② ③ ④
69	① ② ③ ④
70	① ② ③ ④
71	① ② ③ ④
72	① ② ③ ④
73	① ② ③ ④
74	① ② ③ ④
75	① ② ③ ④
76	① ② ③ ④
77	① ② ③ ④
78	① ② ③ ④
79	① ② ③ ④
80	① ② ③ ④
81	① ② ③ ④
82	① ② ③ ④
83	① ② ③ ④
84	① ② ③ ④
85	① ② ③ ④
86	① ② ③ ④
87	① ② ③ ④
88	① ② ③ ④
89	① ② ③ ④
90	① ② ③ ④

계산기　　　　다음 ▶　　　　안 푼 문제　　답안 제출

03 실전점검!
CBT 실전모의고사

수험번호 :

수험자명 :

제한 시간 : 150분
남은 시간 :

글자 크기 100% 150% 200% | 화면 배치 | 전체 문제 수 : / 안 푼 문제 수 :

답안 표기란

61	① ② ③ ④
62	① ② ③ ④
63	① ② ③ ④
64	① ② ③ ④
65	① ② ③ ④
66	① ② ③ ④
67	① ② ③ ④
68	① ② ③ ④
69	① ② ③ ④
70	① ② ③ ④
71	① ② ③ ④
72	① ② ③ ④
73	① ② ③ ④
74	① ② ③ ④
75	① ② ③ ④
76	① ② ③ ④
77	① ② ③ ④
78	① ② ③ ④
79	① ② ③ ④
80	① ② ③ ④
81	① ② ③ ④
82	① ② ③ ④
83	① ② ③ ④
84	① ② ③ ④
85	① ② ③ ④
86	① ② ③ ④
87	① ② ③ ④
88	① ② ③ ④
89	① ② ③ ④
90	① ② ③ ④

71 다음 지적의 기본이념에 대한 설명으로 옳지 않은 것은?

① 지적공개주의 : 지적공부에 등록하여야만 효력이 발생한다는 이념

② 지적국정주의 : 지적공부의 등록사항은 국가만이 결정할 수 있다는 이념

③ 직권등록주의 : 모든 필지는 강제적으로 지적공부에 등록·공시해야 한다는 이념

④ 실질적 심사주의 : 지적공부의 등록사항이나 변경등록은 지적 관련 법률상 적법성과 사실관계 부합 여부를 심사하여 지적공부에 등록한다는 이념

72 지표면의 형태, 토지의 고저, 수륙의 분포상태 등 땅이 생긴 모양에 따라 결정하는 지목은?

① 용도지목
② 복식지목
③ 지형지목
④ 토성지목

73 다음 중 지적의 요건으로 볼 수 없는 것은?

① 안전성
② 정확성
③ 창조성
④ 효율성

74 다음 지번의 부번(附番)방법 중 진행방향에 의한 분류에 해당하지 않는 것은?

① 기우식법
② 단지식법
③ 사행식법
④ 도엽단위법

75 토렌스시스템의 커튼이론(Curtain Principle)에 대한 설명으로 가장 옳은 것은?

① 선의의 제3자에게는 보험 효과를 갖는다.

② 사실심사 시 권리의 진실성에 직접 관여하여야 한다.

③ 토지등록이 토지의 권리관계를 완전하게 반영한다.

④ 토지등록 업무는 매입 신청자를 위한 유일한 정보의 기초이다.

계산기 | 다음 ▶ | 안 푼 문제 | 답안 제출

03회 실전점검!
CBT 실전모의고사

수험번호 :

수험자명 :

제한 시간 : 150분
남은 시간 :

글자 크기 100% 150% 200%

화면 배치

전체 문제 수 :
안 푼 문제 수 :

76 우리나라 토지조사사업 당시 조사측량기관은?

① 부(府)나 면(面)
② 임야조사위원회
③ 임시토지조사국
④ 토지조사위원회

77 토지소유권 권리의 특성 중 틀린 것은?

① 단일성
② 완전성
③ 탄력성
④ 항구성

78 현대지적의 기능을 일반적 기능과 실제적 기능으로 구분하였을 때, 지적의 일반적 기능이 아닌 것은?

① 법률적 기능
② 사회적 기능
③ 유통적 기능
④ 행정적 기능

79 관계(官契)에 대한 설명으로 옳은 것은?

① 민유지만 조사하여 관계를 발급하였다.
② 외국인에게도 토지소유권을 인정하였다.
③ 관계 발급의 신청은 소유자의 의무사항은 아니다.
④ 발급대상은 산천, 전답, 천택(川澤), 가사(家舍) 등 모든 부동산이었다.

80 1필지의 성립요건으로 볼 수 없는 것은?

① 경계의 결정
② 정확한 측량성과
③ 지번 및 지목의 결정
④ 지표면을 인위적으로 구획한 폐쇄된 공간

61	① ② ③ ④
62	① ② ③ ④
63	① ② ③ ④
64	① ② ③ ④
65	① ② ③ ④
66	① ② ③ ④
67	① ② ③ ④
68	① ② ③ ④
69	① ② ③ ④
70	① ② ③ ④
71	① ② ③ ④
72	① ② ③ ④
73	① ② ③ ④
74	① ② ③ ④
75	① ② ③ ④
76	① ② ③ ④
77	① ② ③ ④
78	① ② ③ ④
79	① ② ③ ④
80	① ② ③ ④
81	① ② ③ ④
82	① ② ③ ④
83	① ② ③ ④
84	① ② ③ ④
85	① ② ③ ④
86	① ② ③ ④
87	① ② ③ ④
88	① ② ③ ④
89	① ② ③ ④
90	① ② ③ ④

계산기

다음 ▶

안 푼 문제

답안 제출

글자 크기	⊖ 100%	⊕ 150%	⊕ 200%	화면 배치			전체 문제 수 : 안 푼 문제 수 :

답안 표기란

61	①	②	③	④
62	①	②	③	④
63	①	②	③	④
64	①	②	③	④
65	①	②	③	④
66	①	②	③	④
67	①	②	③	④
68	①	②	③	④
69	①	②	③	④
70	①	②	③	④
71	①	②	③	④
72	①	②	③	④
73	①	②	③	④
74	①	②	③	④
75	①	②	③	④
76	①	②	③	④
77	①	②	③	④
78	①	②	③	④
79	①	②	③	④
80	①	②	③	④
81	①	②	③	④
82	①	②	③	④
83	①	②	③	④
84	①	②	③	④
85	①	②	③	④
86	①	②	③	④
87	①	②	③	④
88	①	②	③	④
89	①	②	③	④
90	①	②	③	④

5과목 **지적관계법규**

81 지적법이 제정되기까지의 순서를 올바르게 나열한 것은?

① 토지조사법 → 토지조사령 → 지세령 → 조선지세령 → 조선임야조사령 → 지적법

② 토지조사법 → 지세령 → 토지조사령 → 조선지세령 → 조선임야조사령 → 지적법

③ 토지조사법 → 토지조사령 → 지세령 → 조선임야조사령 → 조선지세령 → 지적법

④ 토지조사법 → 지세령 → 조선임야조사령 → 토지조사령 → 조선지세령 → 지적법

82 다음 중 2년 이하의 징역 또는 2천만 원 이하의 벌금에 처하는 벌칙 기준을 적용받는 자는?

① 정당한 사유 없이 측량을 방해한 자

② 측량기술자가 아님에도 불구하고 측량을 한 자

③ 측량업의 등록을 하지 아니하고 측량업을 한 자

④ 측량업자로서 속임수로 측량업과 관련된 입찰의 공정성을 해친 자

83 토지의 이동을 조사하는 자가 측량 또는 조사 등 필요로 하여 토지 등에 출입하거나 일시 사용함으로 인하여 손실을 받은 자가 있는 경우의 손실보상에 대한 설명으로 옳지 않은 것은?

① 손실을 받은 자가 있으면 그 행위를 한 자는 그 손실을 보상하여야 한다.

② 손실보상에 관하여는 손실을 보상할 자와 손실을 받은 자가 협의하여야 한다.

③ 손실을 보상할 자 또는 손실을 받은 자는 손실보상에 관한 협의가 성립되지 아니하는 경우 관할 토지수용위원회에 재결을 신청할 수 있다.

④ 재결에 불복하는 자는 재결서 정본을 송달받은 날부터 3개월 이내에 중앙토지수용위원회에 이의를 신청할 수 있다.

계산기	다음 ▶	안 푼 문제	답안 제출

실전점검!
03회
CBT 실전모의고사

수험번호:

수험자명:

제한 시간 : 150분
남은 시간 :

글자
크기 100% 150% 200%

화면
배치

전체 문제 수 :
안 푼 문제 수 :

답안 표기란

61	①	②	③	④
62	①	②	③	④
63	①	②	③	④
64	①	②	③	④
65	①	②	③	④
66	①	②	③	④
67	①	②	③	④
68	①	②	③	④
69	①	②	③	④
70	①	②	③	④
71	①	②	③	④
72	①	②	③	④
73	①	②	③	④
74	①	②	③	④
75	①	②	③	④
76	①	②	③	④
77	①	②	③	④
78	①	②	③	④
79	①	②	③	④
80	①	②	③	④
81	①	②	③	④
82	①	②	③	④
83	①	②	③	④
84	①	②	③	④
85	①	②	③	④
86	①	②	③	④
87	①	②	③	④
88	①	②	③	④
89	①	②	③	④
90	①	②	③	④

84 「공간정보의 구축 및 관리 등에 관한 법률」상 지적전산자료의 이용에 대한 심사 신청을 받은 관계 중앙행정기관의 장이 심사하여야 할 사항이 아닌 것은?

① 소유권 침해 여부

② 신청 내용의 타당성

③ 개인의 사생활 침해 여부

④ 자료의 목적 외 사용 방지 및 안전관리대책

85 「공간정보의 구축 및 관리 등에 관한 법률」상 2년 이하의 징역 또는 2천만 원 이하의 벌금에 처하는 자로 옳지 않은 것은?

① 측량성과를 국외로 반출한 자

② 고의로 측량성과 또는 수로조사성과를 사실과 다르게 한 자

③ 측량기준점표지를 이전 또는 파손하거나 그 효용을 해치는 행위를 한 자

④ 측량업자로서 속임수, 위력(威力), 그 밖의 방법으로 측량업과 관련된 입찰의 공정성을 해친 자

86 새로운 권리에 관한 등기를 마쳤을 때, 작성한 등기필정보를 등기권리자에게 통지하지 아니하는 경우로 옳지 않은 것은?

① 등기권리자를 대위하여 등기신청을 한 경우

② 국가 또는 지방자치단체가 등기권리자인 경우

③ 등기권리자가 등기필정보의 통지를 원하지 아니하는 경우

④ 등기필정보통지서를 수령할 자가 등기를 마친 때부터 1개월 이내에 그 서면을 수령하지 않은 경우

87 합병 조건이 갖추어진 4필지(99 – 1, 100 – 10, 111, 125)를 합병할 경우 새로이 설정하여야 하는 지번은?(단, 합병 전의 필지에 건축물이 없는 경우이다.)

① 99 – 1

② 100 – 10

③ 111

④ 125

계산기

다음 ▶

안 푼 문제

답안 제출

03회

실전점검!
CBT 실전모의고사

수험번호:

수험자명:

제한 시간 : 150분
남은 시간 :

글자
크기 100% 150% 200%

화면
배치

전체 문제 수:
안 푼 문제 수:

88 「부동산등기법」상 등기할 수 있는 권리가 아닌 것은?

① 유치권
② 임차권
③ 저당권
④ 권리질권

89 「지적업무 처리규정」상 일람도 및 지번색인표의 등재사항 중 일람도에 등재하여야 하는 사항으로 옳지 않은 것은?

① 도곽선과 그 수치
② 도면의 제명 및 축척
③ 지번 · 도면번호 및 결번
④ 지번부여지역의 경계 및 인접지역의 행정구역명칭

90 「공간정보의 구축 및 관리 등에 관한 법률」상 지적측량의 적부심사에 관한 내용으로 옳은 것은?

① 지적측량업자가 중앙지적위원회에 지적측량 적부심사를 청구하여, 지적소관청이 이를 심의 · 의결한다.
② 지적소관청이 지방지적위원회에 지적측량 적부심사를 청구하여, 관할 시 · 도지사가 이를 심의 · 의결한다.
③ 지적소관청이 중앙지적위원회에 지적측량 적부심사를 청구하여, 국토교통부장관이 이를 심의 · 의결한다.
④ 토지소유자가 관할 시 · 도지사를 거쳐 지방지적위원회에 지적측량 적부심사를 청구하고, 지방지적위원회가 이를 심의 · 의결한다.

61	①	②	③	④
62	①	②	③	④
63	①	②	③	④
64	①	②	③	④
65	①	②	③	④
66	①	②	③	④
67	①	②	③	④
68	①	②	③	④
69	①	②	③	④
70	①	②	③	④
71	①	②	③	④
72	①	②	③	④
73	①	②	③	④
74	①	②	③	④
75	①	②	③	④
76	①	②	③	④
77	①	②	③	④
78	①	②	③	④
79	①	②	③	④
80	①	②	③	④
81	①	②	③	④
82	①	②	③	④
83	①	②	③	④
84	①	②	③	④
85	①	②	③	④
86	①	②	③	④
87	①	②	③	④
88	①	②	③	④
89	①	②	③	④
90	①	②	③	④

계산기

다음 ▶

안 푼 문제

답안 제출

03회 실전점검!
CBT 실전모의고사

수험번호 :

수험자명 :

제한 시간 : 150분
남은 시간 :

글자
크기 100% 150% 200%

화면
배치

전체 문제 수 :
안 푼 문제 수 :

91	①	②	③	④
92	①	②	③	④
93	①	②	③	④
94	①	②	③	④
95	①	②	③	④
96	①	②	③	④
97	①	②	③	④
98	①	②	③	④
99	①	②	③	④
100	①	②	③	④

91 「공간정보의 구축 및 관리 등에 관한 법률」상 지목변경 없이 등록전환을 신청할 수 없는 경우는?

① 도시·군관리계획선에 따라 토지를 분할하는 경우

② 관계법령에 따른 토지의 형질변경 또는 건축물의 사용을 승인하는 경우

③ 임야도에 등록된 토지가 사실상 형질변경되었으나 지목변경을 할 수 없는 경우

④ 대부분의 토지가 등록전환되어 나머지 토지를 임야도에 계속 존치하는 것이 불합리한 경우

92 등기의 일반적 효력에 관한 사항으로 옳지 않은 것은?

① 공신력

② 대항적 효력

③ 추정적 효력

④ 순위 확정적 효력

93 「공간정보의 구축 및 관리 등에 관한 법률」상 지적전산자료의 이용 또는 활용 신청 시 자료를 인쇄물로 제공할 때 수수료로 옳은 것은?

① 1필지당 10원

② 1필지당 20원

③ 1필지당 30원

④ 1필지당 40원

94 「공간정보의 구축 및 관리 등에 관한 법률」상 토지소유자가 하여야 하는 신청을 대신할 수 없는 자는?(단, 등록사항 정정 대상토지는 제외한다.)

① 토지점유자

② 채권을 보전하기 위한 채권자

③ 학교용지, 도로, 수도용지 등의 지목으로 될 토지의 경우 그 해당사업의 시행자

④ 지방자치단체가 취득하는 토지의 경우 그 토지를 관리하는 지방자치단체의 장

95 등기관이 토지 등기기록의 표제부에 기록하여야 하는 사항으로 옳지 않은 것은?

① 이해관계자

② 지목과 면적

③ 등기원인

④ 소재와 지번

계산기

다음 ▶

안 푼 문제

답안 제출

03 실전점검!
CBT 실전모의고사

수험번호 :

수험자명 :

제한 시간 : 150분
남은 시간 :

글자
크기 100% 150% 200%

화면
배치

전체 문제 수 :
안 푼 문제 수 :

답안 표기란

91	①	②	③	④
92	①	②	③	④
93	①	②	③	④
94	①	②	③	④
95	①	②	③	④
96	①	②	③	④
97	①	②	③	④
98	①	②	③	④
99	①	②	③	④
100	①	②	③	④

96 「공간정보의 구축 및 관리 등에 관한 법률」상 청산금의 납부고지 및 이의신청 기준으로 틀린 것은?

① 지적소관청은 수령통지를 한 날부터 6개월 이내에 청산금을 지급하여야 한다.

② 납부고지를 받은 자는 그 고지를 받은 날부터 6개월 이내에 청산금을 지적소관청에 내야 한다.

③ 지적소관청은 청산금의 결정을 공고한 날부터 1개월 이내에 토지소유자에게 청산금의 납부고지 또는 수령통지를 하여야 한다.

④ 납부고지되거나 수령통지된 청산금에 관하여 이의가 있는 자는 납부고지 또는 수령통지를 받은 날부터 1개월 이내에 지적소관청에 이의신청을 할 수 있다.

97 축척변경에 따른 청산금을 산출한 결과, 증가된 면적에 대한 청산금의 합계와 감소된 면적에 대한 청산금의 합계에 차액이 생긴 경우 부족액의 부담권자는?

① 국토교통부
② 토지소유자
③ 지방자치단체
④ 한국국토정보공사

98 「공간정보의 구축 및 관리 등에 관한 법률」에서 규정한 지적측량수행자의 성실의무 등에 관한 내용으로 옳지 않은 것은?

① 지적측량수행자는 업무상 알게 된 비밀을 누설하여서는 아니 된다.

② 지적측량수행자는 지적측량수수료 외에는 어떠한 명목으로도 그 업무와 관련된 대가를 받으면 아니 된다.

③ 지적측량수행자는 본인, 배우자 또는 직계 존속·비속이 소유한 토지에 대한 지적측량을 하여서는 아니 된다.

④ 지적측량수행자는 신의와 성실로써 공정하게 지적측량을 하여야 하며, 정당한 사유 없이 지적측량 신청을 거부하여서는 아니 된다.

99 사업시행자가 지적소관청에 토지이동에 대한 신청을 할 수 없는 사업은?

① 도시개발사업
② 주택건설사업
③ 축척변경사업
④ 산업단지개발사업

계산기　　　다음 ▶　　　안 푼 문제　답안 제출

03회 실전점검!
CBT 실전모의고사

수험번호:

수험자명:

제한 시간 : 150분
남은 시간 :

글자 크기 100% 150% 200%

화면 배치

전체 문제 수:
안 푼 문제 수:

답안 표기란
91 ① ② ③ ④
92 ① ② ③ ④
93 ① ② ③ ④
94 ① ② ③ ④
95 ① ② ③ ④
96 ① ② ③ ④
97 ① ② ③ ④
98 ① ② ③ ④
99 ① ② ③ ④
100 ① ② ③ ④

100 도시 · 군기본계획에 포함되어야 할 사항으로 옳은 것은?

① 도시개발사업이나 정비사업의 계획에 관한 사항

② 지구단위계획구역의 지정 또는 변경에 관한 사항

③ 공간구조, 생활권의 설정 및 인구의 배분에 관한 사항

④ 도시자연공원구역의 지정 또는 변경 계획에 관한 사항

계산기

다음 ▶

안 푼 문제

답안 제출

CBT 정답 및 해설

01	02	03	04	05	06	07	08	09	10
②	②	②	③	④	①	④	②	①	②
11	12	13	14	15	16	17	18	19	20
②	①	③	④	②	①	③	④	④	③
21	22	23	24	25	26	27	28	29	30
①	③	①	③	①	①	③	④	②	③
31	32	33	34	35	36	37	38	39	40
④	④	④	③	①	④	③	②	④	④
41	42	43	44	45	46	47	48	49	50
③	①	①	②	③	②	④	②	②	④
51	52	53	54	55	56	57	58	59	60
①	②	②	③	④	②	③	①	①	①
61	62	63	64	65	66	67	68	69	70
④	①	③	①	②	③	④	①	①	④
71	72	73	74	75	76	77	78	79	80
①	③	③	④	①	③	①	③	④	②
81	82	83	84	85	86	87	88	89	90
③	③	④	③	④	③	④	①	③	④
91	92	93	94	95	96	97	98	99	100
②	①	③	①	①	③	③	①	③	③

01 정답 | ②
풀이 | 우리나라 평면직각좌표의 원점(4대 원점)

명칭	경도	위도	적용 범위
서부 좌표계	동경(E) 125°00′00″.0	북위(N) 38°00′00″.0	동경 124~126°
중부 좌표계	동경(E) 127°00′00″.0	북위(N) 38°00′00″.0	동경 126~128°
동부 좌표계	동경(E) 129°00′00″.0	북위(N) 38°00′00″.0	동경 128~130°
동해(울릉) 좌표계	동경(E) 131°00′00″.0	북위(N) 38°00′00″.0	동경 130~132°
단일평면 좌표계 (UTM-K)	동경(E) 127°30′00″.0	북위(N) 38°00′00″.0	한반도 전역

02 정답 | ②
풀이 | 평판측량방법에 따른 세부측량을 방사법으로 하는 경우에는 1방향선의 도상길이는 10cm 이하로 하여야 하며, 광파조준의 또는 광파측거기를 사용할 때에는 30cm 이하로 할 수 있다.

03 정답 | ②
풀이 | 점간거리는 5회 측정하여 그 측정치의 최대치와 최소치의 교차가 평균치의 10만분의 1 이하일 때에는 그 평균치를 측정거리로 하고, 원점에 투영된 평면거리에 따라 계산한다.

04 정답 | ③
풀이 | ① 경계점좌표등록부를 갖춰 두는 지역에 있는 각 필지의 경계점을 측정할 때에는 도선법·방사법 또는 교회법에 따라 좌표를 산출하여야 한다.
② 각 필지의 경계점 측점번호는 왼쪽 위에서부터 오른쪽으로 경계를 따라 일련번호를 부여한다.
④ 기존의 경계점좌표등록부를 갖춰 두는 지역의 경계점에 접속하여 지적확정측량을 하는 경우 동일한 경계점의 측량성과가 서로 다를 때에는 경계점좌표등록부에 등록된 좌표를 그 경계점의 좌표로 본다.

05 정답 | ④
풀이 | 수치지역의 세부측량 시행 시 측량대상 토지의 경계점 간 실측거리와 경계점의 좌표에 따라 계산한 거리의 교차 기준은 $3 + \dfrac{L}{10}$ cm이다.

06 정답 | ①
풀이 | 경위의측량방법으로 세부측량을 한 경우에는 측량기하적은 측량결과도에 작성하여야 할 사항이 아니다.

07 정답 | ④
풀이 | 측량결과 시오삼각형이 생긴 경우 내접원의 지름이 1cm 이하일 때에는 그 중심을 점의 위치로 한다.

08 정답 | ②
풀이 | 전자면적측정기에 따른 면적측정은 도상에서 2회 측정하여 그 교차가 허용면적(A) $=0.023^2 M\sqrt{F}$ (M: 축척분모, F : 2회 측정한 면적의 합계를 2로 나눈 수)의 이하일 때에는 그 평균치를 측정면적으로 한다.

09 정답 | ①
풀이 | 종선차 합계($\sum \triangle x$) $=200.25$m
횡선차 합계($\sum \triangle y$) $=150.44$m
기지종선차 $=$ 도착점의 X좌표 $-$ 출발점의 X좌표
$\qquad = 1,200.15 - 1,000.00 = 200.15$m
기지횡선차 $=$ 도착점의 Y좌표 $-$ 출발점의 Y좌표
$\qquad = 849.58 - 1,000.00 = -150.42$m
종선오차(fx) $=$ 종선차 합계 $-$ 기지종선차
$\qquad = 200.25 - 200.15 = 0.10$m

횡선오차(fy)=횡선차 합계－기지횡선차
$$=150.44-150.42=0.02\text{m}$$
$$\therefore \text{연결오차}=\sqrt{(fx)^2+(fy)^2}$$
$$=\sqrt{(0.10)^2+(0.02)^2}$$
$$=0.10\text{m}$$

10 정답 | ②
풀이 | 신축거리$=500\times(-)0.0018=-0.9\text{m}$
$\triangle X=150-0.9=149.1\text{m}$
$\triangle Y=200-0.9=199.1\text{m}$
1 도곽의 종횡선거리는 150m×200m으로,
도곽선의 보정계수$(Z)=\dfrac{X\cdot Y}{\triangle X\cdot \triangle Y}$
$$=\dfrac{150\times200}{149.1\times199.1}=1.0106$$
(X : 도곽선종선길이, Y : 도곽선횡선길이, $\triangle X$: 신축된 도곽선종선길이의 합/2, $\triangle Y$: 신축된 도곽선횡선길이의 합/2)

11 정답 | ②
풀이 | 평판측량방법에 따른 세부측량에서 경계점은 기지점을 기준으로 하여 지상경계선과 도상경계선의 부합 여부를 현형법 · 도상원호교회법 · 지상원호교회법 · 거리비교확인법 등으로 확인하여 결정한다.

12 정답 | ①
풀이 | 지름 2cm인 폴의 외곽을 시준해서 편위량$(\triangle l)$은 1cm이므로, 위치오차(θ'')는 $\dfrac{\triangle l}{L}=\dfrac{\theta''}{\rho''}$,
$$\theta''=\dfrac{\triangle l\times\rho''}{L}=\dfrac{1\text{cm}\times206,265''}{5,000\text{cm}}=41''$$

13 정답 | ③
풀이 | 줄자가 짧아져 부호는 $(-)$가 되므로,
올바른 거리$(L_0)=L\pm\left(\dfrac{\triangle l}{l}\times L\right)$
$$=1,600-\left(\dfrac{0.02}{30}\times1,600\right)$$
$$=1,598.93\text{m}\fallingdotseq1,599\text{m}$$
(L : 관측 총길이, $\triangle l$: 구간 관측오차, l : 구간 관측거리)

14 정답 | ④
풀이 | 평판측량방법에 따른 세부측량에서 거리측정단위는 지적도를 갖춰 두는 지역에서는 5cm로 하고, 임야도를 갖춰 두는 지역에서는 50cm로 한다.

15 정답 | ②
풀이 | 전제장과 전제면적의 계산
전제장$(l)=\dfrac{L}{2}\text{cosec}\,\dfrac{\theta}{2}=\dfrac{5}{2}\text{cosec}\,\dfrac{82°21'50''}{2}$
$$=3.797\text{m}$$
전제면적$(A)=\left(\dfrac{L}{2}\right)^2\cdot\cot\dfrac{\theta}{2}=\left(\dfrac{5}{2}\right)^2\cdot\cot\dfrac{82°21'50''}{2}$
$$=7.14\text{m}^2$$

16 정답 | ①
풀이 | 전파기 또는 광파기측량방법에 따라 다각망도선법으로 지적삼각보조점측량을 할 때에는 3점 이상의 기지점을 포함한 결합다각방식에 따르고, 1도선(기지점과 교점 간 또는 교점과 교점 간)의 점의 수는 기지점과 교점을 포함하여 5점 이하로 하며, 1도선의 거리(기지점과 교점 또는 교점과 교점 간 점간거리의 총합계)는 4km 이하로 한다.

17 정답 | ③
풀이 | 줄자가 늘어나 부호는 $(+)$가 되므로,
40,000m²의 토지가 정방형으로 한 변의 거리$(a)=\sqrt{40,000}=200\text{m}$
한 변의 실제거리$(L_0)=L\pm\left(\dfrac{\triangle l}{l}\times L\right)$
$$=200+\left(\dfrac{0.05}{50}\times200\right)$$
$$=200.2\text{m}$$
(L : 관측 총거리, $\triangle l$: 구간 관측오차, l : 구간 관측거리)
$\therefore$ 정확한 면적$(A)=200.2\times200.2=40,080\text{m}^2$

18 정답 | ④
풀이 | 출발차는 그 전량을 각 방향각에 배부해야 하므로 출발오차 조정량은 $-20''$이고,
폐색차는 방향각의 관측순번에 비례하여 배부해야 하므로,
폐색오차 조정량$=(-30''\times3)/5=-18''$
$\therefore$ 출발차 : $-20''$, 폐색차 : $-18''$

19 정답 | ④
풀이 | 관측치의 표준오차는 $\sqrt{\dfrac{[vv]}{n-1}}$ 이고, 확률오차는 $\pm0.6745\sqrt{\dfrac{[vv]}{n-1}}$ 이며, 최확치의 표준오차는 $\sqrt{\dfrac{[vv]}{n(n-1)}}$ 이고, 확률오차는 $\pm0.6745\sqrt{\dfrac{[vv]}{n(n-1)}}$ 이다.

20 정답 | ③

풀이 | 최소조건식 수=도선 수-교점 수

구분	최대조건식 수	최소조건식 수
X망	4개	3개
Y망	3개	2개
H · A망	4개	3개

21 정답 | ①

풀이 | 노선측량 곡선설치법에서 원곡선 종류에는 단곡선 · 복심곡선 · 반향곡선 · 배향곡선 등이 있으며, 완화곡선의 종류에는 클로소이드 곡선 · 렘니스케이트 곡선 · 3차 포물선 · sin 체감곡선 등이 있다.

22 정답 | ③

풀이 | 등고선의 종류 및 간격   (단위 : m)

등고선의 종류	표시	등고선의 간격			
		1/5,000	1/10,000	1/25,000	1/50,000
계곡선	굵은 실선	25	25	50	100
주곡선	가는 실선	5	5	10	20
간곡선	가는 파선	2.5	2.5	5	10
조곡선	가는 점선	1.25	1.25	2.5	5

23 정답 | ①

풀이 | 교호수준측량은 계곡 · 하천 · 바다 등 접근이 곤란하여 중간에 기계를 세우기 어려운 경우에 2점 간의 고저차를 직접 또는 간접수준측량으로 구하는 방법이다.

24 정답 | ②

풀이 | A과 B점을 연결한 선과 굴뚝이 만나는 점을 C라고 하고 굴뚝의 상단을 D라고 하면

$\angle BCD$는 $90° \rightarrow \angle BDC = 45°$, $\angle ADB = 15°$

sin법칙 $\dfrac{22}{\sin 15} = \dfrac{\overline{BD}}{\sin 30}$

$\rightarrow \overline{BD} = \dfrac{22 \times \sin 30}{\sin 15} = 42.5\text{m}$

$\dfrac{42.5}{\sin 90} = \dfrac{\overline{CD}}{\sin 45}$

$\rightarrow$ 굴뚝의 높이($\overline{CD}$) $= \dfrac{42.5 \times \sin 45}{\sin 90} = 30\text{m}$

기계고가 1m이므로,

$\therefore$ 굴뚝의 표고(h) $= 30 + 1 = 31\text{m}$

25 정답 | ①

풀이 | 사진의 실제면적(A) $= (ma)^2$

$\rightarrow$ 축척분모(m) $= \dfrac{\sqrt{48\text{km}^2}}{0.23} = 30,123$

사진축척(M) $= \dfrac{1}{m} = \dfrac{f}{H}$

$\rightarrow \therefore (f) = \dfrac{H}{m} = \dfrac{4,350}{30,123} = 14.4\text{cm}$

(m : 축척분모, f : 렌즈의 초점거리, H : 촬영고도)

26 정답 | ①

풀이 | 수준측량에서 전시와 후시의 시준거리를 같게 관측하면 소거되는 오차에는 시준선이 기포관 축과 평행하지 않을 때 발생하는 오차, 레벨 조정 불완전에 의한 오차, 지구 곡률오차, 대기 굴절오차 등이 있다.

27 정답 | ③

풀이 | 점고법에 의한 직사각형 구분법

$\sum h_1 = 9.5 + 9.0 + 8.8 + 8.9 + 9.2 = 45.4$, $\sum h_2 = 9.3 + 9.1 + 9.1 + 9.4 = 36.9$, $\sum h_3 = 9.0$, $\sum h_4 = 9.2$

체적(V) $= \dfrac{A}{4}(\sum h_1 + 2\sum h_2 + 3\sum h_3 + 4\sum h_4)$

$= \dfrac{16}{4} \times \{(45.4 + (2 \times 36.9) + (3 \times 9.0)$
$+ (4 \times 9.2)\} = 732\text{m}^3$

$\therefore h = \dfrac{V}{nA} = \dfrac{732}{5 \times 16} = 9.15\text{m}$

28 정답 | ④

풀이 | 항공사진측량에서 과고감에 의해 산지는 실제보다 돌출하여 높고 기복이 심하며, 계곡은 실제보다 깊고, 산복사면 등은 실제의 경사보다 급하게 보인다.

29 정답 | ②

풀이 | DOP(Dilution of Precision, 정밀도 저하율)의 종류에는 GDOP[Geometrical DOP, 기하학적 정밀도 저하율(3~5 정도가 적당)], PDOP[Position DOP, 위치정밀도 저하율(3차원 위치, 2.5 이하가 적당)], HDOP[Horizintal DOP, 수평정밀도 저하율(수평위치)], VDOP[Vertical DOP, 수직정밀도 저하율(높이)], RDOP(Relation DOP, 상대정밀도 저하율), TDOP(Time DOP, 시간정밀도 저하율) 등이 있다.

CBT 정답 및 해설

30 정답 | ③

풀이 | 음파관측법은 측량이 불가능한 비금속 지하시설물에 이용되는데, 물이 흐르는 관 내부에 음파신호를 보내고 관 내부에 발생하는 음파를 측정하는 방법이다.

31 정답 | ④

풀이 | 사진축척$(M) = \dfrac{1}{m} = \dfrac{f}{H}$

$\rightarrow H = f \times m = 0.15\text{cm} \times 20,000 = 3,000\text{m}$

촬영종기선장$(B) = a \cdot m\left(1 - \dfrac{p}{100}\right)$

$\qquad = 0.23 \times 20,000\left(1 - \dfrac{60}{100}\right)$

$\qquad = 1,840\text{m}$

(m : 축척분모, f : 렌즈의 초점거리, H : 촬영고도, a : 사진크기, p : 종중복도)

$\text{B} = 0.23 \times 20,000\left(1 - \dfrac{60}{100}\right) = 1,840\text{m}$이고, B가 일정하므로 종중복도 50%일 때,

축척분모$(m) = \dfrac{B}{a(1 - p/100)}$

$\qquad = \dfrac{1,840}{0.23 \times (1 - 50/100)}$

$\qquad = 16,000\text{m}$

비행고도$(H) = 0.15\text{cm} \times 16,000 = 2,400\text{m}$

∴ 종중복도 60%와 50%일 때 비행고도(H)의 변화량은 $3,000\text{m} - 2,400\text{m} = 600\text{m}$

32 정답 | ④

풀이 | 야장기입법의 종류

- 고차식 : 전시 합과 후시 합의 차로서 고저차를 구하는 방법으로 시작점과 최종점 간의 고저차나 지반고를 계산하는 것이 주목적이며 중간의 지반고를 구할 필요가 없을 때 사용한다.
- 승강식 : 높이차(전시−후시)를 현장에서 계산하여 작성하며 정확도가 높은 측량에 적합(중간점이 많을 때에는 계산이 복잡하고 시간이 많이 소요됨)하다.
- 기고식 : 기계고를 이용하여 표고를 결정하며, 도로의 종횡단측량처럼 중간점이 많을 때 사용(가장 많이 사용되는 방법이나 중간시에 대한 완전 검산이 어려움)한다.

33 정답 | ④

풀이 | 사이클슬립은 반송파 위상추적회로(PLL : Phase Lock Loop)에서 반송파 위상 관측치의 값을 순간적으로 놓침(일시적인 끊김 현상)으로써 발생하는 오차이다. 발생 원인에는 안테나 주위의 지형지물에 의한 신호의 단절, 높은 신호잡음, 낮은 신호강도(Signal Strength), 낮은 위성의 고도각 등이 있으며, 이동측량에서 많이 발생한다.

34 정답 | ③

풀이 | 항공삼각측량의 조정법

- 다항식조정법(Polymonial Method) : 스트립(Strip)을 단위로 하여 블록(Block)을 조정하는 것으로 타 방법에 비해 기준점 수가 많이 소요되고 정확도가 낮은 단점과 계산량이 적은 장점이 있다.
- 독립모델법(IMT : Independent Model Triangu-lation) : 각 모델(Model)을 기본단위로 접합점과 기준점을 이용하여 여러 모델의 좌표를 조정하여 절대좌표로 환산하는 방법이며, 다항식법에 비해 기준점수가 감소되며, 전체적인 정화도가 향상되므로 큰 블록 조정에 자주 이용된다.
- 광속조정법(Bundle Adjustment Method) : 사진을 기본단위로 사용하여 다수의 광속을 공선조건에 따라 표정하고, 각 점의 사진좌표가 관측값에 이용되며 조정능력이 가장 높은 방법이다.
- DLT법(Direct Liner Transformation) : 광속법을 변형한 방법으로 상좌표로부터 사진좌표를 거치지 않고 11개의 변수를 이용하여 직접 절대좌표를 구하는 방법이다.

35 정답 | ①

풀이 | 최대화면 연직선에서의 거리$(r_{\max})$

$= \dfrac{\sqrt{2}}{2} \cdot a = \dfrac{\sqrt{2}}{2} \times 23 = 16.26\text{cm} = 0.1626\text{m}$

비행촬영고도$(H) = m \times f$

$\qquad = 25,000 \times 0.21$

$\qquad = 5,250\text{m}$

기복변위$(\triangle r) = \dfrac{h}{H} \cdot r$

$\rightarrow$ 최대기복변위$(\triangle r_{\max}) = \dfrac{h}{H} \cdot r_{\max}$

∴ $\triangle r_{\max} = \dfrac{h}{H} \cdot r_{\max} = \dfrac{50}{5,250} \times 0.1626$

$\qquad = 0.0015\text{m} = 0.15\text{cm}$

(a : 한 변의 사진크기, h : 비고, H : 비행촬영고도, r : 주점에서 측정점까지의 거리, m : 축척분모, f : 초점거리)

36 정답 | ④

풀이 | 터널 내에서 수준측량을 위한 관측점은 보통 천정에 설치한다.

37 정답 | ③
풀이 | 탐측기(Sensor)는 수동적 센서와 능동적 센서로 구분된다. 수동적 센서에는 일반렌즈 사진기(사진측량용·프레임·파노마라·스트립), 디지털 사진기(CCD), 다중분광대 센서(전자스캐너·MSS·TM·HRV), 초분광 센서가 있고, 능동적 센서에는 레이저(Laser) 영상방식(LiDAR)과 레이더(Radar) 영상방식(도플러·SLAR·SAR)이 있다.

38 정답 | ②
풀이 | 등고선 최대오차(H) $\geq dh + dl\tan\alpha$
$H = dh + dl\tan\alpha = 1.0 + 2.5 \times \tan 25° = 2.17m$
$dl = $ 위치허용오차 $\times$ 축척분모
$= 0.0005m \times 5,000 = 2.5m$
(dh : 높이오차, dl : 거리오차, α : 경사)

39 정답 | ③
풀이 | PQ의 높이 $= 100 - 75 = 25m$
PQ의 거리 $= \sqrt{(1,600-1,200)^2 + (600-800)^2}$
$= 447.21m$
$\therefore$ 터널경사각 $\theta = \tan^{-1}\dfrac{높이}{거리} = \tan^{-1}\left(\dfrac{25}{447.21}\right)$
$= 3°11'59''$

40 정답 | ③
풀이 | 축척 1/50,000의 지형도에서 주곡선의 간격은 20m 이므로,
$\therefore$ A, B 사이의 등고선 개수 $= \dfrac{560-240}{20} + 1 = 17$개

41 정답 | ③
풀이 | GPS·COGO·토털스테이션·사진측량·원격탐측 등에 의한 방법은 직접 도형정보를 취득하며, 스캐너와 디지타이저에 의한 방법은 기존의 도면에서 도형정보를 취득한다.

42 정답 | ①
풀이 | ② 네트워크 분석은 하나의 지점에서 다른 지점으로 이동 시 최적 경로를 선정하는 것이다.
③ 질의검색은 작업자가 부여하는 조건에 따라 속성 데이터베이스에서 정보를 추출하는 것이다.
④ 근접분석은 공간상에서 주어진 지점과 주변의 객체들이 얼마나 가까운지를 파악하는 데 활용된다.

43 정답 | ①
풀이 | SQL(Structured Query Language, 구조화 질의어)은 데이터베이스로부터 정보를 얻거나 갱신하기 위한 표준 대화식 프로그래밍 언어이며, 관계형 데이터베이스관리시스템에서 자료의 검색과 관리, 데이터베이스 스키마 생성과 수정, 데이터베이스 객체 접근 조정 관리를 위해 고안되었다.

44 정답 | ②
풀이 | 위상관계는 공간상에서 대상물들의 위치나 관계를 나타내는 것으로서 연결성(Connectivity), 인접성(Adjacency), 포함성(Containment) 등의 관점에서 묘사되며 다양한 공간분석이 가능하다.

45 정답 | ③
풀이 | 래스터데이터의 저장구조인 자료압축방법에는 런렝스코드(Run−length Code, 연속분할코드) 기법, 체인코드(Chain Code) 기법, 블록코드(Block Code) 기법, 사지수형(Quadtree) 기법, 알트리(R−tree) 기법 등이 있다.

46 정답 | ④
풀이 | 도형정보의 입력오차에는 ①, ②, ③ 외 디지타이징 과정에서의 오차, 래스터자료의 백터자료 변환과정에서의 오차 등이 있다.

47 정답 | ④
풀이 | 스캐너에는 평판식 스캐너와 횡단스캐너, 원통형 스캐너 등이 있다. 오차 발생은 장비성능 및 작업자의 숙련 정도에 따라 각각 다르게 나타날 수 있다. 작업영역은 스캐너와 좌표독취기(디지타이저) 모두 장비의 규격에 따라 달라서 규정하기 어렵다.

48 정답 | ②
풀이 | 국토교통부장관은 공간정보의 이용을 촉진하기 위하여 국가공간정보센터에서 수집한 공간정보를 분석 또는 가공하여 정보이용자에게 제공할 수 있다.

49 정답 | ②
풀이 | 레이어의 중첩은 다량의 자료층(Layer)을 중첩하여 분석·해석하고 다양한 정보를 생성·추출·제공할 수 있다.

50 정답 | ④
풀이 | RDBMS(관계형 데이터관리시스템)는 모든 데이터들이 테이블과 같은 형태로 데이터베이스를 구축하는 가장 전형적인 DBMS 모형이다. 토지대장과 같이 속성 데이터만 관리하는 경우에는 RDBMS를 적용한다.

51 정답 | ①
풀이 | 데이터베이스 언어에는 데이터 정의어(DDL), 데이터 조작어(DML), 데이터 제어어(DCL) 등이 있다. 이 중 데이터 조작어에는 데이터베이스에 저장된 자료를 검색(SELECT), 삽입(INSERT), 삭제(DELETE), 수정(UPDATE)하는 기능이 있다.

52 정답 | ②
풀이 | 데이터베이스시스템의 구성요소로는 데이터베이스(스키마 · 데이터베이스 언어), 데이터베이스관리시스템, 하드웨어, 사용자 등이 있다.

53 정답 | ①
풀이 | 속성정보는 통계자료, 보고서, 관측자료, 범례 등의 형태로 구성되고 주로 글자나 숫자의 형태로 표현되는 자료이다. 임야도의 등록사항인 경계는 지적정보 중 대표적인 도형정보이다.

54 정답 | ③
풀이 | 지적전산자료의 이용에 관한 심사사항
- 개인의 사생활 침해 여부
- 신청내용의 타당성, 적합성 및 공익성
- 자료의 목적 외 사용 방지 및 안전관리대책

55 정답 | ④
풀이 | 한국토지정보시스템의 기대효과에는 사용자 업무능률성 향상, 3계층으로 시스템 확장성, 데이터 무결성 확보, 지적도 DB 활용 극대화, 전산자원 공동 활용, 전국 온라인 민원발급서비스 등이 있다.

56 정답 | ②
풀이 | 복셀(Voxel)은 체적요소이며, 3차원 공간에서 그래픽의 최소 단위로서 2차원적인 픽셀을 3차원의 형태로 구현한 것이다.

57 정답 | ③
풀이 | 선 또는 다각형과 입체의 형태로 표현되는 자료는 도형자료이다.

58 정답 | ①
풀이 | SQL(Structured Query Language, 구조화 질의어)은 관계형 데이터베이스관리시스템(RDBMS)의 데이터를 관리하기 위해 설계된 특수 목적의 프로그래밍 언어이다. 이는 비절차적 언어이며, 표현력이 다양하고 구조가 간단하다.

59 정답 | ①
풀이 | 국토교통부장관은 지적공부의 효율적인 관리 및 활용을 위하여 지적정보 전담 관리 기구를 설치 · 운영한다.

60 정답 | ①
풀이 | 국토교통부장관은 지적공부에 관한 전산자료가 최신 정보에 맞도록 수시로 갱신하여야 한다.

61 정답 | ④
풀이 | 지적공부에 등록된 사항을 토지소유자나 일반 국민에게 신속 · 정확하게 공개하여 정당하게 이용할 수 있도록 하는 이념은 지적공개주의이다.

62 정답 | ①
풀이 | 물적 편성주의는 개별 토지 중심으로 대장을 작성하며, 우리나라에서 채택하고 있는 방법이다.

63 정답 | ③
풀이 | 고려시대에는 토지대장인 양안제도가 시행되어 도전장(都田帳), 양전도장(量田都帳), 양전장적(量田帳籍), 도전정(導田丁), 도행(導行), 전적(田積), 적(籍), 전부(田簿), 안(案), 원적(元籍) 등 다양한 명칭으로 사용되었다. 과전법을 실시하였고 자호(字號)제도가 창설되었으며, 수등이척제를 실시하여 조선에 승계되었다.

64 정답 | ①
풀이 | 1895년 내부(內部)관제가 공포되어 주현국, 토목국, 판적국, 위생국, 회계국 등 5국을 두었다. 판적국은 "호구적에 관한 사항"과 "지적에 관한 사항"을 관장하였는데 여기에서 우리나라 최초로 "지적"이라는 용어가 쓰였다.

65 정답 | ②
풀이 | 양안(量案)은 고려시대에 시작되어 조선시대를 거쳐 일제시대의 토지조사사업 전까지 세금의 징수를 목적으로 양전(量田)에 의해 작성된 토지기록부 또는 토지대장이다. 경국대전의 호전(戶典) 양전조(量田條)에 모든 전지는 6등급으로 구분하고 20년마다 다시 측량하여 장부를 만들어 호조(戶曹)와 도(道) · 읍(邑)에 비치한다고 규정하였다.

▣ CBT 정답 및 해설

66 정답 | ③

풀이 | 1필지는 법적으로 물권이 미치는 권리의 객체로서 토지의 등록단위, 소유단위, 이용단위가 되는 인위적으로 구획한 토지 단위이며, 1필지의 경계 결정이 선행되어야 지번, 지목, 면적 등의 토지표시사항을 결정할 수 있다.

67 정답 | ④

풀이 | 삼국시대 지적업무 담당 기관
- 고구려 : 주부 · 울절
- 백제 : 내두좌평 · 곡내부 · 조부 · 지리박사 · 산학박사
- 신라 : 상대등 · 조부 · 산학박사 · 산사

68 정답 | ①

풀이 | 대한제국에서 지적업무는 양지아문(1898. 7. ~1901. 9.) → 지계아문(1901. 10. ~1904. 4.) → 탁지부 양지국 및 양지과에서 담당하였다. 대한민국 정부 수립 이후 지적업무는 사세청 및 세무서 → 내무부 · 행정자치부(현 행정안전부) → 국토해양부(현 국토교통부)에서 담당하고 있다.

69 정답 | ①

풀이 | 도곽선의 역할(용도)에는 ②, ③, ④ 외 지적측량기준점 전개 시의 기준, 외업 시 측량준비도와 현황의 부합 확인의 기준 등이 있다.

70 정답 | ④

풀이 | • 다목적지적의 3대 요소 : 측지기본망, 기본도, 지적중첩도
- 다목적지적의 5대 요소 : 측지기본망, 기본도, 지적중첩도, 필지식별번호, 토지자료파일

71 정답 | ①

풀이 | 지적공개주의는 지적공부의 등록사항은 소유자, 이해관계인 등에게 공개하여 이용하게 한다는 이념이다. 지적공부에 등록 · 공시하여야만 효력이 발생한다는 이념은 지적형식주의이다.

72 정답 | ③

풀이 | 지목은 토지의 현황에 따라 지형지목, 토성지목, 용도지목 등으로 구분한다. 이 중 지형지목은 지표면의 형상, 토지의 고저 등 토지의 모양에 따라 결정한다. 용도지목은 토지의 현실적 용도에 따라 결정한다. 토성지목은 지층, 암석, 토양 등 토지의 성질에 따라 결정한다.

73 정답 | ③

풀이 | 지적제도의 특징에는 안전성, 간편성, 정확성과 신속성, 저렴성, 적합성, 등록의 완전성이 있다.

74 정답 | ④

풀이 | 지번의 부여방법 중 진행방향에 따른 분류에는 사행식 · 기우식 또는 교호식 · 단지식(블록식) · 절충식 등이 있다.

75 정답 | ④

풀이 | 토렌스시스템의 3대 기본이론에는 거울이론, 커튼이론, 보험이론이 있다. 이 중 커튼이론은 소유권의 법적 상태와 관련한 확실성을 보장하기 위하여 단지 현재의 등기부에 등기된 사항만 논의되어야 한다는 이론으로 토렌스시스템에 의해 발급된 현재의 소유권 증서는 완전하고 유일한 것이므로 해당 토지에 대한 이전의 모든 이해관계는 무효가 되며 커튼 뒤에 있는 토지등록에 대한 신빙성과 정당성에 대한 의심이 필요하지 않다.

76 정답 | ③

풀이 | 토지조사사업의 조사측량기관은 임시토지조사국이며, 임야조사사업의 조사측량기관은 부(府)나 면(面)이다.

77 정답 | ①

풀이 | 소유권은 법률의 범위 안에서 그 소유물을 사용, 수익, 처분할 수 있는 권리로 그 특성에는 관념성, 전면성(완전성), 혼일성, 탄력성, 항구성 등이 있다.

78 정답 | ③

풀이 | 지적의 일반적 기능에는 사회적 기능, 법률적 기능(사법적 · 공법적), 행정적 기능이 있다. 지적의 실제적 기능에는 토지에 대한 기록의 법적인 효력 및 공시, 국토 및 도시계획의 자료, 토지관리의 자료, 토지유통의 자료, 토지에 대한 평가기준, 지방행정의 자료 등이 있다.

79 정답 | ④

풀이 | 관계(官契)는 대한제국이 근대적인 토지소유권을 확립하고 과세대상을 정확하게 파악하기 위하여 지계아문을 설치 후 토지의 소유자를 확인하고 국가가 공인한 토지소유권 증서인 "대한제국전답관계"를 발급한 사업이다. 관계는 지정된 개항장 이외의 토지를 불법으로 소유한 외국인에게는 발행하지 않았다. 전답, 산림, 천택, 가사 등 전국의 모든 토지의 소유권자는 의무적으로 관계를 발급받게 하였다.

80 정답 | ②
풀이 | 1필지의 성립요건에는 지번부여지역·소유자·지목·축척의 동일, 지반의 연속, 소유권 이외 권리의 동일, 등기 여부의 동일 등이 있다.

81 정답 | ③
풀이 | 토지조사법(1910.8.23. 법률 제7호) → 토지조사령(1912.8.13. 제령 제2호) → 지세령(1914.3.16. 제령 제1호) → 조선임야조사령(1918.5.1. 제령 제5호) → 조선지세령(1943.3.31. 제령 제6호) → 지적법(1950.12.1. 법률 제165호) 순이다.

82 정답 | ③
풀이 | ① 정당한 사유 없이 측량을 방해한 자는 300만 원 이하의 과태료를 부과한다.
② 측량기술자가 아님에도 불구하고 측량을 한 자는 1년 이하의 징역 또는 1천만 원 이하의 벌금에 처한다.
④ 측량업자로서 속임수, 위력, 그 밖의 방법으로 측량업과 관련된 입찰의 공정성을 해친 자는 3년 이하의 징역 또는 3천만 원 이하의 벌금에 처한다.

83 정답 | ④
풀이 | 관할 토지수용위원회의 재결에 불복하는 자는 재결서 정본을 송달받은 날부터 30일 이내에 중앙토지수용위원회에 이의를 신청할 수 있다.

84 정답 | ①
풀이 | 소유권 침해 여부는 관계 중앙행정기관의 장이 판단할 수 없으며 심사사항도 아니다.

85 정답 | ④
풀이 | 측량업자로서 속임수, 위력, 그 밖의 방법으로 측량업과 관련된 입찰의 공정성을 해친 자는 3년 이하의 징역 또는 3천만 원 이하의 벌금에 처한다.

86 정답 | ④
풀이 | 등기관이 등기필정보를 등기권리자에게 통지하지 않는 경우에는 ①, ②, ③ 외 대법원규칙으로 정하는 경우가 있다.

87 정답 | ③
풀이 | 합병의 경우에는 합병 대상 지번 중 선순위의 지번을 그 지번으로 하되, 본번으로 된 지번이 있을 때에는 본번 중 선순위의 지번을 합병 후의 지번으로 한다.
4필지(99-1, 100-10, 111, 125)를 합병할 경우 지번은 111이 된다.

88 정답 | ①
풀이 | 등기할 수 있는 권리에는 소유권, 지상권, 지역권, 전세권, 저당권, 권리질권, 채권담보권, 임차권 등이 있다. 등기할 수 없는 권리에는 점유권, 유치권, 동산질권 등이 있다.

89 정답 | ③
풀이 | 일람도 및 지번색인표의 등재사항

일람도	지번색인표
• 지번부여지역의 경계 및 인접지역의 행정구역명칭 • 도면의 제명 및 축척 • 도곽선과 그 수치 • 도면번호 • 도로·철도·하천·구거·유지·취락 등 주요 지형지물의 표시	• 제명 • 지번·도면번호 및 결번

90 정답 | ④
풀이 | 지적측량적부심사는 토지소유자, 이해관계인 또는 지적측량수행자가 지적측량성과에 대하여 다툼이 있는 경우에 관할 시·도지사를 거쳐 지방지적위원회에 지적측량 적부심사를 청구할 수 있다. 지방지적위원회는 그 심사청구를 회부받은 날부터 60일 이내에 심의·의결하여야 하고, 지방지적위원회의 의결에 불복하는 경우에는 의결서를 받은 날부터 90일 이내에 국토교통부장관을 거쳐 중앙지적위원회에 재심사를 청구할 수 있다.

91 정답 | ②
풀이 | 지목변경 없이 등록전환을 신청할 수 있는 토지에는 ①, ③, ④가 있다. 「산지관리법」, 「건축법」 등 관계법령에 따른 토지의 형질변경 또는 건축물의 사용을 승인하는 경우에는 지목을 변경하여야 할 토지이다.

CBT 정답 및 해설

92 정답 | ①

풀이 | 등기의 일반적 효력에는 권리변동의 효력, 대항력, 순위확정력, 추정력, 점유적 효력, 형식적 확정력(후등기저지력) 등이 있다. 공신력은 없다.

93 정답 | ③

풀이 | 지적전산자료의 사용료

지적전산자료 제공방법	수수료
전산매체로 제공하는 때	1필지당 20원
인쇄물로 제공하는 때	1필지당 30원

94 정답 | ①

풀이 | 토지소유자의 신청을 대신(등록사항정정 토지는 제외)하는 신청의 대위에는 ②, ③, ④ 외 「민법」 제404조에 따른 채권자 등이 있다. 토지점유자는 해당되지 않는다.

95 정답 | ①

풀이 | 등기관은 토지 등기기록의 표제부에 표시번호, 접수연월일, 소재와 지번, 지목, 면적, 등기원인을 기록한다.

96 정답 | ③

풀이 | 축척변경측량 결과 면적증감에 따른 산정된 청산금을 결정·공고한 경우 지적소관청은 청산금의 결정을 공고한 날부터 20일 이내에 토지소유자에게 청산금의 납부고지 또는 수령통지를 하여야 한다.

97 정답 | ③

풀이 | 청산금을 산정한 결과, 증가된 면적에 대한 청산금의 합계와 감소된 면적에 대한 청산금의 합계에 차액이 생긴 경우 초과액은 그 지방자치단체의 수입으로 하고, 부족액은 그 지방자치단체가 부담한다.

98 정답 | ①

풀이 | 업무상 알게 된 비밀의 누설 금지에 관한 사항은 측량기술자의 의무에는 해당되지만 지적측량수행자의 성실의무에는 해당되지 않는다.

99 정답 | ③

풀이 | 토지이동은 토지소유자가 신청하여야 하지만 도시개발사업, 농어촌정비사업, 주택건설사업, 택지개발사업, 산업단지개발사업, 도시 및 주거환경정비사업, 체육시설 설치를 위한 토지개발사업, 관광단지 개발사업, 항만개발사업 및 항만재개발사업, 공공주택지구조성사업, 물류시설의 개발 및 경제자유구역 개발사업, 고속철도·일반철도·광역철도 건설사업, 고속국도 및 일반국도 건설사업 등의 사업시행자는 그 사업의 착수·변경 및 완료 사실을 지적소관청에 신고하여야 한다. 축척변경사업은 지적소관청이 토지소유자의 신청 또는 직권으로 시행하는 사업이므로 토지이동 신청의 특례에 포함되지 않는다.

100 정답 | ③

풀이 | 도시·군기본계획의 포함사항에는 지역적 특성 및 계획의 방향·목표에 관한 사항, 공간구조, 생활권의 설정 및 인구의 배분에 관한 사항, 토지의 이용 및 개발에 관한 사항, 토지의 용도별 수요 및 공급에 관한 사항 등이 있다. ①, ②, ④는 도시·군관리계획의 포함사항이다.

■ **라용화**　yhra123@naver.com

[약력]
- 명지대학교 대학원 토목환경공학과 졸업(공학박사)
- 명지대학교 산업대학원 지적GIS학과 졸업(공학석사)
- 지적기술사
- 토목기사
- (현) 명지전문대 토목과 겸임교수
- (현) 국토지리정보원 제안심사평가 위원
- (현) 용인시 도로명주소위원회 위원
- (현) 기흥구 경계결정위원회 위원
- (현) 용인신문 편집자문위원장
- (전) 한국국토정보공사 국토정보교육원(구 지적연수원) 교수
- (전) 한국국토정보공사 용인서부지사장, 홍성지사장
- (전) 한양사이버대학교 지적학과 겸임교수
- (전) 한국산업인력공단 출제 및 채점위원
- (전) 한국지적정보학회 이사
- (전) 한국지적학회 사진측량 분과위원장

[저서]
- 『지적측량, 지적학, 지적법규(한국국토정보공사 전문서적)』 (국토정보사)
- 『지적기능사 이론 및 문제해설』 (예문사)
- 『지적(산업)기사 해설』 (예문사)
- 『지적기술사 해설』 (예문사)
- 『측량 및 지형공간정보기사 필기』 (예문사)

■ **신동현**　hopecada@naver.com

[약력]
- 서울시립대학교 대학원 공간정보공학과 졸업(공학박사)
- 명지대학교 산업대학원 지적GIS학과 졸업(공학석사)
- 지적기술사
- 측량 및 지형정보기술사
- (현) 명지대학교 부동산대학원 부동산학과 겸임교수
- (현) 서울사이버대학교 부동산학과 겸임교수
- (현) 한국지적기술사회 기술분과위원
- (전) 한국국토정보공사 국토정보교육원 원장
- (전) 한국국토정보공사 강원지역본부장
- (전) 한국국토정보공사 인천지역본부장
- (전) 한국국토정보공사 기획조정실장
- (전) 한국지적학회 이사
- (전) 한국공간정보학회 이사

[저서]
- 『지적측량, 지적학, 지적법규(한국국토정보공사 전문서적)』 (국토정보사)
- 『지적(산업)기사 이론 및 문제해설』 (예문사)
- 『지적기술사 해설』 (예문사)

■ **김정민**　seajmk@hanmail.net

[약력]
- 목포대학교 대학원 지적학과 졸업(지적학박사)
- 명지대학교 산업대학원 지적GIS학과 졸업(공학석사)
- 지적기술사
- (현) 한국국토정보공사 천안지사장
- (현) 한국지적정보학회 이사
- (현) 한국지적기술사회 부회장
- (현) 전북ICT 발전협의회 운영위원
- (현) 한국산업인력공단 지적기술사 면접시험위원
- (전) 서울시 도시공간정보포럼 운영위원
- (전) 한국감정평가학회 이사 및 공간정보위원회 위원장
- (전) 한국공간정보산업진흥원 이사
- (전) 한국산업공단 지적직종 직무분석위원
- (전) 한국산업공단 지적기사 · 지적산업기사 필기시험 문제검토위원
- (전) 한국지적학회 논문심사위원

[저서]
- 『지적기술사 해설』(예문사)
- 『지적 핵심요론』(예문사)
- 『지적기사 필기 과년도 문제해설』(예문사)
- 『지적산업기사 필기 과년도 문제해설』(예문사)

■ **김장현**　janghyun@lx.or.kr

[약력]
- 명지대학교 산업대학원 지적GIS학과 졸업(공학석사)
- 지적기술사
- 토목산업기사
- (현) 한국국토정보공사 화성동부지사장
- (전) 한국국토정보공사 오산지사장, 평택지사장
- (전) 국토정보교육원 교육운영실장
- (전) 공간정보연구원 연구기획실 근무

[저서]
- 『지적기술사 해설』(예문사)

지적기사 필기 기출문제 해설

초 판 발 행   2023년 7월 5일

편   저   라용화, 신동현, 김정민, 김장현
발 행 인   정용수
발 행 처   (주)예문아카이브
주   소   서울시 마포구 동교로 18길 10 2층
T E L   02) 2038 - 7597
F A X   031) 955 - 0660

등 록 번 호   제2016 - 000240호

정   가   27,000원

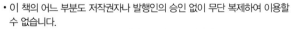

홈페이지 http://www.yeamoonedu.com

ISBN   979-11-6386-201-7   [13530]